공립유아교육의 쟁점:
미국 Pre-K로부터의 교훈

The Pre-K Debates:
Current Controversies and Issues

Edward Zigler · Walter S. Gilliam · W. Steven Barnett 편저
이진희 · 윤은주 · 이병호 · 한희경 옮김

아카데미프레스

The Pre-K Debates: Current Controversies and Issues

edited by Edward Zigler, Walter S. Gilliam, and W. Steven Barnett

Originally published in the United States of America
by Paul H. Brookes Publishing Co., Inc.

역자 서문

유아교육과 보육의 공공성을 높이고 질적 수준을 제고하는 것은 전 세계적으로 중요한 화두가 되고 있다. 우리나라에서도 유아교육과 보육의 본질적 중요성에 대한 인식이 확대되고 있을 뿐만 아니라 여성 노동력 활용, 저출산 문제 해결 등 그 사회적 기능에 대한 기대 역시 높아지고 있다. 그런데 편저자인 Zigler, Gilliam 및 Barnett가 '머리말'의 첫 문장에서 강조한 것처럼 가치 있는 일이라면 잘 해야 한다. 우리 앞에 놓여있는 유아교육과 보육의 미래 비전을 설정하고 청사진을 그리기 위해서는 깊이 있는 학문적, 실천적 논쟁이 필수적이다. 열린 마음으로 다양한 가능성을 생각하며 이루어지는 열띤 논쟁을 통해 우리 사회는 풍부한 정보에 기초한(informed) 의사결정을 할 수 있을 것이다.

이 책은 유아교육의 중요성에 대한 경제학적 관점과 시민사회의 실천적 노력을 보여주는 데에서부터 시작하여 Part 1에서는 제한된 자원을 저소득층을 비롯하여 유아교육의 혜택을 가장 많이 얻을 수 있는 대상에게 집중할 것인지, 보편무상적인 접근을 통하여 모든 어린이들의 권리를 보장할 것인지에 대한 매우 어려운 쟁점을 다룬다. 이어서 유아교육의 공공성을 확대하는 과정에서 유아교사의 자격을 어느 수준으로 요구할 것인가와 유아교육의 목적 및 내용의 초점은 어디에 두어야 할지, 어떤 공간에서 어떻게 구조화된 행정 조직을 통해 전달할 것인지 등의 주요 쟁점들에 대한 다양한 목소리를 짚어준다. Part 2와 3에서는 유아교육의 공공성 확대와 관련된 주요 쟁점에 수반되는 질 관리와 책무성, 영아기와 초등학교와의 연계 등의 내용을 다루며 미국의 여러 주 정부에서 이루어낸 Pre-K의 역사와 경험을 들려준다. 마지막으로 유아교육에 모든 사회문제에 대한 쉬운 만병통치약과 같은 역할을 기대하며 과장하는 것의 위험성에 대하여 경고하고 있다.

이 책에서는 가장 최근 미국에서 이루어지고 있는 이러한 학문적, 실천적 논쟁을 생생하고 다면적으로 조명하고 있다. 역자들은 주요 쟁점들에 대하여 통일된 목소리를 일사분란하게 전하는 것이 아니라 상이한 목소리를 내는 대표적인 학자들의 주장을 있는 그대로 들려주는 것이 이 책의 가장 큰 장점임을 발견하였다. 장기적인 비전을 가지고 정말 가치 있는 일을 의미 있게 잘하기 위해서는 성급한 결론을 미리 내려놓고 이를 뒷받침할 수 있는 증거들을 나열하면서 동의를 일방적으로 강제하여서는 안 되기 때문이다. 속도는 훨씬 느리겠지만 중요한 쟁점들에 대하여 극단적으로 다른 의견에서부터 시작하여 그 중간의 여러 지점에 있는 여러 목소리들까지 경청할 필요가 있다. 수많은 정책결정 과정에서 목격된 시행착오와 예산낭비는 경주마처럼 양옆의 시야를 가리고 앞만 보고 달릴 것이 아니라 섬세하게 전후좌우를 둘러보면서 그야말로 '백년지대계'를 그려나갈 수 있는 지혜와 실천적 노력의 중요성을 보여준다. 또한 미국에서 이루어지고 있는 가장 최신의 유아교육 관련 정책과 실천의 제 양상을 한 권의 책을 통해 가늠하게 해주는 것 역시 이 책의 또 다른 장점이다.

이 책에서 중점적으로 다루고 있는 Pre-K(prekindergarten)는 미국 유아교육의 역사 속에서 이해할 필요가 있다. 20세기 초반 유치원(kindergarten) 교육이 공립학교의 건물이라는 공간을 쉽게 얻으면서 급속도로 확대되었던 반면 '학문적 누수현상(academic trickle-down)'으로 인하여 교육과정이 지나치게 어려워지고 유아교육의 정체성을 잃어버리게 되었으며 이제는 만 5세를 중심으로 제한적으로 기능하고 있는 오류를 반복하지 않고자 한다. Pre-K 프로그램은 만 4세를 위한 유아교육의 보편무상 제공을 시도한 조지아 주, 뉴욕 주, 오클라호마 주의 경험에서부터 시작하여 현재 많은 주정부에서 제공하고 있으며 만 3세까지로 대상연령이 확대되고 있다. Pre-K는 유아교육과 보육의 공공성을 제고하고자 하는 정책적 노력인 동시에 유아들의 권리와 행복을 중시하는 사회적 흐름을 상징한다. 그러나 동시에 이 과정에서 해결해야 하는 수많은 과제들이 누적되어 있음을 일깨우면서 깊이 있는 연구와 논쟁이 필요함을 제기하기도 한다.

역자들은 미국에서 이루어지고 있는 유아교육과 보육의 공공성 및 질적 수준을 제고하기 위한 접근방법을 다양한 관점에서 다룬 이 역서가 부족하지만 우리 사회에서 이러한 논쟁을 활성화시키는 데 조금이나마 기여하기를 바란다. 나아가 미국과 우리나라의 공통된 쟁점과 함께 사회문화적 가치나 교육제도상의 차이에 대해서 비판적으로 검토하면서 우리의 현 상황에 도움이 될 수 있는 정책이나 구체적 실천내용을 걸러내고 발전시켜 나가는 데 작은 보탬이 될 수 있기를 기대한다. 마지막으로 이 책의 번역을 도와주신 여러 분들과 이 역서를 읽기 좋게 교정해주고 출판해준 아카데미프레스에 글로나마 감사의 마음을 전하고자 한다.

2014년 7월

역자 일동

차례

PART 1 논쟁

논쟁 2 교사 자격 대 역량과 지원

논쟁 3 인지/학습 강조 대 전인교육 접근법

PART 2 이슈

PART 3 미래

주정부에서 얻은 교훈

유아교육에 거는 과도한 기대의 위험

PART 4 요약 및 종합

요약 및 종합

머리말

– Edward Zigler, Walter S. Gilliam, & W. Steven Barnett

가치 있는 일이라면 잘 해야 할 가치도 있는 것이다. 아울러 잘 해야 할 가치가 있는 일이라면 어떤 목적을 위하여 노력을 기울여야 할지, 그리고 정확히 어떻게 이 목적을 달성해야 할지에 대해 열띤 논쟁을 벌일 만한 가치가 있다. 사실상 유아교육의 개념이 발전하는 데는 항상 열띤 논쟁이 빠뜨릴 수 없는 부분이었다. 1960년대 이래로 유아교육은 연구자와 학자들의 실험적 아이디어를 넘어서 급성장하였으며 이제는 정치·경제·기업계 지도자들도 그 중요성을 인지하게 되었다. 유아교육은 유아의 교육성취와 이후 삶에서의 성취를 향상시키고 교육성취에서 나타나는 인종적, 계층적 격차를 해소하며 우리 사회의 교육자원 분배를 올바르게 하는 데 가장 좋은 방법으로 두루 인식되게 된 것이다. 소수의 학자만이 아니라 기업체 경영자, 자선사업가, 권익 옹호자, 경제학자, 법조계 인사, 공무원 등을 포함하여 다양한 분야에서 영향력을 미치는 지도자들이 유아교육에 관심을 갖게 된 것이다. 이렇듯 유아교육에 대한 폭넓은 관심은 우리 사회에서 가장 어리면서 상처받기 쉬운 학습자들을 지원해주는 것이 중요하다는 사실을 사회적으로 받아들이고 이에 우선순위를 두고 있음을 단적으로 잘 보여준다. 쏟아지고 있는 관심으로 인하여 이에 관한 논쟁은 불가피하며, 논쟁사안별로 다양한 주장을 펼치는 이들이 있다.

이 책은 높은 질적 수준을 가진 유아교육의 긍정적 영향력에 대한 누적된 증거에 기초하는 동시에 상당수의 유아교육 프로그램들이 연구에서 긍정적 영향력을 갖기 위해 반드시 필요하며 가능하다고 제시하는 질적 수준에 이르지 못하고 있다는 사실에 주목한다. 지금까지 '좋은' 유아교육의 필수요소에 대해서는 상당히 밝혀져 왔다(예컨대 Pianta, Barnett, Burchinal, & Thornburg, 2009; Zigler, Gilliam, & Jones, 2006a). 현재의 주요쟁점은 주로 유아교육 공교육화의 목적과 대규모 운영에 필요한 요소를 최적으로 제공해줄 수 있는 방안에 관한 것이라 할 것이다.

이 책에서는 유아교육의 필요성에 대해 구태여 다시 언급하지 않고, 유아교육 분야에서 가장 뜨거운 논쟁이 이루어지고 있는 세계로 바로 들어선다. 쟁점별로 지식이 풍부하면서 가장 강력한 목소리로 자신의 의견을 피력하고 있는 전문가들을 찾아볼 수 있다. 이 책에서는 각기 다른 주장을 펼치는 전문가들이 자신의 입장과 실증적 근거를 짤막한 평론 형식으로 요약하여 제시하였으며, 이 평론들이 반대 관점을 가진 전문가의 평론과 대조를 이루도록 배치하였다. 이러한 구성을 통해 독자들은 각 입장의 장단점을 가늠해보고 미국에서 유아교육을 가장 잘 제공할 수 있는 방법에 대해 알려진 바(또한 아직 알려지지 않은 바)에 대해 보다 많이 알 수 있을 것이다. 이 책의 마지막 부분에서 Martha Zaslow(이 나라에서 유아교육 및 보육의 방향을 가장 멀리 내다볼 수 있는 선구자의 한 명이자 아동발달연구학회의 정책홍보위원장)는 주요 논쟁거리에 대한 종합요약을 제시하며 의견차가 분명한 지점을 강조하는 동시에 어느 정도 합의가 이루어질 수 있는 부분을 조명하였다.

이러한 논쟁을 본격적으로 시작하기 전에 먼저 제1장과 제2장에서는 유아교육에 대한 지금까지의 이론적 토대를 개관하고 유아교육을 가장 잘 제공할 수 있는 방안에 대하여 관심을 크게 가져야 할 근거를 제시한다. 노벨경제학상 수상자인 James J. Heckman은 제1장에서 유아교육의 중요성을 지지해주는 주요개념을 논한다. 제2장에서는 Pew 재단의 Sara D. Watson이 어떻게 이러한 주요개념이 정부지도층이나 자선단체의 뜨거운 관심과 열정을 전폭적으로 얻을 수 있었는지 설명한다.

이러한 간략한 개관에 이어서 Part 1에서는 주제별 논쟁이 본격적으로 펼쳐진다. 제3장에서 제7장은 공공재정으로 지원되는 유아교육기관들이 직면하고 있는 가장 큰 쟁점을 정면으로 다루는데, 바로 공적 재원으로 운영되는 유아교육기관의 혜택을 저소득층 유아에게 집중시켜야 할지 아니면 소득수준에 상관없이 모든 유아에게 보편적으로 분배해야 할지에 관한 것이다. 논쟁을 벌이는 이들은 대안적 정책에 대하여 실제적 및 원론적 질문 모두를 제기한다. 이 쟁점에 대한 의견이 이분법적으로 나뉘는 것으로 보이지만 사실상 그 사이에 존재하는 다양한 의견들도 소개한다. 제8장에서 제14장은 유아교사의 학위 혹은 자격이 어떠해야 하는가에 초점을 맞춘다. 이 쟁점도 마찬가지로 교사가 학사학위를 소지해야 하는가, 아닌가라는 단순한 논쟁을 넘어서 훨씬 더 미묘한 사안을 담고 있다. 논쟁자들은 다양한 각도에서 이 무거운 논쟁사안에 맞선다. 예비교사교육과 지속적인 교사 연수 및 지원을 모두 다루며 이 대답에 영향을 미칠 수 있는 더 광범위한 측면의 상황과 맥락을 살펴본다. 제15장에서 제20장은 유아교육의 목적에 관한 것이다. 공적 재원으로 운영되는 유아교육기관은 인지적/학습적 성취에 주된 초점을 두어야 하는가 아니면 더 폭넓은 목적을 포함하여야 하는가? 제21장에서 제24장은 유아교육을 가장 잘 제공해줄 수 있는 공간 및 행정 구조에 대하여 논한다. 현재로서는 다양한 기관(예컨대 공립학교, 사립학교, 헤드스타트 운영기구, 보육시설, 기타 비영리단체)에서 공적 재원으로 유아교육을 제공하고 있다. 어떤 프로그램이 유아에게 질적 수준이 높은 유아교육 경험을 가장 잘 제공해줄 수 있을 것인가? 그리고 어떻게 해야 현존하는 프로그램 기본요소들을 토대로 하여 유아교육 시스템을 가장 잘 구축할 수 있을 것인가?

Part 2와 3은 논쟁으로 쉽게 분류되지 않는 쟁점들로 이루어지는데 주요 쟁점들만큼 중요하여 소홀히 할 수 없는 주제들이다. 이 주제들은 다음과 같은 질문에 관한 것이다.

- 어떻게 유아교육 프로그램의 질과 책무성을 확보할 것인가? (25장에서 28장)
- 유아교육 이전 및 이후에는 어떻게 해야 할 것인가? (29에서 34장)
- Pre-K 프로그램을 실행하고 있는 주정부들의 경험으로부터 어떤 교훈을 배울 수 있을 것인가? (35장과 36장)
- 우리 교육제도의 모든 문제를 치료하는 마법 같은 만병통치약으로 유아교육을 과도하게 홍보하는 것의 위험은 무엇인가? (37장과 38장)

이 책의 목적은 이러한 논쟁을 해결하는 데 있지 않다. 그보다는 관심을 가진 독자들로 하여금 다양한 관점과 의견을 더 깊이 있게 음미하고 각 입장을 지지하는 증거자료의 범위와 한계를 이해하며 자신의 고유한 결론을 내릴 수 있도록 돕기 위한 것이다. 프랑스의 평론가 Joseph Joubert(1754~1824)는 "논쟁 없이 문제를 해결하는 것보다는 해결 없이 문제를 논쟁하는 것이 더 낫다."(Lyttelton, 1899)고 하였다. 이와 마찬가지로, 이 책의 의도는 논쟁을 종결시키는 것이 아니라 오히려 논쟁을 불러일으켜서 더 큰 이해와 폭넓은 참여가 이루어지게 하는 것이다. 이제 논쟁자들이 논쟁의 장으로 들어선다.

유아교육 개관

연구문제

- 어떤 유형의 프로그램이 유아의 이후 성취에 가장 긍정적인 효과가 있는가?
- 가족 특성(소득, 환경, 유전, 양육의 질)은 유아의 능력차를 어느 정도 설명하는가?
- 만 3세와 4세를 대상으로 보편무상 유아교육을 실현하고자 하는 Pew 재단의 세 가지 주요 근거는 무엇인가?

제1장*

효과적인 아동발달 지원책

– James J. Heckman

이 장에서는 효과적인 아동발달 지원방안에 대한 설계와 관련하여 네 가지 논점을 제시하고자 한다. 첫 번째 논점은 유아교육은 효과적이며 더 일찍 받을수록 더욱 좋다는 것이다. 두 번째는 유아교육 프로그램의 효과의 주요 기제가 비인지적(noncognitive) 기능 혹은 '소프트(soft)' 기능이라고 부르는 기능을 발달시켜 줌으로써 작동된다는 것이다. 소프트 기능은 경제나 사회 정책을 논의하는 장면에서 흔히 간과되고 있다. 그러나 정책결정자들은 아동발달 프로그램의 성패를 평가하는 방식을 다시 검토해보아야 할 것이다. 즉 인지적 기능에만 집중하는 것은 이야기의 주요 부분을 놓치는 것이다. 세 번째는 유아교육 지원금은 불우한 가정에 집중되어야 한다는 것이다. 예산이 충분하지 않다는 사실을 고려할 때 부모 양육의 질을 선별기준으로 하여, 가장 불우한 가정에만 유아교육 지원금을 주어야 한다. 경제적 수익률이 가장 높은 수혜대상은 이러한 불우가정의 유아들이다. 사회적으로 가장 불리한 이들에게 혜택이 집중될 때 사회적

---

* 제1장은 Flavio Cunha, Seong Moon, Rodrigo Pinto, Peter Savelyev, Sergio Urzua와의 공동연구에 기초한다. 이 연구는 Pew 재단, 미국경제성공협력기구, JB & MK Pritzker 가족재단, Susan Thompson Buffett 재단, Eunice Kennedy Shriver 미국립아동보건발달연구소의 기금(R01HD043411)으로 경제개발위원회의 지원을 받아 이루어졌다. 이 장에서 제시하는 관점은 필자의 것이며 연구비 지원기관의 의견과 같지 않을 수 있다.

효율성이 증가되고 불평등은 감소한다. 네 번째 논점은 유아교육을 정부 차원의 프로그램으로만 배타적으로 생각해서는 안 된다는 것이다. 비정부 기구의 참여, 믿을 수 있는 우수한 사립기관들 간의 경쟁을 통해 다양성과 질적 수준이 증진되며 이러한 프로그램을 지원해줄 수 있는 재정적 기초가 확장될 수 있을 것이다.

미국 사회의 양극화와 생산성 감소

1980년대 이래로 미국 사회는 양극화 현상을 보이고 있다. 대학 재학 및 졸업률이 증가함과 동시에 중고등학교에서의 중퇴율 역시 증가하고 있으며, 일하지도 않고 학교에 다니지도 않는 저소득층이 늘어나고 있다(Heckman & LaFontaine, 2010). 군대에 지원하는 미국 청년 중의 75%가 낮은 인지능력, 범죄기록, 비만 등의 이유로 입대자격 미달 판정을 받는다. 미국 노동자의 20%는 문자 해독률이 낮아 의약품 용기에 적혀있는 설명서를 제대로 이해하지 못한다(Heckman & Masterov, 2007). 이 장에서는 이러한 문제를 비롯하여 관련 문제들을 해결하는 데 있어서 일관성을 가진 논리적 접근에 기초한 선행연구들을 요약한다. 이러한 선행연구는 경제학, 심리학, 인간발달 생물학에 바탕을 두고 있다(Cunha & Heckman, 2007, 2008, 2009; Heckman, 2008; Heckman & Masterov, 2007).

일관성 있는 정책 접근

필자의 주장은 다음과 같이 열여덟 가지로 요약할 수 있다.

1. 범죄, 십대 임신, 비만, 고등학교 중퇴율, 질병 등 주요한 사회 및 경제 문제의 상당 부분은 사회 전반적으로 사람들의 능력과 기능 수준이 낮은 것이 원인이라 할 수 있다.
2. 사회에서는 능력을 분석하는 데 있어서 다원적 측면이 있음을 인식하여야 한다.
3. 공공정책을 논의할 때 지금까지는 IQ와 성취도 검사를 통한 인지적 능력만을 강조하고 이를 평가하는 데 초점을 맞춰 왔다. 예를 들어 미국에서 2001년 제정된 아동낙오방지법의 책무성 기준을 보면 성취도 검사 점수에만 초미의 관심을 가지는 반면 학교 및 삶에서의 성공에 영향을 주는 다양한 요인을 평가하는 데는 관심이 없

음을 알 수 있다.

4. 인지적 능력은 사회경제적 성공을 결정짓는 중요한 요인이다.
5. 그러나 사회 · 정서적 능력, 신체 및 정신 건강, 인내력, 주의집중력, 동기, 자신감도 마찬가지로 중요한 결정요인이다.
6. 이러한 비인지적 기능들은 전체 사회의 성취에 기여할 뿐만 아니라 나아가 인지적 성취를 평가하는 데 사용되는 검사의 점수를 높이는 데에도 도움이 된다.
7. 유복한 가정환경의 혜택을 받은 이들과 불우한 이들 간의 능력차는 일찍이 유아기부터 시작된다.
8. 유아의 가정환경은 범죄, 건강, 비만뿐만 아니라 인지적 능력 및 사회 · 정서적 능력의 주된 예측변인이다.
9. 여기에는 유전적 요인 이상의 것이 영향을 미친다.
10. 유아기 때의 가정환경이 성인이 되었을 때의 여러 성취결과에 강력한 영향력을 미친다는 연구결과들을 고려해볼 때, 1970년대 이후 미국 및 세계 여러 국가에서 가정환경 여건이 악화되고 있는 현상에 대해 심각한 우려를 하게 된다.
11. 불우가정 대상 조기중재의 효과에 대한 실험연구의 증거는 부정적인 가정환경, 특히 바람직하지 못한 양육방식이 아동에게 상당히 심각한 손상을 입힐 수 있다는 방대한 비실험(nonexperimental) 연구결과들과 일치한다.
12. 사회가 충분히 일찍 개입한다면 태어나면서부터 불리한 입장에 있는 유아들의 인지 및 사회 · 정서 능력과 건강을 향상시킬 수 있다.
13. 유아기 중재는 교육효과를 향상시키고 범죄를 줄이며 십대 임신율을 감소시킴으로써 사회적 불평등을 감소시킨다.
14. 이는 또한 노동시장의 생산력을 증진시킨다.
15. 이러한 중재는 비용에 대비하여 높은 효과와 회수율을 가진다.
16. 유아교육은 학생 대 교사 비율 감소, 공공사업 직업훈련, 범죄자 재활 프로그램, 성인 문맹탈피교육, 대학등록금 지원, 경찰병력 보충 등과 같이 이후에 중재하는 프로그램에 비하여 훨씬 더 높은 경제적 수익률을 가진다.
17. 삶에 필요한 기능의 형성은 역동적인 특성을 갖고 있다. 즉 하나의 기능을 익히면 또 다른 기능을 익히기가 더 쉽다. 동기는 또 다른 동기로 이어진다. 한 어린이가 삶의 초기부터 동기부여가 되지 않고 학습의욕이나 참여의지가 없다면, 사회생활에서나 경제적 측면에서 실패하게 될 것이다. 불리한 처지에 있는 어린이의 삶에

사회가 개입하여 도와주는 것이 늦어질수록 이를 극복하는 데 더 많은 비용이 든다. 어린이의 신체 및 정신 건강도 비슷한 역동기제로 작용한다.

18. 살아가는 데 필요한 기능이나 건강한 삶의 형성 원리, 불평등 혹은 기회의 창을 만드는 유아기의 중요한 역할, 그리고 노동시장에 필요한 기술 양성에 대한 정확한 이해에 기초한 정책을 구축하도록 초점을 다시 맞추어야 한다.

이제 이러한 주요 논점 중 일부를 구체적으로 살펴보고자 한다. 보다 종합적인 논의는 Cunha와 Heckman(2007, 2009), Heckman(2008)을 참조하기 바란다.

인지적 및 비인지적 기능의 중요성

최근의 연구에 따르면 소득, 취업, 노동시장 참여, 대학 졸업, 십대 임신, 위험 행위, 보건지침 준수, 범죄행위에의 참여 등은 모두 인지적 기능과 비인지적 기능의 영향을 받는다. 비인지적 능력이란 사회 · 정서적 조절력, 만족지연 능력, 인성 요인, 다른 사람들과의 협력 능력을 의미한다.

공공정책에 대한 논의는 대부분 인지적 검사 점수나 소위 '똑똑함'에 초점을 맞추고 있다. 미국의 아동낙오방지법은 학교의 성공 혹은 실패를 평가하는 데 있어서 특정 학년에 실시하는 학력평가 결과에 초점을 맞춘다. 그렇지만 Borghans, Duckworth, Heckman과 ter Weel(2008)은 인생의 여러 측면에서 성공하려면 똑똑함보다 훨씬 더 많은 것이 요구된다는 연구결과를 보여주고 있으며, 이는 직관적으로 보나 상식적으로 생각하나 자명하다고 여겨진다. 이들은 삶에서의 다양한 성취결과에 있어서 동기, 사교성, 다른 사람들과 협동하여 공동 작업하는 능력, 주의집중, 자기통제, 자아존중감, 만족지연, 그리고 건강이 가지는 예측력을 증명하였다.

오늘날 정책을 논할 때 이러한 비인지적 기능의 중요성은 과소평가되고 있는 경향이 있는데, 이를 측정하기 어렵다고 생각하기 때문이다. 그러나 사실 비인지적 기능은 지금까지 측정되어 왔으며 성공을 효과적으로 예측한다(Heckman, Humphries, & Mader, 2011 참조). 최근의 연구결과에 따르면 직장에서도 점점 사회적 상호작용과 사교성에 더 많은 가치를 부여하는 방향으로 변화하고 있다(Borghans et al., 2008).

인지 및 비인지적 능력은 학교에서나 사회경제적으로 성공하는 데 중요한 결정요인이다. 미국을 비롯하여 세계 여러 나라에서 인종과 경제적 수준이 다른 집단들 간의 학력 격차를 살펴보면 학령기의 가족 경제력보다는 개인의 능력 결핍과 더 많은 관련성을 가진다(이에 대한 증거는 Cunha & Heckman, 2007, 2008 참조). 인지 및 비인지적 능력이 더 높은 사람들은 졸업 후 직업훈련을 받고 시민으로서의 삶에 참여할 가능성이 더 높다. 반면 비만하게 될 가능성은 더 적으며 신체나 정신적으로 더 건강할 가능성이 높다. 인지 및 비인지적 기능은 삶의 많은 측면에서의 성공 역시 예측해준다(Heckman, Stixrud, & Urzua, 2006 참조).

학력 성취 차이의 주된 원인인 능력 격차

미국에서 소수집단들은 학령기에 측정한 능력변인을 통제하면 가족 수입이 더 적음에도 불구하고 다수집단에 비해 대학에 다니는 비율이 더 높다. 소수집단과 다수집단 간의 대학입학률의 차이는 자녀가 대학진학을 결정하거나 높은 등록금을 내야 하는 연령일 때의 가족 수입의 차이에 기인한 것이 아니라는 것이다(Cameron & Heckman, 2001 참조).

유아기에 시작되는 능력 격차

성인이 되었을 때의 다양한 노동력이나 건강 측면에서의 결과를 결정짓는 데 이렇듯 중요한 역할을 하는 능력 격차는 사회경제적 수준에 상관없이 어린 연령에서부터 시작된다(Cuna, Heckman, Lochner, & Masterov, 2006). 초등학교 2학년 이후의 학교교육은 이러한 격차를 감소시키는 데 미미한 역할만 할 뿐이다. 교육의 질과 학교 자원은 능력 결핍에 상대적으로 적은 영향력을 미치며, 다양한 사회경제적 집단에 속하는 어린이들 전체의 연령별 검사 점수를 극히 미미하게 설명할 따름이다.

유아기에 시작되는 격차에 대한 연구결과들은 가정의 어떤 측면이 이러한 능력 격차를 낳는가 하는 질문을 제기하게 한다. 이러한 격차는 유전적으로 나타나는 것인가? 가정환경으로 인한 것인가? 가족이 재화를 어디에 어떻게 쓸 것인지를 결정하는 데서 기인하는가? 교육중재 연구들에 따르면 유전적 요소와 관련되어서도 그러하지만 유전적 요소를 훨씬 넘어서서 재화의 투자방법과 가정환경이 성인이 되었을 때의 역량을 결정하는 데 중요한 역할을 한다는 것이다(Cunha & Heckman, 2009; Heckman, 2008).

가정환경

능력을 결정짓는 데 가정환경이 매우 중요하다는 연구결과는 우려를 낳게 하는데, 미국에서 불우한 가정에 태어나는 어린이들의 수가 더 많아지고 있기 때문이다. 이러한 경향은 세계 여러 나라에서도 나타나고 있다(예컨대 멕시코에서의 연구결과로 Arias, Azuara, Bernal, Heckman, & Villarreal, 2009 참조). 양육의 질을 평가하였을 때 미국 가정의 삶은 어려움을 겪고 있음을 알 수 있다. 유아기 가정환경에서부터 격차가 벌어지기 시작한다. 불우한 환경에 태어난 유아들은 유리한 가정환경을 가진 유아들에 비해 상대적으로 자극을 덜 받고 아동발달에 필요한 자원도 적게 받는다(McLanahan, 2004 참조). 유아들이 가지는 불리함의 주된 원천은 양육의 질에 있다.

교육수준이 더 높은 여성들은 과거에 비해 더 많이 취업을 하지만 동시에 자녀의 발달을 지원하는 데 더 많은 시간을 보내고 있다. 교육수준이 낮은 여성들도 더 많이 취업을 하지만 자녀에게 더 많이 투자하고 있지는 않다. 불우한 환경에 태어난 어린이들은 좋은 환경에서 태어난 어린이들보다 상대적으로 더 적은 자극과 발달에 필요한 자원을 받고 있으며 그 격차는 시간이 지나면서 점점 더 커진다. 양육에서의 격차라는 기제를 통하여 세대를 거쳐 불평등이 지속되게 된다. 백여 년 전 우생학 운동으로 인해 제기되었던 것과 유사한 우려가 환경 측면에서 재현되고 있다.

결정기와 민감기

Knudsen, Heckman, Cameron과 Shonkoff(2006)는 인간발달에 있어서의 민감기와 결정기에 대해 축적되어 있는 연구결과들을 논한 바 있다. 여러 유형의 능력들은 각기 다른 연령에서 영향을 주기 더 쉬운 것으로 보인다. IQ 점수는 약 10세가 되면 비교적 안정되게 되는데, 이는 지능 형성의 민감기가 10세 이전에 있음을 시사한다(Schuerger & Witt, 1989). 평균적으로 불우한 어린이에 대한 중재교육이 더 늦게 이루어질수록 그 효과는 더 적다. 많은 연구에서 가장 불우하고 능력이 낮은 청소년을 교육하는 데 대한 투자 대비 효과는 더 유리한 환경의 청소년들에 대한 투자 대비 효과보다 적다고 제안한다(Carneiro & Heckman, 2003). 현재 알려진 증거들에 따르면 인간의 기술 및 능력 중 상당 부분이 성인이 되었을 때 특정 수준의 수행을 가능하게 하려면 불우한 이들에게 이후에 중재하는 것이 가능하기는 할지라도 더 이른 시기에 중재하는 것에 비하여 비용이 훨씬 더 많이 든다는 사실을 말해준다(Cunha, Heckman, & Schennach, 2010).

주요 정책 쟁점

사회정책의 관점에서 핵심이 되는 질문은 다음과 같다. 유아기의 불우함이 가져오는 부정적 효과를 낮추는 것이 얼마나 가능한가? 유아기 불우함에 따른 문제의 해결을 늦추는 데서 초래되는 비용은 어떠한가? 유아기에 투자하는 것이 얼마나 중요하며 어떤 부분에 투자해야 하는가? 능력을 향상시킬 수 있는 중재의 최적기는 언제인가?

유아기 환경 개선을 통한 불우환경 위험요소의 부분적 상쇄

불우가정의 유아를 대상으로 환경을 긍정적으로 개선해주는 실험에 따르면 유아기 환경이 청소년 및 성인기의 성취에 미치는 효과에 인과적 영향을 준다는 사실을 알 수 있다. 저소득층 가정 유아들의 환경을 충분하게 보완해준 실험들로부터 신뢰할 만한 연구데이터가 도출되고 있다. 그러한 가정환경의 개선이 유아가 성인이 되었을 때의 성과를 높인다는 것이다. 실험집단을 대상으로 한 종단연구는 이러한 중재가 종결된 지 상당한 시간이 흐른 후에 도 유아기 환경개선이 광범위한 인지 및 비인지 기능, 학업성취, 직무수행, 사회적 행동 등에 상당히 긍정적인 효과를 가져온다는 사실을 보여준다.

저소득층 어린이 대상 유아교육 프로그램들로부터의 증거

하이스코프의 페리유아원 프로그램은 조기중재 프로그램 중 가장 철저하게 연구된 것 중의 하나다. 페리유아원 프로그램은 1962년에서 1967년 사이 미시간 주 입실란티 시의 불우한 흑인유아 58명을 대상으로 실시된 집중적인 유아교육 프로그램이었다(Schweinhart et al., 2005). 교육중재는 평일 아침 2시간 반 동안의 수업과 주 1회 평일 오후에 90분 동안 실시되는 교사의 가정방문으로 구성되었다. 참여유아들은 개별 프로젝트를 계획하고 실행하였으며 함께 평가하였다. 이 프로그램은 사회적 기능과 대인기능을 촉진시켰다(Heckman, Malofeeva, Pinto, & Savelyev, 2011 참조). 30주 단위의 연간 유아교육 프로그램이었다.

하이스코프의 페리유아원 프로그램은 무선할당 방법으로 실험 및 통제 집단에 배정되고 평가되었다. 실험처치를 받은 집단과 받지 못한 통제 집단을 만 40세까지 추적 연구하였다. 하이스코프의 페리유아원 프로그램에 대한 추정 회수율(비용 1달러에 대비한 수익률)은 남녀에 있어 7~10%이다(Heckman, Moon, Pinto, Savelyev, & Yavitz, 2010b). 이 정도의 회수율은 1945년에서 2008년까지에 해당하는 주식시장 수익률보다 높은 것이다. 이렇듯 높은 회수율은 유아교육으로부터 사회가 상당한 혜택을 얻을 수 있음을 보여준다.

이 프로그램은 참여자의 IQ에는 지속적인 효과를 주지 못하였다. 그러나 참여자의 사회 및 정서 기능은 영구적으로 향상시켰다. Heckman, Malofeeva 등(2011)은 페리유아원 프로그램을 처치받았던 남아들에게 나타난 통계적으로 유의한 처치효과를 IQ 향상에 의한 효과와 비인지적 기능의 향상에 의한 효과로 나누어 분석하였다. 그 결과 사실상 처치효과 모두는 프로그램으로 인한 비인지적 기능의 변화에 기인한 것이었음이 발견되었다. 비슷한 결과가 여아들에게서도 나타났다. ABC(Abecedarian) 프로그램(Campbell, Ramey, Pungello, Sparling, & Miller-Johnson, 2002)은 더 어린 연령에 시작되며 더 집중적으로 실시된다. 이 프로그램은 참여자의 성격적 특성들뿐만 아니라 IQ도 향상시켰다.

유아기 기능 발달의 역동성

유아교육을 통한 조기중재 연구들로부터 나온 증거들은 다음의 패턴을 보여준다. 하나의 기능 습득이 또 다른 기능을 낳는다. 모든 역량은 그 이전에 발달된 역량이라는 기초 위에 형성된다. 이 원리는 학습에 내재된 본질적인 두 가지 특징으로부터 나온다(Knudsen, Heckman, Cameron, & Shonkoff, 2006). 첫째, 유아교육을 통한 학습은 습득된 기능에 가치를 부여하며 이는 더 배우고자 하는 동기를 스스로 강화하게 이끈다. 광범위한 인지적, 사회적, 정서적 역량을 유아기에 숙달하면 이후의 학습이 더 효율적으로 되어서 더 쉽게 느껴지고 배움을 지속할 가능성이 더 높아진다.

둘째, 유아교육은 이후의 투자비용을 낮추어준다. 효과적인 유아교육에서 얻게 되는 혜택은 이후 질 높은 학습경험을 지속적으로 받는 것으로 연결될 때 가장 잘 유지된다. Cunha와 Heckman(2007), Heckman(2007)이 개발한 기능 형성 테크놀러지에 따르면 청소년기의 학교교육에 대한 회수율은 능력수준이 높은 학습자에게 더 높은데 이러한 능력은 유아기에 형성된다는 것을 보여준다.

Cunha와 Heckman(2008), Cunha, Heckman 및 Schennach(2010)는 학습자의 기능이 유아가 이미 습득해온 기능목록, 부모가 해주는 투자, 부모가 가진 기능에 대응하여 어떻게 발달하는지를 수량화하기 위하여 기능 발달을 추정할 수 있는 방법을 개발하였다. 이들의 이론적 틀은 분석가들로 하여금 다양한 연구문헌들에 나오는 교육중재와 성과에 대한 증거들을 하나의 공통된 틀 속에서 조직할 수 있도록 해주었으며, 여러 역량들 간의 시너지작용(예컨대 건강, 인지능력, 성격 특성이 어떻게 성취도로 연결되며 역량 발달에서 상호작용하는지)을 확인하고, 정신 및 신체 건강과 교육적 성취를 촉진할 수 있는 다양한 교육중재의 가능성과 연구문헌 간의 격차를 인식할 수 있도록 해주었다.

이로부터 나온 주요 연구결과에 따르면 모든 유형의 투자에 있어서 학습자의 연령이 어리면 어릴수록 투자생산성이 훨씬 더 높다. 이는 유아기의 가소성(plasticity)으로 인한 것이다. 청소년기까지 기다려서 불우환경의 학습자들에게 재정을 투자하는 것은 비용이 더 많이 든다. 영유아기에 비하여 청소년기의 학습자를 대상으로 불우한 유아기 환경이 인지적 능력에 미치는 부정적 영향을 없애기는 훨씬 더 어렵다. 이 사실은 많은 선행연구들에서 불우한 청소년들을 위한 인지적 중재전략이 효과가 없다는 결과가 왜 나왔는지 잘 설명해준다. 현재의 질적 수준과 비용 정도라면 공공 직업훈련 프로그램, 성인 대상 읽기 · 쓰기 교육서비스, 재소자 사회복귀 갱생 프로그램, 저소득층 성인 대상 교육 프로그램들은 경제적인 측면에서의 회수율이 낮다(Cunha, Heckman, Lochner, & Masterov, 2006 참조). 인생 주기 중 청소년 단계에서는 인지적 기능에 대한 투자보다는 비인지적(성격) 기능에 투자하는 것이 더 효과적이다.

그림 1.1은 상당량의 연구문헌들을 바탕으로 하여 유아에 대한 최초의 1달러 투자가 인생 주기 단계에서 회수되는 정도를 나타낸 것이다. 아울러 최초의 1달러 투자 이후 각 연령대에서 추가로 1달러를 투자할 때의 회수율을 보여준다. 기능 발달의 역동성(즉 한 기능의 학습이 새로운 기능의 학습을 쉽게 해줌)으로 인하여 유아기의 투자가 가장 많이 회수되는데 바로 이후의 투자가 더 효과적으로 되도록 해주기 때문이다.

유아교육 프로그램 실시상의 실천적 쟁점

유아기 중재교육이 강력하기는 하나, 유아교육 프로그램을 실시하는 데 있어서는 실천

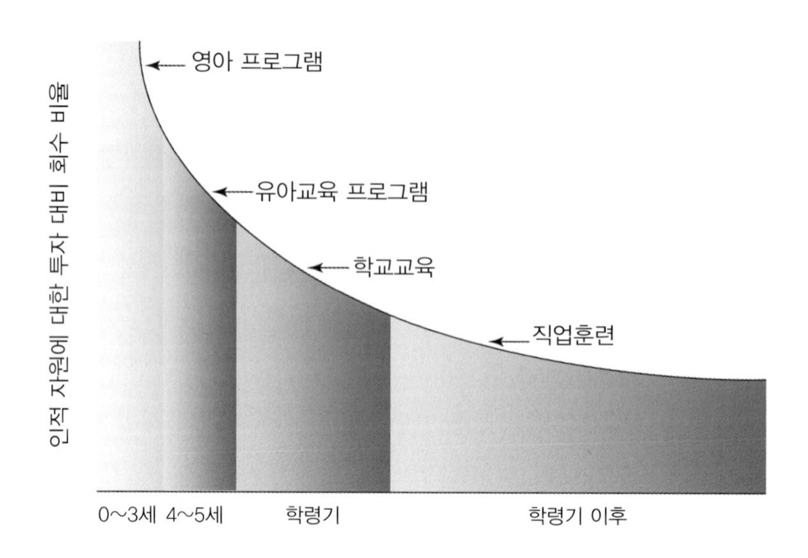

그림 1.1 ▲ 연령대별 인적 자원 투자에 대한 회수 비율: 다양한 연령대에 추가적으로 1달러를 투자하였을 때의 회수(출처: Heckman, J. J. [2008]. Schools, skills and synapses. *Economic Inquiry, 46*[3], 289–324; 승인하에 그림 사용.)

상의 쟁점들이 여전히 많이 남아있다.

누구를 대상으로 할 것인가?

유아교육 프로그램에 대한 투자대비 회수율은 유아기에 부모로부터 충분한 혜택을 받지 못한 불우한 어린이들에게 가장 높다. 현재 연구결과에 따르면 부모양육의 질은 중요하지만 부족한 자원이라고 한다(Cunha & AHeckman, 2009 참조). 그런데 양육의 질은 가족 수입이나 부모 학력과 항상 밀접하게 관련되는 것은 아니다. 가족 환경의 위험성을 측정할 수 있는 도구가 개발되어야 집중적인 중재를 효과적으로 할 수 있을 것이다.

어떤 프로그램을 사용해야 할 것인가?

유아기를 대상으로 하는 프로그램이 가장 효과적인 것으로 여겨진다. 간호사-가족 협력 프로그램(Olds, 2002), ABC(Abecedarian) 프로그램(Campbell et al., 2002), 하이스코프 페리유아원 프로그램(Schweinhart et al., 2005)은 철저한 평가를 받았으며 높은 회수율을 보인다. 가정방문을 포함하는 프로그램은 부모의 삶에 영향을 미치며 가정환경을 근본적으로 변화시킴으로써 기관중심 교육중재가 종료된 후에도 유아를 지원해줄 수 있다. 자기통제력, 인성, 동기를 길러주면서 인지적 능력에만 배타적으로 집중하지 않는 프로그램이 가장 효과적인 것으로 나타난다.

누가 프로그램을 제공해야 하는가?

불우한 유아들의 인지 및 사회정서적 기능을 향상시키는 유아교육을 설계하고자 한다면 가정의 존엄성 및 문화적 다양성을 존중하는 것이 매우 중요하다. 유아교육 프로그램의 목적은 다양한 문화적 배경 속에서 살아가는 불우한 어린이를 위해 생산성 있는 기능과 인성을 위한 토대를 마련해주는 것이어야 한다. 사적 자원의 획득, 지역사회의 협조, 다양한 관점의 포용이 가능하도록 여러 사기업이나 조직을 참여시킴으로써 효과적이면서 문화적으로 민감한 프로그램을 제공할 수 있다.

누가 비용을 지불할 것인가?

저소득층 수혜자가 수치감을 가지지 않도록 유아교육을 보편무상으로 제공할 수도 있다. 보편무상 프로그램은 비용이 훨씬 더 많이 소요되며, 개인적 투자가 가능한 가족을 공적 프로그램으로 대체함으로써 재원을 지나치게 낭비할 수 있다. 한 가지 해결책은 보편적 프로그램을 모두에게 제공하되 지나친 손실을 피하기 위해 차등적으로 비용을 면제해주는 것이다.

프로그램이 높은 질적 수준으로 운영될 것인가?

프로그램의 규정준수라는 잠재적 문제점을 인식하는 것이 중요하다. 성공적인 프로그램들은 대부분 유아의 가치관과 동기부여를 변화시킨다. 이러한 변화 중 일부는 부모가 가진 가치관에 역행하는 것일 수도 있다. 유아가 필요로 하는 바와 부모가 받아들일 수 있는 교육적 중재 사이에 심각한 갈등이 있을 수 있다. 문화적으로 다양한 프로그램을 개발함으로써 그러한 갈등을 피할 수 있을 것이다. 갈등이 어느 정도인지는 아직 알려지지 않았지만 유아의 잠재성을 개발하고자 할 때 사회적 가치관과 가족의 가치관 사이에 갈등이 없다고 가정할 수 없을 것이다.

요약

오늘날의 사회적 문제는 대부분 능력 결핍에 뿌리를 두고 있다. 이러한 결핍은 유아기부터 시작되어 인생에서 지속된다. 평생에 걸친 불평등을 낳고 생산성을 감소시킨다. 다양한 연구결과에 따르면 발달에는 결정기와 민감기가 있다. 인지적 특성의 민감기는 더 일찍 오는 반면 비인지적 특성의 민감기는 더 뒤에 온다. 이러한 패턴이 나타나는 이유는 전두엽 피질의 발달이 더 늦기 때문이다. 비인지적 특성은 인지적 특성의 생성을 자극해주며 개인의 수행 및 성과에 주된 요인이 된다. 비인지적 특성이 가진 강력한 역할, 그리고 이러한 특성을 향상시킬 수 있다는 교육적 가능성은 지금까지 대부분의 공적 정책토론에서 간과되어 왔다.

유아기에 적절한 토대가 마련되지 않는다면 더 뒤에 이루어지는 투자는 그 효과가 작다. 투자포트폴리오는 유아기가 투자의 최적기라고 여긴다. 사회에서는 이렇게 중요한 지식을 무시하고, 불우환경의 유아를 위한 교육적 예방보다 청소년 교화에 상대적으로 더 많은 재원을 투자하고 있다(Cunha & Heckman, 2009; Moon, 2010). 풍족한 가정환경을 가진 유아들은 대부분 어릴 때부터 상당한 투자를 받지만 불우한 환경의 유아들은 일반적으로 그렇지 못하다. 유아교육 재정을 불우한 저소득층 유아들을 위해 사용해야 할 강력한 근거가 있는 것이다.

불우함의 정도를 적절하게 측정하는 것은 소득수준 자체가 아니라 부모가 제공하는 양육의 질이어야 한다. 학교나 수업료는 흔히 생각하는 것만큼 중요하지 않다. 미국 사회의 불평등을 성공적으로 감소시키고 생산성을 증가시키려면 가소성이 높은 유아기에 집중적으로 교육투자가 이루어져야 한다.

제2장*

적절한 시기, 적절한 정책

Pew 재단의 Pre-K** 캠페인

– Sara D. Watson

2001년 Pew 재단에서는 어린이들의 성공에 매우 큰 효과가 있지만 정책결정자들이 지금까지 간과해온 중요한 방안, 바로 질 높은 유아교육 프로그램의 역할에 대해 알게 되었다. Pew 재단은 이러한 증거를 강조하며 지방정부 및 중앙정부 수준에서 모든 만 3세 및 4세 유아를 대상으로 부모가 원하는 경우 양질의 유아교육을 무상으로 제공하는 정책을 발전시키고자 새로운 캠페인을 시작하였다.

이로부터 7년 뒤, 월스트리트 저널에서는 Pre-K 운동을 "제1차 세계대전 이후 90년간 공교육에서 이루어진 가장 의미 있는 확장의 하나"(Solomon, 2007)로 칭하였다. 수십 년에 걸친 유아권익 옹호자들의 노력에 기반을 두고 전국적으로 수백 명의 협력자들의 도움으로 이루어지고 있는 이 운동은 유아교육이 더 이상 부유층이 누리는 사치나 빈곤층을 위한 사회복지 서비스가 아니라 학습자를 위한 양질의 교육에서 없어서는 안 될 본질적인 한 부분이 되도록 국가 차원에서 추진해갈 수 있도록 촉구하는 것이다. 이 장에서는 두 가지 질문에 답할 것이다. '어떻게 이런 일이 이루어질 수 있었는가?' 그리고 더 중요하게는 '여기서 배운 교훈을 어린이들이 성공하도록 돕는 데 필수적인 다른 정책들에 대한 국민들의 논쟁에 어떻게 활용할 수 있을까' 하는 것이다. 보편무상 유아교육을 위한 Pre-K 캠페인으로부터 얻은 동력과 경험이 지방정부 및 국가 전체가 직면하고 있는 핵심 쟁점들에 관한 새로운 토론에 도움이 될 것이다.

---

* 제2장은 다음 저서에 출판된 내용으로 Pew 재단에 2010년 저작권 등록된 것으로 사용 승인을 구하였음: Watson, S. (2010). *The right policy at right time: The Pew pre-kindergarten campaign*. Washington, DC: Pew Center on the States.

** 역주: 미국의 교육체제에서 유치원(Kindergarten)은 만 5세만을 대상으로 하기에 우리나라의 만 3~5세를 대상으로 하는 유치원과의 혼동을 피하기 위하여 K학년으로 번역하고, 최근 만 4세에서 시작하여 만 3, 4세 모두에게 보편무상 유아교육을 실시하고자 하는 미국의 사회정치적 움직임 속에서 이루어지고 있는 Pre-K는 영문 그대로 표기하거나 맥락에 따라 보편무상 유아교육 또는 유아교육기관으로 번역하였음.

정책 변화를 위한 Pew 재단의 접근방식

지역, 지방정부, 그리고 국가 차원에서 교육을 개혁하고자 40년간 노력하면서 Pew 재단에서는 제도적 차원이나 유아성취 측면에서 더 큰 향상이 이루어질 수 있기를 희망하게 되었다. 2000년 당시 재단의 교육부문 책임자였던 Susan Urahn은 실질적이면서 지속가능한 정책 변화를 위해 Pew 재단이 기여할 수 있는 새로운 방안을 모색하면서 유아교육 분야에 관심을 갖고 살펴보았다. Rutgers 대학교의 경제학자 Steven Barnett 교수의 제안에 따라 Pre-K에 관련된 자료를 검토하면서 유아교육이 어린이의 학교 및 이후 삶에서의 성공에 지대한 영향을 미칠 수 있다는 사실을 인식하게 되었다. 또한 수십 년간 유아교육계에서 열심히 노력해왔음에도 재정적 지원이나 정책결정자의 관심이 부족하여 양질의 유아교육이 줄 수 있는 혜택에 대한 연구결과를 정책적으로 제대로 반영하지 못하고 있음도 알게 되었다.

Pew 재단에서 정책 캠페인을 펼칠 쟁점을 선정하는 기준은 효과에 대한 철저하고 객관적인 증거, 초당적 지지, 중요성과 실천가능성, 진지한 공적 논쟁에 대한 요구의 증가 정도이다. Pew 재단에서는 이러한 기준이 모두 어느 정도 충족될 때 해당 쟁점에 대하여 정책결정자와 대중들이 진지하게 검토할 준비가 가장 잘 되어 있다고 본다.

모든 주요 정책분야에는 무수한 측면이 관련되는데 정책결정은 점진적으로 이루어진다. Pew 재단의 경험에 따르면, 입법요구 리스트가 길 경우 대부분의 정책입안자들은 손을 들고 포기하면서 리스트를 줄여서 다시 오라고 한다. 따라서 Pew 재단의 접근방식은 중요한 목적에 영향을 미치는 모든 요인을 검토한 후 예리한 초점을 선별하여 집중하는 것이다. 이 접근방식은 주어진 의제(환경, 경제, 보건 혹은 그 무엇이든) 안에서 바로 그 순간 구체적으로 어떤 정책이 가장 무르익어서 실현될 수 있을지를 파악한 후 이를 최대한 밀어붙이고, 그 기회의 창이 닫히면 다음 쟁점을 신중하게 선정하는 것이다. 이러한 접근방식은 다른 관련 정책들이 덜 중요하다는 것을 의미하는 것이 아니라 단지 아직 준비가 덜 되었다고 보는 것이다. 다른 정책들을 간과해서는 안 되며, 다만 국가에서 해결해보려는 준비가 된 것이 무엇인가에 기초하여 시간적으로 우선순위를 두자는 것이다.

그 어느 때든, 수많은 정책적 주요쟁점들이 관심을 필요로 하지만 단지 소수의 쟁점만이 진정으로 실현될 수 있는 준비가 갖춰져 있다. 여기에는 일반적으로 열정적인 지도자, 설득력 있는 새로운 데이터나 사건, 그리고 대중정서의 변화라는 조합이 필요하다. Pre-K의 경우 몇몇 요인이 정책적 '무르익음'에 작용하였는데, 바로 유아기 두뇌발달의 중요성을 보여주는 연구(예컨대 Shonkoff & Phillips, 2000)의 증가, 수십 년간 제기되어온 보육재정 요구, 지속적인 유아교육 재정후원자들의 관심, 교육적 성공(혹은 실패)의 씨앗은 상당부분 유아기에 뿌려진다는 사실에 대한 이해 증가 등이 이루어졌던 것이다. Pew 재단에서의 의사결정 과정에 영향을 준 또 다른 요소는 모든 만 4세 유아에게 이미 Pre-K 프로그램을 제공해온 세 개의 주(조지아 주, 뉴욕 주, 오클라호마 주)에서의 경험이다. 이 중 조지아 주의 프로그램은 유아교육계에 특히 잘 알려져 있었다.

반면 국가적으로 모든 만 3세 및 4세 유아에게 가정 밖에서의 보육을 제공하는 데 공적 재원을 투자해야 하는가에 대해서는 여전히 의견이 분분하였으며 특히 이보다 어린 영아들에 대해서는 반대의견이 증가하고 있었다. 정책입안자 및 대중들은 여전히 Pre-K를 K학년 전 2년 동안의 보육이 아니라 강력한 효과를 가지는 교육의 일부로 인식하지 못하고 있었다.

모든 위험요인을 검토하였으나 유아교육의 효과에 대한 연구결과가 탄탄하다는 점, 그리고 Pew 재단의 사회개선에 미치는 기여도가 클 것이라는 판단하에 드디어 2001년 9월, 7년에서 10년 정도에 걸쳐 노력을 집중시키기로 결정하였다. 그간에 이루어진 성과를 두고 볼 때 앞으로도 계속 좋은 결과가 있을 것으로 기대하였다.

새로운 캠페인의 기획

Pew 재단에서 펼친 Pre-K 캠페인은 처음부터 정부의 정책 변화 상황을 면밀히 주시하면서 주정부 수준에 집중하기로 설계한 것이다. 이러한 접근은 교육에 있어서 주정부의 역할이 지배적이라는 사실을 반영한 것이며 중앙정부 정책에만 하나의 초점을 두기보다는 50개의 각기 다른 기회를 제공하여 각 주가 성장할 수 있도록 하기 위한 것이다. 또한 Pew 재단에서는 이 새로운 정책방안에 헌신적 노력을 기울일 수 있는 지역에 초기 노력을 집중시킴으로써 나머지 지역에 귀감이 될 수 있도록 하였다. 이어서 Pew 재단은 다차원적 캠페인의 중추 역할을 하면서 가장 근본적인 수준에서는 전통적 우호세력과 비우호세력이 한마음으로 결합하게 하고 우수 연구를 지원하고 정책입안자들이 연구데이터를 접하고 활용할 수 있도록 하였다(Bushouse, 2009). 캠페인의 인프라 구조는 세 가지 주요 요소로 구성되었는데 바로 권익옹호(advocacy), 연구, 그리고 폭넓게 다양한 전국적 선거인단(constituencies)의 참여로 구성되었다(그림 2.1 참조).

Pre-K Now 지역 캠페인 및 Pew 재단의 중점노력 결과: 2002~2010

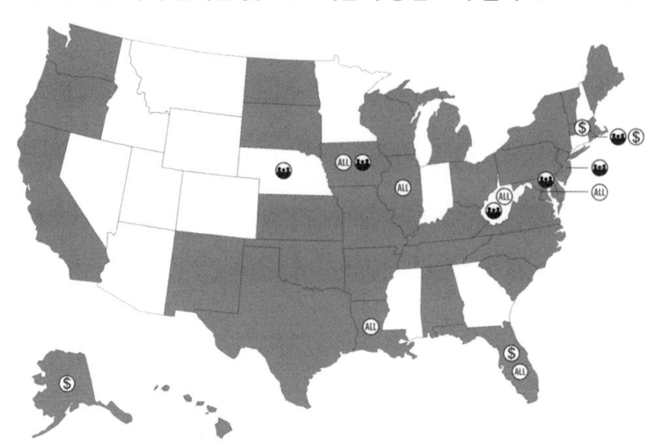

■ Pre-K Now 캠페인 실시 지역
□ Pre-K Now 캠페인 미실시 지역
Ⓐ 보편무상 유아교육(Pre-K for All) 법제화 지역[a]
● 유아교육–학교연계(Pre-K to School) 재정지원
Ⓢ 절차 참가 지역

Pre-K Now 캠페인과 Pew 재단의 리더십에 기초한 지원금을 통하여 주정부지원 Pre–K 프로그램에 대한 재정투자 및 접근성 증가, 프로그램 질적 수준 향상, 기획 · 재정 · 관리 · 운영 관련 정책 개선이 이루어졌다. 더 중요한 사실은 Pew 재단과 협력단체들의 노력이 추진력을 받으면서 직접적으로 Pre-K Now 캠페인이 실시된 주들뿐만 아니라 다른 지역에서도 상당한 변화가 이루어지고 있다는 것이다.

이러한 노력을 함께한 주요 파트너는 지역차원의 캠페인을 이끈 권익 옹호자들로 이들은 Pew 재단이 유아교육에 관심을 갖기 이전부터 수십 년간 유아들을 위해 일해 왔으며 우리의 지원이 종료된 이후에도 오랫동안 유아의 권익을 위해 계속 싸워줄 사람들이다. 다양한 조직 및 단체에서 Pre-K Now 캠페인을 함께 펼쳤는데 각 주에서 정책변화를 구현하는 데 가장 적합한 주체일 것이다. 이러한 권익옹호 단체들은 유아교육에 집중하거나 광범위한 쟁점을 다루는 단체들로 독립적 비영리단체, 제휴단체, 정부기관, 연구소 등으로 이루어진다. 당시 Pre-K Now 집행 위원장이었던 Libby Doggett는 "우리는 이 나라에서 가장 우수한 권익 옹호자들, 바로 정책적으로 승리한 기록이 가장 많으며 결코 목표를 잃지 않고 찬반 집단 사이에서 능숙하게 조절할 수 있는 그런 사람들과 함께 일해 왔다."라고 표현한 바 있다.

[a] 'Pre-K for All'이란 만 4세 유아를 대상으로 지칭하는 것임. 일리노이 주와 워싱턴 DC에서는 만 3세 유아도 포함시킴.

그림 2.1 ▲ Pre-K Now 지역 캠페인 및 Pew 재단의 중점노력 결과: 2002~2010(출처: Watson, S. [2010]. *The right policy at the right time: The Pew pre-kindergarten campaign* [p. 4]. Washington, DC: Pew Center on the States. 승인하에 사용.)

집중적 권익옹호

Pre-K를 위한 최초의 노력 중 하나로 Pew 재단에서는 전국 수준에서 권익옹호 노력을 펼치는 프로젝트를 지원하였는데, Pre-K를 최우선적 쟁점으로 만들 수 있는 위치에 있는 다른 단체가 없었기에 이러한 선택이 이루어졌던 것이다. 처음에는 'Trust for Early Education'이라는 명칭으로 부르다 이후 'Pre-K Now'로 변경하였으며 이제는 Pew 재단의 일부가 되었다. 이러한 결정을 통해 보편무상 유아교육이라는 쟁점에 대한 스포트라이트가 비춰질 수 있었으며 이는 캠페인에 절실하게 필요한 것이었다. Pew 재단의 Sara D. Watson이 Pre-K Now 캠페인의 총 책임자였으며 Libby Dogget, Stephanie Rubin, Danielle Gonzales, 그리고 현재는 Marci Young이 리더십을 발휘하고 있다. Pre-K Now 캠페인은 유아교육을 지원하는 주요 재단들의 지지를 받아왔는데 David and Lucile Packard 재단, McCormick 재단, CityBridge 재단, Picower 재단이 대표적이며 뉴저지 주의 Schumann 기금, 아동발달재단(Foundation for Child Development) 등도 포함된다. 이들을 포함한 모든 재정지원 단체들은 자체적으로도 Pre-K를 위해 상당한 기여를 해오고 있다.

Pre-K Now 캠페인의 핵심은 30개 이상의 주에서 공교육 및 권익옹호 노력에 대한 재정적 · 기술적 지원이다. Pre-K Now의 기술적 지원에는 정책 대안에 대한 자문, 관련 집단 간 네트워킹, 질의응답, 의사소통 관련 전문지식, 효과적 도구 및 전략 공유가 포함된다. 각 주의 각기 다른 역사, 정치적 환경, 옹호단체의 역량에 따라 맞춤형 지원이 이루어졌다. 예컨대 텍사스 주는 점진적이고 공평한 진보를 추구하였기에 캠페인 관계자들은 주정부 책임자들과 협력하여 군인가정이나 위탁가정의 유아와 같이 절실한 요구를 가진 집단을 찾고 이들의 권익을 집중적으로 옹호하는 전략을 펼쳤다. 텍사스 주의회에서는 2006년에는 군인가정 유아, 2007년에는 수양가정 유아를 위한 유아교육비 지원을 통과시켰다(Guthrow, 2007).

전략적 의사소통

Pre-K Now가 성공을 거둔 결정적 이유는 의사결정자들 앞에 데이터를 내놓는 데 효과적인 의사소통 도구를 사용함에 있어서 지역 차원의 캠페인을 직접적으로 활용하고 지원한 데 있다. 이러한 도구로는 Pre-K 관련 보도를 위한 광범위한 대중매체 활용, 신문 특집기사 기고, 비판적 기사에 대한 발 빠른 대응, 유료 매체에 대한 선택적 집중 활용(그림 2.2 참조), 핵심 데이터를 신속하고 손쉽게 접할 수 있는 방식의 보급, 이러한 출판 자료에 대한 효과적 활용 전략, 새로운 소셜 네트워킹과 최신 e-권익옹호 테크놀러지의 활용 등이 포함된다.

중앙 정책

Pre-K Now는 중앙정부의 정책입안자들에게 필요한 정보를 제공하고 교육시키는 것도 지원하였다. 중앙정부의 정책은 두 가지 중요한 역할을 한다. 첫째, 서비스(대부분 위험에 처한 유아를 위한 서비스)에 필요한 재정을 지원하는 것으로, 이는 지방정부에

가장 좋은 경제회복 계획

우리나라를 위한 인적 자원 구축의 시작은 가장 어린 미국 시민으로부터

의회에서 경제회복 노력을 지속하고 있는 중요한 이 시점에 우리는 우리의 제한된 자원을 현명하게 투자하기를 요청하는데 바로 가장 어린 시민으로부터 시작하여 근본으로부터 인적자원을 구축해야 한다고 본다.

지금이 바로 그 시점이다. 예산이 다시 '흑자'로 돌아설 때까지 기다리지 말고 바로 영아, 걸음마기 유아, 유아가 성공할 준비가 된 채로 건강하게 학교를 시작할 수 있도록 증명된 프로그램에 투자해야 한다.

오늘날 투자수익을 보장하는 확실한 투자란 거의 없다. 유아교육은 높은 회수율이 확실한 투자의 하나다. 질 높은 보육 및 유아교육의 혜택을 입증하는 연구결과들에 따르면 2배에서 17배까지 회수된다고 한다.

선택이 쉽지는 않겠지만 경제회복을 위한 가장 현명한 방법은 장단기 효과를 줄 수 있는 연구에 기초한 프로그램이라고 확신하며 유아교육과 유아를 위한 예방적 보건이 특히 중요하다고 본다. 영유아가 최적의 발달을 하도록 도움으로써 동시에 다음이 가능해진다.

- 가족에게 필요한 경제적 원조를 제공한다.
- 일자리를 창출한다.
- 미래를 위해 유능하고 팀워크가 가능한 인력을 키운다.
- 지방정부 재정을 절약한다.

여러분 스스로 경제 재건을 위해 어떤 투자가 최선인지를 생각해보면서 이러한 질문을 던지기 바란다. "장기적 측면에서 예산을 절약하는가? 노동시장을 향상시키는가? 우리나라가 더 경쟁력 있도록 해주는가?

현명한 선택을 하길 바랍니다. 우리나라 경제의 미래가 달려있습니다.

The Honorable Phil Bredesen
Governor of Tennessee

The Honorable Timothy M. Kaine
Governor of Virginia

The Honorable Ed Rendell
Governor of Pennsylvania

The Honorable Diane Denish
Lieutenant Governor of New Mexico

Sheriff Drew Alexander
Summit County, Ohio

Steve Bartlett
President and Chief Executive Officer, The Financial Services Roundtable; former U.S. Representative

Major General Buford "Buff" Blount
(U.S. Army-Retired)

Dana Connors
CEO, Maine Chamber of Commerce

Rob Dugger
Managing Director, Tudor Investment Corp; Advisory Board Chair, Partnership for America's Economic Success

David Fleming
President, Los Angeles County Business Federation

Jamie Galbraith
Lloyd M. Bentsen Jr. Chair in Government/Business Relations, LBJ School of Public Affairs, The University of Texas at Austin

Stephen Goldsmith
Professor of Government, Harvard's Kennedy School of Government; former mayor of Indianapolis

James J. Heckman
Nobel Laureate in Economics and Professor of Economics at the University of Chicago

Benjamin K. Homan
President and Chief Executive Officer, Food for the Hungry, Inc

Sheriff Mark Luttrell, Jr.
Shelby County, Tennessee

Ray Marshall
former Secretary of Labor

Rob McKenna
Attorney General, State of Washington

Lenny Mendonca
Chairman, McKinsey Global Institute

Susan Neuman
former Assistant Secretary of Education

The Honorable Michael A. Ramos
District Attorney, San Bernardino County

John Rathgeber
President and CEO, Connecticut Business and Industry Association

Richard Riley
former Secretary of Education

Jim Wunderman
CEO, Bay Area Council

Sheriff John Zaruba
DuPage County, Illinois

Organizations listed for identification purposes only

그림 2.2 ▲ 2009년 2월 3일자 *Roll Call*에 실린 Pew 재단의 광고자료(출처: Watson, S. [2010]. *The right policy at the right time: The Pew pre-kindergarten campaign* [p. 5]. Washington, DC: Pew Center on the States. 승인하에 사용.)

서 더 많은 대상에게 서비스를 제공할 수 있는 기초를 형성한다. 둘째, 교사교육, 자료수집, 프로그램 모니터링 등을 포함하여 서비스의 질 향상을 위한 인센티브를 제공하는 것이다. 헤드스타트와 조기헤드스타트(Early Head Start)라는 극빈층을 위한 유아교육 프로그램이 있고, 1965년 제정된 초중등교육법(공법 89-10)의 Title 1에 배정된 재정을 유아교육 지원에 사용할 수 있기는 하지만(Gayl, Young, & Patterson, 2009, 2010), 지방정부의 유아교육 지원에 할당된 중앙정부의 예산은 없다. 캠페인에서 가장 중시해온 것은 지방정부의 유아교육 공교육화 노력을 위하여 중앙정부 재정을 확보하는 것이다. Pre-K Now에서는 제110대 의회 동안 세 가지 법안의 초안 작성에 참여하였는데 바로 Mazie Hirono 하원의원이 발의한 유아재정지원법(Providing Resources Early for Kids Act: PRE-K Act), Robert Casey 상원의원과 Carolyn Maloney 하원의원이 발의한 2007 유아학습준비법(Prepare All Kids Act of 2007), Hillary Rodham Clinton 상원의원과 Kit Bond 전 상원의원이 발의한 학습준비법(Ready to Learn Act)이다. 의회의 교육노동위원회에서는 초당적 지지로 유아재정지원법(PRE-K Act)을 승인하였으나 전체 투표를 위한 법안 상정으로까지 이어지지는 못하였다. 2009년 오바마 행정부에서는 새로운 유아학습지원금(Early Learning Challenge Fund) 제도를 제안하였는데 이는 출생에서 만 5세 사이 유아들을 위하여 지방정부에서 조율하고 질적 수준을 높일 수 있도록 돕기 위한 경쟁기반 교부금(competitive grants)이다(U.S. Department of Education, 2009b).

중앙 정책 차원에서는 그 외에도 헤드스타트의 질을 향상시키고 수를 늘리는 것, 유아교사의 전문성 발달 재교육을 위해 2008 고등교육기회법(공법 110-315)을 확장하는 것, 그리고 교사교육, 자료수집, 질적 보장 등의 서비스 향상을 위해 별도의 보육·발달 포괄보조금(Child Care and Development Block Grant)을 확대하는 것을 목표로 삼았다(U.S. Department of Education, 2008b; U.S. Department of Health and Human Services, 2010a). Pre-K Now를 위한 중앙정부 차원의 노력은 각 지역 유아교육 지도자들의 전문성에 기초한 것이다. 워싱턴 DC에서 이루어지는 정책에 대해 자주 알림으로써 정책활동에 대한 최신 정보를 알 수 있도록 하여 지역 옹호자들이 상하원 의원들과 효과적으로 소통할 수 있게 돕는다. 2007년 Pre-K Now는 'No School for Sam'이라는 명칭의 새로운 e-캠페인을 시작하였는데(그림 2.3 참조), 해당 웹사이트를 구축하고 이메일 명단을 통해 5만 명 이상의 사람들에게 정보를 제공하고 있다. 이 캠페인을 통하여 2009년 초 어느 한 주말동안 7,600통의 편지를 의회에 보내 정부의 경기부양을 위한 2009 미국경제회복재투자법(American Recovery and Reinvestment Act: ARRA)(공법 111-5)에 유아교육 재정지원을 포함시킬 것을 촉구한 바 있다. 결국 여러 단체의 노력과 더불어 중앙정부의 법률제정자들은 미국경제회복재투자법에 헤드스타트와 조기헤드스타트를 위한 2천백만 달러 배정을 포함하게 하였으며 이에 따라 여타 중요한 유아교육 프로그램에도 상당한 재원을 지원하게 되었다(Pew Center on the States, 2009).

NoSchoolForSam.org

모든 유아는 유아교육을 받을 권리가 있다.
그러나 일부만이 유아교육을 받고 있다.

Kristen에게,

미군 지도자들이 Sam의 새로운 친구가 되었습니다!

군대에 갈 수 있는 연령의 젊은 미국인 중 수백만 명이 입대할 자격을 갖추지 못하고 있으며 퇴역장성들로 구성된 비당파적 모임에서 유아교육에 투자하는 것이 군을 위한 입대준비도를 향상시킬 수 있는 가장 좋은 방법이라고 말하고 있습니다.

그런데 바로 지금 **상원에서 매우 중요한 유아교육 법안의 통과가 지연되고 있습니다.**

군에서는 Sam이 유아교육을 받을 수 있기를 원합니다.

그러나 바로 지금 70%의 유아들이 기회를 갖지 못하고 있습니다.

상원에서는 아직 Sam과 같은 유아를 위해 수천만 달러의 유아교육 지원금을 제공할 수 있는 유아학습지원금을 통과시키지 않고 있습니다.

상원의원들에게 유아교육 지원을 지연시키지 말도록 설득해주십시오!

의회에서 유아학습지원금 법안을 통과시킨 지 두 달이 지났습니다. 퇴역장성 지도자들과 뜻을 함께하셔서 우리나라의 만 3세와 4세 유아들, 국가의 안전, 자유, 기회제공을 지켜낼 미래 세대에게 투자할 때가 바로 지금이라는 사실을 상원에게 환기시켜 주시겠습니까?

상원의원에게 Sam을 위해 움직이도록, 그래서 이 역사적으로 중요한 유아교육 지원을 위해 지금 행동할 수 있도록 설득하려면 여기를 누르십시오!

상원의원들 중 유아교육에 반대하는 사람들이 이 법안에서 유아학습지원금을 삭제하려고 할 것이라고 예상하였지만 유아교육을 가장 적극적으로 지지하는 상원의원들조차도 이렇게 질질 끌 것이라고 생각하지 못하였습니다!

그저 말만 해서는 우리나라 만 3세와 4세 유아 중 70% 이상이 샘과 같이 유아교육 프로그램을 받을 수 있는 공적 지원금을 받지 못하고 있다는 사실에 대처할 수 없다는 것을 당신과 우리 모두 알고 있습니다. 유아학습지원기금은 실제로 변화를 가져올 수 있는 중요한 대표적 기회입니다.

여러분의 상원의원에게 Sam은 더 이상 기다릴 수 없다고, 바로 지금 유아학습지원금을 통과시키라고 말해주십시오!

이 나라 전역의 유아들에게 중요한 문제를 위해 적극적인 지도자 역할을 해주셔서 감사합니다. 더 새로운 정보로 연락드리겠습니다.

그림 2.3 ▲ No School for Sam의 전자소식(출처: Watson, S. [2010]. *The right policy at the right time: The Pew pre-kindergarten campaign* [p. 6]. Washington, DC: Pew Center on the States. 승인하에 사용.)

새로운 유권자 단체 참여시키기

Pew 재단의 유아교육 지원전략 중 또 다른 부분은 다양한 정치적 관점을 가진 전국규모의 단체 30곳에 정보를 제공하고 지원하여 유아교육에 대해 각자 고유한 목소리를 낼 수 있도록 하는 것이었다(표 2.1 참조). 대부분은 유아 관련분야 외부에 존재하는 회원조직들로 지역 수준과 전국 수준의 주요 유권자 단체들을 구성하고 있다. 기업체 지도자, 노년유권자, 법률 관련 인사, K-12학년 교육자, 의사 단체 등에서 각각 유아교육을 지원해야 할 고유한 이유를 깨닫게 되었으며 유아와 지역사회에 미치는 유아교육의 혜택에 대하여 자신들만의 독특하고 설득력 있는 메시지를 기꺼이 전하고자 하였다.

표 2.1 30개 전국규모 단체와의 전략적 협력

연구 전문가: 미국 국립유아교육연구소, MDRC
정책입안자: 전국주지사연합, 전국주정부입법부협의회, 전국부지사연합, 전미시장연맹
법률 시행: 어린이교육투자 범죄예방단체(Fight Crime: Invest in Kids)
기업체: 미국경제성공협력 프로젝트, 전미제조업자연합, 미상공회의소, 미국기업어린이지원기구(America's Edge), 경제개발위원회
K-12 교육계: 지역교육감위원회, 전국주교육위원회연합, 전국교육위원회연합, 전국초등교장연합회
흑인, 라틴계 지도자: 유나이티드흑인대학기금, 전국라티노공무원연합, 전국멕시코계위원회, 라티노 유나이티드
유아교육계: T.E.A.C.H 유아프로젝트, 모든 유아는 중요하다(Every Child Matters), 미국몬테소리협회(AMS)
시니어단체: 세대통합(Generations United)
의사: 어린이를 위한 의사모임(Docs for Tots)
군대: 미션 준비도(Mission: Readiness), 군인가족유아교육연맹(Military Child Education Coalition)
언론: 헤싱거 교육 및 미디어기구(Hechinger Institute for Education and the Media), 교육부문 작가연합
법조계: 교육법센터(Education Law Center)
종교계: 후속세대보호단체(Shepherding the Next Generation)

출처: Watson, S. (2010). *The right policy at the right time: The Pew pre-kindergarten campaign* (p. 6). Washington, DC: Pew Center on the States. 승인하에 사용.

여느 때와는 다른 목소리들을 통해 유아교육을 지지하게 함으로써 새로운 방식으로 정책입안자들의 관심을 끄는 동시에 지역 차원에서는 쟁점사안, 그리고 변화를 가져올 수 있는 방법을 잘 알고 있는 전통적인 어린이 관련조직을 함께 활용하는 전략을 펼친 것이다. Pew 재단의 역할은 이 모든 전국수준의 협력단체들과 지역캠페인 단체들이 조화롭게 노력을 펼칠 수 있도록 돕는 것으로, 이에 따라 각 주에 소재하는 전국규모 단체 구성원들이 지역 지도자들과 긴밀하게 협력하고 같은 메시지를 전달하며 모든 단체가 가장 뛰어난 연구결과를 활용할 수 있었다. 일리노이어린이권익옹호단체(Illinois Action for Children)의 회장이자 실무책임자인 Maria Whelan은 "어린이들을 위한 지역 단체들뿐만 아니라 새로운 메신저들을 움직임으로써 성공을 거둘 수 있었다."(개인면담, 2009/가을)라고 자신이 목격한 바를 전하였다.

예를 들어 범죄예방단체인 Fight Crime: Invest in Kids*에서는 범죄감소에 미치는 유아교육의 효과에 관한 증거를 사용하여 법률 시행에 참여하고 있으며, 시니어단체

* 역주: Fight Crime: Invest in Kids는 5000명 이상의 경찰국장, 치안담당관, 검찰, 범죄생존자들로 구성된 범죄예방단체로서 어린이들이 범죄자로 자라는 것을 예방하기 위해 관련 연구를 정치가들과 일반대중에게 널리 알리는 역할을 하고 있다. 자세한 내용은 http://www.fightcrime.org/에서 찾아볼 수 있다.

인 세대통합(Generations United)에서는 노인층의 유아교육 지원을 촉진하였고, 일련의 교육단체들은 초등학교 교장에서부터 학교위원회나 지역 교육감까지 모든 사람들을 참여시켰다. 또한 Pew 재단에서는 헤지펀드 운영자인 Robert Dugger를 비롯한 여러 펀드매니저들이 미국경제성공협력(Partnership for America's Economic Success)이라는 이름의 새로운 프로젝트를 시작하도록 협력하였으며 중요한 기업계 지도자들을 움직임으로써 유아를 위한 일련의 입증된 중재를 실현할 수 있도록 하였다. 마지막으로 앞의 전략들과 구분되나 관련되는 전략은 바로 정보를 대중매체에 제공하는 단체들을 참여시키는 것이었는데 지지자들로서 참여시키는 것이 아니라 교육개혁에서 유아교육이 차지하는 역할과 연구결과를 이해하도록 돕고자 하는 것이다.

전통적인 지지자들과 새로운 협력자들 모두에게 지식과 참여를 함양하고 유아교육의 중요성에 대한 각각의 고유한 관점을 지지하는 데 필요한 데이터를 제공함으로써 Pew 재단은 유아교육이 가진 잠재적 효과의 폭을 반영하는 전국적 연합을 구축하였으며 그 광범위한 가치를 정책입안자들에게 효과적으로 소통하였다.

전국적 파급

Pre-K Now는 또한 전국적으로 유아교육의 가시성을 높이고자 노력하였다. 많은 단체나 재단에서 일반적인 대중인식 캠페인을 지지해왔으나, Pew의 접근법은 대중적 파급을 집중적으로 긴밀하게 연계시켰다는 점에서 구별된다. 예를 들어 Pre-K Now는 대중과 상호작용하는 방식의 전국적 위성회의를 수차례 생중계로 개최하였다. 전국적으로 옹호자들은 지역에서 위성회의를 지켜볼 수 있는 장소를 조직하여 2008년의 경우 185곳에서 4,000명이 함께 하였다. 이러한 위성회의 장소를 통해 굳이 지역 바깥으로 멀리 이동할 필요 없이 사람들이 함께 모여서 전국적 지도자들의 의견을 듣고 이야기를 나누고 자신의 유아교육 지지계획을 토론할 수 있었다. 또한 Pre-K Now는 주요한 대중매체 기사들을 수합하여 끊임없이 보고서 형태로 엮어내는데 예컨대 2010 회계연도의 지역별 진척상황에 대한 보고서에서는 3,000개 이상의 방송 및 신문 내용을 다루었다.

독립적 연구

현재의 Pre-K 프로그램의 영향 평가를 포함하여 핵심적인 정책문제에 답하는 데 있어서는 지속적인 객관적 연구가 매우 중요하다. 이러한 데이터를 제공하기 위해 Pew 재단에서는 경제학자인 Steven Barnett 교수로 하여금 Rutgers 대학교에 독립적인 연구기구인 전미유아교육연구소(National Institute for Early Education Research: NIEER)를 설립하도록 재정 지원하였다. Barnett 교수와 아동발달 전문가인 Ellen Frede 박사가 이끄는 이 연구소에서는 현대 유아교육 프로그램의 비용, 효과, 현황을 독자적으로 평가한다. 이들의 연구는 유아교육 정책의 투명성과 책무성을 높이고자 하며, 더 효과적인 유아교육의 토대를 제공하고 이 새로운 정책에 상당한 추가지원을 결정하기 전에 무엇이 효과적인가에 대하여 정책입안자들이 던지는 질문에 대답할 수 있도록 연구를 수행하고 전달하고 있다. NIEER 지도자들은 미국의 모든 주정부와 25개국의 정책입안자들 앞에서 증언하였으며 공식적인 지원과 정보를 제공해왔다(C. Shipp, 개인면담, 2009/10/21).

유아권익 옹호자들과 정책입안자 모두에게 중요한 도구가 되어온 결과물은 NIEER의 주정부지원 Pre-K 프로그램에 대한 연간보고서로, 현재 이 분야의 진행상황에 대한 하나의 기준이 되는 참고자료로 기능하게 되었다(Barnett, Epstein, Friedman, Sansanelli, & Hustedt, 2009). 이 보고서는 정책변화가 자신의 지역 상황을 향상시킬 것인지를 파악하기 위해 각 주에서 면밀하게 주시하고 있어 주요 동력이 되었다(W. S. Barnett, 개인면담, 2009/10/17). 또 다른 NIEER 연구들에서는 유아교육을 어느 정도로, 어떤 질적 수준으로 제공해야 어떤 수준의 영향력을 가질 것인가라는 핵심 문제를 다루고 있다. NIEER의 큰 기여 중의 또 다른 부분은 유아기 보육과 교육의 단기 및 장기 효과에 대한 수십 년간의 연구결과들을 종합한 종합 메타분석이다(Camilli, Vargas, Ryan, & Barnett, 2010). NIEER에서는 긴급하게 이루어지는 정책토론 가운데 옹호자들과 의사결정자들이 활용할 수 있도록 즉각적으로 반응하여 데이터를 제공하기도 한다.

Pew 재단은 어떤 문제들에 답하는 것이 가장 결정적으로 중요한지를 확인하는 데 있어서는 NIEER과 협력하지만 NIEER은 연구를 실시하고 현장으로부터의 연구를 정책입안자와 대중을 위해 쉽게 설명하고 그 결과를 보급하는 데 있어서 완전한 자율성을 갖고 있다. 일류 학자들로 구성된 자문단, 철저한 심사를 거치는 정책보고서 시리즈, 주요 전문학술지에 실린 수많은 학술논문들로 인하여 NIEER은 이 분야에서 크게 신임받고 있다.

전략적 선택

2001년부터 시작하여 Pew 재단에서는 캠페인의 초기 기획과 지속적 실행 모두에 있어서 수많은 전략적 선택을 하였는데 이 중 일부는 널리 지지받고 있고 일부는 논쟁의 여지가 있다. 종합해볼 때 이러한 선택은 권익옹호에 있어 쟁점이 추진력을 받을 수 있도록 하는 독특한 접근방법이다.

선택적 집중

권익주창자들은 모든 주에서 유아가 삶을 성공적으로 시작하기 위해 필요로 하는 것에 대한 폭넓은 비전을 가져야 한다는 데 동의한다. 그러나 그 비전을 달성할 방법이 무엇인가라는 문제에 대해서는 합의가 되지 않고 있다. 많은 주에서 유아 관련 쟁점을 동시에 여러 개 추구하면서 조금씩 진보시켜 갈 수도 있지만 큰 승리를 이루려면 구체적으로 우선순위를 두고 철저하게 집중하여야 한다. 다른 쟁점들을 무시하는 것이 아니라 대중이 받아들일 준비가 될 때 전면으로 부각시킬 수 있도록 계획하는 것이 중요하다.

Pew 재단의 캠페인이 시작되었을 때 Pre-K는 하나의 뚜렷한 교육 프로그램으로서 널리 알려져 있지 않았다. 이 캠페인을 통해 관심을 집중시킴으로써 정책입안자들 사이에 그 존재에 대한 인식도를 극적으로 높였으며 가족, 교육, 건강 등 유아가 성공하도록 준비시켜 주는 데 필요한 종합적 지원체계 속에 그 위치를 굳히도록 할 수 있었다. 유나이티드웨이 텍사스지역연합(United Ways of Texas)의 공공정책 분야 선임부회장인 Jason Sabo는 "우리 주에서 다른 분야는 거의 진보되지 않고 있는 반면, Pre-K에 선택적으로 집중함으로써 조금씩 유아를 위한 승리를 누적적으로 거둘 수 있었다. 이렇게 쌓여온 승리들을 모두 합치면 텍사스 주의 유아들을 위한 상당한 발전이 된다."(개인면담, 2009/가을)고 언급하였다.

각 주정부에서는 만 3, 4세를 위한 Pre-K의 인기가 높아짐에 따라 이보다 더 어린 연령에게도 수준 높은 프로그램을 지원해줄 필요성에 대해서도 더 많이 인식하게 되었다. 예를 들어 오클라호마 주 부교육감인 Ramona Paul은 Pre-K에 대한 관심이 확장되어 영아와 걸음마기 유아를 위한 수준 높은 프로그램을 설립해주기 위한 협력을 장려하고 있다. 이를 염두에 두고서 Pew 재단에서는 두 가지 캠페인, 바로 가정방문과 유아 구강보건에 대한 캠페인을 첨가하였으며 지역에 따라 이러한 쟁점이 전면에 부각될 때 그 여세를 적절하게 몰아갈 수 있게 하였다.

보편적 유아교육

공적 재원을 모든 유아를 위해 사용할지 아니면 제한된 대상에게 사용할지에 대한 논쟁에 있어서 이 분야의 의견불일치는 유아교육 정책의 출발지점이 아니라 종료지점에 대한 것이다. 사실상 모든 사람이 가장 심각하게 위험에 처한 유아들을 먼저 지원해야 한다는 데 동의한다. 마찬가지로 전반적으로 가난한 유아들이 중산층이나 부유한 가족의 유아들보다 더 광범위한 도움을 필요로 한다는 데에도 동의한다. 요컨대 '보편적 서비스'란 '동질적' 서비스를 의미하는 것이 아니다. Pew 재단에서는 저소득층 유아들에게 중앙정부의 재원을 집중시키고 주정부는 그러한 기초 위에 발전시키는 것을 지지해 왔다.

그러나 정책 접근방식이 가장 가난한 유아들에 대한 지원에서 더 이상 나아가지 않으려고 하는 사람들과 Pew 재단을 포함하여 모든 유아가 유아학습 기회를 가지는 것이 중요하다고 강조하는 사람들 사이에 차이점이 발생한다. '모두를 위한 Pre-K' 정책을 지지하는 데는 세 가지 주요한 논거가 있다. 첫째, Pre-K가 저소득층 유아에게 가장 큰 영향력을 줄 수 있다는 데는 의심의 여지가 없겠지만 연구결과에 따르면 중산층 유아들도 마찬가지로 혜택을 받는다고 한다. 이러한 중산층 유아들의 상당수가 제대로 준비되지 않은 상태에서 K학년을 시작하며 오클라호마의 주정부지원 Pre-K에 대한 연구들은 가족소득이 완전무상급식이나 급식보조금을 받을 자격이 없는 가족의 유아들에게도 상당한 혜택을 준다는 사실을 보여주고 있다. 빈곤선 바로 위에 있는 가정의 유아들이 수준 높은 유아교육에 대한 접근성이 가장 낮은 경우가 흔히 있다(Schulman & Barnett, 2005). 게다가 유아 1인당 투자 대비 회수율이 저소득층 대상 프로그램에서 가장 크기는 하지만 더 폭넓게 혜택을 줌으로써 총 혜택이 더 많아지게 될 것이다.

둘째, 빈곤층 유아들만 집중적인 대상으로 삼는 프로그램은 지금까지 지원 자격을 갖춘 모든 유아들을 모으기 힘든 반면, 모든 유아에게 Pre-K를 제공하고자 노력하는 정책은 더 많은 위험군 유아들과 유아교육에 대한 접근성이 오히려 가장 낮은 노동계층 가정의 유아들 모두를 모을 수 있는 가능성이 훨씬 더 크다(Ackerman, Barnett, Hawkinson, Brown, & McGonigle, 2009; Barnett et al., 2009). 셋째, 뉴욕, 오클라호마, 테네시 등과 같은 일부 주에서는 수혜대상을 폭넓게 함으로써 지지기반도 더 커질 수 있었고 이는 더 안정되고 수준 높은 프로그램으로 이어질 수 있었다(K. Schimke, 개인면담, 2009/가을; R. Paul, 개인면담, 2009/가을). 따라서 모든 만 3세와 4세 유아들이 유아교육의 혜택을 누릴 수 있게 집중하였던 Pew 재단의 선택은 연구에 기초한 것인

동시에 전략적인 것이다.

예를 들어 21세기에서조차 중앙정부의 헤드스타트 프로그램은 여전히 수혜대상 유아의 절반 정도에게만 제공되고 있으며(B. Allen, 개인면담, 2010/5/5), 텍사스와 델라웨어를 포함한 많은 주에서 수년간 저소득층 유아들을 위한 Pre-K의 질적 수준을 높이지 못하였다(Barnett et al., 2009). 테네시 주 내쉬빌의 부시장이자 유아권리 주창자이기도 한 Diane Neighbors는 "모든 유아를 위한 Pre-K라는 목표를 천명함으로써 가장 큰 위험에 처한 유아들만을 돕는 데서 멈추는 대신에 점차적인 재원 확충을 위해 지속적으로 밀어붙일 수 있었다."(개인면담, 2009/가을)라고 논평하였다. 사실상 Pew 재단에서는 모든 유아를 대상으로 하는 것이 먼 장래를 위한 목적일지라도 상당수의 유아들을 지원할 수 있도록 Pre-K를 확충할 수 있는 캠페인을 지지해왔다. 예를 들어 아칸소유아가족권익단체(Arkansas Advocates for Children and Families)의 사무국장인 Rich Huddleston은 "아칸소 주에서 다양한 Pre-K 서비스를 제공함으로써 현재 만 4세 유아의 거의 절반과 만 3세 유아의 1/3에게 수준 높은 프로그램을 제공하게 되었으며 두 연령 모두에서 70%까지 이르도록 노력하고 있는데 이는 가난한 유아들만을 지원하는 데서 멈추는 경우에 비해서 훨씬 더 많은 수이다."(개인면담, 2009/가을)라고 말한다.

한 가지 흥미로운 사실은 '모두를 위한'이라는 철학은 호주와 영국에서 취한 접근방식과 동일하다는 것이다. 호주 연방정부 보고서에 제시된 비전을 살펴보면 "광범위한 저소득층 집중 서비스에 연계된 핵심적인 보편무상교육의 제공"을 포함하고 있으며 구체적인 목적으로 "2013년까지는 모든 유아들이 학교에 가기 이전 해에 유아교육을 보편적으로 받을 수 있게 한다."(2009, p. 9)라고 규정하고 있다. 이 보고서에는 다음과 같이 기술되어 있다.

> 영국에서 3천명 이상의 유아를 대상으로 실시한 종단연구의 증거도 있는데 좋은 유아교육이 모든 유아에게 혜택을 주며 불우한 유아들이 다양한 사회적 배경을 가진 유아들과 한데 어울려 배우는 기관에 다닐 경우 혜택이 더욱 증가하는 것으로 나타났다. (중략) 모든 유아에게 제공된 유아교육 프로그램의 효과가 선별적 프로그램에 비하여 낮은 경우도 있겠지만 여전히 전반적으로는 긍정적인 효과를 줄 것이다. 이는 모든 유아와 가족들이 각기 다른 시기에 어느 정도의 지원을 필요로 하며, 실제 숫자상으로 가장 많은 상처받기 쉬운 유아들이 사회적 변화의 한가운데에 있기 때

> 문이다. 보편무상 프로그램의 또 다른 이점에는 접근성의 증대, 수치심을 줄 수 있는 낙인효과의 감소, 부가적인 지원을 필요로 하는 유아의 평가 및 의뢰 등이 있다. (2009, p. 9)

유아교육의 영향력에 대한 증거 수집: 교육 및 경제발전 측면

Pre-K가 항상 교육체제와 연계된 것은 아니었다. 따라서 캠페인 초기에는 유아교육이 이후 교육적 성취에 미치는 효과를 강조하였다. 이렇게 함으로써 공적 지지기반을 확충하고 새로운 우호세력을 얻었는데 특히 초등학교 3학년 성취도검사에서 학습자 성취를 향상시키라는 압박이 증가함에 따라 교육계의 관심을 얻게 되었다. 켄터키 주의 Prichard 학업수월성위원회(Prichard Committee for Academic Excellence)를 담당하는 Robert Sexton은 "이 메시지는 우리의 쟁점을 교육개혁 의제의 한 부분으로 만드는 데 효과적이었다."(개인면담, 2009/가을)라고 하였다. 또한 교육에 초점을 맞춤으로써 분열적인 논쟁이나 소모적인 부차적 쟁점을 피할 수 있었으며 질적 수준은 최소한으로 하여 최대한의 시간을 제공하기보다는 질적 수준이 높은 서비스를 제공해야 함을 주장할 수 있게 해주었다.

더욱이 대중들이 만 3세 및 4세 유아들을 위한 Pre-K를 교육으로서 이해하게 됨에 따라 이보다 더 연령이 낮은 어린이들을 위한 프로그램에서도 초기 학습을 촉진할 수 있는 환경을 형성해주어야 한다는 생각을 받아들일 바탕이 마련되었다. 오리건 주의 기업 지도자이자 학교준비도 캠페인(Ready for School Campaign)의 의장인 Richard C. Alexander는 다음과 같이 지적하였다.

> 오리건 헤드스타트 Pre-K 프로그램을 통해 3,000명의 위험에 처한 유아들에게 혜택을 준 성공적으로 초점을 맞춘 첫걸음은 이들의 발달에 있어 더 일찍부터 서비스를 제공할 근거를 구축하는 데 중요한 역할을 하고 있다. 태아기에서 만 5세까지 사회적으로 가장 약자인 유아들을 위하여 오리건 주에서 검증된 유아교육 중재를 연속적으로 제공하기 위한 다음 단계인 조기헤드스타트로 강조점을 이동하게 하였다. (개인면담, 2009/가을)

전미보육정보센터연합회(National Association for Child Care Resources and Refferal Agencies)의 실행책임자인 Linda Smith는 "Pre-K 운동으로 관심을 끌게 되면

서 유아를 위한 모든 보육서비스에는 양육적인 측면과 교육적인 측면이 포함되어 있다는 인식을 고양하게 되었다. 이는 보육 시스템 전체를 향상시키는 데 새로운 발전 양상을 보이도록 할 것이다."(개인면담, 2009/가을)라고 하였다. 미국어린이대변단체(Voices for America's Children)의 회장이자 책임자인 Bill Bentley도 "Pre-K 의제를 전국적으로 퍼뜨리는 것은 (중략) 전국적으로 더 폭넓은 유아교육 발전이 이루어지도록 노력하는 데 지극히 중요하였다."(개인면담, 2009/가을)라고 동의하였다.

이러한 초점이 효과적이기는 하지만 우려도 자아내고 있다. 한 가지 우려는 일부 지역에서는 맞벌이 부모들이 필요로 하는 보육시간 연장과의 연계 없이 반일제 프로그램만 제공하고 있다는 것이다. 이 문제를 해소하기 위하여 Pew에서는 Pre-K가 학교에서뿐만이 아니라 어린이집이나 헤드스타트 센터 등의 다양한 지역사회기반 환경에서 제공될 수 있도록 운영체제의 다원화를 주장하고 있다. 이를 통해 부모들에게는 더 다양한 선택이 가능하게 해주고 이미 어린이집 등을 운영하고 있는 훌륭한 운영자들을 활용하며 영아와 걸음마기 유아를 위한 우수한 보육서비스를 포함한 전반적인 체제를 향상시킬 수 있다.

캠페인을 실시한 지 2년이 흐르면서 주요한 성과가 이루어졌는데 이제 경제학자들은 좋은 유아교육의 경제발전상의 편익을 분석하기 시작하였다. 이 새로운 연구 분야는 경제발전 전략으로서 저소득층 유아를 대상으로 한 Pre-K가 16%의 회수율을 가지고 있어 대부분의 주식 포트폴리오보다 뛰어난 투자임을 밝히는 데이터를 제시한 미네아폴리스 연방준비은행의 Rolnick과 Grunewald(2003)의 논문 출간을 시작으로 개시되어 활발하게 이루어지고 있다(3장 참조). 이들의 논문은 보육과 유아교육의 긍정적인 비용-편익 비율을 보여주는 선행연구결과들과 일치하되, 정책 논쟁에 중차대한 영향력을 발휘할 수 있는 새로운 방식으로 대중의 관심을 끌었던 것이었다(Rose, 2010).

이렇듯 유아교육의 광범위한 경제적 영향력을 새로이 인식함으로써 획기적으로 기업 대표들의 지지를 얻게 되었으며 훨씬 더 많은 정치인들이 유아교육을 지지하도록 하였다. 또한 유아 프로그램을 서로 대치하고 경쟁하게 만드는 소모적 논쟁을 피할 수 있게 하였다. 다른 효과적인 프로그램을 희생시키고 Pre-K를 재정 지원한다면 어린이들을 위한 진정한 승리가 아닐 것이다. 유아를 대상으로 한 프로그램들끼리 경쟁시켜 가장 높은 투자 대비 편익률을 가지는지 비교하기보다는 모든 정부의 예산출처를 공개하고 경제적 이득 정도를 엄격하게 살펴보게 된 것이다. 연구들에 따르면 Pre-K를 필두로 하여 많은 유아대상 프로그램들이 경제 활성을 돕는다고 주장하는 다른 프로그램들보다 효율성이나 투자 대비 회수 비율에 있어서 훨씬 더 뛰어난 것으로 밝혀지고 있다 (Wat, 2007).

지역 선정

Pew 재단에서는 10년으로 예정된 캠페인을 그 기간 동안 계속 실시할 일부 지역들을 선택하기보다는 쟁점에 따라 변화의 기회를 보여주는 지역을 찾아 캠페인을 실시하고 매년 재평가하였다. 정책변화는 장기적인 투자를 필요로 하기 때문에 캠페인에서도 조급하게 지역을 변경하지 않았다. 대신 매년 직원 및 지역 권익주창자들이 주정부의 리더십과 정치적 상황을 재검토하여 승리의 기회를 제공할 수 있는 환경이 지속되고 있는지 아니면 더 나아가는 것이 불가능한 비우호적 환경으로 바뀌었는지를 결정하였다. 결과적으로 캠페인이 실행가능하게 된 지역들을 새로이 첨가하는 한편 장애물에 직면한 지역에서는 직접적인 활동을 감소하거나 상황이 변화할 때까지 기획활동을 중심으로 하였다. 적극적인 캠페인이 이루어지지 않는 지역의 협력자들도 네트워킹 모임에 참여하여 Pre-K Now의 다른 지원들을 받을 수 있도록 환영하였다.

질의 추구

유아가 성공할 수 있도록 준비시키려면 잘 교육받은 교사, 작은 학급 크기, 좋은 환경이 최소한 필수적으로 요구되는데 그 중 어느 한 가지도 낮은 비용으로 얻을 수 없다. 사실상 모든 주에서는 지역 모든 곳에서 많은 수의 유아를 대상으로 평범한 질적 기준으로 운영하는 프로그램으로 시작해야 할지, 아니면 제한된 수의 유아를 대상으로 높은 수준의 프로그램으로 시작해야 할지로 고민하고 있다. Pew 관계자들은 후자를 권고하는데 질적 수준이 낮은 프로그램은 유아에게 실패를 경험하게 하여 해가 될 뿐만 아니라 유아교육 확장 기회도 훼손시킨다. 앨라배마 주지사 Bob Riley 또한 질이 우선해야 한다는 접근법을 택하였고 "작지만 높은 수준의 프로그램으로 시작해야 어떻게 주 전체로 확장할지 배울 수 있을 뿐만 아니라 납세자들의 세금을 현명하게 투자한 것임을 증명할 수 있다."(개별면담, 2009/가을)라고 지적하였다.

책무성의 촉진

현재의 Pre-K 프로그램이 제대로 기능하고 있는지를 확실히 해두기 위한 노력의 일환으로 Pew 재단에서는 아동발달재단(Foundation for Child Development) 및 조이스재단(Joyce Foundation)의 재정 지원을 받아서 전미유아교육책무성 태스크포스(National Task Force on Early Childhood Accountability) 팀을 만들었다. Sharon Lynn Kagan이 의장을 맡고 Thomas Schultz가 함께 참여하여 전국적 자문위원회를 활용하여 주정부에서 Pre-K 프로그램의 성공 여부를 평가할 수 있는 시스템을 구축할 수 있는 권고안을 내놓았다(Pew Center on the States, 2007).

코네티컷, 루이지애나, 매사추세츠, 펜실베이니아 등을 포함한 몇몇 주에서는 이 보고서의 정보를 사용하여 유아의 초기 학습과 학교준비도를 기록할 수 있는 책무성 체제를 구축하거나 보완하였다. 더 나아가 이 보고서는 전국적 조직에서 두 가지 주요한 노력을 기울이도록 영향을 주었는데 바로 더 나은 자료수집 방법과 연구에 기초한 유아학습기준 제정이다(T. Schultz, 개인면담, 2010/6/8).

서비스 지원시스템 구축 선도

새로운 학급에 비용을 지원하는 것만으로는 충분하지 않다. 효과를 제대로 발휘하려면 잘 교육받은 교사를 양성하고 시설을 짓고 질적 수준을 점검하며 예산을 관리하는 등의 지원시스템이 필요하다. 이러한 인프라 시스템을 설계하고 구축하려는 노력이 중요하며 핵심 질문은 이를 지원하는 데 필요한 공적 재원을 어떻게 확보하는가이다. 유아의 성공에 대한 관련성을 증명하기 힘들기 때문에 대중에게 이러한 시스템에 필요한 재원을 감당하도록 설득하기란 쉽지 않다. 이에 따라 Pew 재단에서 선택한 전략은 대중들에게 효과적으로 기능하면서 질적 수준과 책무성을 보장할 수 있는 인프라에 대하여 확실하게 검증된 서비스에 대해서만 재정지원을 요청하는 것이었다.

이 전략이 도움이 되었다. 일례로 최소한 NIEER에서 제시한 질적 수준을 보여주는 벤치마크 10개 중 최소한 8개에 부합하는 프로그램의 수가 2002년 5개에서 2008년 18개로 늘어났다(Barnett, Robin, Hustedt, & Schulman, 2003; Barnett et al., 2009). 뉴저지 주의 대표적인 유아권익주창협회의 Ceil Zalkind는 "높은 질적 수준을 요구하는 기준과 이에 수반하는 Pre-K 프로그램 재정지원을 통해 거의 모든 교사들이 학사학위를 취득할 수 있도록 한 교사교육 및 전문성 함양 시스템을 구축할 수 있었다."(개인면담, 200/가을)라고 주목하였다. 뉴멕시코의 부지사인 Diane Denish는 "뉴멕시코 주 어린이들을 위한 Pre-K 캠페인은 교사 전문성 계발 및 새로운 시설 모두를 위한 재원을 창출할 수 있도록 돕기도 하였는데 둘 다 전체 유아교육 시스템에서 없어서는 안 될 핵심요소이다."(개인면담, 2009/가을)라고 하였다.

최고의 유아교육 및 K-12 교육 구축

학교준비도는 강력하고 의견을 한데 모을 수 있는 쟁점임이 증명되어 왔다. 또한 Pre-K를 K-12학년 체제와 연계시키는 것이 도움이 되는데 K-12 체제가 더 높은 질적 수준을 요구하며 더 안정된 재정기반을 갖고 있기 때문이다. 동시에 일반 교육프로그램을 연령이 낮은 유아들에게 단순하게 적용하는 것에는 단점도 있는데, 특히 영아 프로그램이 특징적으로 가지는 따뜻한 양육 요소를 훼손시킬 수 있으며 이는 Pre-K 유아(또한 연령이 더 높은 어린이)에게도 중요한 요소이다. 따라서 캠페인에서는 두 가지 측면을 모두 활용하는 이상적인 Pre-K 체제를 지지해왔다. 유아교육계의 권익주창자들은 놀이를 활용하여 학습하고 서로 다른 학습양식과 속도를 수용할 수 있는 발달에 적합한 실제를 강조해왔다. K-12학년 체제의 권익주창자들은 자격을 갖춘 교사, 만족스러운 보수, 질적 보장, 신중하게 선정된 교육과정을 위해 투쟁해왔다. 오클라호마 주에서 좋은 예를 찾아볼 수 있는데 Ramona Paul에 따르면 "Pre-K 프로그램은 K-12와 연계된 강력한 교사자격 요구 및 질적 보증과 더불어 동시에 매우 어린 유아들의 요구를 반영하는 양육적인 프로그램을 제공하고 있다."(개인면담, 2009/가을)는 것이다.

결과

개별 전략문제에 대해서는 끝없는 논쟁이 있을 수 있지만 모든 정책에 대한 궁극적인 검증은 결과이다. 지역 차원에서의 발전 양상은 Pre-K 운동이 뿌리를 내리고 있으며 효과가 있음을 보여준다. 매체에서는 유아교육기관의 수가 부족하여 자리를 확보하고자 고군분투하는 부모들에 대하여 이따금씩 기사화하던 데서 벗어나 이제는 교육 관련 기사의 정기적인 한 부분으로 삼음으로써, 2008년 Pre-K, 유아교육기관, 유아교육에 대한 기사는 거의 4,900개에 이르렀다. (Pre-K라는 용어를 언급하는 기사는 2000년도에 155개에서 2008년에 거의 900개로 증가하였다.) 부드러운 어조의 사회정책 주제로 다루어졌던 데서 변모하여 경제발전의 열쇠로 여겨지고 선거 쟁점으로서도 비교적 약한 위치에 있다가 이제는 주요 쟁점이 되었다. Pre-K는 버지니아 주의 전 주지사인 Tim Kaine이 2005년 선거에 나왔을 때 내세운 교육정책의 중요한 요소였고, 앨라배마 주지사 Bob Riley는 Pre-K를 일관되게 지지해왔으며, 2008년 공화당과 민주당의 대통령 후보들은 모두 자신들의 정책 공약에 Pre-K를 포함시켰었다(WArgo, 2008). 펜실베이니아 주지사 Edward Rendell은 2009년 주정부 예산을 서로 확보하려는 경쟁이 역사적으로

치열하였을 때 유아교육을 수호하였다(Pew Center on the States, 2009). 전반적으로 Pre-K에 대한 주정부의 재정지원은 회계연도 2002년에 2천4백만 달러에서 2010년에 5천3백만 달러로 증가하였으며, Pre-K에 다니는 유아 수는 회계연도 2002년에 약 70만 명이었던 데 비하여 2009년에는 120만 명으로 늘어났다(Barnett et al., 2003; Pre-K Now, 2009). (그림 2.4 참조)

그리고 프로그램들은 효과적으로 작용하고 있다. NIEER 등에서 실시한 연구들은 캘리포니아, 뉴저지, 뉴멕시코, 오클라호마 주의 Pre-K 프로그램들이 유아의 수 기능과 읽기/쓰기 기능에 유의미한 증진을 가져왔음을 보여주었다(Barnett, Lamy, & Jung, 2005; Wat, 2010). 주정부에서 장기적 효과를 알려면 더 많은 시간이 걸리겠지만 즉각적인 혜택은 이미 목격되고 있는 것이다. 뉴저지 주에서 Pre-K 프로그램을 운영하는 학교들의 경우 초등학교 1학년에서의 낙제 유급자 수가 50% 가까이 줄어들었다고 한다(Frede, Jung, Barnett, & Figueras, 2009).

그렇지만 아직까지 해야 할 일이 많이 남아있다. 2008~2009학년도에는 만 4세 유아의 61%와 만 3세 유아의 86%가 주정부나 연방정부의 재정으로 운영되는 Pre-K에 다닐 수가 없었다(Barnett et al., 2009). 10개의 주에서는 Pre-K 프로그램을 전혀 제공하지 않았으며(Pew Center on the States, 2009), 현재 제공되는 프로그램들의 질적 수준도 아직 높지 않다. 예를 들어 7개의 주정부 프로그램들은 NIEER의 벤치마크 10개 중 6개 미만에만 부합하였다(Barnett et al., 2009). 예산 경쟁으로 인하여 유아교육은 여전

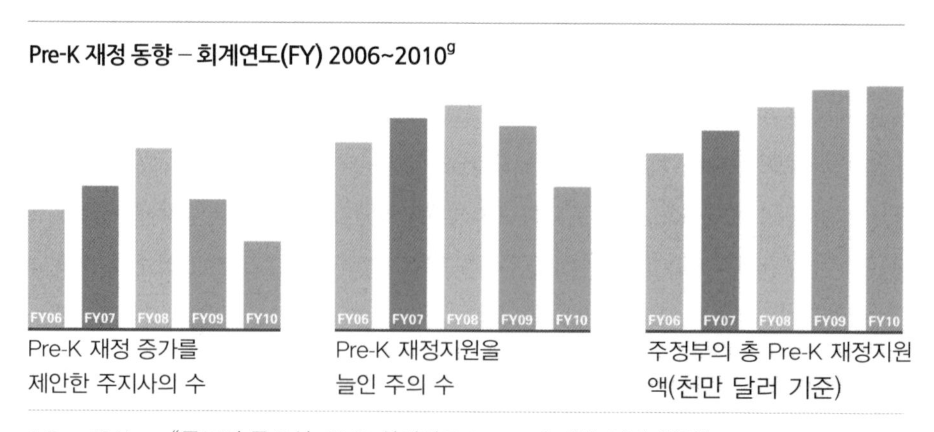

그림 2.4 ▲ Pre-K 재정 동향(출처: Watson, S. [2010]. *The right policy at the right time: The Pew pre-kindergarten campaign* [p. 17]. Washington, DC: Pew Center on the States. 승인하에 사용.)

히 약한 입지에 처해있다. 10개 주에서는 2010년 지원액을 낮추었으며 회계연도 2009년의 경우 유아 1인당 지출비용은 2년 만에 처음으로 감소하였다(Pew Center on the States, 2009). 미국의 교육을 개선하고자 하는 단체, 출판물, 이벤트에서 Pre-K를 해결책의 일부로 포함시키지 않는 경우가 여전히 존재한다. 미국은 모든 유아에게 K학년 이전에 핵심적인 교육경험을 제공하고자 하는 주요 경쟁국가들, 특히 프랑스, 호주, 영국 등의 국가적 노력에 견주어볼 때 여전히 갈 길이 멀다.

앞으로의 계획

Pew 재단은 유아교육 정책을 발전시키는 데 중요한 역할을 해왔지만 이러한 동력을 잘 유지시켜 나가려면 여러 많은 집단의 노력이 필요하다. 다행히도 기존의 K-12 교육단체의 상당수가 의제를 확장하여 유아교육(preschool)에서 대학교육(P-16)까지 포함시키고 있으며 Pew 관계자들은 이들과 협력하여 Pre-K가 지속적으로 이러한 단체들의 미션의 일부가 되도록 할 것이다. 예를 들어 데이터 퀄리티 캠페인(Data Quality Campaign)에서는 전통적인 교육체제에서 종단 연구데이터 시스템을 향상시키기 위해 만들어진 것이었지만 Pew 재단과 Packard 재단의 지원을 통하여 더 어린 유아들을 위한 프로그램도 포함시키는 것으로 확장될 것이다. Pew 재단에서는 다른 재단에서 하고 있는 새로운 노력, 예컨대 Kellogg 재단에서 출생에서 만 8세 사이의 유아들을 위해 실시하고 있는 시도, 출생~만 5세 정책연맹(Birth to Five Policy Alliance)과 유아지원금, Annie Casey 재단의 새로운 읽기성취 프로젝트 등을 보조해주는 방식으로 협력함으로써 주요 유아교육 쟁점들에서 현명한 권익옹호가 이루어지기를 바라고 있다.

Pre-K 캠페인의 성공은 집중적이면서 증거에 기초한 초당적 의제, 탄탄한 연구, 현명한 권익옹호를 결합한 공식을 활용함으로써 유아들을 위해 승리를 거둘 수 있음을 보여주고 있다. 2008년, Pew 재단에서는 두 가지 캠페인을 첨가하였는데, 바로 위험에 처한 신생아를 두거나 임산부가 있는 가정을 대상으로 한 자발적 가정방문 프로그램과 유아의 구강건강 프로그램이라는 이미 검증된 프로그램을 지원하고 있다. Pre-K를 실시하고 있는 지역의 상당수는 가정방문 프로그램을 활용하고 있는데 특히 유아를 위한 포괄적 체제구축을 위해서 논리적으로 뒤따라야 할 단계로 간주하고 있다. 이러한 세 가지 정책은 유아발달의 세 가지 주요 영역, 즉 가족, 교육, 건강에 있어서 발판을 마련해주고 있으며, Pew 재단의 협력자들로 하여금 자신의 지역에서 캠페인을 가장 효과적으로 펼칠 수 있는 분위기가 무르익었을 때 쟁점을 선도해갈 수 있게 해준다. 성공의 열쇠는 지속적으로 배우고 끊임없이 전략을 가다듬고 유아, 가족, 지역, 국가를 위한 최선의 정책에 대하여 가장 강력한 데이터를 상시적으로 제시하는 것이다.

모든 만 3세 및 4세 유아를 위하여 수준 높은 자발적 Pre-K를 제공하고자 하는 국가적 움직임은 지난 십여 년간 위대한 성과를 얻어왔다. 여기서 더 나아가기 위해서는 전국적으로 재단, 권익주창자, 정책입안자, 기업계 지도자, 법 집행 관료, 교육자, 가족 간에 협력관계를 구축함으로써 모든 유아들이 K학년에 입학할 때 성공할 준비가 되어 있도록 도울 수 있는 입증된 프로그램에 지방정부가 세입자의 세금을 투자할 수 있도록 지속적으로 노력할 수 있는 촉매제 역할을 할 것이다.

PART 1

논쟁

논쟁 1

저소득층 집중 대 보편무상 유아교육

연구문제

- 저소득층 집중 유아교육에 대한 세 가지 주요 비판은 무엇인가? 이에 대한 저자의 반박은 무엇인가?
- 보편무상 프로그램은 선별적인 저소득층 집중 프로그램이 줄 수 없는 혜택을 어떻게 제공하는가? 이러한 성과는 추가되는 비용보다 더 중요한가?
- 보편무상 유아교육을 전면적으로 실시하고 그 다음에 질적 수준을 높이는 방법에 동의하는가, 반대하는가? 역으로 높은 수준의 저소득층 집중 유아교육 프로그램으로 시작한 다음에 이를 보편적인 프로그램으로 확장하는 방법은 어떠한가? (제6장의 예 참조)

제3장*

저소득층 집중 유아교육 프로그램의 경제학적 근거

– Art Rolnick & Rob Grunewald

공적 재원을 관리하는 청지기로서 정책입안자들은 비용에 대비하여 가장 큰 효과를 제공할 수 있는 투자 방안에 부족한 자원을 할당할 책임을 안고 있다. 발달 및 학습에서 뒤처질 위험에 처한 유아(at-risk children)를 대상으로 하는 유아교육이 그러한 투자의 하나다. 경제학적 관점에서 이루어진 연구들에 의해 이러한 위험에 처한 유아를 위한 교육에 투자하는 것이 괄목할 만한 혜택을 되돌려준다는 사실이 증명되어 왔다. 성인이 되었을 때 더 높은 임금을 받게 된다는 개인적 측면의 이득도 포함되지만 교정교육이나 범죄로 인한 사회적 비용은 감소시키고 조세수입은 증가시키는 등 사회에 돌려주는 총 환원 측면에서의 혜택이 매우 크다.

그렇지만 유아교육 투자에 대한 사회적 회수율이 동일한 것은 아니다. 보편적 프로그램(즉 모든 유아가 받을 수 있는 유아교육 프로그램)은 저소득층을 선별하여 집중적으로 실시하는 프로그램에 비하여 회수율이 훨씬 낮다. 사실상 보편무상 유아교육에

---

* 제3장에 제시된 관점은 저자들의 것으로 연방준비은행과 무관함을 밝혀둔다.

대한 회수율은 심지어 다른 유형의 공적 투자에 비해서도 낮은 것으로 보인다. 따라서 자원은 사회적 이득이 가장 많은 프로젝트에 투자되어야 한다는 원칙에 근거하여 유아교육 투자는 위험수준이 가장 높은 저소득층 유아들에게 집중적으로 이루어져야 한다.

이 장에서는 먼저 모든 유아에게 보편적으로 투자하는 것보다 저소득층을 중심으로 유아교육에 선별적으로 투자하는 것이 훨씬 더 이득이 많다는 사실을 제시할 것이다. 이어서 저소득층 집중 유아교육 프로그램(targeted preschool programs)에 대한 여러 비판에 반박하고자 한다. 마지막으로 저소득층 집중 유아교육 프로그램에 성공적으로 투자하기 위해 필요한 핵심 요소를 논하고 시장원리에 기반한 접근법을 옹호하는 것으로 결론짓고자 한다.

경제학적 연구는 저소득층 집중 유아교육을 선호한다

발달이나 학습에서 뒤처질 위험이 있는 유아에게 집중적으로 유아교육을 제공하는 것이 사회적으로 환원하는 바가 크다는 것에 대한 연구는 충분히 이루어져 왔다. 페리유아교육 프로그램(Schweinhart et al., 2005), ABC 프로젝트(Masse & Barnett, 2002), 시카고 유아-부모센터(Reynolds, Temple, Robertson, & Mann, 2002), 엘마이라(Elmira) 태아/신생아 프로젝트(Karoly et al., 1998)의 효과분석에 따르면 물가상승률을 감안하고도 연간 회수율이 7%에서 20%를 상회하는 정도이며 비용에 대비한 효과가 4배에서 10배 이상까지 된다고 한다(Heckman, Grunewald, & Reynolds, 2006). 연구자들은 이러한 유아교육 프로그램의 효과를 청소년기와 성인기까지 추적하여 분석하였다(Heckman et al., 2006).

이러한 네 가지 종단연구는 비용-편익분석을 통해 위험수준이 높은 유아(즉 저소득층 유아)와 그 가족에게 집중적으로 선별투자하는 형태의 유아교육을 지지하는 주된 증거다. 또한 연구에 따르면 저소득층 유아를 중심으로 한 집중적 유아교육 투자는 유아기 이전에 시작되어야 한다고 한다. 신경과학은 생후 첫 몇 년이 건강한 두뇌 발달에 결정적인 시기임을 보여주고 있다. 아주 어릴 때부터 시작되는 프로그램은 유해한 스트레스에 노출되어 있는 유아들에게 특히 중요하다(National Scientific Council on the Developing Child, 2009).

저소득층 집중 프로그램에 대한 회수율이 보편무상 유아교육보다 높다

여기에서는 보편무상 유아교육에 대한 주장을 비판함으로써 저소득층 집중 프로그램에 대한 회수율이 보편적 프로그램보다 더 높다는 것을 보여주고자 한다. 보편무상 유아교육을 주장하는 이들은 중산층 유아 1인당 회수율은 저소득층 유아에 대한 회수율에 비하면 낮지만 그래도 상당하다고 주장한다. 이들은 중산층 유아들에 대한 회수율을 저소득층 유아를 대상으로 한 종단연구를 토대로 추정한다. 게다가 저소득층 유아에 비하여 중산층 유아의 수가 더 많기 때문에 총 환원 측면에서는 저소득층 집중 유아교육보다 보편무상 유아교육이 훨씬 더 효과적이라고 말한다.

보편무상 유아교육의 근거에 대한 우리의 반박은 보편무상 유아교육의 유아 1인당 회수율이 상당하다는 주장에 대한 세 가지 문제점을 논하는 것으로 시작하겠다. 먼저 저소득층을 대상으로 한 종단연구의 결과를 중산층 유아에게 확대하여 추정하는 것은 불확실성 문제를 안고 있다. 둘째, 보편적 유아교육 프로그램을 받는 저소득층 유아에 대한 혜택이 전체 회수율의 상당부분을 차지한다. 셋째, 보편무상 유아교육은 유아교육이 무상이든 그렇지 않든 유아교육에 돈을 쓸 중산층 및 고소득층에게도 재원을 대신 부담해주는 것이 된다.

이러한 문제점을 지적하는 것에 더하여 우리는 재정에 관한 의사결정을 내림에 있어서 유아 1인당 회수율이 총 회수율보다 더 나은 준거라고 본다. 더구나 저소득층 집중 유아교육에 비하여 보편무상 유아교육을 하려면 전체적으로 비용이 더 많이 드는데 이로 인하여 더 높은 환원을 가져올 수 있는 다른 재정투입을 못하게 될 수 있다.

저소득층 유아는 소득수준이 더 높은 가정 출신의 유아들보다 더 낮은 기저선(baseline)에서 출발하기 때문에 저소득층 집중 접근법이 보편적 접근법보다 더 높은 회수율을 달성할 수 있다. (중산층 이상의 유아들은 유아교육을 시작할 때 발달상 평균치에 가까울 것이다.) Hart와 Risley(1995)는 부모가 복지수당에 의존하는 가정에서 자라난 유아들은 만 3세에 이르면 대학교육을 받은 부모를 둔 가정에서 자란 유아들이 습득한 어휘 수의 절반 정도만 습득했음을 관찰하였다. 연구자들이 발견한 격차는 사회적 고비용을 의미하는 것으로 해석된다. 우리는 저소득층 유아교육 투자는 높은 공적 환원을 가져오는 반면 보편무상 유아교육에 대한 투자는 평범한 수준의 공적 환원으로 이어진다고 주장하고자 한다. 앞에서 언급한 종단연구들은 높은 수준의 저소득층 집중 유아교육 프로그램이 특수교육, 학년유급, 범죄자 교화 제도에 드는 비용을 감소시키며 조세수입을 증가시킬 수 있음을 보여준다(Heckman et al., 2006).

보편무상교육을 주장하는 사람들은 모든 소득수준의 유아들이 다닐 수 있음으로써 보편적 유아교육이 혜택을 가져다준다고 하는 관련 프로그램 연구를 인용한다. 예컨대 오클라호마 주의 털사(Tulsa)에서 실시된 보편적 유아교육 프로그램은 중산층 이상 소득수준 가정의 유아들의 검사 점수가 향상됨을 보여주었다. 그렇지만 무료급식이나 반값 급식을 받을 자격이 있는 저소득층 유아들은 급식비를 다 내는 유아들에 비하여 글자-단어 식별, 철자법, 응용문제에서 점수가 더 많이 향상되었다(Gromley, 2007).

일부 연구자들은 보편적 프로그램에 대한 경제적 회수율을 추정하기 위해 종단연구의 비용편익분석 결과를 활용해왔다. 저소득층 집중 유아교육 프로그램의 결과를 보편무상 유아교육에 적용한 예는 Belfield(2004), Karoly와 Bigelow(2005), Lynch(2007) 등의 연구에서 발견된다. 그런데 중산층과 고소득층 유아에 대한 경제적 영향력을 통계적으로 조정하고자 하는 시도는 어느 정도 불확실성을 가질 수밖에 없다. 예컨대 캘리포니아 주 보편무상 유아교육에 대한 Karoly와 Bigelow 연구에서는 비용 대비 유아교육 편익의 추정치가 대략 2배(편익:비용=2:1)에서 4배(4:1) 이상이라고 보고되었다. 추정치 간의 차이는 학습에 실패할 위험수준이 높은 유아들에 비하여 위험수준이 중간 정도이거나 낮은 유아들이 보편무상 유아교육의 혜택을 어느 정도 얻을 것인가에 대한 가정들이 다른 데서 연유한다.

위험수준이 중간 정도이거나 낮은 유아들의 1인당 회수율이 비교적 높지 않다면 보편무상 프로그램에 다니는 저소득층 유아들에 대한 혜택이 경제적 이득의 주축을 이룬다고 볼 수 있을 것이다. Karoly와 Bigelow의 연구(2005)에서 가장 보수적으로 추정한 2배는 보편무상교육의 모든 혜택이 저소득층 유아(캘리포니아 주에 거주하는 만 4세 유아의 25%에 해당)에게 있는 것으로 가정한 것이다. 연구에서 보고한 편익:비용의 기저선은 2.6:1이었는데 중산층과 고소득층 유아들은 저소득층 유아가 받는 편익의 50%, 25%를 각각 받았다. (시뮬레이션에서 이러한 영향력은 보편무상 프로그램을 실시하지 않았다면 유아교육을 받지 않았을 유아들을 대상으로 한 것이었다.) 기저선 비용편익 비율은 대부분 저소득층 유아들에 대한 혜택으로부터 나온 것이다. 더 나아가 만약 캘리포니아 주 유아교육 프로그램이 저소득층 유아에게만 제한되고 모든 유아에게 제공되지 않았더라면 전체 비용은 75%(시뮬레이션에서 중산층 및 고소득층 유아의 비율)까지 낮아질 수 있었을 것이며 따라서 편익:비용 비율은 8:1에 근접할 정도로 증가했을 것이다.

Karoly와 Bigelow(2005)는 위험수준별 유아교육 수혜에서의 차이를 참작하기는 했지만 부모가 이미 하고 있었을 교육비 지출을 충분히 고려한다면 중산층 유아에 대한 회수율은 과대평가된 것일 수 있다. 중산층이나 고소득층 가족에게까지 유아교육을 무상으로 제공하는 것은 유아교육기관에 다니는 유아의 수를 조금만 증가시키는데, 상당수가 이미 교육비를 내야 하는 프로그램에 다니고 있었기 때문이다. 2005년의 경우, 빈곤기준선(poverty baseline) 이하 가정의 만 3~5세 유아의 약 47%가 전국적으로 기관형(center-based) 유아교육 프로그램에 등록되어 있던 반면 빈곤기준선 이상 가정의 만 3~5세 유아는 60%가 등록되어 있었다(National Center for Education Statistics, 2007). 미 관리예산국에서 정한(2007년 제정된 헤드스타트학교준비도제고법, 공법 110-134조) 빈곤기준선 이하 가정의 유아라면 무료로 다닐 수 있는 헤드스타트가 있음에도 이러한 격차가 존재한다. 2011년, 4인가구의 빈곤기준선은 22,350달러였다(미 보건복지부, 2011). 교육수준이 낮은 부모에 비하여 교육수준이 높은 부모는 소득수준도 마찬가지로 더 높으며 자녀를 유아교육 및 보육기관에 보내는 데 더 많은 비용을 지출한다(Rosenbaum & Ruhm, 2007). 예를 들어 고졸 이상의 교육수준을 지닌 부모는 고등학교를 졸업하지 못한 부모보다 시간당 보육료를 두 배 정도 지출한다. 또한 소득수준이 더 높은 가정의 유아들은 저소득층 가정의 유아들에 비하여 평균적으로 더 풍부한 가정환경을 갖고 있다. 이 모든 증거는 보편무상 유아교육이 중산층 이상의 가정에서 자녀의 교육경험을 지원하는 데 이미 쓰고 있는 재정 지출을 대신해주는 것임을 보여준다.

보편무상 유아교육을 주장하는 이들은 저소득층 유아에 비하여 중산층 유아의 수가 더 많기 때문에 보편무상 프로그램에 대한 총 회수율은 저소득층 집중 프로그램보다 실질적으로 상당히 더 높다고 주장하기도 한다(Barnett, Brown, & Shore, 2004). 그러나 총 회수율은 투자여부를 결정할 때 최상의 기준이 아니며, 유아 1인당 회수율이 더 좋은 준거이다. 따라서 중요한 질문은 이후 유아교육에 대한 투자를 어떻게 해야 하는가라는 것이다. 정답은 총계가 아니라 순이익에서 나온다. 이득 측면에 있어서 저소득층 유아에게 사용하는 비용이 중산층 유아에게 사용하는 비용에 비하여 더 큰 효과를 낳을 것이다.

그런데 보편무상 프로그램이 긍정적인 순이익을 가져옴을 보여준다고 할지라도 이는 재정투자에 충분한 조건은 아니다. 회수율 혹은 비용편익 비율을 재정투자가 가능한 다른 프로그램과 비교하여야 하는데 여기에는 인적자원 개발 프로그램, 특히 저소득층을 대상으로 한 태아기에서 만 3세 사이의 프로그램도 포함된다. 예를 들어 뉴욕주 엘마이라에서 연구된 간호사 가정방문 모형을 기초로 한 간호사-가족 파트너십 프로그램은 탄탄한 공적 회수율을 증명하고 있다(Heckman et al., 2006). 인적자원 개발 투자의 다른 예, 예컨대 방과후 프로그램, 교사 복지수당 개혁, 학급당 학생 수 감소, 학년 전이 프로그램 등도 어쩌면 보편무상 유아교육보다 더 높은 회수율을 가지고 있을 수 있다. 보편무상교육을 옹호하는 사람들은 이러한 다른 대안들보다 보편무상 유아교육이 더 높은 환원을 할 수 있음을 보여야만 할 것이다.

이 쟁점을 드러내기 위하여 조지아 주의 보편무상 유아교육 프로그램과 미시간 주의 저소득층 집중 프로그램을 생각해보자. 더 많은 유아들을 수용하기 때문에 보편무상 유아교육의 전체 비용은 일반적으로 저소득층 집중 프로그램보다 더 많이 소요된다. 예를 들어 조지아 주 보편무상 유아교육 프로그램은 78,310명의 만 4세 유아를 대상으로 연간 3억 3천2백만 달러에 육박한 비용이 들었다. 대조적으로 미시간 주의 유아교육 프로그램은 교육적으로 불리한 처지의 만 4세 유아를 대상으로 하였는데 24,091명에 연간 1억 3백만 달러를 사용하였다(Barnett, Epstein et al., 2009). 조지아 주에 비하여 미시간 주는 저소득층을 위한 태아~만 3세 프로그램과 같이 회수율이 더 높을 가능성이 있는 프로젝트에 더 많은 재원을 할당할 수 있다.

저소득층 집중 접근법의 비판에 대한 반박

여기에서는 저소득층 집중 유아교육 프로그램에 대한 몇 가지 비판에 대하여 반박하고자 한다.

저소득층 집중 접근법은 정책적 지원을 얻지 못할 것이다

보편무상 유아교육을 주장하는 이들은 폭넓은 수혜대상을 가진 프로그램이 저소득층 집중 유아교육보다 정책적 지원을 더 강력하게 얻을 수 있는 기반이 된다고 주장한다. 이들은 헤드스타트를 포함한 저소득층 가족 지원 프로그램들에 대한 정치적 지지 결핍을 강조한다. 그렇지만 미국인들은 대체로 저소득층 가정의 학생들을 위한 대학 장학금이나 기타 경제적 지원을 받아들이고 지지한다. 국민들은 대학교 학비지원에 초점을 맞추는 정책이 국가의 노동시장과 민주주의 측면에서 도움이 된다는 사실을 이해하고 있다. 마찬가지로 국민들은 인적자본 개발의 대들보 역할을 할 선별적 유아교육을 지지할 것이다.

산업계 지도자들도 저소득층 유아에게 집중하는 것이 높은 회수율을 가진다는 사실을 인지하고 있다. 예를 들어 미네소타유아학습재단(2009)은 운영위원회에 주요 기업 지도자들을 선임하는데, 이들은 저소득층 유아의 학습준비도를 촉진시키는 데 가장 효과적이면서 비용 측면에서도 효율적인 방법을 알아내는 연구를 지원하고 있다. 더구나 보편무상 유아교육은 정책적 지원을 얻을 수 있는 마법지팡이가 아니다. 2006년 캘리포니아 주의 발의안 82는 보편무상 유아교육에 대한 주장이 항상 유권자의 마음을 움직이지 못한다는 사실을 보여주었다(Institute of Government Studies, n. d.).

저소득층 집중 접근법은 통합학급을 배제한다

저소득층 집중 접근법은 다양한 사회경제적 배경을 가진 유아들이 다닐 수 있는 통합프로그램을 제공할 수 있다. 저소득층 프로그램은 기존의 공사립 유아교육 및 보육 프로그램 시스템에 통합될 수 있다. 예컨대 소득수준이 더 높은 가정의 유아는 전액을 내는 반면 저소득층 가정의 유아들에게는 학비보조금을 지급하여 무료로 혹은 감액으로 다니게 할 수 있을 것이다.

저소득층 집중 접근법은 실시하기 힘든 가계소득 심사 통과를 자격요건으로 한다

유아교육 지원자에게 가계소득 심사를 하는 데 비용이 들기는 하지만 지원과정을 단순화시켜서 저소득층 가족들이 접근하기 쉽도록 할 수 있을 것이다. 유아교육 프로그램에 대한 자격요건은 가계소득 심사에 기초하는 다른 프로그램의 수혜자격과 연계될 수 있다. 가계소득 심사비용은 저소득층 집중 프로그램으로부터 얻을 수 있는 혜택에 비하면 높지 않다고 생각한다.

저소득층 집중 접근법은 수치감을 갖게 한다

보편무상 교육을 주장하는 사람들은 저소득층 집중 프로그램에 다닐 자격을 갖춘 저소득층 가족에게 수치감을 주는 낙인효과가 있다고 주장한다. 낙인효과는 저소득층 집중 프로그램이 대중이나 저소득층 가족에게 제공되는 방식에 따라 영향을 미친다. 대학에 다닐 수 있도록 저소득층 학생에게 장학금이나 보조금을 지원하는 데는 일반적으로 낙인효과가 없다. 오히려 대학 장학금과 보조금은 국민들이나 저소득층 학생들 모두가 핵심 기회요소로 필요하다고 여긴다. 따라서 저소득층 집중 유아교육기관 역시 주로 저소득층 가정을 위한 지원책이 아니라 유아에 대한 투자 기회로 여겨지도록 할 수 있다.

저소득층 집중 접근법은 혜택을 받아야 할 모든 유아가 반드시 교육받도록 하기 힘들다

마지막으로 저소득층 가족에게 다가가 혜택을 받도록 하는 것이 쉽지 않다는 보편무상교육 주장자들의 의견에 필자들도 동의하지만 가계소득 심사가 주된 방해물이라는 데는 동의하지 않는다. 많은 저소득층 가족들은 주거와 식장 문제 등을 포함하여 여러 가지 어려움에 직면해 있다. 이러한 가족들에게 다가가 도움을 주려면 프로그램이 저소득층 집중적이든 보편적이든 간에 관계없이 접근성 있는 위치와 복지행정 직원의 지원 등을 포함하여 자원이 집중될 필요가 있다. 전반적으로 더 비용이 많이 드는 보편무상 프로그램에 비하여 저소득층에 집중함으로써 여유 자원을 더 집중적으로 사용하여 복지정책을 펼칠 수 있다고 주장한다.

유아교육 재원을 선별 지원하는 방안: 시장기반 접근법

앞에서 논한 바와 같이 높은 사회적 회수율을 도출하고자 한다면 유아교육기관에서 위험에 처한 유아들에게 집중할 뿐만 아니라 부모 참여를 강조하고 조기에 시작하며 높은 질적 수준을 확보하고 대규모로 확대하여 적용할 수 있어야 한다. 이러한 특징을 갖추려면 저소득층 유아교육 프로그램은 시장경제에 내재된 융통성, 혁신성, 인센티브를 필요로 할 것이다. 이 목적을 위하여 우리는 유아교육 기금을 마련하여 발달과 학습에서 뒤처질 위험이 있는 유아를 둔 가정에 부모 멘토와 학비보조금을 제공할 것을 제안하는 바이다 (Grunewald & Rolnick, 2006).

유아교육 프로그램이 성공하려면 부모 참여가 결정적으로 중요한 요소다. 부모가 자녀양육의 방법과 근거에 대한 교육을 받을 때 자녀의 발달을 가정에서 더 잘 지원해 줄 수 있게 된다. 신경과학 연구에서 최초의 몇 년간이 두뇌발달에 결정적임을 증명해 왔기에 가능한 한 일찍이 유아교육을 제공하는 것이 가장 효과적일 것으로 기대된다. 보편무상 유아교육 모형과 마찬가지로 저소득층 집중 프로그램도 높은 질적 수준으로 제공될 수 있다. 더구나 두 모형 모두 대규모로 확장될 수 있다. 헤드스타트와 지방정부의 양육보조금을 기다리는 대기명단은 유아교육의 혜택을 받을 수 있는 저소득층 유아의 수가 상당함을 보여준다.

시장원리에 기반을 둔 저소득층 집중 유아교육 시스템은 이러한 특징을 가질 수 있으며 보편무상 유아교육을 주장하는 이들이 제기하는 우려를 불식시킬 것이다. 보편무상 유아교육에 투자하는 것은 부모 멘토 가정방문과 같은 중요한 부모교육 프로그램이나 더 일찍 영유아에게 혜택을 줄 수 있는 재원을 편향되게 가져가버리는 것이다. 우리가 제안하는 모형은 저소득층 임산부에 대한 멘토 프로그램으로 시작하여 그 자녀가 만 3세가 되었을 때 유아교육비 보조금을 받도록 하는 것이다. 태아기부터 K학년까지 유아교육을 제공하며 부모 지원을 포함하는 시스템이 보편무상 유아교육보다 실현가능성이 더 높으며 회수율이 더 높다고 본다.

또한 시장원리에 기반을 둔 저소득층 집중 접근법은 더 많은 저소득층 가정이 프로그램에 등록할 수 있는 재원을 확보해주며 교육비 보조를 통해 지원되므로 프로그램 참여에 따른 낙인효과가 거의 없을 것이다. 사실상 교육비 보조금을 받는 것은 가족의 권한을 높여줄 수 있다. 유아의 자격여부를 평가하는 가계소득 심사는 앞에서 논한 바와 같이 효율적으로 실시될 수 있다.

부모 멘토와 교육비 지원 모형에 대한 파일럿 프로젝트가 미네소타 유아학습 재단의 지원으로 미네소타 주의 세인트폴(St. Paul)에서 실시된 바 있다. 2008년 1월부터 빈곤선 이하나 바로 위에 해당하는 가족들이 많이 거주하고 있는 세인트폴의 두 지역사회에서 저소득층 가족에게 교육비를 지원하였다. 평가자들이 예비 관찰한 바에 따르면 참여하는 부모들이 "교육비 지원 프로그램을 열성적으로 지지하며 자녀와 자신 모두에게 어떻게 도움이 되었는지를 보고하였다"(Gaylor, Spiker, & Hebbeler, 2009, p. 21)고 한다. 프로젝트 데이터에 따르면 대상가정을 적극적으로 찾아 나섬으로써 소극적 접근법에 비하여 더 성공적으로 가족들을 모을 수 있었다. 이 모형은 다른 지역사회나 전국적으로 확대하여 적용될 수 있도록 설계된 것이었다.

부모가 선택하는 유아교육 프로그램에 자녀를 등록시킬 수 있도록 재원을 제공하는 유아교육 지원방안도 콜로라도 주 덴버(Denver)에서나(http://www.dpp.org) 사우스다코타 주의 수폴스(Sioux Falls)에서(http://seuw.org/StartingStrong.aspx) 실시되고 있다. 이러한 지원방안에 대한 연구결과는 유아교육에 투자하는 데 있어서 시장원리에 기반을 둔 접근법의 효과를 결정하는 데 도움이 된다. 고등교육에 대한 학자금 지원과 마찬가지로 유아교육비 지원금도 저소득층을 위한 수준 높은 공사립 프로그램에 대한 접근성을 향상시킬 수 있을 것이다.

요약

공적 재원이 제한되어 있는 만큼 회수율이 가장 높은 정책에 이러한 재원이 할당되어야 한다. 따라서 저소득층 가족을 주요 대상으로 하는 프로그램에 재정을 지원하는 것이 보편무상 유아교육 프로그램보다 우선되어야 한다. 더 나아가 부모 멘토를 제공하고 우수한 프로그램을 선택하게 허용하고 학자금을 지원하는 형태로 저소득층 가족에게 재원을 집중해주는 시장기반 접근법을 채택하는 것이 규모 측면에서나 장기적으로 높은 회수율이라는 성과 측면에서나 효과적일 것이다.

제4장*

유아교육에 대한 공적 지원

유아를 위한 것인가, 정치적 이익을 위한 것인가?

– Bruce Fuller

20세기 후반에 나온 두 가지 과학적 연구결과, 즉 1) 어머니가 일하게 됨에 따라서 필요한 다른 사람에 의한 가정 밖에서의 자녀 양육이 유해하지 않다는 것, 그리고 2) 적절한 질적 수준을 갖춘 유아교육이 저소득층 유아의 학습을 촉진할 수 있다는 것은 부모들과 정치인 모두에게 큰 환영을 받았다. 걸음마기 영아와 유아에게 미치는 긍정적 효과는 적지 않으며 학령기와 심지어 성인 초기까지 유지될 수 있다. 이에 따라 1960년대 이래로 보육과 유아교육은 성장하여 현재 한 해에 부모와 정부의 지출 측면에서 480억 달러 규모의 큰 산업이 되었다(Clarke-Stewart & Allhusen, 2005; Karoly, Kilburn, & Cannon, 2005; National Institute of Child Health and Human Development[NICHD], 2005). 여기까지는 잘 알려져 있다.

21세기가 시작되면서 유아교육을 주창하는 새로운 세대는 다양한 여러 근거를 전개시키기 시작하여, 모든 가정이 무료로 공적 재원으로 운영되는 유아교육을 받을 수 있다는 아이디어, 즉 만 3세와 4세를 위한 보편무상 유아교육, Pre-K로 알려진 아이디어에서 정점에 이르렀다. 이 운동을 펼치는 이들 중 일부는 학교에서 만 3, 4세 유아를 위한 새로운 학년을 만들어야 한다고 주장하기도 한다. 반면 어떤 이들은 기존 혼합시장경제 속에서 비영리기관, 학교, 영리단체에 의해 다양하게 운영되고 있는 유아교육기관들에 기반을 두고 유아교육 체제를 구축해야 한다고 주장하는데 이들의 목소리는 상대적으로 더 약하다. 후자의 경우 학교 관료주의가 유아교육기관을 어떻게 부가적으로 운영할지에 대하여 신뢰하지 않으며 오히려 현재 유아들을 돌보고 있는 다채로운 지역기관들이 시장의 흐름에 더 민감하게 반응하는 프로그램을 만들 수 있다는 데 더 큰 기대를 갖

* 제4장에 표명된 주장들은 Margaret Bridges와 Seeta Pai와 함께한 Fuller(2007)의 저서에 자세하게 소개되어 있다. Ed Bein이 유아교육 등록률에 대한 최초의 분석을 수행하였었다. 유아교육의 질적 수준과 유아교육 정책에 대한 우리의 연구는 미 교육부와 보건복지부를 비롯하여 Casey, Packard, MacArthur, 그리고 Spencer 재단 등의 지원으로 이루어져 왔다. Hewlett 재단은 Fuller 교수가 유아교육과 공립학교 쟁점 간 교차점을 검토할 수 있도록 지원해주었다.

고 있다. 전체적으로는 보편무상 유아교육을 지지하는 이들은 빈곤층 유아들에게만 집중적으로 재원을 사용하는 현재의 정책기조를 벗어나서 유아교육이 사회보장, 고속도로, 학교와 같이 모두를 위한 공적 혜택으로 되기를 바라고 있는 것이다.

공적 재원이 무제한적으로 있다면, 그리고 어릴 때부터 나타나는 유아 간 학습 격차를 없앨 수 있는 신비한 힘을 가진 기관이 있다면, 보편무상 유아교육이라는 아이디어가 바람직할 수 있을 것이다. 그렇지만 이러한 꿈 같은 세계는 아직 발견되지 않았다. 사실, 현재까지 이루어진 실증적 연구들은 아래에서 자세하게 제시하는 바와 같이 권익주창자들이나 학계의 지원세력들이 주장하는 것과 같은 단순논리를 지지하지 않는다. 필자도 심정적으로는 보편무상 유아교육을 열정적으로 주장하는 이들이 실증적으로 맞기를, 즉 유아교육이 발달 격차를 좁히는 동시에 모든 유아의 학습을 향상시키기를 바란다. 그렇지만 증거자료들은 이들의 주장을 뒷받침해주지 못한다.

필자는 저소득층 가정 유아들의 확고한 성장을 촉진하는 데 계속적으로 자원을 집중시켜야 한다고 주장하고자 한다. 모든 사람이 유아교육을 보편무상으로 받을 수 있게 하는 데 반대하는 것은 무엇보다 사회적 이상과 정치적 철학에 기초한 것이며, 또한 저소득층 유아들이 유아교육을 통하여 가장 많이 혜택을 받으며 이후에도 그 혜택이 지속된다는 사실을 증명해주는 수십 년간의 과학적 연구결과에 의해 강화된 것이다. 이러한 긍정적 효과가 중산층이나 유복한 가정의 유아들에게도 적용되는가에 대해서는 연구결과들이 일치하지 않는다. 이 장에서는 다양한 가정배경을 가진 유아들에게 미치는 유아교육의 혜택에 대하여 실증적으로 알려진 사실들을 간략하게 개관할 것이다. 둘째, 보편무상 유아교육을 주장하는 사람들의 목적 중 하나인 유아교육에의 접근성 확대는 대부분의 중산층 부모들에게는 더 이상 문제가 되지 않는다는 것이다. 셋째, 정부(미국의 경우 대체로 주정부 수준의 기관)에서 보편적 지원을 할 경우 교실에서 이루어지는 교수학습 실제와 사회적 관계를 통제하는 결과로 이어질 수 있다는 것이다. 이는 호기심 많은 유아들에게 역효과를 가져올 것이며 이제는 힘을 잃어버린 낡은 유아발달 개념에 기대는 것이다. 마지막으로 비영리기관과 공립학교 등에서 제공하는 유아교육이 혼합된 시장에서 유아교육의 질적 수준을 향상시키고자 오랫동안 노력해온 정부의 시도가 고르지는 않지만 희망적인 효과를 얻고 있음을 제시하고자 한다.

유아의 이익을 우선시할 것인가, 국가의 이익을 우선시할 것인가?

보수주의자들은 유아를 기르는 일은 전적으로 부모의 고유영역이어야 한다고 주장해 왔으며 이는 때로 종교적 색채를 띠기도 하였다. 정부는 당연히 모든 어린이들을 위한 공립학교를 세워서 하나의 공통된 문화를 진보시키고 고용주들을 위해서는 인적 자원을 제공하며 교육 수혜자의 역량 향상으로 평등이 진일보할 수 있도록 해주어야 한다. 그러나 가족제일주의자들(family-first proponents)에 따르면, 학교교육을 받기 시작하기 이전인 유아의 성장과 복지에 관한 한 정부는 아무런 합법적인 역할도 가지고 있지 않다.

이러한 관점은 1960년대부터 시작하여 다양한 이유로 근거를 잃고 약화되었다. 첫째, 가정 바깥에서 일자리를 구하고자 하는 어머니들이 꾸준하게 증가함으로써 자녀를 맡길 수 있는 보육 서비스를 요구하는 운동이 촉발되었다. 둘째, 가정에 관한 초기 연구들은 유아의 초기발달에 지속적으로 큰 영향을 미치는 부모의 영향력을 추정하기 시작하였다. 1950년대부터 심리학자들과 사회과학자들은 시카고 지역의 빈곤한 부모들이 제공하는 가정환경 및 양육실제를 중산층 가정과 비교했을 때 유아들이 학교에 들어가기 훨씬 전부터 극명한 격차가 있음을 자세히 밝혔다(Hess & Shipman, 1969). 헤드스타트 창설자들은 유아교육기관이 저소득층 가정의 양육실제를 보상하도록(혹은 향상시키도록) 돕는다고 주장하였다. 이어서 학자들은 열띤 시민논쟁에 자신들의 연구결과를 더하였는데 부모가 아닌 사람에 의한 보육 혹은 유아교육이 부정적인 영향을 주지 않으며 다만 유아의 사회성 발달을 일시적으로 약간 감소시킬 수 있다고 하였다(연구개관을 살펴보려면 Loeb, Bridges, Bassok, Fuller, & Rumberger, 2007 참조).

현재의 쟁점은 보육과 유아교육이 발달을 저해하는지의 여부가 아니라 유아학습의 이득을 더 강화하기 위해서 접근성의 평등을 확보할 수 있는 방안, 그리고 보육의 질을 향상시키는 방안에 관한 것이다. 만 3, 4세 유아를 둔 부모들이 더 선호하는 유아교육기관의 경우 두 가지 문제가 추가된다. 첫째, 유아교육을 제공하는 주체(예컨대 정부, 혼재된 시장, 지역의 비영리기관 등)를 어디로 하여야 유아교육의 혜택을 가장 극대화할 수 있을 것인가? 둘째, 재정적으로 감당할 수 있는 정도에서 질적 수준을 향상시킬 경우 유아의 인지적 혹은 사회적 이득을 증가시킬 수 있는 최고 한계선은 어디인가?

증거자료들을 살펴보기 전에 이러한 질문의 철학적 핵심을 고려해야 한다. 특히 권익주창 집단과 정치인을 비롯한 관계자들이 공적 재원을 빈곤층 유아들에게 집중시켜야 할 것인가 아니면 모든 유아를 위한 보편적 권리로서 발전시켜야 할 것인가는 과학적 연구를 통해서 해결할 수 있는 문제가 아닌 것이다. 이는 이데올로기 차원의 문제로, 시민사회에서 국가가 해야 하는 역할에 대하여 서로 대립하는 이념들을 비교하는 것이 필요하다. 유아교육을 보편무상으로 지원하려는 생각은 국가가 가정과 유권자들에게 가장 잘 봉사할 수 있는 방법에 대한 윤리적 신념들 간의 경쟁을 촉발한다. 1) 부모의 경제적 능력에 상관없이 모든 연령의 유아를 위해 모든 가정에 무상교육을 확장하는 데 공적 자원을 사용해야 하는가? 2) 일부 유아들에게는 도움이 되지 않을지라도 모든 가정에 재정지원을 함으로써 다른 공적 프로젝트에서 필요로 하는 자원을 낭비해야 하는가? 3) 국가는 공립학교에 기초하여 유아교육기관을 확장해야 할 것인가, 아니면 다양한 비영리기관을 활용함으로써 시민사회를 강화해야 할 것인가?

이러한 이념들이 경쟁한 결과, 19세기 중반 이래로 공립학교 확장에 힘이 실려 왔다. 교육은 공공의 선으로 여겨지며, 학교는 참여시민을 길러내고 공유할 수 있는 문화와 언어를 구축하며 자본주의 노동시장에 맞게 준비시키는 공공기관으로 간주되고 있다. 그러나 조직의 역사에 따라 전개 양상이 다른데 분야에 따라 이러한 이념들에 대한 평가는 상당히 다양하게 이루어져 왔다. 고등교육을 예로 들어보자. 부유층이나 상당수 중산층 부모들은 저소득층 부모에 비하여 자녀의 대학교육에 더 많은 학비를 지불해야 한다. 대부분의 주에서 소득수준별로 등록금과 보조금 수준을 정해두고 있으며 소득수준이 높은 가정일수록 더 많은 비용을 지불한다.

20세기 초반의 인보관운동(settlement-house movement)과 함께 출현하여 발전해온 유아교육기관에서도 오랫동안 소득수준에 기초한 재정구조를 취해왔다. 오클라호마 주를 제외하고는 그 어떤 주에서도 중산층이나 부유한 가족을 위해 유아교육 학비를 보조해주지 않고 있다. 워싱턴 정가는 역사적으로 빈곤가정에 집중하던 데서 이탈하는 데 전혀 관심을 보이지 않는다. 마찬가지로 각 지역의 사회운동가들은 시민사회를 강화하는 데 관심을 갖고 중앙정부로부터 독자적으로 공공 프로젝트를 발전시켜 나갔는데, 여기에는 복음주의 선교단체로부터 주택문제에 집중하는 도시지역 사회운동가 등이 포함된다. 현재 전국적으로 12만 개 이상의 비영리기관에서 유아교육기관을 운영하고 있다(Fuller & Strath, 2001). 따라서 미국 사회에는 핵심 정치이념에서 상당한 차이가 나는 기관들이 설립되어 왔다고 할 수 있다.

제도적 역사를 무시하면 희생이 뒤따를 수 있다. 2004년, 할리우드의 사회운동가인 Rob Reiner는 캘리포니아 주의 모든 가정에 유아교육을 무상으로 지원하려는 운동을 시작했으며 매년 2천4백만 달러를 유아교육에 지원할지의 여부를 결정하는 투표를 기획한 바 있다. Reiner를 비롯한 보편무상 유아교육 지지자들은 이 운동에 영향력을 더하기 위하여 민주당원 수로 상위 세 번째에 들어가는 캘리포니아교원단체(CTA)를 끌어들이고자 하였다. 그러나 캘리포니아교원단체에서는 이에 대한 대가를 요구하였는데 바로 공립학교 체제 안에서 유아교육을 확장시킨다는 법적 보장을 요구한 것이었다. CTA는 지역사회의 비영리기관들 내에서는 영향력이 없었는데 이러한 요구로 인하여 비영리 부문을 비롯하여 일부 라틴계 단체들로부터 반감을 얻게 되었다. 상당한 규모의 새로운 세금이 유아교육기관에 만 4세 자녀를 이미 보내고 있는 가족들에게 흘러들어가야 하는 법안이었다. 투표결과, 3 대 2로 거부되었다.

보편무상 유아교육을 주장하는 이들과 기존의 보육 주창자들을 구분 짓는 주된 차이점은 전자가 교육 관료주의에 강한 신뢰를 보내면서 학교 체제에 맞춰 유아교육과정을 표준화(혹은 조정)하는 것을 긍정적으로 바라본다는 것이다. 반면 기존에 활동하던 보육 분야의 사회운동가들이나 유아교육 관련 단체에서는 발달에 적합한 실제를 선호하며, 공립학교에서 흔히 찾아볼 수 있는 직접교수법에 대하여 우려를 표한다. 보편무상 유아교육 운동을 주도하는 지도자들이 교원단체나 주정부 교육부를 대상으로 활동하는 동안 조지 부시 대통령의 개혁, 즉 2001년 아동낙오방지법(공법 107-110)이 입법화되었다. 이러한 책무성 중심 정책으로 인하여 지역 교육자들로 하여금 시험점수를 향상시키도록 밀어붙였으며 보편무상 유아교육을 주장하는 이들은 이러한 흐름을 타서 유아교육이 이후 학교에서의 수행을 향상시킬 것이라고 하였다.

보편무상 유아교육을 옹호하는 이들은 아동낙오방지법이 시험을 지나치게 강조하고 공적으로 다루어야 할 지식에 대하여 얕은 생각을 갖고 교육과정을 협소화시키는 것에 대한 교육자들과 학부모들이 갖게 될 분노와 반발을 미처 예상하지 못했었다. 2009년에 이르러 미국인 네 명 중에 단 한 명만이 아동낙오방지법이 지역 학교를 향상시켰다고 생각하였다(Bushaw & McNee, 2009). 아동낙오방지법과 관련된 일련의 사건으로 인하여 오랫동안 유아의 호기심과 내적 동기를 육성하는 교실을 선호해왔던 유아교육자들은 유아교육기관을 교육 관료들에게 넘겨줄 경우 교사중심의 직접교수법으로 변모되고 아동발달에 대한 빈약한 개념화를 초래할 수 있다는 사실에 더 큰 우려를 표하게 되었다.

버락 오바마 대통령은 빈곤 아동을 돕는 데 집중해온 워싱턴 정가의 역사적 초점으로부터 크게 벗어나지 않을 것으로 보인다. 경기촉진을 위한 방안으로서의 헤드스타트와 조기헤드스타트의 확충은 유아교육 제공주체가 혼재하는 혼합시장 속에서 중앙정부가 저소득층 가족지원에 주력하고 있음을 잘 보여준다. 오바마 행정부는 헤드스타트와 별개로 주정부와 연방정부의 다양한 재정을 함께 사용하는 주정부 차원의 유아교육 프로그램을 강화해야 한다는 데 국회와 의견을 같이하고 있다.

경쟁적인 정치이념과 제도적 역사를 배경으로 하는 보편무상 유아교육 운동은 불안정한 이론적 가정에 기초하고 있으며 그 효과에 대한 증거도 빈약하다. 운동 그 자체가 쇠약해지고 있으며, 전국적인 후원자들 중 일부가 떠나고 있다. 따라서 바로 지금이 보편무상 유아교육 운동이 어떤 부분에서 제대로 실행되었는지, 그리고 지지자들이 어디서 막다른 길을 맞닥뜨리게 되었는지를 반성적으로 살펴볼 최적기이다. 다음과 같은 네 가지 교훈을 얻을 수 있을 것이다.

1. 유아교육기관에의 접근성은 유아기 자녀를 둔 대다수의 중산층과 부유층 가족에게는 문제가 되지 않는다. 오히려 절박한 문제는 그 질적 수준이 고르지 않다는 것이다.
2. 중산층이나 부유층 가정의 유아들이 지속적으로 유아교육의 혜택을 받는다고 보여주는 일관된 연구결과가 없다.
3. 공교육 체제에서 시험점수 결과를 올리라는 압박이 강해지는 시점에서 유아교육기관을 운영할 권한을 공립학교에 부여한다면 유아교육기관은 편향된 표준화 현상을 보일 것이고 유아발달 개념은 빈약해질 것이다.
4. 유아교육기관의 질은 저소득지역에서 훨씬 더 높은 경우가 많다. 정부는 유아교육의 질적 수준을 제고하는 데 있어서 한결같지는 않지만 가능성 있는 전망을 보여주고 있다.

뒷부분에서는 위의 네 가지 교훈 각각을 살펴볼 것이다. 필자는 공립학교에서 학급당 학생수를 줄이는 것에서부터 농산물 가격유지 보조금을 제공하는 것까지 모든 공적 재정지원에 대하여 다섯 번째 우려를 가지고 있는데, 바로 모든 시민들이 부유한 수령자들을 위한 서비스나 현금 지불에 대한 세금을 내야 하는 경우가 종종 발생한다는 것이다. 점진적으로 수혜대상을 확장해가는 프로그램에 비하여 이러한 일괄적인 보편적 지원을 통해 교육이나 가족 정책의 불균형을 좁힐 수 있다는 주장을 뒷받침해주는 증거는 그다지 많지 않다(Ceci & Papierno, 2005). 예를 들어 Rob Reiner가 종전에 제안했던 보편무상 유아교육 법안이 통과되었다면 새로운 세입의 약 60%는 자녀를 이미 유아교육기관에 보내고 있는 가정에 돌아갔을 것이다(Fuller & Livas, 2006).

유아교육기관에의 접근성 문제

유아교육기관을 다니는 만 4세 유아의 비율은 1970년대 이래로 지속적으로 증가해 왔다. 1970년의 경우 만 4세의 약 28%, 만 3세의 12%가 어떤 유형이든 유아교육기관에 다니고 있었다. 이 비율은 2002년까지 각각 66%, 42%로 상승하였다(Karoly & Bigelow, 2005).

그림 4.1은 다양한 사회경제 집단을 인종집단별로 구분했을 때 2005년 유아교육기관 등록률을 보여준다. 가족의 사회경제적 지수는 어머니와 아버지의 최종학력과 직업을 결합한 것으로 미국교육통계센터 분석가들에 의해 계산된 것이다(Park, 2007). 가족의 사회경제적 지위와 무관하게 흑인유아들이 가장 높은 등록률을 보였다. 이것은 흑인사회에서 어머니 취업률이 역사적으로 높다는 사실과 함께 1960년대 이래로 헤드스타트나 주정부 프로그램을 통하여 흑인가정의 불평등 상황을 해소하기 위한 정부의 노력이 어느 정도 성공하고 있음을 의미하는 신호이다. 또한 중산층이나 부유층 가정

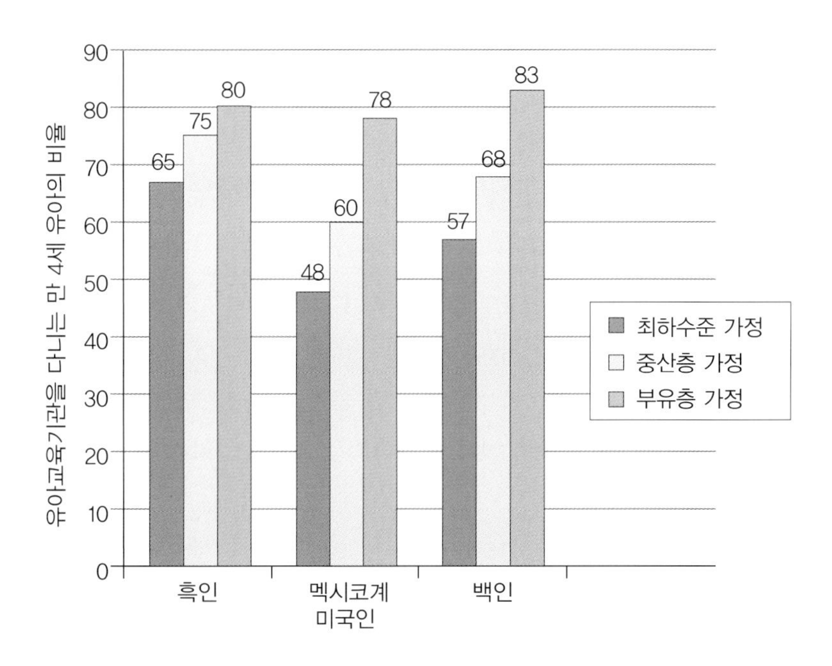

그림 4.1 ▲ 사회경제적 지위를 5등분했을 때 최하, 중간, 최고 수준 가정에서 만 4세 자녀를 유아교육기관에 보내는 인종별 비율(출처: Park, 2007. UC 버클리 대학교의 Ed Bein의 분석.)

의 만 4세 유아들 중 상당수가 이미 유아교육기관에 다니고 있음을 알 수 있다. 따라서 이들에게는 접근성이 문제가 되지 않는 것으로 보인다.

유아기 자녀를 둔 어머니의 1/4 정도는 가정 바깥에서의 경제활동을 하지 않는다. 그렇다고 해서 이들의 자녀가 유아교육기관을 다님으로써 혜택을 얻지 않을 것이라는 의미는 아니다. 그렇지만 유아교육기관을 다니고 있는 중산층 만 4세 유아의 비율은 이미 상한선에 접근해 있다고 볼 수 있다. 조지아 주나 오클라호마 주와 같이 보편무상 유아교육이 이루어지고 있는 주에서도 등록률은 더 이상 높아지지 않고 있다.

라틴계의 저소득층 및 중산층 가정 유아들의 유아교육 수요는 여전히 낮다. 필자의 연구팀은 멕시코 출신 이민자 자녀들의 등록률은 심지어 더 낮다는 사실을 밝힌 바 있는데 이들은 유아교육기관이 거의 없는 지역사회에 거주하는 경우도 흔하다. 라틴계 어머니들 중 상당수는 자녀양육을 위해 가정에 머무르는 경우가 많으며 이웃에 위치한 유아교육기관을 그다지 내켜하지 않는다고 보고한다(Fuller & Huang, 2003; Liang, Fuller, & Singer, 2002).

전반적으로 유아교육기관을 보편무상으로 지원하는 것은 (의무교육으로 하지 않는 한) 중산층과 부유층 가정의 만 4세 유아 등록률을 그다지 향상시키지 못할 것이다. 이미 높은 비율의 만 4세 유아들이 유아교육을 받고 있다. 반면 만 3세 유아의 유아교육기관 등록률은 특정 집단들의 경우 더 낮다. 그런데도 대부분의 주에서 Pre-K 운동은 만 4세 유아들에게 초점을 맞추고 있는데 이는 최적의 초점이 아닐 수 있다. 저소득층 가족을 위한 주정부의 여러 노력은 라틴계 유아들의 경우 아직 흑인 유아들에게서 보이는 결과만큼 가시적인 결과가 나타나고 있지 않다. 더 새로운 조직, 더 다양한 교직원, 더 적극적인 홍보 활동이 필요할 것으로 보인다. 먼저 저소득층 가정의 접근성을 확대하고 이어서 노동계층 가정의 수혜 자격을 서서히 올리는 것이 중도방안이 될 수 있다. 털사(Tulsa) 시의 경우 공립학교 체제에 기초한 보편무상 유아교육이 실시됨에 따라 헤드스타트 지도자들은 걸음마기 유아교육 및 임산부 산전관리를 확충하는 방향으로 초점을 옮기고 있다(Fuller, 2007).

위험에 처한 유아들에게 더 효과적인 유아교육

좋은 유아교육은 저소득층 유아의 발달을 향상시킨다. 이러한 노선의 연구들은 20세기 후반 이후로 두 가지 방식으로 전개되며 발전하고 있다. 먼저 학자들은 점차 작은 규모의 실험연구에서 벗어나 대규모 프로그램을 연구함으로써 폭넓게 일반화할 수 있는 연구결과를 도출하고 있다. 물론 페리유아원과 ABC 프로젝트에 참여했던 적은 수의 흑인 유아들을 대상으로 한 초기 효과연구는 여전히 지속적으로 (특히 대중매체에서) 인용되고 있다(Campbell et al., 2002; Schweinhart et al., 2005). 페리유아원 프로젝트는 잘 이루어진 실험이었지만 부모훈련 요소도 포함하고 있었다. 페리유아원의 경우 유아 1인당 매년 약 7,581달러가 소요되었고 ABC 프로젝트에는 매년 유아 1인당 34,476달러가 들었는데, 이는 오늘날 공적으로 재정지원을 받는 기관에 드는 비용의 3~5배에 이르는 비용이다(2000년 달러가치로 환산; Schweinhart et al., 2005).

대규모 프로그램 평가에서도 유아교육이 저소득층의 학교 성적이나 성인기 초기 성취에 지속적인 효과를 미친다는 사실을 보여주고 있다. 예를 들어 Reynolds 등(2002)은 1980년대 중반 1,539명의 K학년 어린이들을 표본 추출하여 시카고 학교에서 운영하던 25개의 유아-부모 센터(child-parent centers) 중 한 곳을 다녔던 것과 연관된 효과를 평가하였다. 가장 제한적인 처치를 받았던 어린이조차도 만 14세까지 지속되는 인지적 향상을 보였으며 효과크기는 K학년에서 표준편차 0.21, 9학년에서 표준편차 0.16이었다.

오클라호마 주의 보편무상 유아교육은 긍정적 효과를 보이고 있는데 최소한 대부분 저소득층과 노동계층 가정을 대상으로 한 털사 시에서 이러한 연구결과가 보고되고 있다. Gormley, Gayer, Phillips와 Dawson(2005)은 3,149명의 K학년 표본 집단(2/3는 점심급식 보조금을 받는 저소득층)을 K학년 입학에 대한 털사 시 기준일자에 못 미치거나 넘어서는 비슷한 연령 집단의 유아들과 비교하여 회귀-불연속 분석을 실시하였다. 그 결과 유아교육기관을 다닌 것이 글자-단어 인식(0.79 SD)과 응용문제 해결(0.38SD)에서 긍정적인 효과를 가져온 것으로 밝혀졌다.

두 번째 과학적 진보는 다양한 기간 동안 유아교육기관을 다녔던 유아들을 전국적으로 표본 조사하는 것으로, 역시 위험에 처한 유아들에게 확연한 효과가 있다는 사실을 밝혔다. 이러한 연구들은 초기의 긍정적 연구결과들을 전국적으로 운영되고 있는 다양한 '일반' 유아교육기관들에 일반화시킬 수 있는가에 대한 우려로부터 출발하였다. 유아보육 및 청소년발달에 대한 NICHD 연구에서는 영어를 사용하는 부모에게 태어난 영아 코호트(cohort)*를 표본 추출하였다. 이 연구팀에서는 (유아교육기관뿐만이

* 역주: 코호트는 연구주제와 관련된 특성을 공유하는 대상의 집단을 의미하며 대표적으로 특정 기간 내에 출생한 출생 코호트가 있다.

아니라 다양한 질적 수준을 가진) 보육시설에 더 오랫동안 다닌 경우의 인지점수 증가가 초등학교 3학년말에도 여전히 발견됨을 상세히 밝혔다. 그러나 다른 보육서비스 유형을 받았던 경우와 비교했을 때 유아교육기관을 다녔던 어린이들의 읽기, 수학, 기억력에서의 평가점수 증가분은 0.07~0.09 SD에 그쳤다. 이 연구에 참여한 지 8년이 지났을 때 점수가 증가한 어린이 중 저소득층 가정 출신은 10% 미만이었다.

또 다른 연구는 14,162명을 대상으로 한 유아종단연구 데이터를 활용하는 것이다. 연구자들은 K학년에 들어가기 직전 해에 유아교육기관을 다녔던 저소득층 유아들이 다른 형태의 보육서비스를 받았던 비슷한 소득수준의 유아들과 비교했을 때 K학년 초까지 언어 및 기초읽기 기능에서 0.20 SD, 수개념에서 0.22 SD의 효과크기를 얻었다고 밝혔다(Loeb et al., 2007). 그러나 이러한 효과크기는 중산층 가정 유아들의 경우 훨씬 더 낮았는데, 약 절반 정도였다. 더 집중적으로 교육활동을 한다고 교사들이 보고한 초등학교에 저소득층 또는 중산층 유아들이 다닐 경우 유아교육의 효과는 1학년 때까지도 지속되는 것으로 나타났다(Magnuson, Ruhm, & Waldfogel, 2004). Garces, Thomas와 Currie(2002)는 다른 수준의 서비스를 받았던 형제자매들과 비교해서도 헤드스타트 졸업생들의 학교성취도가 더 높다는 사실을 밝혔는데 특히 어머니의 교육수준이 더 높은 라틴계 및 백인 유아들이 그러하였다.

전반적으로 유아교육은 저소득층 가정의 유아들에게는 일관되게 긍정적인 혜택을 보이지만 중산층과 부유층 가정 유아들의 경우 그 효과가 미약하거나 찾아볼 수 없다. 이러한 결과는 놀랍지 않다. 그 수가 적기는 하지만 부모 중 한 명과 가정에 머물거나 다른 유형의 보육시설에 다니고 있는 중산층 유아들은 건전한 환경에서 자라날 가능성이 크기 때문이다. 형식적인 유아교육기관을 다니지 못한 경우 교실에서 구체적으로 배울 수 있는 기능을 학습하는 데 있어 다소 지연되었을지라도 중산층 유아들은 쉽게 따라잡는 것으로 보인다. 따라서 이러한 연구들은 중요한 정책적 질문을 제기한다: 왜 우리 사회에서 일관된 효과를 산출하지 못하는 유아교육 서비스에 부족한 공적 재원을 보조해야 하는가?

다양한 시민사회에서의 중앙집권적 통제 문제

정부에서 유아교육에 대한 접근성을 확장함에 따라 정책입안자들은 지역 조직 중 어디에서 맡아야 유아교육 프로그램의 질적 수준을 지속적으로 향상시키는 데 최적일지에 대한 문제로 고민하고 있다. 대다수 유아들은 비영리기관에 의해 운영되는 유아교육기관을 다니고 있으며 나머지 프로그램들은 공립학교에 위치하고 있다(Fuller, 2007). 보편무상 유아교육을 주창하는 이들은 교원단체 및 교육관련 이익단체들과 연대하여 유아교육을 공립학교 체제 속으로 융합시키고자 하는데, 이는 전술적인 실수라고 본다. 이와 밀접하게 연관되는 실증적 문제는 학교 관료주의를 통해 유아교육의 질과 교육과정을 규제할 경우 과연 유아 성취결과가 더 강화될지 아니면 비영리기관에서 운영하던 진취적인 프로그램들에 비하여 유아발달 개념이 편협해질지 하는 것이다.

필자는 최소한의 건강 및 안전과 관련된 기준을 따르게 하려면 정부의 규제가 반드시 필요하다는 의견에 분명 동의한다. 그렇지만 정부가 통제하는 관례는 가시적인 결과를 내라는 정치적 압력으로 인하여 점점 더 강해질 것이고 이에 따라 유아의 발달적 역량에 대한 유아교육자들의 생각이 움츠러들게 될 것이다. 부시 2기 행정부에서는 헤드스타트의 평균적인 질적 수준에 대하여 우려하면서, 이 프로그램에서 유아발달을 총체적으로 접근한다는 사실을 무시한 채 유아의 기초 읽기/쓰기와 수 연산 기능에만 초점을 맞춘 평가 체제를 성급하게 밀어붙이려 하였다. 결과는 참담하였다. 워싱턴 정가에서 밀어붙인 평가문항 중 일부는 상당수 저소득층 도시빈민 환경에서 자라난 만 3, 4세 유아들에게 어떤 어른들이 테니스를 치고 있는지 찾으라고 한다든가 목장에서 여유롭게 돌아다니고 있는 소의 숫자를 세도록 요구하는 어리석음을 보였다.

더욱이 주정부 교육부에서 이후 표준화검사의 성적을 높일 수 있으리라는 기대와 좋은 의도로 시작하기는 하였지만 유아의 초기 읽기/쓰기 및 수 연산 기능을 중점적으로 향상시키려고 추진하고 있음을 유념해야 한다. 더 이상 정부관계자들은 유아들을 인지, 정서, 사회적 측면에서 고르게 발달해야 하는 존재로 여기지 않는다. 그보다는 음소를 빨리 이해하고 표현하며 20까지 효율적으로 수세기를 하는 법을 배워야 하는 존재로만 여기는 것이다. 필자가 오클라호마 주의 보편무상 유아교육 실시를 연구하였을 때 몇몇 유아교사들과 이야기를 나눈 바 있는데, 이들은 학사학위과정의 교사교육을 받으면서 유아의 다차원적 측면을 소중하게 여기게 되었고 이를 길러주고자 하였는데, 이제는 학교 교장들로부터 만 4세 유아들을 책상에 줄지어 앉게 하고서 글자와 숫자를 반복적으로 훈련시키라는 압박을 받고 있다는 것이었다(Fuller, 2007). 털사 시의 학교위원회에서는 유아들이 자유선택영역에서 보낼 수 있는 시간조차 제한시키고자 하였다. 이렇게 하는 것이 어떻게 시험성적을 높일 수 있다는 것인가?

우리 사회는 문화적으로나 언어적으로 매우 다양한 시대를 배경으로 하고 있는데 유아들의 인지 기능에 대한 개념을 표준화시키려는 움직임이 이루어지고 있는 것이다. 미국의 일부 도시에서는 현재 신생아 절반 이상의 부모가 라틴계이다. 2025년경에는 미국 전체적으로 유아의 1/3에 약간 못 미치는 정도를 라틴계 혈통이 차지하게 될 것이다(Fry & Passel, 2009). 일부는 가정에서 영어를 사용하면서 성장하겠지만 상당수는 그렇지 않을 것이다. 그런데도 현재 정부 관리들은 유아교육자들에게 가정에서 사용하지 않는 언어의 요소들을 암송하는 데 있어서의 진보 정도로 유아의 성장을 판단하라고 지시하고 있다. 국가에서는 유아들이 사회적 기능을 쌓아가고 있는지, 또래들과 협력하는 방법을 배우고 있는지, 점점 더 배우는 즐거움을 알고 몰입하고 있는지에 대해서는 진정한 관심을 갖고 있지 않다. 심지어 다른 측면에서는 진보적인 정치인들조차도 현재 유아의 학습과 성장에 관하여 이렇게 협소해진 개념을 지지하고 있다. 이는 서구사회에서 계몽주의 시대로부터 유아의 자연스러운 호기심과 확고한 가능성을 이해하게 된 것을 완전히 뒤엎는 것이다.

부모들이 선호하는 것이나 문화적 관습을 신성불가침한 것으로 여겨야 한다고 주장하는 것은 아니다. 유아가 학습하는 것, 특히 사회적 관계를 통해서 학습하는 것은 문화적 실제에서부터 이후에 직면할 사회경제적 요구까지 이들이 그 속에서 자라나고 있는 다층적 맥락에 민감하여야만 한다. 그러나 정부 관료나 기관 관계자들이 유아발달의 개념에 대한 자신들의 특정한 개념이나 표준화된 형태의 유아교육을 밀어붙이고 있는데, 이제부터 서로를 존중하는 대화가 이루어져야 한다고 강조하는 바이다. 정책입안자들은 유아들이 무엇을 학습해야 하는가에 대하여 온갖 가설을 세우면서도 정작 부모들과 이야기를 나누고 의견을 듣는 데 시간을 들이지 않는다. 이로 인하여 일부 부모 집단에서는 유아교육기관을 편하고 만족스럽게 느끼지 못할 수 있다(Fuller, Holloway, Rambaud, & Eggers-Piérola, 1996). 필자는 유아교육의 질적 수준을 향상시키는 데 정부가 더 강력한 역할을 해야 한다는 데 반대하는 것은 아니지만 정치인들은 이러한 통제 조치들이 과연 유아에게 진정한 혜택을 주는지, 그리고 어떤 유아와 가정에게 더 이로운지를 신중하게 살펴보아야 한다고 주장하고자 한다.

혼합시장경제에서 유아교육의 질 향상

보편무상 유아교육을 주장하는 이들은 유아교육기관의 질적 수준이 부문별로나 개별 프로그램별로 극심한 차이가 있다고 하는데 이는 옳은 주장이다. 복지제도 개혁이 시작될 때 필자는 Sharon Lynn Kagan과 Susanna Loeb과 함께 보육시설 및 유아교육기관을 통해 3개 주의 유아들을 추적 연구하였는데, 방문했던 플로리다 주의 유아교육기관들은 지나치게 많은 수의 유아들로 북적였으며 고등학교 교육만을 받은 아직 어린 여성들을 교사로 채용하고 있음을 목격하였다. 이러한 기관들이 유아의 발달에 미치는 효과는 대체로 적거나 전무하였는데 이는 캘리포니아 주나 코네티컷 주의 유아교육기관을 다녔던 유아들에게 상당히 크고 지속적인 효과가 있었던 것과 극명한 대조를 보이는 것이었다(Bassok, French, Fuller, & Kagan, 2008; Loeb, Fuller, Kagan, & Carroll, 2004).

먼저 보편무상 유아교육을 주장하는 이들은 공적 지원을 함으로써 주정부들이 유아교육의 질적 수준을 향상시키는 데 가장 유리한 위치에 서게 될 것이라고 주장하였다. 교원단체들과 K-12학년 이해단체들이 이러한 주장에 뜻을 함께하면서 학교 관료들에 의한 유아교육기관 운영이 유아교육의 질을 향상시키리라고 주장하는 것이었다. 그러나 그 어떤 실증연구에서도 공립학교에 자리한 유아교육기관에 다니는 유아들이 비영리기관에서 운영하는 유아교육기관에 다니는 유아들보다 더 나은 결과를 보인다는 결론을 내지 못하고 있다(Fuller, 2007). 조지아 주의 보편무상 유아교육 체제로부터 나온 증거들은 비영리 프로그램에 다니는 유아들이 오히려 공립학교 프로그램에 다니는 유아들보다 더 큰 성장을 보였다고 밝히고 있다. 이는 교사채용을 어렵게 만드는 복잡한 공립학교의 인사제도에 비하여 비영리기관에서는 더 젊고 열정에 찬 교사들을 더 민첩하게 채용할 수 있기 때문일 수 있다(Henry & Gordon, 2006). 조지아 주의 '보편무상' 유아교육 프로그램에는 이 연구에 참여했던 비교집단에 비하여 소득수준이 더 낮은 가정의 유아들이 훨씬 더 많이 포함되어 있다. 연구자들은 이전 사회경제적 지위를 통제할 수 있는 다양한 방안을 포함시켰지만 유아나 교사 집단에서 관찰되지 않은 차이들로 인하여 상이한 결과가 나타났을 가능성이 여전히 있다.

따라서 이 분야가 혼합시장이라는 특징을 갖고 있다고 하여 유아교육기관의 질을 향상시킬 수 있는 정부의 역량이 위축되지는 않을 것이다. 결국 오바마 대통령부터 대도시 사회운동가들까지 학교개혁을 원하는 사람들은 오늘날 K-12 체제가 주정부의 독과점적인 지배를 받고 있으며 지역 학교들을 지나치게 통제하고 있다고 생각한다. 그보다는 더 자유로운 부모의 선택권과 함께 자율형 계약학교(charter school), 특성화학교(magnet school) 등이 성장할 수 있는 혼합시장의 형태로 이루어져야 한다고 주장하는 것이다.

정부는 종종 유아교육기관의 질적 수준을 향상시키는 데 성공해왔으며 특히 충분한 보조금을 지원받는 저소득층 지역에서 그러하였다. 캘리포니아와 같은 일부 주의 경우 공립 유아교육기관은 부모가 내는 교육비로 운영되는 프로그램들에 비하여 훨씬 높은 수준의 질적 기준을 따라야 한다. 우리는 3개 주에 위치한 166개의 유아교육기관을 표본대상으로 연구하였을 때 이러한 지역에서 상응하는 질적 수준을 관찰하였다(Fuller, Kagan, Loeb, & Chang, 2004). 물론 정책입안자들이 특정 프로그램의 평균적인 질적 수준에 대하여 우려하는 것은 합당하다. 한 프로그램 평가에서는 K학년에서 측정하였을 때 헤드스타트가 유아의 인지적 성장을 향상시키지만 그러한 혜택이 초등하교 1학년까지 서서히 소멸한다고 밝혔다(Puma et al., 2010). 중요한 사실은 일반적으로 헤드스타트와 비교했을 때 주정부에서 지원하는 유아교육기관들이 저소득층 유아들에게 더 큰 효과를 가져다준다는 것이다(Barnett et al., 2005; Loeb et al., 2004).

전반적으로 볼 때, 정부에서 이러한 정책상의 목적을 위해 신중하게 선별하여 집중 지원할 혼합시장 속 유아교육기관의 질적 수준을 성공적으로 향상시킬 수 있다. 질적 수준 제고에 대한 투자 효과는 아직 혼재되어 있는데, 여기서 가장 문제시되는 것은 헤드스타트의 질을 향상시키는 데 들인 투자의 혜택이 실망스러울 만큼 낮다는 것이다. 그러나 유아교육기관을 공립학교에 넘겨준다고 하여 질적 수준이 향상된다거나 비용이 줄어든다든가 미국이라는 공동체의 다양성에 더 민감하게 반응할 수 있다는 증거도 없다.

결론

주정부나 연방정부는 수준 높은 유아교육기관에 대한 접근성을 확대하는 데 강력한 역할을 해야 하며 유아교육기관의 혜택을 틀림없이 받을 수 있는 상황에 있는 유아들을 위해서는 더욱 그러하여야 한다. 유아교육을 보편무상으로 받도록 공적 재정을 지원하는 것은 유아들의 초기 학습 격차를 줄이려는 중요한 프로젝트와 거리가 멀고 비용이 많이 드는 이탈이다. 정부는 인지적 기민성에서부터 정서적 안정과 내적 호기심까지 유아가 잠재적으로 성장할 수 있는 확고한 방법들에 대하여 지혜롭게 인식하고 있어야 한다. 중앙정부가 경제적으로 휘청거리고 확고한 성과를 내보이라는 압박을 심하게 받게 될 때면 지나치게 단순하고 효율적으로 성과를 측정할 수 있는 학습형태를 선호해왔다. 이는 부모들이 자녀의 성장을 바라보고 양육하는 더 폭넓은 방식과 충돌할 것이다. 유아들이 무의미한 학급활동에 몰입하지 않을 것이라는 것이 충분히 예측가능하다.

유아의 권익을 옹호하는 이들이나 정치인들은 먼저 자신에게 내재된 윤리적 입장, 그리고 민주주의 사회이지만 총체적으로 불평등한 사회에서 국가가 해야 할 역할에 대한 자신의 근본 철학을 분명하게 하고 나서야 질적으로 우수한 유아교육기관에 대한 유아의 접근성 확대에 신중하게 접근할 수 있다. 유아교육을 보편적으로 지원해준다는 것은 솔깃하게 들릴 수 있다. 그러나 보편무상 유아교육을 실시할 경우, 부유한 지역에서는 유아교육에 사적으로 투자하던 것을 공적 재원으로 사용하고서는 그 돈으로 가장 우수한 교사를 채용할 것인데 이는 부족한 공적 재정을 낭비하고 유아학습 격차를 더 벌어지게 할 수 있다.

유아교육 옹호자들은 실증연구 결과들을 정직하게 검토하여야 한다. 다양한 프로그램, 대상 집단, 환경에 걸쳐서 유아교육은 저소득층 가정의 유아들에게 가장 두드러진 효과를 보여왔다. 전국 규모의 연구에서 중산층이나 부유층 가정의 유아들이 유아교육기관을 다님으로써 지속적인 혜택을 경험한다고 보고한 경우는 아직 없다(다만 Bassok, 2010의 연구에서 중산층 하위집단의 일부 유아들이 유아교육의 혜택을 얻을 수 있다고 제안하기는 하였음). 보편적 유아교육비 지원은 일부 부모들이 자유롭게 노동시장으로 진입하고 가정경제를 보조하도록 도울 수는 있겠지만 유아들에 대한 혜택은 적거나 거의 없을 것이다. 정치인들은 그저 공적 자원을 낭비할 수 있는 그릇된 약속을 하지 말고 일관된 효과를 보이는 프로그램에 재정을 지원함으로써 유권자들의 신뢰를 더 확고하게 받을 수 있을 것이다.

제5장

국가가 모든 유아에게 유아교육을 제공해야 하는 4가지 이유

– W. Steven Barnett

유아교육에 관한 질문 중 저소득층에게 선별적으로 지원해야 하는지 보편무상으로 지원해야 하는지에 대한 논쟁보다 더 열띤 논쟁은 없다. 공립 유아교육 프로그램이 저소득층에게 선별적으로 지원될 수 있는 방안이 다양하기는 하지만 이것이 일반적으로 의미하는 것은 가계소득 심사에 따라 자격을 부여하고 빈곤선 혹은 기타 소득기준 이하 가정의 유아들에게만 제한된다는 것이다. 수십 년 동안 필자는 수준 높은 공립 유아교육 프로그램을 저소득층 유아들에게만 무료로 제공해야 한다고 주장해왔다. 그 생각은 저소득층 유아를 위한 비교적 집중적인 프로그램이 비용을 훨씬 초과하는 이득을 낳는다는 비용-효과 분석과 함께 더 부유한 유아들에게는 회수율이 훨씬 더 낮을 것이라는 예상에 기초한 것이었다. 최근 몇 년 동안 필자의 이러한 생각이 잘못된 가정(종종 외연적 가정보다는 암묵적 가정)에 기초한 것이었다는 것과, 저소득층 선별 정책과 보편무상 정책 중에 선택할 때 도움이 되는 지식을 확장해주는 새로운 증거들이 나타나고 있다는 것을 알게 되었다.

이 장에서는 국가가 저소득층 유아들에게만이 아니라 모든 유아에게 수준 높은 유아교육을 제공해야만 하는 네 가지 이유를 설명하고자 한다. 그 이유는 다음과 같다.

1. 보편무상 유아교육이 훨씬 더 많은 저소득층 유아들에게 도움의 손길을 뻗칠 수 있을 것이다.
2. 보편무상 유아교육이 저소득층 유아에게 더 큰 교육적 이득을 줄 수 있을 것이다.
3. 유아의 학습준비도 부족, 학교에서의 실패, 유급 등의 국가적 문제의 대부분은 중산층 가정에서 초래된다. 보편무상 유아교육(Pre-K)은 이들이 학교에서 성공할 수 있는 준비도를 향상시킬 수 있다.
4. 보편무상 유아교육은 국가를 위해 더 많은 경제적 순이익을 산출할 가능성이 크다.

보편무상 유아교육은 더 많은 저소득층 유아에게 혜택을 준다

미국에서는 지금까지 40년 이상 빈곤층 유아들에게 유아교육 프로그램을 제공하기 위해 공적 재원으로 운영되는 프로그램을 운영해왔다. 이 중 가장 잘 알려진 것이 헤드스타트이지만 그 외에도 여러 중앙정부, 지방정부, 지역 공립유아교육 프로그램들이 저소득층 가정을 대상으로 하며, 유아특수교육은 장애를 가진 모든 유아에게 열려 있다. 2005년 실시한 전미가구별교육현황조사(NHES)에서 나온 상세한 데이터는 가족 소득수준에 따라 유아교육 프로그램 유형별 참여 추정치를 제공함으로써 정책분석의 탄탄한 토대를 마련해주고 있다. 그렇지만 NHES 데이터는 아직 유치원에 다니지 않는 유아들에게 집중되어 있다. 일부 만 4세 유아는 유치원을 다니는 반면 만 5세 유아의 12%는 Pre-K에 다니고 있다. 이를 고려하여 각 연령 집단(cohort: 즉 1년 후에 유치원에 다닐 유아, 2년 후에 유치원에 다닐 유아 등으로 구분)의 취원율 추정치를 수정하였다.

NHES 수치를 수정해도 유아교육 프로그램을 이용하고 있는 총 인원수 추정치나 공립-사립 양분현상에는 그다지 차이가 없다. NHES와 유사하지만 더 간략하게 실시된 2007년의 전미학교준비도조사에서 취원율 증가는 나타나지 않았다(Hagedorn, Brock Roth, O'Donnell, Smith, & Mulligan, 2008). 2008년까지의 데이터를 제공해주는 최신 통계조사(CPS) 역시 자세하지는 않으나 학교 입학률에 초점을 두었기 때문에 또 다른 시각을 제공해준다(U.S. Census Bureau, 2008a). CPS 데이터 역시 인구비율을 고려할 때 취원율이 증가하지 않았음을 보여주었다. 2005년 이후로 지방정부에서 제공하는 유아교육 프로그램 취원율은 증가하였는데(만 4세 유아 취원율은 20%에서 25%로 증가), 전체 취원율에 변화가 없다는 것은 어떻게 된 것일까? 가장 가능성 있는 것은 지방정부 Pre-K 프로그램이 어떤 경우에든 유아교육을 받을 유아들을 대상으로 하는 사립 Pre-K에 재정을 지원한 경우가 많았을 것이라는 설명이다. CPS는 공립-사립 양분에도 변화가 없었음을 보여주었다. 지방정부(예컨대 뉴저지 주)에서 시도한 Pre-K가 사립 프로그램의 질적 수준을 높였다면 이것이 변화로 인한 가장 큰 혜택이라 할 수도 있을 것이다. 또한 일부 유아들은 여러 개의 프로그램에 등록되어 있는데 특히 지방정부의 Pre-K가 종일제 프로그램이 아닐 때 특히 그러하다. 따라서 종전에는 헤드스타트나 유아특수교육만 받던 유아들이 더 많은 유아교육을 받고 있을 수 있는 것이다. 이러한 결과를 두고 볼 때, 지금부터는 더 상세하게 실시된 2005년 NHES 데이터만 사용하고자 한다.

2005년까지 헤드스타트는 매년 거의 70억 달러의 재정지원을 받았으며 주로 만 3, 4세의 유아 90만 명이 등록하였다. 헤드스타트는 2009년과 2010년에 처음으로 추가 재정을 받았는데 이것은 만 3, 4세의 취원율을 증가시키는 데는 거의(혹은 전혀) 사용되지 않았다(Haskins & Barnett, 2010). 지역학교에서는 저소득층 가정의 유아교육을 위해 타이틀1 연방기금을 사용할 수 있다. 불행하게도 그 현황에 대해서는 정확한 수치가 알려져 있지 않으며 지방교육재정으로 유아교육을 받은 유아의 수도 알려져 있지 않다. 대다수 지방정부에서는 유아교육 프로그램을 재정적으로 지원하는데 그 대부분은 가계소득 심사(means test)에 기초한다. 2005년, 오클라호마 주와 조지아 주에서만 모든 유아를 위한 보편무상 유아교육을 진정으로 추구하였다고 말할 수 있다. 2009년 플로리다 주는 새로운 보편무상 유아교육 프로그램으로 조지아 주를 앞섰다. 그렇지만 플로리다 주에서 택한 방식은 민간 어린이집을 이용하는 유아들에게 하루 2.5시간에 해당하는 비용인 2,500달러를 매년 지원하는 것이었다. 유아특수교육 프로그램은 만 3세, 4세 유아 40만 명에게 제공되었지만 여기에는 이중으로 등록된 인원도 포함되어 있을 것이다(Barnett et al., 2009).

정부의 자녀양육 보조금 또한 가계소득 심사에 기초하여 유아교육을 받을 수 있도록 공적 지원을 해주는 것이 그 상당 부분을 차지한다. 복지제도 개혁의 일환으로 자녀양육 보조금은 헤드스타트에 투입되는 비용을 초과할 정도로 커졌다. 2005년, 자녀양육 지원에 사용된 보육개발기금(Child Care and Development Fund: CCDF) 및 빈곤가정한시부조(Temporary Assistance to Needy Families: TANF) 국비지원은 80억 달러를 초과하였다. 다른 국비지원으로는 세금 혜택(대부분 중산층 가정을 대상으로 하며 35억 달러 이상)과 어린이와 성인을 위한 급식 프로그램(20억 달러 이상)이 있는데, 마찬가지로 그 어느 것도 만 3세와 4세 유아를 위한 것은 아니었다. 이러한 자녀양육 보조금은 만 13세까지를 대상으로 하는 것이지 만 3세와 4세 유아만을 위한 것이 아니다. CCDF는 2009년 제정된 미국 경기부양법에 따라 20억 달러가 증액되었지만 이것이 취원율에 어떻게 영향을 미쳤는지는 알 수 없으며, 이 재원이 어떻게 사용되었으며 TANF를 포함한 다른 자녀양육 보조금이 어떻게 되었는지도 명확하지 않다(Haskins & Barnett, 2010).

이렇듯 가계소득 심사에 기초하여 유아교육 및 보육 프로그램을 제공하는 오랜 역사를 두고 볼 때 빈곤층 혹은 이에 가까운 계층의 유아 대다수가 어떤 종류이든 유아교육 및 보육 프로그램에 있을 것이라고 기대할 것이다. 여전히 2005년 NHES가 최선의 조사자료이므로(2008년 CPS 결과와 일치), 이에 기초하여 이 문제를 다루고자 한다. 앞에서 논한 바와 같이 2005년 NHES 데이터를 수정해도 전체 취원율 추정치가 변하지는 않는다. 표 5.1은 가족 수입 정도에 따라 만 3세와 4세 유아가 헤드스타트나 다른 유형의 기관중심 유아교육 프로그램에 참여하는 추정치를 보여준다. 특수교육과 사립 무상 프로그램의 절반 정도가 지방정부 Pre-K에 포함된다는 것을 감안한다면, 프로그램 유형별 구분은 프로그램에 의해 보고된 데이터와 일치한다. 소득수준을 5단계로 나누었을 때 가장 낮은 단계는 빈곤선 이하에 살고 있는 유아의 비율과 유사하다. 이러한 수치는 각 연령집단의 완전한 참여(즉 만 4세 유아들은 모두 내년에 K학년에 다닐 유아임)를 가정하고 조정된 것이며, 이는 CPS에 기초하여 72% 정도가 이전 해에 유아교육 프로그램을 다니고서 K학년에 들어간다는 추정치와도 대체로 일치한다. 프로그램 보고 자료와 CPS에 기초하여 필자는 만 4세 유아의 지방정부 Pre-K 취원율은 25%이며 이에 더하여 헤드스타트에 11%, 특수교육에 3%, 지방정부 Pre-K의 지원을 받지 않는 사립 프로그램에 35% 등록한 것으로 추정한다.

표 5.1에서 볼 수 있는 바와 같이 소득수준이 가장 낮은 집단 유아의 65%가 만 4세에 어떤 유형이든 기관중심 프로그램(공립 혹은 사립)에 다니며 만 3세의 경우는 45%가 등록되어 있다. 그 다음 소득수준 집단에 속하는 만 3세의 유아교육 프로그램 취원율은 더 낮다. 공립 프로그램은 전반적으로 저소득층 가정 유아의 참여율을 중산층 가정 수준에 근접하게 높이고자 노력해왔다. 그렇지만 대부분 가계소득 심사를 거쳐 프로그램 참여 자격을 결정하는 공립 프로그램들은 모든 저소득층 유아가 유아교육을 받게 하려는 목표에 전혀 근접하지 못하고 있다. 빈곤층 혹은 차상위층 가정의 유아 중 상당수가 가정에서 친척이나 이웃 등의 보살핌을 받거나 부모와 함께 집에 머무르고 있다(만 4세의 20~30%, 만 3세의 40~45%). K학년 취원율에 기초하여 보편무상 유아교육은 소득수준이 가장 낮은 두 집단 유아의 90% 이상을 등록시키며 일부 지역사회 기반 보편무상 프로그램은 거의 100% 취원율을 달성할 것으로 기대된다(Applewhite & Hirsch, 2003; U.S. Census Bureau, 2008b).

이러한 수치가 시사하는 바의 하나는 2005년에도 헤드스타트의 혜택을 받는 유아의 상당수가 소득수준이 가장 낮은 집단에 속하지 않는다는 사실이다(2005년부터 연방정부에서는 빈곤의 130%를 헤드스타트 수혜 자격기준으로 삼았으며 이것이 저소득층 집중을 더 약화시켰을 수 있다). 왜 이러한가? 헤드스타트는 빈곤선 이상의 대상은

표 5.1 2005년 봄, 만 3세 및 4세 유아의 유아교육 프로그램 참여

기관 유형	전체 유아(%)	가족소득별 취원율				
		1분위 (<2만 달러)	2분위	3분위	4분위	5분위 (>10만 달러)
3세 집단						
헤드스타트	8	20	9	7	0	0
특수교육	4	1	3	3	3	10
사립, 유상	32	15	18	27	50	66
사립, 무상	4	7	4	3	2	2
기타 공립	3	3	3	4	3	3
전체	51	46	37	44	58	81
4세 집단						
헤드스타트	13	30	23	4	5	0
특수교육	6	2	5	10	7	4
사립, 유상	36	12	18	37	52	71
사립, 무상	6	10	6	8	5	3
기타 공립	13	11	13	11	16	12
전체	74	65	65	70	85	90

출처: 2005 전미가구별교육현황조사(NHES).
주석: 이는 NHES 데이터에 대하여 Clive Belfield가 원래 실시한 분석결과임. 여기에서 사립, 유상으로 보고된 것의 상당수가 지방정부의 Pre-K 프로그램을 사립기관에서 실행하는 것으로 보임. 수치는 정수로 반올림되었는데 비용편익 추정치는 소수를 허용함(예컨대 사립 프로그램에서 2.5% 이동, 어떤 프로그램도 받지 않던 유아의 공립 프로그램 등록 2.5% 증가로 공립 취원율의 총 5% 증가).

10% 정도만 수용하도록 법제화되어 있다. 그렇지만 헤드스타트는 가구소득이 아니라 가족소득을 기준으로 빈곤을 규정하여 정부의 기준 정의보다 더 높은 비율의 대상이 수혜를 받게 한다. 둘째, 헤드스타트는 유아들이 일단 입학하면 빈곤 상황이 시간의 흐름에 따라 변화할지라도 자격 재심사를 요구하지 않는다. 이에 더하여 일부 부모와 프로그램에서는 소득 기준을 넘어도 받을 수 있는 장려금을 받는다.

정책분석에서는 너무도 빈번하게 저소득층 선별이 완벽하게 이루어지고 비용이 들지 않는다고 가정한다. 현실에서는 유자격 집단의 등록비율을 최대화하면서 무자격 유아의 등록을 제한하는 데는 비용이 상당히 든다(Currie, 2004; van de Walle, 1998). 사람들이 자격기준 이하의 소득만 벌고자 노동시간을 줄이는 등 프로그램의 수혜를 받을 수 있게 평소와 달리 행동한다면 행정적 비용뿐만 아니라 경제적 비용도 추가된다. 자격심사 기준은 정치적으로 정해지는데 자격 여부는 결정하기가 쉽지 않으며 사람들은 자신의 자격 여부를 상관하지 않고 프로그램에 들어가려 하거나 회피하려고 노력한다.

부모들은 프로그램의 자격기준에 대하여 항상 정확한 정보를 갖고 있는 것은 아니며 자격기준이나 프로그램 신청을 위한 행정절차로 인해 일부 부모들은 신청하는 것 자체를 망설이게 된다. 어떤 가족은 가족 구성원 모두가 합법적인 이민자가 아니기 때문에 정보를 제공하기를 두려워할 것이다. 어떤 가족은 자격요건이 갖추어져 있지 않은데도 무료이거나 보조금이 많은 서비스를 얻으려고 여전히 시도할 것이다.

가계소득 심사는 그 본질적 특성상 대상이 고정되지 않는데, 가족소득이 시간에 따라 변하기 때문이다. 그렇지만 교육의 효과를 위해서는 연속성이 필요하기 때문에, 저소득층을 위한 공적 프로그램들은 현재로서는 소득 자격기준에 부합하지 않은 가족들을 상당수 포함하게 된다. 동시에 입학 당시에는 자격을 갖추지 못해 배제되었지만 이후에 소득 감소를 경험하는 가족도 상당히 많다. 만약 자격조건이 이 모든 가족들에게 확대된다면 자격을 갖춘 인구비율이 상당히 커질 것이다. 예컨대 월평균 빈곤비율은 20%에 불과하였으며 연간 빈곤비율은 15%보다 낮았지만, 유아 43%가 1996년에서 1999년 사이에 2개월 이상을 빈곤선 이하에서 살았다(Iceland, 2003). 만 5세 이하의 유아 중 상당수가 한 해의 일정 시기에는 소득이 빈곤선의 135%(흔히 '저소득층'의 정의가 됨) 이하로 합법적인 자격을 가지는 것으로 보인다.

미국 가족의 이동성 또한 가계소득 심사에 근거한 프로그램에 어려움을 야기할 수 있다. 매년 유아의 22%가 이사를 가는데 14%는 같은 지역 내로, 8%는 다른 지역이나 주로 이동한다(Hodgkinson, 2003). 가계소득 심사에 기초한 프로그램에 다니던 유아가 이사를 가게 되면, 새로운 이사지에서는 그 프로그램이 이미 꽉 차있거나 아예 제공되지 않아서 서비스를 받지 못하게 될 수 있다. 자격 있는 유아들이 저소득층 중심 유아교육을 받는 것을 권리로 만듦으로써 이러한 문제를 경감시킬 수도 있지만 이 방법은 아직까지 정치적으로 공감을 얻지 못하고 있다. 그렇게 된다고 하더라도 프로그램이 모두에게 접근성을 가지지 못하며 주거패턴이 프로그램 위치에 영향을 주기 때문에 문제는 여전히 남아있게 된다. 저소득층 가정의 주거패턴이 바뀌면 프로그램이 이들을 따라가기 어려울 것이며 이에 따라 위치상의 부적합성이 야기될 것이다. 보편무상 프로그램도 유사한 문제를 경험할 수는 있지만 무상 유아교육이 전혀 제공되지 않는 지역은 없어질 것이다.

마지막으로 일부 가족들은 낙인효과나 또래친구들의 부정적인 시각을 두려워하여 가계소득 심사에 기초한 저소득층 프로그램을 사용하지 않으려 한다. 보편무상 접근법은 다양한 인종적, 문화적, 사회경제적 배경을 가진 유아들의 통합에 대한 장애물을 낮추어주는 동시에 가계소득 심사에 기초한 프로그램과 관련된 수치스러운 낙인을 없앨 수 있다(Garfinkel, 1996). 낙인은 부모가 자녀를 입학시키는 것을 꺼리게 할 뿐만 아니라 프로그램 종사자가 보편무상 프로그램에서는 있을 수 없는 방식으로 유아와 부모를 대할 가능성을 야기할 수 있다(Stuber & Schlesinger, 2006).

보편무상 유아교육 프로그램은 저소득층 유아에게 더 많은 혜택을 준다

선별적 집중 프로그램과 보편무상 프로그램 모두가 장기적으로나 단기적으로나 저소득층 유아의 학습과 발달을 향상시키는 것으로 밝혀져 왔다. 포괄적인 문헌 분석에 따르면 단기적 측면보다 장기적 측면의 효과가 더 작지만 그 효과가 완전히 소멸되지는 않는다고 한다(Camilli et al., 2010). 그렇지만 헤드스타트에 대한 전국규모 무선화 실험연구 결과는 실망스러웠다. K학년과 1학년까지 지속되는 효과는 사실상 하나도 발견되지 않았으며, 저소득층 유아의 읽기/쓰기와 수학에서의 향상률은 헤드스타트에서보다 K학년에서 훨씬 더 높았다(U.S. Department of Health and Human Services, 2010b). 이는 헤드스타트 서비스가 특별히 효과적이지는 않거나 저소득층 유아들이 다른 곳에서 얻을 수 있는 서비스보다 무시할 수 있을 만큼 조금 더 효과적이라는 사실을 제안한다.

헤드스타트보다 더 집중적으로 교육하는 다른 저소득층 대상 프로그램의 효과가 더 강한 것으로 보인다. 이 중에는 저소득층 대상 지방정부 프로그램도 있지만 보편무상 프로그램도 있다(Barnett, Howes, & Jung, 2008; Gormley et al., 2005; Wong, Cook, Barnett, & Jung, 2008). 더구나 미국 및 여러 국가들로부터 저소득층 유아들이 더 부유한 또래들과 함께 유아교육을 받을 때 더 많은 혜택을 얻는다는 증거가 상당히 누적되고 있다(Biedinger, Becker, & Rohling, 2008; Henry & Rickman, 2007; Mashburn, Justice, Downer, & Pianta, 2009; Neidell & Waldfogel, 2008; Schechter & Bye, 2007; Sylva, Melhuish, Sammons, Siraj-Blatchford, & Taggart, 2004, 2008; Winsler et al., 2008). 이에 따라, 다른 요소들이 동일하다면 보편무상 프로그램이 저소득층 유아의 학습과 발달에 더 큰 효과를 낳을 수 있다고 추론할 수 있다. 오클라호마 주의 털사(Tulsa)에서는 헤드스타트와 보편무상 유아교육 학급에서 동일한 자격요건을 가지며 동일한 보수를 받는 교사들을 고용하였는데 보편무상 유아교육 프로그램이 저소득층 유아의 읽기/쓰기(수학은 아님)에 헤드스타트보다 더 높은 효과를 가져왔다(Gormley, Phillips,

& Gayer, 2008). 이 연구에서 털사 지역의 헤드스타트에서 전국 수준의 헤드스타트 읽기/쓰기 및 수학 점수보다 훨씬 더 높게 향상한 사실도 고려해야 한다.

중산층 가정 유아도 보편무상 유아교육을 필요로 하며 도움을 받을 수 있다

저소득층 유아들만이 공립 유아교육의 혜택을 얻는다는 생각은 실증적으로 증명되지 않는다. 유아종단연구-K학년 집단에 대한 자료 분석에 따르면 학교준비도에 있어서 빈곤선을 전후하여 비연속적으로 큰 격차란 존재하지 않으며 이후의 학교에서의 성공이나 사회 및 정서적 발달에서도 확연한 차이가 없다(Barnett, 2007). 그보다 유아 발달은 소득에 따라 꾸준히, 선형적으로 향상된다. 점수분포를 보면, 가운데 2~4분위에 속하는 중산층 유아 중 상당수는 최하층인 1분위 유아들의 인지 및 사회 기능보다 오히려 더 낮은 평균점수를 갖고 K학년을 시작하기도 한다. 최하층 유아들의 경우 학년 유급은 12%, 중퇴율은 18%이며, 중간층 유아들의 경우에도 각각 8%, 12%에 이른다(Barnett, 2007). 중산층 유아들이 더 쉽게 따라잡을 것이라 가정할 수는 있지만 수적으로 학교 실패와 고등학교 중퇴는 중산층 가정의 유아들이 대부분을 차지한다(U.S. Census Bureau, 2008a). 그렇다면 문제는 중산층 유아들도 도움을 필요로 하는가의 여부가 아니라 공립 유아교육 프로그램이 도움을 줄 수 있는가 하는 것이 될 것이다.

오클라호마 주를 비롯한 일부 지역의 보편무상 유아교육은 최소한 저소득층 유아에 대한 효과크기의 3/4 정도에 해당하는 혜택을 중산층 이상의 유아들에게도 즉각적으로 준 것으로 밝혀졌다(Gormley et al., 2005; Sylva et al., 2004). 소규모로 실시된 무선화 실험연구에 따르면 상당히 부유한 유아들도 수준 높은 유아교육 프로그램의 혜택을 지속적으로 받는다(Larsen, Hite, & Hart, 1983; Larsen & Robinson, 1989). 보편무상 유아교육이 더 일반화된 유럽에서는 모든 사회경제적 배경의 유아들을 위해 장기적으로 인지발달과 사회발달을 향상시키고 있음이 발견되어 왔다(Fuchs & Wossmann, 2006; Osborne & Milbank, 1987; Rindermann & Ceci, 2008; Schutz, Ursprung, & Wossmann, 2006; Waldfogel & Zhai, 2008). 현재 중산층 가정의 유아들은 유아교육 프로그램에 다니지 않거나 다닌다고 하더라도 질적 수준이 충분히 높지 않아서 유아교육의 잠재적 혜택을 받지 못하고 있다. 표 5.1은 유아교육 참여 데이터를 제시한다. 캘리포니아 주의 유아교육기관 연구에 따르면 중앙정부에서 규정한 빈곤수준의 5배를 넘는 부유한 가정의 유아들이 다니는 유아교실 중 직접 관찰결과 질적 수준이 적합하다고 평가받은 경우는 1/5에 불과하였다(Karoly, Ghosh-Dastidar, Zellman, Perlman, & Fernyhough, 2008).

보편무상 유아교육의 추가비용은 편익 증가로 정당화할 수 있다

보편무상 프로그램은 저소득층 선별 프로그램보다 비용이 훨씬 더 많이 든다. 추가비용을 들일 가치가 있는지는 돌아오는 편익에 달려있다. 보편무상 프로그램이 추가비용을 상쇄하는 것 그 이상의 추가편익을 생성할 수 있는 세 가지 이유는 이미 논하였다. 첫째, 보편무상 프로그램은 저소득층 대상을 훨씬 완전하게 포용하여 더 많은 수의 빈곤계층 유아들에게 혜택이 돌아가게 할 수 있다. 둘째, 보편무상 프로그램은 저소득층 유아 각각에게 더 큰 편익을 제공할 수 있다. 또래효과에 대한 증거 이외에도 헤드스타트 연구결과를 보면 저소득층 중심 프로그램이 그다지 효과적인 프로그램이 아닐 수 있다고 결론내릴 수밖에 없다(Gelbach & Pritchett, 2002; Nelson, 2007; U.S. Department of Health and Human Services, 2010b). 셋째, 가계소득 심사에 따라 자격여건이 부여되지 않은 유아들도 좋은 유아교육 프로그램으로부터 혜택을 받을 수 있다. 필자는 모든 만 4세 유아에게 1인당 평균 6,000달러를 사용하여 보편무상 유아교육을 제공하는 비용과 편익을 추정한 바 있는데, 이는 유아특수교육이 이미 별도의 예산이 산정되어 있다는 것을 고려하고 상당수가 반일제 프로그램을 다닌다면 수준 높은 유아교육을 제공하기에 충분한 비용이다(Barnett et al., 2009). 유사한 산술적 계산이 만 3세에게도 적용될 수 있으나 상당 기간 동안은 국가가 그러한 정책을 펼 준비가 되어 있을 것 같지 않다.

추가 비용과 편익을 추정하기 위해서는 먼저 가계소득 심사에 기초한 현재 프로그램(2005년 NHES 데이터로부터 산출)을 보편무상 프로그램으로 대체하였을 때 등록인원의 변화를 추정하는 것이 필요하다. 소득수준이 가장 낮은 1분위와 2분위의 경우는 거의 100%까지 증가하지만 나머지 세 계층에서는 일부 유아가 여전히 사립 프로그램에 다닐 것이기 때문에 3분위는 90%, 4분위는 85%, 5분위는 80% 정도만 될 것으로 추정한다. 이에 따라 전체적인 공립 유아교육 참여율은 91% 정도가 된다. 이러한 등록수준은 K학년 취학률과 유사하며 오클라호마 주에서 실제로 나타난 참여율(지방정부 프로그램과 헤드스타트 프로그램 참여율을 합산)보다 약간 더 높다. 그렇지만 저소득층 가정의 높은 참여율은 이들을 참여시키려는 노력과 함께 요구충족(예컨대 하원시간 이후의 보육 조율이나 등하원 교통수단의 제공)이 가능하도록 설계될 때만 가능할 것이다. 지방정부 유아교육 프로그램에서 유아의 사립 유아교육기관 등록도 재정적으로 지원하는 정도를 고려할 때 비용은 연간 약 140억 달러로 추정된다. 현재 유아교육기관에 다니고 있는 25%의 만 4세 유아에 대해 1인당 6,000달러에 이르도록 지방정부의 유아교육 재정을 추가 지원하는 데는 10억 달러 정도만 더 소요될 것이다. 헤드스타트는 현재 유아당 6,000달러를 훨씬 더 초과하는 수준에서 재정지원을 하고 있다. 비용의 나머지는 현재 만 4세 유아가 40%도 안 되게 공립 유아교육을 받고 있는 것을 90%를 상회하도록 향상시키는 데 드는 것이다.

저소득층 유아에 대한 편익은 시카고 유아-부모 센터의 회수율인 10:1로 가정하여 추정한다. 따라서 편익은 소득 최하수준인 1분위에 속하면서 현재 유아교육기관에 다니지 않는 유아에게 있어서 현재가치로 평생 60,000달러에 이른다. 소득 중간층인 2~4분위 유아의 경우, 앞에서 논한 추정치에 따라 절반으로 추정한다. 최상위인 5분위 유아의 경우 다시 그 절반으로 추정한다. 현재 사립 프로그램과 헤드스타트에 다니는 유아들을 위한 편익을 추정하기 위해 필자는 이 수치들을 절반으로 보는데, 이러한 프로그램의 효과에 대한 실망스러운 연구결과는 더 수준 높은 지방정부 재정지원 Pre-K로 옮겼을 때 편익이 더 높아질 것임을 시사한다. 이러한 가정들하에 보편무상 유아교육 프로그램은 700억 달러의 편익을 창출할 것으로 볼 수 있다. 현재의 가계소득 심사에 기초한 선별적 접근법은 대상선별의 불완전성이나 일부 프로그램의 낮은 효과를 두고 볼 때 투입비용당 회수율이 더 크지 않을 가능성이 있다. 어떤 경우든 보편무상 프로그램이 줄 수 있는 상당히 큰 순이익을 놓칠 수 있다. 이는 추정되는 추가비용(추정치보다 상당히 더 적게 들 수 있음)의 네 배 이상인데, 더구나 세금 공제나 CCDF, TANF 등의 다른 정부지원금을 통해 만 4세에게 제공되는 여타 공적 재원의 감소로 인한 추가비용 절감은 고려하지 않은 것이다.

결론

선별적인 저소득층 중심 유아교육보다 보편무상 유아교육이 가지는 네 가지 장점을 제시하였다. 그러기 위해서는 공적 재정지원이 필요하지만, 상당수 지방정부에서 지원하는 유아교육 프로그램처럼 사적 재원도 상당히 제공될 수 있다(Barnett et al., 2009).

보편무상 프로그램의 가장 큰 단점이 비용임은 확연하다. 그렇지만 더 많은 수의 저소득층 유아들이 유아교육을 받게 할 수 있으며 저소득층 유아 개개인이 받는 교육적 혜택이 더 크며 중산층 이상의 유아들도 혜택을 얻을 수 있기 때문에 이 세 가지 이유에서 상당한 경제적 이득을 얻을 수 있다. 이러한 장점을 최대화하기 위해서 유아교육 정책은 저소득층 가정 유아의 참여를 촉진하고 적절한 수준의 효과성을 유지하도록 하여야 한다. 지방정부 유아교육 프로그램들이 그 가능성을 보여주고 있기에 공립 프로그램에 대한 기대치가 비현실적이지 않은 것이라 할 수 있다(Applewhite & Hirsch, 2003; Gormley et al., 2008).

보편무상 유아교육이 회수율을 더 높일 수 있도록 섬세하게 조정될 수 있을 것이다. 비용 일부를 충당하기 위해 소득수준에 따라 부모가 차등적 비용 부담을 할 수도 있다. 유아의 요구 수준에 따라서 더 집중적인 서비스를 제공할 수도 있다. 가계소득 심사에 따른 프로그램을 향상시켜서 대상선별을 더 적절하게 하고 효과성을 높일 수 있다는 주장을 펼칠 수도 있을 것이다. 그렇지만 그 방법은 이미 지난 40년간 시도되었던 것으로 약간의 향상은 가능할지라도 보편무상 유아교육이 줄 수 있는 이점에는 견줄 수가 없다. 이제 새로운 방법을 시도할 때가 되었다.

제6장

우리 모두의 아이들

유아교육에 대한 국민적 지지 얻기

– David Lawrence, Jr.

공적 재원으로 운영되는 유아학습 프로그램의 설립 혹은 확장을 위해 노력하는 이들을 위해 간략하지만 가치 있는 역사적 교훈을 제시하고자 한다. 1988년 플로리다 주의 데이드(Dade) 카운티는 그 주에서 가장 큰 행정구역일 뿐만 아니라 16개 주보다 더 많은 인구가 거주하고 있었는데, 주 검사 Janet Reno(이후 미국 법무장관이 됨)와 몇몇 지역사회 지도자들이 유아교육을 통한 중재 및 예방 프로그램을 위한 재정 자원을 별도로 지정하자는 선거운동을 벌였다. 이 선거운동의 핵심부에는 마이애미에서 가장 저명하고 유아들에게 큰 관심을 가진 옹호자들과 시민사회 지도자들이 포함되어 있었다. 이들의 주장은 투표권자들이 재산세를 올려서 유아교육 및 보건 프로그램을 지원하는 데 찬성함으로써 지역사회에서 가장 경제적으로 힘든 곳에서 살아가는 위험에 처한 유아와 가족을 도와야 한다는 것이었다. 합리적인 주장이었다. 게다가 유아를 사랑하지 않는 사람이 어디 있겠는가? 가장 비참한 궁핍 상태에 있으며 우리의 특별한 관심이 없는 한 인생에서 성공하기 힘들 유아들을 위해서 뭐든지 해주려 하지 않을 사람이 누가 있겠는가? 그렇지만 결과는 압도적인 반대였다. 유권자들이 이 법안에 대하여 2 대 1로 반대하여 법안 통과는 실패하였다.

14년 후인 2002년 이 법안은 다시금 시도되었다. 통과할 수 있었을까? 어떻게 해야 이번에는 달라질까? 법안 옹호자들은 충격적이었던 실패로부터 교훈을 얻고서 대중의 인식을 어떻게 만들어나갈지, 우호적 반응을 이끌기 위해 쟁점을 어떻게 제시해야 할지를 연구하였다. 요컨대 이들은 사안을 바라보는 관점을 완전히 달리 하였다. 즉 단지 그들의 아이가 아니라 우리들의 아이, 바로 모든 유아에 대한 쟁점으로 만든 것이었다. 물론 특정 유아 및 가족이 더 많은 도움을 필요로 하며 그에 대한 지원이 이루어져야 한다는 것을 잘 알고 있었다. 그렇지만 선거운동에서는 선한 의도를 갖고 있는 법안이라도 “천사의 편”이 되는 것으로 제시하기보다는 온전한 정치적 선거운동으로 구조화하였다. 따라서 진정한 정치 전략에 기초하여 선거운동을 펼칠 수 있도록 현실적인 선거자금을 모을 필요가 있었다. 2002년의 결과는 2 대 1의 승리였다.

대의와 성과를 시험해볼 수 있도록 투표에서 5년이라는 제한기한이 제시되었다. 본질적으로 유권자들이 들은 말은 "5년간 이렇게 해봅시다. 다시 투표할 기회가 있을 것입니다. 만족한다면 그 때는 이 법안이 영속되도록 투표할 수 있습니다. 만족하지 않는다면 이 법안은 사라질 것입니다."였다. 그리하여 2008년 8월, 다시 투표할 시간이 되었다. 경제가 기울기 시작하고 있었으며 마이애미-데이드 카운티는 전국적으로 집값이 과다하게 높은 대표적 사례가 되었다. 기름값을 포함하여 거의 모든 물가가 상승하였다. 국가경제의 부분적 붕괴는 플로리다 남부에서 특히 심각하게 체감되었으며 따라서 더 높은 재산세에 찬성표를 던지도록 하는 것이 특히 힘든 시기였다.

긍정적인 측면을 보면 매년 유아교육 중재 및 예방 정책에 1억 달러 이상을 사용하면서도 단 1달러도 부정하게 사용되지 않았다는 것이다. 이 재원이 유아신탁기금(Children's Trust)으로 명명된 것은 우연이 아니었다. 사실상 신뢰(trust) 근본 쟁점이었던 것이다. 국민은 자신들이 낸 돈이 지역사회의 유아들의 삶과 미래를 위해 현명하게 투자되고 있다고 신뢰할 수 있는가? 자녀가 없는 사람들을 포함하여 전체 지역사회가 혜택을 보고 있는가? 유아에 대한 투자는 모든 사람에게 더 안전하고 성공적인 사회를 만들어줌으로써 보상될 것인가?

옹호자들은 국민이 낸 세금이 어떻게 쓰였는지에 대한 멋진 이야기, 사실상 많은 이야기를 갖고 있었다. 수준 높고 두뇌발달을 촉진해주는 보육 지원금, 장애를 가진 유아를 도울 수 있는 프로그램 지원, 학교 보건 팀(간호사뿐만 아니라 사회복지 석사학위자 포함) 100개 이상의 운영비, 부모 양육기능 교육 프로그램, 방과후 프로그램 등을 포함하여 효과적으로 사용되고 있었다. Sergio Bendixen이 선거운동을 이끌고 있었는데, 그는 전국적으로 명성이 높은 마이애미 출신의 노련한 정책전략가였다. 더구나 선거기금도 150만 달러 이상 충분히 모금되어 방송 및 신문매체와 시민들의 풀뿌리 홍보를 활용하여 견고하게 선거운동을 펼칠 수 있었다.

결과적으로 85.4%의 찬성으로 유아신탁기금이 영속될 수 있도록 재신임되었다. 유권자들은 유아들, 모든 유아들이 학교와 인생에서 성공하도록 돕는 데 기꺼이 지속적으로 세금을 사용하고자 하였다. 이 성공 사례에서 가장 큰 두 가지 요인을 꼽자면 옹호자들이 이 법안이 모두의 아이를 위한 것이라고 끊임없이 강조한 것과 지속적으로 국민의 신뢰를 유지한 것이었다.

납세자의 세금이 보편적으로 모두를 위한 서비스에 쓰여야 할지, 가장 도움을 필요로 하는 유아들을 위해서 쓰여야 할지는 국가적인 문제이다. 재원이나 노력을 도움과 관심을 가장 절실하게 필요로 하는 유아들에게 집중시킬지 아니면 추가 재원은 가장 어려운 유아를 위해 사용될 필요가 있음을 인지하되 모든 유아를 대상으로 할지 선택해야 한다. 언뜻 생각하기에는 첫 번째 방법, 즉 제한된 자원을 가장 필요로 하는 곳에 사용하는 것이 당연하다고 보인다. 그렇지만 두 번째 방법이 성공할 확률이 훨씬 더 높다.

그런데도 정부에서는 상황을 이렇게 바라보고 있지 않다. 중앙정부와 지방정부 모두 가계소득 심사에 따라 움직이는데, 예컨대 국가에서 정한 빈곤선의 150%라든가 기타 기준을 적용하고 있다. 정부기관 바깥의 사람들 중에는 그런 식으로 생각하는 사람을 만나보지 못하였다. 대부분의 사람들은 유아의 가정환경이 가난하거나 부유하거나 혹은 가족들이 힘들어하든 강인하든 상관없이 모든 유아들이 필요로 하는 것에 대해 생각한다. 예를 들어 모든 유아는 위대한 자연, 바깥환경에서 놀이하고 경험할 필요가 있기에 정부에서는 공원과 놀이터를 만들어주는 것을 전혀 문제 삼지 않는다. 우리 아이 다섯은 건강과 교육, 보살핌과 사랑을 적절하게 섞은 원칙에 따라 키웠다. 모든 유아들은 동일한 요구를 가지고 있다.

국민을 분열시키는 것은 결코 좋은 전략이 되지 못한다. 사회안전망 법안은 다른 국민들에게는 혜택이 돌아가지 않고 일부 노인세대만을 위한 것이었다면 결코 통과하지 못하였을 것이다. 노인의료보장제도(medicare)는 65세 이상이면 누구든지 혜택을 받을 수 있는 것으로 그렇지 않았다면 통과될 수 없었을 것이다. 플로리다 주의 만 4세 유아를 위한 보편무상 유아교육(pre-K)이나 마이애미-데이드 카운티의 유아교육 중재 및 예방 재정안도 마찬가지였다.

필자가 살고 있는 지역의 여건이 특별히 더 좋은 것은 아니다. 우리의 지표는 대체로 평범하며 특히 보건과 교육 부분에서는 부끄러울 정도인데, 고등학교 중퇴비율은 전국에서 거의 가장 높으며 의료보험이 없는 아동은 80만 명이 넘고 세 수준(초등, 중등, 고등 교육) 모두에서 공교육에 대한 투자가 보잘것없다. 그렇지만 2002년, 마이애미-데이드의 Alex Penelas 시장의 강력한 리더십하에 72만 2천 명의 플로리다 지역민들이 모든 만 4세 유아들이 공적 재정지원을 통해 "전문적 표준에 따라 실시되는 수준 높은 유아교육 경험"을 받을 수 있도록 요구하는 투표를 통해 헌법수정을 청원하였다. 플로리다 유권자의 59%가 수정을 찬성하여 이를 통과시켰다. 이 헌법수정과 의무교육은 아니나 보편무상으로 제공되는 유아교육이 2005학년도부터 구현되었다. 현재 약

161,000명 정도의 만 4세 유아들이 이 프로그램에 다니도록 하는 데 플로리다 주에서는 매년 3억 5천 달러를 사용하고 있다.

이 프로그램의 질적 수준은 충분히 높은가? 물론 아니다. (기본적인 질적 수준은 갖추었으며 자녀를 등록시키기 원하는 수만 명의 부모가 대기하고 있지만) 결코 충분히 만족스럽지 않다. 플로리다 주의 현 유아교육 프로그램에서는 데이터에 기반을 둔 문제행동 지도가 이루어지지 않고 있으며 교사의 자격 문제를 해결해야 하며 모든 기관에서 연구에 기초한 교육과정을 실시하도록 요구할 필요가 있고 프로그램의 만 4세 유아에 대한 사전 및 사후 측정을 통해서 수업에 대한 피드백을 제공하는 동시에 부모와 공유함으로써 자녀가 부족한 부분이 어딘지, 부모가 어떻게 도와야 성공할 수 있는지를 알 수 있도록 해야 할 것이다.

그렇다면 가장 높은 질적 수준을 가진 프로그램을 향하여 한 걸음씩, 아주 조금씩 나아갈 것인가, 아니면 모든 유아를 수용할 수 있을 정도의 충분한 프로그램을 제공할 수 있도록 법제도를 수정하는 접근법을 택할 것인가? 필자는 후자를 선택하고자 한다. 다른 플로리다 주민들과 마찬가지로 유아교육 프로그램들이 모든 유아들이 마땅히 받아야 할 높은 질적 수준을 갖추도록 열심히 노력할 것이다. 우리가 유아들을 위해서 노력하고 있는 것은 하나의 사회운동이다.

사회운동이란 무엇을 의미하는가? 역사의 교훈을 생각하면 쉽게 떠오르는 것이 시민 권리 운동이나 페미니스트 운동일 것이다. 주류사회는 이러한 운동들에 대하여 처음에는 무시하였다. 종종 조롱하고 때로는 잔인하게 짓밟기도 하였다. 그러나 결국에는 이 운동들이 모든 사람과 미국인의 평등사상과 교감한다는 사실을 대부분의 사람들이 이해하게 되자 미국의 건국이념의 일부로 받아들여지게 되었던 것이다. 오늘날 대부분의 법학과나 의학과의 절반은 여성이라는 것을 우연으로 생각해서는 안 된다. 이러한 진보는 여성들의 권리를 위한 투쟁과 페미니스트 운동의 직접적인 결과인 것이다. 이 운동은 모든 미국인들의 권리를 위해서 일어나는 것, 즉 모든 사람들이 동등한 기회를 얻고 편견으로부터 보호받도록 하는 것이었다. 마찬가지로 시민 권리 운동 역시 흑인만이 아니라 모든 미국인에 대한 것이며 미국인의 인류평등주의의 본질이었다.

유치원도 이러한 사회운동의 하나를 통해 발전하였다. 필자가 종종 청중들에게 공립 유치원이 언제 시작되었을지 추측해보게 하면 보통 자신이나 부모 세대에 이루어진 일이라고 대답하여 대다수의 역사적 관점을 보여준다. 사실상 유치원은 1837년에 처음 생겼으며 미국에는 1850년대에 도입되었다. 1세기 이상이 걸려서야 진정으로 널리 보급된 유치원은 처음에는 불필요하거나 심지어 가족주의에 반하는 것으로 억압되곤 하였다. 수십 년간 유치원은 대체로 사회의 가장 가난하거나 가장 부유한 유아들을 위한 것으로 여겨졌다. 유치원이 모두의 자녀를 위한 운동으로 되었을 때에야 온전하게 실현되기 시작하였다. 오늘날 공립학교에서 제공되는 수준 높은 K학년 경험은 만 5세 자녀를 둔 거의 모든 부모들이 당연히 기대하는 것이 되었다. K학년은 미국의 2/3에 해당하는 주에서는 여전히 의무교육은 아니지만 자녀가 초등학교 1학년에서 처음으로 학교교육을 접하기를 원하는 반 5세 유아의 부모는 오늘날 찾아보기 어렵다.

같은 논리를 사용하면, 학교준비도를 위한 진정한 사회운동은 사회경제적 지위와 무관하게 모두의 자녀를 위한 것이 되지 않은 한 제대로 이루어지지 않을 것임을 상식적으로나 역사의 교훈을 통해서나 인지할 수 있다. 그런데 너무도 빈번하게 대부분의 사람들은 이렇게 생각하지 않는다. 사람들은 종종 지역사회의 한 쪽에 위치한 가난한 지역에 초점을 맞추곤 하는데, 이는 대부분의 지방정부에서 특정 계층 유아나 특정 지역에만 공립 유아교육(Pre-K)을 제공한다는 사실이 잘 증명해준다. 그렇다면 그 지역사회의 나머지 사람들은 "아, 알겠군. 그건 그들의 자녀를 위한 것이야."라고 말할 것이다. 자기 자신의 자녀나 손자손녀가 관련되었다면 더 열정적으로 기꺼이 대의를 위해 노력하고 싸웠을 사람들이 그렇게 하지 않을 것이다.

지방정부, 혹은 지역사회별로 사람들이 조금씩 유아교육 운동을 해나가며 모든 유아를 끌어안고자 노력하고 있다. 모든 사람들의 아이를 위한 운동은 기본적인 미국적 형평성을 반영한다. 물론 가난한 가족들은 더 많은 도움을 필요로 하지만 이들을 가장 잘 도울 수 있는 방법은 모두를 돕는 것이다. 모든 유아가 기본적인 것을 모두 필요로 하는 것은 분명하며 이는 사회주의가 아니다. 이는 '국가간섭주의(nanny state)*'의 전조가 아니다. 하나의 해결책으로 모든 문제를 해결하고자 하는 사고방식도 아니다. 그보다는 모든 사람들이 평등하게 태어났다고 하는 독립선언문의 일부, 국가적 유산의 일부이다. 이는 사실상 오래된 민주주의의 구현이며 애초에 공립학교를 만들게 되었던 것과 동일한 이상을 담고 있는 것이다.

---

* 역주: nanny state란 정부가 지나치게 간섭하거나 독재적인 보호정책을 펼침으로써 개인의 선택권을 제한하는 것을 경계하는 표현이다. 국가가 대중의 모든 요구에 재정지원을 해줌으로써 '아기'처럼 무력하게 만든다는 우려를 담고 있기도 하다.

제7장

보편무상 플러스

가치 있는 일이라면 잘해야 할 가치가 있다

– Sharon Lynn Kagan & Jocelyn Friedlander

미국 전역에서 Pre-K 프로그램이 기관수나 공적 재원의 규모 측면에서 급증하고 있다. 1980년대에는 단지 10개 정도의 주에서만 공적으로 지원하던 Pre-K 프로그램은 이제 대부분의 주에서 제공되고 있다(Gilliam & Zigler, 2004). 매우 고무적이기는 하지만, 이러한 대중성의 증가와 함께 오늘날의 유아교육 운동은 두 가지 현실적 어려움을 안고 있다. 바로 정책적 논란의 한가운데에 있다는 것, 그리고 질적 수준에서 나타나는 다양성 문제이다. 주요 정책적 논란은 유아와 그 가족을 어떻게 해야 가장 잘 도와줄 수 있는가에 대한 근본적인 이념차이를 반영하는데, 특히 저소득층 집중 프로그램과 보편무상 프로그램 중 상대적 편익이 더 큰 것이 무엇인가에 관한 논란이 뜨겁다(Fuller, 2007; Kirp, 2007). 이러한 논쟁의 부산물로 수많은 관련 쟁점들이 이어지면서 주정부와 지역마다 사실상 거의 모든 실제 정책에서 다양한 입장을 보이고 있다. 예컨대 수혜대상 유아를 어떻게 규정할지를 비롯하여, 연령, 배경변인, 거주지, 서비스 제공의 범위, 가족의 경제적 부담 정도, 공립학교의 역할 등에 대한 입장 차이를 보인다(Barnett, Epstein, Friedman, Boyd, & Hustedt, 2008; Pianta & Howes, 2009; Zigler, Gilliam & Jones, 2006a). 이 장에서는 이러한 문제들을 해결할 수는 없지만 중점적으로 다루어보고자 하며 보편무상 Pre-K에 대한 또 다른 입장을 제시하고자 한다. 보편무상 Pre-K란 만 4세 유아를 위한 기관중심 서비스의 제공이라고 가정하는 생각을 넘어서고자 '보편무상 플러스(Universal Plus)'라는 용어를 사용하여 마음가짐이나 전략 모두에서 차별화시키고자 한다.

보편무상 플러스는 모든 유아가 유아교육을 받을 권리가 있을 뿐만 아니라 제공받는 유아교육의 질적 수준이 높아야 한다는 신념에 기초한다. 따라서 보편무상 플러스는 모든 만 3세 및 4세 유아에게 좋은 유아교육을 제공하고 아울러 형편이 어려운 유아들을 위한 포괄적 보건 및 복지서비스를 포함시키는 것을 의미한다. 이는 주로(그리고 많은 경우 오직) 프로그램의 이용도를 높이는 데만 주력하는 관습적 전략을 넘어서서 유아교육 인프라, 즉 그 관리체제, 교사교육, 규정 제정과 집행, 성취기준, 데이터 및 책무성, 그리고 질적 수준의 함양을 추구한다는 점에서 차이가 난다. 보편무상 플러스에서는 특정 집단을 대상으로 하는 정책은 한시적인 것으로 간주하고 모든 만 3세와 4세를 위한 보편무상 유아교육 재정이 일시적으로 부족한 경우에만 사용할 것을 제안한다. 이렇게 일시적인 경우에는 저소득층 집중 서비스를 제공하되 가장 불우한 형편의 유아들이 필요로 하고 받을 자격이 있으며 최대의 혜택을 얻을 수 있도록 질적 수준을 높이는 인프라 지원이 함께 이루어져야 한다. 요컨대 보편성이라는 이름으로 일부 유아에게 그저 그런 수준의 서비스를 제공해서는 절대로 안 되며 새로운 정책에서는 "가치 있는 일이라면 잘해야 할 가치가 있다(What is worth doing is worth doing well)." 라는 마음가짐으로 바뀌어야 할 것이다.

주요 관점 간의 차이

공적 Pre-K의 수혜자격 및 본질을 바라보는 데는 다음에서 논의하는 바와 같이 정치적, 실증적, 실천적 측면에서의 관점 차이가 혼재되어 있다.

보편무상 Pre-K의 주장 근거

보편무상 Pre-K를 지지하는 입장에는 다음과 같은 주장이 포함된다.

접근성에서의 형평성 간단하게 말해서 미국에서 유아교육을 누릴 수 있는 접근성은 불공평하게도 부모의 재원에 달려있어 중산층이나 저소득 가정의 유아들보다 고소득 가정의 유아들이 훨씬 더 많이 유아교육을 받고 있다. 이 문제를 다소나마 경감시키고자 저소득층을 집중 대상으로 하는 유아교육 프로그램들이 출현하였으며 그것이 하나의 기준방침이 되어 왔다. 이러한 저소득층 중심 서비스는 도움이 되기는 하지만 의도한 대상에게 제대로 닿지 못하는 경우가 너무도 많으며(Gilliam & Ripple, 2004), 이러한 접근성에서의 장애물은 저소득층이나 위험군을 넘어서 다른 사회집단들에게도 문제가 된다. 소득 자격기준을 약간 넘어서는 많은 가정에서는 자녀를 사립기관에 보낼 만한 경제적 여력이 없는데도 저소득층 대상 프로그램의 혜택을 받을 수 있는 자격도 없다. 사실상, 전국평균의 약간 아래 수준의 임금을 받는 가정의 유아교육 참여율은 소득수준이 더 낮거나 더 높은 집단 모두보다 더 낮다(Barnett, Hustedt, Robin, &

Schulman, 2004). 학교 준비도에서 팽배한 계층 간 격차는 보편무상 유아교육의 필요성을 더욱 강조한다. 예컨대 중산층 가정의 유아들은 고소득층 또래에 비하여 훨씬 뒤처져서 학교를 시작하여 자격기준 정책이 의미가 없는 것임을 보여준다(Barnett et al., 2004). 그 정의대로 형평성이 없는 저소득층 집중 프로그램은 평등한 접근성을 방해한다. 반면 보편무상 유아교육은 수십 년간 소득수준별로 분리된 서비스를 통합시킨다는 희망을 던져준다.

효과성 도덕적 주장을 뒷받침해주는 실증적 데이터가 누적되고 있는데 바로 보편무상 Pre-K 프로그램이 유아 성취에 효과적인 영향을 줄 수 있다는 연구결과이다. 회귀-불연속 설계를 사용하여 오클라호마 주 털사 시의 보편무상 Pre-K 프로그램을 연구한 Gormley 등(2005)은 낱글자-단어 인식에서 긍정적인 효과를 발견하였다. 더구나 조지아 주의 헤드스타트 참여자들과 헤드스타트에 다닐 자격은 있었으나 주정부의 Pre-K에 다닌 또래를 비교한 연구에서 Henry, Gordon, Rickman(2006)은 K학년 입학시점에 직접 측정 및 교사 평정결과 Pre-K 참여자들이 더 높은 점수를 보였다고 밝혔는데 이는 보편무상 프로그램이 최소한 저소득층 집중 프로그램만큼 저소득층 유아들에게 효과가 있을 가능성을 제안하는 것이다. 이 분야의 연구 부족, 특히 보편무상과 저소득층 집중 프로그램을 직접적으로 비교하는 연구가 부족하지만(Dotterer, Burchinal, Bryant, Early, & Pianta, 2009), 현존하는 데이터에 따르면 Pre-K 프로그램이 긍정적인 효과를 나타내고 있음을 알 수 있다.

모든 이를 위한 혜택 보편무상 Pre-K에 대한 연구들은 프로그램의 혜택을 저소득층 유아뿐만 아니라 모든 유아들이 누릴 수 있음을 제안한다. 털사 시에서 Gormley 등(2005)은 사회경제 계층이나 인종, 민족 집단을 초월하여 모든 유아에게 유의한 영향력을 가짐을 밝혔다. 더욱이 사회경제적으로 더 다양한 구성원들로 이루어진 학급이 Pre-K의 이점을 특히 더할 수 있다(Schechter & Bye, 2007)는 주장도 있는데, 이 입장은 평등하지만 별도로 분리된 서비스는 본질적으로 평등하지 않다고 한 대법원 판결과 맥을 같이한다. 개념적으로 보편성은 제공되는 서비스 자체의 장점과 수반되는 경제적 통합 효과로 인하여 모든 사람에게 교육적으로나 사회적으로 혜택을 줄 수 있다.

정치적 근거 필자들 역시 보편무상 Pre-K에 대한 정치적 주장, 즉 모든 유아에게 혜택이 돌아가는 프로그램이 국민들로부터 찬성을 얻기 더 쉽다는 데 동의한다(Dotterer et al., 2009; Fuller, 2007; Kirp, 2007). 사실상, 선거 결과와 투표 역사는 Pre-K 제공에 있어 지방정부의 역할을 강화하는 것을 국민들이 점차적으로 지지한다는 것을 보여준다. 2004년 오클라호마 주의 6명 중 5명은 Pre-K 예산 확장을 지지하였으며 2002년 플로리다 주 유권자들은 Pre-K를 그 주의 모든 만 4세 유아들에게 제공하는 헌법 수정안을 통과시켰다(Kirp, 2007). 따라서 보편무상 교육이 훨씬 더 폭넓은 지지를 얻을 수 있다.

저소득층 집중 Pre-K의 주장 근거

저소득층 집중 Pre-K를 지지하는 주장의 근거는 다음과 같다.

비용-효용성 유아교육의 공공성을 저소득층 혹은 위험요인을 갖고 있는 유아들에게 집중시켜야 한다는 주장의 주된 근거는 소규모 프로그램의 결과를 대규모로 적용시키면서 공적 투입 확대를 정당화하는 것의 실제적 한계, 그리고 그로 인한 결과에 관한 것이다. 이 입장을 취하고 있는 Finn(2009)은 제한되어 있는 자원을 누구보다 가장 필요로 하는 유아들을 위한 수준 높은 프로그램 제공에 사용해야 하며 특히 Pre-K의 목적이 성취격차를 줄이는 것이라면 더욱 그러해야 한다고 주장하고 있다. 또 다른 이들은 모든 3세와 4세 유아를 위한 서비스에 공적 재정을 투입하면 이미 사적 부문에서 운영되고 있는 프로그램들을 위태롭게 할 수 있다고 주장한다(Besharov & Call, 2008). Pre-K를 보편무상으로 제공할 경우 지원 없이도 자녀를 사립 프로그램에 보낼 여유가 충분한 중상위 혹은 부유층 가족에게도 유아교육비를 보조해줌으로써 사적 부문의 소비를 공적으로 충당하게 조장한다는 것이다.

저소득층 유아를 위한 효과성 비용-효용성을 보완해주는 주장은 저소득층 가정의 유아들이 높은 수준의 교육서비스로부터 가장 많은 혜택을 받는다고 제안하는 연구결과로부터 온다. 연구들에 따르면 모든 유아들이 유아교육의 혜택을 입을 수 있기는 하지만 가장 큰 이득은 대체로 저소득층과 소수집단 가정의 유아들에게서 나오는 것으로 밝혀져 왔다(Gormley et al., 2005; Magnuson, Ruhm, & Waldfogel, 2007a). 저소득층 유아들에게 더 많은 혜택을 줄 수 있다는 증거는 성취격차를 줄이고자 하는 정책 흐름에 잘 맞아서, 가장 큰 혜택을 얻을 수 있는 이에게 서비스를 집중시켜야 한다는 주장을 단단하게 받쳐준다.

중립적 쟁점

일부 쟁점들은 보편무상 유아교육에 대한 찬성자와 반대자 모두가 각자의 입장을 정당화하는 데 사용하고 있는데 책무성과 표준화가 그 예이다. 비판론자들은 K-12학년 제도에서 점점 책무성을 강조하는 경향이 유아교육에까지 번져서 유아교육의 전통적인 강조점인 유아중심 교육을 훼손할 수 있다고 우려한다(Fuller, 2007). 유아교육자들은 이에 따라 교육과정이 '학교처럼' 변모하고 유아교육이 전통적으로 누려왔던 교육학적 자유를 잃고 표준화된 교육과 내용을 강조하게 될 것이라고 우려한다. 요컨대 보편성이 동질성을 의미할 것이라는 우려, 즉 보편무상 유아교육이 미국 유아들이 가진 요구의 다양성을 충족시키려면 필요한 융통성을 빼앗게 될 것이라는 우려가 있다.

반면 보편무상 Pre-K의 존재, 특히 공립학교 내에 위치한다면 더욱 그 존재가 초등교육 담당자들로 하여금 유아의 독특한 요구와 유아기의 중요성을 깨닫게 도울 것이라는 주장도 있다. 생의 기초가 되는 시기에 모든 유아들이 보다 효과적인 학습 환경과 교육의 연속성을 가질 수 있도록 Pre-K에서 초등 3학년까지가 연계될 것을 강력하게 지지하는 입장이다(Takanishi & Kauerz, 2008).

보편무상 유아교육에 대한 찬반 입장을 이렇게 간략하게 살펴보는 것만으로도 이에 대한 감정이 섞여 있음을 쉽사리 알 수 있다. 그런데 그 속에 내재된 진정한 도전, 바로 필자들이 주장하는 바는 수십 년간 보이지 않고 묻혀 왔다.

논쟁 관점 바꾸기: 결핍을 넘어서 권리로

전통적 관점: 결핍

초중등교육은 제외하고, 전통적으로 미국 사회에서는 유아와 그 가족에 대한 사회적 책임을 결핍의 관점에서 바라봐 왔다. 19세기 영아학교(infant schools)에서부터 1965년 헤드스타트의 설립까지 유아를 위한 공적 프로그램은 발달상의 문제나 가정 상황으로 인하여 위험에 처한 유아들을 위한 것으로 설계되어 왔다(Beatty, 1995). 경제나 지식 차원에서 경쟁관계에 있는 다른 국가들과는 달리 미국은 사회적, 정서적, 지적, 영적 발달을 최적화해주는 환경에 살 권리를 유아에게 부여하고 있지 않다. 그 반대로 유아에게 공적 재원을 투입하는 것은 더 큰 사회적 혹은 경제적 이익을 충족시켜야만 정당화될 수 있다. 개념적으로 보편무상 교육을 향한 움직임은 공공의 접근성 제공을 추구함으로써 이러한 결핍 이론의 폐해를 없애고자 하는 것이다. 그렇지만 실제적으로 결핍으로 바라보던 것을 권리로 인정하려는 움직임은 권리의 한 측면에만 주로 집중해 왔는데 바로 보편적 접근성만 강조해온 것이다. 진정한 권리로 향하려면 질적 수준에 대한 권리 역시 확보되어야 한다고 제안하고자 한다. 나아가 권리에 대한 확고한 이해에 기초하여야 할 것이다.

보편무상 플러스의 관점: 권리

권리 관점은 '권리'라는 용어의 두 가지 상이한 의미에 기초한다(Kagan, 1993). 첫 번째 의미는 연구에 기초하는 것으로 판단, 의견, 혹은 행위에 있어 무엇이 올바른가에 관한 것이다. 선하고 적합하고 올바른 것을 더욱 진보시키고자 하며 최적의 발달을 위해서 유아와 그 가족에게 무엇이 적합한가에 대해 질문한다. 다른 관점에서 바라보면 권리는 또한 권한(entitlement)일 수 있는데 즉 법적 보장, 정당한 주장, 혹은 도덕적 원칙을 통해 권리를 제공하는 것이다. 이 의미는 법률적 견지 혹은 도덕성에 뿌리를 두는 것으로 유아가 어떤 정당한 권리를 가져야 하는가에 대해 묻는다. 보편무상 플러스는 이 두 의미를 결합하여 유아에게 올바르고 적합한 것(첫 번째 질문)과 그들의 정당한 권한(두 번째 질문)을 같은 선상에 두고자 한다.

사실상 결핍에서 권리로 관점을 바꾸면 두 가지 주요한 결과가 이어진다. 첫째, 권리로 보는 관점에서는 정치적 · 재정적 현실의 틀에 제한되어 정책을 조금씩 부분적으로 바꾸어가기보다는 모든 유아가 마땅히 받아야 한다고 믿는 비전에서부터 시작하여 그 비전을 실현할 수 있는 정책을 만들어간다. 권리 지향에서도 정책이란 점진적으로 쌓여가며 그러한 권한이 하룻밤사이에 이루어지지 않는다는 것을 잘 알고 있다. 그러나 모든 정책이 권리의 두 가지 정의, 즉 적절성과 권한이라는 맥락 내에서 제자리를 잡을 수 있도록 요구하는 것이다.

첫 번째 결과에서 파생되면서 특히 보편무상 플러스에 관련되는 두 번째 결과는 보편성이란 질(quality)과 동일한 의미가 아니며 현재 생각하듯이 당연한 전제가 되거나 보편성하에 내포되는 것이 아니라는 것이다. 그 결과 유아교육을 확대하려고 한다면 마땅히 모든 유아에게 접근성과 높은 질적 수준 둘 다에 대한 권리를 부여하는 데 동등한 초점을 두어야 하며 이것이 권리 관점에서 주장하는 것이다. 더욱이, 상처받기 쉬운 유아의 특성과 가족 가치관의 다양성을 두고 볼 때 유아기 자녀를 둔 부모 역시 권리를 가지고 있음을 주지하여야 한다. 즉 부모에게는 자녀를 유아교육기관에 보낼 것인지, 어떤 기관으로 정할 것인지에 대한 선택의 권리가 있다. 달리 표현하면, 권리 관점에 따르면 공급 측면에서는 유아교육기관이 보편무상으로 이용 가능하여야 하며 질적 수준이 높아야 하고 수요 측면에서는 부모에게 대안과 선택의 문이 열려 있으면서 참여가 자발적 의사에 기초하여야 한다는 것이다.

보편무상 플러스: 좋은 유아교육을 받을 권리

이러한 권리 관점은 너무 멀리 간 것, 지나치게 이상적이고 낭만적이며 무엇보다 현실에서 동떨어진 것으로 여겨질 수 있을 것이다. 회의론자들은 어떻게 보편적 접근성과 보편적 질을 동시에 획득할 수 있을지 의문을 제기한다. 보편무상 플러스는 질적 수준의 문제는 거의 도외시하고 접근성에만 집중하기보다는 그 시도의 규모가 크든 작든 두 가지 모두를 추구하여야 한다고 제안한다. 이를 어떻게 실현할 수 있을지 예시하기 위하여 모든 유아 및 가족들에게 제공되어야 할 서비스의 기본전제로서 필요한 인프라 혹은 핵심요소에 대하여 논하고자 한다.

권리 안에서의 보편무상성: 핵심요소

전통적으로 보편무상성은 서비스 제공의 양적 측면과 주로 연관지어, 특히 유아교육을 받을 수 있는 유아 수를 증가시키는 데 초점을 맞추어왔다. 우리는 이 개념을 수정하고자 한다. 보편무상성은 유아교육의 질적 측면 역시 가시적으로나 의도적으로나 포함하여야 한다. 특히 서비스의 질 측면에서 지금까지 입증된 특성을 갖추어야 한다는 것이다.

지침 및 표준 유아학습 및 발달에 관한 지침과 프로그램 표준은 모두 질적 수준을 효과적으로 보장해주는 요소이다. 유아학습 및 발달 지침은 유아들이 알아야 하고 할 수 있어야 하는 것들을 명세화하며 수준 높은 유아교육에 대한 통합적 접근을 가능하게 하는 이론적 틀을 제공한다. 수십 년간 프로그램 표준은 질적 수준과 연계되어 있음을 보여주었는데 의무적으로 요구하는 바가 엄격할수록 서비스의 질적 수준이 더 높다는 것이다.

전문성 발달을 위한 교사교육 낮은 학력 수준과 낮은 보상체계, 높은 이직률이라는 직업 특징으로 인하여(Kagan, Kauerz, & Tarrant, 2008), 보편무상 유아교육을 실현하기 위해서는 모든 교사의 전문성을 함양할 수 있는 교사교육이 향상되어야 한다. 성인학습자 지원에 대한 새로운 접근법들을 바탕으로 교사교육 프로그램들을 조정하는 것은 유아에게 더 좋은 프로그램을 제공하는 데 필수적이다.

통합된 관리체제 유아교육 이해집단 간에 복잡하게 얽혀 있는 관계들로 인하여 자원 분배, 서비스 제공, 프로그램 및 유아 모니터링을 계획하고 조정하는 공식적 기제가 보편무상 서비스 제공에 표준요소가 되어야 한다. 그러한 관리체제는 개별 프로그램을 초월하는 것이어야 하며 프로그램 질과 동등성의 토대를 형성해주어야 하고 특히 여러 유아지원기관(가정, 유아교육기관, 학교, 지역사회, 지역 보건 및 정신건강 서비스 등) 간의 전이를 돕는 데 초점을 두어야 한다.

지속적인 재정지원 중앙정부 및 지방정부 차원의 유아교육 재정지원 증가가 21세기 초반의 일반적 특징이기는 하지만 지원 규모나 기제 측면에서 지역 간뿐만 아니라 지역 내에서도 상당한 불균형이 존재한다. 더욱이 지방정부 예산이 감소함에 따라, 재정지원을 계속하는 데 어려움을 겪게 된 지역들이 발생하여 보편무상 서비스에 대한 원래의 투입 규모를 부분적으로 줄이는 희생을 하고 있다(Pew Center on the States, 2009). 유아교육에 온전하게 할당된 지속적인 재정지원 흐름이 보편무상 유아교육에 있어 필수요소이다.

권리 안에서의 보편무상성: 서비스

앞에서 제시한 네 가지 인프라 핵심요소와 함께, 그리고 Zigler 등(2006a)의 포괄적 모형에 기초하여 우리는 아래에 제시한 서비스들이 다음의 원칙에 근거하여 제공되어야 한다고 주장하고자 한다. 요컨대 모든 만 3세 및 4세 유아에게 수준 높은 유아교육을 보편무상으로 제공하고 더 나아가 아래에 제시된 다른 모든 서비스들은 우선적으로 저소득층 유아들에게 무료로 제공하되 다른 유아들에게도 차등 지원하여야 한다는 것이다.

태아~만 3세 유아 발달의 중요성, 그리고 이렇게 중요한 발달에 있어서 결정적인 부모의 역할을 두고 볼 때 우리는 부모교육과 가족지원서비스가 제공될 것을 제안한다. 이에 부가하여 모든 유아들이 보건진료 기록(health passport)과 예방 서비스를 이용할 수 있어야 한다. 영양가 있는 음식과 안전한 무독성 환경이 보편무상 플러스의 핵심적 구성요소가 되어야 한다.

만 3~5세 출생에서 만 3세까지의 영유아들을 위한 인프라와 서비스는 만 3~5세 유아

집단에게도 마찬가지로 적용되어야 한다. 앞에서 언급한 바와 같이 좋은 유아교육과 관련 서비스가 자발적으로 원하는 모든 유아에게 이용 가능하여야 한다. 또한 이러한 프로그램은 이중언어 학습자와 장애유아의 독특한 요구를 고려하여야 한다.

만 6~8세 앞의 모든 요소를 제공하는 동시에, K학년과 초등학년으로 전이함에 따라 발생하는 요구를 충족시켜 주기 위하여 인프라에서 기술한 네 가지 요소 각각을 충실히 제공하여야 한다. 더욱이 교육적, 프로그램 차원적, 정책적 조율을 촉진하는 특별한 노력이 이 연령집단의 학습환경 및 생활환경, 경험에 반영되어야 한다.

보편무상 플러스 실현하기

미국의 유아교육 정책이 점진적이라는 사실, 그리고 보편무상 플러스 접근법이 일반적 입장보다 더 야심차다는 사실을 잘 인지하고 있기에 우리는 단계적 실천전략을 제안하고자 한다. 전략 전개방법에 대한 제안을 각 단계별로 제시한다.

1단계: 시작하기

만 3세 및 4세 유아에 대한 직접적 서비스 제공을 향상시키는 동시에 필요한 인프라 요소를 갖추고자 하는 정책에 비례하는 세심한 관심이 요구된다. 기본적으로, 정확하게 누가 어떤 프로그램과 서비스를 제공받을지(그리고 누가 받지 못할지)를 더 정확하게 이해해야 한다. 정확한 수치를 파악하기 위해서 주정부들에서는 제공된 서비스, 그리고 어떤 경우에는 서비스 수혜의 결과로 도출된 유아의 성취경과를 추적할 수 있는 독특한 식별 번호를 모든 유아에게 부여하기도 한다. 이는 더 나아가 데이터를 수집, 분석, 활용할 수 있는 체제를 개발하고 있음을 의미한다.

2단계: 전개하기

가시적 인프라가 구축되면 서비스 확충은 더 빠르고 효율적으로 이루어질 것이다. 1단계에 시작되기는 했지만 인프라 구축이 2단계의 중점과제이다. 앞에서 제시한 보편무상성의 네 요소를 중심으로 우리는 출생에서 만 8세 사이 유아를 위한 학습지침의 개발을 요구한다. 또한 지방정부에서 상황에 맞게 수정할 수 있는 국가수준 유아학습 지침 개발을 지지한다. 풍토, 지리적 위치, 자원 유용성에 따라 일부 예외가 허용되되 프로그램 표준과 그 의무적 이행이 보편적으로 요구되어야 한다. 전문성 함양을 위한 교사교육에의 통합적 접근은 대체로 질적 평정 체제의 형태로 이루어져야 할 것이며 그 효과를 높이기 위한 지원도 그러하여야 한다. 법률 그리고/혹은 행정 관련 정부부서에서 여러 주의 사례를 교훈으로 삼아 운영관리 기제를 개발하고 적법화하여야 할 것이다. 이러한 관리주체는 진화하는 유아교육제도 전반에 있어 반드시 필요한 재정 및 프로그램 변경을 가능하게 할 수 있는 권위와 책무성을 가져야 할 것이다. 부분적 재정지원 출처를 하나의 기제(예컨대 K-12학년 재정지원 방식의 활용 등)로 통합시키는 방안이 마련되어야 할 것이다. 보편무상 유아교육에 있어서 이러한 인프라는 부대적인 요소가 아니라 효율적이고 효과적인 전개에 핵심적인 요소이다.

3단계: 올바르게 정착하기

3단계는 단기간에 이루어지는 것이 아니다. 이러한 노력에는 상당한 시간이 필요하다. 그 과정에서 권리기반 접근에 의한 모든 것이 제자리를 잡고 정착되고 있는지 확인할 수 있는 기제가 있어야만 한다. 그 목적을 위하여 유아 및 프로그램의 성장과 진보를 평가할 수 있는 방법을 계획하고 실행해야만 한다. 교사의 질이 반드시 확보되어야 하며 코칭, 멘토링, 재교육 기회가 풍부하게 제공되어야 한다. 교사들의 이러한 성취노력에 대하여 경제적 보상이 있어야 하며 모든 유아교사의 보수 수준이 높아져야 한다. 유아평가, 프로그램 평가, 교사 평가 시스템이 모두 연계되어야 하며 이는 모든 발달영역 전반에 있어서 성취도 향상을 분명한 목적으로 삼아야 할 것이다.

결론

보편무상 플러스는 여기에서 소개한 바와 같이 보편무상 Pre-K의 중요성을 부정하는 것도 아니고 보편무상성에 대한 현재의 다양하고 논쟁의 요소가 담긴 접근법을 지지하는 것도 아니다. 논쟁 자체, 그리고 이에 따른 보편무상성의 개념적 틀을 결핍 중심에서 권리 기반으로 바꿈으로써 보편무상 유아교육이 수혜대상자 확대뿐만 아니라 질적 향상에도 동등한 초점을 두게 된다. 권리 패러다임에서는 직접적 서비스와 함께 이러한 서비스의 가치를 보장하는 인프라에도 동등한 관심을 기울임으로써 보편무상성이 귀한 결실을 맺을 수 있게 한다. 이로써 보편무상 플러스는 가치 있는 일은 무엇이든 잘해야 할 가치가 있다는 진리를 실현하게 될 것이다.

논쟁 2
교사 자격 대 역량과 지원

연구문제

- Pre-K를 가르칠 수 있는 자격은 무엇인가? 누가 이러한 결정을 해야 하는가? 어떠한 기준으로? 자신의 주장을 뒷받침하기 위하여 본문에 기초한 특정 근거를 찾으시오.
- 교과목 차원에서 교사양성 과정에 어떠한 영역들이 포함되어야 하는가? 1980년대 이후 아동발달 관점에서 교사의 지식에 대한 기대는 어떻게 변화해왔는가?
- 교사의 수준과 교사의 효과성은 어떻게 정의되고 측정되는가? 이러한 두 가지 개념을 구분하는 것이 교사 수준에 관한 논의에서 어떠한 영향을 미치는가?

제8장

유치원 교사의 교육 수준에 대한 최저기준

– W. Steven Barnett

유아교육정책에 있어 가장 난처한 질문은 공적 지원을 받는 프로그램들의 교사들에게 어느 정도의 교육수준이 요구되느냐 하는 점일 것이다. 이 주제는 다음과 같은 몇 가지 이유 때문에 답변하기 난처하다. 첫째, 비용에 큰 영향을 준다. 둘째, 모든 프로그램은 직업 프로그램이기 때문에, 최저 교육수준에 대한 요구가 높아질수록, 해당되는 사람은 적어지게 된다. 셋째, 교사교육 수준에 대한 연구들의 결과가 서로 엇갈리게 나타난다. 정책입안자들은 유치원 교사의 교육수준이 주는 영향에 대한 연구들의 서로 모순되는 결과와 주장에 대하여 비판한다. 이 장의 목적은 정책입안자들이 교사의 최저 교육수준에 대한 근거를 정리하고 기초를 제공함으로써, 적절한 판단을 내릴 수 있도록 돕는 데 있다. 우선, 유치원 교사에 대하여 4년제 대학학위를 요구하는 기본적인 이유와 현재 다양한 공립 유치원 프로그램들에서 요구하는 최저 교육수준에 대하여 설명할 것이다.

유치원 교사들에게 4년제 대학의 학위를 요구하는 근거는 유아를 가르치는 것이 특별한 지식과 평균 이상의 인지능력을 필요로 하는 인지적으로 복잡한 과제이기 때문이다(Bowman, Donovan, & Burns, 2001; Cunningham, Zibulsky, & Callahan, 2009). 성인들은 자신들이 가지고 있지 않은 어휘, 대화(discourse)의 패턴들, 수학 및 과학 지식과 기술, 그리고 일반적 지식 등을 유아들에게 쉽사리 전달하거나 일반적인 상호작용에서 손쉽게 사용할 수 없다. 개별화 교육을 일대일, 소집단, 대집단 상황 등에서 효율적으로 실시하기 위하여 개별 유아들의 특정한 요구를 파악하는 것은 복잡하고 힘든 일이다. 유치원 교사에게 필요한 지식과 기술이 너무 광범위하기 때문에 4년조차도 부족하다고 볼 수 있다. 교육수준이 높은 교사들은 초임교사에서 전문적인 교사로 성장하는 과정에서 받는 전문성 교육으로부터 더 많은 것을 습득할 수 있고, 교수학습에 대한 새로운 지식에 더 쉽게 적응할 수 있다.

배경

5세부터 시작되는 연령 유아들의 공립학교 교사 최소 자격은 상대적으로 변화의 폭이 좁은 편이다. 모든 주들은 교직을 위해서 공립학교 교사에게 최소한 4년제 대학학위(즉, 학사학위)와 전공영역 교육(specialized education)을 요구한다. 전공영역 기준과 그 취득방법(예컨대 우회적 방법)은 매우 다양하며 이를 다루는 것은 이 장의 주요 목표가 아니다. 공립학교 유치원 교사들(특수교사 제외)의 연봉은 10개월 교육연도당 평균 50,000달러 이상이다. 사립학교에 속한 교사들은 학사학위가 요구되지 않기도 하며 연봉도 약간 적은 편이지만, 대부분의 유치원 교사들은 공립학교에 속해 있다. 1~6학년에 속한 교사들은 연봉이 약간 더 높은데, 추가적으로 1년에 2,000달러 정도를 더 받는다.

Pre-K 프로그램이 있는 주들 중에 절반 정도만이 모든 공립 Pre-K 교사에게 학사학위를 요구한다(Barnett et al., 2009). 어떤 주들은 공립이 아닌 기관에서 일하는 교사들에게 더 낮은 기준을 요구하기도 하며 어떤 주들은 모든 공립 Pre-K 교사들에게 이러한 기준을 적용하기도 한다. 많은 주들은 공립학교에 속한 유아교사들이 공립학교 교사들과 동일한 연봉을 받도록 요구하는 반면 소수의 주들만이 주정부의 지원을 받는 기관의 모든 교사들에게 이러한 기준을 적용한다. 대부분의 프로그램들에서 주교사와 함께 고용되는 보조교사들에게는 고등학교 졸업이나 그 동등 수준 이상의 정식교육을 요구하는 경우가 거의 없다. 주정부의 지원을 받는 Pre-K 교사들은 몇몇 주들에서는 공립학교에 속하는지 여부와 관계없이 공립학교 교사와 같은 수준의 연봉을 받지만, 대부분의 주들에서는 공립학교에 속해 있을 때만 같은 수준의 연봉을 받는다(Barnett et al., 2009).

공립학교 유아 특수교사들은 최소한 학사학위와 특수교사 자격을 갖추어야 한다. 항상 그런 것은 아니지만, 때때로, 이러한 특수교사들은 다른 공립학교 교사들과 동일한 기준으로 봉급을 받는다. 이러한 조건은 동등한 자격과 봉급조건을 갖추지 못한 주정부 지원 Pre-K 프로그램의 일반 학급에서 통합교육을 받고 있는 특수아들에게 문제가 될 수 있다. 학부모들과 특수교육 전문가들은 교사가 교육적 전문성을 갖추지 못하였다고 판단되는 학급에 특수아들을 포함시키는 것을 망설이게 될 수 있다.

헤드스타트는 공립학교 K학년에 비하여 교사의 자격과 봉급이 낮은 편이다. 2007년 헤드스타트 재인증 기준은 모든 교사들이 2011년까지는 최소한 2년제 학위를 가지고 최소한 50%는 4년제 학위를 가지는 것을 명문화하였다(U.S. Department of Health and Human Services, 2008). 2008년에는, 41%의 교사들이 4년제 학위를 가지고 있었고 34%는 2년제 학위를 가지고 있었다(Center for Law and Social Policy, 2011). 그러나, 4년제 학위를 가진 헤드스타트 교사들은 평균 연봉이 단지 29,000달러였고, 2년제 학위를 가진 교사들은 24,000달러, 그 이하의 학력을 가진 교사들은 22,000달러였다(National Education Association, 2010; U.S. Department of Health and Human Services, 2009a). 헤드스타트 교사들의 봉급은 사립 보육기관의 교사들과 매우 비슷하며, 이는 이 두 영역이 겹친다는 것을 의미한다. 그러나, 보육기관 교사들은 더 큰 학급을 맡고 있으면서도 행정가들과 지원인력으로부터 더 적은 지원을 받고 있는데, 여기에는 교수법 전문가들도 포함된다.

공립 Pre-K 교사들에게 공립학교의 봉급수준을 맞춰주지 않으면서 4년제 학위를 교사 자격으로 요구하게 된다면, 재정상의 문제는 최소화될 것이다. 부가 혜택을 감안하면, 종일제 프로그램 비용은 유아당 300~400달러가 들 것이다. 그러나, 이러한 정책은 어리석은 것이다. 자격 있는 교사가 부족해질 것이며, 교사 이동률이 높아질 것이다. 이러한 문제들은 혜택받지 못하고 불리한 지역에 있는 프로그램들에 가장 심각한 영향을 줄 것이다. 교사 자격 수준을 올리는 것은 봉급도 인상할 때 성립할 수 있다. 공립학교 교사들의 수준으로 봉급을 인상하는 것은 주정부의 지원을 받는 Pre-K 프로그램들에서 유아당 약 600달러의 부담을 줄 것이며(그러나 이러한 수치는 주에 따라 차이가 있을 것이다), 교사가 일주일에 두 번 반일제 수업을 하는 곳에서는 300달러의 부담을 줄 것이다. 헤드스타트에서 종일제의 경우 유아당 1,500~1,800달러가 들 것이며, 교사가 일주일에 두 번 반일제 수업을 하는 곳에서는 그 절반이 소요될 것이다.

유아교사 자격의 효과에 대한 연구

유아교사의 자격이 교수, 학습, 유아발달에 미치는 효과에 대한 연구의 대부분은 일관된 결과를 나타내지 않는다. 일부 연구들에서는 교육수준이 높은 교사가 더 좋은 교사이며 학습에 더 강한 영향을 끼친다고 나타났지만, 다른 연구들은 이와 같은 결과를 보여주지 않는다. 2007년 기존 연구에 대한 메타분석을 실시한 결과는 2년제 이하의 학위를 가진 교사들에 비하여 4년제 학위를 가진 교사들이 다소 긍정적인 영향(표준편차 0.15)을 주는 것으로 나타났다(Kelley & Camilli, 2007). 대부분의 연구들은 유아의 성과보다는 교사의 신념, 지식, 교수 실제에 미치는 효과를 조사하였다. 물론, 교사의 교육수준이 유아의 학습과 발달에 더 많은 영향을 줄 수 있는 유일한 방법은 교사의 사고의 변화가 교수 실제에 변화를 가져오고, 결국, 유아의 경험에 변화를 가져오게 하는 것이다.

예상과 같이, 교사의 자격에 대한 연구들은 엇갈린 결과들을 보여준다. 연구자들은 서로 다른 연구문제들과 연구방법들, 그리고 초기학습과 정의 요인들(교사의 교육을 포함)과 결과들을 연결시키는 서로 다른 형태의 연구모형들을 제안해왔다. 추가적으로, 교육수준의 차이는 연구의 지리적 맥락 혹은 다른 맥락에 의한 교사 수준(예를 들어, 태도와 능력, 교사 양성과 정의 내용과 엄격성)의 다른 측면들을 파악하는 데 도움을 줄 수 있다. 특정한 주에서 이루어진 4년제 학위의 영향에 대한 연구는 다른 주에서는 동일한 결과를 가져오지 않을 수 있다. 동일한 문제가 교사의 수준, 학급 크기, 정책에 의해서 정해진 K-12 교육의 다른 측면들의 효과에 대한 평가를 다룬 광범위한 연구들에서도 나타난다(Imbens & Angrist, 1994; Todd & Wolpin, 2003, 2007). 이러한 내용들이 특별히 유아교사 자격에 관한 관점에 맞추어 논의될 것이다.

유아교사의 교육수준이 미치는 효과에 대한 연구들은 단순한 상관관계에서부터 서로 다른 다양한 변인들을 고려한 복잡한 통계 분석, 그리고 무선적으로 이루어지지 않는 교사별 학생 배치를 반영하여 교사가 학급 경험에 어떠한 영향을 미칠 수 있는지를 모형화해주는 구조방정식에 이르기까지 다양한 통계방법들을 활용해왔다. 어떤 연구들은 교실과 가정에서 이루어지는 경험 간의 상호작용에 대해서도 다룬다. 불행히도, 이 분야에서 무선배치 연구설계를 적용한 경우는 없으나, 유아교육 프로그램의 효과를 다룬 무선배치 연구 중 일부가 교사 자격에 대한 쟁점과 관련된 정보들을 제공하고 있다. 서로 다른 연구설계와 연구방법을 사용한 연구들은 동일한 연구문제를 다루지 않는다. 단순상관관계 연구는 교사 자격수준의 영향에 대한 질문만 다루며, 그 이외의 변인들은 다루지 못한다. 이러한 접근은 교사의 학위(예컨대, 프로그램이 공립학교에 속해 있는지의 여부)와 관련된 변인들이 상관관계의 원인이 될 수 있기 때문이다. 외재변인들을 통제하는 다른 방법들도 나름대로의 문제가 있다. 많은 연구들이 이러한 방법을 활용하는 과정에서 의도하지 않게 교사교육의 효과를 통제해버린다. 이러한 사례로는 봉급을 동일한 상수로 잡거나, 주정책(교사교육과 관련된 정책들 포함)의 효과를 우선적으로 모두 통제하고 같은 기관 내에 있는 교사들과만 비교함으로써 어린이집의 고정효과를 통제하는 등의 방법이 포함되는데, 이 경우 교사들이 서로에게 영향을 주거나 채용이 교사 자격수준에 관계없이 봉급과 재정 제한에 의해서 이루어질 때 문제가 될 수 있다. 일부 연구자들은 교사 태도, 신념, 교육실제에 대한 변인을 통제하면서 교사의 교육수준이 미치는 효과를 조사하였지만, 교사에의 영향이 유아에게 전달될 수 있는 다른 메커니즘들을 설명하고 있지는 않다.

어떠한 연구접근법과 해석방법을 사용할 것인지 결정할 때, 정책상의 문제를 신중하게 구체화하는 것이 중요한 핵심이 된다. 다른 모든 것을 상수로 잡고, 교사 자격수준을 올리는 것의 효과인가? 프로그램 구조의 다른 요소들을 상수로 잡고, 교사 자격수준과 봉급을 올리는 것의 효과인가? 동시에 이루어진 더 큰 정책 변화의 일환으로 봉급, 교사 재교육, 교사 대 아동 비율을 포함한 변화와 함께 교사 자격 수준을 올린 것의 효과인가? 이러한 프로그램의 요소들은 예산 제한 내에서 서로로부터 독립적일 가능성이 낮으며 예산 제한이 완화되더라도 영향을 줄 수 있다.

교사 자격수준이 학습과 발달에 미치는 효과를 조사하는 연구들의 큰 난관은 적절한 모형의 설정이다. 위에서 언급한 쟁점들 이외에도, 가정에서 일어나는 산출 과정의 일부를 측정한 연구는 거의 없다. 단순하게 가족배경 측정을 프록시로 두는 것이 반드시 편향을 제거해주는 것은 아니다. 학생의 능력과 성장에 배경을 둔 비무선적 학급 배치가 1년에 걸쳐 교사의 특성과 아동의 학습을 연결하는 모형의 추정치에 심각한 편향을 가져올 수 있다(Rothstein, 2008, 2009). 또한 연구들은 교사와 다른 특성들의 비독립성을 고려해야 한다. 교사의 성과는 동료 교사들의 성과나 다른 지원체제나 근무조건에 영향을 받을 수 있다. 연구들은 보조교사의 특성이나 봉급이 정교사의 특성이나 봉급과 연관성(아마도 반비례)을 가질 수 있음에도, 이를 거의 고려하지 않는다. 서로 독립적이지 않은 프로그램 특성들의 독립적인 영향을 밝히려고 하는 연구들보다 서로 다른 종합적인 정책 패키지를 비교하는 연구들이 우리에게 더 많은 것을 알려줄 수 있을 것이다.

몇몇 연구들은 명확한 강점이 있고 잘 알려져 있기 때문에 더 깊이 다루어보도록 한다. 이러한 유형의 연구들 중에서 가장 오래된 것은 양육의 비용, 수준, 성과에 관한 연구이다(Cost, Quality, and Outcomes Study Team, 1995; Peisner-Feinberg et al., 1999; Phillipsen, Burchinal, Howes, & Cryer, 1997). 교사의 더 높은 교육수준과 봉급은 구조적 관찰에 의하여 측정된 교육의 높은 수준과 상관관계가 있었고, 유아들의 인지적 시험점수는 교육의 수준과 상관관계가 있었다. Howes(1997)는 교사의 교육수준이 높을수록 학급의 수준점수와 아동들의 시험점수가 높은 것으로 나타난다는 것을 발견하였다. 지역과 기관을 통제하여 재분석한 결과는 4년제 학위의 교사들과 2년제 학위 혹은 그 이하 수준의 교사들과 차이가 없는 것으로 나타났다(Blau, 2000). 그러나, 만약 지역이 규정상의 제약이나 예산 제한을 통제하고 프로그램이 더 많은 교육부 적응 아동들을 더 우수한 교사들에게 배정하거나, 프로그램들이 교사의 학위에 상관없이 대략 비슷한 수준의 능력과 봉급으로 교사들을 채용한다면, 그러한 모델들은 부적절하다.

전미아동보건 및 인간발달기구(National Institute of Child Health and Human Development: NICHD)의 조기교육과 양육에 관한 연구는 가정에서의 교육에 대한 측정을 포함하고 있기 때문에 아동의 학습과 발달에 영향을 주는 과정들을 총체적으로 모형화할 수 있다는 점에서 다른 대부분의 연구들보다 강점이 있다. 이 연구는 또한 몇 개월이 아닌 여러 해에 걸친 학습과 발달에 대한 평가준거를 가지고 있다. 몇몇 NICHD 연구들은 교사교육 수준이 아동의 학습과 발달에 영향을 준다는 것을 밝혀내었고, 이중에는 부모 양육의 영향과 더불어 교사의 수준이 교육 실제에 미치는 영향을 아동 영향에 대한 매개체로 모형화한 연구도 포함되었다(NICHD, 1999, 2002b). 이 연구들에서는 보통 수준의 정적인 영향이 발견되었으나, 여기에서 주의할 것은 이 연구가 저임금과 근무환경이 열악한 사립 어린이집에서 이루어졌다는 것이다.

여러 연구들은 교사수준과 아동학습에 대한 교육 실제 사이에 어떠한 관계도 없는 것으로 보고하였다. 이러한 연구들은 과거의 연구들보다 더 큰 표본수를 가지고 있으며, 이는 큰 개선점이라고 볼 수 있다. 그러나, 이들은 다른 한계점을 가지고 있는데, 여기에는 생산함수(production function)를 정확하게 명시하지 못하는 일반적인 문제 등이 포함된다. 이 연구들 중 어떤 것도 교사의 배치를 모형화하지 않았는데, 이는 교사의 배치가 무선적으로 이루어졌다는 가정을 암시한다. 이 연구들 중 어떤 것도 가정에서의 학습과정의 평가를 포함하지 않았다. 모든 연구들이 선형모델을 채택하여 프로그램 기능들이 결과에 대하여 추가적으로 영향을 준다. 이러한 연구들 중의 하나는 어린이집에 초점을 두고 극히 한정된 범위에서 교사들을 표집하였다. 964명 중 30명만이 평균 연봉이 30,000달러를 넘었다(Torquati, Raikes, & Huddleston-Cass, 2007). 비록 이 연구가 964명의 교사 면담을 실시하였지만, 교사의 수준에 대한 관찰은 223회만 이루어졌으며, 이는 연봉 30,000달러 이상의 교사 7명이 교사의 교육정도와 교사의 수준 간의 관계에 대한 전체적인 추정에 큰 영향을 미쳤다는 것을 보여준다. 그러므로, 연구에 포함된 교사들 대부분은 연봉이 높은 수준에 미치지 못하기 때문에, 이 연구를 더 이상 다루지 않는다. 몇몇 다른 연구들은 주립 Pre-K 프로그램들을 대상으로 하였고 프로그램의 수준뿐만 아니라 아동의 학습에 대한 측정기준을 포함하였다(Early et al., 2006; Howes et al., 2008; Mashburn et al., 2008). 가장 통합적인 연구들은 주립 Pre-K 프로그램들로부터 얻어진 자료분석과 6개의 다른 연구들로부터 얻어진 자료분석들이다(Early et al., 2007). 이 연구들은 4년제 학위가 유아교육기관 프로그램의 교수와 학습에 아무런 영향도 주지 못한다는 결과로 널리 해석되어 왔다.

주립 Pre-K 프로그램과 7개의 연구분석들은 모두 주-고정적인 영향들이나 기관-고정적인 영향들을 포함하는 모형들을 사용하였다. 그러므로, 이 연구들은 교사 자격과 재정(예산제한을 암시함)에 대한 주와 조직의 정책들을 통제하며 이러한 변인들 가운데서만 효과를 본다. 이러한 제한 내에서는, 프로그램들은 다양한 관점의 교사 자질들을 상호간 혹은 다른 구조적 기능들에 대하여 상쇄시키게 된다. 예를 들어, 연구들은 자연적 능력과 성격특성, 일반교육, 유아교육 분야에서의 특화된 교육을 상쇄시킬 수 있다. 일반교육 수준에서도, 일정한 봉급 제한 내에서 우수한 2년제 프로그램의 학위와 우수하지 못한 4년제 학위 간에 상쇄될 가능성이 있다. 이것은 교사의 교육수준과 아동의 발달수준 간의 어떠한 상관관계도 모호하게 만든다. 이 연구들은 교사교육 수준뿐만 아니라, 어떠한 프로그램의 기능과도 강하고 유의 미한 관계를 찾기 힘들게 만든다. 교사의 교육수준의 효과가 약한 것은 4년제 학위만의 문제가 아니고 고등학교 졸업 이상의 어떠한 교육수준도 정적인 효과를 보이지 않는다. 더 일반화시키면, 프로그램 구조의 어떠한 기능도 학습과 발달을 일정하게 예측하지 못한다.

일곱 개의 연구 분석 결과에 대한 필자의 견해는 원 연구자들의 해석만큼 우울하지는 않다. 원 연구자들의 주립 Pre-K 자료에 대한 분석은 아동들은 교사가 최소한 4년제 학위가 있을 경우 초기 읽기와 수학에서 많은 도움이 된다고 밝혔다. 비록 원 연구자들이 사회적 성과에 대하여 보지는 않았지만, 동일한 자료들에 대한 분석에 따르면 교사가 4년제 학위가 있을 경우 사회적 능력 발달에서 더 많은 이점이 있는 것으로 나타났다. 더 일반화하자면, 일곱 개의 연구 분석들은 4년제 학위와 27개의 관계들이 추정된다고 하였으며, 19개는 정적이며, 8개는 부적이었다. 이러한 결과는 우연히 일어났다고 보기는 어려우며, 이 연구들을 통틀어서, 4년제 대학의 학위가 교사의 수준이나 아동의 학습과 상관없다는 가설은 전통적인 수준에서 부정된다. (단순이항분포검사가 4년제 대학의 학위가 교사의 수준이나 아동의 학습과 상관없다는 영가설을 $p = .026$으로 부정한다.) 추정된 효과는 크지 않으나, 이 연구들에서 추정된 효과 크기는 (앞에서 설명한) 여러 가지 문제 때문에 추정치를 감쇄시켰을 수 있기 때문에 적절한 기준이라고 볼 수 없다. 앞에서 설명한 여러 가지 제약 이외에도, 사전검사와 사후검사 사이의 평균기간이 학교 연도보다 매우 짧고, 측정 오류가 종속변인과 독립변인 모두에 영향을 주기 때문에(예를 들면, 4년제 대학의 학위가 없는 교사들은 학위 취득을 위한 어느 정도의 학점을 가지고 있을 수 있거나, 프로그램들이 내용이나 엄격성 등) 적절하다고 볼 수 없다.

이러한 상관관계 연구들이 현장에 얼마나 영향을 미칠 수 있을지는 명확하다. 대규모의 무선실험연구는 현장에 더 많은 영향을 미칠 수 있지만 값비싼 제안이 될 것이다. 교사의 교육수준의 영향을 정확하게 검사하기 위해서는, 장기적으로 이러한 정책을 적절한 규모로 지원할 수 있는 노력이 있어야 할 것이다.

무선실험과 가장 유사한 경우는 뉴저지 주 대법원이 저소득층 가족이 대다수인 31개 구역의 모든 아동들에게 높은 수준의 유아교육기관 교육이 제공되어야 한다고 명령한 자연적 실험의 사례이다. 대법원의 명령은 4년제 대학 학위에 유아교육 자격증 그리고 학급당 인원은 최대 15명이었다. 이는 대부분의 아동들이 해당 교육청과 계약을 맺은 사립 어린이집에 다니는 형태의 공공시스템을 통하여 시행되었다. 대법원의 명령이 시행되기 이전에, 사립 프로그램들의 수준은 전반적으로 낮았다. 주정부는 대법원 명령에 의한 프로그램의 아동들을 가르치기 위해 필요한 자격이 부족한 사립 프로그램에 있는 교사들이 학위를 받거나 자격증을 받을 수 있도록 장학금을 지원하였다. 이에 대한 보수로 교사들은 직장을 유지하는 것뿐만 아니라 사립 프로그램에 재직하고 있음에도 불구하고 공립학교 기준을 충족시키면 훨씬 높은 봉급을 받게 되었다. 교사들이 학위와 자격증을 취득할 시간이 생겼을 때, 관찰평가 결과 수준이 높아져 대부분의 프로그램들이 우수 등급에서 최우수 등급을 받았고, 공립학교와 사립기관 사이의 수준은 차이가 없었다(Frede, Jung, Barnett, Lamy, & Figueras, 2007; Frede, Jung, Barnett, & Figueras, 2009). 광범위한 교사 재교육 기회가 있었기 때문에, 봉급 인상과 맞물린 교육의 확장이 유일한 변화는 아니었지만, 필자가 알고 있는 한도에서는 교사 재교육만으로 이러한 형태의 장기적인 개선이 대규모로 이루어진 적은 없다.

프로그램 효과에 대한 또 다른 관련연구

마지막으로, 질문에 대하여 다른 관점에서 접근하는 것이 가능하다. 엄밀한 연구들에서 교사 자격에 대하여 학습과 발달 측면에서 성과를 거둔 유아교육 프로그램들로부터 무엇을 배울 수 있는가? 연구보고서에 대한 조사는 엄밀한 연구설계와 학습에의 큰 효과를 나타낸 거의 모든 보고서들이 공립학교에 속하는 유아교육 프로그램에 근무하는 4년제 학위를 가진 교사 자격 소지자들로 인하여 나타난 것임을 보여주고 있다(Barnett, 2008). 여기에는 페리유아원과 발달연구기관(Institute for Developmental Studies) 프로그램들, 시카고 유아-부모 센터 연구, 그리고 털사(Tulsa)의 보편적 Pre-K 연구 등이 포함된다(Deutsch, Deutsch, Jordan, & Grallo, 1983; Gormley et al., 2005; Reynolds, 2000; Schweinhart et al., 2005).

털사 연구는 근거의 관점을 넓혀준다(Gormley et al., 2008). 털사에서, 헤드스타트 프로그램들은 공립학교 교사들을 헤드스타트 교실에 근무하게 하면서 보편적 Pre-K에 참여한다. 불우한 환경의 아동들을 위한 털사 헤드스타트 프로그램의 교육적 효과는 National Impact Study의 헤드스타트 평균 결과보다 훨씬 더 크다. 털사 헤드스타트의 효과는 털사공립학교 Pre-K와는 수학 영역에서는 동일하였으나 문해력에서는 더 작게 나타났다. 이러한 결과는 교사들이 털사 보편적 Pre-K 프로그램이 일반 헤드스타트 프로그램에 비하여 가지는 우위가 부분적으로는(그러나 모두는 아닌) 사실이라는 것을 의미한다. 공립학교 시스템의 일부가 되는 것에서 오는 추가적인 장점이 있을 수 있다(Reynolds & Temple, 2008). 털사 연구의 결과들은 앞에서 설명한 뉴저지 Abbott Pre-K 프로그램의 결과와 유사하며, Abbott 프로그램은 유아교육기관과 그 이후의 아동의 학습과 학교성취도에 대한 신뢰성 있는 결과를 보여준다는 면도 주목할 필요가 있다.

필자가 아는 한도 내에서는, 캘리포니아 주 Pre-K만이 정반대의 사례를 보여준다.

이 연구에서 절반 정도의 교사들이 4년제 대학학위를 가지고 있었고 40%는 2년제 대학학위를 가지고 있었지만, 아동들의 강한 학습 성취를 보여주었다. 그러나, 이 연구는 연구대상으로 선정된 학급의 절반 정도만 자료수집을 허가받았고 우수한 학급만이 연구에 참여했을 가능성이 높기 때문에, 편향에 관한 문제가 있을 수 있다(Barnett et al., 2009).

전국적인 헤드스타트 무선실험은 또 다른 관련 깊은 결과들을 보여준다. 헤드스타트는 주립 Pre-K 프로그램과 보육기관에 비하여 더 많은 재정지원을 받고 있다(Puma et al., 2005, 2010). 학급크기는 작으며 주교사와 보조교사가 채용된다. 이 프로그램은 다양한 성과기준, 행정적 구조, 유아교육을 위한 특별 훈련기준, 교사 재교육을 위한 지원 등을 갖추고 있다. 이 프로그램은 학교 테두리 밖의 아동과 가족들과 학교 내의 특수아 지원체계를 갖춘 것이 특징이다. 많은 수의 이러한 프로그램들이 공립학교 시스템 내에서 운영되고 있다. 헤드스타트가 교육적 성과를 내는 다른 프로그램들과의 비교에서 눈에 띄는 차이점은 헤드스타트 교사들이 상대적으로 낮은 수준의 정규교육과 봉급을 받았다는 점이다. 그럼에도 불구하고, 헤드스타트는 아동의 학습과 발달에 작은 수준의 초기효과만을 나타내었고, 연구결과 K학년의 마지막 단계에서 언어, 문해, 수학 등의 영역에 차이가 없음이 밝혀졌다. 앞에서 설명한 것처럼, 털사 지역의 헤드스타트가 공립학교 수준의 봉급을 받는 4년제 대학학위 교사 자격 소지자들을 채용하였을 때는 헤드스타트 전국 연구에서 나타난 것보다 훨씬 더 높은 성과를 나타내었고, 이는 교사의 교육수준과 봉급이 중요하다는 것을 보여준다.

결론

교육학연구는 명확한 결과를 드러내는 경우가 흔하지 않다. 그러나, 교사들에게 4년제 대학학위를 요구하고 공립학교 교사수준으로 봉급을 지불한다면 비용이 상승하는 것은 상당히 명확하다. 비용 추정치는 주립 Pre-K 반일제 프로그램의 아동당 300달러에서 헤드스타트의 아동당 1,500달러까지 다양하다. 4년제 대학학위와 더 높은 연봉을 요구하는 것에 대한 이점은 이보다 덜 명확하다. 연구의 결과들은 서로 엇갈리며, 대부분의 연구들은 심각한 한계가 있다. 그러나, 엄밀한 연구에서 어린 아동들에게 더 많은 성과를 일관적으로 얻은 유아교사의 수준에 대한 결과는 상대적으로 명확하다. 거의 예외 없이, 이러한 교사들은 4년제 대학학위를 가지고 공립학교 수준의 연봉을 받았다. 이러한 결과는 아동들로부터 더 많은 성과를 얻어낸 프로그램들이 다른 프로그램들보다 더 많은 경제적인 이익을 가져왔기 때문이다. 우리가 학사학위를 통하여 50% 이상의 기대치를 부여할 수 있다면, 4년제 학위와 적절한 봉급을 요구하는 것에 대한 기대가치는 매우 높다고 할 수 있다. 이는 4년제 학위를 가진 사람이면 실제적인 능력과 지식, 혹은 학위의 수준이나 내용에 상관없이 채용하거나, 교사 재교육 프로그램과 관리와 같은 프로그램의 기능들이 덜 중요하다는 의미가 아니다. 정책은 실제적인 수행능력, 교사양성교육 과정, 그리고 효과적인 교육을 지원하는 다른 프로그램 요소들에 집중하여야 한다. 추가적으로, 교육과정, 지원, 관리뿐만 아니라 보상과 근무환경 등 교사양성이 영향을 받는 조건들에 주의를 기울일 필요가 있다. 그렇지 않다면, 정책입안자들은 아동에게 도움이 되지 않으면서 교사들에게 4년제 학위를 요구하는 결과가 되어버린다.

정책입안자들이 현재 있는 결과들보다 더 확실한 결과를 원한다면, 다른 종류의 연구들이 지원될 필요가 있다. 이를 위해서는 엄밀한 실험연구가 실행될 필요가 있을 것이다. 이런 실험유형 중의 하나는 교사의 자격수준과 봉급을 일부 교육청들이나 헤드스타트 프로그램에서는 올리고 다른 기관들은 그대로 두는 대규모의 무선설계 연구일 것이다. 이러한 실험들은 현존하는 자료에 대한 통계적 분석보다는 비용이 매우 많이 든다. 그러나, 이런 실험들에서는 헤드스타트나 주립 Pre-K 프로그램에 4년제 대학학위를 요구하는 것이 만약 정책이 교육적으로 효과가 없거나 효과가 있어도 실행이 실패하는 비용에 비하여 저렴하다. 예를 들어, 헤드스타트가 시카고 유아-부모 센터에서 유아교육과 관련된 부분의 2/3에 해당하는 혜택을 잃는다면, 이는 아동당 50,000달러가 소요된다(측정된 혜택은 아동당 75,000달러이므로, 헤드스타트는 아동당 25,000달러를 창출한다고 판단한다. Temple & Reynolds, 2007). 400,000명의 아동 동일 연령 집단이 헤드스타트에 다닌다고 가정했을 때, 4년제 대학학위를 요구하지 않는 비용은 매년 200억 달러가 될 것이다. 유사하게, 플로리다는 135,000명 이상의 아동들이 주립 Pre-K 프로그램에 다니고 있지만 교사대학 교육에 대한 어떠한 조건도 없다. 플로리다 Pre-K 프로그램이 매년 잃는 혜택은 67.5억 달러에 이를 수 있다. 이러한 추정치들은 가상적인 것이지만 설득력이 없는 것은 아니다. 몇 개의 대규모 연구들은 충분히 진행될 수 있다. 그러나 공립 유아교육기관 프로그램에서의 계속되는 의미 없는 지출이나 낮은 성과는 더 이상 방치할 수 없는 문제이다.

제9장

학사학위가 필요는 하지만 충분하지는 않다

교사가 유아들을 가르칠 수 있도록 준비시키기

– Barbara T. Bowman

최근 유아교육 프로그램에 등록한 유아의 수는 대폭적으로 증가하였다. 3세와 4세 유아의 절반 이상이 어떠한 형태의 유아교육 프로그램이라도 참여하고 있다(U.S. Department of Education, 2007). 등록자 수가 대폭 늘어난 것은 부분적으로는 초기 경험이 이후의 사회-정서적 과정과 인지적 과정에 영향을 준다는 연구결과(Shonkoff & Phillips, 2000)들과 유아기에 획득된 문해능력과 수학능력의 기초가 학교 성취도에 중요한 역할(Ramey et al., 2000; Reynolds, Temple, Robertson, & Mann, 2001; Schweinhart et al., 2005)을 하는 것으로 드러났기 때문이다. 추가적으로, 국민들이 유아교육기관 취원율이 가져오는 사회적, 학문적 장점이 사회에 교육적, 경제적 반대급부를 가져온다는 경제학자들의 주장에 귀를 기울이기 시작하였다. 유아교육기관의 비용-효과 대비 측정치는 다양하지만, 이의 잠재적인 가치를 부정하는 사람은 거의 없다(Barnett, 2004; Heckman, 2000a). 이러한 사실은 유아교육이 유아 개개인에게 도움이 될 뿐만 아니라 우수한 공공정책임을 의미한다.

유아교육 프로그램의 수와 프로그램에 대한 기대가 늘어날수록, 반복적으로 나타나는 이슈는 예상 혜택을 체감하기 위해서는 어떠한 투자가 이루어져야 하는지 결정하는 것이다. 이 질문에 대한 답은 교사양성과 밀접한 관계가 있는데 이는 유아교육 프로그램에 있어서 학급의 크기와 교사 대 아동 비율은 고연령의 학생들보다 개인당 비용이 상승하기 때문이다. 더 많은 교육을 받은 교사들이 가져오는 장점은 비용에 비해 가치가 있는가? 유아들을 교육하기 위해서는 유아교사들에게 어떠한 학위나 자격증(만약 존재한다면)이 최선의 선택인가? 대부분의 의견들은 평행선을 그리고 있다. 그러나, 의견의 차이는 첨예하고 의미심장하다.

대부분의 인적 서비스 분야의 전문직들에서는 최소한 4년제 학사학위를 요구하며, 전문성 훈련을 위해서 의무적으로 상위의 학위취득을 요구한다(Grossman et al., 2009). 4년제 학사학위 수준에서 주어지는 일부 전문 자격증의 경우(예컨대, K-12학년 교사)에는, 일반교양과목들과 전공과목들이 요구된다. 또한, 일반적으로 교사 자격증이 주어지는 학사학위는 현장경험과 수행능력에 대한 자료가 요구된다.

현재, 유아교사들(0~5세 교육을 담당하는 교사들)은 몇 가지 이유 때문에 특별한 교육이나 훈련을 요구받고 있지 않다. 많은 사람들은 유아교사들이 학과목을 정식으로 가르치는 것이 아니기 때문에, 교육에 있어 많은 준비가 필요하지 않다고 믿는다. 헤드스타트는 저소득층 유아들을 대상으로 하는 가장 큰 프로그램으로, 전통적으로 교사의 교육수준에 대한 자격요구가 낮았으며, 저소득층 부모들에게 고용의 기회를 자주 주었다. 대부분의 주들에서는, 대학강의 몇 개 수준에 불과할 정도로, 유아교사와 보육교사들에 대한 교육수준 자격 요구가 낮다. 그럼에도 불구하고, 교사 대 유아의 비율과, 유아교육과 보육에 대한 비용이 높기 때문에, 위로부터의 임금에 대한 압박이 강하며 추가적인 교육에 대한 지원은 부족하다.

그러므로 유아들을 교육하는 것은 정식교육이나 특별한 기술이 없는 사람들에게 열려 있으며 주정부들에 의하여 취업 기회가 적은 여성들에게 취업 기회를 제공하는 방법으로 쓰여 왔다.

그러나 교사의 수준향상에 대하여 지지하는 수많은 사람들은 변화가 필요하다는 데 동의하고 있다. 수많은 연구들이, 교사들이 더 많은 교육과 훈련을 받았을 때, 유아들을 위한 좋은 성과를 낼 수 있는 기반과 연결되기 쉽다는 것을 보여준다. 예를 들어, 4년제 학사학위를 가진 교사들이 더 낮은 수준의 교육을 받은 교사들보다 더 풍부한 언어를 제공하고, 교사-유아의 관계가 덜 강압적이면서 더 섬세하고, 유아들이 더 참여적인 것으로 나타났다. 교사들이 더 많은 교육과 전문적인 훈련을 받고 적절한 보상을 받는다면, 학급의 수준은 더 좋아진다(Barnett, 2004; Bowman et al., 2001; Whitebook, Gomby, Bellm, Sakai, & Kipnis, 2009).

유아교육 교사의 내용 지식

유아들의 교사들에게 최소한 4년제 학사학위가 요구되는 주요한 이유는 광범위한 지식이 요구되기 때문이다. 유아교사들의 전통적인 교과인 유아발달(Bredekamp, 1987)은 1990년대 이후 폭발적으로 증가하였다. 발달이 과거에 생각하던 것보다 훨씬 광범위한 내용임이 밝혀졌다. 발달을 사전에 결정된, 생물학적으로 발현된, 순차적인 과정으로 보는 대신에, 경험과 유전적 요소와 상호작용하여 수많은 발달구조와 모형을 무한히 만들어내는 것으로 본다. 이러한 관점은, 유아가 자기만의 속도와 방법으로 발달하고 교사는 유아가 스스로 발현하는 과정을 관찰하면 된다는, 20세기 중반의 낭만주의적이거나 자연주의적인 관점과는 다르다. 또한 흥미 있는 교실환경과 탐색할 수 있는 경험이 주어진다면, 유아가 스스로 지식의 대부분을 구성해나갈 것이라는 20세기 후반의 관점과도 차이가 있다. 21세기에는, 다양한 영역과 교과 지식이 교사에게 필수적이다: 유전학에서 신경생물학과 영양에서 건강, 어머니 애착에서 낯선 사람에 대한 불안과 교사와 또래관계, 수학과 과학에서 사회학과 경제학 등 대표적인 것만으로도 광범위하다.

유아교육에 필요한 내용 지식의 또 하나의 구성요소는 사회적 맥락과 유아의 학습에 대한 그 맥락의 영향이다. 어떻게 교육할 것인가에 대한 수많은 치환과 더불어, 거시적 변인과 미시적 변인은 유아가 어떻게 발달하고 무엇을 학습하는지에 영향을 미친다. 하나의 발달모형(예컨대, 백인 중산층)을 가지고 모든 유아들에게 적용하는 대신에, 교사들은 유아들이 무엇을 어떻게 학습하는지를 중재하는 다양한 문화들에 대응하고 평가할 수 있는 방법들을 알아야 한다. 문화적 민감성과 서로 다른 그룹의 유아들에게 교육을 최적화할 수 있는 능력은 현재는 교사의 핵심적인 지식으로 평가되고 있다.

유아발달에 대한 이해뿐만 아니라, 유아에 대한 기대 또한 변화되어 왔다. 국가의 경제적, 사회적 미래가 인적 자원, 즉 잘 교육받은 국민에게 의존하게 됨에 따라 학교 성취도는 더욱 중요해졌다(Heckman, 2000a). 교사양성 과정의 효과는 유아의 예상 학습 성과와는 별개로 판단되어야 한다. 유아학습 기준은 고학년 학생들에게 그러하듯이 유아교사들에게도 일종의 안내문으로 간주된다. 이러한 관점은 유아들이 정식교육과정을 위한 준비가 되지 않았다고 본 전통적인 유아교육관과 대비된다. 비록 일부 유아교육자들은 유아들을 대상으로 한 학습 성과를 조직화하는 것을 망설이지만, 많은 주들은 유아교육기관과 K-12학년의 교육기준을 맞출 필요성을 인식하여 이러한 방향으로 이동하고 있다. 현재의 교사들은 유아들이 학교 성취도를 위하여 필요한 선행기술 숙달을 도울 수 있는 전략을 알아야 한다.

교육 분야에서 전통적으로 포함되지 않았던 집단들에 대하여 새로운 기대가 일어나기 시작함에 따라 이 집단은 기준을 따를 필요가 있다. 유아교육이 가장 필요한 유아들은 상급 학교에서 낙제의 우려가 있기 때문에, 유아교사들은 이미 학습 성취도가 악순환적으로 낮아지기 시작한 유아들의 학교 준비도를 지원할 준비가 된 것으로 간주된다(Duncan, Ludwig, & Magnuson, 2009). 이러한 사실은 유아교육을 담당하는 교사들이 학습자들의 다양성에서 오는 문제들에 대응할 수 있도록 지식 기반을 확장할 필요가 있다는 것을 의미한다. 예를 들어, 어휘의 불일치는, 3세경에 이미 명확하게 나타나기 시작하는데(Hart & Risley, 1995), 저소득층 가족의 아동이 중산층 아동을 따라잡기 위해서는 수준 높은 개입이 필요하다. 유사한 경우로, 모국어가 영어가 아닌 아동은 특별한 노력이 이루어지지 않는 이상 낮은 학교 성취도로 인하여 고위험군에 속하게 될 확률이 높다. 고위험군에 속하는 또 다른 집단에는 이민자, 특수아, 소수집단의 유아, 안정적인 환경을 제공할 수 없는 가정에 속하는 유아들(예컨대, 노숙자 자녀, 위탁가정 유아) 등이 포함된다. 이들은 특수한 위험요소와 지원요소가 있으며 교사들은 이를 배워야 한다.

오늘날, 교사들은 모든 유아들의 발달과 학습기대도의 복잡성을 이해하여야 한다. 교사들은 또한 유아들이 학교에서 성공할 수 있도록 개별적, 집단적으로 이해하여야 한다. 유아교육에 대한 새로운 교사모델은 유아들과 능동적으로 상호작용하고 개인적, 집단적 발달패턴과 학습역량에 대한 광범위한 지식을 바탕으로 활용하는 의도성을 가진 교사이다. 이러한 지식과 기술은 수준 높은 대학 교사양성 프로그램 외에는 획득하기 어렵다. 이것이 국립 연구 자문위원회 유아교육 분과(Committee on Early Childhood Pedagogy of the National Research Council)의 권고안의 배경이 되는 논리이다. 그들은 만 2~5세 유아들의 교사에 대한 연구들을 분석한 결과 다음과 같이 적었다.

> 유아교육과 보육 프로그램에 포함된 각 집단의 유아들은 4년제 학사학위와 더불어 유아교육 관련 교육(발달심리, 유아교육, 유아특수교육)을 받은 교사들에게 배정되어야 한다(Bowman et al., 2001, p. 13).

전문가집단의 내용 추천

전문가집단들은 교사들이 무엇을 알고 무엇을 할 수 있어야 하는지에 대한 또 하나의 정보 제공원이다. 전미교직전문성기준위원회(National Board for Professional Teaching Standards, 2001)는 유아 이해하기, 유아의 학습과 발달 촉진하기, 교육과정, 평가, 다양한 교육전략을 접목하고 실행하기를 교사의 핵심지식으로 제시하였다. 전미유아교육협회(National Association for the Education of Young Children, 2001)는 이와 유사한 내용뿐만 아니라, 다음과 같은 부분에도 중점을 두고 있다: 유아가 생활하는 지역사회, 교육환경에서 평가의 복잡성에 관한 쟁점들, 발달적으로 적합한 효과적인 접근법들과 교수전략의 연결, 언어 및 문화적 다양성, 그리고 통합교육 등이다. 국립연구자문위원회 유아교육 분과(Committee on Early Childhood Pedagogy of the National Research Council)(Bowman et al., 2001) 또한 교사양성 프로그램을 통하여 다음과 같은 내용들을 강조하였는데 바로 학생들이 유아의 사회성과 감성적 행동, 사고, 언어발달에 대한 기본 지식, 아동발달과 교수학습에 대한 지식, 특정 교과 영역의 발달을 촉진할 수 있는 풍부한 개념적인 경험들을 어떻게 제공할 수 있는지에 대한 정보, 효과적인 교수전략, 교과 영역지식, 평가절차, 유아들 간의 다양성에 대한 지식이다. 각 단체는 어린 유아들을 가르치기 위하여 광범위한 교과 영역지식이 필요함을 제안하였다.

유아교사의 더 높은 학력을 지지하는 연구들은 많지만, 4년제 학위의 당위성에 대한 연구는 아직 명확한 결론을 내리지 못하고 있다. 이러한 결과는 4년제 대학에서 가르치는 과목의 다양성, 각 과목에서 대상으로 하는 연령의 광범위함(0~8세가 보통임), 그리고 교사들이 기관에서 운영하는 프로그램의 목표와 목적에 따라 영향을 받기 때문이라고 볼 수 있다. 4년제 대학에서는 과목의 내용, 강의의 정확성, 혹은 강의를 하는 교수진의 수준에 대한 표준화가 거의 이루어지지 않았다. 학위나 자격증은 다른 주뿐만 아니라, 같은 주 내에서조차 동일한 교육수준을 보장하지 못한다. 교사들이 교육받는 교사양성 프로그램의 대상연령 또한 다양하다. 주에 따라, 교사는 영아, 걸음마기 유아, 유아, K학년 연령, 초등학교 연령 중에서 다양한 연령대의 어린이들을 담당하게 된다. 유아교육 프로그램의 목표 또한 매우 다양하다. 일부 교사들은 인지적 학습을 중심으로 하는 구조적인 교육과정을 제공한다. 어떤 교사들은 놀이와 사회적 상호작용을 중시하는 간접적인 교육방식을 고수하는 반면, 다른 교사들은 교육 프로그램을 계획하지 않고 유아의 안전에만 주의를 기울인다. 유아교육 표준을 수용하고, 인증제도를 통하여 신뢰성과 특수성을 강조하며, 각 주의 교사의 질 평정척도를 수용하는 것은 교사양성기관들에게 방향성을 제시해줄 수 있다.

무엇이 더 필요한가?

지식기반의 확장, 성취도의 불균형, 특수교육 요구에 대한 인식이 높아짐에 따라 교육분야에서 교사들이 무엇을 알고 실행해야 하는지에 대한 관심이 높아지고 있다. 유아교육 프로그램들의 특수한 고용패턴은 이러한 어려움에 부분적으로 영향을 주고 있다. 교실 내의 모든 성인들은 교사라고 불리며, 그들은 사전 기술이나 지식에 대한 고려 없이 일괄적으로 훈련받는 경우가 많다. 유아교육 분야는 각자의 역할, 책임, 지식적 요구에 대하여 더 자세히 알아볼 필요가 있다. 한 가지 해결방법은 유아교육 프로그램 교실에서 주교사의 역할을 정하는 것이다—이 교사는 계획, 감독, 평가 등의 역할을 맡게 된다. 이 방법은 높은 교육수준과 훈련을 받은 교사의 확장된 지식기반을 다른 교사들뿐만 아니라, 아동과 가족들에게도 제공할 수 있다.

다른 전문분야와 마찬가지로, 유아교사들은 일반교육에 대한 많은 배경지식이 필요하다. 대부분의 성인들은 유아 교육과정에 대한 실무적인 지식은 가지고 있지만, 많은 사람들은 유아의 학습에 영향을 주는 바탕 지식, 즉 유아발달뿐만 아니라 과학, 수학, 사회과학, 예술 등의 분야에서 축적된 개념들에 대하여 총체적으로 이해하지는 못한다. 수학과 과학의 전제조건은 기본적인 개념을 명확히 이해하는 것이 특별히 중요하지만, 많은 수의 유아교사들은 기초지식이 부족하여 교육과정을 응용하거나 설계하는 데 어려움을 겪는다.

교사양성에 있어 일반교육과 교육학의 적절한 균형점은 어디인가? K-12 체계에 대한 일부 비판자들은 공립학교 교사들이 교과지식이 부족하기 때문에 효율적이지 않다고 주장한다. 이 관점에 의하면, 수학, 과학, 문학, 사회과학의 지식수준이, 현장실무에서 배울 수 있는 교수방법보다 더 중요하다. 몇몇 주에서는 교사 지원자들이 교사교육 프로그램에 참여했는지의 여부보다는 일반 지식의 수준에 따라 판별되는 대체 교사자격증을 부여하고 있다. 카네기교육재단에 의하면, 둘 중 한 가지를 축소하는 것이 아니라 전문적 능력을 교양과목의 지적 차원과 통합시키는 것이다(Sullivan & Rosin, 2008).

교사들은 광대한 지식구성 요소를 갖추는 것 이상이 요구된다. 즉 실무적인 기술을 배울 수 있는 시간과 장소가 필요하다. 이러한 교사교육 요소는 현장을 중심으로, 특정 관리기술과 교육방법을 배우기 위한 충분한 기회가 주어져야 하며 교육실무를 평가할 수 있는 시간이 필요하다. 일부 교육자들은 교육실무 부분은 교육현장에 종사하면서 습득될 수 있다고 보며, 이를 대안적인 교사양성 방법의 근거로 제시하기도 한다. 다른 교육자들은 교사교육에 있어 교육실무를 위한 자격증이 필수적인 과정이며 이를 위한 고등교육 과정이 필요하다고 본다. 어떠한 경우에도, 준비되지 않은 교사를 교육현장에 배치하는 것은 방지할 필요가 있다.

교사들은 학생들의 미래에 영향을 줄 수 있는 결정들을 계속적으로 내려야 한다

(Darling-Hammond & Bransford, 2007). 더 잘 준비된 교사가 이러한 결정들을 내릴 때, 학생들은 학업과 인생에서 성공을 거둘 수 있다. 어린 연령의 학생에게 투자하는 것은 경제 및 사회적으로 가장 효율적이다(Heckman, 2000a). 유아교사는 학사학위, 교사자격증뿐만 아니라 유아의 올바른 성장에 필요한 정보와 기술을 제공하는 프로그램 또한 필요로 한다.

제10장*

대학인증과 보육

교사교육이 보육의 질을 향상시킬 수 있는가?

– Bruce Fuller

의회의 정책입안자들은 1970년대 헤드스타트의 유효성에 대하여 의문이 제기된 이후, 유아교육기관의 아동들을 담당하는 교사들의 수준을 어떻게 끌어올릴 것인가에 대하여 지속적으로 고민해왔다. 버락 오바마 대통령이 연설을 통하여 100억 달러의 예산을 여러 주들에 챌린지보조프로그램(challenge grant)을 통하여 지원하고 연방과 주립 유아교육기관 프로그램의 통합을 이끌어낼 계획을 발표함으로써, 교육의 수준향상에 대한 목표가 다시 제기되었다. 일부의 유아교육 옹호론자들은 의회 지도자들, 주지사들, 주의회 의원들에게 유아교육의 수준을 향상시킬 수 있는 잠재적인 방법이 있음을 제기해왔다. 이러한 선의의 유아교육 옹호론자들은 국내의 모든 유아교육기관 교사들의 4년제 학위 취득 의무화를 주장하고 있으나, 수많은 독립적인 연구들에 의하면 유아교사들의 4년제 학위 소지여부가 유아들의 조기 학습과 관계가 있는지는 명확하게 밝혀지지 않았다.

이 장에서는 몇 가지 질문을 다룰 것이다. 첫째, 학사학위 개선방안을 통하여 이익을 얻는 것은 누구인가? 즉, 왜 정부 내에서 충분한 근거가 없는 개선방안이 이렇게 주목을 받고 있는가? 정책입안자들—미국 상원의원부터 지역의 교육위원에 이르기까지—은 유아교육자들과 연구자들이 유아교육기관의 수준을 향상시키는 개선방안으로 학사학위를 제시하는 것에 영향을 미치고 있다. 둘째, 유아교사들의 교육과 그에 따른 유아의 혜택은 무엇인가? 이 질문은 세 번째 질문으로 연결된다: 유아발달을 지원할 수 있는 교육실제나 사회구조가 4년제 교사양성 프로그램을 통하여 준비될 수 있는가? 추가적으로, 그러한 개선책들이 유아교육의 수준을 개선시키고자 하는 비용 대비 효과적인 방법들에 비교될 수 있는가? 이러한 질문들은 유아발달에 대한 잠재적인 목표와 깊

* 제10장의 초안들에 유용한 논평을 제공해준 Daphna Bassok, Diane Early와 Edward Zigler에게 특별히 감사드린다. 우리 연구팀의 연구는 MacArthur, McCormick, Packard, Spencer 재단, 미 교육부와 미 보건인적자원부의 연구비로 이루어졌다. 오류나 잘못된 해석이 있다면 모두 연구자의 책임임을 밝혀둔다.

이 연관된 병행적인 문제와 연결된다. 수준 높은 교육실제와 양육기술을 정의하는 것은 무엇이며, 이러한 접근들은 미국의 다양한 가족들의 인지적이고 사회적인 요구들에 어떻게 대응되는가? 첫 번째 절에서는 유아교육기관의 수준에 대하여 정부가 자신의 입장을 어떻게 정의하는가에 대하여 다룬다.

교사의 질적 수준 향상: 주정부의 입장과 유아의 성장

워싱턴 DC에서, 단조롭지만 북적거리는 카페테리아에서는 수백 명의 직원들에게 밋밋한 식사를 제공하는데, 미로와 같은 복도들로 연결된 의원 사무실들이 그 밑에 자리하고 있다. 이러한 기관의 미학에도 불구하고, 풍부하고 활발한 대화가 이 따분한 공간을 채우곤 한다. 예를 들어, Roberto Rodriguez는 헤드스타트와 관련 주립 프로그램들의 수준을 어떻게 향상시킬 것인가에 대하여 설명하였다. Rodriguez는 "제 보스는 모든 유아들에 대하여 유사한 시스템이 필요하다고 믿고 있습니다."라고 설명하며, 당시 자신의 상원 멘토였던 Edward Kennedy를 지칭하였다. 모든 교사들에 대하여 학사학위를 의무화하는 것에 대하여 내가 명확한 근거를 물어보았을 때, 그는 "맞습니다. 근거가 부족합니다."라고 설명하였다(Fuller, 2007).

같은 날, 나는 Christopher Dodd의 오랜 보좌관인 Grace Reef와 이야기를 나누었다. Reef는 "나는 근거가 불명확하다고 생각하지만, [그러나] Dodd는 사람들이 자기선택적으로 2년제 대 4년제 대학의 구도로 간다고 믿고 있다"라고 말하였고, 이는 학사학위 프로그램들이 심사의 도구 역할을 하지만, 반드시 예비교사들에게 더 적절한 양육에 대한 인식이나 효과적인 교육기술을 부여하는 것은 아니라고 설명하였다(Fuller, 2007). 1990년대에, 의회는 헤드스타트 교사들에게 2년제 학위를 취득하도록 강조하였다. 그리고 2007년에, 의회는 기준을 상향시켜서, 헤드스타트 교사의 절반은 4년제 학위를 2013년까지 취득하도록 요구하였다. 일부 주지사들과 주의원들은 이러한 접근에 매료되어서, 27개의 주들은 2008년에 유아교사들이 4년제 학위를 취득하도록 요구하였고, 이러한 기준은 10년 전에 비하여 더 상향된 것이다(Barnett, Epstein et al., 2008).

나는 이러한 값비싼 정책의 전환에 대한 실제 근거가 부족함을 곧 설명할 것이다. 그러나 먼저, 왜 일부 이익집단과 그들의 영향을 받는 정치인들이 4년제 학위가 유아교육의 질적 수준을 향상시키는 데 큰 역할을 한다고 믿는지를 설명하기 위해 하나의 기정사실과 한 쌍의 이론을 살펴보고자 한다. 하나의 기정사실은 유아보육기관의 보급을 늘리는 것이 아니라 그 질적 수준에 대한 것이 주요 정책과제로 평가되고 있다는 것이다. Rodriguez가 그날의 평범한 식사자리에서 설명하였듯이, "이제 (만 4세 유아의) 60%가 재원을 하고 있으니, 질적 수준이 문제가 된다."(Fuller, 2007)는 것이다. 특정 집단, 특히 라틴계의 가난한 가정의 유아들에게는 아직도 기관의 장벽이 높다. 그러나 Rodriguez가 만 4세 유아의 70% 가까이가 어떤 형태로든 유아교육기관에 재원 중이라는 통계 자료는 정확하다(Fuller, 2007). Rodriguez는 오바마 대통령의 수석 교육 자문위원으로, 기관의 질적 수준을 향상시키는 데 초점을 둔 100억 달러 예산의 주요 기획자이다.

그래서, 유아교육기관의 수준을 향상시키고자 하는 연방과 주정부의 관심을 고려하면, 어떻게 문제를 이슈화하고 정치적인 관심을 끌 수 있는 정책적 선택을 추구해갈 수 있는가에 대한 문제로 귀결된다. 정지사회학의 관점에 의하면 정부는 아동의 삶의 다양한 단계들을 규제하는 데 장기적인 관심을 가지고 있다고 주장한다(Fuller, 1999; Grindle & Thomas, 1991). 여기에는 여성의 산전 관리와 신생아의 위험요소를 감소시키는 것에서, 공립학교를 세우고 관리하는 것에까지 이르는 노력들이 포함된다. 이러한 워싱턴 DC에서 나온 규제적인 관점은 교육현장의 교육과정을 단순화시키고 교수방법까지도 규제하려고 하는 2001년 아동낙오방지법(PL107-110)과 같은 교육 개혁에서 잘 드러난다. 정치적 좌파의 관점에서 보면, 적극적이고 형평성을 중시하는 정부를 지지하는 사람들은 더 엄격한 책무성과 동일한 수행기준을 추구하며 더 엄격하고 효율적인 체계를 주장하는데, 예컨대 아동낙오방지법의 수학과 영어에 대한 표준화검사를 강조하는 것과 같은 결과를 가져오게 된다.

이러한 정부 규제의 논리에 근거하여, 아동발달재단(Foundation for Child Development)은 현재 유아교육기관과 초등학교에서 더 엄격하게 계열화된 학습목표와 교수실제를 강조하고 있다(Bogard, Traylor, & Takanishi, 2008). 이제는 어린이집들이 Pre-K 학급으로 분류되어야 한다. 이러한 시스템의 지지자들이 정당성을 확보할 때, 유아교사들의 예비교사교육을 K-12 교사교육의 체계로 포함시키는 것은 탁월한 판단이 된다(K-12 초임교사들을 어떻게 교육시키는 것이 좋은지에 대한 논의는 나중에 다루도록 하겠다). 그래서, 만약에 정부가 초등학교 현장에서 교사들이 기초 문해력과 수리능력을 향상시키도록 규제한다면, 유아교육기관 교사들 또한 마찬가지로 이러한 꽉 짜여있는 과정을 강조하도록 교육받아야 하지 않을까? 전국적으로 40%의 유아교육기관 교사들이 학사학위를 소지하고 있다는 것을 고려하면, 이러한 현상을 K-12 단계와 비교하여 문제라고 생각하는 유혹에 빠질 수도 있다(Hart & Schumacher, 2005; Whitebook, 2002).

정부의 표준화된 형태의 규제는 유아교육에 대한 이러한 새로운 관점과 다음 세대의 유아교육자들이 어떻게 교육받아야 하는지에 대하여 조직 차원의 관심을 가지고 있는 이익집단 및 로비스트들의 관심을 불러일으키게 된다. 유아교육기관이 지역사회 기반 조직(Community-Based Organizations: CBOs) 대신 공립학교 내에 새로운 두 연령의 학년을 추가할 수 있도록 설계될 수 있기 때문에, 미국에서 현재 나타나고 있는 것처럼, K-12 이익집단들은 갑자기 높은 관심을 보이고 있다. 특히 교사노조는 수많은 일자리(그리고 회비 납부 노조원들)가 나타날 것으로 보고 있다. 보편무상 유아교육 프로그램 지지자들이 캘리포니아 주투표에서 주도권을 쥐고 있을 때, 노동조합들은 이 프로그램의 통과를 위하여 수백만 달러를 사용하였으나, 실패하고 말았다(Fuller, 2007).

이는 학사학위가 교육수준 변화를 위한 대안으로 부상하는 데 대한 두 번째 설명이 가능하게 하는데, 경제학자들과 사회학자들은 이를 "공공 선택 이론(public choice theory)"이라고 한다. 이 모델의 지지자들은 정부가 가장 큰 정치적 지지를 받는 정책적 의견들을 중재하는 역할을 한다고 주장한다. 조직과 단체들은 자신들의 이상과 경제적 이익을 보호하기 위하여 적극적으로 나서고, 결과적으로 문제를 보는 자신들의 관점과 선호하는 해결방법에 대하여 정치인들에게 압력을 넣게 된다. 이는, 개인들이 시장에서 반응하는 것과 같이, 단체들도 자신의 실리와 안녕을 위하여 최적화된다는 것이다(최소한 신고전주의 철학에 의하면 그렇다).

지역사회 기반의 조직들은 유아기 보육과 교육 영역을 장악해왔으며, 이는 20세기 초기 인보관운동(Settlement House Movement)으로 거슬러 올라간다. NAEYC와 같은 단체들은 지역사회 기반의 조직 내에서 일하던 교사들과, 1970년대 주정부 유아교육 프로그램이 발달함에 따라 등장한 공립학교 교사들이 혼재된 바탕에서 성장하였다. 저소득 지역의 지역사회 통합과 일자리 창출에 부분적으로 목표를 둔 헤드스타트의 성립은 지역사회 기반의 조직들의 정당성과, 발달에 적합한 실제(Developmentally Appropriate Practice)와 같은 특정한 이상을 뒷받침하였다. 이러한 이상들은 아동발달협회 인증이나 그와 관련된 경력개발과 같은, 대학 학위의 영향에 대한 주장들에 근거하여 인력의 다양성에 관한 개혁들을 불러일으켰다. Daphna Bassok(2009)의 연구는 교사의 자격에 대한 기준이 높아진 이후 헤드스타트에서 학부모가 보조교사로 채용되는 비율이 급격하게 낮아졌음을 보여주었다.

이러한 기관 기반의 관점들은 어떤 경우에는 매우 취약해진다. 예를 들어, 지역사회 기반의 조직 협회들의 영향력은 지난 수십 년간 계속 약화되어 왔으며, 교사노조의 영향력에 대항하지 못하고 있다. 일반적으로 이 분야는 낮은 수준의 유아교육기관들을 보호함으로써, 자신을 적절하게 통제하지 못하였다. 수많은 프로그램들이 저소득층 가족을 대상으로 하지만, 주정부들은 이러한 프로그램들의 수준을 규제하려는 최소한의 의지도 보이지 않고 있다. 이러한 지속적인 문제들을 고려하면, 최근의 새로운 유아교육 지지자들(모든 가정의 보편적 보육을 주장하는) 세대가 왜 K-12 이익단체들과 연계하는지 이해할 수 있다. 그러나 이러한 쟁점들이 논의에 오르면, 로비와 의회 지도자들 및 주정부 공무원들에 대한 기부 캠페인 등을 통하여, K-12 교육자들을 통제하는 것처럼 유아교육기관을 규제하려는 압력이 강해진다. 공공 선택 이론가들은, 효과에 관계없이, 가장 많은 정치적 지원을 받는 정책이 끝까지 살아남는다고 경고한다.

오바마 행정부는 공공 선택 압력을 거부하는 데 목표를 두고 있다. 최고를 위한 경쟁(Race to the top)을 통하여, 미국 교육부는 K-12학년 교사의 양성 프로그램이 아동의 성장 곡선에 영향을 주는지 체계적으로 연구하기 위하여, 교사 특성과 학생 성적 자료를 연계시키도록 강조하고 있다(U.S. Department of Education, 2010). 또한, 교사의 학위나 경력을 승진과 연계하는 정책 대신, 행정부는 교육현장에서 교사가 무엇을 알아야 하고 어떻게 이러한 기술들을 활용하는지에 초점을 두고 있다. 이러한 관점에서 보면, 교사수준과 학위로 교사수준을 유의한 판단기준으로 삼으려고 하는 의회의 관심이 줄어들고 있다고 볼 수 있다.

학사학위가 유아발달을 향상시킬 수 있는가?

학사학위가 유아발달을 향상시킬 수 있는가? 간단히 답하자면 아니다. 이는 4년제 프로그램(이상적으로 유아발달에 초점을 둔 프로그램)이 만 3세 및 4세 유아의 인지, 사회-정서 발달을 잠재적으로 증진시킬 수 없다는 의미는 아니다. 그러나, 현재 대학 수준의 프로그램들을 고려한다면, 이러한 자격을 요구함으로써 세금을 낭비하게 된다는 것을 의미한다. 어린 유아를 양육하는 성인(부모를 포함)의 자질의 중요성뿐만 아니라, 이러한 자질들이 유아발달에 어떠한 영향을 끼치는지에 대하여 잘 알려져 있다. 이러한 자질들은 풍부한 언어의 사용, 유아의 상호작용과 정서에 대한 탐구심, 그리고 신뢰롭고 다정한 관계를 형성하는 능력과 같이, 학교와 대학에서 배울 수 있는 신념과 행동들을 포함한다. 유아들을 낮은 교육수준의 성인, 예를 들어 고등학교 졸업자에게 노출시키는 것은 초기발달을 지연시킨다(Burchinal, Cryer, Clifford, & Howes, 2002; Loeb et al., 2004).

유아발달 관련 2년제 학위 이상에 대해서, 다수의 연구자들은 4년제 학위 프로그램을 취득하는 것에 대한 추가적인 가치를 찾는 데 실패하였다. 기관 수준과 유아 환경을 개선하는 데 목표를 둔, 유아교실에서의 성인 대 유아의 비율을 변화시키거나 사회적 상호작용의 특성을 강화하는 것과 같은, 다른 정책적인 대안들은, 유효한 효과가 있음을 명확하게 보여준다(Blatchford, Goldstein, Martin, & Brown, 2002; Clarke-Stewart & Allhusen, 2005; Zaslow, 1991). 연구자들은 1980년대를 통하여 어떠한 수준의 교사교육이라도 유아교육기관의 유아발달 향상과 관련이 있다고 주장하였다. 그러나, 연구설계에서 소득이 높은 부모가 교육수준이 높은 교사를 고용하는 유아교육기관을 선택하는 경우와 같은, 표본의 편향 문제를 간과하였다. 이러한 연구자들은 유아의 더 높은 발달수준이 교사가 더 높은 학위를 가지고 있는 것의 (논리적인) 결과라고 위험한 해석을 하였다. 반면, 더 높은 발달수준은 더 높은 소득수준을 가진 부모의 가정에서의 양육실제에 간접적인 영향을 받을 수 있다.

1990년대에는 보다 엄밀한 연구설계가 나타나면서 보다 큰 유아 표본을 포함하고 유아교육기관과 교사 수준을 측정할 수 있는 다양한 방법들을 활용함으로써 표본의 편중 문제를 최소화하였는데, 이는 교사교육이나 학위수준에서 오는 명확한 효과를 구분하는 데 중요하다.

전미아동보건 및 인간발달 기구(National Institute of Child Health and Human Development)에 의하여 시행된, 1990년대에 다양한 어린이집을 대상으로 종단적인 효과를 연구한 결과, 보육교사의 교육수준이 유아의 발달과 상관관계가 있는 것으로 나타났지만, 교사 비율 등의 다른 측면들을 고려했을 때, 학사학위는 그 자체로는 연관성이 없는 것으로 나타났다. 헤드스타트에 재원한 유아들을 추적한, Janet Currie에 의해 이루어진 유사한 연구에서도 유사한 결과에 도달하였으며, 이는 형제자매 중 한 명이라도 헤드스타트에 재원하였을 경우 형제자매의 궤적을 살펴보았을 때도 동일하였다. 이러한 접근은 유아를 유아교육기관에 등록하게 되는 부모들에 의한 표본의 편향 문제를 최소화하였다(Currie & Neidel, 2007).

이후에 이루어진 연구들은 유아발달에 대한 특별한 훈련이 유아교사의 기술과 유아의 발달을 중재하는 긍정적인 사회적 체계를 강화할 수 있다고 주장하였다. Howes,

Phillips, 그리고 Whitebook(1992)은 세 집단의 교사들의 교실행동을 비교하였는데, 두 집단은 학사학위 소지자(한 집단은 유아발달 관련 학위, 다른 집단은 비관련 학위)이고 세 번째 집단은 유아발달 관련 2년제 학위 소지자였다. 유아발달 관련 학위를 소지한 두 집단은 유아발달 비관련 학사학위를 지니고 유아 발달에 대한 교육이 부족한 집단에 비하여, 가장 세심한 보육을 보여주었으며 엄격한 벌에 의지하는 경향이 적었다. 유사하게, Henry 등(2004)은 보편무상 유아교육 프로그램에서 근무하는 교사들 중 유아발달 관련 2년제 학위와 4년제 학위를 지닌 교사 간에 차이를 전혀 발견할 수 없었다. 이는 현장교사 멘토링과 현장교육의 영향으로 판단되었다.

현재까지 가장 철저하게 이루어진 연구는 Early 등(2007)에 의하여 이루어졌는데, 그들은 유아교사의 교육과 학위 수준에 대하여 거의 동일한 측정을 한 일곱 개의 독립적인 연구들의 자료를 재분석하였다. 통계적 모델링 전략은 자료원을 통틀어 유사하게 적용되었고, 유아와 교사의 사전 속성을 고려하기 위하여 엄밀한 통제가 이루어졌다. 일곱 개의 연구 중에 다섯 개의 연구는 국가 통계를 기반으로 이루어졌다. 연구자들은 교사의 전반적인 학교 성취도나 학사학위 성취도가 그들이 제공하는 보육의 수준과 제한된 관계만을 가진다는 것을 발견하였다. 일곱 개의 연구 중에 두 연구의 자료에서는 4년제 학위의 여부가 보다 우수한 보육능력이나 교육행동을 예측한다는 것이 발견되었으나, 나머지 다섯 개의 연구에서는 부적인 효과나 효과가 없는 것으로 나타났다. 가장 중요한 것은, 교사 학위의 유아들에 대한 유용성은 더 이상 유효하지 않았다. 유아들의 초기 언어나 수학 능력 측정시, 4년제 학위를 지닌 교사와 교실에 있는 것은 아무런 의미 있는 효과가 나타나지 않았다(부적인 효과는 두 연구에서 나타났다). 다른 연구들 또한 이를 뒷받침하였다(Burchinal, Howes et al., 2008; Loeb et al., 2004).

초등학교 교사들에 대한 연구에서도 유사한 결과들이 나타났다. K-12 학교에서 관찰된 학생들의 성적 변산도를 전반적으로 분석한 결과, 표준편차의 1/3은 교사 특성에 의하여 설명될 수 있는 것으로 나타났다(Nye, Konstantopoulos, & Hedges, 2004). 효과 크기의 2/3는 관찰 가능한 교수실제와 연관되어 있었다. 나머지 1/3은 사전의 배경 속성에 기인하는 것으로 볼 수 있는데, 여기에는 교사의 학교 성취도와 학위 수준이 포함된다. 1학년 학생들을 연구한 Palardy와 Rumberger(2008)의 조사 또한 거의 유사한 결과를 보여주는데, 교사들이 어떻게 어린 학생들의 읽기와 수학 이해력을 향상시키는지 분석한 결과, 학위 수준은 정작 중요하지 않은 것으로 나타났다. 동시에, 아동들이 읽거나, 단어나 음소인식을 연습하거나, 쓰기 연습에 참여하는 등의 수업 시간과 같은 특정한 교육실제들이 큰 영향을 미치는 것으로 나타났다. 이러한 교육실제들은 낮은 학생 비율과 또래 구성과 같은, 교실의 특정 요소들에 의하여 촉진될 수 있는 것으로 나타났다(Betts, Zau, & Rice, 2003; Stipek, 2004). 유용한 교육실제와 조직능력이 4년제 학위 프로그램에서 획득되는지, 아니면 어디에서 획득되는지에 대한 추가적인 연구가 필요하다.

대학이 어떻게 초임교사들과 유아들을 향상시킬 수 있는가?

2년제 및 4년제 대학의 교사양성 프로그램들은 유아발달을 도울 수 있는 휴먼 스케일 실제(Human Scale Practice)를 적용함으로써 교사와 유아들에게 명확한 유용성을 줄 수 있다. 대학이 이러한 유용한 메커니즘을 활용할 수 있는 교사를 양성할 수 있는 확률을 높이는 첫 번째 방법은 대학기관을 예비교사들이 이동할 수 있는 다양한 선별과정을 제시하는 역할로 보는 것이다. 우수한 언어적 기술, 인지적 민첩성, 사회적 유능감(예컨대, 지속성) 등을 가진 학생들은 2년제 혹은 4년제 학위 프로그램을 통하여 이동함으로써 다양한 선별과정을 거치게 된다. 다양한 교사직과 연계된 경제적 혹은 신분적 후속 혜택들은 학생들의 결정에 영향을 줄 가능성이 높다. 기관의 문제는 젊은 교사들에게 요구되는 교육적 기술과 돌봄 능력이 학위취득을 통해서 주어지는지의 여부와는 관계없이, 다른 모든 사람들이 유사한 행동을 하기 때문에, 학생들과 부모들이 대학에 오래 있을수록 취업시장에서 보다 유리한 위치를 점하게 된다고 생각하는 것에 있다(Dore, 1976). 보다 효율적인 대안은 유아발달에 도움을 준다고 알려진 돌봄 능력, 언어적 능력, 유아와의 관계형성 능력 등을 보이는 유아교사들을 모집하고 채용하는 것이다. 이는 학위와 관계없이, 효과적인 교육실제가 이루어지는 수많은 유아교육 현장에서 이미 실행되고 있다.

교사양성의 효과성을 신장시킬 수 있는 두 번째 방법은 유아교육 현장에서 대학 프로그램들이 이러한 사회적 메커니즘을 어떻게 강화할 수 있는지 물어보는 것이다. 연구들은 교사들이 학습 활동을 구성하고, 지속적으로 피드백을 주고 지원하며, 유아의 표현과 관점에 관심을 가지고, 유아들이 또래와의 갈등이나 스트레스를 경험할 때 정서적 지원을 해줄 때, 발달적인 유용성이 나타난다고 보았다(Mashburn et al., 2008; Pianta & Stuhlman, 2004). 필자의 연구팀 또한 유아의 수준에서 주의 깊게 듣고, 과업의 성공을 인지하고, 인지적, 사회적 문제가 생겼을 때 유아와 함께 능동적으로 사고하는 교사들과 있을 때 2~4세 유아들의 인지적 성장이 더 강하게 이루어진다고 결론을 내렸다(Loeb et al., 2004).

관련 연구들은 유아교사들이 교실에서의 시간을 효과적으로 운용하지 못하고 있음을 보여주었다. Early 등(2010)은 관찰의 많은 부분에서 구조적인 교육활동이 나타나지 않았다고 설명하였다. 이러한 결과는 또래 상호작용과 유아의 내적 동기를 길러주기 위하여 활동영역이 활용될 때 유용할 것이다. 기관과 가정 보육기관에 대한 필자 팀의 연구에서 많은 시간 동안 유아들이 특정한 활동에 대한 몰입 없이, 교실을 돌아다니는 것으로 나타났다(Fuller et al., 2004). Early 등(2010)은 교실의 활동시간이 교사 주도적인 활동, 자유선택활동, 식사와 기타 일과 등 세 부분으로 균등하게 나누어진다고 보았다. 교사들은 유아 스스로의 활동에서 비계설정을 해나가는 것보다 교사가 주도적으로 가르치는 형태의 상호작용이 세 배 높았다. 다시 말하지만, 교사가 학급과 교육실제를 어떻게 조직할지를 결정하는 것은 상황과 맥락에 달려있다. 흑인이나 라틴계 유아들이 있는 학급의 교사들은 백인 유아들의 학급에 비하여 지시적인 활동에 더 많은 시간을 배분했으며, 풍부하고 흥미로운 활동의 비율은 낮았다.

효과적인 교사에 대한 대안적 정의

이 장에서는 유아의 초기 사회발달과 인지영역의 발달을 향상시킨다고 알려진 사회적 메커니즘과 휴먼 스케일 교육실제와 교사양성을 조화시키는 것의 중요성에 초점을 두고 있다. 정부는 각 시대에, 사상적 혹은 경제적 목표에 따라 특정한 유아발달 성취도를 바꾸어가면서 우왕좌왕했었다. 그래서, 교사양성 프로그램이 효과적인 교육실제와 일치하는지를 알기 위해서는 우선 유아들이 어떻게 양육되어야 하는지에 대한 이상(예컨대 사상)적인 논의가 필요하다. 이러한 논의는 단순히 초등학교 수준에서 어떠한 기술들이 요구되고 유아교사들이 도구적으로 정부-주도의 기준을 통과할 수 있는가 하는 단순한 문제가 아니다.

Mashburn 등(2008)은 국립유아교육연구소가 각 주를 평가하기 위하여 사용하는 9가지 유아교육기관의 질적 수준 지표들 중 단 한 가지도 유아의 표현 언어 기술과 실증적인 연관성이 없음을 발견하였다. 그러므로, 국가 기관의 지원을 받는 저명한 학교들이 유아교육 현장에서의 유아의 실질적 발달과는 관계가 적은 기관 수준 지표를 손쉽게 적용하고 있는 것으로 보인다. 요약하자면, 이러한 지표들은 선의에서 비롯되었지만 실증되지 못한 이상에 기반을 두고 있다.

Mashburn 등(2008)은 교사의 유아들의 단서에 대한 섬세함과 반응성, 유아의 수준에 기반을 둔 비계설정, 그리고 정서적 지원을 포함하는, 교사-유아 상호작용 중심의 관찰 척도인 학급평가척도시스템(Classroom Assessment Scoring System[CLASS]; Pianta, La Paro & Hamre, 2008)을 사용하였다. 그들은 유아들의 언어발달과 사회성 발달에 유의한 효과가 있음을 밝혀내었다. 그러나 초등학교에서 중요하게 여겨지는 언어의 형태, 사회성의 유형, 사회적 상호작용의 특성은—실증적일 뿐만 아니라—사상적인 의미로 논의되고 있다.

사회성 발달 항목의 한 문항인 학급 토의에 참여한다는 바람직해 보이지만, 기정사실을 중심으로 배워나가도록 하는(전형적 교수법을 통하여 자주 이루어지는 것) 정부의 압력을 제외하면, 교육현장에서 초등학교 교사들이 이 문항의 내용을 긍정적인 행동으로 볼 것인지는 명확하지 않다.

또한, 시험 성적을 올려야 한다는 압력을 받고 있는 교사들은 학생들의 단서나 호기심에 반응할 시간을 반드시 가지지는 않을 것이다. 필자는 일부의 저명한 학자들처럼, 정부의 주장을 확증하려는 것이 아니다. 필자의 논점은 젊은 유아교사들의 교육실제를 규정지을 때, 그리고 그들이 경험하는 교사양성 프로그램을 개선하려고 할 때는, "효과적인" 교육실제에 대한 고립된 개념화에 근거하여 맥락에 근거하지 않은 유아발달 지표를 기계적으로 측정하는 것이 아니라, 반드시 사상적인 논의가 공정하게 이루어져야 한다는 것이다.

결론

지금까지의 내용으로 살펴보면 정부뿐만 아니라 정책에 영향을 미치는 일부 유아교육 단체들이 유아의 확고한 발달을 제대로 예측하지 못하는 유아교육의 질적 수준 지표를 홍보하는 데 있어서 통제적인 습관과 정치적인 이해관계를 보이고 있다. 필자가 유아의 성장 곡선을 증진시킨다는 것이 증명된다면, 주의 깊게 이루어진 규제 기준을 부정하는 것은 아니지만, 학사학위의 의무화는 납세자와 저소득 보육 종사자들에게 많은 부담이 된다. 학사학위 의무화는 유아교육 관련 예산에서 한 부분을 차지하려고 하는 정치인, 재단 관계자들, 그리고 K-12학년 이익집단의 이상을 대변한다(Fuller, 2007). 이러한 의무화는 유아교육 전문가들의 근무환경이나 봉급 상황을 개선시키는 데 도움을 줄 수 있지만, 이러한 제도가 장기적으로 포부가 높고 강한 교사집단을 만들어내는지는 실증적으로 밝혀지지 않았다. 왜 단순히 봉급을 올려서 최저생활임금을 보장하고 보다 경쟁력 있는 교사들을 모집하지 않는가?

또 하나의 질문은 수준 높은 학사학위 프로그램이 더 우수한 교사 후보를 선별하거나 우수한 경쟁력을 부여할 수 있는지에 대한 것이다. 이는 교사양성 프로그램을 개선하는 것이 유아에게 미치는 효과의 범위를 판단하는 데 도움을 줄 것이다. 궁극적인 대답이 수준 높은 2년제 프로그램이 4년제 프로그램보다 비용 대비 효율성이 높다는 것이 될 가능성도 없지 않다. 그러나 더 우수한 4년제 학위에서 오는 혜택이 무엇일지에 대한 평가가 먼저 이루어져야 한다.

유사한 비유로 고비용의 교사양성 프로그램과 비교했을 때 높은 수준의 현장교육이나 멘토링 접근이 유아들과 교수 실제에 유의미한 변화를 가져오는지에 대한 문제가 있다. 일부 유력한 모형들에 기반한 신중한 연구들은, 서로 다른 현장교육 접근방식을 가진 프로그램에 참여자들을 무선할당하는 것과 같은 연구도 포함하였다(Johnson, Pai, & Bridges, 2004; Koh & Neuman, 2009). 몇몇 주들은 현장교육 프로그램에 인센티브를 부여하는 시도를 하고 있다. 그러나, 이러한 시도들이 교수실제와 양육기술에 의미 있는 변화를 가져올 수 있는지는 아직 충분히 증명되지 않았다. 인센티브는, 규제에 비하여, 헌신적인 교사들을 향상시키고, 멘토링과 또래 지원 구조를 만들고, 소득을 지원하는 데 영향을 주는데, 이는 비용이 소요되는 교사 관련 규제와 비교된다.

유아교육자, 정책입안자, 연구자들이 교사양성 프로그램과 현장교육 프로그램 강화를 시도함에 따라, 현재 미국의 유아교육기관에 입학하는 유아들과 가족들의 다양성에 대해 세심하게 반응할 필요성이 제기되었다. 유아교사들(물론 부모들 또한)에 의하여 제기되는 언어의 유형, 사회적 행동, 그리고 그에 따른 인지적 기준은 프로그램과 지역에 따라 매우 다양하다. 발달주의자들(developmentalists)은 유아의 성장을 이끌 수 있는 보편화된 교육실제나 양육행동을 찾아내는 것을 중시한다. 정부 또한 이러한 보편화된 접근방식에 대하여 관습적인 관심을 가지고 있다. 그러나 연구자들은 유아들의 사회-정서적 발달과 인지적 확장이, 유아들이 공헌하도록 기대되는 사회적 집단—가족, 학급, 혹은 인종집단—뿐만 아니라, 유아양육에서 나타나는 다양한 부모의 목표에 의하여 어떻게 조건화되는지에 대하여, 간신히 이해하기 시작하고 있다.

연구자들은 대안적 형태의 교사양성 프로그램의 영향에서 오는 효과를 명확히 구분하기 위하여 신중한 연구를 구성할 필요가 있다. 공립학교에서의 교사 연구와 유사하게, 학사학위를 취득한 유아교육자들의 영향을 완전히 제거하는 것은 어렵다. 동시에, 예비교사들을 서로 다른 훈련 과정에 무작위로 할당해야 한다고 현명한 학자들로 하여금 설득하게 하는 것은 힘들다. 모집단 자료를 활용한 준실험설계는 기존의 연구 한계점을 극복할 수 있으나, 내생성(endogeneity) 문제를 완벽하게 제거하기는 어렵다. 보다 유용한 연구는 2년제 혹은 4년제 프로그램에서 예비교사들이 어떠한 양육능력과 교수기술을 배우는지 조사하고, 이들이 유아의 발달 궤적(tracjecories)을 예측하는지 연구하는 것이다. 학위 취득을 유아교사들이 교사양성 과정에서 획득해야 하는 역량과 정서와 바꾸는 것은 매우 어려운 과제이다.

모든 유아교사들에게 학사학위를 요구하는 것에 대한 논란은 이러한 쟁점들을 부각시킨다. 이러한 논란은 정부의 의도와 유아 자체의 발달 간의 입장을 명확히 밝히는데 도움이 된다. 또한 연구자들이 모든 유아들을 단일한 문화 혹은 "중산층" 경로를 통하여 성장하고 사회화되어야 하는지의 문제를 단순하게 생각하는지 고려하게 한다. 이 논의는 또한 연구자들의 연구가 과학적 근거와 논의된 이상을 통하여 형성되었다는 것을 일깨워준다. 사상은 정책입안자들이나, 재단 관계자들, 학자 자신들의 논리와 밀접하게 연결되어 있다. 이는 과학적 탐구가 정책의 우열을 가리지 못한다는 의미는 아니며, 주의 깊은 현장 전문가들이 자신의 이상을 명확히 하고 과학적 근거를 통하여 밝혀내야 한다는 것을 의미한다.

제11장

학위로 충분한 것은 아니다

교육현장에서 교사들이 더 효과적일 수 있도록 더 강하고 개별화된 전문성 발달 지원방안이 필요하다

– Robert C. Pianta

어린이집, 주정부지원 Pre-K 프로그램, 헤드스타트 프로그램, 기타 다양한 프로그램들에서 유아들이 경험하는 교육적이고 발달적인 기회들의 개방적인 체계가 점차 K-12 학교의 낮은(그리고 양극화되는) 성취도를 설명하는 데 주요한 포인트로 사용되고 있다. 유아교육의 가치를 지지하기 위하여 훈련과 전문지식을 담보할 수 있는가의 문제는 과학자들과 정책입안자들에게 심각한 이슈이다. 유아교육의 가능성을 인식하는 데 중요한 것은 교사들이 교육현장에서 효과적일 수 있도록 지원이 필요하다는 인식에 대한 이해이다. 우리는 유아교사가 학사학위가 있어야 하는가에 대한 논의에서 벗어날 필요가 있다. 대신, 유아의 성취를 향상시킬 수 있는 교사들에 대하여 근거 있고 효과적인 지원을 만들어내고 실행하는 것에 초점을 두어야 한다(Pianta et al., 2005; Powell, Diamond, Burchinal, & Koehler, 2010). 학위에 대하여 다투는 것은, 교사의 교육배경과는 관계없이, 교사들이 동시에 식견 있고 효과적으로 되는 데 필요한 설계, 평가, 수행 지원에 대한 이슈로부터 눈을 돌리게 한다.

학점을 취득하거나, 상위학위를 취득하거나(예: 2년제 학위에서 4년제 학위), 워크숍에 참여하는 것이 교사의 실질적인 기술이나 유아의 성취에 영향을 주는지에 대한 증거는 충분하지 않다. 실제로, 어린이집과 유아교육기관(preschool)에 대한 일곱 개의 주요한 연구를 종합적으로 분석해본 결과 상위학위, 경력, 혹은 학점 취득 등이 유아 성취와 관계가 있다는 증거는 나타나지 않았다(Early et al., 2007). 더욱이, 관찰적 연구의 결과들은 학사학위를 지닌 인증된 교사들이 있는 주립 Pre-K 프로그램에서도, 교육과정의 실행과 교육의 질은 차이가 다양하다는 것을 보여주었다. 교수실제, 상호작용, 교육실제에 대한 관찰결과는 교사의 경력에 따라 근본적으로 차이는 없었다(Pianta et al., 2005). 현재 고등교육의 현황을 반영한다면 교사의 학위와 유아의 성취 간 관계는 상관연구들에서도 명확한 결과가 나타나지 않는다. 학사학위를 소지하지 못한 유아교육 종사자들에게 학위 취득을 위하여 유아교육 학위 프로그램에 입학하도록 하는 것은 그 근거가 부족하다.

연구자들은 이 난제로부터 벗어나야 한다. 학위가 인력 전문성 개발이나 급여의 동등성과 같은 요인들 때문에 필요한 것이라면, 그러한 근거들이 주장에 대하여 제시될 필요가 있으며, 대학학위가 유아들의 성취도를 높인다는 주장을 하여서는 안 된다. 물론, 정식교육이 정책과 수단의 목표가 되고 인센티브가 주어지는 한, 학위와 정식교육을 통한 학점부여(그리고 관련한 재정지원)를 활용하는 것은 전문성 발달을 위한 교사의 참여를 이끌어내기 위하여 혜택을 주고 보상하기 위하여 필요하다. 그러나, 필자의 관점은 학사학위가 유아의 학습과 효과적인 교사가 되는 데 필요하다고 주장하는 것은 정말로 논의의 초점이 되어야 할 것, 즉 (교사양성 과정이나 현장교육에서) 교사들에게 실제로 효과적인 전문성 발달 지원방법과 연결시키는 것에서 멀어지는 결과를 가져오게 된다.

이 장에서, 필자는 교사들의 학급 운영 실제에 대한 직접적인 관찰로부터 효과적인 전문성 발달에 대한 관찰에 대한 활용 노력에 이르기까지 다양한 연구들을 통해 필자의 관점과 주장에 대한 근거를 뒷받침하고자 한다.

현대의 연구들은 특정한 유형의 전문성 발달이 유아의 기술적 성취에 영향을 준다는 결과를 보여준다(Bierman et al., 2008; Landry, Swank, Smith, Assel, & Gunnewig, 2006; Pianta, Mashburn, Downer, Hamre, & Justice, 2008; Powell et al., 2010; Raver et al., 2008 참조). 이러한 프로그램들은 전문성 발달을 통하여 교사-유아 상호작용의 혜택을 얻게 할 뿐만 아니라, 유아의 지향 목표와 교사-유아 상호작용을 상호조정하여 기술적 성취를 이룬다. Susan Landry, Doug Powell, Cybele Raver, Karen Bierman, 그리고 다른 연구자들의 연구에 의하면 교사들에 대한 효과적인 지원은 그들의 교육현장과 밀접한 관계를 가지고 있다(Bierman et al., 2008; Landry et al., 2006; Powell et al., 2010). 작은 수준에서 반복되는 지원은 소규모이면서도 교사들에게 의미 있으며, 교수 실제의 기회와 맥락에 근거한 피드백을 제공한다. 코칭이나 컨설팅으로 설명되는 접근들은 특정 영역의 발달에 대한 지식(예: 언어, 자지조절)과 교사의 행동에 대한 아주 구체적인 모델링 및 피드백의 제공을 조합함으로써 발달을 지원한다. 이러한 접근들은 (발달영역과 교사행동에 대하여) 매우 구체적이며 명시적이고, 교사들과 유아들이 성과를 거두고 있는지 판별할 수 있는 평가척도와 직접적으로 연결되어 있다. 이러한 프로그램들은 교사들이 학위를 취득하거나 인증서를 받는 것과 같은 일반적인 형태는 아니지만, 만약 이러한 경험들과 결과들이 수행되고 장려되어 학점 취득과 연계되고 학위 취득에 이르게 되거나, 혹은 이러한 프로그램을 통하여 얻어진 교사역량에 대한 직접적인 평가가 인증과정에 결합된다면, 학위나 인증서가 더 가치 있게 평가될 것이다.

필자가 이 장에서 논의하는 내용들은 교사의 유아교육에서의 교수실제에 대한 측정과 교사와 유아의 상호작용을 개선하기 위하여 이루어진 실험연구를 통하여 개입된 필자의 연구 프로젝트의 결과들이다. 이 프로그램은 유아교육과 발달심리학의 개념적이고 실증적인 기반에 근거하지만, 교육현장에서 교사들을 지원하는 데 필요한 평가가능한 접근을 창안해내고자 하는 관심에도 기반을 두고 있다. 나는 이 연구의 활용 포인트로 관찰을 활용하는데, 이는 유아발달에 도움을 주는 것으로 실증적으로 증명가능한 교사의 교육실제를 관찰할 수 있다면, 그 관찰된 행동들이 전문성 발달의 목표가 될 수 있기 때문이다. 교사들의 교육실제에 대한 기술적인 근거는 현재까지 유아교육 시스템에 대하여 이루어진 가장 대규모의 두 연구에 기반을 두고 있다: 국립 아동보건 및 인간발달 기구(National Institute of Child Health and Human Development)의 유아양육에 대한 연구와 전미유아발달 및 학습센터(National Center for Early Development and Learning)의 여러 주를 대상으로 한 Pre-K 연구이다(Pianta et al., 2005). 전문성 발달 개입 프로그램의 개발과 평가는 다음 두 개의 대규모 연구를 통하여 진행되었다: 국립 아동보건 및 인간발달 기구(NICHD)의 학습준비도 협력단의 MTP(MyTeachingPartner) 연구와, 교육과학기구(Institute of Education Sciences)의 지원을 받은, 국립유아교육센터(National Center for Early Childhood Education)의 교사전문성 발달 연구이다. 종합적으로, 이 연구들은 미국 전역의 유아교육 현장과 보육 현장 3,000곳 이상을 대상으로 하였으며, 경제적, 지리적, 문화적, 인종적, 언어적 환경이 고려되었다. 필자의 연구에서, 배경환경에 따라 결과나 결론이 달라지는지 살펴보았다. 그러나 현재까지, 그러한 차이는 나타나지 않았다.

유아교육에서 효과적인 교수실제는, 초등학교 단계와는 달리, 명시적인 지도, 세심하고 따뜻한 상호작용, 반응적인 피드백, 언어적 상호관계와 유아의 학습을 지원할 수 있는 의도적인 자극을 효과적으로 혼합할 필요가 있으며, 이러한 상호작용들이 교실환경에서 지나치게 구조적이거나 딱딱하지 않게 녹아 들어가야 한다. 이러한 교수실제와 상호작용에 대한 관점들은 특히 유아들의 성취를 예측하며, 성취도 차이의 폭을 좁히는 것과 깊은 관련이 있으며, 추가적인 교수실제와 평가기준의 강화를 주장하는 측과 유아 – 중심 접근을 주장하는 측의 지지를 받고 있다. 그러나 연령이 높은 학생들과는 달리, 효과적인 유아교사들은 교수활동을 의도적이고 전략적으로 유아들에게 탐색과 놀이를 경험할 수 있는 기회를 제공하고, 다양한 경로의 경험을 제공하고, 편안하고 예측가능한 자연스러운 환경에 포함되는 활동과 통합시킬 필요가 있다. 가장 우수한 유아교사들은 임기응변주의자들이다—그들은 유아발달을 이해하며 이를 증진시키기 위하여 흥미와 상호작용을 활용하는데, 대부분은 비구조적인 활동이지만 구조적인 학습이 포함되기도 한다.

그러므로 교사-유아 상호작용에 대한 평가가 유아교육 참여의 가치로 여겨지고 성취도 차이를 줄이는 데 공헌한다는 것은 놀라운 일이 아니다. 몇 개의 실험적이고 잘 설계된 발달사 연구들은, 표준 수행 검사에서 반 표준편차와 전체 표준편차 사이에 관찰된 교사-유아 상호작용은 성취 측면에서 이익을 보이는 것을 보여주었으며, 높은 수준의 위험군과 불리한 환경의 유아들에게 더 높은 효과가 축적되는 것으로 나타났다(Pianta et al., 2009). 실험연구들은, 비록 소수이며 소수의 유아들을 대상으로 하지만, 유사한 효과를 보여주었다. 실제로, 교사-유아 상호작용이 지지적이며, 교육적이며, 자극적인 유아교육기관에 입학하는 것은 의미 있고 유의한 혜택이 있음을 연구결과를 통하여 거의 일괄적으로 보여주고 있다(Pianta et al., 2005). 불행하게도, 성취도의 차이를 줄일 수 있는 유아교육 환경에 유아가 들어갈 가능성은 매우 낮다. 전반적으로, 수천 개의 교육현장을 대상으로 한 관찰연구들(Pianta et al., 2009)은 유아들이 유아교육기관 현장에서 중간 수준의 사회적이고 정서적인 지지를 받으며 매우 낮은 수준의 교육적인 지지—성취도 간극을 줄일 수 있는 수준의, 효과적인 교육현장보다 낮은—를 받는 것으로 나타났다. 교사의 다양한 교육적 상호작용 관점의 수준(Pianta et al., 2005), 특히 언어와 인지적 사고/이해와 피드백을 사용하여 유아의 지식과 기술을 확장시킬 수 있는 자극을 반영하는 영역이 낮은 것으로 나타났다. 평균수준은 7점 척도에서 2 정도의 수준을 보여준다.

미국 내에서 질적으로 우수한 유아교육 현장의 수준과 분포에 대한 이러한 사실들은 다음 세 가지 요인들의 결합에 의한 것으로 보인다. 첫째, 유아들을 교육하는 것은 특히 난이도가 높으며 쉬운 것이 아니다. 둘째, 본 연구에 포함된 공적 지원을 받는 유아교육 프로그램들(예컨대 헤드스타트, 주정부지원 Pre-K 프로그램) 중 다수는 저소득층 이하 유아의 비율이 높다. 이러한 유아들은, 특히 한 기관에 집중될 때, 교육의 난이도를 높이는 다양한 요인을 불러올 수 있다. 셋째, 유아교육 시스템은 매우 빈약한 지원에 의하여 운영된다. 교사가(혹은 프로그램이) 성취도의 간극을 좁힐 수 있는 사회적이고 교육적인 상호작용을 할 수 있는지의 여부는 교사의 역량과 기술을 교육현장의 유아들의 요구와 조화시키는 데에서 온다. 연구자들은 우수한 교사들의 유아 상호작용도 특별히 어려운 교육환경에서 하락하는 것을 관찰하였다. 즉 우수한 교사들은 시간에 걸쳐 "교실을 정상화"시키려고 하는 것이며, 더욱 중요한 것은, 우수하지 못한 교사들이 어려운 교육환경에서 그들의 유아 상호작용 수준이 시간에 흐를수록 하락한다는 점이다(Pianta et al., 2008). 이는 유아의 발달에 영향을 미치는 교사(혹은 교육 경험)의 부가가치는 교사의 역량(예: 지식, 기술)과 유아의 요구 모두에 의하여 결정된다는 것을 의미하며, 이는 학위와 같은 고정된 요소에 초점을 둔 정책들에 심각한 의문을 제기하게 된다. 그러므로, 규정과 정책은 교실 내의 성인비율과 같은 고정 요소들에 중점을 두는 대신, 교사 각자가 더 효과적이 되기 위하여 필요한 지원(개인적 혹은 학급 단위)을 모든 교사들에게 제공하는 데 초점을 두어야 한다.

교사전문성 발달은 유아의 발달과 활용가능한 교수 매체나 활동 간의 균형점을 기반으로, 교사가 교육적 상호작용을 능숙하게 사용하고, 교사-유아 상호작용을 통하여 교육과정을 효과적이고 의도적으로 활용하고, 실시간으로 역동적인 상호작용을 지원하는 언어-자극을 제공하는 데 중점을 두어야 한다(Pianta et al., 2008). 이러한 접근은 발달 목표(예: 언어 발달 혹은 초기 문해)에 대한 지식과 특정한 발달 영역의 발달 지표를 (개념적, 실증적으로) 연계시키며 다음과 같은 다양한 기회들을 제공한다: 1) 다양한 비디오 사례에 대한 관찰과 분석을 통한 수준 높은 교육적 상호작용의 관찰, 2) 유아의 단서에 대한 교육적, 언어적, 사회적 반응의 적절성과 부적절성을 구분하는 훈련, 3) 교사의 반응이 유아의 문해능력과 언어능력 발달을 지원할 수 있는지에 대한 훈련, 4) 교사 개인의 교수실제, 수행능력, 유아 상호작용이 더 효과적이고 질 높은 수준이 될 수 있도록 개별화된 피드백과 지원을 반복해 제공. 개념적으로 교사에 대한 조언, 교사에 대한 조언의 유아 영향, 유아의 발달 성취 등의 흐름으로 전문성 발달 지원에 대한 시스템이 연결된다고 볼 수 있다. 이 시스템은 유아발달에 대한 목표를 시작으로, 다음 장에서 간략하게 설명될 것이다.

언어와 문해력에 기초를 둔 교육활동의 수행 수준과 상호작용에 초점을 두는 교사교육은 유아의 성취 및 발달(여기에서는 언어와 문해발달)과 강한 연관성을 가지는 수행과 상호작용을 명확히 개념화하고 관찰하는 데 근거를 두어야 한다. 국립유아교육연구센터(National Center for Research on Early Childhood Education: NCRECE) 전문성 발달 프로그램에서, 교사들은 타인의 효과적 혹은 비효과적인 상호작용과 자신의 유아 상호작용을 관찰하는 것을 배우며 상호작용의 수준과 효과를 개선할 수 있는 피드백과 조언을 받는다. 이러한 지원은 발달 목표 영역의 유아 성취도를 예측하는 상호작용 관찰 척도인 학급평가척도시스템(Classroom Assessment Scoring System[CLASS]; Pianta et al., 2008)에 근거를 두고 있다. CLASS는 교사의 교육적, 언어적, 사회적 유아 상호작용에 초점을 둔다. Pre-K에서 3학년까지를 대상으로 한 대규모 연구에서, CLASS에서 더 높은 수준은 교사, 프로그램, 가족 관련 변인을 고려하더라도 학습 성취도 표준평가에서 더 많은 성취도와 더 우수한 사회적응을 예측할 수 있다(예: Pianta et al., 2005). 그러므로, 필자의 전문성 발달 모형은 CLASS를 교사 지식과 기술 훈련의 중추적 목표로 활용하고 있다. Landry, Powell, Raver, 그리고 Bierman 모형들(Landry et al., 2006; Powell et al., 2010; Raver et al., 2008; Bierman et al., 2008)에서도, 전문성 발달 지원을 교사-유아 상호작용의 척도와 연계시키는 유사성이, 교육과정의 수행이라는 형태 혹은 교수실제의 특정 관점이라는 형태로 나타난다.

MTP 교사 전문성 발달 시스템은 수준 높은 교수실제에 대한 다양한 비디오 사례의 관찰과 분석을 제공함으로써 교육적 상호작용의 활용과 교육과정의 효과적인 수행을 증진하도록 설계되었다. 유아의 단서에 대한 적절 혹은 부적절한 반응을 인식하는 기술의 훈련과 이것이 문해 및 언어 기술 발달에 어떻게 도움을 주는지에 대한 훈련 그리고 높은 수준의 교수능력, 실행능력, 그리고 유아 상호작용에 대한 개별화된 피드백과 지원 기회를 반복적으로 제공하는 것이 포함된다. 이러한 결과들은 교수적이고 기술 중심적인 교육과정과, 효과적인 교육실제에 대한 웹 중심의 비디오 사례들과, 교사 자신의 학급 상호작용에 중점을 둔 상담과 피드백을 포함하고 있다(Pianta et al., 2008).

MTP 웹사이트는 교사들을 지식과 관찰/타인의 수준 높은 상호작용 사례들에 접하게 한다. 교사들은 이 프로그램 웹사이트에서 CLASS 관점에 대한 자세한 설명과 더불어 수준 높은 교사-유아 상호작용과 교사가 교육현장에서 각 관점을 시범으로 보여주는 수많은 비디오 샘플이 분류된 데이터베이스를 제공받는데, 이는 교사가 교실에서의 행동에 대하여 세심한 관찰자가 될 수 있도록 도우며 유아에게 영향을 미치는 교사 행동의 효과에 대하여 주의를 기울이도록 돕는다. 중요하게도, 이 분류는 매우 구체적이며 CLASS 관점을 사례로 보여주는 비디오 클립에서 나타나는 교사의 행동과 유아의 단서에 대한 세밀한 분석에 초점을 둔다. MTP 상담은 웹 기반의 원격 상담을 통하여 교사들에게 관찰 기반의, 비평가적이며, 교육실제 기반의 지원과 피드백을 제공하며, 상담자가 교실을 방문할 필요 없이, 장소에 관계없이 교사에 대한 개별화된 지원이 이루어진다(잠재적으로 비용이 절감됨). 교사들은 프로그램 활동을 통하여 자신의 교실 상호작용을 녹화하여 상담자에게 보낸다. 상담자는 CLASS에 의거한 우수한 교수실제의 지표들을 중심으로 비디오를 편집하여 작은 단위로 편집하고 그 클립들을 (매우 세세한) 피드백과 함께 보안 웹사이트에 전송하며 교사들은 클립을 보고 반응을 다시 작성하여, 상담자들에게 자동적으로 전송한다. 교사와 상담자는 비디오 채팅이나 전화를 통하여 교수실제에 대한 논의를 한다.

필자의 팀은 대학이나 커뮤니티 칼리지 프로그램에서 제공되는 3학점 과목을 개발하였다(Hamre, Pianta, Burchinal, & Downer, 2010). 이 과목은 학생들이 수준 높은 언어와 문해 교육과정 및 활동이 발달로 연결되는지를 배울 수 있을 뿐만 아니라, 언어와 문해 발달 목표들이 가정과 유아교육기관에서 어른과의 상호작용 요소들과 어떻게 연관되는지 (CLASS 기반으로) 습득할 수 있는, 집중적인, 발달영역 중심의 교수 경험이다. 교사들은 CLASS 관점에서 수준 높고 효과적인 교육의 행동 지표들을 인지하고 자신의 교수실제에서도 그러한 지표들을 찾아낼 수 있다.

이러한 각각의 전문성 발달 형태는 CLASS의 평가에 의해 교사-유아 상호작용의 수준을 향상시키고, 상담 접근은 유아들의 발달 성취를 이끌어내는 것으로 나타났다(해당 과목은 유아발달 부분에 대해서는 평가가 아직 이루어지지 않았다). 웹사이트를 더 많이 활용한 교사들은 (웹사이트가 그들의 유일한 자료였을 때) 결과적으로 유아들과 더 효과적으로 상호작용을 하였다. 신입 교사들과 저소득 지역에서 일하는 교사들은 상담 접근의 고도의 지원을 받았을 때 더 효과적인 것으로 나타났지만, 웹사이트 자료는 해당 그룹의 교사나 유아들의 발달 성취와 연관성이 없는 것으로 나타났다. 마지막으로, 이 과목은 언어와 문해기술 목표에 대한 지식, 목표와 연계된 교사-유아 상호작용 성취, 상호작용적인 단서와 행동을 인식하는 역량, 그리고 문해 활동 중의 교육적인 상호작용에 대한 관점에 유의미한 변화를 가져오는 것으로 나타났다(Hamre et al., 2010). 이러한 결과들은 교수실제 중심의 코칭과 교사들에 대한 피드백에 관한 연구들의 결과와 일맥상통하는 것이다(Bierman et al., 2008; Landry et al., 2006; Powell et al., 2010).

이러한 교수실제와 유아발달 성취에서의 개선점들은 학위, 학점(해당 과목 제외), 혹은 전문경력 진로단계나 급여와 관계없는 전문성 발달 프로그램을 통하여 이루어졌다. 명확하게도, 실무 중심적이고, 현재 진행적이며, 교육현장 혹은 교사를 반영하는 전문성 발달과 연계된 전문성 훈련과 인증제 모델을 예상하는 것은 무리가 아니다. 이러한 교사에 대한 지원과 교육모델이 교사 역량의 발달성과와, 순차적으로, 유아발달 성취를 보여줄 수 있는 한, 교사양성 과정에 이와 같은 전문성 발달을 위한 기회를 포함시키는 것은 매우 중요하다고 볼 수 있다. 더 중요한 것은, 학사학위 논쟁에 있어, 효과적인 전문성 발달에 참여한 교사들에게 학점을 인정하거나 역량의 결과를 기반으로 인증하는 것을 고려할 필요가 있다는 것이다. 아마도 교실에서의 교사의 성과, 특히 유아와의 상호작용은 승진을 위한 인증으로 활용될 수 있을 것이다.

교사들은 추가적인 지원이 필요하다. 과목, 학점, 학위는 그러한 지원이 이루어질 때 의미가 있다. 그러나, 이러한 요인들은 다음과 같은 항목들이 충족되지 못할 때에는 의미 있는 지원이 되지 못할 것이다: 1) 발달영역에서의 유아의 성취와 연계된 교수실제 평가에 근거한 전문성 발달의 명시적 모델에 기초함, 2) 교사가 근무하는 교실의 교육실제와 직접적으로 연관됨, 3) 연속적, 정기적, 소규모로 제공됨, 4) 교사-유아 상호작용에 명시적이고 구체적으로 초점을 둠, 5) 교사와 학급에 적절하게 조정됨.

과목, 학점, 학위는 이러한 지원의 참여 및 전달 매개체와 장려책이 될 수 있다. 그러나 결국, 교사의 역량과 효과는 교사의 고정된 속성이 아니라 지원과 교사 역량의 결합 문제가 될 것이다. 아마도 지도적인 교사의 가장 중요한 기준은 상호작용적인 단서를 교육의 기회로 인지하고 인식하는 것과, 그러한 기술을 증진시키는 지원에 참여하는 것이다.

제12장

학위 플러스

현실과 목표의 조화

– Sharon Lynn Kagan & Rebecca E. Gomez

명확한 사회 정책은 현실과 목표 모두로 채워져야 한다. 이는 현재를 이해하는 동시에 미래를 바라보아야 한다는 것이다. 교사의 수준 전반에 영향을 미치는 정책에 있어서도, 교사의 수준과 유아를 위한/유아에 의한 교육을 고려할 때 현실과 목표의 필요성은 긴급한 것이 사실이다. 유아 발달의 취약성과 빠른 속도를 고려하면, 이는 언제나 사실이었다. 그러나, 주장하건대, 유아에 대한 높아진 관심과 투자는 유아를 양육하고 교육하는 개개인에 대한 초점 또한 다른 어떤 때보다 중요시되고 있음을 보여준다. 이 장은 그러한 개인들과 그들이 가르치는 데 필요한 교육, 경험, 자격에 대한 쓰라린 논쟁에 관한 것이다. 이 장은 또한 현실과 목표의 조화의 필요성에 관한 것이다. 이 과정은 세 가지 핵심 질문을 통하여 각각 설명될 것이다. 질문에 대답하면서, 우리는 논란이 되는 이슈들을 부각시키고 이를 다루기 위한 명확한 방법을 추천할 것이다. 처음에, 이 장이 4년제 학위에 관한 논의라는 것을 명심하는 것이 중요하다. 그러나, 이를 다루면서, 우리는 4년제 학위가 목표에 대한 매력적인 대체물이 될 수 있지만, 학위 자체가 아무리 필요하다고 해도 당장 현실에서 부딪치는 문제를 해결하기에는 부족하다는 것을 전하고 싶다.

현재의 교사들은 누구이며 그들의 역량은 어떠한가?

유아교사들이 현재 가지고 있는 자격과 "우수한" 수준에 도달하기 위하여 필요한 자격은 간극이 있다. 또한, 유아교육에 있어 교사 수준에 대한 개념은 급격하게 변화하고 있다.

현실

유아교육 종사자에 대한 사실들, 특히 유아교사의 범위와 구성, 필요한 자격의 범위,

급여와 안정성에 대해서는 잘 알려져 있다. 이러한 측면들을 살펴보면, 명확한 패턴이 드러난다(Kagan et al., 2008). 유아교사들은 대부분 백인 여성이며 30대 후반에서 40대 초반에 걸쳐 있다. 대다수의 교사들은 정식교육—일반적으로 2년제 학위—을 받았다. 그러나, 각 주들이 교사에게 요구하는 자격요건은 그 폭이 매우 넓다. 일반적으로, 유아교사가 되기 위한 필요조건은 단 한 살 차이가 나는 유아들을 교육하는 K학년 교사의 필요조건보다 매우 낮은 수준이었고, 현재도 그러하다. 유아교사들은 이직률이 극단적으로 높으며, 이는 급여가 극단적으로 낮은 것과 부분적으로 관계있다. 종합적으로, 이러한 현실—높은 이직률과 저임금—은 유아교육 현장의 전반적으로 낮은 수준을 예측하고 지속시키고, 결과적으로 유아의 긍정적인 성취를 제한하는 데 영향을 준다(Child Care Services Association, 2008; Kagan et al., 2008; Kreader, Ferguson, & Lawrence, 2006; LeMoine, 2008).

목표

수준 높은 유아교육 프로그램에 대한 공적인 관심에도 불구하고, 앞에서 설명한 현실들(낮은 유아교육 수준, 높은 이직률, 저임금, 낮은 유아 성취도)은 효율적이고 효과적인 대응을 어렵게 한다(Goffin & Washington, 2007). 이러한 복잡한 상황에 대한 고귀한 대응으로, 많은 사람들은 실행가능하며, 명시적인 대책인 유아와 일하는 모든 개인들에 대한 학사학위를 요구하였다(Bowman et al., 2001). 확실히, 많은 사람들에게, 학사학위는 유아교육의 질적 수준이라는 문제를 풀 수 있는 현실적인 목표가 되어버렸다. 우리는 이러한 시각을 부정하는 것은 아니지만, 이미 주어진 방안에 도달하기 전에, 유아교사들과 옹호론자들은 유아교육 현장에서의 실제 적용성뿐만 아니라 이러한 관점을 뒷받침하는 가정들을 모두 살펴볼 필요가 있다는 것을 제안한다. 예를 들어, 한 가지 가정은, 학사학위가 유아교육과 초등학교 단계의 수준 향상에 도움을 준다는 것이다. 초등학교 단계에서는 이것이 사실인지에 대하여 일부 연구자들이 의문을 제기하고 있지만(Decker, Mayer, & Glazerman, 2004; Goldhaber & Brewer, 2000; Humphrey, Weschler, & Hough, 2008), 유아교육 단계에서는 몇 가지 질문에 대하여 고민할 가치가 있다. 첫째, 누가 유아교육기관 교사인가? 대부분의 유아교육 학급이 주교사와 보조교사로 구성되었다는 것을 고려하면, 이전에 알려진 것처럼 이들이 동일한 역할과 책임감을 가진 교사인지, 혹은 각각의 명칭에 따라 서로 다른 역할과 기능이 있는 것인지—현재에는 일반적으로 받아들여지고 있는—구분할 필요가 있다. 전자는 주

교사와 보조교사를 구분하는 것을 부적절하고 공평하지 않은 것으로 생각하였다. 두 교사는 완벽한 조화에서 일을 해야 했고, 그들의 교육은 잘 조화된 댄스에 비유되었다. 오늘날, 일괄적인 평등 관점에서 벗어난 현재에, 유아교육기관 교사에게 서로 다른 역할과 기대를 구분하는 것은 필요한 것으로 간주된다. 그럼에도 불구하고, 옛 전통은 쉽게 사라지지 않기 때문에, 정확히 누가 학사학위를 획득하도록 요구받아야 되는지, 이것이 교육 파트너십에 어떤 영향을 줄 것인지는 더 많은 고민이 필요하다.

두 번째 가정은 유아교사들이 수준 높은 교육이 무엇으로 구성되는지, 설득력 있게 정의되는지 알고 있다는 것이다. 비록 과거에 일부 개념적인 합의가 이루어졌지만, 수준 높은 교육이 새로운 개념에 대한 기준을 확보하려는 압력이 높아졌고, 많은 사람들은 높은 수준이, 교육을 통하여 유아들로부터 효과적인 결과를 얻어내야 한다고 보았다. 이러한 관점은 초등교육과 중등교육에는 적용되며, 일부는 교사의 수준과 교사의 효과성을 구분하기 시작하였고, 여기서 교사의 수준은 일반적으로 긍정적인 활동과 행동이며, 교사의 효과성은 그들이 가르치는 유아들의 성취도에 주는 영향을 의미한다(Kagan et al., 2008; Weber & Trauten, 2008). 그러나, 논의에 뒤이어, 수준 높은 그리고/혹은 효과적인 유아교사가 되는 것은 무엇을 의미하는지에 대하여 재고하게 한다. 현대 유아교사의 개념, 기능, 책임에 대한 공감대가 없다는 것은 어느 단일한 접근도 명백한 설명이 되지 못한다는 것을 의미한다.

세 번째 가정은 교사의 수준에 대한 논의를 교사 단독에서 유아-교사 상호작용으로 초점을 이동하게 한다. 교사의 수준에 대한 요구는 영아, 걸음마기 유아, 유아, 학령기 아동 간에 동일한가? 교사의 수준에 대한 단일한 개념이 유아교육의 8년에 걸친 범위를, 특히 학습과 발달이 가장 급격하게 일어나는 시기를 모두 설명할 수 있는가? 또한 다양한 학습과 언어적 역량을 가진 유아들의 교사들은 정확하게 동일한 조건을 갖추어야 하는가? 그리고 근무환경이 차이가 나는 가정어린이집에서 근무하는 유아교사들에게도 동일한 조건이 요구되는가?

학사학위에 대한 요구를 방해하려는 것은 아니지만, 유아교육 분야는 학사학위가 가져올 수 있는 것에 대한 알려지지 않은 가정을 우선적으로 살펴볼 필요가 있다. 유아교육자들은 누가, 언제, 어떤 상황에서 학사학위가 유아교육에서 가장 적절하게 활용될 수 있는지에 대하여 의문을 제기할 필요가 있다. 이를 자세히 살펴보는 데 있어, 단일 기준의 학사학위 기준은(혹은 교육수준에 대한 다른 어떤 묘약이라도) 지나치게 포괄적인 목표가 될 수 있다. 학사학위가 유아교육 분야에서 최대한의 효용성을 가지기 위해서는 그 요구와 자격이 세분화되고 조정될 필요가 있다.

무엇이 효과적인지에 대하여 진실로 무엇이 알려져 있는가?

어떠한 유형의 전문성 발달이 가장 높은 수준의 교육을 가져오는지에 대한 추가적인 정보가 필요하다. 이를 위해, 우리는 유아교사 전문성 발달의 네 가지 유력한 교수실제에 대하여 논의한다.

현실

유아교사와 교수실제에 대한 자료가 위태로울 정도로 부족한 것은 아니다. 오히려, 교사의 자격, 자격증 효과, 학사학위의 영향에 대하여 아직 논란은 있지만 많은 사실이 밝혀졌다. 이러한 내용들에 대한 심층적인 논의는 다른 기회에 이루어질 것이다. 이 장의 목적상 유아의 성취 향상과 교육 수준은 몇 가지 변인과 연관되어 있다는 것을 주목할 필요가 있다(Bowman et al., 2001). 일부 사람들은 따뜻하고, 보호적이며, 유아-성인 상호작용을 자극한다는 점에서 성인이 유아와 무엇을 하는가라는 점에 초점을 두고 공감대를 형성한다(Shonkoff & Phillips, 2000). 다른 사람들은 성인이 무엇을 알고 있는가에 초점을 둔다: 그들은 유아 발달에 대한 확고한 지식(Shonkoff & Phillips, 2000)과 발달적으로 적합한 실제를 구성하는 것이 무엇인지에 대한 지식을 가지고 있다(Bredekamp & Copple, 2008). 그러나 이러한 지식 이후에, 다른 사람들(Kagan et al., 2008; National Child Care Information Center, 2009; Zaslow & Martinez-Beck, 2006)은 이러한 특성들을 발달시키기 위한 적절한 수준의 전문성 발달이 무엇인지에 대한 질문을 던지기 위하여 더 많은 정보가 필요하다고 제안한다. 예를 들어, 교사의 동기, 태도, 사회경제적 변인을 포함하여 개인적 특성에 대한 추가적인 정보가 유아교육 분야에서 교사 수준에 대한 전문성 준비과정의 효과를 더 잘 구분할 수 있도록 도울 것이다.

전문성 준비과정에 관하여, 연구문헌들은 고수준의 교수실제가 교사들이 "집약적이고, 연속적 혹은 지속적이며, 개별화된, 가끔은 훈련을 개인의 업무에 끼워 넣음으로써 달성될 수 있는, 포괄적이며(중략) 집중적이며, 다양한 주제보다는 특정 주제를 다루는" 전문성 발달 프로그램에 참여할 때 가장 활발하게 나타난다고 설명한다(Weber & Trauten, 2008, p. 3). 이러한 설명들이 유아교사들을 위한 효과적인 전문성 발달 지표에 새로운 가능성을 던져주기는 하지만, 유아교육 분야가 현재도 고민하고 있는, 전문성 발달은 어떤 것이어야 하는가에 대한 구체적인 정의를 제공하지는 못한다(Buysse, Winton, & Rous, 2009; Goffin & Washington, 2007).

효과적인 전문성 준비과정의 구성에 대한 질문을 던지면서, 연구자들은 노동력의 질의 향상을 인지하게 되었다(Center for Family Policy and Research, 2009; Herzenberg, Price, & Bradley, 2005). 지속적으로 낮은 지위, 저임금, 그리고 유아교육에서의 일정하지 않은 수준은 더 엄격한 인증과정을 요구하게 되었으며, 특히 학사학위가 대표적이다. 이 관점에 대한 근거는 매우 강하다. 학사학위는 보편적으로 인식되는 것이다. 학사학위는 명확하고 기본적인 공립학교 교사 취업의 요건이다. 이러한 요구와 더불어, 더 높은 급여와 통합적인 혜택(학사학위와 연계 혹은 연계되지 않음)은 유아교사에 비하여 공립학교 교사들에게는 표준적인 것이다. 더욱이, 학사학위는 전문성과 우수한 수준을 위한 표준적인 기준으로 간주된다. 그것은 효과적인 교수실제의 핵심으로 간주되는 정식교육 수준의 지표로 당당하게 나타난다.

가치를 떠나서, 연구들 또한 이러한 관점을 지지한다. 예를 들어, 초기 연구들은 유아교육 혹은 관련 분야 학사학위가 효과적인 교사가 되기 위한 기술과 지식을 제공한다고 주장하였다. 이러한 초기 연구들(Clifford & Maxwell, 2002; Cost, Quality, and Outcomes Study Team, 1995; Saluja, Early, & Clifford, 2002)은 유아교육 자격 학사학위를 가진 교사들이 가장 높은 수준의 학급을 운영한다고 주장하며, 학사학위가 반자동적으로 수준 높은 교육을 불러온다는 정신을 입증하는 것으로 보았다. 학사학위의 지지자들은, 연구자료와 주목받는 관점을 활용하여, 우수한 교육과 학급에서의 지속적인 보호에 있어 핵심적인 역할을 한다고 추천하며, 그 유용성을 지지하였다(Bogard et al., 2008; Child Care Services Association, 2005). 확실히, 학사학위는 교사양성의 핵심기준이 되었으며(National Child Care Information Center, 2008), 수많은 정책들이 이러한 방향으로 진행되고 있다. 2007년 헤드스타트 재인증에서는 2013년까지 50%의 교사들이 학사학위를 얻을 것을 의무화하였다. 많은 주들은 이러한 사례를 따르고 있으며, 공립 지원 프로그램에서도 학사학위 의무화를 주장하고 있다.

우려한 대로, 학사학위에 대한 이러한 압력은 논란을 불러일으켰다. 반대론자들은 연구자료의 선례, 다양성, 그리고 결정적이지 못한 자료에 기반한 유효성에 대하여 비판한다. 선례에 관하여, 그들은 대부분의 유아교육이 사설기관 중심으로 이루어지기 때문에, 전반적으로 학사학위와 주립 자격을 요구하는 것은 부적절하며 또한 불법적이라고 주장한다. 그들은 미국 내의 사립 초등학교와 중등학교에는 그러한 조건이 없다는 것을 지적한다. 선례의 부족은 서로 다른 유아교육 프로그램에 재정지원이 불균형적으로 이루어지고 있다는 점에서도 드러난다고 비판받는다. 재정지원 없이, 예산이 부족한 프로그램들이 학사학위를 가진 교사를 어떻게 고용할 것인가? 다양성에 대한 논의를 펼치자면, 주립 자격 요건은 그 다양성의 폭이 매우 넓다는 문제와 동반된다. 유아교육 프로그램 중에서, 각 주들은 광범위한 자격 조건 및 이와 연계된 지식 기반을 제시하고 있다. 주에 따라서, K학년에서 3학년까지를 담당하는 자격증이나 0세에서 8세까지를 담당하는 자격증에 이르기까지 다양하게 부여되고 있다. 이러한 0세에서 8세까지의 교사에 대한 요구조건의 불일치는 자격증의 호환성을 어렵게 만든다. 또한 미국 전역을 걸쳐 자격 있는 유아교사가 되는 데 필요한 지식과 기술에 대한 차이를 공식화하게 된다.

선례 및 지역과 프로그램에 따른 다양성에 이어서, 학사학위 반대자들은 학사학위의 효과에 관한 연구가 명확하지 않다고 주장한다(Fukkink & Lont, 2007; Maxwell, Field, & Clifford, 2006); 일부 연구들은 정식교육과 유아 성취 간에는 최소한의 상관관계 혹은 아무런 상관관계가 없다고 설명하며(Early et al., 2006; Weber & Trauten, 2008), 정식교육과 교사 수준 간에는 상관관계가 작다고 제시한다. 많은 사람들은 상반된 결과와 연구의 부족 모두 학사학위 자체의 잠재력뿐만 아니라, 전문성 발달의 본질과 분량에 대한 추가적인 연구가 필요하다는 것을 보여준다고 주장한다(Fukkink & Lont, 2007; Weber & Trauten, 2008; Zaslow & Martinez-Beck, 2006). 사람들의 신뢰를 얻어감에 따라, 학사학위에 대한 당위성은 현실이 되어가고 있다. 그러나 그 성과는 아직 미지수이다.

목표

수많은 불안과 연구자료가 학사학위에 대한 요구를 하지만, 현재 확립된 전문성 발달을 진전시키기 위하여 다양한 노력들이 이루어지고 있다. 이 책에서 모든 것들을 다룰 수 없기 때문에, 목표에 도달하기 위한 서로 다른 네 가지 접근법을 제시하는 데 집중한다. 학사학위에 대한 접근법에서 일부는 보완이나 분리 관점을 가지기도 하지만, 다른 일부는 각 주와 프로그램들이 유아교사 조건에 대한 공감대를 형성할 때까지 잠정적인 정책으로 보는 관점을 가지기도 한다. 네 가지 접근들은 수행의 정도나 개선도에서 차이를 보인다. 이를 제시하는 데 있어서, 각 접근이 전문성 발달이 교사 수준에 미치는 영향에 대한 흥미로운 질문을 제기하며, 수준 높은 노동력을 확보하기 위한 잠재적인 도구를 제시한다고 본다.

관계기반의 교직 전문성 발달 공식적 교육이 가져오는 비용문제와 역량과 가치를 심어주는 유일한 방법이 아니라는 인식을 기반으로, 유아교육 분야는 현장중심의, 관계기반의 전문성 발달에 눈을 돌리게 되었다(National Child Care Information Center, 2008). 관계기반의 전문성 발달 프로그램에서, 유아교사들은 코치나 컨설턴트와 장기적으로 일하게 된다. 목표가 설정되고 코치/컨설턴트는 교사에게 현장기반의 교육적 지도를 제공한다(Minnesota Center for Professional Development, 2009). 코칭이라고 불리는 이 접근은 신입 교사들에게 성공적으로 적용되어 왔다(이 경우 일반적으로 멘토링으로 불리기도 한다). 명칭에 관계없이, 이 접근은 연속적이고, 집중적이며, 개별화된 전문성 발달을 제공하며, 교사들이 보다 선별된 동료들과 일할 수 있는 기회를 제공한다(Pennsylvania Cross-System Technical Assistance Workgroup, 2007). 이 접근은 교사의 이직을 늦추고(Kagan et al., 2008), 교직에서 흔하게 나타나는 고립현상을 타파하는 데(Buysse & Wesley, 2005) 효과가 있었다. 급속하게 지지를 얻으며, 현장기반의, 관계기반의 전문성 발달 접근은 각 주의 전문성 발달 시스템과 연계되어 유아교육 개정 노력에 통합되기도 하는데, 여기에는 교육수준 평가와 개선 시스템이 포함된다.

공식적 교사교육에 대한 새로운 접근 공식적인 교사교육의 수준과 지속성을 개선하기 위하여 수많은 시도들이 이루어졌다. 예를 들어, 경험의 지속성과 전반적인 비용문제를 향상시키는 데 목적을 두고, 예비교사들이 학위 부여 기관의 불규칙성을 잘 헤쳐나갈 수 있도록 주정부와 소속 대학교육 기관들은 지속적인 진로 관리를 장려한다. 상호 학점 인정 협정의 형태로 구성되는, 이러한 협정들은 학생들이 대학교육을 편의적이나 경제적으로 접근성 있는 커뮤니티 칼리지에서 시작하고 그 학점을 4년제 대학에서 반복하여 듣거나 추가로 들을 필요 없이 인정받을 수 있도록 돕는다. 현장경력이 있는 교사를 도울 수 있도록, 많은 주들은 현장경력을 학점으로 인정하는 제도를 두고 있으며, 이는 현장에서 배운 지식과 기술이 중요하다는 점을 정당화하는 것뿐만 아니라 대학 강의실에서 일어나는 기존 지식의 전달과 더불어 가치가 있는 것임을 보여준다. 이 접근의 종류 중 하나는 이론과 실제를 혼합하는 수단으로 독립된 연구 기회를 부여한다.

차별화된 교사구성 모형 또 하나의 접근은 학사학위의 가치를 인정하는 것이다. 모든 주교사들이 인증된 대학기관의 관련 전공분야에서 학사학위를 취득한다는 목표를 추구하는 데 있어, 기관중심의 프로그램들에서 인증된 교사에게 접할 수 있고 멘토링을 받을 수 있는 차별화된 교사구성 패턴이 확립될 수 있다. 한 가지 차별화된 교사구성 사례에서는 두 학급이 연계되어 학사학위를 가진 교사가 한 명씩 있어 두 교실을 관리하며, 2년제 유아교육 학위를 가진 두 교사와 CDA(Child Development Associate) 자격증을 가진 교사 한 명이 포함된다. 적절한 준비 시간이 주어진다면, 이러한 차별화된 교사채용 패턴은 팀 구성과 협력적 교육, 현장중심 코칭과 모델링, 평등기반의 동료 협력관계의 발달을 제공할 수 있다. 더욱이, 차별화된 교사채용 모형은 정책입안자들이 교사교육, 자격증, 전문성 발달에 대하여 획기적인 변화를 요구하고 있기 때문에 현재의 프로그램 내에서 원활하게 운영될 수 있다.

교사 자격증 수여에 대한 새로운 접근 학사학위를 교육수준의 개선을 위한 묘약으로 보는 것은, 학사학위가 앞으로도 접근성과 비용 면에서 개인이 추구하기 어려울 것이고, 현재의 기관과 접근에 지나치게 의존하고, 유아교육의 조건과 적용성에 대하여 지나치게 불공평하다는 사람들로부터 엇갈린 반응을 불러일으켰다. 이러한 의문에 대응하기 위하여, 간호학 분야의 전략과 유사한 접근에 기반한 국립 유아교육 자격증의 개발이 주목을 받고 있다. 이 자격증은 역량기반의, 아동발달(CDA) 자격증과 국립 전문교사 기준위원회(National Board for Professional Teacher Standards) 자격증과 유사하나, 역량 요구 기준에서는 앞의 두 가지 자격증 사이에 위치할 것이다. 이 자격은 상호 연결된 필기시험과 수행평가를 통하여, 유아들과 일하는 개개인의 역량을 측정할 것이다. 전국적으로, 이 자격은 각 주 사이에 상호 활용이 가능하고 더 높은 수준의 혜택과 인식을 받을 것이다. 다른 연구에서 설명된 것처럼(Kagan et al., 2008), 유아 자격증은 목표를 이루기 위한 유력한 대상이다.

어떤 것이 효과적인지에 대하여 진실로 무엇이 알려져 있는가 하는 질문에 대한 반응을 요약하면, 인식이 높아졌음에도 불구하고 학사학위가 유일한 묘약이나 교육수준에 대한 대용품으로 간주되어서는 안 된다는 것이다. 학사학위는 단독으로 성립하지 않으며 성립되어서도 안 된다. 오히려, 학사학위는 현재 활용되고 있는 전문성 발달 접근의 새로운 접근들의 맥락 내에서 개념화될 필요가 있다.

그러면 이제 무엇이 진행되어야 하는가?

유아교육에 있어서 교사의 수준을 향상시키는 것은 일직선적인 것이 아니라, 오히려 다면적이며 복잡성과 기회로 가득 차 있다.

현실

앞에서 설명한 것처럼, 다음 단계의 접근에 대한 논의는 충분히 이루어졌다. 더욱이, 학사학위에 수반될 수 있는 현장중심의 활동과 창의적인 아이디어 또한 부족하지 않다. 이러한 노력들은 축소되어서도 축소될 수도 없다. 오히려, 이들은 교사 수준과 교사 영향에 대한 종합적인 접근으로 간주되어야 한다. 단일한 접근으로는 충분하지 않다. 그 목적을 달성하기 위해서, 우리의 목표는 학위 플러스이다.

목표

쟁점에 대한 정의를 회피하는 것은 이 영역을 지속적인 불안정 상태에 놓이게 할 것이다. 이를 위하여, 전문가들은 이 영역을 개념화할 수 있는 메커니즘을 개발하고, 과제를 마치는 데 필요한 전문적 역량과 능력에 대한 더 정확한 기준을 확립할 필요가 있다. 이러한 상황파악/협력 전략은 유아교육의 다양한 현실, 유아들의 다양성과 요구를 고려할 필요가 있다. 요약하자면, 전문성 발달의 관점과 본질을 정의하기 위해서는 전문분야가 정의되어야 한다.

중요하지만 아이디어 자체로는 의제를 변화시킬 수 없다. 아이디어는 전략적으로 계획된 연구기반의 접근과 결합되어야 한다. 이러한 접근들은 다양한 전략들이 사전에 계획되지 않은 자연스러운 변형을 불러일으키며 이미 존재한다는 것을 확인시켜 준다. 유아교육 분야의 풍부한 역사를 바탕에 두고 구성된 대안으로, 계획된 변형 전략을 사용할 것을 제안한다. 이 전략은 각 주정부에 의하여 운영되는 전문성 발달과 인증과정의 본질이 구조적으로 다양하고 장려될 것을 요구한다. 각 주의 접근들은 엄격한 평가를 거쳐서 전국적으로 어떠한 접근이, 어떠한 상황에서 적용될 때, 누구에게 가장 적절한지를 판단할 수 있도록 설명된다. 학사학위 조건을 실행하고 싶은 주정부들은 충분한 자원과 의향이 있다면 그렇게 진행하여도 된다. 몇몇 사례에서는 학사학위를 전문성 발달의 주요 발달 지표로 요구할 수 있다. 다른 경우에는 학사학위를 멘토링과 코칭 접근을 통하여 강화할 수 있다. 학사학위 조건이 목표라고 생각하지만 현재 도달하기 어렵다고 판단되는 주정부들은 다른 형태의 전문성 발달 혹은 자격증 제도를 고려해볼 수 있다. 어떠한 경우라도, 이러한 접근들은 상대적인 장점을 평가하기 위하여 풍부하고 엄격하게 평가될 필요가 있다. 우리는 학사학위와 다른 접근들이 조합될 때 노력이 결실을 맺을 것이라고 예상한다. 이러한 예측을 제시하면서, 교사 수준 향상을 위한 어떠한 계획이라도 현실과 목표에 바탕을 두어야 한다는 것을 주목한다. 우리는 그것이 옳다고 생각한다.

제13장*

유아교사의 역량과 자격기준

우리는 무엇을 알고 있으며 무엇을 알아야 하는가?

– Margaret Burchinal, Marilou Hyson, & Martha Zaslow

주정부와 연방정부는 높은 수준의 유아교육 경험을 중류층 및 하류층 가정의 유아들과 고소득층 가정의 유아들 간의 간극문제를 다루기 위하여 활용하고 있는데, 그 주된 근거는 높은 수준의 유아교육이 저소득층 가정의 유아들의 학습 및 사회성 발달을 개선시킨다는 연구이다. 또한 연구들은 학사학위가 있는 교사들이 높은 수준의 교육경험을 제공하는 경향이 있기 때문에, 일부 사람들은 정책입안자들에게 이러한 학위를 요구하도록 주장하였다. 비록 담임교사의 수준이 중요하다는 것을 의심하는 사람은 아무도 없지만, 교사의 학위가 원하는 결과를 가져다주는지에 대한 연구결과들이 의문을 불러일으키게 한다. 이 연구들은 더 준비되고 더 효과적인 유아교육 인력 양성을 위해서 교사양성과정과 현장교육에서의 내용의 수준에 초점을 두어야 함을 보여준다.

유아교육의 질적 수준: 초기 연구결과

수준 높은 유아교육을 경험한 유아들은 언어, 학습, 사회적 기술면에서 더 높은 성취도를 보이며 학업을 시작한다(Vandell, 2004). 실험연구들은 수준 높은 유아교육 경험이 입학시기에 인지적 및 학습적인 기술을 강화시킨다는 것을 보여주었다. 결국, 이러한 결과는 청소년기와 성인기의 성취도와 연결된다(Campbell et al., 2002; Lazar & Darlington, 1982; Martin, Brooks-Gunn, Klebanov, Buka, & McCormick, 2008; Nores, Belfield, & Barnett, 2005). 기술통계 혹은 준실험설계 연구들(예컨대 유아교육 환경에의 무선배치를 고려하지 않은 연구)은 보다 크고 대표성이 있는 표본을 가지고 이러한 결과를 지지하였다(Gormley et al., 2005; Howes et al., 2008; National Institute of

* 제13장은 Burchinal, M., Hyson, M., & Zaslow, M. (2008, Spring) Competencies and credentials for early childhood educators: What do we know and what do we need to know? *NHSA Dialog Briefs, 11*(1), 1-8에 발행된 내용으로, 승인하에 재사용한다. 전미 헤드스타트 협회의 출간물이다.

Child Health and Human Development Early Child Care Research Network, 2005b; Peisner-Feinberg et al., 2001: Reynolds et al., 2002). 이러한 일관적인 경향의 결과에 근거하여, 주정부와 연방정부는 미국 내의 학업성취도 격차문제에 대응하기 위하여 수준 높은 유아교육 프로그램들을 지원하는 데 초점을 두어왔다.

정책입안자들은 유아교육 프로그램들의 수준을 보장할 수 있는 방법을 파악하기 위하여 연구자들의 조언에 귀를 기울여왔다. 관찰연구 자료는 교사교육과 현직교육 모두 높은 수준의 보육과 상관관계가 있음을 보여주었다. 이러한 결과들은 대규모 연구(Burchinal et al., 2002; Clarke-Stewart, Vandell, Burchinal, O'Brien, & McCartney, 2002; Howes, Whitebook, & Phillips, 1992; Kontos & Wilcox-Herzog, 2001; National Institute of Child Health and Human Development Early Child Care Research Network, 2000; 2002a; Phillipsen et al., 1998; Scarr, Eisenberg, & Deater-Deckard, 1994) 및 소규모 연구(Burchinal et al., 2000; de Kruif, McWilliam, Ridley, & Wakely, 2000; Vandell, 2004)에서 모두 나타났다. 이러한 연구들에 대한 분석을 실시한 Tout, Zaslow와 Berry(2005)의 연구에서는 높은 수준의 교사의 정식교육 수준이, 특히 유아교육 전공분야일수록, 높은 수준의 유아교육과 상관관계를 보이는 경향이 있다고 결론을 내렸지만 특정 정식교육 단계(예컨대 학사학위)가 높은 수준의 유아교육을 보장한다는 증거는 없다고 설명하였다.

이러한 연구결과와 유아교육 옹호자들의 의견에 근거하여(Barnett, Hustedt, Robin, & Schulman, 2005; National Research Council, 2001; Trust for Early Education, 2004), 주정부와 연방정부 정책들은 유아교사들에게 훈련과 대학학위 취득을 요구하는 데 초점을 두어왔다. 2005년 기준으로, 공립 Prekindergarten을 가진 38개 주 중에서 17개의 주들은 모든 주교사들에게 학사학위를 요구했으며 12개의 주들은 Pre-K 교사 일부에게 학사학위를 요구하였다. 유사하게, 2007년의 학업성취도를 위한 헤드스타트 개선법안(Improving Head Start for School Readiness Act of 2007)(PL 110-134)은 미국 전역의 기관중심 프로그램의 헤드스타트 교사들 중 최소한 50% 이상이 학사학위를 취득할 것을 요구하고 있다.

연구결과의 한계점

프로그램의 수준과 교사의 정식교육의 관계는 완벽하게 밝혀지지 않았다. 기술이 뛰어나고 효과적인 교사들 중에서 대학교육을 받지 않은 경우도 있으며, 대학교육을 받은 교사들 중에서도 유아들의 요구에 반응적이지 않거나 적절한 자극을 주지 않는 경우도 있다.

세 개의 대형 프로젝트의 자료를 분석한 결과, 즉 비용, 질적 수준, 최종성과 연구(Cost, Quality, and Outcomes Study), 전미유아발달과 학습센터(National Center for Early Development and Learning)의 주립 Pre-K 연구, 그리고 매사추세츠, 버지니아, 조지아 주의 어린이집 프로그램 연구(Blau, 2000; Early et al., 2006; Phillips, Mekos, Scarr, McCartney, & Abbott-Shim, 2000; Phillipsen et al., 1997)는 직접적 관찰을 통하여 평가된 높은 수준의 보육과 높은 수준의 교사 정식교육 간의 상관관계를 보여주었다. 그러나 학급 크기나 교사 대 아동 비율과 같은 유아보육 및 교육의 특성들이 고려된 후에는 이러한 상관관계가 통계적으로 유의하게 나타나지 않았다(Blau, 2000; Early et al., 2006; Phillips, Mekos, Scarr, McCartney, & Abbott-Shim, 2000; Phillipsen et al., 1997).

이러한 결과들은 교사 정식교육과 학급 수준 간에 상관관계가 나타난 것이 교사의 정식교육 효과(예: 대학 학과목들이 유아교육자들이 더 우수한 교사가 될 수 있도록 교육했을 수 있음)에 의한 것인지 아니면 개인 효과(예: 대학학위를 취득한 개인들은 그들이 대학에 입학하기 이전에 이미 상이한 태도나 능력을 가지고 있었을 수 있으며, 그러한 태도와 능력이 높은 수준의 보육과 연결될 수 있음)에 의한 것인지 의문을 던진다. 그러나 여러 학자들이 교사 정식교육(예: 학위취득, 교육기간, 유아교육 자격증)의 기준을 각각 다르게 적용해왔기 때문에, 연구결과의 차이가 측정기준의 차이에서 오는 것인지, 아니면 유아교육 환경의 다양한 특성들을 고려할 때 교사의 정식교육과 유아교육 프로그램 수준 사이에 상관관계가 없는 것인지 판단하기 어려운 측면이 있다.

이러한 우려에 대응하기 위하여, 4세 대상의 대규모 유아보육 및 교육 연구 7개(Early et al., 2007)에서 교사 정식교육 및 학급 수준에 대하여 동일한 개념을 사용하고 모든 대규모 유아교육 연구 데이터세트의 분석방법도 통일하여 결과를 재분석하였다. 데이터세트는 3개의 공립 Pre-K 프로그램 연구, 3개의 헤드스타트 중심 혹은 헤드스타트 단독 연구, 그리고 한 개의 지역사회 보육중심 연구 등으로 구성되었다. 7개 연구 데이트세트 모두에 동일한 분석을 적용하여, 교사의 정식교육과 학급 수준 간의 상관관계를 유아교육환경 평정척도-개정판(Early Childhood Environmental Rating Scale-Revised: ECERS-R) 혹은 어린이집 환경관찰 기록지(Observational Record for

Childcare Environments: ORCE) 그리고 언어 및 유아 성취도 성과를 활용하여 조사하였다. 교사 정식교육의 다양한 지표들, 종합적인 최종학위 수준, 교사의 학사학위 소지 여부, 유아교육 전공 교사들의 최종학위 수준, 학사학위 소지 교사들 중 유아교육 전공자 수 등이 조사되었다. 교사 정식교육과 학급 수준 혹은 유아 성취도 어느 지수에서도 일정한 패턴이 나타나지 않았다. Early 등(2007)은 이러한 상관관계의 결과에 대하여 몇 가지 가설을 제시하였는데, 일부 유아교육 훈련 프로그램들의 새로움과 역선택(reverse selection)이 일어났을 가능성이 포함되며, 이는 학위를 소지한 교사 중 낮은 수준의 교사들이 유아학급에 남고, 학위를 소지한 우수한 교사들은 학교 시스템에 의하여 선택되어 더 높은 학년으로 이동한 결과로 나타날 수 있다. 동시에, 대학학위나 교사 자격이 없는 수준 높은 교사들이 유아교육 프로그램 내에서 승진하고 자격증이 없는 낮은 수준의 교사들은 교체된 것일 수도 있다.

새로운 관점들

새로운 연구는 교사의 정식교육 학위와 학급 수준 간의 상관관계에 대한 의문을 더 복잡하게 만든다. 학위가 교육 수준을 보장하지는 않지만, 이 연구는 특정한 상황에서는 대학학위가 중요한 영향을 미친다고 주장한다.

캘리포니아에서 실행된 연구는 유아교육의 수준에 대한 학사학위 소지의 중요성은 유아보육과 교육 환경의 유형에 따라 영향을 받는 것을 보여주었다(Vu, Jeon, & Howes, 2008). 학사학위 소지여부는 지역사회-기반 어린이집과 같은 한정된 자원과 지원을 받는 상황에서는 교육 수준의 예측이 가능하였지만, 자원과 지원이 충분한 환경에서는 관계가 나타나지 않았다.

다른 연구자들은 광범위한 맥락에 대한 고려 없이 주교사의 교육에만 초점을 맞추는 것이 적절한지에 대하여 의문을 제기하였다. Ginsburg 등(2006)은 유아 수학 교육 전문성 발달을 연구하였고, Dickinson과 Brady(2005)는 유아 언어와 문해 교수에 있어 유아교사의 기술을 향상시킬 수 있는 방법들에 대하여 다루었다. 두 연구 모두 유아 전문성 발달에 있어 팀 접근법을 활용하는 것의 중요성을 지적하였다. 이 연구들은 기관 혹은 프로그램의 유아교사 모두에게 전문성 발달 프로그램을 제공하는 것의 가치와 전문성 발달의 실행 지원에 있어 원장이나 관리자의 역할을 강조하는 것에 대하여 논의하였다.

유아교사 양성 프로그램의 수준은 전문성 발달과 실제 수준 간의 불일치에 원인이 되는 또 하나의 요소일 수 있다. Pre-K와 헤드스타트의 주교사에게 학사학위와 유아교육 자격증을 요구한 것은 이러한 교사들을 교육시키는 대학교육기관들에 대한 요구가 현격하게 증가하였음을 의미한다. 이러한 교사양성기관들의 대부분은 소규모이며, 자원이 한정적이고, 과거에는 상이한 대상자들을 가졌을 수 있다. 이러한 기관들은 유아교사들에게 대학학위를 수여하고자 하는 사회의 요구에 따라서 대대적인 변화를 겪어야 할 것이다.

교사양성 프로그램들이 이러한 사회적 요구들에 어떻게 대응하는지 조사하기 위하여, Hyson, Tomlinson 및 Morris(2008)는 대학 유아교육 프로그램들에 대한 웹 기반의 설문조사를 전국적으로 실시하였다. 미국 전체 1,126개 대학 유아교육 프로그램들 중 약 절반에 해당하는 프로그램의 책임자들을 무선표집한 결과 45%의 응답률을 보였고, 응답한 학사학위 수여 프로그램 중 절반은 전미교사교육 인증위원회(National Council for Accreditation of Teacher Education)와 NAEYC의 인증을 받았다.

조사결과는 교사 수준의 향상에 있어 긍정적인 결과와 우려되는 점을 동시에 보여주었다. 대부분의 프로그램들은 강의과목과 실습을 결정하는 데 있어 국가 혹은 주립 표준안에 의지하는 것으로 나타났다. 프로그램들은 교사들이 수준 높은 교육과정을 효과적으로 수행할 수 있도록 돕는 것을 최우선으로 두고 있다고 설명하였다. 그러나 학사학위 부여 프로그램들 중 37%만이 학생들에게 발달적으로 적합한 교사-유아 상호작용(수준 높은 교육과 긍정적인 결과를 가져오는 데 핵심적인 요소)을 더 자주 할 수 있도록 교육하는 것에 우선순위를 둔다고 설명하였다. 그리고 29%의 프로그램들만이 교육실제에 있어 연구의 활용에 우선순위를 두고 있었다.

많은 프로그램들은 역량 면에서 교육 수준 개선을 위한 제약을 받고 있었다. 대부분의 프로그램들은 더 많은 교수들을 필요로 하고 있었으며, 대다수의 교수들이 시간제 직위이기 때문에, 교수들을 위한 전문성 발달 프로그램들을 더 많이 필요로 하고 있었고, 과중하고 지나친 수준의 강의시간을 담당하고 있었다. 이러한 결과들은 과중한 업무와 한정된 자원을 가진 학사학위 프로그램들이 졸업생들이 프로그램을 마치고 유아교육 현장에서 가르치기 시작할 때 높은 교육 수준을 보장할 수 있는 질 높은 전문성 발달을 가져오는 데 어려움이 있을 것이라는 것을 시사한다. 이 연구는 유아 교사들이 학사학위를 마쳤는가의 문제뿐만 아니라 학위수여 프로그램의 수준에 대해서도 고려할 필요가 있음을 강조한다.

또한 이 연구는 유아교육자들이 유아들과 상호작용의 실제를 적절하게 수행할 수 있도록 계속적인 훈련, 즉 여기서 전문성 발달이라고 설명되는 지원의 중요성을 강조하였다. 1980년에서 2005년까지의 연구논문에 대한 메타분석 결과는 특화된 훈련이 보육 종사자의 역량과 유아의 발달을 개선시켰으며 현직교육과 교육 워크숍이 특정 대상에 맞추어져 있을 때 효과가 가장 크다는 것을 보여준다(Fukkink & Lont, 2007).

몇몇 연구들은 효과적인 전문성 발달의 중요한 관점들이 학사학위 프로그램과 관계없이 이루어질 수 있다는 추가적인 추정을 가능하게 한다. 이러한 연구의 대부분은 실무적인 지원이나 코칭 등을 통하여 유아교사들의 유아와의 상호작용에 대한 피드백을 주는 데 중점을 두고 있다. 명확한 교육과정의 제공과 더불어 교사와 유아의 상호작용에 대한 비디오 분석을 포함하는 과정은 교사들이 보다 반응적이고 효과적인 교수실제를 수행할 수 있도록 도울 수 있다(Dickinson & Caswell, 2007; Dickinson & Caswell, 2007; Pianta et al., 2008). 현재 진행 중인 훈련 프로그램과 전문성 발달 프로그램 연구에서 비롯된 수많은 시사점들은 교사양성 대학 프로그램의 수준을 개선할 수 있는 잠재력을 가지고 있다.

결론

유아교육과 보육의 수준은 교사들이 적절하게 준비되고 실행된 전문성 발달 프로그램을 경험하였을 때 보다 향상될 수 있다(대학기관을 통한 훈련 혹은 대학 강의과목을 통한 훈련). 그러나, 현재, 연구결과들은 대학학위와 교사의 수준이 반드시 비례하는 것은 아니라는 것을 보여준다. 많은 대학교육 프로그램들은 그 졸업생들의 수준 높은 유아보육과 교육 능력을 보장할 수 있는 역량이 부족할 수 있다. 또한 연구들은 유아교육의 수준이 향상되고 지속되는 데 있어 교사양성 프로그램뿐만 아니라 현직교육 프로그램의 제공 또한 중요하다는 것을 보여준다. 우리는 주교사의 교육이 교육수준 향상의 유일한 지원방안이 아니라, 유아들과 교류하는 모든 프로그램 참여자들에 대한 통합적인 전문성 발달 지원이 필요하다는 것을 깨달을 필요가 있다. 대학학위의 영향은 상황에 따라 다양할 수 있으며, 신입교사들이 유아교육과 보육 현장에서 지속적으로 평가받고 지원받는지의 여부가 특히 중요한 의미를 가진다. 마지막으로, 유아교육 수준의 향상에 있어 유아교육자들은 정식교육이 제공하는 기초지식의 도움을 받을 수 있는 반면 교사와 유아의 상호작용의 본질에 대한 직접적, 지속적 피드백이 또한 필요할 것이다.

종합적으로, 대학교육과 유아교사의 수준 향상에 대한 기대에 앞서, 학위수여 프로그램의 수준과 내용, 유아교육자의 교육 맥락, 교육현장에서 유아교육자들이 받는 지원에 대한 적극적인 관심이 필요하다. 학위 단독이 아닌 이러한 다양한 관점들이 유아의 성취도 향상을 이끌어낼 수 있을 것이다.

제14장

유아교사 양성의 중요성

NAEYC의 관점과 견해

– Barbara A. Willer, Alison Lutton, & Mark R. Ginsberg

유아교사의 자격기준과 유아교육 프로그램 실제의 기준을 향상시키기 위한 노력은 1926년에 NAEYC가 창립된 이후 계속적으로 추구되어온 주요한 목표였다. 실제로, NAEYC의 첫 번째 출판물인『유아원 교육의 최소요건(Minimum Essentials for Nursery Education)』(National Association for Nursery Education, 1929)은 당시 급증하던 유아원(nursery school) 운동의 교육기준의 부재와 무자격 교사들에 대한 대응에서 출발하였다.

오늘날 NAEYC는 다음과 같은 네 가지 핵심 목표에 초점을 두고 있다.

1. 모든 유아들은 발달적으로 적합한 교육과정을 포함한 안전하고 접근성 있는, 수준 높은 유아교육 지식이 많으며 잘 훈련된 직원과 교육자들 그리고 건강, 영양, 사회적 안녕을 지원하며 다양성을 존중하는 통합적 서비스를 제공받을 수 있다.
2. 모든 유아교육 전문가들은 커리어 경로(career ladder), 지속적인 전문성 발달 기회, 보상안 등의 전문적인 지원을 제공받음으로써 높은 수준의 교사들을 유치하고 이직을 방지한다.
3. 모든 가족들은 적절한 비용으로 높은 수준의 유아교육 프로그램을 제공받으며 상호 파트너로 존중받으며 유아들의 교육에 능동적으로 참여한다.
4. 모든 지역사회, 주정부, 국가는 모든 유아를 대상으로 하는 수준 높은 유아교육 시스템을 제공하기 위해 노력한다.

이러한 목표들을 달성하기 위하여 NAEYC가 활용하는 주요전략은 기준을 설정하고 이러한 기준을 충족시킬 수 있도록 프로그램을 평가·인증하는 체계를 실행하는 것이다. NAEYC는 유아교육준학사 학위인증(Early Childhood Associate Degree Accreditation) 프로그램을 통하여 유아교육 2년제 학위를 승인하고 전미교사교육인증위원회(National Council for Accreditation of Teacher Education: NCATE)의 인증을 받은 교육기관을 통하여 4년제 학사학위와 상위 학위를 승인한다. 이와 유사하게, NAEYC 유아교육 프로그램 인증 아카데미는 0세에서 K학년까지의 영유아를 대상으로 하는 프로그램 중 NAEYC 유아교육 프로그램 기준을 충족하는 프로그램들을 인증한다. 양쪽의 기준 모두 유아교사들의 중요성과 모든 유아들의 수준 높은 경험을 담보할 수 있는 교사들의 특별한 역량의 중요성을 강조한다. 또한 이 기준들은 대상 유아와 가족의 다양성을 반영하는 효과적인 전문 인력 집단 양성이라는 협회의 목표와 부합된다.

이 장에서는 유아교사라는 다양한 인력집단이 모든 유아들에게 수준 높은 유아교육을 제공하는 데 필요한 지식, 기술, 경험을 갖출 수 있도록 담보하는 NAEYC의 노력과 그에 대한 학문적 근거를 보여준다. NAEYC 기준은 연구와 교육실제에 바탕을 둔 새로운 관점들을 반영하여 주기적으로 수정되고 보완되는 살아있는 문서의 역할로 구성되었다. 그러므로, 이 장에서는 기준이 수정됨에 따라 평가받고 있는 새로운 쟁점들에 대해서도 다룬다.

전문성 신장 기준을 통한 교사 자격 개선

NAEYC는 1970년대 후반에 NCATE에 가입하여 교사양성 지침을 개발하기 시작하였고, 초기에는 4년과 5년제 프로그램을 위하여 개발되었으며 이후에는 2년제 학위 프로그램뿐만 아니라 상위 학위들도 대상이 되었다. NCATE 멤버십을 통하여, NAEYC는 여러 해 동안 유아교육의 학사 및 상위 학위들을 리뷰하고 승인하였다. 2년제 학위 프로그램에 대한 지침(현재는 기준)은 1985년부터 존재했지만, 이러한 프로그램들에 대한 정식 인증 과정은 2006년부터 실현되었다.

유아교사 양성을 위한 NAEYC의 기준은 시간의 흐름에 따라 다양한 형태를 띠어왔다. 1990년대 후반에 이루어진 주요한 개정에서, NAEYC와 다른 고등 인증 기준들은 구조적인 프로그램 구성요소의 설명 혹은 제공에서 벗어나, 학생 성취 기준 혹은 프로그램 성과에 초점을 두게 되었다. 2009년에 NAEYC 운영위원회에 의하여 채택된, 현재 기준은 모든 학위수준에서 공통적으로 적용될 수 있는 체계를 보여주고, 모든 유아교육 전문가들이 알고 실행할 수 있도록 준비되어야 하는 6가지 핵심 기준들을 제시하는데, 구체적으로는 다음 항목에 자세히 설명된다.

기준 1: 유아 발달과 학습의 증진

유아교육 학위 프로그램의 학생들은 유아 발달 지식 토대에 기반을 둔다. 유아들의 특성 및 요구에 대한 이해와 유아의 발달과 학습에 영향을 미치는 다양한 요소들에 대한 이해를 활용하여 각 유아에 대하여 건강하고, 존중적이며, 지원적이고, 도전적인 환경을 만들어낸다.

기준 2: 가족과 지역사회 연계 구축

유아교육 학위 프로그램의 학생들은 성공적인 유아교육을 위해서는 유아의 가족과 지역사회와의 파트너십이 중요하다는 것을 이해한다. 유아 가족과 지역사회의 복잡한 특성을 알고, 이해하며, 중시한다. 가족을 지원하며 강화하며 유아의 발달과 학습에 있어 모든 가족들이 참여할 수 있도록 존중적이며, 상호적인 관계를 만들어내기 위하여 그러한 이해와 지식을 활용한다.

기준 3: 관찰, 기록, 평가

유아교육 학위 프로그램 학생들은 유아 관찰, 기록, 다양한 형태의 평가가 모든 유아교육 전문가의 교육실제에 있어 핵심적임을 이해한다. 평가의 목표, 혜택, 용도에 대하여 알며 이해한다. 각 유아의 발달에 긍정적인 영향을 줄 수 있도록, 가족과 다른 전문가들의 협력을 통하여 체계적인 관찰, 기록, 다양하고 효과적인 평가 전략들을 알고 활용할 수 있다.

기준 4: 유아 및 가족과의 관계 형성을 위한 발달적으로 효과적인 접근의 활용

유아교육 학위 프로그램 학생들은 유아 대상의 교육과 학습은 복잡한 사업이며, 그 구체적인 내용은 유아의 연령, 특성, 그리고 교육과 학습이 일어나는 구체적인 환경에 따라 다양하게 나타남을 이해한다. 유아 및 가족에 대한 기반인 긍정적인 관계형성과 지원적인 상호작용을 알며 이해한다. 유아 및 가족에 대한 관계를 형성하고 각 유아의 발달과 학습에 대한 긍정적인 영향을 주기 위하여, 발달적으로 적합한 다양한 방법들을 알고, 이해하고, 활용한다.

기준 5: 의미 있는 교육과정 개발을 위한 교과지식 활용

유아교육 학위 프로그램 학생들은 모든 유아 혹은 각 유아의 긍정적인 발달과 학습을 증진시키는 경험을 설계하고, 실행하며, 평가하기 위하여 교과에 대한 그들의 지식을 활용한다. 유아교육과정의 각 발달 영역과 학과(혹은 교과)의 중요성을 이해한다. 학과를 포함한 교과의 본질적인 개념, 탐구 방법, 구조 등을 알며, 그러한 이해를 심화시키기 위하여 자료들을 찾을 수 있다. 모든 유아들의 통합적인 발달과 학습 성과를 증진시키는, 의미 있고, 도전적인 교육과정을 설계하고, 실행하며, 평가하기 위하여 그들의 지식과 다양한 자료들을 활용한다.

기준 6: 전문가 되기

유아교육 학위 프로그램에서 교육받는 학생들은 유아교육 전문 분야의 일원으로 자신들을 인지하고 처신한다. 유아교육과 관련된 윤리적 지침과 기타 전문성 기준들을 알고 있다. 자신의 업무에 대하여 지적, 반성적, 비판적 관점을 보여주는 지속적이고, 협력적인 학습자이며, 다양한 자료에서 나온 지식들을 반영하여 적절한 결정을 내린다. 명확한 교육 실제와 정책의 지적인 옹호자이다(NAEYC, 2009b).

일부 사람들은 왜 NAEYC가 장애 통합교육과 다양성에 대하여 별도의 기준을 가지지 않는지 의문을 가질 수 있다. NAEYC의 기준들은 통합교육과 다양성이 6개의 기준 각각에 반영되도록 의도적으로 설계되었다. 개별 유아(each child)라는 표현은 모든 기준들이 다양한 유아들, 즉 발달지체나 장애, 재능이나 영재성, 문화적 혹은 언어적으로 다양한 배경, 특수한 학습 스타일, 강점, 요구 등을 가진 유아들을 포함하는 것을 강조한다. 유사하게도, NAEYC는 유아와 가족의 다양성을 반영하는 다양한 유아교육 전문 인력 집단을 만드는 데 중점을 둔다(LeMoine, 2008).

NAEYC 인증을 받기 위해서, 유아교육 학위 프로그램들은 충분한 학습의 기회를 제공하는 교육과정과 이러한 기준들과 연계된 평가를 제공하고, 이러한 주요 평가에서의 학생 성취 자료를 수집 및 관찰하고, 이러한 자료를 프로그램을 개발하고 개선하는 데 사용할 필요가 있다. 이는 특수한 강점, 기회, 도전을 인지하고 대응할 수 있도록 학생들의 하위집단을 분석하는 것을 의미할 수 있다. 또한 인증을 받는 것은 일세대 대학생, 제한된 경제력을 가진 학생, 멀리 있는 대학을 다니기 위하여 직장이나 가족과 멀리 떨어질 수 없는 학생, 성인 영어 학습자 등의 특수한 집단 학생들의 모집, 유지, 성공적인 학위 취득을 지원하는 구조적 요소들에 주의를 기울이도록 요구한다(NAEYC, 2009b).

비록 이러한 요소들은 현장에 필요한 전문 인력 집단을 확장하는 데 있어서 순수한 장애물로 인식될 수도 있지만, 반대로 교사양성 개혁 전반에 영향을 미치는 혁신을 불러일으키는 유아교육 학위 프로그램들의 기회로 인식될 수도 있다. 예를 들어, 어린이집, 헤드스타트, 초등학교 등에서 교사 혹은 교사보조로 일하는 성인들이 학사학위 프로그램을 마치는 것은 매우 중요하지만, 이러한 성인들은 교사양성 학위 프로그램에서 다양한 어려움을 겪게 된다.

유아 대상의 프로그램 기준을 통한 교사 자격의 강화

NAEYC는 1980년대 초반에 가족들이 그들의 유아들에게 최선의 보호를 받을 수 있도록 지원하고 우수한 기준을 인식하고 따를 수 있는 신뢰성 있는 수단을 유아교육 분야에 제공하기 위하여 프로그램 인증체계를 개발하였다. 이 체계는 대대적인 재구성 과정을 거쳐, 2006년에 개정이 완료되었다. 개정된 NAEYC 인증 시스템은 프로그램 개선을 지원하도록 설계되었지만, 주요한 목표는 지속적으로 각 기준과 연결된 인증 기준의 성과를 통하여 우수한 수준—10개의 NAEYC 유아교육 프로그램 기준—에 부합되는 프로그램들을 신뢰성과 일관성 있게 인정하는 것이다(NAEYC, 2005).

교사 자격은 유아 대상의 NAEYC 인증제도를 통하여 계속적으로 제기되어 왔다. 개정 이전에는 교사들이 최소한 2년제 아동발달 학위(Child Development Associate) 혹은 2년제 유아교육/아동발달 학위 혹은 동등한 수준을 요구하였으나, 유아교육/아동발달 4년제 학사학위가 권장되었다(NAEYC, 1998). 인증을 받은 프로그램들 중 소수만이 이 기준에 부합하였으나, 해당 기준 전반에 대하여 보완함으로써 NAEYC 인증을 받을 수 있었다.

개정된 체계가 2006년부터 발효되었기 때문에, 프로그램들은 구체적인 성과와 연계된 10개의 NAEYC 유아교육 프로그램 기준을 각각 충족시켜야 한다. 기준 6에 의하면, 교사들은 교사 교육과 훈련의 중요성뿐만 아니라 수준 높은 보육, 효과적인 교수실제, 유아의 발달에 영향을 미치는 전문성 발달 프로그램의 효과에 대해서도 인지할 필요가 있다.

> 프로그램은 유아의 학습과 발달을 증진시키고 가족의 다양한 요구와 관심을 지원하기 위하여 필요한 교육적 자격과 지식, 전문적 소양을 지닌 교육자를 모집하고 지원한다(NAEYC, 2005, p. 52).

이 기준은 다음과 같은 두 가지 주제 영역 기준으로 정리되어 제시되었다: 첫째, 교사의 준비도, 지식, 기술, 둘째, 교사의 태도와 전문적 소양(Ritchie & Willer, 2005, 해당 기준의 명확한 근거가 필요할 경우).

교사 자격과 관련된 특정 기준은 6.A.05이다.

> 모든 교사들은 최소한 2년제 혹은 동등한 학위를 가진다. 최소한 75%의 교사들은 유아교육, 아동발달, 초등교육, 혹은 유아특수교육 등의 전공에서 학사 혹은 동등한 학위 이상을 가지며, 이러한 교육은 아동발달과 0세에서 K학년까지의 유아들에 대한 학습, 가족 및 지역사회 연계, 유아 관찰, 기록 및 평가, 교수와 학습, 전문성 실제와 발달 등을 아우른다(NAEYC, 2005, p. 53).

기준에 제시된 기대수준이 기존의 체계에 비하여 무척 높았기 때문에, 시간의 흐름에 따라 기대수준을 순차적으로 높여갈 수 있도록 시간표가 제시되었으며, 2005년과 2020년 사이에 2년제 학위와 4년제 학위의 교사 비율을 5년 간격으로 높여가도록 설정되어 기준을 충족하도록 하였고, 프로그램의 규모에 따라 약간의 재량권을 가지게 하였다. 일반적으로, 2010년 9월에 효력을 가지게 된 기대수준은 모든 교사들이 2년제 학위를 가지며, 일정 비율의 교사들은 4년제 학사학위를 취득하거나 취득 중이어야 하는 것이다.

기존의 체계와 마찬가지로, 기준 6 내에서 80% 이상의 기준을 충족시켰을 경우(교사 자격과 관련된 기준은 항상 평가됨), 교사 자격과 관련된 기준을 충족하지 않고도 NAEYC 인증을 통과하는 것이 가능하다(그리고 실제로 많은 사례가 이에 해당함). 기준 내의 나머지 기준들은 교사들이 특정 지식과 기술을 보여주는지, 교사들이 프로그램에 대하여 적절한 오리엔테이션을 받았는지, 교사들이 우수한 교육실제와 관련된 특정 대학 학과목, 전문성 발달 프로그램, 혹은 양쪽 모두를 수강하는지 등을 포함한다. 본질적으로, 이러한 접근은 교원들의 기대 교육 자격 수준을 달성하는 데 있어 장애가 되는 현실을 인지하는 데 필요하다.

이러한 현실을 인지하는 한편, 개정에 따라서, 더 많은 교사들이 NAEYC 인증 과정을 통하여 학위를 취득하는 것을 권장하는 새로운 단계들이 제시되었다. 인증체계가 프로그램들로 하여금 교사 자격 기준을 특정하게 충족시키지 못하여도 인증이 가능하도록 구성되었기 때문에, 새로운 인증 대상 기준 조건이 포함되었다. 이 조건은 교사

자격 기준을 충족시키지 못하는 프로그램들로 하여금 어떻게 기관이 교육과정과 학습에 관련된 유아교육 전문성을 담보하는지에 대한 전문성 발달 계획을 세부적으로 제시하도록 요구한다. 또한 이러한 프로그램들은 최소한 75%의 교사들이 다음 조건을 충족시키도록 요구함으로써 교원에 대한 최소한의 교육적 자격 조건을 충족시키도록 하였다: 1) 최소한 전문자격인증위원회(Council for Professional Recognition) 혹은 동등한 기관에 의해 주어진 CDA 자격의 소지, 2) 유아교육, 아동발달/가족 프로그램, 유아특수교육, 초등교육학 유아교육 전공 분야의 2년제 혹은 4년제 및 동등한 학위 과정을 수행, 3) 유아교육 분야 이외의 학위(2년제 혹은 4년제)를 소지하며 NAEYC 인증 기관에서 3년 이상 근무경험을 가짐, 4) 유아교육 이외의 학위(2년제 혹은 4년제)를 소지하며 NAEYC 미인증기관에서 3년 이상 근무경험을 가지며 최근 3년 이내에 최소한 30시간 이상의 관련 교육을 받음. 이러한 조건을 충족시키지 못하는 프로그램들은 인증 대상이 되지 못하며, NAEYC 인증을 받을 수 없게 된다. 현재 약 10%의 인증 대상 프로그램들이 자격요건을 갖추지 못하며, 대부분은 교사 자격 조건을 충족시키지 못하는 것이 원인이다.

기준의 기초가 된 연구

전문성 신장 기준들과 유아 프로그램 기준들은 양쪽 모두 연구와 전문적인 지식에 바탕을 두고 있다. 문헌 조사는 기준들이 주기적으로 평가받고 수정될 때마다 실시된다. 역사적으로, 문헌 조사는 교사들이 높은 자격 요건을 갖추는 것을 지지하였다. 2000년에, 국립과학아카데미(National Academy of Sciences)에서 교사 자격 요건과 효과적인 교수실제의 관계에 초점을 둔 두 개의 총괄적인 문헌 조사 연구, 'Eager to Learn'(Bowman et al., 2001)과 'From Neurons to Neighborhoods'(Shonkoff & Phillips, 2000)가 발표되었다. 양 연구들은 국립과학아카데미의 국립연구위원회의 지원을 받아 진행되었으며, 유아교육기관 유아 대상의 아동발달 및 유아교육에 특성화된 학사학위의 중요성을 강조하였지만, From Neurons to Neighborhoods 연구는 "신생아기 및 영아기에는 교사-유아 비율이 더 중요할 수 있으며 교사의 정식교육 수준은 유아들이 신생아기 및 영아기를 벗어날 때부터 중요성이 증가하게 된다"라고 충고하였다(Schonkoff & Phillips, 2000, pp. 315-316).

Whitebook(2003b)에 의하면, 장기적인 효과를 거두고 있는 시범학교의 교사들이 모두 학사 이상의 학위를 소지한다는 점에서 학사학위의 중요성을 뒷받침하는 추가적인 증거들이 나타났다고 볼 수 있다. 이러한 결과들은 2000년대 초반에 주정부의 지원을 받는 Pre-K 운동을 활성화시키는 데 영향을 주었다. 2006년경에는 절반 이상의 주정부들이 주교사들에게 학사학위를 요구하는 Pre-K 프로그램들에 공적 지원을 하였다(Barnett, Hustedt, Friedman, Boyd, & Ainsworth, 2007). 이와 유사하게, Kelly와 Camilli(2007)는 교사가 학사학위를 소지하였을 때 유아들에게 긍정적인 결과가 더 많이 나타난다는 것을 밝혀냈다.

2005년의 교사의 자격 기준의 개발에 영향을 준 NAEYC의 문헌 조사(Ritchie & Willer, 2005)에서는 현존하는 연구들의 대부분이 정식교육과 특성화된 훈련을 혼동하는 경향이 있다는 것을 지적하였다. 학위 취득의 정도는 유아교육 양성과정의 수준을 보여주는 것은 아니다. NAEYC의 전문성 신장을 위한 6개의 핵심 기준들은 2년제 학위, 4년제 학위, 대학원 프로그램에 걸쳐 활용되고 있다. 인증과정 안내 자료는 예비교사들이 양성 프로그램의 초기 단계에서 심화 단계까지 나아감에 따라 요구되는 유아교육에 중점을 둔 학습 기회 단계와 학생 평가 사례를 포함한다. 학생들의 경우 유아교사 양성의 첫 단계는 2년제, 4년제, 혹은 대학원 프로그램에서 시작될 수 있다. 심화된 유아교육 과목은 항상 대학원 수준에서 제시될 것이며 기존의 유아교육 지식과 경험에 근거하여 형성됨으로써, 예비교사들이 수석교사, 연구자, 행정가, 교사교육 담당자 등의 역할을 준비할 수 있도록 돕는다.

새로운 연구들이 보다 복잡한 분석 도구들을 활용하고 이러한 효과들 간의 관계를 풀어내려고 시도함에 따라, 교사 자격의 중요성을 올바로 이해하는 데 있어 보다 세심한 이해가 필요하다는 것이 명확해지고 있다. 예를 들어, Tout 등(2005)의 문헌 조사는 보다 높은 수준의 교사교육—특히 유아발달과 초점을 맞춘 프로그램들—이 보다 높은 프로그램 수준과 연관성이 있으나, 교육의 특정 단계와, 예를 들어 학사학위, 프로그램 수준 향상을 연결시키는 것은 불가능하였다. 몇몇 연구들은 교사의 정식교육 수준과 프로그램의 수준 간에 관계가 있음을 밝혀내었지만 그 이후에 변인들을 통제할 때 사라진다고 설명하였다(Blau, 2000; Early et al., 2006; Phillips et al., 2000; Phillipsen et al., 1997).

교사 자격의 다양한 측면들 간의 관계를 풀기 위하여, Early 등(2007)은 4세 유아를 대상으로 한 유아교육 프로그램들에서 7개의 대규모 연구—3개는 공립 Pre-K 프로그램, 3개는 헤드스타트 프로그램, 1개는 지역사회 보육 프로그램—의 자료를 재분석하였다. 연구자들은 교사에 의하여 획득된 가장 높은 학위와, 학위가 유아발달 분야에 속하는지, 그리고 이러한 것들이 아동 학업 성취뿐만 아니라 프로그램 수준의 평가와 어떠한 관계가 있는지 등을 상호 고려하였다. 그들의 연구결과 대부분 연관이 나타나지 않거나 모순되는 연관이 나타났으며, "교사의 교육 수준만을 단독으로 향상시키는 것은 프로그램의 수준을 향상시키거나 아동의 학업 성취를 극대화하기에는 충분하지 않다"라는 결론을 내렸다(2007, p. 558).

Early와 동료들은 그들의 연구결과가 교사의 정식교육 수준이 영향이 없다는 것으로 해석되어서는 안 되며 관계의 본질을 이해하기 위해서는 추가적인 연구가 필요하다는 것을 지적하였다. 그들과 다른 연구자들(Burchinal, Hyson, & Zaslow, 2008; Whitebook, Gomby, Bellm, Sakai, & Kipnis, 2009)은 관계가 나타나지 않는 데 대한 잠재적인 원인을, 개별 교사 양성 프로그램의 다양성과 교사가 훈련을 받은 시점의 영향, 공적 지원을 받는 Pre-K 프로그램들이 사립 Pre-K 프로그램들보다 더 높은 보상과 혜택을 제시하지만 상대적으로 공적 지원을 받는 고연령대의 아동 대상 프로그램보다 낮은 수준의 보상과 혜택을 받는 유아교육 서비스 전달체계의 경제적 맥락 등으로 설명하였다. 결과적으로, 학위가 없는 뛰어난 교사들은 공적 지원을 받는 Pre-K 프로그램들로부터 수요가 있으며 학위를 소지한 뛰어난 교사들은 Pre-K 프로그램보다 더 많은 혜택을 제공하는 고연령대의 아동 대상 프로그램으로 이동한다는 가정을 할 수 있다.

연구의 시사점

종합적으로, 연구결과들은 NAEYC의 성과에 대하여 중요한 시사점을 가진다. 다시 반복하자면, NAEYC는 강하고, 역량 있고, 다양한 전문가들의 지원을 받는 효과적인 유아교육 프로그램 전달체계를 통하여 아동의 긍정적인 성과를 실현하고자 노력한다. 우리의 목표는 유아교육 분야가 전문직의 특성-역동적인 지식 베이스, 교수실제의 검증된 기준을 인지하는 체계, 그리고 적절한 보상을 포함한, 업무의 가치와 어울리는 위상 등에 도달하도록 돕는 것을 포함한다.

어떠한 전문분야에서도 학위취득이 높은 수준의 과업 실제를 보장하지는 않는다. 교사의 능력은 신중한 교사 후보의 모집, 분야에 대한 헌신을 형성하는 초기 경험, 학위 프로그램의 성공적인 취득, 그리고 업무현장 중심의 훈련, 코칭, 동료 협력 등을 고려한 커리어 전반에 걸친 전문성 발달을 통하여 건설되며, 지속되며, 증가하는 것이다.

NAEYC는 앞으로도 많은 도전이 있음을 인지하며, 다양하고 효과적인 인력을 양성하는 것이 쉽지는 않을 것이지만, 그러나 이것은 달성 가능한 목표이다. NAEYC는 유아교육 분야가 현재 어디에 있으며 앞으로 어디로 향해야 하는지 인식할 수 있도록 전문성 발달 정책이 필요하다고 본다. 이러한 전략의 사례로, NAEYC는 프로그램 관리자들을 위한 대안적인 진로를 설정하여 인증 기준을 충족하도록 하였다. 이는 우리가 다양한 진로들이 학위 취득과 동등하다고 보기 때문이 아니라 대안적인 접근들이 변화의 시기에 현장에 이미 있는 교사들과 유아교육 분야 이외의 학위를 소지한 전문가들을 인정할 때 필요하기 때문이다.

우리는 전문 학위 프로그램과 유아 프로그램 모두 자원이 부족하며, 수요가 높은 반면에 한정된 지원만을 받으며 수요를 충족시키기 위하여 일하고 있다는 것을 인지할 필요가 있다. NAEYC 기준을 충족시키기 위해서는 양쪽 모두 정책적 지원이 필요하다. 유아 정책과 시스템은 학위 프로그램들이 보육기관, 헤드스타트, 유아교육기관, Pre-K, 초등학교 저학년 아동 대상의 교사들을 양성하는 데 있어 정책적 및 재정적, 지원적 측면에서 보다 잘 통합될 필요가 있다.

우리는 국가 전체적으로 유아교사들의 자격과 다양성에 대한 기대수준을 높일 필요가 있다. 연구에 의하면 유아교육 프로그램에서 현재 종사하고 있는 백인 교사의 비율은 학위 요구 조건과 봉급이 상승함에 따라 어린이집 교사는 63%에서, 유아교육기관 교사는 78%와 초등학교와 중등학교 교사는 82%로 올라가는 것으로 나타난다. 라틴계 교사들의 수치는 충격적이다. 어린이집 교사 중 16.5%는 라틴계이지만, 유아교육기관, 초등학교, 중등학교 교사는 6%만이 라틴계였다(Chang, 2006). 이를 보완하기 위하여 스페인계 유아교육개론 과목의 개설, 성인 영어 학습자 학급의 유아교육 내용 과제, 지역사회에서 스페인계 가능 학생과 교수의 모집, 그리고 이주언어 유아교사들을 양성하는 프로그램의 개발 등과 같은 유력한 접근들이 나타나고 있다. 특정 사례에서는 학위 프로그램들이 NAEYC 유아 학위 인증(NAEYC Early Childhood Associate Degree Accreditation)을 취득하면서도 앞에서 설명한 실험적인 접근들을 동시에 시도하고 있는데, 이는 혁신과 인증이 밀접하게 연관되어 실행될 수 있다는 것을 보여준다(Lutton, 2009).

우리는 전문성 신장 프로그램과 유아교육 프로그램 두 가지 측면에서 단순한 체크리스트가 아니라 창의와 혁신의 기회로, 프로그램 기준들을 계속적으로 개발해 나가야 한다. 이 장에서 제시된 수많은 문제점들이 새로운 유아교사 양성에 대한 새로운 접근의 정당성을 입증한다. 코호트 집단들, 대학교육과 유아교육 프로그램 파트너십, 학위 단계와 국가 기준의 조정을 통한 편입의 활성화, 지역 커뮤니티 칼리지에서의 학사학위 수여, 대학생 중 특정 인종집단의 요구에 대응하는 자료기반의 전략, 이 모든 것들이 현재 진행 중이다(Coulter & Vandal, 2007; Whitebook et al., 2008).

NAEYC는 모든 유아들을 위한 수준 높은 유아교육의 역량을 믿는다. 교사들은 이러한 역량에 있어 핵심적인 역할을 한다. 유아교사들은 그들이 모든 유아들의 다양한 요구를 충족시킬 수 있도록 특화된 교육과 지속적인 지원을 받으며 그들의 국가의 미래에 대한 핵심적인 공헌을 인정받을 때 가장 효과적이다. 유아들은 이런 모든 것들을 마땅히 받아야 한다.

논쟁 3
인지/학습 강조 대 전인교육 접근법

연구문제

- 교실에서의 교수학습과 유아 및 학부모를 위한 사회복지 및 보건 서비스와 관련하여 프로그램 자원을 어떤 비율로 배정해야 하는가에 대한 연구결과는 어떠한가?
- 유아주도 활동과 직접교수 사이의 적절한 균형 그리고 자유놀이시간 동안 의도적 교수 역할에 대하여 연구에서는 어떤 지침을 제공하고 있는가?
- 유아교실을 평가하기 위해 현재 사용되는 평가도구의 한계점은 무엇인가?
- 교사는 유아에게 언어, 읽기, 수학을 가르치기 위하여 안내된 놀이(guided play)를 어떻게 활용할 수 있는가?

제15장

인지/학습 강조 대 전인교육 접근법
50년의 논쟁

– Sandra J. Bishop-Josef & Edward Zigler

K-12학년 교육과 유아교육 양쪽 모두에서, 유아의 인지 및 학문적 발달에 대한 관심이 다시금 집중되고 있다. 이러한 강조는 놀이에 대한 경시와 신체 및 사회정서 발달을 포함한 다른 발달 영역에 대한 관심 부족을 동반해왔다. 이러한 정책의 변화는 다른 나라 학생들과 비교해볼 때 미국 학생들의 학습 수행능력이 저조하다는 연구결과에서 일부 기인하였다(Elkind, 2001). 이러한 변화는 또한 저소득층 및 소수 민족의 자녀들과 중산층/주류계층의 자녀들 간의 입증된 성취도 차이(Raver & Zigler, 2004)를 줄이기 위한 시도를 반영한다.

조지 부시(George W. Bush) 정권의 정책들은 인지발달에 대한 이와 같은 강조에 기름을 부은 격이 되었다. 부시 대통령은 인지발달, 문식성, 그리고 수학능력에 중점을 둔 교육과정을 통해 (유아교육을 포함한) 교육을 개선하는 것에 대해 자주 언급하였다. 유아 인지발달에 대하여 백악관에서는 학교에서의 성공과 관련된 많은 것 중 하나의 인지 기능에 불과한 문식성(literacy)에 편협한 관심을 가졌던 것이다. 1965년에 공시되었던 초중등교육법은 2001년 재인가 당시 아동낙오방지법(No Child Left Behind Act)으로 명칭이 변경되었으며, 이 새로운 법은 모든 유아가 초등학교 3학년까지는 읽기를 잘 할 수 있어야 한다는 내용을 추가하였다(Bush, 2003). 읽기 의무화와 이에 동반되는 검사는 이후 저학년에서의 문식성 교육, 특히 발음중심 교수법(phonics)을 강조하는 결과를 가져왔다(Brandon, 2002; Vail, 2003).

인지에 대한 관심은 헤드스타트(Head Start)를 포함하여, 유아교육 정책과 제도의 판도를 바꾸었다. 부시 정부는 정권 초기에 헤드스타트를 포괄적 중재(comprehensive intervention) 프로그램에서 문식성 프로그램으로 바꾸고자 하였다(Raver & Zigler, 2004; Strauss, 2003). 이러한 종류의 변화는 헤드스타트를 운영하는 법을 바꾸어야만 이루어질 수 있는 것으로서 시간을 많이 소모하는 과정을 거쳐야 했었다. 원하는 대로 더 빨리 진행시키기 위하여, 정부는 프로그램 운영 방법과 관련하여 새로운 규정(행정부의 힘 안에서 결정된 것들)을 내놓았다. 예를 들어, 프로그램이 질적 기준을 충족시킬 수 있도록 돕던 교사교육과 기술지원은 그러한 일반적 기능에서 문식성 지도에 대한 교사교육으로 전환되었다. 헤드스타트 유아의 인지발달(언어, 초기 문식성 기능, 초기 수학 기능)을 1년에 두 번 평가하기 위하여 표준화 검사를 도입한 새로운 평가보고체제*가 도입되었다. 검사결과는 헤드스타트 센터가 제대로 수행하고 있는가를 결정하는 데 이용되었다. 한 가지 우려는 재정과 관련된 의사결정이 유아평가 점수에 기초한다는 것이었다. 또 다른 우려는 헤드스타트 교사들이 검사에 맞추어 가르치게 되리라는 것이었다.

2003년 헤드스타트의 재인가를 시도하면서, 의회는 프로그램을 개편하고자 하였다. 여러 안건들 가운데, 정부에서 이후에 통과된 법안의 원안 중 하나에서는 헤드스타트에서 늘 중점적으로 여겨왔던 사회정서 발달과 관련된 법률 표현을 삭제하려 하였다. 이 단어들에 관련된 대부분의 표현들을 한 단어, 즉 문식성으로 대체하려고 하였던 것이다. 이 수정안에서는 또한 진행 중이던 헤드스타트의 전국수준 평가에서 유아의 사회정서적 기능에 대한 평가를 중단시키려고 하였다(Schumacher, Greenberg, & Mezey, 2003). 대신에, 의원들은 유아들이 초기 문식성(preliteracy)과 초기 수학(premath) 검사에서 특정 목표치를 달성하는지에 대한 평가를 원하였다. (최종적으로

* 역주: 헤드스타트 유아를 대상으로 한 표준화 검사 중심 평가는 '국가보고체제(National Reporting System)'라고 불렀다.

통과된 법안에서 이러한 목표들이 주를 이루었지만, 사회정서적 능력과 평가에 관계된 표현의 삭제는 강조되지 않았다.)

많은 전문가들은 인지발달과 표준화 검사에 대한 지나친 강조는 부적절하다고 주장하면서, 이러한 정책 변화를 강경하게 비판하였다(Strauss, 2003). Elkind(2001)는 유아들은 환경과의 직접적인 상호작용을 통해 가장 잘 배운다고 주장하였다. 특정 연령 이전에는 읽기 및 수학의 형식적 수업을 받는 데 필요한 수준의 추론이 불가능하다는 것이다. 부시 대통령에 의해서 교육부 산하의 교육과학연구소장으로 위임되었던 Whitehurst(2001)는 Elkind에 대해 반대 의견을 나타내었다. 그는 내용중심(즉, 학습중심) 접근법은 유아의 문식성 학습을 더욱더 용이하게 할 것이라고 주장하였다. Raver와 Zigler(2004)는 인지발달 및 표준화 검사에 대한 강조는 유아들이 학습하는 방식에 대해 지나치게 편협하게 바라보며 과학적 증거에 의해 입증되지 않는다고 비판하면서 동의하지 않았다. 그들은 이 영역을 인지발달과 상승작용하는 것으로 여기며, 유아의 사회정서발달에 대한 지속적 관심과 평가를 지지하였다. 300명이 넘는 학자들은 정서 또는 인지 중 어떤 것이 중심이 되어야 하는가에 대해서는 한쪽 편을 들지는 않았지만, 제안된 평가의 타당성에 의문을 제기하며 헤드스타트에서 표준화 검사를 수행하는 계획에 반대하는 결의안을 제출하였다(Raver & Zigler, 2004). 관련 자료들은 많은 유아들이 주어진 부적합한 요구들을 충족하는 데 실패하고 있음을 보여주고 있다. 예를 들어, 시카고에 있는 유치원에서 유급된 유아의 수가 1992년에 비해 2001년에는 네 배나 증가하였다(Brandon, 2002). 제108대 의회는 개정기간(2003~2005) 동안 헤드스타트 재인가 법안을 통과시킬 수 없었기 때문에, 제109대 의회에서 다시 시도하였다. 많은 노력에도 불구하고, 제109대 의회 역시 헤드스타트 재인가 법안을 통과시키는 데 실패하였다. 마침내 2007년 가을, 제110대 의회에서 헤드스타트학교준비도제고법(공법 110-134조)을 통과시켰고, 부시 대통령은 2007년 12월에 이를 법으로 제정하였다. 이 법은 국가보고체제를 대체하기 위하여, 국립과학원(National Academy of Sciences)이 권장한 새로운 평가 체제에 대한 요구사항을 포함하여(Snow & Van Hemel, 2008), 몇 가지 주요한 긍정적 특성을 가진다.

부모들 또한 학습중심 유아교육을 점점 더 요구하고 있다(Bodrova & Leong, 2003; Vail, 2003). 한 유아교육 기관장은 부모들에 대해 이렇게 말하였다. "모든 부모들이 지금 원하는 것은 학습지(worksheet)이고 가능한 한 빨리 (어린 나이에) 자녀의 손에 학습지가 쥐어지기를 원합니다."(Bodrova & Leong, 2003, p. 12). 부모들이 유아교육 프로그램의 소비자이기 때문에, 비록 이것이 잘못된 것이라고 할지라도, 프로그램들은 결과적으로 부모의 압력에 굴복하고 부모의 선호도를 반영하기 위하여 교육과정을 잘못된 방향으로 비틀 가능성이 있다.

역사적 관점

이와 유사하게 인지 기능을 강조하는 풍토는 1950년대 말 교육에 대한 미국인들의 태도가 1957년 러시아의 스푸트니크호 발사로 인해 심각하게 타격을 받았을 당시에도 있었다(Zigler, 1984). 인지 기능에 대한 이러한 관심은 아동발달 또는 교육학에 대한 새로운 지식과는 전혀 관계없는 것이었다. 러시아가 우주 공간에서 미국을 이긴 것은 미국인들에게 국가적 자존심을 손상시키는 대단히 충격적인 사건이었다. 러시아의 위업은 많은 사람들에 의해 미국의 시스템보다 좀 더 엄격했던 구소련의 교육 시스템이 더 효과적이었다는 증거로 받아들여졌다. 3R(즉, reading[읽기], writing[쓰기], arithmetic[수학])로의 회귀는 세계무대에서 미국의 우월성을 확립하기 위한 방법으로 홍보되었다.

이러한 견해의 중심이 된 대변인은 저명한 유아교육 전문가가 아니라 미 해군사령관 Hyman G. Rickover였다. Rickover 사령관은 미국 어린이들이 그림 그리느라 바쁠 때 러시아 어린이들은 수학교육을 받고 있다는 도발적인 주장을 하였다. 이 장을 저술한 저자 중 한 명인 Zigler는 저술 및 연설 활동을 통해 신체적, 사회정서적, 인지적 체제를 포함하여, 유아기 발달의 모든 면을 양성하는 것이 중요하다는 것을 피력하면서 타협점을 찾기 위하여 노력하였다. Zigler는 인지에 대한 관심을 촉구하는 대신 전인교육 접근법(whole child approach)을 옹호하는 것으로 인하여 Rickover 사령관으로부터 혹평하는 비난의 전화를 받았던 것을 생생하게 기억하고 있다. 이처럼 학습을 추구하는 진영과 전인적 접근을 주장하는 진영 사이에는 전선이 뚜렷하게 드리워져 있었다.

1960년대까지, 인지에 대한 강조는 안이하고 과장된 '환경의 신비한 힘'에 대한 맹신과 연대되었다(Zigler, 1970). 이 관점은 유아기에 이루어진 최소한의 환경적 중재가 유아의 인지 기능을 극적으로 향상시킬 수 있다는 것이었다. Joseph McVicker Hunt가 쓴 『지능과 경험(Intelligence and Experience)』(1961)은 이러한 관점을 대표하는 필독서였으며 엄청난 영향력을 가지고 있었다. 환경이론은 유명한 신문과 『자녀에게 우월한 마음을 주는 방법(How to Give Your Child a Superior Mind』(Engelmann &

Engelmann, 1966)과 같은 제목의 책들로 채워진 서점을 통해서 찬양받게 되었다. 영아를 위한 학습 처방이 나타나기 시작했고, 인지 훈련을 조기에 시작하면 이후 교정을 위한 노력은 필요하지 않다는 주장이 나왔다. 반복연습 및 기계적 학습을 조장하는 각종 교육적 장비는 유아들이 시간과 관심을 기울일 만한 활동으로 여겨졌다.

이러한 환경이론의 또 다른 지침 원칙은 중재 프로그램이 결정적 시기(critical period) 동안에 실시될 때 가장 효과적이며, 빠를수록 더 좋다는 것이었다. 이 결정적 시기 개념은 Benjamin Bloom(1964)의 『인간특성의 안정성과 변화(Stability and Change in Human Characteristics)』를 통해 많은 사람들에게 알려졌다. Bloom은 만 4세 때의 IQ 점수가 성인 IQ 점수 변량(variance)의 반을 차지한다고 주장하였다. Bloom의 주장은 대중매체에 의해 학습의 절반이 만 4세 무렵에 끝나는 것으로 잘못 해석되었다. 이 미심쩍은 주장은 이후 인지발달에 대한 열병에 기름을 부은 격이 되었고, 부모와 교육자들이 아이들에게 가능한 한 많이, 가능한 한 어릴 때 과열되게 가르치도록 만들었다.

심지어 헤드스타트조차 인지 기능과 지나치게 순진한 환경주의에 대한 과도한 관심의 희생양이 되었다(Zigler, 1970). 1965년에 시작된 헤드스타트는 신체적 건강, 영양, 사회정서발달, 유아교육, 가족을 위한 서비스, 그리고 지역사회와 부모 연계를 지원하는 요소를 갖춘 포괄적 프로그램이었다. 헤드스타트 설립자들은 저소득층 유아들이 학교에서 성공하도록 준비시키려면 학업기능에만 초점을 맞출 것이 아니라 모든 요구를 충족시켜 주어야 한다고 믿었다. 그러나 연구자들이 유아교육 중재 프로그램들을 평가하기 시작하면서 인지 기능의 평가, 특히 IQ 검사점수에 함몰되어 있었다(Zigler & Trickett, 1978). 부분적으로는 당시의 시대정신으로 인한 것이었다(예로 Hunt[1961]와 Bloom[1964]을 참조하시오).

평가자들은 또한 다음과 같은 결과들에 매혹되었다. 즉, 상대적으로 적은 중재(심지어 6~8주의 유아교육 프로그램)가 유아들의 IQ 점수를 크게 증가시킨 것으로 나타났던 것이다. 이러한 효과는 인지 기능의 향상보다는 오히려 동기의 향상이 원인이었음이 곧 밝혀졌다(Zigler & Butterfield, 1968). 그러나 이 같은 결과들이 IQ가 헤드스타트의 효과에 대한 주요 평가도구로서 사용되는 것을 중단시키지는 못하였다(여전히 그러하다)(Raver & Zigler, 1991; Zigler & Trickett, 1978). 이러한 관행은 IQ 검사도구는 쉽게 구할 수 있고 실시 및 채점이 쉬우며 신뢰할 수 있고 가치 있는 것으로 여겨지는 반면, 사회정서적 특성에 대한 평가도구는 덜 개발되었다는 점에서 이해할 만한 것이다.

또한, IQ는 정책입안자들과 대중이 쉽게 이해할 수 있는 심리적 특성이며, 많은 다른 행동, 특히 학교에서의 수행능력과 관련이 있는 것으로 알려져 있다.

그러나, 곧 연구자들은 헤드스타트 성공을 평가하기 위한 도구로서 IQ를 사용하는 것에 대해 신뢰를 잃게 되었다(Raver & Zigler, 1991). 1969년, 웨스팅하우스 보고서(Westinghouse Report)(Cicirelli, 1969)에서는 헤드스타트 유아들이 일단 초등학교에 들어가면, 증가한 IQ 점수를 유지하는 데 실패한다는 사실을 밝혀냈다. 연구자들은 헤드스타트 유아들의 빠른 IQ 점수 증가는 인지능력의 향상(Zigler & Trickett, 1978)에 의한 것이기보다는 동기 요인(예를 들어, 검사 및 검사실시자에 대한 공포 감소 혹은 자신감 향상)으로 설명될 수 있다고 보기 시작하였다. 전문가들은 또한 포괄적 중재 프로그램을 평가하기 위하여 IQ를 사용하는 것에는 셀 수 없는 문제점과 편견요소가 있다는 것을 지적하였다(예를 들어, Zigler & Trickett, 1978).

1970년대 초에, 아동발달사무국(Office of Child Development[OCD]; 현재는 아동가족부[Administration on Children and Families])에서는 사회적 능력을 헤드스타트의 최우선시되는 목표로서 명시하고 프로그램의 효과를 더 정확하게 측정하기 위하여 평가의 폭을 넓힐 것을 권장하였다(Raver & Zigler, 1991). 그러나 사회적 능력의 경우에는 제대로 측정할 수 있는 평가도구가 미처 개발되어 있지 않았으며 일반적으로 수용할 수 있는 정의가 없었다. 그래서 OCD는 1977년에 평가 프로젝트(Measure Project)를 지원했는데, 이는 곧 적절한 인지적 평가에만 제한되지 않고 사회적 능력을 구성하는 여러 요인들을 평가하는 도구를 개발하기 위하여 다중연구를 지원하는 것이었다. Zigler와 Trickett(1978)은 또한 동기 및 정서적 요소, 신체적 건강과 복지, 성취도, 그리고 형식적 인지능력에 대한 측정이 모두 포함되어야 한다고 주장하며 사회적 능력에 대한 평가방법들을 제안하였다.

그리하여 1970년대 후반부터 1980년 초기까지 어리석을 만큼 단순했던 인지-환경론적 관점은 대부분 폐기되었으며, 전인적 유아에 대한 재평가가 부각되기 시작하였다. 이 장의 제2저자인 Zigler는 1984년에 "나는 어린이를 단지 인지체계 안에서만 보는 관점이 이제는 사라졌다고 말할 수 있어서 행복하다."(Zigler, 1984, p. x)라고 적은 바 있다. David Elkind는 그의 저서 『기다리는 부모가 큰 아이를 만든다(The Hurried Child)』(1981)와 『잘못된 교육: 위기에 처한 아이들(Miseducation: Preschoolers at Risk)』(1987)에서 유아들은 너무 열심히, 너무 빨리 하도록 강요당하고 있으며, 특히 지적 기능 측면에서 너무 빨리 성장하도록 몰리고 있다고 주장하였다. Elkind는 이러한 압박의 결과가 스트레스에서부터 문제행동, 그리고 심지어 자살에 이르기까지 심각하다고 보았다. Elkind의 저서는 큰 반향을 얻어 유명해졌고 사회정서발달이 유아발달에서 가치가 큰 부분이며 지적 성장에 강한 영향을 미친다는 관점으로 전문가와 대중 양쪽 모두를 움직이는 데 지대한 영향을 끼쳤다.

그러나, 역사의 진자추(pendulum)는 이미 반대 방향으로 움직이고 있었다. 1982년, 레이건(Reagan) 정권은 인지 기능에 대한 평가도구를 개발하는 연구만 지원하며, 평가 프로젝트(Measure Project)에 대한 재정지원 대부분을 삭감하였다. 1991년에 Raver와 Zigler는 레이건과 조지 부시의 임기 동안, 헤드스타트 운영진이 프로그램의 효과를 평가하기 위하여 거의 독점적으로 인지평가에만 다시 초점을 맞추게 되었던 과정을 그린 바 있다. 더 나아가 평가 프로젝트에서 나온 인지평가 시스템(헤드스타트 평가도구)은 검사에 맞추어 가르치는 것에 대한 우려를 자아낸 교육과정을 동반하였다.

이러한 흐름은 다음 10년 동안 다시 바뀌기 시작하였다(Zigler, 1994). 예를 들어, 1995년에 연방정부와 주정부의 정책입안자들로 구성된 준행정 조직인 국가교육목표위원회(National Educational Goals Panel)는 공식적으로 학교준비도를 신체적 안녕과 운동발달, 사회정서발달, 학습에 대한 접근법, 언어발달, 그리고 인지와 지식이라는 다섯 측면으로 구성된 것으로 규정하였다(Bredekamp, 2004; Kagan, Moore, & Bredekamp, 1995). 이 규정은 이러한 요소들이 불가분하게 연관되어 있으며 학교준비도 지표로서 전체성 안에서 고려되어야만 한다는 것을 강조하였다. 1998년에 재인준된 헤드스타트는 프로그램의 목표가 학교준비도임을 분명하게 하면서 준비도를 이와 유사하게 정의하였다(Raver & Zigler, 2004). 마침내, 학습은 인지 교육 이상의 것에 의해 발달된다는 합의점에 도달한 것처럼 보였다. 그러나 이러한 흐름은 바로 그 이후에 또다시 바뀌어, 이 장의 처음에 제시된 것처럼 학습처방에 중점을 두는 것으로 끝맺었다. 인지에 대한 강조는 또다시 마치 어머니들이 병원에서 아기의 지능을 신장시키기 위해서 모차르트 음반을 들려주어야 한다고 처방을 받은 것처럼, 지나치게 단순화된 환경결정론을 동반하였다(Jones & Zigler, 2002).

이러한 흐름이 다시금 바뀌고 있으며 전인아동의 가치에 대한 강조가 재탄생될 것이라는 몇 가지 희망적인 징조가 있다. 인지 기능에 대한 지나친 강조에 대한 반박으로, 많은 단체들은 유아의 발달을 돕는 데 놀이가 필수적으로 중요하다고 주장해왔다. 예를 들어, 전미유아교육협회(National Association for the Education of Young Children)는 발달에 적합한 실제에 대한 자신들의 의견서를 갱신하면서, "놀이는 언어,

인지와 사회적 능력을 촉진할 뿐 아니라 자기조절 능력을 발달시키는 중요한 수단이다."(2009a, p. 14)라는 내용을 포함하여, 교육실제에 지침이 되어야 하는 유아발달 및 학습에 대한 12가지 원리를 제시하였다. 덧붙여, 아동연맹(Alliance for Childhood), 미국유아놀이권리협회(American Association for the Child's Right to Play), 전미놀이연구소(National Institute for Play), 그리고 영국 놀이지원단체(Play Matters)*를 포함하는 몇몇 단체들은 놀이의 중요성을 옹호한다고 알려져 왔다.

정계에서도 인지발달에 중점을 두는 것과 관련하여 반발이 있어 왔다. 일리노이 주에서는 학교수준 교육과정이 사회정서적 학습을 포함하도록 의무화하는 법을 통과시켰으며 사회정서적 학습에 초점을 두는 법안이 미 하원에 상정되기도 하였다. 버락 오바마 대통령은 2008년 선거 기간 동안 놀이를 명확하게 언급하는 정책 자료를 발표하였다. 오바마의 선거 공약뿐만 아니라 대통령 당선 이후의 행적은 유아교육과 초등교육 양쪽 모두에서 어린이에 대하여 더 균형 있는 관점을 옹호하는 것을 포함하여, 어린이의 권익을 증진시키기 위한 새로운 동력이 마련되고 있음을 가늠하게 해준다(Obama, 2008).

앞서 소개한 역사적 사건들은 인지발달에 대한 지나친 강조가 나라의 역사를 뒷걸음질하게 만든다는 것을 입증한다. 이는 정치적 기류가 바람을 일으켜 하나의 극단적인 관점이 급속도로 대세가 되었다가 다른 관점으로 대체되곤 하는 미국 교육에서 종종 명백하게 드러나는 흔들리는 진자에 대한 분명한 실례이기도 하다. 분명히 요구되는 것은 최상의 아동발달 연구와 믿을 만한 교육실제로부터 도출된 지식에 기반을 둔 균형 잡힌 접근이다.

전인교육 접근법

전인교육 접근법을 지지하는 사람들은 문식성을 포함한 인지 기능의 중요성을 평가절하하지 않는다. 미국에 있는 모든 어린이들이 능숙한 독자(reader)가 되도록 하겠다는 조지 부시 대통령의 의도와 노력은 칭찬할 만한 것이다. 그러나 읽기는 인지발달의 한 측면일 뿐이며, 또한 인지발달은 인간 발달의 한 측면일 뿐이라는 것이다. 인

* 역주: 유아와 가족 및 유아와 함께 일하는 사람들을 지원하기 위하여 2011년에 설립된 영국의 자선단체로 놀이의 중요성을 강조하며 관련 연구 및 다양한 정보를 제공하고 있다(www.playmatters.org.uk).

지 기능은 매우 중요하지만, 신체적, 사회적, 정서적 체계와 연관되어 있기 때문에 지적 능력을 걱정하면서도 다른 능력들을 배제하는 것은, 허사가 아니라면, 매우 근시안적인 것이다.

문식성에 포함되는 요소들을 생각해보자. 문식성은 알파벳 숙달 및 기초적인 단어 기능과 연관된다. 그러나 문식성 성취 이전에 필수적으로 요구되는 전제조건은 신체적 건강이다. 병 때문에 자주 결석하는 아이나 시력 또는 청력에 문제가 있는 아이는 읽기를 학습하는 데 어려움을 가질 것이다. 우울증이나 외상 후 스트레스 장애와 같은 정서장애로 고통받고 있는 아이들도 그러할 것이다. 마찬가지로, 글자와 소리를 알고 K학년을 시작하는 어린이가 인지적으로는 준비되어 있지만, 어떻게 경청하고 공유하고 차례를 지키고 선생님과 학급 친구들과 어울리는지를 제대로 알지 못한다면, 이러한 사회성 부족이 이후의 학습을 방해할 것이다. 읽기와 학업 성취를 위해서 어린이는 적절한 교육을 받아야 하지만, 또한 육체적으로나 정신적으로 건강하고 적합한 사회적 기능을 가지고 있으며 호기심, 자신감, 성공에 대한 동기를 가져야만 한다. 이러한 거시적 관점은 인간의 발달과 학습에서 정서 및 동기 요소의 중요성을 지적한 『뉴런에서 이웃까지(From Neurons to Neighborhoods)』(Shonkoff & Phillips, 2000)라는 권위 있는 저서에서도 강조되고 있다.

사회정서적 요소가 인지발달에 필수적이라는 입장은 새로운 것이 아니다. 헤드스타트 설립자들은 1965년에 이 프로그램을 설계할 때 사회정서적 요소의 중요성을 잘 알고 있었다. 그 이후로, 대다수의 연구들도 학교준비도를 위한 정서 및 사회적 요소의 중요성을 입증하였다(Raver, 2002; Shonkoff & Phillips, 2000). 예를 들어, 정서적 자기조절은 학습에서 특히 중요한 요소로 밝혀졌다(Raver & Zigler, 1991). 유아들은 교실에서 당면한 과제에 집중할 수 있어야 하고 자신의 감정을 조절할 수 있어야 한다. 또한, 행동을 체계화하고 선생님 말씀에 귀 기울일 수 있어야만 한다. 이 모든 것은 학습을 촉진하는 비인지적 요소들이다. 더 나아가, 이러한 유형의 정서적 자기조절은 유아가 놀이를 통해 차례를 지키고, 서로 행동을 규제하고 협력하는 것을 배울 때 발달될 수 있다(Bredekamp, 2004).

인지발달에 대한 비인지적 요소의 영향: 이론

인지발달에 대한 편협한 초점은 지금까지 탄탄하게 발전해온 발달이론에 비추어볼 때

적절하지 않다. 20세기 인지발달의 두 저명한 이론가인 Jean Piaget와 Lev Vygotsky는 인지발달에서 비인지적 요소의 중요한 역할에 대해 강조하였다.

Piaget는 모든 지식은 행동으로부터 오며, 유아는 물리적 환경과 상호작용하며 능동적으로 지식을 습득한다고 보았다. Piaget(1932)에 따르면, 놀이는 유아에게 환경 안에서 사물과 상호작용하고 세상에 대한 지식을 구성하도록 수많은 기회를 제공한다. Vygotsky는 발달에 대한 사회문화적인 영향, 특히 사람과의 상호작용이 인지발달을 촉진시키는 방식을 강조하였다. Vygotsky(1978)는 놀이가 인지발달을 위한 주요한 맥락의 역할을 한다고 주장하였다. 즉, 놀이에서 유아는 다른 사람들(더 능숙한 또래, 교사, 부모)과 상호작용하고 그들로부터 배울 수 있는 것이다.

인지발달에 대한 비인지적 요소의 영향: 연구

수십 년의 실험 연구들은 유아의 인지발달을 위한 놀이의 혜택을 분명히 입증하고 있다. 여기에서는 주요 결과들을 매우 간단히 요약하겠다(더 상세한 내용을 위해서는 Zigler, Singer, & Bishop-Josef, 2004 참조). 여러 연구에서는 언어 기능, 문제해결, 조망수용(perspective taking), 표상 기능, 기억력, 그리고 창의성에 미치는 놀이의 유익한 효과를 입증해왔다(Davidson, 1998; Newman, 1990; Singer, Singer, Plaskon, & Schweder, 2003). 놀이는 또한 초기 문식성 발달에도 기여하는 것으로 밝혀졌다(Christie, 1998; Owocki, 1999).

인지발달에 대한 비인지적 요소의 영향: 실제

유아의 인지발달을 위해서는 비인지적 요소들이 필수적임을 인식하면서, 전문가들은 인지발달뿐만 아니라 문식성 기능을 향상시키기 위하여 놀이를 활용하는 교육과정을 개발해왔다(Bodrova & Leong, 2003; Owocki, 1999; Singer et al., 2003). 예를 들어, Bodrova와 Leong의 '정신의 도구(Tools of the Mind)' 교육과정을 도입한 유아교육기관과 K학년 교실은 Vygotsky의 인지발달 이론을 바탕으로, 문식성 발달을 위하여 역할놀이를 활용한다. 이 교실에는 유아들이 매일 상당한 시간을 보내는 역할놀이 영역이 포함되어 있으며, 또한 역할놀이는 많은 교실 활동에 스며들어 있다. 교사는 유아들이 가작화 상황을 만들도록 돕고 소품을 제공하며 가능한 역할을 확장시켜 줌으로써 유아의 놀이를 지원한다. 유아들은 교사의 도움을 받아 극놀이 주제, 역할, 놀이규칙을 포함하는 놀이 계획안을 만든다. 정신의 도구 교육과정에 대한 연구들은 문식성 및 인지 기능 발달에 미치는 효과를 지지한다(Bodrova, Leong, Norford, & Paynter, 2003; Diamond, Barnett, Thomas, & Munro, 2007).

결론

연구와 교육실제에 관한 문헌들은 유아교육에서 전인교육 접근법을 지지하는 명백한 증거를 제공한다. 학습을 촉진시키기 위하여 부모, 교사, 정책입안자들은 전인아동에 초점을 맞추어야 한다. 중요한 사실은 전인교육 접근법을 지지하는 사람들은 (인지발달을 포함한) 발달의 모든 체제가 공동으로 작용하며, 그리고 같은 맥락에서 자녀 양육과 교육에 적합한 초점으로 여긴다는 것이다. 이와 상반되게, 인지 체제가 대부분의 관심을 받아야 한다고 믿는 사람들은 유아의 나머지 요구들을 근본적으로 거부하는 것이다. 이들은 학습에 대한 신체적 건강과 사회정서적 체제의 기여를 무시함으로써, 실패할 수밖에 없는 교육제도에 대한 주장을 펼치고 있는 것이다.

제16장

K학년 입학 시 학업기능의 중요성

– Greg J. Duncan

필자는 종합적 논평서인 『뉴런에서 이웃까지(From Neurons to Neighborhoods)』(Shonkoff & Phillips, 2000)를 집필한 미국 국립연구위원회(National Research Council[NRC])/의학협회에서 일하는 기쁨을 누린 바 있다. 학교준비도와 관련한 가장 놀라운 결론 중 하나는 "사회 · 정서발달을 향상시키는 조기 중재 프로그램의 요소들은 언어 및 인지 능력을 향상시킬 수 있는 요소들만큼 중요하다"(pp. 398-399)는 것이었다. 그 이후로 필자는 구체적인 문식성과 (특히) 수학 기능을 발달시키는 유아교육과정이 사회 · 정서발달을 향상시키는 데만 초점을 둔 유아교육과정보다 유아의 학교에서의 성공기회를 높이는 데 더 좋다는 결론을 내리면서, 이 문장의 타당성에 대해 의문을 불러일으켰다. 또한 초등학교에 다니는 동안 지속적으로 나타나는 반사회적 문제행동을 다루는 데 효과적인 프로그램이 어린이의 삶에서 더 많은 기회를 제공할 수 있다고 본다.

여기서 짚고 넘어가야 할 중요한 점은 필자가 유아의 건전한 발달에 있어서 사회 · 정서적 행동이 중요하지 않다고 주장하는 것이 아니라는 점이다. 사실 완전히 그 반대이다. 정서발달은 판단 및 결정, 소위 유아기동안 문제해결 능력의 기저를 이루는 실행기능과 관계된 회로와 활발히 상호작용함으로써 유아의 뇌 구조에 연계된다(National Scientific Council on the Developing Child, 2008; Posner & Rothbart, 2000). 그리고 우리는 학대하고 방치하는 양육자로 인한 엄청난 스트레스가 인지 기능에 평생 동안 부정적인 영향을 끼칠 수 있다는 사실을 잘 알고 있다(Glaser, 2000).

이 책의 의도에 따라 이 장은 다음과 같이 훨씬 더 한정된 질문을 다룬다. 인지 및 학업기능에 초점을 둔 교육과정과 정신건강 및 정서발달에 초점을 둔 교육과정 중 어떤 것을 선택하는 유아교육기관이 어린이의 장래 학교 성공을 더 잘 도모할 수 있을 것인가?

비록 어린이가 학교를 시작할 때 보였던 사회 · 정서적 행동이 이후의 교육성취에 영향을 줄 가능성이 있다는 것은 분명하지만, 국립연구위원회의 결론을 지지하는 증거는 강력하지 않다. 실험연구들의 결론을 우선 살펴보자. 페리유아원(Perry preschool)

과 ABC 프로그램 등의 시범 프로그램들은 고위험군에 있는 유아들을 대상으로 하여, 인상적인 인지능력 및 학업성취 증가라는 효과를 산출하였고 특수교육 배치, 유급, 중퇴 등에서 장기적인 감소를 보였을 뿐만 아니라 성인기의 교육성과도 증가하였다. (페리유아원 추적연구는 Schweinhart, Barnes, & Weikart, 1993; Schweinhart et al., 2005 참조. ABC 프로그램의 효과는 Campbell et al., 2002를 참조하고 그 외 시범 프로그램들의 예는 Lazar & Darlington, 1982; Royce, Darlington, & Murray, 1983; Reynolds & Temple, 1998 참조.) 그러나 이 프로그램들 대부분은 학업기능과 사회적 기능 모두를 향상시키도록 설계된 광범위한 교육과정으로 운영되었기 때문에, 프로그램의 학습적 요소, 자기조절 요소, 행동적 요소 중 어떤 것이 (개별적으로 또는 결합하여) 연구에서 나타난 유아교육의 장기적 영향력을 가져온 원인인지를 결정하기란 불가능하다.

한편, 다른 실험적 중재 프로그램들은 자기조절 문제나 반사회적 행동과 같은 개별적 문제행동을 겨냥해왔다. 그런데 문제는 이러한 프로그램들은 실험을 통해 전형적으로 선별된 행동에 대한 효과만 평가하고 향상된 행동을 학업 성취도 등의 성과로 연관시키는 데에는 실패하였다는 것이다. 한 가지 주목할 만한 예외는 정신의 도구 유아교육과정에 대한 Barnett, Jung 등(2008)의 검증실험인데, 이는 포괄적인 실행행위 시스템을 통하여 인지적인 자기조절 기능을 향상시키도록 설계된 프로그램이다. 이 연구의 통제집단 조건은 지역 교육청에서 개발한 문식성 교육과정이었다. Diamond 등(2007)이 했던 것처럼, Barnett, Jung 등(2008)은 유아들이 인지적 자기조절에서 두드러진 향상을 보였을 뿐만 아니라 문제행동이 더 크게 감소되었음을 입증하였다. 그러나 정신의 도구 교육과정을 사용한 유아들에게 학교에서의 성공을 향상시키기 위하여 유아교육기관에서 주의집중 기술을 증진시키는 것이 직접교수보다 더 좋은 전략이라는 것을 제대로 증명하지는 못하였으며, 성취도와 인지능력에 대한 일곱 가지 검사 중 오직 하나에서만 통제집단보다 유의미하게 높은 점수를 얻었다.

또 다른 예외는 초등학교 1학년들 중 공격적인 행동뿐만 아니라 소극적으로 위축된 행동도 대상으로 삼았던 행동 중재로부터의 결과를 보고한 Dolan 등(1993)의 연구이다. 이들의 무선할당 평가에서 공격적 행동과 위축된 행동에 대한 교사보고와 동료보고 양쪽 모두에서 행동 중재의 단기적인 효과는 나타났으나, 읽기 성취도에 대한 영향은 없었다. 세 번째 예외는 공격적인 K학년 남아들에게 학교 중심의 사회적 기능 훈련뿐만 아니라 효과적인 양육에 대한 가정중심 부모교육으로 구성된 2년간의 실험처치를 임의적으로 부여했던 Tremblay, Pagani-Kurtz, Mâsse, Vitaro와 Pihl(1995)의 연구이다. 처치집단과 통제집단 사이에 나타난 비행행동에서의 차이는 15세까지 지속되었으나, 일반학급에 배치되는 것과 관련된 초기의 긍정적 효과는 초등학교 말기 무렵 사라졌다.

학교준비도 요소와 이후 학교에서의 성공 사이의 연관성에 대해 비실험적 연구들은 어떤 사실을 조명해줄 수 있는가? 많은 종단 연구들은 초기 사회 · 정서적 기능과 이후 성취도를 연관시키지만, 대부분은 모형을 분석할 때 가족과 유아의 배경요소 및 다른 성취도 변인들을 제대로 통제하지 못하였다(관련 연구 개관은 Duncan et al., 2007 참조). 예를 들어, 비록 학교 입학 시 반사회적 행동과 이후 학교에서의 성공 사이의 상관관계가 예외 없이 부정적이라고 할지라도, 이러한 연구에서는 이러한 상관관계가 문제행동을 가지고 입학하는 아이들이 대체로 기초적인 문식성 기능이나 수학적 기능도 부족한 것이 영향을 주지 않았는지에 대해서는 좀처럼 묻지 않는다. 아마도 이러한 학업기능은 오히려 반사회적 행동보다 이후 학교에서의 성공에 더 필수적인 결정요인일 것이다.

초기 기능과 이후 성취도

미시건 대학에 위치한 생애경로분석센터(Center for the Analysis of Pathways from Childhood to Adulthood)는 이후 학교 성취도와 관련하여, 학교 입학 시점에서의 성취도, 주의집중력, 그리고 문제행동의 상대적 중요성을 보다 포괄적으로 평가하기 위한 기반 시설을 제공하였다. 필자가 Chantelle Dowsett과 함께 대표로 있던 학제팀은 학교 입학 시기에 나타난 읽기 및 수학 성취도, 주의집중력, 친사회적 행동, 그리고 반사회적 행동, 내면화된 문제행동에 대한 측정과 이후의 초등학교 또는 중학교에서 얻은 읽기 및 수학 성취도 검사를 포함하여 모집단 데이터 세트를 여섯 개 찾아냈다. 대부분의 성취결과는 1학년과 8학년 사이에 시행된 각종 검사들로부터 온 것이었지만, 우리가 사용했던 교사보고 방식의 성취도 데이터와 결과가 유사하였다. 학교 입학 시 사회 · 정서적 행동에 대한 기록의 대부분은 교사에 의해 제공되었고, 나머지는 부모로부터 제공되었다. 학교 입학 시 읽기와 수학 능력은 검사도구를 통해 평가하였다. 데이터 세트 중 하나는 주의집중력에 대한 컴퓨터 기반 검사(computer-based test)로 수집하였고 나머지는 교사와 부모의 보고를 통해 수집하였다.

이러한 데이터를 사용하여, 우리는 읽기와 수학 성취도, 주의집중력, 반사회적 행동, 그리고 내면화된 문제행동과 관련된 K학년 입학 시 평가점수들로 이후 읽기 및 수학 성취도 평가점수에 대한 회귀분석을 실시하였다(Duncan et al., 2007). 우리의 가장 복잡한 모형에서는 K학년 이전 시기에 측정된 유아의 인지 기능, 행동, 기질뿐만 아니라 가족 배경 요소를 통제하였다. 비교를 위하여, 모든 성취도 검사와 행동 평가는 표준점수로 변환하였다. 여섯 개의 데이터 세트에서 K학년 이후의 모든 읽기와 수학 성취도 평가결과들은 각 회귀분석에서 종속변인으로 처리되었다.

결과를 요약하기 위하여, 우리는 개별 회귀분석으로부터 나온 표준화 회귀계수들에 대한 메타분석을 실시하였다. 수학 및 읽기 결과와 관련된 회귀분석으로부터의 평균 효과크기는 표 16.1에 제시된 바와 같다. 읽기에 대한 효과크기는 (이전의 IQ, 가족 배경, 그리고 공존하는 주의집중력과 행동을 통제하고) 학교 입학 시 읽기 기술에서 표준편차 1의 증가가 이후 수학 성취도에서 표준편차 .09의 증가와 이후 읽기 성취도에서 표준편차 .24의 증가와 연관됨을 보여준다. 이러한 평균 효과크기의 추정치 둘 다 통계적으로 유의미하였다.

표 16.1의 결과를 더 깊게 살펴보면, 학교 입학 시의 기능 및 행동 여섯 가지 중 오직 세 가지, 즉 읽기, 수학, 주의집중력만이 이후 학교 성취도를 예측할 수 있었으며 이 중 수학 기능이 일관되게 가장 높은 예측력을 보임을 알 수 있다. 문제행동과 사회적 기능은 성취도와 유아 및 가족 특성이 일정하게 통제되었던 모형에서는 이후 성취도와 관련이 없었다. 사실상 절대값이 .01보다 더 높은 표준화 계수는 하나도 없었다. 이러한 패턴은 전체 연구에서뿐만 아니라 이들이 실험한 여섯 데이터 세트 모두에서 공통

표 16.1 1~8학년의 성취도에 대한 학교 입학 시 기능 및 행동의 효과크기; 236개 표준화 회귀계수의 메타분석

학교 입학	수학 성취도	읽기 성취도
읽기	.09 *	.24 *
수학	.41 *	.26 *
주의집중	.10 *	.08 *
외현화 (문제행동)	.01 ns	.01 ns
내면화 (문제행동)	.01 ns	−.01 ns
사회적 기능	−.00 ns	−.01 ns

* $p < .05$; ns = 통계적으로 유의미하지 않음(즉, $p > .05$); 관찰수 = 236 추정 계수

출처: Duncan 외(2007).

주석: 외현화 및 내면화 행동 평가에서 더 큰 값은 더 많은 문제가 있음을 나타내므로, 이 평가척도들 각각과 성취도 사이에서는 부정적 관계가 예측된다. 검사 시간, 교사별 검사결과, 그리고 연구 고정 효과들에 대한 통제를 추정한다. 계수는 역분산으로 가중치가 주어졌다.

되게 나타났다. (전체 연구에서의 이변량 상관관계는 누구나 예상하는 대로였음을 밝혀둔다. 이후 성취도와 학교 입학 시 행동 사이의 상관관계는 사회성 기능 .21, 외현화 문제행동 −.14, 그리고 내면화 문제행동 −.10이었다.)

당연하게도, 읽기 기능은 이후 수학 능력 성취도보다는 이후 읽기 성취도의 더 강한 예측변인이었다. 반면 기대하지 못했던 결과는 (여섯 개의 하위 연구 중 다섯 연구에서 이전의 인지 기능에 따라 조정한) 초기 수학 기능이 초기 읽기 기능만큼 이후 읽기 성취도를 예측한다는 것이었다. 유아의 주의집중력은 읽기와 수학 성취도에 똑같이 중요한 것으로 (그리고 사회·정서적 행동의 여러 측면들은 한결같이 중요하지 않은 것으로) 나타났다. 후속 분석은 이러한 결과가 다수의 잠재적 문제들의 영향을 받지 않고 동일하다는 것을 보여주었다. 예컨대, 주의집중력과 사회·정서적 기능 측정점수에서의 오차 수정은 결과들에 거의 영향을 미치지 않았다. 주의집중력과 행동에 대한 어머니의 평가는 이후 학습 성취도에 대한 교사들의 평가만큼 예측력을 가졌다. 모형이 주의집중력과 사회·정서적 기능의 성취도에 미치는 영향력을 과잉 통제할 것이라는 우려는 근거 없는 것으로 증명되었다. 사용된 연구방법으로 인한 변량 편향(bias)은 검사점수가 이후 교사보고 및 검사중심 성취도 평가만큼 예측적이었기 때문에 중요한 것이 아니었다. 학교 입학 시 요인들의 상대적인 중요성은 즉각적(예컨대, 1학년) 및 이후(예컨대, 5학년) 성취도 평가에서 비슷하였다. 그리고 문제행동의 영향력은 가장 심각하게 많은 문제를 갖고 입학하는 학생들에게서는 더 이상 작용하지 않았다.

Duncan 등(2007)의 분석은 대체로 학교 입학 시 기능과 행동의 상대적 역할에 대한 한 가지 질문에 대하여 명확한 답을 제공하였다. 바로 초기 학업 기능이 이후의 학교 성취도에 대한 가장 강력한 예측변인이라는 것이며, 심지어 유아기에 높은 성취를 보이는 학생들이 인지능력 검사에서 더 높은 점수를 획득하며 경제적으로 더 유리한 가정으로부터 온다는 사실에 근거하여 이러한 차이점을 통계적으로 조정한 후에도 이러한 초기 학업 기능의 영향력은 마찬가지로 나타난다는 것이다. 초기 수학 기능은 초기 읽기 기능보다 이후 성취도에 대해 더 지속적으로 예측력을 갖는다. 학교 입학 시 집중하고 끈기 있게 과제를 지속하는 능력은 이후 성취도에 대해 보통 수준의 예측력을 가진 반면에, 초기 문제행동과 사회적 기능 및 정신적 건강 문제 등 다른 측면들은 전혀 예측력을 가지지 않았다. 만약 학교 준비도를 이후 학습 성취도를 가장 잘 예측하는 기능과 행동으로 정의한다면, 구체적인 수학 및 문식성 기능이 사회·정서적 행동보다 분명하게 더 중요하다고 볼 수 있을 것이다.

초기 기능, 고등학교 졸업, 그리고 대학 진학

물론 아동기 중기의 읽기 및 쓰기능력에 비하여 청소년기 및 성인기 초반의 학업성취에 있어서 인생 초기의 학업기능이 그렇게 중요하고 사회·정서적 행동은 별다른 영향을 주지 않는지는 아직까지 확실하지 않다. 고등학교를 마치는 것은 성취, 참여, 인내의 결합을 요구하는 듯하다. 초등학교에서의 반사회적 행동은 교장실로 불려가서 혼나는 정도의 미미한 결과만을 초래하지만, 중학교 또는 고등학교에서의 그러한 행동은 정학, 퇴학, 심지어 형사 고발을 야기할 수 있다.

두 번째 비실험 연구에서, Duncan과 Magnuson(2009)은 학교 입학 당시뿐만 아니라 초등학교 동안 지속되는 학습문제 및 문제행동과 고등학교 졸업 간의 연관성을 연구하기 위하여 두 가지 기존 데이터를 사용하였다. 이 연구에서 사용된 두 가지 데이터의 출처는 전국청년종단연구-아동보충판(National Longitudinal Study of Youth-Child Supplement[NLSY]; Baker, Keck, Mott, & Quilan, 1993)과 엔트위슬-알렉산더 볼티모어 학령초기 연구(Entwisle-Alexander Baltimore Beginning School Study[BSS]*; Entwisle, Alexander, & Olson, 2007)였다. 여기에서는 설명하기 쉽도록 NLSY의 결과에 중점을 두고자 한다. 지속적인 반사회적 행동문제는 대학 진학에 대해 NLSY보다 BSS에서 예측력이 다소 더 낮았다.

종전의 연구들에서 이후의 교육적 성과를 예측하는 데 있어서 학생의 문제행동에서 전반적인 경향을 보이는 궤적(trajectory)이 어느 한 연령에서의 문제행동 수준보다 더 중요하다고 시사해왔다(Kokko, Tremblay, LaCourse, Nagin, & Vitaro, 2006). 이는 성취 궤적에 있어서도 마찬가지로 적용될 것이다.

Duncan과 Magnuson(2009)은 Duncan 등(2007)의 연구에서 사용된 학교 입학 시 성취도, 주의집중력 및 문제행동과 고등학교 졸업률의 관계를 먼저 살펴보았다. 초기 수학 및 읽기 기능은 기껏해야 통계적 유의성 범위에서 근소한 긍정적 효과를 보였다. 흥미롭게도, 학교 입학 시 반사회적 행동 또한 보통이지만 유의미한 (부정적) 효과를 보였다. 반면 학교 입학 시 주의집중력과 내면화된 문제행동들은 전혀 예측력을 갖지 않았다.

이러한 기능 및 행동 일부와 교육적인 성과 사이의 더 강력한 상관관계는 학교에 다

* 역주: 학령초기 연구(BSS)는 유아의 학습 및 사회성 발달을 초등학교 1학년부터 고등학교와 그 이후까지 추적하는 종단연구이다.

표 16.2 고등학교 졸업 및 대학 진학 확률에 대한 만 6, 8, 10세에서의 지속적인 문제 또는 문제없음의 효과

문제 영역	고등학교 수료/졸업	대학 진학
읽기	−.05	−.06
수학	−.13**	−.29**
반사회적 행동	−.10***	−.24*
부주의	.01	−.05
불안감	−.03	−.18***

* $p<.05$, ** $p<0.1$, *** $p<.10$

출처: Magnuson 등(2009)

주석: 문제영역이란 각 연령별 분포의 최하위 1/4에 속하는 것으로 정의된다. 회귀분석 둘 다에 기재된 모든 변인을 넣고 유아 및 가족 변인을 통제하였다.

니는 동안 나타났다. 가장 흥미로운 분석으로, Duncan과 Magnuson(2009)은 고등학교 졸업과 대학 진학과 관련하여 지속적인 학업문제, 주의집중력, 문제행동의 영향력을 검증하였다. 이를 위해, 연구자들은 유아를 저학년(만 6, 8, 10세) 시기의 읽기 및 수학 성취도, 주의집중력, 반사회적 행동 및 불안감에 대한 점수패턴에 따라 분류하였다. 높은 수준의 문제행동 분계점은 백분위점수로 75%, 낮은 성취도에 대한 상한선은 25%로 하였다.

이어서 측정시기 중 0번, 1~2번, 3번 모두 측정분포의 하위 1/4에 속하느냐에 따라 '전혀 하지 않는', '간헐적인', '지속적인'이라는 세 집단으로 나누었다. 표 16.2는 지속적인 문제를 가지고 있던 아이들과 반대로 문제가 전혀 없던 아이들이 고등학교를 졸업하고 대학에 진학할 가능성에서의 차이점을 보여준다. 표 16.1에서와 마찬가지로, 두 회귀분석에서는 유아의 IQ와 가정 배경뿐만 아니라 다른 영역에서 동시 발현한 문제요인들을 통제하였다.

학교 성취도 분석에서와 마찬가지로, 수학 성취도가 교육적 성과에 대해 가장 강력한 단일 예측변인으로 나타났다. 수학 점수분포에서 지속적으로 최하위에 속한 학생들은 고등학교 졸업은 13%, 대학 진학은 29%가 더 낮은 경향이 있었다. 비록 학교 입학 시의 반사회적 문제행동 기록은 이후의 학교 성취도를 예측하지 못했지만, 표 16.2는 지속적으로 나타나는 문제행동은 실제로 더 낮은 교육성과와 연관됨을 보여준다. 반면 놀랍게도, 지속적인 초기 읽기 문제나 주의집중 문제는 예측력을 갖지 않았다. 지속적인 불안감은 대학 진학에 대해 예측력을 다소 가졌지만, 이 결과는 Duncan과 Magnuson(2009)에서 사용했던 두 번째 데이터 세트의 분석에서는 반복되지 않았다.

다양한 사회경제적 지위와 인종에서는 이러한 패턴이 대략 비슷했지만 성별에 있어서는 달랐는데, 즉 반사회적 행동은 여아보다 남아의 학교 성과에 대해 더 높은 예측력을 가졌다.

유아교육 중재효과에 대한 요약과 전망

여섯 개의 데이터 세트에 대한 비실험적 분석은 미래의 학교 성취도에 대한 영향 측면에서 유아의 학교 입학 시의 사회·정서발달은 문자인식, 글자 소리, 숫자, 서수(ordinality)를 아는 것과 같은 구체적인 문식성 및 수학 기능보다 훨씬 영향력이 적다는 사실을 시사한다. 학교 과제에 주의를 기울이고 참여하는 능력은 미래의 성취도를 지속적으로 예측하지만, 초기 읽기나 특히 수학 기능만큼 강력하지 않은 중간 정도의 위치를 차지한다.

성취도 검사에서의 수행뿐만 아니라 고등학교를 졸업하고 대학을 다니는 것을 포함하는 것으로 학교에서의 성공이라는 개념을 확장시키면 이러한 경향이 다소 변화된다. 학교 입학 시 성취도와 반사회적 행동은 이러한 결과들에 대해 매우 약한 예측력을 가질 뿐이었다. 더 중대한 것은 지속적인 학습문제 또는 문제행동이 초등학교에서 나타나는지 하는 것이다. 성취도가 지속적으로 낮지 않게 하는 것이 긍정적인 학교 성취도에 중요하지만, 아동기 중반을 거쳐 지속적으로 반사회적 문제행동을 가진 아이들 또한 낮은 성과를 보일 고위험군에 있었다. 지속적인 주의집중력 부족 및 내면화된 문제행동은 일단 가족 배경과 다른 성취도 문제들을 반영하면 고등학교 졸업에 대해 예측력을 갖지 않았다.

그러나 비실험적인 연구로부터 정책을 이끌어내는 것은 위험하다. 초기 기능과 행동의 인과적 영향력에 대한 예측은 편향될 수 있다. 또한 편향되지는 않더라도, 가장 중요한 예측변인으로 나타난 것이 거의 실현불가능하거나 교정하기에 상당한 비용이 드는 기능이나 행동일 수 있을 것이다. 적절한 유아교육 정책 평가는 상관관계보다 비용 및 편익 분석을 필요로 한다.

다행스럽게도, 앞에서 설명한 것처럼, 집중적 유아교육과정 중 상당수가 초기 수학, 문식성, 주의집중력, 행동 기능을 성공적으로 향상시켜왔다. 우리의 비실험적인 분석에 기초해볼 때, 이후 학교 성취도를 향상시키는 가장 좋은 방법은 입증된 유아 수학 및 문식성 교육과정으로 나타난 반면, 더 장기적인 교육적 성과는 초등학교에서 어린이들에게 성취도 문제 및 반사회적 문제행동이 지속되는 것을 예방하도록 하는 교육과정 또는 프로그램의 영향을 가장 크게 받을 듯하다.

그러나, 정책 실행은 가장 뛰어난 예측에 기초할 것이 아니라, 대규모로 실시가능한 프로그램에 대한 철저한 평가로부터 입증된 증거에 기반을 두어야만 한다. 여기에서 가장 큰 문제는 겉보기에 성공적인 교육적 중재 프로그램에 대한 평가가 프로그램 종료 후 몇 달 이상을 거의 넘어서지 않는 단기적인 분석이며 중재 대상으로 의도했던 것 이상의 결과들을 평가하는 데에는 대체로 실패한다는 것이다. 수학 또는 읽기 성취도에 있어서 주의집중력을 향상시키는 것 등의 교차영향력(crossover impact)은 거의 예측되지 않으며, 학교 중퇴 또는 대학 진학과 같은 일반적인 교육성과에 대한 영향을 예측하는 데 충분한 장기적 추적연구도 거의 없다. 절실하게 필요한 것은 기능 및 행동, 학교 성과를 비롯하여 특수교육 배치와 학년 유급과 같은 경제적으로 유의미한 결과들에 미치는 영향을 추적하여 평가하는 장기적인 연구이다.

우리의 주목할 만한 결과 중 하나는 초기 수학 기능이 이후 성취도의 가장 강력한 예측변인이라는 것이다. 그 이유를 밝혀내는 것이 중요하다. 수학은 작동기억과 같이 개념적 능력과 절차적 능력 모두의 결합을 요구한다. 그러나 우리에게 주어진 데이터로는 이러한 능력을 별도로 분석할 수 없다. 그렇지만 우리의 연구결과는 후속 연구들을 통해 학교 입학 전에 수학 기능을 향상시키려는 노력의 효과에 대한 철저한 실험이 앞으로 더 활발하게 이루어져야 할 필요성을 설득력 있게 제시하는 증거를 제공한다. 무선배치 설계를 통해 특정 수학 기능의 발달에 중점을 두고 초등학교 시절 전반의 읽기 및 수학 능력을 추적하여 유아 수학 프로그램의 효과를 밝히는 평가는 초기 기능과 이후 성취도 사이의 인과적 연관성을 찾을 수 있도록 도울 것이다.

제17장

학습중심 유아교육

프랑스 유아교육의 시사점

– E. D. Hirsch, Jr.

이 장에서 필자는 자연주의적 접근과 확연히 구분되는 유아교육에 대한 학습적 접근(academic approach)을 지지한다. 이러한 구분은 지나치게 단순하게 표현되곤 한다. 필자가 프랑스에서 명시적인 학습중심 교육과정을 따르는 유아교육기관들을 방문했을 때 다양한 에콜 마텔넬(écoles maternelles: 프랑스 유아원)에서 관찰할 수 있었던 광범위한 교수방법과 분위기에 큰 감명을 받았는데, 매우 엄격한 훈육자에서부터 관대한 어머니 상까지 교사들의 교수양식이 다양하면서도 모두 학습목표를 충족하고 있었다.

유아교육에서 교육학적 방법론에 대한 논쟁이 중요하기는 하지만, 때때로 더 중요한 쟁점인 교육과정으로부터 멀어지게 한다. '교육과정(curriculum)'이라는 단어는 만 2세부터 4세까지의 유아와 연관될 때마다 반발을 얻는다. 그러나 만약 교육과정이 인지적, 정서적, 신체적, 사회적 목표들을 포함하는 일련의 명시적 학습 목표로 정의된다면, 교육과정을 전해주는 것이 바로 현재 유아교육의 목표이며 또한 마땅히 그래야 하지 않겠는가? 사회적 목표와 인지-언어적 목표를 사전에 분명하게 정해두며, 이러한 목표를 달성할 방법을 명시적으로 밝혀두고 그 달성 여부를 지속적으로 평가한다면, 이렇게 정의된 교육과정은 대단히 성공적인 결과를 보일 것이다.

전 학년에서 교육과정은 미국 교육이 직면하고 있는 가장 중요한 개념 문제가 되어 왔다. 단순히 최상의 결과가 무엇인가에 대한 순수하게 과학적인 질문이 쟁점은 아니다. 사람들의 정서적 반응과도 연계되는 이 주제는 또한 역사적인 맥락에서 바라보아야 할 필요가 있는 것이다. 지난 75년 동안, 미국의 교육 사상은 소위 반교육과정 운동(anticurriculum)에 의해 지배되어 왔다. 1939년에, Issac Kandel은 기억에 남는 방식으로 그 우세한 관점을 요약한 바 있다.

공식적인 교과에 대한 강조를 반대하면서 (중략) 진보주의자들은 유아를 숭배하기

> 시작하였다. [그들이 말하기를] 유아는 자신의 요구와 흥미에 따라 자라도록 허용되어야만 한다. (중략) 지식은 오직 실제적인 맥락에서 습득될 때만 가치 있다는 것이다. 따라서 교사는 경험을 위해 적합한 환경을 제공해야만 하지만 안내하거나 조언하는 것을 제외하고는 개입해서는 안 된다. 사실, "사전에 고정된 것은 아무것도" 없으며, 주제들은 "학습되도록 미리 정해진 것"이어서는 안 된다. (중략) 교육과정이나 내용에 대해서는 어떠한 언급도 이루어지지 않는다. (중략) 진보주의의 공격에서 가장 비중을 둔 것은 교과, 그리고 교과라는 이름으로 교육과정을 계획적으로 구성하는 것을 반대하는 것이다. (Ravitch & Null, 2006, pp. 401-411에서 재인용)

미국인들 사이에 널리 퍼져있는 이러한 신념 아래, 학습중심 교육과정의 수립은 학습자가 성숙하여 고등학교에 이를 때에서야 용인될 만한 것으로 여겨지고 있다. 영유아교육에 대해 생각해보면, 학습중심 교육과정에 대한 반감은 끈질기게 존재해왔다.

냉정하게 다음과 같이 물어보자. "학습중심 교육과정을 거부하는 것이 실제로 유아교육에서 효과가 있어 왔는가, 혹은 같은 맥락에서 이어지는 학년에서 효과가 있어 왔는가?" 이에 대한 짧은 대답은 "아니오"이다. 계속되는 저조한 국가 성취도와 계층 간의 큰 격차에 대한 증거와 별도로, 반교육과정 아이디어가 유아교육 혹은 이후 학년에서 제대로 작용할 수 없는 이유를 이론적인 고찰을 통해 설명할 수 있다.

이 논점을 설명하기 위하여, 언어발달 영역의 예를 생각해보자. 간단하게 살펴보기 위해 구문론 발달은 차치하고, 가정배경이라는 장벽을 넘어 더 높고 공평한 성취를 달성하기 위해 온 노력을 기울여 왔지만 무시무시한 "마태효과(Matthew effect)"에 시달려온 영역인 어휘력 발달만을 두고 생각해보자. 마태효과는 "누구든지 가진 사람은 더 받게 되어 풍성하게 가지게 될 것이요, 가진 것이 없는 사람은 그 가진 것마저도 빼앗기게 되리라"(마태복음 25:29, 킹제임스 성경)라는 성경 구절에서 나온 것이다. 즉, 한 아이가 출발점에서 더 많은 단어를 알고 시작한다면, 더 많은 발화(utterances)를 이해할 수 있을 것이고 그 때문에 계속해서 더 많은 단어들을 빠르게 배울 것이다. 알고 있는 어휘의 수가 적은 유아들은 훨씬 더 느린 속도로 습득할 것이고 점점 더 뒤처질 것이다. 어떤 종류의 교육과정이 유아기의 능동적 및 수동적 어휘력 발달을 가장 잘 증가시킬 것이며, 혜택을 받고 자라온 유아들의 어휘력을 증가시킬 뿐만 아니라 혜택을 받지 못하고 자라난 유아들도 그 격차를 따라잡을 수 있도록 해줄 것인가?

Stanovich(1992)는 문자로 적힌 텍스트의 어휘는 영화, 텔레비전, 또는 일상 대화에서 발견되는 어휘보다 훨씬 더 풍요롭다는 사실을 밝혀왔다. 따라서 소리 내어 읽기와 그림이 있는 글에 대한 이야기 나누기 등의 일반적인 유아교육 실제는 정당성을 갖게 된다. 다른 형식의 언어활동보다 시간당 더 많은 수의 어휘를 풍부하게 습득할 가능성이 높다.

그런데 이러한 논란의 여지가 없는 사실을 수용한다 하더라도 유아들의 어휘력을 증진시키기 위해 가장 생산적인 방법인 소리 내어 읽기에서 무엇을 읽을지 선정하는 근거가 무엇인지에 의문을 제기할 수 있다. 어떤 텍스트들을 선택하고 이들을 어떤 순서대로 제시해야 할지와 관련하여 교사들에게 어떤 지침을 제공해야 하는가? 물론 말할 필요도 없이, 교사는 그 집단에 있는 모든 유아들의 흥미와 재미를 유발할 수 있는 이야기를 선택하고자 할 것이다. 그러나 그러한 내용과 순서는 어떻게 선택해야 할 것인가?

몇 년 전 앞에서 언급한 프랑스 여행에서, 필자는 소르본느(Sorbonne)의 유아교육 전문가인 Eric Plaisance 교수로부터 에꼴 마텔넬을 살펴보고 있던 미국 학자들 및 정책입안자들과 함께 하는 오리엔테이션에 참여하고 싶은지에 대한 질문을 받았다. 그 모임에서, 몇몇의 프랑스 평가자들이 자신이 유아교육기관을 평가할 때 점검하는 여러 측면들에 대해서 미국인들에게 설명했었다. 그들의 발언은 파리에 사는 젊은 미국인에 의해 통역되고 있었는데, 그 때 나는 그에게 'programme scolaire'를 활동(activities)보다는 교육과정(curriculum)으로 번역하도록 제안하였다. 이것은 프랑스 전문가들과, 통념상 유아교육기관에 학문적 의미의 교육과정이 있다고는 생각하지 못하는 회의적인 미국인들 사이에 활발한 토론이 이루어지도록 하였다. 그런데 프랑스의 경우에는 사실상 수학, 언어, 역사, 예술, 사회성, 신체발달에 대한 목표가 매우 구체적으로 설정되어 있다. 프랑스 쪽 참석자들의 입장에서는 'scolarisation des enfants'(유아를 위한 학교교육)이 그 단어들이 정확하게 의미하는 것과는 다른 어떤 것일 수 있으며 그러해야 한다는 미국인들의 입장에 대해 마찬가지로 당황하였다. 그 잠깐의 곤란한 상황은 두 나라에서의 유아교육에 대한 근원적인 가정들에 대하여 많은 것을 말해주는 것이었다.

실제로, 프랑스 교육부의 웹사이트에서는 부모들에게 3년(부모가 원할 경우에는 자녀를 만 2세에 입학시킬 수 있음)의 에꼴 마텔넬 동안 어휘가 어떻게 발달하는지에 대하여 다음과 같은 설명을 제공한다.

매일 다양한 활동 영역에서, 그리고 교사가 이야기해주거나 읽어주는 이야기들을 통해서 유아들은 새로운 단어를 이해합니다. 그러나 단순히 설명만으로는 유아들이 그 단어들을 배우는 데 충분하지 않습니다. 어휘습득은 단어들을 특정한 계열에 따라 분류하고 학습하며, 배운 단어를 재사용하고, 모르는 단어들을 문맥 속에서 해석하는 것을 필요로 합니다. 교육활동 및 읽기와 연계하여 교사는 새로운 단어들을 매주 소개하며 한 해 동안 그리고 해를 거듭해가며 단어의 수를 늘려갑니다.

요약하면, 미리 확정된 명시적 교육과정 아래, 어휘발달은 유아교육과정에서 매주 연계하여 신중하게 배치한 계열적 지식영역(산수, 역사, 자연, 예술, 덧붙여 신체 및 사회적 발달)에 통합됨으로써 향상된다는 것이다. 유사한 학습계열이 미국의 교육맥락에 맞게 제시되어 왔다(Bevilacqua, 2008; Wiggins, 2009).

이러한 누적적 조직화는 필자가 곧 보여주는 바와 같이 실제에서 상당히 효과적인 것으로 나타난다. 그러나 이 데이터를 제시하기 전에, 필자는 수업시간 활용에서의 높은 생산성이 이후 성취도와 형평성에서 가장 큰 결실을 맺을 수 있게 해주는 유아교육에서 시작하여 일관되고 누적적인 교육과정으로 언어를 발달시키는 것에 대하여 이론적 근거를 제시하고자 한다. 유아교육 옹호자들은 유아기 학습이 고등학교까지 모든 계층 집단의 학습자 성취를 향상시키고 형평성을 확보하는 데 매우 중요하다고 생각한다. 특히 언어발달을 포함하여 실제적 성과가 정말로 유아교육을 통해 나타나는지, 그리고 프랑스에서처럼 교육과정에 기초한 언어발달이 유아교육에서 시간을 가장 잘 활용하는 것인지의 여부에 많은 것이 달려있다.

이와 관련하여 점진적 소멸현상(fadeout), 즉 유아교육을 통해 저소득층 학생들에게 나타난 초기의 상대적 성과가 이후 학년에서 사라지는 현상을 고려하는 것이 도움이 될 것이다. 이것은 유아교육 옹호자들이 지지하는, 소위 좋은 유아교육은 성취도와 형평성에서 거대한 후속 효과를 가져올 것이라는 매우 근원적인 전제 조건을 의심하는 것이기 때문에 불편한 주제일 수 있다.

증거 자료들은 소멸현상의 두 가지 원인을 보여준다. 첫 번째(그리고 지배적인) 원인은 유아교육에서 이어지는 다음 학년인 K-2학년에서 유아교육에서 얻은 성과를 일관되고 누적적으로 지속시키지 못한다는 것이다. 그러나 증거는 또한 DISTAR(SRA/McGraw-Hill)라고 불리는 명시적 발음중심 교수법(phonics)을 강조하는 기초기능 중심 유아교육 프로그램 등의 경우에서와 같이 더 미묘한 원인을 시사한다. 평가연구인 팔로우 스루 프로젝트(Becker & Gersten, 1982)에 따르면 DISTAR가 가장 큰 성과를 낳았다. 그러나 팔로우 스루 프로젝트는 3학년에서 멈췄다. Becker와 Gersten이 이후 5학년과 6학년 때 집단들을 비교했을 때, DISTAR 학생들은 오직 해독기능 검사에서만 지속적으로 더 잘 수행하였다는 것을 발견하였다. 이해력과 어휘력에서는 유의미하게 더 나은 수행을 보이지 않았다. 바꾸어 말하면, DISTAR는 문식성 기제를 발달시키는 데에는 성공적이었지만, 이후의 어휘력과 이해력을 향상시키는 지식의 기초를 발달시키는 것에는 그렇지 않았다.

이와 똑같은 패턴의 소멸현상은 유사한 원인들과 더불어 국가학업진보평가(National Assessment of Educational Progress, http://nces.ed.gov/nationsreportcard/reading)에서 이루어진 만 17세의 읽기 성취도 결과에서도 관찰되었다. 4학년 학생들의 읽기 성적에서의 강세는 8년 뒤 12학년 학생들의 읽기 이해력 상승으로 이어지지 못하였다. 오히려 반대로 이후의 성적은 약간 하락하였다.

이러한 불일치하는 결과들은 South Florida 대학교의 Joseph Torgesen 교수와 동료들이 설명하는 대로, 이러한 결과들을 보고하는 데 사용된 검사도구들의 특징을 고려함으로써 이해할 수 있다(Schatschneider et al., 2004). 저학년에서는(팔로우 스루 프로젝트에서처럼), 읽기 검사들이 주로 (비록 완전히는 아니지만) 문식성 기제에 대한 것이다. 이후의 학년에서 사용된 읽기 검사들은 주로 이해력과 이해를 가능하게 하는 배경지식에 대한 검사도구이다. 이 설명에 따르면, 소멸현상은 사실인 동시에 오해의 소지가 있다. 문식성 기제에서의 습득은 지속된다. 즉 소멸되지 않는다. 그러나 이후 언어 검사들이 점차적으로 지식과 이해력을 강조함에 따라 그러한 검사결과는 점차 사라진다. 사실상, 이해를 가능하게 하는 지식은 애초에 없었던 것이다. 따라서 소멸은 실제적 감소가 아니며, 다만 이전에 충분하게 검사되지 않았던 부분이 드러난 것이다. 유아교육의 소멸현상은 이중적 원인을 가진다. 즉 유아교육에서의 효과적인 지식 구축의 부족에 의한 것이다.

실증적인 증거를 제시하기 전에, 필자는 학습중심 유아교육을 학습자의 언어습득을 향상시키는 방법으로서 찬성하는 이론적 고찰을 한 가지 더 기술하고자 한다. 매우 뛰어난 학습 환경에서는 경제적 혜택을 받고 자라온 학습자도 좋은 성과를 내겠지만 혜택을 받지 못한 학습자들은 상대적으로 더 높은 성과를 내며 따라잡기 시작할 것이다(Hirsch, 2009). 이는 학습중심 유아교육의 특징이 매일 전해지는 면밀히 계획된 연계성 있는 인지적 학습이기 때문이다. 유아들은 한 주제 또는 한 이야기를 여러 날 동안 계속한다. 예를 들어, '과학적인 추론과 물리적 세계'라는 주제와 '물의 중요성'이라는 소주제 아래, 물의 속성, 다양한 상태, 변형, 뜰 수 있는 것과 없는 것 등을 탐색하는 데 여러 날이 소요될 수 있다. Ezra Jack Keats가 쓴 『눈 오는 날(The Snow Day)』과 같은 동화책을 소리 내어 읽어줄 수 있고, 유아들은 얼음과 증기 실험을 볼 수 있다. 그리고 물에 대해 배우는 동안 또한 눈, 얼음, 증기, 계절, 고체, 액체, 기체, 냄비, 뜨다, 가라앉다, 비, 수증기, 구름, 안개, 기화하다, 얼다, 갈증, 가뭄, 녹다 등과 같은 단어들을 배우는 것이다. 이러한 단어를 비롯하여 많은 단어들이 반드시 명시적으로 가르쳐질 필요는 없다. 많은 경우에 며칠에 걸쳐 이루어지는 주제(물!)에 대한 몰입으로 유아들은 이 주제에 익숙하게 되기 때문에, 단어들의 의미를 빠르게 추론할 수 있을 것이며 자연스럽게 배울 것이다(Alishahi, Fazly, & Stevenson, 2008). Landauer와 Dumais(1997)는 단어 학습이 친숙한 맥락 안에서는 네 배나 빨리 이루어지며, 익숙하지 않은 맥락에서는 잠재적인 단어 학습은 전혀 일어나지 않을 것이기 때문에 이것도 과소평가일지 모른다고 하였다.

프랑스에서 이루어진 대규모 연구들은 연계성 있는 교육과정을 갖춘 학습중심 유아교육이 체계적 교육과정이 있는 초등교육으로 이어질 때 모든 유아에게 누적된 성과가 나타날 수 있다고 밝혀왔다. 프랑스에서 유아교육은 보편교육이기 때문에, 프랑스 연구자들이 유아교육 효과를 알아낼 수 있는 한 가지 방법은 유아들이 더 어린 시기에 또는 더 나이 든 시기에 유아교육을 받기 시작하여 상대적으로 더 짧은 기간 또는 더 오랜 기간 동안 다닐 때, 이후 성취도에 미치는 영향력을 연구하는 것이다. 실제로, 프랑스는 만 2~4세에 시작하여 3년 동안 가능한 유아교육을 위하여 세 가지 구체적인 학습중심 교육과정을 개발해왔다. (더 많은 정보를 찾고자 한다면 http://about-france.com/primary-secondary-schools.htm 참조)

표 17.1 유급에 대한 유아교육기관 재원기간의 효과

유아교육기관 재원기간	표본에서 일 년 유급한 비율
3년	10%
2년	14.5%
1년	18.3%
0년	30.5%

출처: Hirsch, E. D., Jr. (n.d.) 프랑스에서 조기 교육의 형평성 효과.
http://www.coreknolwedge.org/mimik_uploads/documents/95/Equity%20Effects%20of%20Very%20Schooling%20in%20France.pdf에서 인출 가능.

프랑스에서는 만 2세에 유아교육을 시작하는 것이 가치 있는 지출인지 아닌지에 대해 밝혀내고자 하였다. 대규모 연구는 유아교육이 유급을 막는 데 긍정적인 혜택을 준다고 밝혀왔다(Hirsch, n.d.). 연구자들이 유아교육을 받았던 유아들 2만 명 이상을 초등학교 전 학년에 걸쳐 추적했을 때, 유아교육 재원기간과 학년 유급의 필요성 사이의 높은 상관관계를 밝혀냈다(Duthoit, 1988). (프랑스에서 유급은 3학년 또는 4학년에 나타나며, 자동 진급*은 드물다.) 표 17.1에서 나타나듯이, 유아가 유아교육을 더 오래 받을수록 이후 결과가 더 긍정적이라는 것을 보여주었다. 유급을 하는 대부분의 유아들은 저소득층이기 때문에, 프랑스에서 학습중심 유아교육이 공정할 뿐만 아니라 폭넓은 교육적 혜택을 가진다는 사실을 이러한 수치들로부터 쉽게 알 수 있다. 여기에 소멸현상은 없다! 예컨대 이후 학년에서의 학급크기 감소 정책 등과 비교했을 때 만 2세에 유아교육을 시작하는 것이 만 3세에 시작하는 것보다 충분히 더 효과적인가, 그리하여 조기 유아교육을 위한 예산지출 정책을 정당화할 수 있는가? 이에 대한 답은 일찍 시작하기에 대해 '그렇다'라는 긍정적인 것으로, 프랑스 정부는 이제 모든 유아들이 만 2세에 유아교육을 받기 시작하도록 지원한다. 실제로, 유아교육의 세 연령집단을 위한 세 가지 구체적 교육과정이 있다. 즉 어린 집단(petite section; 만 2~4세), 중간 집단(moyenne section; 만 4~5세), 연장자 집단(grade section; 만 5~6세)으로 나뉜다.

이 결과에 이르기 위해, 연구자들은 1,900명의 학생들을 표본으로 하여 만 3세 또는 4세에 시작하는 것과 비교했을 때, 만 2세에 시작하는 유아교육의 성취도 및 형평성 효과에 대하여 상세한 분석을 하였다(Jarousse, Mingat, & Richard, 1992; 영문 번역본은 Hirsch, n.d. 참조). 만 2세에 입학한 유아들은 만 5세에 들어간 유아보다 언어능력에서 .29 표준편차 그리고 수학에서 .24 표준편차의 놀랄 만한 결과들을 보였으며 여기에서도 소멸현상이 나타나지 않았다.

실제로, 이 연구의 놀랄 만한 결론은 프랑스에서는 장기적 혜택이 지속될 뿐만 아니라 학년이 오를수록 유아들이 혜택받는 정도가 증가한다는 것이다. 다시 말하자면, 더 빠른 시작이 주는 혜택은 1학년이나 2학년에서보다 5학년에서 더 두드러진다. 그리고 더 놀라운 것은 그림 17.1에서 보듯이 사회적 형평성 효과이다. 만 2세에 유아교육기관에 입학하였던 저소득층(그리고, 많은 경우에 이민자) 유아들의 성취도 수준이 만 4세

---

* 역주: 친구들과 같이 다닐 수 있도록 학습부진아를 유급시키지 않고 다음 학년으로 진급시키는 것을 말한다.

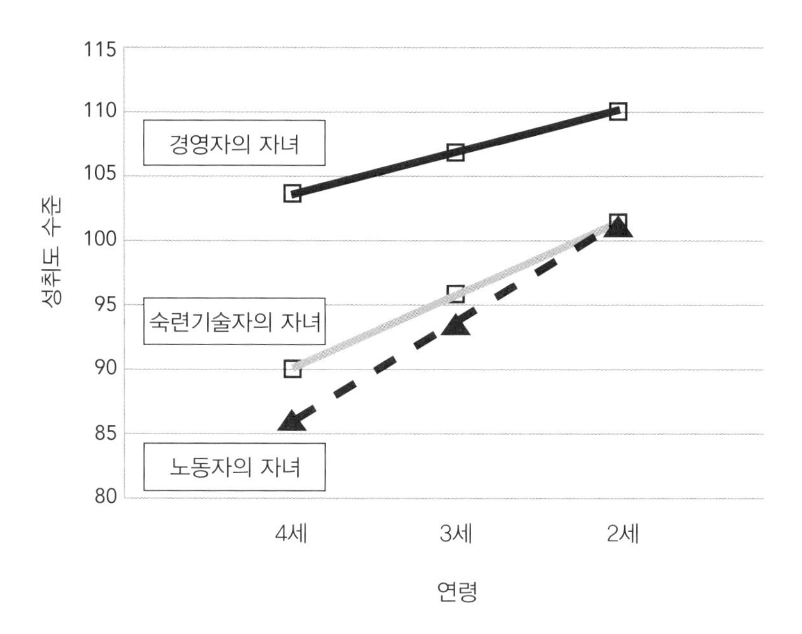

그림 17.1 ▲ 입학 시기와 아버지의 직업에 따른 5학년 말에 미치는 유아교육의 효과

에 입학하였던 고소득층 유아들과 동등함에 주목하라.

미국의 소멸현상을 유념하면서, 이 연구들에서 두 가지 주목할 만한 결과를 정리해 보면, 다음과 같다. 1) 프랑스의 유아교육을 더 빨리 받기 시작하는 것이 주는 상대적 혜택은 시간이 지날수록 증가하는데, 즉 1학년보다 5학년에서 훨씬 더 큰 효과를 가진다, 2) 프랑스에서 5학년 말에 만 4세보다 만 2세에 입학한 저소득층 유아들이 상대적으로 증가한 점수는 7.8점(.5 표준편차를 넘어섬)으로, 고소득층 유아들의 상대적 증가 점수인 4.6점과 비교된다. 게다가, 저소득층 유아에 대한 장기적 효과는 상대적으로뿐만 아니라 절대적으로도 훨씬 더 크다. 저소득층 유아가 얻은 이러한 중차대한 성과는 저소득층 유아가 효과적인 학교 교육으로부터 상대적으로 더 큰 이득을 (그리고 이에 상응되게 비효과적인 학교 교육으로부터는 더 큰 손해를) 얻는다는 Coleman(1966)의 결론을 재확인해준다. 학습중심 유아교육으로부터의 이러한 성과는 헤드스타트 프로그램의 (실제는 아닐지라도) 근본 전제를 확증해준다.

제18장

교실실제와 유아의 학습동기

– Deborah Stipek

유아교육은 유아들이 K학년에서의 학습 요구를 충족하기 위해 필요로 하는 인지 기능을 향상시켜 주어야 한다. 그러나 만약 교사가 유아들의 학습기능을 향상시키려고 노력하는 동안 학습동기를 약화시킨다면, 도움을 주기보다는 해를 끼치는 것일 수 있다. 그러므로 적합한 유아교육에 대한 논쟁은 학습 및 사회적 기능에 대한 것뿐만 아니라 동기에 미치는 효과를 반드시 고려해야 한다.

동기는 학습이 능동적인 과정이기 때문에 중요하다. 배우기 위하여, 유아는 자발적으로 주의를 집중하고 노력하며 어려움 속에서도 과제를 지속하고, 한 번에 제대로 하거나 이해할 수 없을 때 겪는 좌절감을 건설적으로 감당해낼 필요가 있다. 유아는 배우기를 원해야 하며 공적인 학습 맥락에서 편안하고 생산적으로 참여하는 데 요구되는 정서적 및 심리적 도구를 갖출 필요가 있다.

이 장에서 필자는 동기에 초점을 맞추어 효과적인 유아교육에 대한 논쟁에 함의를 가지는 선행연구를 개관한다. 필자는 더 연령이 높은 아동들에게 효과적인 방법들이 더 어린 유아들에게도 가장 효과적일 가능성이 크기 때문에 연령이 높은 아동들에 대한 연구로부터 입증된 동기부여 학습 환경도 간략하게 검토하고자 한다. 마지막 부분에서는, 논쟁의 틀을 재구성하도록 제안하고 후속 연구를 위하여 그러한 재구성의 시사점에 대해 논의한다.

교실 평가하기

유아의 성과와 관련하여 다양한 유형의 프로그램이 미치는 효과를 평가하기 위해서는 일련의 체계적인 방법으로 프로그램들을 구분하는 것이 필요하다. 유아교육의 효과와 관련된 대부분의 기존 연구들은 이분법적 용어로, 즉 발달에 적합한(developmentally appropriate)과 발달에 부적합한(developmentally inappropriate), 유아중심과 교사중심, 학습중심과 놀이중심, 발견학습과 직접교수 등으로 교실 특징을 구분한다. 교실에 대한 관찰도구는 이러한 유형 중 어떤 것이 각 프로그램을 가장 잘 나타내는지를 관찰자가 결정하도록 돕기 위해 개발되어 왔다. 전형적인 평가도구는 구체적 실제를 설명하는 일련의 항목들로 구성된다. 즉 관찰자들은 관찰하는 프로그램에서 각각의 실제가 나타나는 정도를 평정한다. 이를 통해 연구자들은 학습 및 사회적 기능, 동기 등과 같은 유아의 성취에 미치는 각 프로그램의 효과를 검증할 수 있다.

과거에, 대부분의 유아교육기관 관찰도구는 수업(instruction)보다는 프로그램의 사회적 분위기에 더 초점을 맞추었었다. 수업에 관한 항목들은 일반적으로 (최소한 그 평가도구를 만든 사람들에게는) 부적합하다고 여겨지는 실제, 예컨대 대집단 암기(recitation)와 한 가지 답을 가진 지필식 과제(학습지)와 같은 실제들을 다룬다. 그러나 적합한 수업에 대한 항목은 거의 없다. 결과적으로, 기존 교실관찰 평가도구로는 학습지 및 기계적인 암기가 관찰되지 않는 한, 교수학습 활동은 전혀 없으면서 긍정적인 사회적 분위기만 있는 교실이 상당히 높은 점수를 받을 수 있다. 그러므로 서로 다른 교실들을 비교하는 대부분의 연구는 현재 유아교육자들이 옹호하는 유형의 수업 효과와 관련하여 제대로 정보를 제공해주지 못하고 있다.

유아교육에서 유아의 성취와 관련하여 구체적 실제의 효과를 평가하는 데 있어서의 또 다른 문제는 유아교육기관의 실제 세계에서 프로그램의 제 측면들(예를 들어 사회적 맥락, 수업의 성격)이 서로 연관되어 있는 정도이다. 필자의 연구팀은 62개의 유아교육기관과 K학년 학급을 대상으로 한 연구에서 교실환경의 6가지 측면을 평가하는 47개 문항을 사용하였다(Stipek, Daniels, Galluzzo, & Milburn, 1992). 즉 1) 유아들이 놀이와 같은 분위기에서 활동을 선택하고 주도할 수 있는 정도, 2) 교사가 보이는 따뜻함의 수준, 3) 긍정적인 행동통제 전략(예컨대 명확한 지시나 위협이 없음)이 사용되는지 여부, 4) (교과목의 확연한 구분과 상업적인 자료를 사용하는 정도와 더불어) 학업기능이 강조되는 정도, 5) 수행성과(예컨대 정답에 초점을 맞춤)에 대한 압박, 그리고 6) 외적 평가(예컨대 성적표, 스티커)의 팽배 정도를 평가한다. 이러한 여섯 측면을 평가하는 47개 문항은 서로 높은 관련성을 가진다. 유아들이 활동을 선택하고 주도할 기회를 상대적으로 더 많이 제공하는 교실일수록, 평균적으로 더 긍정적인 사회 환경을 가졌으며 수행성과나 평가를 덜 강조하였다. 학업중심 수업을 더 많이 하고 수행성과와 평가를 강조했던 교실에서는 유아 주도성, 교사의 따뜻함, 긍정적 통제의 사용에서 상대적으로 낮은 점수를 기록하였다. 활동실제의 자연발생적인 응집성을 고려해볼 때, 이러한 여섯 측면의 교실 실제 중 어떤 것이 체제적으로 다양하게 나타나는 유아의 성취결과에 영향을 미쳤는지를 결정하기란 불가능하다. 각 교실 실제의 효과성을 분리하는 유일한 방법은 한 측면은 의도적으로 다양하게 구성하고 나머지는 동일하게 하는 것이다.

이전 연구에서 사용된 교실 실제 관찰평가의 한계점과 실세계에서 나타나는 실제들 간의 응집성은 다음에 이어지는 선행연구 개관에서 다양한 교실 맥락이 유아의 학습동기에 어떤 영향을 미치는지를 논의할 때 염두에 둘 필요가 있다.

동기

동기는 유아의 정서 표현(예컨대 자신감, 불안감, 좌절감)뿐만 아니라 수업 행동(예컨대 주의 집중하기, 상기시키지 않아도 과제 수행하기, 지시 따르기, 완성할 때까지 과제 지속하기)에서도 나타난다. 많은 연구자들은 자신의 능력에 대한 인식, 성공에 대한 기대, 주어진 과제가 재미있거나 가치 있을 것이라는 예측 등과 같은 신념이 학습 맥락에서의 행동과 정서에 영향을 미친다는 사실을 밝혀냈다. 예를 들어, 과제를 완성할 수 있다고 믿지 않는 유아들은 전혀 노력하지 않거나, 어려움에 직면할 때 쉽게 포기할 것이라는 것이다. 어떤 활동을 즐겁게 여기거나 할 이유를 찾지 못하는 유아들은 아마도 과제에 덜 집중하고 건성으로 수행할 것이다.

연구자들은 지시 따르기나 과제 지속하기와 같은 동기관련 행동을 설명하기 위하여, 기질(예컨대 충동 통제, 정서적 자기조절)과 근원적인 인지 능력(예컨대 기억력, 주의력)을 연구하기 시작하였다. 예를 들어, Fantuzzo, Perry와 McDermott(2004)는 헤드스타트 유아들의 정서(예컨대 분노, 좌절)를 조절하는 능력이 학습에 대한 접근 방식(주의 집중하기, 새로운 활동에 착수하기, 끈기 있게 지속하기)을 예측함을 밝혀냈다. Howse, Calkins, Anastopoulos, Keane와 Shelton(2003)은 유아교육기관에서 유아의 정서적 자기조절 능력이 K학년에서의 과제 관련 행동(예컨대 과제 및 활동 끝내기, 어렵고 도전적인 과제를 선호하기)을 예측한다는 것을 유사하게 밝혀냈다. Rimm-Kaufman, Curby, Grimm, Nathanson와 Brock(2009)은 K학년에서 기억력 및 집중력, 적응 행동(과제 끝까지 완수하기, 목표를 향해 수행하기)을 반영한다고 추정되는 유아의 억제적(inhibitory) 통제기능(즉 충동을 통제하며 적절한 행동을 수행하는 능력) 사이에서 강한 연관성을 찾아냈다. 요약하자면, 신념과 더불어 정서적 자기조절력, 기억력 및 집중력은 유아들이 교실에서 보여주는 동기 관련 행동에 영향을 미칠 것이라는 것이다.

교실 맥락에 대한 연구들은 유아의 행동에 영향을 미치는 것으로 알려진 신념과 인식뿐만 아니라, 유아의 행동에 직접적으로 영향을 미치는 교실의 질적 수준에 대한 효과도 평가해왔다. 필자가 아는 한, 기억력과 집중력 같은 근원적인 인지 변인과 관련되는 교실 맥락의 효과는 연구되지 않고 있다. 동기 관련 행동과 인지 변인들의 관계성이 이 분야의 후속 연구 필요성을 시사하기 때문에 필자는 이를 언급하고자 한다. 다음에 이어지는 선행연구 개관은 유아교육기관과 K학년 연구에 제한되어 있다.

유아에게 미치는 교실 맥락의 효과

Rimm-Kaufman 등(2009)은 K학년에서 과제 관련 행동과 관련하여 유아교실이 어떻게 운영되는지(교사가 생활지도를 위해 예방적 접근을 사용하는지, 안정된 일과를 확립하는지, 유아들이 계속 참여하도록 감독하는지, 직접 경험할 수 있고 흥미로운 활동을 제공하는지)를 포함한 사회적 맥락의 질적 수준이 미치는 효과를 평가하였다. 이들은 상대적으로 수준 높게 운영되는 교실의 유아들이 그렇지 않은 교실에 있는 유아들보다 더 긍정적인 과제수행 습관(예컨대 교실의 절차를 따름, 스스로 과제를 수행함, 시간을 지혜롭게 사용함)을 가졌고 과제이탈 시간이 더 적으며 학습에 더 적극적으로 참여한 것으로 평가되었다고 밝혔다.

교실의 정서적 분위기는 유아의 수업 행동과도 연결된다. 예를 들어, McWilliam, Scarborough와 Kim(2003)은 교사가 정서적으로 반응해주고 상대적으로 덜 지시적이거나 덜 통제하는 교실에 있는 유아가 활동에 더 잘 참여하였다고 보고하였다.

몇몇 연구들은 유아의 동기부여와 관련하여 교사지시적, 기초기능중심의 수업이 주는 부정적인 영향을 시사한다. Burts, Hart, Charlesworth와 Kirk(1990)는 발달에 부적합한 실제(예컨대 대집단의 교사중심 수업, 학습지나 반복연습지, 플래시카드, 암기)를 수행하는 K학년 아동들은 발달에 적합한 실제(예컨대 게임, 퍼즐, 조작, 자유선택활동, 창의적 예술 활동)가 풍부한 교실에 있는 아이들보다 손톱 물어뜯기, 말더듬기, 학습지 훼손과 같은 스트레스 행동을 더 많이 나타냈다고 보고하였다. 스트레스 행동은 유아들이 대집단으로 학습지를 할 때 가장 높았다. 후속 연구는 발달에 부적합한 유아교실에서 여아보다 남아의 스트레스 수준이 더 높다는 사실을 밝혀냈다(Burts et al., 1992).

필자는 제자들과 함께 유아의 동기에 미치는 서로 다른 교실 맥락의 효과를 평가하기 위해 세 가지 연구를 실시한 바 있다. 첫 번째 연구(Stipek & Daniels, 1998)는 자신의 능력에 대해 매우 긍정적인 인식을 가지고 학교를 시작한 유아들이 시간이 갈수록 평균적으로 더 부정적인 자기비판을 보인다는 여러 연구결과들에 대한 원인을 설명하기 위한 것이었다. 예를 들어, 대부분의 K학년 아이들은 자신이 교실에서 가장 똑똑한 편에 속한다고 평가하였다. 우리는 이후 학년에서 자기인식이 점차 낮아지는 것은 수업 및 평가의 본질에서의 체계적인 학년차로 일부 설명될 수 있다고 가정하였다. 초등학교 고학년들과 비교하면, K학년 아이들은 대체로 자신이 학급 친구들보다 상대적으로 얼마나 더 잘 하는지에 대해 충분한 또는 영향력 있는 정보를 얻을 수 없다. 어린 유아들은 능력별로 집단이 구분되거나 사회적 비교를 조장하는 등급 및 점수를 받을 가능성도 적다. 일반적으로 K학년에서는 이후 학년에 비해 모든 학습자를 쉽게 비교할 수 있도록 동일한 과제를 수행하도록 하는 일이 그다지 많지 않다. (이는 1980년대 말에 이 연구가 실행되었을 당시에는 사실이었다. 학업기능을 증진시키도록 강요하는 현재의 K학년에서는 더 이상 사실이 아닐지도 모른다.) 우리는 유아들은 아직까지 상반되는 정보를 그다지 가지고 있지 않기 때문에, 자신의 역량에 대하여 긍정적인 관점을 유지할 수 있을 것이라고 추론하였다. 또래들과 비교하여 자신의 성취수준이 어떠한지에 대하여 충분한 객관적 증거를 가지게 되는 이후 학년에서는 자신이 가장 똑똑하다고 믿기가 대체로 더 어렵다. 만약 우리의 해석이 옳다면, 성취수준에 대해 더 빈번하고 현저하며 상대적으로 비교하는 정보를 제공하는 초등학교 고학년 교실과 더 유사한 방식으로 운영하는 K학년 교실일수록 자신의 역량에 대한 평가는 상대적으로 더 낮을 것이다.

예상한 대로, 평가가 두드러지지 않는 교실에 비하여 평가가 두드러지고 능력을 비교하는 교실(예를 들어, 학생들은 능력별로 집단이 구분되고, 과제물은 체크표시, 별모양(stars), 그리고 웃는 얼굴(happy faces) 표시로 평가되며 성적표에는 ABCDE 등급이 매겨짐)의 유아들은 자신의 역량에 대한 인식이 훨씬 더 낮았다. 그러므로 이 연구는 평가 맥락이 유아의 학업능력에 대한 신념에 영향을 끼칠 수 있고, 연령에 따른 자기평가의 하락은 K학년의 교실운영을 고학년처럼 할 경우 더 가속화될 수 있다는 것을 입증하였다. (필자는 단지 있을 법한 효과를 지적하는 것이지, 이러한 활동실제를 조장하는 것이 결코 아니라는 점에 주의하라.)

두 번째 연구에서, 우리는 각각 두 종류의 유아교실과 K학년 교실에서 유아 및 K학년생의 동기를 다양한 측면에서 비교하였다(Stipek, Feiler, Daniels, & Milburn, 1995).

우리는 앞에서 언급한 교실관찰척도의 수정판을 사용했는데, 사랑으로 돌보고 반응적인 교실 분위기뿐만 아니라, (정답을 요구하는) 지필식 활동 및 수행능력을 강조하는 교사중심 수업에 비하여 유아중심 수업(놀이를 중시하며 선택기회를 충분히 제공함)이 어느 정도 이루어지는지에 따라 교실들을 구별하는 것이다.

연구결과는 덜 따뜻한 사회적 분위기와 결합되어 있는 지시적이고 수행성과 중심의 접근은 동기 관련 변인들에 다소 부정적인 영향을 미친다는 것을 시사하였다. 더 유아중심적이고 따뜻한 분위기의 교실에 있는 유아들과 비교하면, 더 지시적인 교실에 있는 유아들은 자신의 전반적 학습능력을 더 낮게 평가했고, 선택권이 있을 때는 더 쉬운 과제를 선택했으며, 두 과제(미로와 퍼즐)에 대해 자신의 수행능력을 더 낮게 예측했으며, 과제를 완성했을 때 자연스럽게 웃는 경향이 덜 했으며, 자신감을 덜 표현하는(예를 들어, 자신이 성취한 것을 보도록 연구자들의 관심을 유도하는) 경향이 있었다. 또한 연구자들에게 더 의존적이었고(허락, 의견 또는 승인을 구함), 학업에 대해 더 많이 걱정하였다.

유아교육기관 및 K학년 유아들에 대한 세 번째 연구에서, 우리는 이전 연구에서와 같이 실험상황과 자연적인 교실 맥락 모두에서 유아의 동기를 측정하였다(Stipek, Feiler et al., 1998). 이전 연구의 결과와 유사하게, 유아중심적인 수업 접근법과 사회적 맥락에 대하여 유의미하게 더 호의적인 결과가 나타났다. 또한 유아교육기관들 중에서 더 지시적이고 교사중심적인 교실의 유아들은 유아중심적인 교실에 있는 아이들보다 일상 활동에서 더 많은 스트레스를 나타냈다. 유아교육기관과 K학년 모두에서 더 지시적인 교실에 있는 학습자들이 유아중심 교실에 있는 학습자들보다 활동에 참여하는 동안 교사의 도움이나 승인을 더 많이 요청하는 경향이 있었다. 또한 덜 순응적이고 자신의 감정을 제대로 통제하지 못하며 부정적인 감정을 드러내는 경향이 더 있었다.

기초기능중심 교실에서 기대치와 규칙이 더 엄격할수록 유아들은 더 많이 반항하였고, 교사가 결정한 성취목표를 따라 교사가 결정한 방법을 사용하도록 하는 압박을 받기에 유아들이 교사에게 더 많이 의존하게 될 수 있다. 또한 기초기능을 강조하는 교사들이 자신의 교육과정을 관철시키는 데 전념할수록, 수업을 방해하는 행동에 덜 관대할(따라서 벌을 더 줄) 수도 있을 것이다. 강력한 학습중심 교실의 역효과는 학습 문제들 그 자체가 아니라, 유아의 동기부여에 해를 끼치는 데 있을 수 있다.

Dweck과 동료들이 실시한 몇몇 실험 연구는 교사 행동에서의 매우 미묘한 차이가 유아의 동기부여에 영향을 끼칠 수 있다는 것을 입증하였다. 예를 들어, Kamins와

Dweck(1999)의 연구는 K학년 유아들을 비평하거나 칭찬하는 방식이 역할놀이 활동에서 이들의 동기에 영향을 미쳤다는 사실을 밝혔다. 과정에 초점을 맞춘 칭찬과 비평(예를 들어, "이 활동을 정말 열심히 했구나", "블록들이 모두 엉망으로 어지럽혀져 있네", "다른 방법을 생각해볼 수 있을 거야")은 사람에게 초점을 맞춘 칭찬과 비평(예를 들어, "너는 이것을 정말 잘 하는구나", "너한테 실망했어")보다 유아들로 하여금 역할놀이 상황에서 더 높은 능력, 더 긍정적인 결과, 그리고 더 큰 끈기를 나타내도록 하였다. 유사한 연구에서, Cimpian, Arce, Markman과 Dweck(2007)은 칭찬이 일반적인지("너는 멋진 화가야") 혹은 구체적인지("그림 그리기를 잘 했구나")와 같이 미묘한 것이, 미취학 연령 유아의 자기평가와 인내심에 영향을 미친다는 것을 밝혀냈는데, 즉 구체적인 칭찬이 더 긍정적인 효과를 가진다는 것이다.

요약하면, 비록 유아의 동기부여에 미치는 다양한 유아교실 맥락의 효과에 대한 증거는 많지 않지만, 더 유아중심적인 수업과 따뜻하고 양육적인 교실 맥락의 가치를 시사하고 있다. 그러나 기초기능중심 그 자체가 동기부여를 약화시키는지, 아니면 부정적인 결과가 일반적으로 기초기능중심일 때 수반되는 덜 양육적이고 덜 지지적인 사회적 맥락과 수행성과 중심 때문인지의 여부는 알려지지 않았다. 연구결과들은 다음에서 논의할, 연령이 더 높은 어린이들에 대한 동기 연구와 일치한다. 방대한 연구에 대한 다음의 간략한 요약은 유아교육 프로그램의 효과를 잘 설명할 수 있도록 도울 뿐만 아니라 유아교육에 관한 후속 연구에서 조사할 필요성이 있는 교실 특성들을 제안한다.

연령이 더 높은 어린이에게 동기부여하는 수업

다행히도 효과적인 학습에 요구되는 인지, 정서 및 행동을 향상시키기 위한 수업환경 유형에 대한 수많은 연구들이 존재한다(Stipek, 2002 참조). 다음에 열거된 교실 특성들은 긍정적인 동기부여와 관련된 다양한 인지(예컨대 자신감, 성공에 대한 기대감), 즐거움 및 건설적 행동(예컨대 도전하기, 직면한 어려움 견디기)을 향상시킨다고 밝혀져 왔다. 동기를 부여하는 과제 및 수업은 다음의 특성을 가진다.

1. 적절하게 도전적이다. 즉 어린이들이 해낼 수 있는 능력을 넘지는 않지만, 어느 정도의 노력을 요구한다. (유아들이 유아교육기관에 입학할 때의 능력수준이 다양하기 때문에 수업, 과제, 기대치에서의 개별화를 필수적으로 요구한다.)
2. 개인적으로 의미 있으며, 유아의 흥미 및 경험과 연관된다.

3. 실험, 분석 및 문제 해결을 포함하여 적극적인 참여 기회를 제공한다. 이것은 유아교육기관에서 종종 손으로 직접 만질 수 있는 재료를 의미하며 또한 유아들에게 개방형 질문을 하거나 의견, 예측 및 설명을 하는 것을 포함할 수 있다.
4. 선택권을 제공하는데, 예컨대 과제를 선택하거나 완성하는 데 있어서의 재량이 유아들에게 통제력과 과제를 창의적이고 개인적으로 의미 있게 만드는 기회를 제공한다. 실패에 대한 걱정을 하지 않는다면 어린이는 개인적으로 즐거우면서도 적절하게 도전적인 활동 과제를 선택할 것이다. 계획한 선택권을 제공하고 선택을 안내함으로써 수업목표를 성취할 수 있다.

동기를 부여하는 사회적 맥락은 다음의 특성을 가진다.

1. 숙달지향성(mastery orientation)을 가진다. 즉 바른 답이나 반 아이들보다 상대적으로 더 잘 수행하도록 요구하기보다는 학습과 이해를 강조한다. 평가는 구체적이고 건설적이다(지침을 제공한다). 실수는 이후 어떻게 노력해야 할지 안내하는 데 사용될 수 있는 학습 및 정보습득의 자연스러운 부분으로 여겨진다. 성공은 능력이 아니라 노력과 끈기의 결과로 본다.
2. 성인들이 유아들과 친밀한 관계를 형성하고 배려하고 반응적이며 유아를 존중한다.
3. 또래들이 수용적이고 상호 지원적이며 서로를 존중한다.

'재미있거나' '즐거운' 과제는 언급되지 않았음을 주목하라. 만약 위의 특성을 가진 수업, 과제 및 사회적 맥락이 존재한다면, 유아는 내재적으로 동기화되어 유아교육기관을 즐겁게 다니게 될 것이다. 유아들을 더 즐겁게 해주려고 작위적으로 애쓰는 것은 대체로 필요하지 않다.

다행히도, 위에 언급된 원리 대부분은 동기부여뿐만 아니라 학습을 예측하는 것으로 나타나고 있다(Stipek, Salmon et al., 1998 참조). 결과적으로 학습 또는 동기부여 중 어떤 것이 명시적 목표이든지 동일한 실제가 권고된다.

논쟁의 재개념화

Hyson(2003a)과 여러 학자들이 지적한 것처럼, 교실을 특징짓는 데 종종 사용되는 이

분법적 사고는 부적절하다. 필요한 것은 유아교실을 특징짓고 연구하는 데 있어서 더 미묘하고 통합적인 접근법이다. 놀이중심 대 학습중심의 비교를 생각해보자. 놀이는 유아들에게 선택권 및 의미 있고 즐거운 활동들을 제공하되, 계획된 의도적 수업을 배제하지는 않는다. 예를 들어, 과학적 개념 및 어휘는 산책하고 꽃을 그리거나 정원을 돌보는 상황에서 학습할 수 있다. 측정하기는 빵을 굽거나 친구들의 팔, 다리, 발의 상대적 길이를 비교하는 동안 배울 수 있다. 심지어 자유놀이는 기초적인 문식성 및 수학의 학습목표를 달성하기 위하여 이용될 수 있고 계획된(심지어 교사중심적인) 수업도 놀이처럼 즐겁게 할 수 있는 많은 방법이 있다. 예를 들어, 교사는 읽기와 쓰기, 수학 능력을 촉진시키기 위하여 가작화 놀이(예컨대 가게, 우체국 놀이)를 포함하는 놀이 기회를 구성할 수 있다. 놀이와 같은 상황에서, 교사는 매우 구체적인 학습목표를 가지고 이러한 목표를 촉진하는 활동과 과제를 계획하며 학습자가 그 목표를 달성했는지 평가한다는 의미에서 '수업(instruction)'에 깊숙이 관여할 수 있다(다른 예를 보려면 Stipek, 2006를 참조).

직접수업과 발견학습의 구분 또한 잘못된 이분법이다. 거의 모든 수업이 두 가지 요소를 다 가진다. 쟁점은 교사가 직접교수를 제공하느냐(직접교수가 분명히 가장 효율적이고 효과적인 방법인 상황이 있음) 아니면 유아들이 새로운 개념을 스스로 파악하도록 두느냐가 아니다. 진정한 문제는, 언제 실험과 탐색 기회가 학습을 더 효과적으로 향상시키는지 그리고 언제 개념에 대해 직접 가르치고 새롭게 발달하고 있는 기능을 연습할 기회를 제공하는 것이 더 효과적인지 하는 두 전략이 각각 실행되어야 하는 방법과 시기이다. 연구자 및 교육 전문가들은 정확한 비율에 대해서는 동의하지 않을지 모르지만, 필자는 한 방법에 대한 지지자들이 나머지의 가치를 부정하지는 않을 것이라고 생각한다.

학습기능중심은 또한 유아발달과 관련된 다른 측면들에 대한 관심을 배제하지 않는다. 전인아동의 비학습적 요구, 예컨대 사회적 기능, 정서적 유능감, 도덕성 발달은 심지어 학습중심 수업 맥락에서도 충족될 수 있다. 예를 들어, 기초기능 수업은 협력학습 기회를 포함할 수 있는데, 이는 유아들이 경청하기, 순서 지키기, 타협하기와 같은 사회적 기능을 발달시키도록 돕는 이상적 맥락이다. 게다가, 정서적 능력과 도덕적 교훈을 언어와 읽기 · 쓰기 기술을 향상시키도록 고안된 활동들에 포함시킬 수 있다.

요약하면, 다양한 종류의 교수방법들을 적합하게 결합하는 방안을 알아보는 것으로 논쟁을 재구성해야 한다. 유아들의 서로 다른 기능수준, 다양한 언어 및 문화적 배경, 학습 성향을 고려해볼 때, 모든 유아들을 위한 하나의 가장 좋은 접근법을 찾는 것은 기대할 수 없다. 오히려, 자신의 지역적 맥락 안에서 교사의 결정을 안내할 수 있는 일반적인 원리들을 찾기 위해 노력하고, 교사가 학생들에게 적합한 방식으로 그 원리들을 적용할 수 있도록 교육해야 한다.

후속 연구

동기성취에 대한 쟁점으로 돌아와서, 후속 연구에서 유아의 자신감과 배움에 대한 애정을 약화시키지 않으면서 사회정서발달을 지지하고 기초학습기능을 향상시키는 유아교육의 맥락 및 교수학습 유형을 찾아야 할 것이다. 이는 엄청난 목표이지만, 중요한 발달적 측면들 중 어떤 것이 가장 관심을 기울일 만한 것인지를 결정하기 위하여 애쓰는 것보다 더 생산적일 것이다.

이를 위해 연구자들은 교실 맥락을 평가하는 데 더 좋은 연구도구를 필요로 할 것이다. 사회적 분위기 및 수업에 대한 정보를 포함하면서 학습의 효과와 관련하여 전반적인(비록 전적인 것은 아니지만) 동의를 얻어낸 수업 특성들을 포착할 수 있는 관찰 평가도구를 개발하는 데 어느 정도 진보가 이루어져 왔다(National Academies, 2008). 그러나 여전히 많은 과제가 남아있다. 수학 교수학습 기회는 현존하는 관찰 평가도구에서는 적절하게 나타나지 않으며, 과학은 어디에도 거의 나타나지 않는다. 더욱이, 수업에 대한 최상의 정보를 제공하는 평가도구들은 사회적 맥락을 평가하지 않거나(또는 매우 약하게 평가하거나) 그 반대로 사회적 맥락을 잘 평가해주는 평가도구는 수업에 대해 제대로 평가해주지 못한다. 필자가 아는 한, 어떤 관찰 평가도구도 위에 열거된 동기부여 원리들과 명확하게 연관된 실제를 평가하지 않는다. 학습기능 및 다른 중요한 유아의 성과에 대하여 서로 다른 종류의 수업이 미치는 효과를 평가하기 위하여, 연구자들은 효과가 있다고 알려지거나 가정된 실제를 평가할 수 있는 타당한 도구를 개발해야 할 것이다.

실천적 함의

후속 연구들에서 무엇을 밝혀내든지, 유아교육자를 양성하는 교사교육이 개선되어야 할 필요성을 제안할 것이다. 교사중심 직접교수법에서는 교사들이 따라할 수 있는 대본과 같은 수업계획안을 수업도구로 제공하는데, 교수학습 원리를 이해하지 못하는 제대로 훈련받지 못한 교사들도 그대로 실시할 수 있기 때문에 유아의 기초학습기능 향상에 도움이 된다고 제안되어 왔다. 그러나 교사중심의 대본화된 수업은 동기를 부여하는 수업의 근본 원리들을 대부분 위반한다. 대본은 다양한 흥미 및 기능 수준을 가진 유아들에게 선택권과 개인적으로 의미 있는 적합한 수준의 도전을 제공하지 않는다. 동기부여와 학습 관련 연구에서 가장 효과적이라고 제안하는 수업은 개별 학습자 평가를 할 수 있는 능력, 그 평가에 기반을 두고 개별화된 교수학습을 제공하고 학습중심 수업을 유아들에게 의미 있는 수업으로 만드는 능력을 요구한다. 이러한 유형의 교수학습은 현재는 일반적이지 않은, 상당한 수준의 교사교육을 요구한다. 만약 이것이 일반적인 것으로 되려면, 유아교육자들에 대한 예비교사 교육과 지속적인 지원에 훨씬 더 많은 투자를 해야 할 것이다.

제19장

저소득층 유아의 정서 및 행동 발달 지원방안으로서의 교실기반 중재

어려운 도전과 가능한 기회

- C. Cybele Raver & Genevieve Okada

빈곤과 소득 불평등이 점점 커지는 시대에 정책전문가 및 교육자들은 유아기부터 저소득층 자녀들과 더 부유한 또래들과의 "성취 격차를 줄이기" 위해 더 많은 노력을 기울이고 있다(Karoly, Zellman, & Li, 2009). 그러나 유아들과 일하는 데 대부분의 시간을 쏟아온 교육자 및 연구자들은 유아 교실에서 제공되는 학습기회로부터 충분한 혜택을 얻기 위해서는 자기조절 기능 및 사회적 기능 몇 가지를 반드시 성취해야만 한다고 강조한다. 간단히 말하자면, 대/소집단 활동을 하는 동안 초기 문식성(preliteracy) 또는 초기 수학 개념을 배우고 기억하는 능력은 유아가 자신의 정서 및 행동, 그리고 타인과의 사회적 관계를 조절할 수 있는 방법에 달려있을 수 있다. 이 핵심 논제는 시카고 학교준비도 프로젝트(Chicago School Readiness Project[CSRP]; Raver, 2003; Raver & Zigler, 2004)라고 불리는 대규모의 복합적 교실기반 중재를 완성해가는 데 있어서 연구자들에게 동기를 부여해준 동력이 된 문제이기도 하다.

이 논제는 교육자들이 유아의 학교 성공기회를 최대화시키기 위해서는 전인교육을 지지하는 교실수업에서의 정서 및 행동적 요인에 초점을 맞추어야 한다고 주장하면서 (Zigler & Trickett, 1978), Zigler와 그의 동료들이 40여 년 전에 설립한 헤드스타트의 이론적 기반과 부합한다. 그러나 비판자들은 이 주장에 대해 몇 가지 문제를 제기하였다. 첫째, 교실의 질적 수준을 구성하는 정서 및 행동 요인을 개선하는 것은 연구자들이 기대하는 것보다 더 어려울 수 있다는 것이다. 교사들은 새로운 학급운영 패턴을 쉽게 확립하지 못하고 학습자와의 긍정적 관계를 형성하는 데 어려움을 겪을 수 있다. 요컨대, 무선 군집표집 설계(cluster-randomized design)를 사용하여, 시카고 학교준비도 프로젝트에서는 교사들이 유아의 문제행동을 다루는 데 유의미한 개선이 가능한지를 입증할 필요가 있었다. 둘째, 회의론자들은 유아의 정서 및 행동 문제가 가정 및 이웃에 있는 다수의 빈곤관련 스트레스 요인과 연관되어 있으며 교실의 질적 변화는 유아의 정서 및 행동 결과에 영향을 주지 못하거나 미미한 영향만을 끼칠 것이라고 주장하였다. 따라서 우리는 유아의 정서적 및 행동적 자기조절과 관련한 교사지원에 맞추어 조직된 교실기반 중재가 결과적으로 어린 유아의 행동 프로파일에서 눈에 보이는 의미 있는 향상을 가져오는지의 성공 여부도 규명할 필요가 있었다.

이러한 문제제기에 유의하면서 시카고 학교준비도 프로젝트는 2004~2005년에 시작되었다. 우리의 목표는 저소득층과 소수 민족 유아들이 밀집된 불우한 주변 환경 속에서 운영되는 헤드스타트 센터에서 교실기반 중재의 다양한 요소들이 교실의 질적 수준을 유의미하게 향상시켰는지를 알아보는 것이었다. 더 나아가 우리의 중재가 경제적으로나 주변 환경의 여건으로나 심각한 위험 수준에 처해 있던 어린 유아의 문제행동 출현율을 낮추고 학교준비도를 유의미하게 증진시켰는지를 살펴보고자 하였으며, 이는 우리에게 가장 핵심적인 과제였다.

공동연구를 통해 우리는 교실기반 중재가 저소득층 유아의 자기조절 능력 및 학교준비도를 지원해줄 수 있는 방법에 대하여 이론적으로 도출된 과학적 연구문제들을 검증해볼 수 있는 놀랄 만한 기회를 갖게 되었다. 유아의 자기조절 능력을 지원해주는 교사들의 능력에 역점을 둠으로써, 우리는 또한 교실을 행동적 시스템으로 이해할 수 있는 방법에 대하여 많이 알게 되었다. 특히, 교실의 질을 개선시키려는 우리의 공동연구가 성공하려면 교사의 요구 및 스트레스 요인에 주목하는 것이 중요하다는 사실을 배웠다. 이 장에서는 우선 연구문제를 이끈 이론적 근거를 먼저 제시하고 연구문제를 철저하게 검증하기 위해 실시했던 단계들을 간단히 논하고자 한다. 이어서 교실의 질적 수준 제고에 대한 새로운 모형과 관련하여 우리의 결과가 시사하는 바를 고려한다. 마지막으로, 빠르게 변화하는 인구통계학적, 경제적, 정책적 맥락으로 인하여 교실기반 중재의 새로운 모형이 맞서게 될 두 가지 절박한 새로운 문제를 강조하고자 한다.

이론적 근거: 우리의 연구문제는 무엇이었는가?

유아교육 분야에서 기존에 이루어졌던 상관관계 연구들은 학교준비도의 핵심 요인으로 입증되어온 유아의 행동적, 정서적, 사회적 능력과 더불어, 전인아동에 중점을 두는 것이 중요하다는 사실에 대하여 확실하고 지속적인 지지를 제공해왔다(Blair, 2002; Hyson, 2003b; Raver, 2003; Zaslow et al., 2003 참조). 유아의 행동적 및 정서적 자기조절은 그들이 새로운 학교 맥락을 경험함에 있어서 중추적인 요인으로 강조되었다

(Conduct Problems Prevention Research Group, 2002; Dodge, Pettit, & Bates, 1994; Raver, 2002). 최첨단 발달 신경과학의 최근 연구결과는 유아의 정서, 주의집중력 및 실행기능(기억력, 조직하기, 계획하기)이 양방향으로 불가분하게 연결된 상태를 강조해왔다(Lewis & Todd, 2007). 신경과학에서의 이 새로운 연구결과는 유아의 비인지적 요인에 대한 관심 증가와 병행되었다. 예를 들어 긍정적인 정서, 주의력 및 행동과 관련한 유아의 통제 능력을 유아의 학습 접근방식에 초점을 맞추는 총체적 행동 렌즈를 통하여 바라보게 되었다. 학습에 더 적극적으로 참여하고 더 잘 통제된 접근방식을 사용하는 유아는 덜 통제된 또래들에 비해 학습기능이 더 뛰어나다고 평가되는 것으로 밝혀졌다(Fantuzzo et al., 2007; McDermott, Leigh & Perry, 2002; Rimm-Kaufman, Fan, Chiu, & You, 2007).

유아의 정서 및 행동 문제에 초점을 맞추어야 할 필요성은 유아와 그 양육자들이 심각한 빈곤관련 스트레스 요인들을 안고 있는 유아교육 환경에서 더 시급할 것이다. 예를 들어 시카고에서 헤드스타트 프로그램은 연방정부의 빈곤기준선 이하(즉, 연구 당시 4인 가족 기준으로 연소득 20,000달러 이하)의 소득을 가진 가정의 자녀 16,000명 이상을 대상으로 제공되었다. 시카고 헤드스타트 프로그램에 등록되어 있는 유아의 부모들 대부분은 일자리를 가지고 있고 일반적으로는 고졸 혹은 그에 상응하는 학력을 갖고 있지만, 경제적으로 많이 힘들어하며 자녀의 안전을 지키기 위해 고군분투하는 가정도 적지 않다. 예를 들어, 시카고 유아교육 프로그램에 대한 대규모의 표본 설문조사에서 헤드스타트 프로그램의 종일반에 등록되어 있는 유아의 60% 이상이 세 개 또는 그 이상의 빈곤관련 위험에 처해 있다는 사실이 밝혀졌다(Ross, Emily, Meagher, & Carlson, 2008). 시카고 학교준비도 프로젝트의 실시 전에 실시한 운영자 및 교사들과의 면담에서, 많은 유아교육자들은 유아 문제행동이 부모의 스트레스 수준, 가정 불안, 거주지 박탈, 그리고 폭력에 대한 노출을 포함하는 넓은 범주의 스트레스 요인들과 핵심적으로 연관된다고 보는 관점을 공유하였다(유사한 연구결과를 보려면, Gorman-Smith et al., 2002; Gross et al., 2003 참조). 광범위한 심리사회적 스트레스 요인에 노출되어 있는 저소득층 유아들에게 정서 및 행동 문제가 발생할 위험이 더 큰데다가, 이들이 정신건강 서비스를 받을 수 있게 해주는 여건은 매우 부족하다(Fantuzzo et al., 1999). 이 시급한 우려사항을 다루기 위하여, 우리는 유아의 문제행동을 신뢰성 있게 찾아서 성공적으로 표적화하여 수정할 수 있는 발달 시기를 중심으로 이루어지는 시카고 학교준비도 프로젝트를 시작하였다(Carter, Briggs-Gowan, Jones, & Little, 2003;

Shaw, Dishion, Supplee, Gardner, & Arnds, 2006).

시카고 학교준비도 프로젝트를 설계하면서 우리는 예방과학과 학교기반 중재분야에서의 혁신적인 최신 연구결과를 활용하였다. 구체적으로 이러한 연구에서는 학급운영 절차에 초점을 맞추는 것이 유아의 문제행동을 줄이는 효과적인 방법이 될 수 있다고 제안한다(예를 들어, August, Realmuto, Hektner, & Bloomquist, 2001; Conduct Problems Prevention Research Group, 1999; Ialongo et al., 1999; Lochman & Wells, 2003; Webster-Stratton, Reid, & Hammond, 2004). 이러한 연구들에서 초등학교 교사들로 하여금 학급운영에 대하여 정서적으로 긍정적이면서 단호하고 지속적인 접근을 통하여 학습자의 효과적인 조절기능을 지원하게 한 것이 인지와 행동 영역 모두에서 개선을 가져왔다(선행연구 개관은 Berryhill & Prinz, 2003; Jones, Brown, & Aber, 2008 참조). 요컨대, 우리는 헤드스타트 교사들이 유아의 부정적 행동을 다루는 방식을 개선할 수 있도록 지원하고자 하였다. 그리고 유아의 행동적 자기조절을 가장 잘 지원할 수 있는 주요 기제로서 교실의 정서적 분위기를 대상으로 삼았다.

시카고 학교준비도 프로젝트

시카고 학교준비도 프로젝트 중재의 주요 목표를 다시 말하자면 저소득층 유아의 문제행동 발현을 줄이고 정서적 및 행동적 자기조절력을 높임으로써 학교준비도를 향상시키기 위하여 프로그램의 주요 요소들을 잘 조합하는 것이었다. 우리의 모형은 교사 전문성 개발을 특히 중시하였기에, 시카고 학교준비도 프로젝트에서는 교사의 효과적인 통제 지원 및 더 나은 학급운영을 위해 활용할 수 있었던 전략들(예컨대 긍정적 행동을 보상하는 것, 부정적 행동을 바꾸는 것)과 관련하여 30시간의 교육을 제공하였다(Raver et al., 2008; Webster-Stratton, Reid, & Hammond, 2001; Webster-Stratton, Reid, & Stoolmiller, 2008).

교사들이 혼자 교육받을 때 그 효과가 제한적일 수 있다는 선행연구를 바탕으로 하여, 시카고 학교준비도 프로젝트에서는 또한 교실기반 상담을 통한 코칭(coaching)을 매주 제공하였다. 코칭과 상담은 사회복지 석사학위를 가진 정신건강 상담전문가(Mental Health Consultant: MHC)에 의해 이루어졌다. 정신건강 상담전문가는 교사들이 교사교육을 통해 배운 새로운 기법들을 시도하도록 지원하였다(Donahue, Falk, & Provet, 2000; Gorman-Smith, Beidel, Brown, Lochman, & Haaga, 2003). 또한 우리는 유아교사들이 다수의 상충되는 요구에 직면하고 있으며 자신의 근무 환경을 거의 통제하지 못한다는 선행연구 결과에 주목하였다. 우리의 중재 프로그램을 실시하는 교사들이 정서적으로 지원받지 못하거나 심리적으로 스트레스를 받는다고 느낀다면, 새로운 학급운영 전략을 실행하기 힘들 것이라는 우려를 하였다. 이에 따라 추가 구성요소로서, 정신건강 상담전문가들은 교사들이 극도의 스트레스로 인하여 피로해지는 것을 방지하기 위하여, 스트레스 감소 워크숍을 상당 시간 실시하였다. 마지막으로 정신건강 상담전문가들은 가장 심각한 문제행동을 보이는 만 3세~5세의 유아를 대상으로 하여, 유아들에게 헤드스타트의 임상심리 서비스가 도움이 될 것이라는 관점을 가지고 직접적인 유아중심 상담을 제공하였다(Perry, Dunne, McFadden, & Campbell, 2008; Yoshikawa & Knitzer, 1997).

유아들이 자기조절을 사회화하는 데 있어서 인종, 민족, 문화의 역할, 그리고 발달 및 예방과학에서 역할 모델과의 동치성이 갖는 중요성을 염두에 두고서, 시카고 학교준비도 프로젝트가 문화적으로 민감하게 설계되도록 세심한 주의를 기울였다. 덧붙여, 다요소 중재가 여러 지역사회 단체들의 라틴계와 아프리카계 교사 및 운영자들 사이에서 수용되는 기준을 충족하는지 알아보고자 단계별 실험을 계획하고 이행하였다.

시카고에서 경제적으로 가장 불우한 7개 지역에서 지역사회기반 헤드스타트 프로그램들과 함께 협력한 대규모의 공동연구에서, 우리는 높은 강도의 중재 서비스를 받을 9개의 헤드스타트 프로그램 실험집단을 임의로 배치하였고, 낮은 강도의 중재 서비스를 받을 또 다른 9개의 프로그램 통제집단을 배치하였다. 실시기관 수준에서의 무선배치가 시카고 학교준비도 프로젝트에 참여하고자 자신의 프로그램을 기꺼이 등록시켰던 운영자들에게 설득력을 가졌다는 사실을 강조해 두고자 한다. 실시기관 수준에서의 무선배치는 어떤 부가서비스를 프로그램에서 선호할지 또는 유익할지가 분명하지 않은 정책적 맥락에서 교사교육과 정신건강 상담 등 비용이 드는 서비스를 할당하는 데 공정한 방법이 되었다. 예를 들어, 통제집단 프로그램은 정신건강 상담전문가의 방문과 교사교육 대신, 비용이 덜 드는 보조교사를 일주일에 한 번 지원받았다. 일부 교사와 운영자들은 (낮은 비용의 보조교사 통합으로 인한) 교사 대 학생 비율에서의 더 단순하고 실행하기 쉬운 변화를 교사교육과 정신건강 상담으로 야기되는 더 높은 수준의 요구보다 선호하였을 수 있을 것이다. 두 개의 서로 다른 서비스에 대한 무선배치는 시카고 학교준비도 프로젝트의 결과가 서로 다른 운영자와 교사의 선호도 차이로 인해 도출되었을 가능성을 제거하는 동시에, 누가 어떤 서비스를 받을 것인가에 대한 문제를 공정하게 해결하였다.

비록 프로그램들은 임의로 배정되었지만, 교사들의 선호도는 다른 측면에서 여전히 영향을 주었다. 예를 들어, 실험중재 프로그램에 있던 모든 교사들이 모든 교사교육 시간에 참여하지는 않았다. 교사 참여를 지원하기 위한 광범위한 노력(수당 지급, 자녀 보육 제공, 재능 있고 적극적인 프로그램 코디네이터들에 의한 다수의 후속조치 포함)에도 불구하고, 중재집단에 배정되었던 교사들은 평균적으로 다섯 개 중 세 개의 교육에 참가했었다. 유사하게, 중재 프로그램의 주요요소인 교실 방문의 경우 평균적으로 일 년 동안 29회의 방문(또는 상담 128시간)을 받았지만, 어떤 교실들에서는 40회의 방문이 이루어진 반면 일부 교실에서는 21회의 적은 방문이 이루어졌다. 여기에 보고된 시카고 학교준비도 프로젝트 중재 처치 효과는 교사의 참여 정도에 상관없이 중재집단의 전체 교사와 교실들에 대해 예측한 것임을 강조해둘 필요가 있다. 이는 의도-처치(intent-to-treat) 예측치로, 교실들과 참여 유아들에 대한 시카고 학교준비도 프로젝트의 혜택을 더 보수적으로 보아 낮게 추정하였다는 의미이다.

교실기반 중재의 효과에 대한 긍정적 기초 연구결과

연구팀은 교실평가체제(Classroom Assessment Scoring System[CLASS]; La Paro, Pianta, & Stuhlman, 2004)라는 표준화 평가도구를 사용하여 독립적 관찰자들이 교실의 질적 수준을 평정하게 하였다. 교실의 질적 수준을 평가하는 이 도구는 교실의 긍정적 분위기, 부정적 분위기, 교사의 민감성 수준, 교사의 행동관리 기술이라는 교실의 과정적 측면 네 가지를 관찰하는 것이다. 코딩(coding)팀은 이러한 교실의 질적 수준 차원을 실험집단과 통제집단 교실 모두에서 헤드스타트의 한 학년도 중 두 차례, 즉 9월과 다음 해 3월에 평가하였다.

우리의 첫 번째 분석 결과는 통제집단 교사들과 비교했을 때 헤드스타트 실험집단의 교사들이 유아의 정서 및 행동 발달을 지원하는 방법에 있어서 상당히 개선되었음을 시사하였다. 실험집단 교사들은 긍정적인 교실 분위기 및 교사 민감성 측면에서 통제집단 교실들보다 유의미하게 높은 점수를 기록하였다(Raver et al., 2008). CLASS 하위범주에서의 증진 효과는 실험집단 교사들이 통제집단 교사들보다 유아들과 함께하는 시간에 훨씬 더 큰 즐거움을 보이고, 가르치는 것에 대해 더 큰 열정을 보이며, 유아들을 위해 정서적으로 더 안정된 기반을 보이는 것으로 관찰되었음을 나타낸다. 이와 유사하게, 실험집단 교실들은 대조집단 교실들보다 평균적으로 유의미하게 더 낮은 수준의 부정적 분위기를 가진 것으로 관찰되었다. 마지막으로 독립적 평가자들은 교사들이 유아들로 하여금 교사가 기대하는 바를 알 수 있도록 교실과 활동들을 조직하는 방식에 대해 평가하였는데, 실험집단 교사들이 통제집단 교사들보다 효과적인 문제행동 관리에서 약간 더 높은 수준을 보이는 것으로 관찰되었다.

CSRP가 교실의 질적 수준에서 개선을 이끌어냈다는 명백한 증거를 얻은 다음, 우리의 다음 연구문제는 CSRP가 유아의 행동적 조절에서의 상응하는 개선과 문제행동의 낮은 비율로 이어지는지의 여부였다. 결과는 상당히 고무적이었다. CSRP 실험집단에 무선배치된 유아들은 통제집단 유아들에 비해 몇 가지 중요한 측면에서 정서 및 행동 문제가 분명하게 감소한 것으로 나타났다(Raver et al., 2009). 표준화된 교사보고식 설문조사(Achenbach & Rescorla, 2001; Fantuzzo et al., 1995; Milfort & Greenfield, 2002; Zill, 1990)를 통해 교사들에게 헤드스타트 학년 중 가을과 봄*에 유아들의 문제행동들을 평가하도록 요청하여 연구데이터를 얻었다.

이러한 평가도구를 통한 우리의 분석은 통제집단 유아들과 비교했을 때, 실험집단 유아들에게 CSRP가 혜택을 주었다는 명백한 증거를 제공한다. 예를 들어, 실험집단 유아들은 헤드스타트 봄 학기까지 통제집단 유아들보다 상당히 적은 내면화 문제행동(우울, 위축)을 보이는 것으로 교사들에 의해 보고되었다. 실험집단 유아들은 또한 헤드스타트 봄 학기까지 통제집단 유아들보다 상당히 적은 외현화 행동(공격성, 파괴, 분노폭발)을 보였다고 교사들에 의해 보고되었다. 또한 유아들의 공격적/파괴적 행동에서 실험집단과 통제집단 간의 미미하지만 유의미한 차이점을 (예상했던 방향으로) 발견하였다(Raver et al., 2009).

유아를 대상으로 한 교실기반 중재 모형을 위한 시사점

CSRP의 효과를 개발, 실행, 평가하면서 우리는 헤드스타트 환경에서 저소득층 유아들을 위하여 학습기회를 지원하는 방법에 대해 알게 되었다. 가장 중요한 점은 교실에서 유아들의 언어, 초기 문식성, 초기 수학 기능을 집중적으로 공략하는 여러 혁신적 중재방안들(Bierman et al., 2008; Diamond et al., 2007; Justice, Cottone, Mashburn, &

* 역주: 미국의 학년도는 대부분의 지역에서 가을에 시작하며 2학기는 다음 해 봄에 운영된다.

Rimm-Kaufman, 2008; Pianta et al., 2005)에 대한 보완으로서 CSRP는 정서 및 행동 과정에 초점을 두는 것의 중요성을 강조하였다는 것이다. 교사들은 유아들의 문제행동을 더 효과적으로 관리하면서도 구체적이고 쉽게 이행할 수 있는 방법을 배우는 것에 큰 관심을 가지고 있었다. 더욱이, 교사들은 기관 밖에서 신뢰받는 전문가로 알려진 정신건강 상담전문가(MHC)와 만나서 함께 새로운 행동기술들을 연습할 수 있는 교사교육을 활용할 수 있었다. 우리는 또한 익숙한 습관, 덜 효과적인 수업실제들을 새로운 학급운영 접근법으로 바꾸는 것이 많은 교사들에게 상당한 위협으로 다가올 수 있다는 사실을 알게 되었다. 요컨대, 유아에 대한 교사의 정서 및 행동 지원에서의 개선은 중재를 통해 성취될 수 있는 것이지만, 지름길은 없다는 것이다. 예를 들어, 우리가 중재 프로그램에서 코칭요소를 뺀다면 과연 같은 결과가 얻어졌을 것인가에 대해서 회의적이다.

CSRP 실시경험으로부터 얻은 두 번째 교훈은 비록 유아들의 정서 및 행동 발달을 겨냥하는 중재가 학업성취도에 대한 강조를 적절하게 보완해주기는 하지만, 결코 이를 유아의 언어, 초기 문식성 및 초기 수학 기능을 향상시키기 위한 노력에 대한 대체물로 보아서는 안 된다는 것이다. CSRP에 참여했던 프로그램들은 실시기관별로 교수학습의 질적 수준에서의 편차가 상당히 컸다는 점에서 시카고 지역 유아교육기관들을 대상으로 2007년 실시했던 대규모 설문조사에 참여했던 프로그램들과 유사하였다. 이 연구(Ross, Emily, Meagher, & Carlson, 2008)에서 시카고 유아교육기관에 재원 중이던 만 4세 유아들은 1학기에 실시한 표준화 어휘력 검사(Peabody Picture Vocabulary Test—Third Edition[PPVT-III]; Dunn & Dunn, 1997; Zill, 2003)에서 전국 평균보다 표준편차 1이 낮은 것으로 밝혀졌다. 게다가, 유아들이 배우고 있는 유아교실을 독립적으로 평가했을 때 수업의 질 측면(교사의 복합적 언어 시범과 유아의 개념 발달 지원 등의 영역)에서 평균적으로 중간 이하로 평가되었다. CSRP 교실들도 처음 기저선을 평가했을 때는 교육의 질을 측정하는 표준화 평가도구인 CLASS 점수에서 넓은 편차를 보여 유사하였다(Raver et al., 2009).

요컨대, CSRP에 참여한 교실에서 우리가 경험한 것들은 유아들의 문제행동으로 인하여 인지적으로 촉진하고 단계적으로 지원해주는 수업을 제공해주는 교사의 능력이 제한되어 문제행동을 하는 유아 자신이나 또래들의 학습기회가 방해받을 수 있다는 관점을 지지하였다. 그러나 교실에서 수많은 시간을 보낸 후에, 우리는 그 반대도 역시 가능할 수 있다고 생각하게 되었다. 즉 일부 교사들은 인지적으로 몰입시키고 적절한 속도를 유지하며 유아들의 인지 기능을 지원하고 확장시킬 수 있는 수준에 알맞은 방식으로 수업시간을 활용하지 않는다는 것이다. 따라서 일부 교실에서는 낮은 질의 수업으로 인하여 유아들이 반항적이거나 점점 더 파괴적으로 되는 것이지, 유아들의 문제행동으로 인해 수업의 질이 낮아지는 것이 아닐 수 있다(Arnold et al., 2006). 이러한 교실에서는 다른 유아교육 중재 프로그램들에서도 입증된 것처럼, 교사 및 학생들에게 정서적 지원뿐만 아니라 수업 지원을 함께 하는 중재가 도움이 될 것이다(Bierman et al., 2008; Pianta et al., 2005).

또한 이 프로젝트는 포괄적인 교실기반 중재를 실시할 때 전인아동에 대한 강조를 전인교사(whole teacher)에 대한 강조와 연결시킬 필요성을 강조하였다. 어느 날이든 교실에 가보면 교사들이 수많은 요구에 여실히 직면하고 있음을 발견할 수 있었다. 매일 출석 확인, 제공되는 식사 횟수, 그리고 보건절차 유지 등 광범위한 관료주의적 행정요소들을 모두 처리하려고 애쓰는 교사들을 목격하였다. 교사들은 또한 부모, 동료교사, 운영관리자, 그리고 (특히) 다수의 어린 유아들과 소통하면서 대인관계에 필요한 세부사항들을 힘겹게 조율하였다. 교사들은 이러한 교사의 관심이 필요한 수많은 요구들의 한가운데서 명확하고 실행할 수 있는 수업계획안을 작성하고, 그 날의 대/소집단 활동자료를 준비하며 유아들의 수행기능 평가 등의 교수적인 세부사항을 모두 관장해야 한다. 이러한 복합적 요구들에도 불구하고, 우리의 연구에 참여한 교사들은 교실에서 자신의 역할에 대해 대체로 낙관적이고 긍정적이었으며 학생 복지를 위해 헌신적인 노력을 하고 있었다(Li-Grining et al., 2010). 반면 상당수의 교사들은 많은 업무관련 스트레스 요인들도 보고하였다. 유아의 정서 및 행동에 중점을 두는 중재를 지속적으로 실시하기 위해서는 교사 자신의 좌절감, 과로 및 피로를 조절하는 능력을 높여줄 필요가 있다는 것이 분명하였다(Li-Grining et al., 2010). 헤드스타트 종일제 프로그램에서 평균적으로 대략 30,000달러의 연봉을 받는 시카고의 유아교사들은 스스로가 상당한 경제적 어려움에 처해 있지만, 유아들의 정서 및 인지적 요구를 충족시키기 위하여 노력하고 있다(Raver, 2004; Ross, Emily, Meagher, & Carlson, 2008). 이러한 경제적 문제들을 고려하여, 교사들에게 유아의 문제행동을 다루는 데 더 구체적인 방안과 함께, 스트레스 감소 방법을 제공하는 것이 중요하였다. 연구자들은 중재가 교사들에 의해 성공적으로 지속될지 또는 무시될지를 예측하는 데 있어서 교사의 스트레스 요인이 갖는 중추적 역할에 대해 더 많이 알아가고 있다(Pianta et al., 2008; Zhai et al., in press).

유아들의 다양성 급증 및 경제적 급변에 따른 새로운 도전과제

교육자들이나 연구자들은 하나같이 미국 유아들의 인구통계학적 특성에서 나타나는 극적인 변화를 강조해왔다. 인구의 12%를 구성하는 흑인들과 비교하여 라틴계는 인구의 15%를 구성하고 있어서 현재 미국에서 가장 큰 규모의 인종집단이 되었다(U.S. Census Bureau, 2006). 이민과 문화적응(acculturation)을 둘러싼 문제들은 헤드스타트 등의 유아교육 프로그램에 분명한 시사점을 던진다. 2006년에 라틴계는 헤드스타트 참여자들 중 가장 큰 단일 소수민족 집단이었으며, 헤드스타트에서 39%에 해당하는 백인 유아들의 수보다 아주 약간 적은 34%를 차지하였다(Administration for Children and Families, 2007; Magnuson & Waldfogel, 2005).

유아의 이민, 문화 및 언어 경험의 다양성 증가는 시카고와 같은 대도시에 위치한 유아교육 프로그램에서의 교육적 중재를 위한 현실적인 시사점을 가진다. 자신의 교실 내에서 최근에 이민 온 가족들과 상호작용할 때, 교사는 언어적 차이점에 대해 민감해야 할 뿐만 아니라 문화적 차이점에 대해서도 인식하고 민감해야 한다(Calfee, 1997; Gonzales, Knight, Birman, & Sirolli, 2003; Schmitz & Velez, 2003; Wehlage, Smith, & Lipman, 1992). 이러한 요구들을 충족시키는 첫 단계가 될 수 있도록, 많은 연구자들은 소수민족의 유아 및 그 가족들에게 문화적으로 더 민감한 프로그램이 될 수 있는 방법에 대해 구체적인 지침을 제안해왔다(Acevedo-Polakovich et al., 2007; Andres-Hyman, Ortiz, Anez, Paris, & Davidson, 2006; Boyce & Fuligni, 2007; Fisher et al., 2002).

게다가, 헤드스타트 참여가정의 인구통계학적 프로파일의 변화는 서비스의 주요요소로 정신건강 상담을 포함하는 CSRP 같은 모형에 중요한 시사점을 제공할 수 있다. 일부 연구에 따르면 라틴계 사람들은 일반적으로 정신건강 서비스를 덜 이용하며, 헤드스타트는 이러한 서비스를 제공하는 데 가장 효과적인 수단이 될 수 있다는 것이다(Hough et al., 1987; Vega, Kolody, Aguilar-Gaxiola, & Catalano, 1999). 더 나아가, 중재의 혜택이 가족의 이민 시기나 문화적응 패턴과 연관되는지의 여부를 알아내기 위하여 라틴계 유아들의 집단 내 차이점을 조사하는 것도 중요할 것이다(Keels & Raver, 2009). 요컨대, 유아의 학교준비도 중 사회정서 및 행동이라는 두 가지 요소를 모두 겨냥하는 중재가 전반적으로 효과적인지를 평가할 뿐만 아니라, "중재가 누구에게 가장 영향을 미치는지"를 파악해나가야 한다(Raver et al., 2009). 이러한 연구문제들은 유아들이 속하는 민족 범주와 이민부모의 자녀로서의 사회적 지위를 포함하는 것으로 확장되어야 한다. 비록 범주상으로는 같은 민족에 속할지라도, 라틴계 이민자녀들은 실제적으로 서로 다른 사회문화적 맥락에서 살고 있을지도 모르며, 다양한 언어, 경제 및 문화적 배경과 강점들을 가지고 있을 수 있다(예컨대, Kellam & Van Horn, 1997; Knight & Hill, 1998; Raver, Gershoff, & Aber, 2007). 시카고와 같은 대도시와 미국 전역의 인구통계학적 동향을 고려할 때 라틴계 유아들이 흑인 유아들뿐만 아니라 같은 라틴계 집단 내의 다른 사람들과 왜 그리고 어떻게 다른지를 이해할 필요성은 더욱 강조된다.

경제적으로 어려워지는 시기의 유아교육

경제학 데이터에 따르면, 빈곤 가정의 만 6세 이하 유아 수가 증가하고 있으며 이에 따라 미국 일부에서는 식료품 무료 구매권(food stamps)과 같은 서비스 사용이 급증하고 있다(Issacs, 2009). 이 사실은 빈민계층이 많은 지역에 대하여 심각한 시사점을 가지는데 프로그램에서 상당한 예산 삭감이 이루어지는 동시에 돌보아야 할 유아의 수가 더욱 증가할 가능성이 있기 때문이다(Johnson, Oliff, & Williams, 2009). 앞으로 몇 년간 일자리 증가는 더딜 것이며 부모들이 해고, 압류, 신용불량 등을 극복해야 하기에 가족들은 재정적으로나 심리적으로나 더 힘들 듯하다. 과거 불경기마다 가정 내의 이러한 경제적 압박은 학교 등 집밖의 상황에서도 유아들이 더 큰 어려움을 겪게 하였다(Stevens & Schaller, 2009 참조). 요컨대, 헤드스타트 교사들과 운영자들은 저소득층 가정들이 이러한 힘든 경제적 시기를 겪기 때문에 근래에 입학하는 유아들은 이전의 유아들보다 평균적으로 더 높은 수준의 우울, 위축 및 반항 행동을 보일 수 있음을 알게 될 것이다.

이 절망적인 경제전망에 직면하여, 유아발달, 공공정책, 조기중재의 분야에서 무엇을 알아야 할 것인가? 무엇보다 전체 도시와 행정구역 전체에서 학급별로 유아들이 보이는 문제행동의 기저선뿐만 아니라 출현율 증가에 대하여 분명하게 이해해야 하는데, 경제적 침체로 인해 가장 심한 타격을 받는 교실에 직원채용 및 교육지원을 우선적으로 제공함으로써 가장 효과적으로 수혜대상을 선정할 수 있기 때문이다. 우리의 결론은 유아의 문제행동이 자신의 학습뿐만 아니라 다른 유아들의 학습에도 영향을 준다는 것, 그리고 교사교육 및 정신건강 상담에 대한 재정투입이 개별 유아 및 전체 교실에 미치는 부정적인 결과를 어느 정도 미연에 방지할 수 있다는 것을 시사한다.

덧붙여, CSRP 같은 중재 모형은 새로운 경제 및 정치적 상황에 따라 수정될 필요가 있다. 어느 한 프로그램 모형을 다양한 사회문화적 맥락에서 운영되고 있는 교육기관들에 일반화하는 것이 가능하지 않은 것처럼, 급변하는 모든 경제적 상황에서 특정한 중재 모형의 효과를 일반화하는 것은 한계가 있을 수밖에 없다. 예를 들어, CSRP 모형은 계속 발생하는 가정 및 지역 차원의 스트레스 요인들에도 불구하고 지지적이고 안전한 사회적 맥락이 될 수 있는 정서적으로 긍정적인 교실 환경에서 유아들을 지원하는 데 효과적인 수단이다. 이와 함께, CSRP 모형은 교사로 하여금 유아들이 증가하는 부모의 심적 부담, 커가는 경제적 근심, 갑작스런 실직 또는 무주택과 수반되는 가계 불안정에 따른 특별한 걱정과 염려를 감당하도록 도울 수 있게 수정될 필요가 있을 것이다. 여러 기관에서 교사교육, 개별지도 및 컨설팅에 쓸 수 있는 재정이 대폭 감축될 경우, 전략상 더 적은 비용으로 더 많은 것을 해낼 수 있는 혁신적인 방법을 찾는 것도 점점 더 중요해질 것이다. MyTeachingPartner 중재*(Pianta et al., 2008)에서 민감하고 지지적인 코치에 의한 온라인 상담은 중앙정부, 지방정부 및 지역의 예산이 줄어들 때 헤드스타트 프로그램들이 직면할 문제들에 대한 혁신적인 해결책이 될 수 있는 단적인 예이다.

결론

이러한 어려운 도전과제들 속에서도 유아발달, 공공정책, 조기중재 분야에서 놀랄 만한 새로운 기회가 있다. 예를 들어, 미국 교육부와 보건복지부는 유아들을 대상으로 한 학교준비도 향상방안에 관련된 엄격한 무선화 통제 연구들을 집중적으로 지원해왔다(Interagency Consortium on School Readiness, 2003; Preschool Curriculum Evaluation Research Consortium, 2008). 유아교육, 예방과학(prevention science), 정책분석 분야는 사회정서, 행동, 인지발달 영역 전반에 걸쳐 교사가 유아들을 확고하게 지원할 수 있도록 돕는 새로운 중재방안과 분석도구를 끊임없이 생산해내고 있다. CSRP와 같은 중재모형들은 교사, 운영관리자, 정책입안자들이 유아들의 학교 성공 기회를 높일 수

* 역주: MTP는 교사-학생 간의 상호작용이 개선되면 학생의 학습과 발달이 향상된다는 신념 아래, 교사교육을 지원하기 위하여 미국 버지니아 주 커리대학에서 설립한 시스템이다. http://curry.virginia.edu/research/centers/castl/mtp 참조

있는 구체적인 방법을 찾을 수 있도록 돕는다. 미국에 있는 모든 도시, 시골, 교외 지역 전체에서 증가하고 있는 경제적 어려움은 유아의 학교준비도를 지원함으로써 과학적 연구결과를 신속한 행동으로 옮겨 실천해야 할 필요성을 고조시킨다.

제20장*

위대한 균형
놀이중심 교육을 통한 중핵교육과정의 최적화

– Kathy Hirsh-Pasek & Roberta Michnick Golinkoff

유아교육계의 캐플릿 가문과 몬태규 가문**은 완벽한 유아교육에 대한 비전을 두고 오랫동안 싸워왔다. 유아들은 숫자와 문자가 가득한 중핵교육과정을 받아야 하는가 아니면 창의적인 발견을 자극하는 놀이에 몰입해야 하는가? 두 집안 간의 풀릴 수 없는 원한처럼, 많은 사람들은 두 가지 교육접근법이 양립할 수 없다고 믿어왔다. 그러나 이제는 어느 한 쪽에 대한 맹목적 충성에서 벗어나 실증적 연구결과에 주목해야 한다. 놀이중심 학습(playful learning)은 놀이중심 교육학 안에 풍부한 중핵교육과정을 포함시킴으로써 논쟁을 재구성할 수 있는 한 가지 방법을 제안한다. 이를 지지해주는 연구결과는 확고하다. 유아들에게는 앞으로 학교에서 배울 기초 기능에 노출될 수 있는 명확한 교육과정이 있는 것이 효과적이다. 이와 동시에 연구결과들은 놀이에서 발견할 수 있는 의미 있는 참여와 탐색을 통해 유아들이 가장 잘 배운다는 사실도 제안한다. 교육과정의 목표가 교육 실제를 제한할 필요가 없다. 바로 유아는 놀이중심 교실에서 학습도 잘 할 수 있기 때문이다.

중핵교육과정의 주장 근거

학업이란 누적되는 것이라는 데는 의문의 여지가 없다. 학습자 역량의 원천은 영아기와 유아기에 시작된다. 한 예로서, 걸음마기 영아의 구어 능력은 이후 학교에서 의

---

* 제20장의 연구는 연구자들이 운영하고 있는 템플대학교의 Center for Re-Imagining Children's Learning and Education, Eunice Kennedy Shriver National Institute of Child Health and Human Development 연구기금 5R01HD050199, 전미과학재단 연구기금 BCS-0642529, 공간지능학습센터 연구기금 SBE-0541957, 전미보건기구 연구기금 1RC1HD0634970-01으로 이루어졌다. 이 장의 초안을 읽어주고 내용을 더 탄탄하게 해주는 제안을 해준 Kelly Fisher와 참고문헌을 도와준 Aimee Stahl에게 감사드린다.

** 역주: 윌리엄 셰익스피어의 희곡 '로미오와 줄리엣'에 등장하는 두 가문으로 캐플릿 가문과 몬태규 가문은 오랜 원수사이로 나오는데, 본문에서는 유아교육과정의 방향에 대한 양극단의 관점, 즉 학습중심과 놀이중심 관점을 비유하고 있다.

사소통을 얼마나 잘 할 것인가뿐만 아니라 자음/모음을 얼마나 잘 익히고 글을 이해할 수 있을 것인가를 예측한다(Dickinson & Freiberg, in press; National Early Literacy Panel, 2009; National Institute of Child Health and Human Development, 2005c; Scarborough, 2001; Storch & Whitehurst, 2001). 또한 수세기와 수 개념(예컨대 크고 작음)을 완전하게 익히는 것은 이후의 수학 이해력 및 유연한 문제해결력과 관련하여 대단히 중요하다(Baroody & Dowker, 2003). 마지막으로, 다수의 연구결과는 이제 유아기의 사회적 능력과 이후의 학업성취와의 관련성을 밝히고 있다(Raver, 2002). 유아가 자신의 행동을 통제하고 효과적으로 계획하도록 돕는 정서조절 훈련은 학업성취와 사회성 습득 모두와 연관된다(Diamond et al., 2007). 이러한 사실만으로도 언어, 문식성, 그리고 초기 수학과 사회적 기능에 노출시킬 수 있도록 유아교육과정을 설계해야 한다는 근거가 충분하다.

풍부한 실증연구 자료들은 동일한 이야기를 들려준다. 상당수 연구들이 저소득층 학습자들에 대한 유아교육의 단기 및 장기 효과를 평가해왔다(Campbell, Pungello, Miller-Johnson, Burchinal, & Ramey, 2001; Campbell & Ramey, 1995; Campbell et al., 2002; Reynolds, Ou, & Topitzes, 2004; Schweinhart, 2004; Weikart, 1998; Zigler & Bishop-Josef, 2006). 영국과 미국에서의 여섯 가지 종단 데이터를 토대로 학교준비도의 예측요인을 대규모로 조사한 바 있다(Duncan et al., 2007). 수천 명의 유아들을 대상으로 한 메타분석을 사용하여, 연구자들은 수학 및 발현적 문식성 점수, 그리고 집중력이 이후 학업성취에 대한 최고의 예측변인이라고 결론지었다. 이러한 결과는 사회경제적 지위나 성별에 관계없이 동일하게 나타났다. 따라서 연구자들은 유아교육이 이후의 주요 교과들과 동일선상에 놓일 수 있도록 하는 교육과정 목표에 관심을 집중하고 있다.

비록 학교에서의 몇 가지 학업성취(읽기와 수학)에 대한 선행요인들을 이해하는 데 상당한 진전이 있었지만, 미국의 가장 어린 시민들에게 이러한 능력을 비롯한 여러 역량을 어떻게 가르칠 것인가에 대한 문제에서는 여전히 서로 다른 관점들이 격렬하게 대립하고 있다. 유아교육과 초등교육 사이의 비연속성을 우려하여 많은 유아교육과정에서는 Bowman(1999)의 표현대로 "기초기능과 대집단 학습, 직접교수를 강조하는 전통적인 실제"를 이용하여 가르치고 있다. 아동연맹보고서(Alliance for Childhood Report; Miller & Almon, 2009)에 따르면, 직접교수 방법이 관심을 받게 되면 놀이시간은 거의 없어진다. 뉴욕과 로스앤젤레스 지역 200개의 K학년 교실을 관찰한 결과, 로

스앤젤레스 교사의 25%가 교실에서 놀이할 시간이 전혀 없다고 보고하였다고 밝혔다. 놀이 활동을 대체하는 것은 무엇이었는가? 바로 시험 준비였다! 뉴욕과 로스앤젤레스에서 80%나 되는 많은 교사들이 매일 시험 준비에 시간을 보내고 있다. 이러한 결과는 1990년 이래로 유아들이 하루에 자유놀이할 시간을 최대 8시간 잃었고, 미국의 30,000개 학교에서 학생들이 공부할 시간을 더 확보하기 위하여 쉬는 시간을 포기하였다는 Elkind(2008)의 주장과 일치한다. 놀이시간의 감소는 유아의 삶에서 놀이가 갖는 가치에 대한 우리 사회의 더 심각한 논쟁이 어디로 가고 있는지를 여실히 보여주는 바로미터이다.

이 장에서 우리는 최적의 유아교육 환경은 놀이중심의 전인아동 학습접근법을 통해 전해지는 풍부한 내용을 포함해야 한다고 주장한다. 이러한 주장의 근거로서 가장 잘 이루어진 연구들에서 나온 현존 데이터를 사용하여 '안내된 놀이(guided play)'라는 개념을 소개하고 유아는 직접교수 방법으로 교육될 때보다 자유로운 놀이와 목적이 있는 놀이가 결합될 때 언어, 읽기 및 수학을 더 잘, 더 많이 학습한다는 사실을 강조하고자 한다. 우리의 주장은 유아가 놀이를 통해 학습능력과 사회적 기능을 어떻게 숙달하는지를 설명해주는 확고한 학습원리(Hirsh-Pasek, Golinkoff, Berk, & Singer, 2009)에 기초한다. 마지막으로, 우리는 놀이를 통한 학습이 어린 유아들이 학교에서도 성공하고 학교 담을 넘어 세계에서 성공하기 위하여 발달시켜야만 하는 기능에 대하여 더 폭넓은 관점을 제공한다는 것을 설명하기 위하여 이 원리들을 사용한다. 요컨대, 논쟁은 이제 더 이상 학습 대(versus) 놀이에 대한 대립으로 점철되어서는 안 된다. 즉, 이제 유아교육과정에서는 놀이를 통한(via) 학습을 강조해야 한다는 것이다. 이러한 전인아동 관점은 유아의 사회적, 학문적, 창의적 발달을 촉진시키며 책무성을 갖게 해주고 유아교육에 맞추어 쉽게 조정할 수 있다(Bogard & Takanishi, 2005).

빈 그릇 혹은 어린이 탐색자/발견자?

유아교육과정에 대한 직접교수 접근법은 유아를 정보로 채워 넣어야 하는 빈 그릇으로 보는 아동 발달의 오래된 메타포에 기초한다. 교사는 유아들이 정보를 수동적으로 흡수하도록 지식을 쏟아부어 주는 환경설계사가 된다. 이 관점에서는 유아가 명료한 교수법을 통해 가장 잘 배운다고 본다. 학교준비도 개념은 종종 인지적 학습(Stecher, 2002)으로 제한되고, 신체 및 운동신경 발달, 사회적 기능이나 유아의 교실학습에 바탕이 되는 일련의 기능과 습관(예를 들어, 주의집중을 유지하는 능력) 등의 발달 측면은 잘 다루지 않는다(Kagan & Lowenstein, 2004; Kagan et al., 1995). 학습에 대한 행동주의적 접근에서 나온 빈 그릇 메타포는 학습지와 단순 암기 및 반복연습을 주로 사용한다. 수세기 같은 수학 능력, 글자-소리 대응, 어휘 습득과 같은 발현적 문식성 기능을 유아들에게 가르치기 위하여 점점 더 이러한 접근법을 적용하고 있다(Stipek, Feiler et al., 1998).

전인아동 관점은 아동이 많은 것을 학습 환경으로 가지고 온다고 가정하는 철학적 접근을 따른다. 따라서 교사는 안내자이며, 모든 학습은 불가분하게 연결되어 있기 때문에 학습은 분리된 영역으로 구분되지 않는다(Froebel, 1897; Piaget, 1970). Zigler가 기술한 대로, "뇌는 통합적인 도구다. 대부분의 사람들에게 뇌는 지능을 의미한다. 그러나 뇌는 정서 및 사회성 발달을 중재한다. 정서와 인지는 유아의 삶에서 끊임없이 연관된다."(2007, p. 10).

이러한 관점은 전인아동이 풍부한 환경과 지원을 아끼지 않는 성인의 도움을 받아서 인지 및 정서적 정보를 의미 있는 방법으로 통합한다고 본다(Vygotsky, 1934/1986). 이 관점은 유아가 자신이 하는 모든 것에서 의미를 찾으며 놀이를 통해서 사회적 기능을 연습하고 연마한다는 것뿐만 아니라 자신의 정보목록을 확장할 수 있는 인지적 행동에 참여한다고 전제한다(Piaget, 1970). 놀이는 유아들이 학업 및 사회적 기능을 적용할 수 있는 중요하고 통합적인 경험이다. 더구나 Roskos와 Christie(2002, 2004), Zigler 등(2004), 그리고 Singer, Golinkoff와 Hirsh-Pasek(2006)과 같은 과학자들은 전인적이고 능동적인 유아의 학교준비도를 향상시키기 위한 수단으로서 놀이가 갖는 중추적 역할을 강력히 주장하고 있다. Galinsky(2006)는 ABC 유아교육 프로그램(예를 들어, Campbell et al., 2001), 하이스코프 페리유아원 프로젝트(Schweinhart, 2004; Weikart, 1998)와 시카고 유아-부모 센터 프로젝트(Reynolds et al., 2004)에 대한 문헌연구에서 이 성공적인 프로그램들은 모두 놀이중심 학습과 일치하는 교수법을 사용하며, 유아를 능동적인 경험적 학습자로 본다고 하였다.

놀이중심 학습(playful learning)이란 무엇인가?

놀이중심 학습은 자유놀이(free play)와 안내된 놀이(guided play) 두 가지 모두를 포함하는 전인아동 접근으로서, 두 유형의 놀이 모두 학업성취 및 사회성발달과 연관된다.

연구자들은 일반적으로 자유놀이(물건을 가지고 하는 놀이, 환상놀이, 가작화, 또는 신체적 놀이)가 즐겁고 외재적인 목표가 없으며 자발적이고 능동적인 참여를 포함하고 일반적으로 완전히 몰두하게 하며 종종 개인적인 실재를 가지고 사실적이지 않으며 일정한 가작화 요소를 포함할 수 있다는 데 동의한다(Christie & Johnsen, 1983; Garvey, 1977; Hirsh-Pasek et al., 2009; Hirsh-Pasek & Golinkoff, 2003). 유아교육에서 자유놀이의 장점은 잘 입증되어 왔다(예를 들어, Singer et al., 2006).

안내된 놀이는 자유놀이와 구분된다. 여기에서 교육자들은 유아의 자연적 호기심, 탐구, 그리고 학습지향 사물/재료로 하는 놀이를 촉진하기 위해 설계된 일반적 교육과정 목표에 맞춰 환경을 구성한다(Fein & Rivkin, 1986; Hirsh-Pasek et al., 2009; Marcon, 2002; Resnick, 1999; Schweinhart, 2004). 안내된 놀이는 성인들이 환경을 강화할 수 있는 교육적 비계설정(scaffolding)을 두 가지 방법으로 제공한다. 첫째, 유아들의 세계에 발달에 적합한 다양한 학습경험을 촉진시켜 주는 물체와 재료들이 가득하게 해준다(Berger, 2008). 책으로 가득 채워진 교실은 유아가 문자를 탐색하도록 격려하며, 저울이 있는 교실은 유아가 실험하도록 격려한다(Siegler, 1996). 둘째, 안내된 놀이에서 교사는 유아들이 발견한 것에 대하여 언급하거나 개방적인 질문을 함으로써, 유아들이 현재의 자기주도적 탐구를 넘어서서 더 높은 수준으로 생각하도록 격려함으로써, 유아의 자기발견을 촉진한다. 비록 안내된 놀이가 외재적 목표가 없어야 한다는 놀이 기준을 거스르는 것으로 보일 수도 있지만, 여전히 유아가 학습의 능동적 주체이다. 학습은 유아 주도적이며 성인에 의해 통제되지 않는다. 안내된 놀이는 놀이와 같은 옷을 입고 변장한 직접교수가 아니다.

Fisher(2009)는 안내된 놀이를 정의하는 가로축과 세로축을 밝혔다. 첫 번째 축은 누가 학습을 주도하는지의 정도이다. 예를 들어, 자유놀이에서 유아는 무엇을 탐구할 것인지를 결정한다. 직접교수에서는 교사가 무엇을 어떻게 할지 통제한다. 두 번째 축은 학습 경험의 구조화 정도에 따라 정의된다. 직접교수는 구조화된 학습경험인 반면, 자유놀이는 비구조적이다. 안내된 놀이하에, 교사는 잘 구성된 교육과정 목표를 추구하면서도 유아들의 발견과 참여를 격려하는 방법으로 제시할 수 있다. 목표 지향적 경험과 전인아동 학습의 통합은 중핵교육과정과 놀이중심 교수법을 통합시킨 새로운 대안, 즉 안내된 놀이를 제공한다.

앞에서 제시한 이론적 모형이 실제에서 어떻게 적용될 것인가를 살펴보는 것이 중요할 것이다. 교사는 유아교육기관에서 도형에 대한 탐구와 학습을 촉진하기 위해서 자유놀이 영역에 다양한 도형들을 비치해둘 수 있다. 최초의 자유놀이 활동 후, 교사는 유아들에게 탐험가 놀이를 하면서 도형을 찾으라고 한다. 교사는 유아들에게 자신이 아끼는 물건을 가져와 이야기하기(show-and-tell) 활동에서 도형들을 비교해 보라고 함으로써 개념적인 이해를 강화할 수도 있다.

지금까지 상당수의 연구들이 놀이중심 학습을 연구해왔다. 이러한 연구에는 관찰연구나 상관관계 연구, 엄격한 무선할당 실험 등이 포함된다. 더 나아가, 인지 및 학문적 학습과 사회성발달과 같이 다양한 영역을 포괄하는 연구로 확장되고 있다. 결과들은 한결같이 긍정적이다. 즉 자유놀이와 안내된 놀이를 통한 유아의 학습은 최소한 직접교수 방법하의 학습만큼 효과적이거나 더 뛰어나다. 선행연구 고찰은 이러한 사실을 잘 보여준다(Hirsh-Pasek et al., 2009).

자유놀이와 학업성취

놀이를 통한 탐색을 통해 유아는 가장 기초적인 수학 및 과학 개념을 발달시킨다(Sarama & Clements, 2009a, 2009b; Tamis-LeMonda, Uzgiris, & Bornstein, 2002). 한 관찰연구에서 Ginsburg, Pappas와 Seo(2001)는 유아들이 어떤 형태로든 놀이시간의 반 이상을 수학 또는 과학 관련 활동에 보낸다는 사실을 발견하였다. 놀이시간의 25%는 패턴과 도형을 조사하는 데, 13%는 크기 비교에, 12%는 셈하기에 집중되었고, 6%는 동력 변화의 탐구, 5%는 공간적 관계(예: 높이, 넓이, 위치) 비교, 2%는 사물 분류에 사용되었다. 저울을 가지고 놀이하던 유아들이 무게와 균형에 대한 법칙들을 발견하는 실험가들이 되었다는 Siegler의 관찰에서도 유사한 연구결과가 나타났다.

자유놀이 활동은 이렇게 초기 수학과 과학 기능을 탐색하고 연습하며 연마할 기회를 제공한다. 또한 이러한 활동에 높은 빈도로 참여하는 유아들은 더 확실한 학업성취를 보인다(예컨대 Ginsburg, Lee, & Boyd, 2008; Wolfgang, Stannard, & Jones, 2003). 조작 활동(예를 들어 블록놀이, 모형 만들기, 목공)에 참여하거나 미술 재료들로 놀이하는 유아들은 공간의 시각화, 시각-운동 협응, 그리고 시각적 재료의 창의적 사용에서 더 잘 수행한다(예: Caldera, McDonald Culp, Truglio, Alvarez, & Huston, 1999; Hirsch, 1996; Wolfgang et al., 2003).

점점 누적되고 있는 증거들은 자유놀이가 언어 및 문식성 발달과도 관계된다고 제안한다. 특히, 상징놀이는 대부분 주인공의 식별, 논리 정연한 줄거리 파악, 그리고 이야기와 관련된 현실감을 증가시키는 소품의 사용 및 배경 기술(Dickinson, Cote, & Smith, 1993; Nicolopoulou, McDowell, & Brockmeyer, 2006; Pellegrini & Galda, 1990) 등과 같은 문식성의 기저를 이루는 필수 요소들을 모두 갖추고 있는 실행 내러티브로 주로 구성된다. 이러한 종류의 놀이는 K학년에서의 언어 및 읽기 준비도를 예측한다(Bergen & Mauer, 2000; Dickinson & Moreton, 1991; Dickinson & Tabors, 2001; Pellegrini & Galda, 1990). 문식성 발달의 서로 다른 측면들을 촉진시키는 상징놀이의 구체적인 요소들을 구분하기 위한 실험연구들이 더 필요하다.

안내된 놀이와 학업성취

풍부한 실증연구 데이터는 교사가 교육 환경에 수학 및 문식성 관련 재료들을 추가함으로써 유아의 놀이를 통한 학습을 더 풍부하게 할 수 있다는 사실을 잘 보여준다(Arnold, Fisher, Doctoroff, & Dobbs, 2002; Christie & Enz, 1992; Christie & Roskos, 2006; Einardottir, 2005; Griffin & Case, 1996; Griffin, Case, & Siegler, 1994; Kavanaugh & Engel, 1998; Roskos & Christie, 2004; Saracho & Spodek, 2006; Stone & Christie, 1996; Whyte & Bull, 2008). 예를 들어, Cook(2000)은 수 상징물이 놀이 환경에 포함될 때 유아들이 수학적 개념과 관련된 이야기와 활동에 더 많이 참여하였다는 것을 발견하였다. Neuman과 Roskos(1992)는 또한 유아의 자유놀이 환경에 문식성 관련 소품을 포함시켜준 실험집단에서는 통제집단에 비해 문식성 관련 활동이 증가하였다고 하였다. 종합해보면, 이러한 결과들은 자유놀이 환경에다가 학습적 내용을 더해주는 간단한 중재가 학업성취를 고취시킬 수 있는 방법임을 입증한다.

위의 예에서, 안내된 놀이는 유아의 발견을 촉진해주는 '보완적(supplementing)' 환경 형태를 취한다. 교사는 교육과정 목표에 맞춘 상상 활동과 게임(예컨대 시장놀이, 수학활동)으로 유아들을 안내하면서, 함께 놀이하는 것을 통해 눈에 보이지 않게 놀이 활동을 구조화할 수 있다. 학습 지향적 공동놀이(co-play)를 증진하도록 고안된 부모-교사 교육 프로그램들은 유아의 상상놀이, 친사회적 기술, 과제 지속력, 긍정적 정서, 학업 기능 등을 증진시킨다(Singer et al., 2003). 이와 같이 안내된 놀이는 유아의 호기심, 자주성, 선택 및 도전의식을 유지시키면서, 풍부하고 의미 있는 학습 경험을 촉발시킨다. 종합해보면, 선행연구들은 자유놀이와 안내된 놀이 양쪽 모두의 형태를 가진 놀이중심 학습이 학습자를 확실한 학업 및 사회적 성취로 이끈다는 것을 제안한다.

놀이중심 교육의 장기적 효과

학습에 대한 진정한 평가는 즉각적인 정보습득뿐만 아니라 장기적 정보유지와 전이를 기준으로 이루어진다. 이 점에서도 놀이중심 학습이 중요한 교육학적 수단이라고 제안한다. 예를 들어, Marcon(1993, 1999, 2002)은 다양한 학업, 행동적 및 사회적 측정도구로 세 개의 유아교육 모형을 비교하였다. 유아주도적인 학습 환경의 유아들은 6학년이 되자 교사중심 직접교수법이나 혼합된 방법(직접교수와 놀이 학습의 혼합)을 경험했던 유아들보다 더 뛰어난 사회적 행동과 더 적은 품행장애, 더 강화된 학업 수행과 기억력을 보여주었다. 다른 연구들도 교사중심 직접교수를 받은 학습자들보다 유아주도적인 학습자들의 사회성 및 학습발달에서 유사한 성과를 입증하였다(Burts, Hart, Charlesworth, & DeWolf, 1993; Lillard & Else-Quest, 2006).

놀이중심 학습이 사회성 발달에 미치는 효과에 대한 연구는 이제는 고전이 된 하이스코프 프로젝트에서 시작되었다(Schweinhart & Weikart, 1997; Schweinhart, Weikart, & Larner, 1986). 놀이중심 유아교육기관에 다녔던 사람들은 직접교수가 팽배하는 유아교육기관에 다녔던 사람들보다 만 23세에 정서장애에 대한 치료를 여덟 배나 덜 필요로 했고 중범죄를 저질러 체포되는 경향이 세 배나 낮았다. 하이스코프의 운영책임자 Schweinhart의 말을 빌리면, 직접교수가 이러한 문제들의 원인은 아니다(Brown, 2009). 그보다는 유아들에게 사회적으로 발달할 기회를 주지 않는 것이 예상치 못한 부작용을 야기할 수 있음을 말해준다. 다시 말하자면, 유아교육이 전인아동에 중점을 두지 않을 때 사회적 문제들이 발생한다.

왜 놀이중심 학습이 효과적인가? 일곱 가지 발달 원리

2009년 Hirsh-Pasek 등은 유아가 가장 잘 학습할 수 있는 방법에 대하여 축적된 지식들을 종합해주는 7가지 발달 원리를 설명하였다. 이와 동일한 원리들은 일련의 고전적 서적들(Berk, 2001; Bowman et al., 2001; Bransford, Brown, & Cocking, 2000; Hirsh-Pasek & Golinkoff, 2003; Hirsh-Pasek et al., 2009; Shonkoff & Phillips, 2000; Zigler et al., 2004)에도 나타나있고, 그 중에서도 전미유아교육협회에서 지지하는 발달에 적합한 실제(Copple & Bredekamp, 2009)를 잘 반영한다. 이러한 원리들과 일치하는 교육학이 전인교육 접근법을 지지하고 직접교수보다 놀이중심 학습을 수용한다는 것은 놀랍지 않을 것이다.

1. 유아에 대한 모든 정책, 프로그램, 제품은 연구에 기반한 발달궤도에서 정의한 유아의 발달연령과 능력에 민감해야 한다. 발달궤도 및 이정표는 절대적인 연령보다는 성장의 범위와 패턴을 통해 구성하는 것이 더 적합하다.
2. 유아는 자신의 환경을 조사하고 탐구함으로써 지식을 습득하는 능동적인(수동적이지 않은) 학습자이다.
3. 모든 연령의 사람들처럼 유아는 사회적으로 민감하고 반응적인 환경에서 따듯한 성인과 다른 유아들과의 상호작용을 통해 가장 효과적으로 학습하는, 근본적으로 사회적인 존재이다.
4. 유아는 자신의 사회적, 정서적 요구가 충족될 때 그리고 성공에 필수적인 삶의 기술들을 배울 때 가장 잘 학습한다. 자기조절, 융통성 및 조율능력, 그리고 다른 사람의 입장에서 조망하는 능력은 양성되어야 할 기능이다.
5. 유아는 정보가 반복암기를 조장하는 인위적 맥락보다는 자신의 일상과 연관되는 의미 있는 맥락에 내포되어 있을 때 가장 효과적으로 배운다.
6. 학습의 과정은 결과만큼 중요하다. 유아의 언어, 집중력, 문제해결력, 융통성 있는 사고, 자기조절력을 촉진하는 것은 유아들의 학업 성공과 책무성에 결정적이다. 이러한 기능을 향상시키는 환경은 자신감 있고 열성적이며 열심히 참여하는 평생 학습자들을 준비시킨다.
7. 유아가 다양한 기능과 요구를 가질 뿐만 아니라 서로 다른 문화적 및 사회경제적 배경을 가지고 있다고 인식하는 것은 개인차에 대한 존중을 격려하고 유아로 하여금 자신의 학습을 최적화하도록 해준다.

Pre-K부터 초등학교 3학년까지의 유아를 위한 이러한 학습 원리에 대해서는 사실상의 합의가 있다(Bogard & Takanishi, 2005). 놀이중심 학습은 성공적인 '정신의 도구(Tools of the Mind)' 교육과정(Diamond et al., 2007)과 몬테소리 프로그램(Lillard & Else-Quest, 2006) 둘 다에서 확실하게 두드러지는 특징 중 하나이다. 놀이중심 학습은 또한 좋은 프로그램의 대표적 특성인 교사의 민감성과 반응성을 격려한다(Galinsky, 2006). 발달 및 학습 과학에 기반을 둔 이 일곱 가지 원리들은 직접교수가 아니라 놀이중심 학습이 유아들이 배우고 자신이 배운 것을 다른 학습으로 전이하는 능력을 극대화한다는 사실을 제안한다.

놀이중심 학습의 효과 종합

우리는 Pre-K부터 초등학교 3학년까지의 교육은 교육계의 몬태규 가문과 캐플릿 가문 사이의 평화조약에 의해 가장 잘 이루어질 것이라고 제안해왔다. 폭넓은 교육과정 목표들은 놀이중심 교육을 사용하여 성취될 수 있으며, 과학적 증거는 이러한 권고와 일치한다. 사실상 Copple과 Bredekamp는 우리가 이 목표를 성취할 방법에 대한 지침을 제공하였다.

> 만약 초등학교 교사들이 유아교육에서 가장 강조하고 실천하는 것에서 가장 좋은 부분(예를 들어, 전인아동에 대한 관심, 통합되고 의미 있는 학습, 부모 참여)을 포함시켰다면, 그리고 만약 유아 교사들이 더 어린 유아들에게도 가치 있는 초등교육 실제(예를 들어, 탄탄한 내용, 교육과정과 교수에서 학습경험의 계열에 대한 관심)를 더 사용하였다면 교육의 질과 성취는 상당히 향상되었을 것이다(2009, p. 2).

여기에 위대한 균형을 잘 이루어내기 위한 부분적 방안이 내재되어 있다. 놀이중심 교육학은 국제적이고 사회적으로 민감하며 창의적인 사상가들을 더욱 더 필요로 하는 세계에 입문하는 학습자들이 평생학습자가 될 수 있도록 더 잘 준비시켜주는 방법에 대한 하나의 모형을 제공한다. 놀이를 창의적이고 융통성 있는 반응과 연관 짓는 연구는 수십 년 동안 이루어져 왔다(Pellegrini, 2009).

결론

오늘날 유아교육기관에 있는 유아들은 미래의 큰 일꾼이 될 것이다. 이들을 가장 잘 지원해주기 위해서는 반드시 놀이를 유아기에 돌려주어야 하고, 더 많은 내용이 유아교육과정에 추가될 때 반드시 놀이중심 학습을 중시하는 교육방법이 적용되도록 해야 한다. 유아가 배우는 즐거움과 타인의 관점 수용이 갖는 중요성을 발견할 필요가 있다면, 그리고 유아가 자신의 문제해결력과 창의적 능력을 극대화해야 한다면 직접교수는 학교에 적응하고 중요한 사회정서 기능을 습득하고 학교의 요구에 반응하는 유아의 능력을 오히려 감소시킨다고 많은 연구들에서 밝히고 있음(Hirsh-Pasek et al., 2009)을 명심해야 한다. 이와 대조적으로 자유놀이에 참여하고, 두뇌와 심장을 가진 전인으로서 다루어지고, 재미있고 마음을 끄는 방법으로 학습을 경험할 기회를 가진다면 유아들은 배우고 또한 성공할 것이다. 학습과 놀이는 양립될 수 없는 것이 아니다. 유아들에게 학습은 놀이를 통해 가장 잘 성취된다.

논쟁 4
공간적 고려: 공립학교의 전용 대 다른 기관의 활용

연구문제

- 공립학교 시스템을 통해 어떻게 하면 비용적합하고, 접근성이 좋고 양질의 시스템을 갖춘 유아교육을 전국단위로 제공할 수 있을까?
- 양질의 유아교육 프로그램을 제공하는 역량에서 공립학교 시스템 영역 중 부족한 부분은 무엇인가?
- 기존 사립기관 프로그램과 공립학교 시스템을 섞는 방법은 어떤 것이 있는가?
- 혼합전달모형(Mixed Delivery Model)이란 무엇이며, 그 장점과 단점은 무엇인가?

제21장

공립 유아교육 지지 근거

– Kathleen McCartney, Margaret Burchinal, & Todd Grindal

대부분의 서양 산업국가와 대조적으로 미국은 공립학교와 협력하는 시스템보다 분리되고 전달방식이 혼합된 유아교육 시스템을 구축해왔다. Rose(2007)는 이를 공동의 영리목적인 어린이집, 헤드스타트, 공립 유아기관으로 이루어진 퀼트로 묘사하였다. 미국 유아기관은 대부분 불안정한 재정구조를 가진 사립시스템으로 가족문제로 다루어져 왔고, 이로 인해 유아의 초기보육과 교육뿐만 아니라 노동력까지 위협하기에까지 이르렀다. 일부 유아기 옹호자들은 유효성, 접근용이성, 본질에 대한 심각한 규제에도 불구하고 혼합되어 제공된 시스템의 가치를 계속 지지하고 있다. 이런 문제들은 공립학교와 협력하는 유아기관을 재구축할 때만이 검토될 수 있을 것이다.

현재 유아교육정책은 헤드스타트의 역사에 뿌리를 두고 있다. 1960년대와 1970년대에 헤드스타트가 시작되었을 때, 유아교육기관은 미국 어린이 대부분이 누릴 수 있는 일반적 경험은 아니었다. 경제적으로 부유한 가정의 일부 어린이들이 파트타임의 보육원에 다니기도 했지만, 대부분의 어린이들은 K학년 전까지는 형식적 학교수업을 받지 못하였다. 헤드스타트는 린든 존슨(Lyndon Johnson) 대통령의 빈곤추방의제의

한 부분으로 제정되었다. 헤드스타트 기획자들은 빈곤근절을 위한 조직된 공동체의 힘을 믿었다. 그 당시 학교들은 인종차별이 심했고, 많은 구성원들이 가난한 사람들의 요구를 공립학교가 충족시킬 능력이나 의지가 있을지에 대해 회의를 품고 있었다. 이것이 핵심이다. 공동체기반 기관을 통해 유아교육 서비스를 제공하려는 존슨 행정부의 결정은 공립학교에 대한 신뢰부족을 반영했던 것이다.

아동보호와 발달법령에 대한 1971년 리차드 닉슨(Richard Nixon) 대통령의 거부권 행사로 유아교육기관과 공립학교 사이 단절이 굳혀졌다. 이 법령의 목적은 보육을 포함하여 보편적으로 효율성 있는 아동발달서비스를 위한 입법상 구조구축에 있었다. 닉슨 대통령은 처음에 그 법령에 호의를 보이면서 찬성하는 듯 했으나, 공화당의 우익으로부터 지지확보를 위해 이를 거부하기로 결정하였다. 이 거부권 행사로 사립학교, 연방정부의 역할 최소화, 보육과 교육에서의 시장개방이 확보되었다. 뿐만 아니라 이로 인해 조기교육뿐만 아니라 육아휴직과 다른 아동혜택을 제공하기 위해 엄청난 지원을 제공하는 북유럽 및 유럽대륙과는 대조적으로 미국은 일하는 가족의 요구를 충족시키는 순환적 정책안건을 구축하지 못하는 지경에 이르게 되었다.

왜 유아교육이 공립학교에 속해야 하는가?

역사적 배경에도 불구하고 공립학교는 유아들을 담당할 수 있는 역량을 입증해 보여왔다. 세계 2차 대전 동안 밖에서 일하는 여성들이 증가하면서, 정부는 지역 공립학교를 통해 많은 어린이들을 돌보는 데 연방 재정을 투입하였다(Youcha, 1995). 1960년과 1970년대에 실시된 시범사업은 공립학교가 유아기관 어린이들과 부모들의 복합적 요구를 충족시킬 수 있음을 입증해 보였다(Caldwell, 1986). 오늘날 공립학교는 헤드스타트 등록 유아들에게 서비스를 제공하고 있으며 전국적으로 주 단위의 Pre-K 프로그램을 지원하고 있다. 사실 미국에서 보육 프로그램 네 개 중 하나가 공립학교에 의해 운영되는 것으로 추정된다(Neugebauer, 2003). 양질의 유아교육을 모든 어린이들이 제공받도록 보장하는 최고의 기회를 공립학교(차터학교와 전통적 학교 둘 다 포함해서)가 제공할 수 있다는 인식이 교육자들과 정책자들 사이에서 확산되고 있다. 공립학교의 역할확대는 모든 어린이들이 양질의 유아교육을 누릴 수 있도록 보장하는 최고의 기회를 제공해줄 것이다.

공립학교 내 유아교육기관 설립에서 가장 큰 논란거리는 교육과정과 평가기준 조정의 보장과 따라서 K학년으로 보다 매끄러운 전이를 보장할 수 있느냐이다(Bogard & Takanishi, 2005; Kauerz, 2006; Vecchiotti, 2003). 유아교육기관이 공립학교 내에 있을 경우 일반적으로 Pre-K로 불린다. 지역공동체 기반 유아교육기관 교사와 공립학교 교사 간의 의사소통이 조직적으로 어려움을 입증하는 자료가 있다(Horan, 2009). 유아교사들이 초등학교에 근무할 경우 윗 연령 어린이들을 가르치는 동료들과 형식적 및 비형식적으로 협력하는 정기적 기회를 갖게 된다. 같은 지붕아래 일하는 동료일 때 교육과정을 조정하고, 평가를 공유하고, 실제를 조율하고 전문성 개발을 하는 등의 일들이 더 수월해진다.

Pre-K를 공립학교에서 제공해야 하는 또 다른 중요한 근거는 보편적 접근성이다. 미 정부가 2001년부터 2008년까지 매년 2억 5천 달러 이상 유아교육 프로그램을 위해 투자하고 있으며 8개의 주에 있는 정부 프로그램은 120만 명 이상의 3~4세 유아들을 돌보고 있다(Barnett, Epstein et al., 2009). 그럼에도 불구하고 제공가능한 양질의 유아교육기관에 대한 보편적 접근은 전국적으로 여전히 심각한 한계를 보인다(Brauner, Gordic, & Zigler, 2004). 최악의 사례는 짜깁기된 시스템이 빈곤한 가정출신 어린이들(대부분 학교실패의 위험이 있는)을 배제하는 경우인데, 다른 유아들에 비하여 질이 낮은 유아교육 프로그램에 등록할 가능성이 더 크다(Fuller et al., 2004). 공립학교는 보편적 접근성이 높으며 따라서 Pre-K 전달에 적합하다는 논리적 근거가 작용할 수 있다. 지역단위 학교마다 질과 재정수준이 다를 수는 있지만, 학교접근성은 그렇지 않기 때문이다.

세 번째 근거는 비용이다. 유아교육이 한때는 사치로 여겨졌지만, 요즘은 어린이와 부모를 위한 공익사업에 해당한다(Gormley, 2005). 그래도 사립 유아교육기관의 비용은 가난한 가족이나 중산층의 가족들에게는 재정적 부담이 된다. 닉슨 대통령의 거부권행사 이래로, 형편에 맞는 보육기관을 찾는 일은 대부분의 미국 가정들에게는 어려움으로 남아있다. 점차적으로 한부모뿐만 아니라 양친부모 가정의 두 부모들이 공공취업정책규정에 부합하기 위해, 재정적 이유나 개인적 이유로, 특히 양성 평등 차원에서 취업을 하고 있다(Abramovitz, 2000; Haskins, 2006). 1970년과 2007년 사이 6세 이하의 아이를 둔 밖에서 일하는 어머니의 비율이 30%에서 62%로 증가하였다(Annie E. Casey Foundation, 2008; Sandberg & Hofferth, 2001). 그 결과 5세 이하 천백만 명 이상의 미국 어린이들이 매주 부모가 돌보지 않는 보육상황에 놓여있다(National Association of Child Care Resource and Referral Agencies, 2008). 부모가 내는 비용은 기관, 주 지역, 아동의 연령에 따라 매우 다양하다. 2008년도에 기관형 Pre-K에 다니는 4세 유아에게 드는 매년 평균비용은 서부 버지니아의 경우 4,560달러부터 매사추세츠의 경우 11,678달러까지 다양한 범위를 나타낸다. 부모들이 감당할 비용이 없는 무료 공립 Pre-K는 지불능력의 문제를 없애줄 것인데, 주나 연방정부로부터 안정적 재정지원이 보장되기 때문이다. 반면에 현재 공립 유아교육 프로그램은 "자금삭감의 영향에 취약한 것으로 악명이 높다"(Lubeck, 1989, p. 8).

부모들이 고비용을 지출한다고 해서 그것이 유아교사들의 고임금으로 연결되는 것은 아니다. 미국 노동통계청은 유아교사들(특수교사들을 제외하고)이 매년 평균 22,120달러의 급여를 받는다고 추정하였다. 봉급과 수당은 지역과 프로그램 유형에 따라 다르다. 교육서비스를 제공하는 이는 돌봄을 제공하는 이보다는 소득이 조금 더 높다. 그럼에도 불구하고 모든 유형의 영유아보육과 교육 제공자들에 대한 보상수준이 당황스러울 만큼 낮다는 논란이 일어날 수 있다. 그러므로 우수한 유아교사를 유치하고 유지시키는 것이 어렵다는 사실은 놀랄 일이 아니다(Barnett, 2004; Whitebook, 2003a). 따라서 미국의 보육과 유아교육 프로그램의 질은 수용불가능할 만큼 빈약하다(Early et al., 2007; Fuller et al., 2004; Pianta et al., 2005). 공립학교들은 이러한 많은 구조적 문제를 해결할 기회를 제공해준다. 아울러 교사들에게 급여와 수당을 제공한다. 사실 공립학교에서 근무하는 유아교사들은 지역기반과 사립 유아교육기관에서 일하는 동료들보다 50% 이상 더 임금을 받는다. 공립 초등학교에 근무하는 유치원 교사들의 연봉은 37,800달러에 이른다(U.S. Bureau of Labor Statistics, 2009). 공립학교는 정기적으로 점검받고, 교실 전반의 질에 대해 책임을 진다. 공립학교들은 신규 교사가 학생지도 전에 적합한 교육을 받았는지 확인하고 경력 교사들에게는 자신의 실천을 향상시킬 경험기회를 정기적으로 갖도록 보장해준다. 따라서 공립 Pre-K는 저임금과 수당 부족으로 교사가 부모에게 제공하는 불공평한 유아교육 보조금 문제를 없애줄 것이다.

공립 Pre-K에 대한 잠재적 우려

인종정치학과 관련하여 공립학교 내 신뢰부족의 지속은 심각한 근심거리로 남아있다. 1980년대 NBCDI(전미흑인아동협회, the National Black Child Development Institute)는 Pre-K 프로그램에 대한 공립학교 지원이 잠재적으로 아프리카계 미국인 아동들에게 불행한 결과들을 초래할 것이라고 경고하였다. 역사적으로 공립학교에서 아프리카계 미국인 아동 사이에 정학, 유급, 특수교육지정 및 학습부진의 비율이 높다는 것을 언급하면서, NBCDI 학자들은 공립 Pre-K로 인하여 백인문화배경을 반영하고, 차별되고 불공평한 교육시스템이 확장될 것을 우려하였다(Moore & Phillips, 1989; NBCDI, 1985). 전 학년을 통틀어 공립학교에서의 인종차별에 대한 우려가 여전히 남아있다. 그러나 지금의 혼합모형 보육체계 역시 유아교육기관의 유색 어린이의 요구충족 약속에 부응해오지 못한 점을 지적하고자 한다.

두 번째이자 오랫동안 가져온 우려는 공립학교가 발달에 적합한 유아교육실제를 제공해줄 수 없다는 점이다(Elkind, 1988; Goldstein, 1997). 사립 유아교육기관이 원래 "중산층"에 맞춰 설계되었기 때문에, Lubeck(1989)은 계층에 근거한 가치, 신념, 실제(예를 들어 능동적 탐구와 발견 중시에 영향을 받아왔다고 문제제기하였다. 대조적으로 빈곤계층 아동에게 맞춰진 유아교육은 이후 학업성공을 위한 단계를 마련하기 위해 학업—공립학교의 권한—에 초점이 맞춰져왔다. 오늘날 공립학교가 합당한 교사교육을 받은 교사를 채용할 경우, 발달에 적합한 유아교육 제공이 가능할 것이라는 데 대해 대체로 동의하고 있다. 감사하게도 NAEYC는 아동중심 교육과정뿐만 아니라 직접교수법 또한 포용한다. 그러나 성취 기준을 강조하는 흐름은 이런 논쟁에 다시 불을 붙일 수도 있다(Meisels, 2007).

세 번째 우려는 완전히 방법론적 문제이다. 공립학교들은 운영상 시간제한 때문에 일하는 부모들의 요구를 충족할 수 없다(Neugebauer, 2003). 물론 이런 우려는 초등학교에도 마찬가지로 적용되는데, 그렇게 때문에 많은 공립과 정부보조가 없는 사립학교들이 방과후 보육을 하고 있다. 공립학교들이 시간연장을 할 수는 있겠지만, 재정적으로 어려운 많은 지역의 경우 재정이 지원되지 않는 공공정책 지시에 대해 아마도 주저할 수도 있다. 따라서 공립 유아교육기관을 위한 새로운 세수자원의 확보가 매우 중요하며(Andrews & Slate, 2001), 예컨대 이용자 비용부담에 기초한 방과후 학습 프로그램(Gabrieli & Glodstein, 2008) 등을 고안해볼 수 있을 것이다.

Pre-K 입증

Pre-K 프로그램은 평가를 통해 어린이들의 학업기능 향상의 성공여부를 보여줄 것이다. 가장 엄밀한 효율성 평가는 전미유아교육연구기관(the National Institute for Early Education Research, Wong et al., 2008) 연구팀이 행한 다방면 평가이다. 이 연구팀은

5개 주에서 충분히 무르익은 Pre-K 프로그램을 대상으로 불연속회귀연구를 실시하였는데, 그 과정에서 동일 학교구역에서 K학년에 입학하는 어린이와 Pre-K 프로그램에 들어가는 어린이들을 비교하였다. 연구결과에 따르면 언어기능, 수학기능, 문자인식에서 어린이들의 Pre-K 경험의 유무 간에 유의미한 차이가 나타났다.

두 번째 연구(Mashburn et al., 2008)에서 전미유아발달학습센터(the National Center for Early Development and Learning: NCEDL)는 11개 주에서 충분히 무르익은 프로그램과 Pre-K 프로그램을 대규모로 조사하였다. 무작위로 한 주에 50~100개 프로그램을 표본으로 선정했으며, 각 프로그램당 한 개 교실을 선정했고, 한 학급당 4명의 어린이들을 대상으로 하였다. Pre-K학년 동안 언어, 읽기, 수 그리고 사회기능을 측정하였으며, 가족특성에 따른 효과나 학급별 차이에 따른 영향을 통제하고 증가 정도를 살펴보았다. 결과에 따르면 언어, 읽기, 수학과 사회기능에서 유의미한 효과가 있었다. 효과는 어머니의 교육수준이 낮은 어린이들에서 더 컸으며, 특히 수용적 언어에서 큰 성취를 나타내고, 문제행동에서 보다 큰 감소를 나타내었다.

안타깝게도 이런 연구들은 공립 Pre-K 그 자체의 효과를 나타내는 것은 아닌데 그 이유는 대부분의 주들이 Pre-K 프로그램 제공에 있어 다양한 형태의 조합을 허용하거나 의무로 하고 있기 때문이다. 예를 들어, 대부분 주들은 지역 어린이집들을 공립 Pre-K 체제에 포함시키고 있다. 우리 생각으로는 이는 비영리목적과 영리목적의 아동보육사업을 대표하는 Pre-K 옹호자들을 위한 정치적인 타협의 결과이다. 다른 두 가지 이유에 주목해볼 가치가 있다: 특히, 전반적으로 정부 프로그램을 제한시키려는 보수적인 정치적 의제와 과밀한 학교에서의 공간적 제약이 있다.

Howes 등(2008)은 NCEDL 연구자료를 활용하여 공립학교에 Pre-K 프로그램이 설치되었을 때 어린이들에게 유익한지의 여부를 조사하였다. 11개 주에서 표본 프로그램의 약 60%는 공립학교에 설치되었고, 나머지 40%는 설치되지 않았다. 공립학교 프로그램들은 학사학위를 소지한 교사들이 담임교사로 있을 가능성이 높으며(프로그램들이 공립학교에 있는 경우가 84%, 없는 경우가 48%), 종일 프로그램보다 반일 프로그램을 제공할 가능성이 높았다(공립학교 프로그램에서 35%, 다른 프로그램에서 65%가 종일 프로그램이었다). 프로그램의 공립학교 설치여부는 전반적인 교실에 대한 질 조사 또는 수업에서 보낸 시간비율과는 크게 상관없었다. 공립학교 교사들을 관찰해봤을 때 혼재된 결과가 나타났다. 다른 교사들과 비교했을 때, 공립학교 교사들은 교사 – 아동 상호작용에 더 민감했고, 읽기와 수학활동에 더 많은 시간을 할애하였다: 그러나 질이 낮은 수업을 제공하는 것으로 평가가 매겨졌다. 그에 상관없이 어린이 학업과 사회적 기능은 통계적으로 공립학교에 Pre-K 프로그램 설치여부와 상관없는 것으로 나타났다.

NCEDL 팀은 자신들의 연구결과물이 현재 유아교육의 상황을 반영하였다고 믿었다. 팀이 연구한 많은 학교구역들은 완전히 별개의 유아교실과 K-12용 기준과 프로그램을 갖고 있었다. 유아교육 프로그램은 채용, 교수와 승진용으로 전혀 별개의 기준을 갖고 있었다. 주의 유아교육 전문가들을 면담해본 결과에 따르면, 유아교육 프로그램은 많은 학교 내에서 중요성이 떨어지는 것으로 생각하는 경향이 있었다(M. Burchinal, personal communication, December 11, 2009). 지역들이 왜 별개의 두 교육 프로그램을 구축하기를 희망하는가? 답은 교장이며 이들은 일반적으로 유아교육 전공자가 아니었고, Pre-K가 공립학교에 속한다고 생각하지 않았다. 더군다나 표준근거 개혁이 시험에 더 초점을 맞추도록 강요해왔다. 유아교육이 다양성으로, 아니면 최악으로 일부 교장들에게 비춰지고 있었다. 일부 학교에서 교장들은 학교에 있는 유아교육 프로그램의 존재여부도 파악하지 못했는데, 이는 NCEDL 팀이 이 교장들을 학교에 있는 Pre-K 프로그램을 논의하기 위해 접촉했을 때 명확히 드러났다.

Tulsa Pre-K 연구는 상황이 괜찮다면 공립 Pre-K는 효과적일 수 있다는 주목할 만한 결과를 내놓았다. 1998년 오클라호마 주는 4세 등록 모든 유아들에게 장려책 제공을 통해 자발적 보편 Pre-K를 설립하였다. 2002년까지 지역 학교 91%가 반일 또는 종일 Pre-K 프로그램을 가정에 제공하였다. 교사들은 학사학위와 유아교육 자격증을 소지해야 하였다. 그리고 유아 대 교사 비율 조건이 10:1이었다. 회귀절단모형 설계는 Tulsa Pre-K 프로그램의 효과평가 연구에서 잠재적 선택편형을 통제하였다(Gormeley et al., 2005; Gormley & Philips, 2009). 구체적으로 Pre-K 경험을 가진 K학년생과 Pre-K에 현재 재원 중인 비교가능한 연령의 어린이들을 비교하였는데, Pre-K 자격대상 선에 거의 떨어지는 어린이들로 표본을 제한하였다. Pre-K 효과는 유의미했고 인상적이었다. Pre-K 경험을 가진 어린이들이 5개월부터 9개월까지의 수혜기간 동안 철자-단어 인식, 맞춤법과 적용문제용으로 Woodcock-Johnson 성취검사 III에서 높은 점수를 받는 효과를 나타냈다. 무료점심 수급대상인 어린이들에게서 효과가 더 컸는데, 이는 Pre-K가 가난한 어린이들을 위해 균형을 맞출 수 있다는 것을 보여준다. Pre-K 효과크기를 이해하기 위해서 인종, 무료 급식 대상여부, 어머니 교육수준, 가정에서 생물학적 부의 존재여부에 따라 비교해볼 수 있었다. Pre-K 효과는 이런 가족배경 변인의 어떤 것보다 더 컸다. Tulsa 연구는 그 두 가지 이유로 인해 공립 Pre-K 전망에 대한 확실한 증거를 제공한다: 오클라호마 주는 Pre-K를 보편적으로 적용했고, 연구자들은 강력한 인과적 연구방법을 동원해서 이 개입을 평가했다는 점을 그 이유로 들 수 있다.

정치적 의지 구축하기

이 장에서 우리는 공립 유아교육기관에 대한 현재 개념들이 현재 존재하는 전반적으로 볼 때 작동이 잘 안 되는 혼합전달 모형을 낳은 역사와 관련 있다는 점을 주장하였다. 이 모형은 부모, 교사, 어린이의 요구를 충족시키지 못하고 있다. 우리는 효과적인 유아교육은 공립교육처럼 넓은 시스템과 연결되어야 한다는 Bogard와 Takanishi(2005)에 동의한다. 우리는 많은 사립과 지역기반 유아교육 프로그램이 효율적이고 헌신적인 교사들로 구성되어 있다는 점을 의심치 않는다. 아울러 공립학교가 전국단위로 지불가능하고, 접근가능하며 양질의 유아교육체계를 구축하는 데 필요한 논리적, 재정적, 교육적 지원을 제공할 최선의 위치에 있다는 점도 분명 믿고 있다.

유아교육기관의 공립 혹은 사립 책임여부에 대한 문제제기는 21세기 미국 유아교육 시스템을 위해 정치적 의지를 미국인들이 구축할 때 제대로 안착될 수 있을 것이다. 유아교육에서 교육받은 교사들, 연속성과 교육과정 기준 배열과 부모참여 장려책 등 중요한 요인에 대한 합의가 도출되고 있다. 한 발 더 나아가 공립학교에서 유아에게 더 헌신하는 것이 진지한 학교개혁의 노력에서 핵심요인으로 자리를 잡아야만 할 것이다.

제22장

유아교육 프로그램은 헤드스타트와 어린이집의 지원을 받아 공립학교에서 조정되어야 한다

– Walter S. Gilliam

학습준비도(school readiness)는 유아교육의 기본목표이다. 유아교육 프로그램이 근로 가정에 안전하고 믿을 만한 보육을 제공하는 중요한 역할을 하는지 몰라도, 기본 목표는 유아가 초등학교에 입학해서 성공하는 데 필요한 사회, 정서, 인지, 언어기능의 발달을 돕는 데 있다. 아울러 가정에서 학교로의 매끄러운 전이(transition)와 형성이 이루어지는 기간 동안 자녀들을 교육하고 보육할 전문가들과 중요한 관계를 구축할 기회를 부모들에게 제공하는 것에 목표를 두고 있다.

이는 쉬운 과제가 아니다. 이 핵심과제를 달성하기 위해서는 유아교육환경은 반드시 따뜻하고, 친근하며, 환대의 장소여야 한다. 또 가정에서 학교로 매끄럽게 옮겨가도록 해줄 보육전문가들로 채워져야 한다. 다시 말하면 효율적 유아교육기관은 환경과 관계 내에서 양질의 초등교육 프로그램에 제공되는 모든 지원과 자원을 갖추고 있어야 하며, 이런 환경과 관계는 가정의 편안함과 안락함의 모습을 갖고 전문적이자 개인적인 부모와 교사 간의 관계를 증진시키고, 가정과 학교 간의 지속적 협조와 교육적 성취를 위한 무대를 마련해놓고 있어야 한다. 이런 점 때문에 실제 유아교육기관은 특별한 장소가 된다. 가정도 학교도 아니지만 동시에 여러 면에서 둘 다이기도 한다.

가정으로부터 유아교육기관으로의 전이를 촉진하는 것뿐만 아니라, 효율적인 유아교육기관은 유아교육 환경에서부터 전형적으로 더 고도로 구조화된 초등학교 환경으로 매끄럽게 옮겨가도록 해야 한다. 유아교육기관에서 K학년으로의 전이는 많은 어린이들에게 쉽지 않은 도전에 해당한다.

> 어린이들이 유아교육기관 이후에 초등학교에 들어갈 때 어린이와 가정은 더 형식적 학업기준을 포함하여 문화와 기대 측면에서 상당한 전환을 경험하게 된다. 사회환경은 더 복잡해지고 가족의 지원과 연계는 적어지며 큰 학급 크기와 하루동안 많은 이동으로 인해 교사와 함께 할 시간은 줄어든다(Pianta & Kraft-Sayre, p. 2).

유아교육기관에서부터 K학년으로의 전이의 다리를 놓을 때, 어린이와 가정을 돕는 지원서비스 제공은 유아교육 동안 성취한 효과의 상실을 방지하는 데 있어 핵심에 해당한다(Pianta & Cox, 1999; Ramey & Ramey, 1998b; Ramey, Ramey et al., 2000; Reynolds, 2003; Shore, 1998). 확대된 유아교육 개입 4개를 검토하면서 유아교육기관에서 K학년 및 초등저학년까지 전이와 후속 서비스를 제공하는 프로그램은 "유아교육 개입 단독보다는 보다 성공적인 학교로의 전이를 촉진시키는 것으로 밝혀졌다(Reynolds, 2003, p. 188). 그러나 전이 서비스는 많은 형태로 이루어질 수 있으며 특정 대상과 지역공동체의 요구에 맞추어야 한다. 한편 발달-맥락적 모형을 따르는 전이 서비스들은 프로그램 간 교육과정과 교육적 연속성을 제공하고 어린이들의 가정과 학교환경을 지속적으로 연결지을 때 가장 효과적일 것이다(Hodgkinson, 2003; Kagan & Neuman, 1998; Reynolds, 2003).

한 특정 유형의 유아교육기관이 위에서 기술한 완벽하게 균형 잡힌 혼합을 보장한다면 그것은 행운이다. 그러나 불행하게도 상이한 유아교육기관과 보육기관 내뿐만 아니라 이를 통틀어 질이 천차만별이라는 사실이 널리 밝혀져온 것처럼, 그런 보장은 잘 일어나지 않는다. 그보다 다음과 같은 유형의 기관들을 알아내는 일이 더 타당성 있는 과정이다. 즉 효율적인 유아교육 프로그램의 더 많은 본질적 요인들을 파악하고, 아울러 양질의 유아교육 경험을 제공하는 데 필요한 부가적 지원을 제공해주는 것이다.

PreK-3 체계를 통한 전이 지원

3~4세를 위한 효과적인 유아교육기관 서비스가 가진 전이 역할은 과장될 수 없을 만큼 중요하다. 이 전이 역할은 연속된 학업성취를 위해 가정과 학교의 효과적 협력과 가족중심적 역할뿐 아니라, 유아교육기관과 초등학교 간 목적, 질, 체계, 기술에 대한 사려 깊은 조정이 필요하다. 이것은 유아교육기관에서 초등학교 저학년까지의 통합(PreK-3) 체계를 통해 성취될 수 있다.

Takanishi(2010)는 PreK-3 교육의 실용적이고 효과적인 시스템의 발달을 위해 다섯 가지 우선적 과제를 제시하였다. 먼저, 유초교육은 3~4세를 위한 우수한 유아교육기관 구성, 마찬가지의 우수한 종일 K학년 그리고 1~3학년에서 우수한 교육적 경험을 제공해야 한다. 둘째, 성과 책임 시스템은 Pre-K 조기교육 프로그램, K-3 교육 및 가정이 초등 3학년 시기의 학습자 성취도에 동등하게 중요한 역할을 한다는 사실을 수용해야 한다. 셋째, PreK-3으로부터 성취기준, 교육과정, 평가 사이에서 조정이 이루어져야 한다. 넷째, 모든 유아교사들은 PreK-3 범위를 통한 교사훈련에 협력하도록 도울 PreK-3 교육자격을 소지해야 한다. 그리고 보조교사들은 적어도 학사 학위를 가지고 있어야 하며, 교사자격을 갖추기 위해 일을 해야만 한다. 다섯째, 가족들은 부모들의 읽고 쓰는 능력과 PreK-3 기간 동안 부모 관여 향상에 의한 중요한 구성요소임을 보여주어야 한다. 분명하게 이러한 PreK-3 체계 내에서, 효과적인 유아교육기관 프로그램들은 가정과 학교 사이 과도기적 기간에 해당하는 초등학교의 기대와 가정의 목적, 요구들과 함께 충분하게 제휴됨을 보여준다.

학교가 유아교육기관 서비스에 우수한 환경인 이유

공립학교 시스템 안에 유아교육기관의 설치는 타당하며, 또 정치적으로 인식되는 데는 많은 이유가 있다. 주장하건대, 오늘날 대부분의 중요한 국내 정치적 이슈는 교육 재구성에 대한 것이다. 오늘날 공립학교가 미국에서 어린이들과 가족들에게 더 좋은 곳이라고 생각하는 인식이 폭넓게 받아들여지고 있다. 2001년 제정된 아동낙오방지법이 결함이 있었다면 그것은 작은 부분이며 지금 그대로 진행 중이다.

실질적이며 지속되는 교육적 재구성은 유아교육기관과 함께 시작되어야 한다. 공립학교 시스템 내에 위치한 공적으로 투자된 유아교육기관은 더 넓은 학교 재구성을 위한 토대로서 기여해야 하고, 모든 이어지는 층층의 재구성 노력이 만들어낸 기반위에 자리잡아야 한다. 또한 공립학교들은 이미 학사학위와 교사 자격증을 가진 교사, 학교 심리학자, 사회 복지사, 그리고 이들 교육에 상응하는 임금을 받는 지원부서 직원들로 구성되어 있으며, 만성적 건강 문제 및 장애를 가진 어린이와 가족을 위한 요구 충족과 관련하며 발전을 거듭해왔다. 성공적 학교의 21세기 모델을 통해 공립학교에 영향을 준 서비스의 포괄적인 집합체의 일부로서, 유아교육기관은 유아교육에서 탄탄한 교육적 기반을 제공하고 있으며 맞벌이 가정에서 필요로 하는 보육을 제공한다. 이러한 이유들은 아래의 문단에서 논의된다.

공립학교는 유아교육기관에게 이미 중요한 장소이다

공립학교는 많은 주정부지원 Pre-K 시스템으로 운영되어 왔다. 그리고 유아교육기관 환경으로서 학교의 가치와 가능성은 연구로 입증되고 있다. 예를 들어, 잘 평가받은 매우 성공적인 모델인 오클라호마의 주정부지원 Pre-K 프로그램과 시카고 유아-부모 센터 모두 공립학교 시스템으로 관리된다. 오클라호마의 Pre-K 시스템의 효과성 연구에서, Gormley와 Phillips는 공립학교는 "유아에게 교육 서비스를 전달하는 데 실행 가능한 효과적 수단"(2005, p. 77)이라고 주장한다. 마찬가지로 잘 평가받은 그리고 매우 성공적인 시카고 유아-부모 센터(Reynolds, 2003; Reynolds & Temple, 1998; Reynolds et al., 2001) 역시 시카고 공립 시스템으로 관리되고, 또 그 안에 설치되어 있다. 시카고 공립시스템은 학교장에 의한 중앙관리, 유아교육기관, K학년 및 초등학년 간 거리가 인접하도록 하는 여러 가지 방법으로 서비스 전달의 연속성을 강화하는 조직구조를 제공하고 있다(Reynolds, 2003, p. 176).

오클라호마 모형과 유사하게, 다른 많은 주정부지원 Pre-K 시스템은 공립학교에 의해 관리되고, 대부분 학급들은 그 학교 환경 내에 설치된다. 그리고 공립학교에서의 설치는 종종 의무적으로 이루어지기도 한다. 예를 들어, 랜드마크로 평가되는 1998 판례에서, 뉴저지 대법원은 Abbott 지역으로 알려진 주내 최고 빈곤지역 30곳에 사는 어린이들은 3세부터 시작하는 양질의 유아교육을 제공받을 것과 지역학교가 이 서비스의 공급을 주로 책임지도록 지시하였다(Frede et al., 2009).

2003~2004년에 걸쳐 Pre-K에 투자한 40개 주 모두를 대상으로 주정부지원 Pre-K 학급에서 3,898명 교사들을 임의표집한 대표적 국가차원의 연구에 따르면 Pre-K에 관련된 공립학교의 역할이 부각되었다(Gilliam, 2008). 이러한 40개 주에 걸쳐 모든 주정부지원 Pre-K 학급들의 가중 빈도에 따르면 68%가 공립학교 내에 위치된 것으로 조사되었다. 그 중 9%는 헤드스타트 시행기관 역할도 하는 공립학교 환경에 있었다. 나머지 Pre-K 학급들은 공립학교 내에 속하지 않은 헤드스타트(9%), 영리성 어린이집(7%), 비영리성 서비스기관(7%), 사립학교(7%), 그리고 다양한 종교기반 기관(2%)처럼 광범위하게 위치하고 있다. 국가의 Pre-K 시스템 내에서 공립학교와 헤드스타트 간의 상당한 공통점을 기대할 수 있으며, 모든 헤드스타트 시행기관들의 17%는 공립학교 시스템에서 제공한다. 게다가, 국가의 51개 주정부지원 Pre-K 시스템(몇몇 주들은 1개 이상의 시스템을 가지고 있다.) 중 세 곳은 교육부와 협력하거나 그에 의해 관리되고 있다. 전체 주 시스템의 65%에서 공립학교가 가장 보편적 Pre-K 기관에 해당한다(Barnett, Epstein et al., 2009).

공립학교는 교육받은 유아교사 인력을 수급할 역량을 갖추고 있다

유아들은 잘 교육받은 교사가 가르치는 교실에서 가장 잘 배운다(Bowman et al., 2001). 전문적인 훈련과 함께 좀 더 높은 교육을 받은 교사들이 이끄는 교실에서 발달적으로 적절하고, 민감하며, 지원적인 환경의 유아교육이 제공된다. Pre-K 학급에 대한 최신 연구가 교사의 교육 수준과 어린이의 성과 간 상관관계가 과대평가되어 왔다는 것을 제안했지만(Maxwell & Clifford, 2006; Whitebook, 2003a), 그럼에도 불구하고 유아보육과 교육 분야의 많은 연구자들은 유아교육 학사학위를 가진 교사가 최고의 기준이라는 것에 동의한다(Early et al., 2007). 보조교사들이 교원의 중요 부분이지만 단지 고등학교 졸업장을 가졌다는 것 외에 그들에 대해 알려진 것은 거의 없다. 추가적으로 그들의 교육 수준이 담임교사의 수준에 근접할 때, 더 좋은 수업에 대한 책임을 맡는 경향이 있다. 그리고 담임교사와 보조교사에게 각각 역할 조율을 위한 예정된 계획 시간은 충분히 있다(Sesinsky & Gilliam, in press). 더 나은 보상을 받은 교사 존재가 더 나은 어린이의 성과와 상관관계가 있다는 점과 더불어 교사 보상 또한 중요한 문제라고 할 수 있다(Bowman et al., 2001; Howes, Phillips et al., 1992; National Institute of Child-Health and Human Development[NICHD], 1999; Peisner-Feinberg et al., 1998). 불행하게도 2009년 유아교육기관 교사의 연봉 평균은 24,540달러인데, 이는 보육 제공자들보다 조금 나은 편이고(19,240달러), K학년 교사들(47,830달러)보다는 훨씬 적은 것이다(U.S. Bureau of Labor Statistics, 2009).

공립학교의 유아교사들은 다른 환경에 있는 주정부지원 Pre-K 교사들에 비해 대학교육, 특히 유아교육 전공 교육 기간이 더 길다. 공립학교에 있는 주정부지원 Pre-K 교사의 약 90%는 학사 또는 석사학위를 소지하고 있다. 반면에 헤드스타트(37%)와 그 외(57%) 환경에 있는 비슷한 교사들은 이 학위들을 그만큼 갖고 있지 못하다. 비율은 낮지만 특히 유아교육에서 학위와 전문훈련의 패턴은 유사하다. 헤드스타트에서 13% 그리고 그 외 기관에서 17%인 것과 대조적으로, 공립학교 Pre-K 교사의 40%는 학사학위를 소지하거나 더 높은 유아교육 훈련을 받는 것으로 알려졌다. 또한 그 외 기관의 동료들을 살펴보면 공립학교 유아교사들은 더 높은 급여를 받고 있으며, K학년 교사들과 거의 유사한 보상을 받고 있다. Gilliam(2008)에 의해 발표된 자료의 추가적인 분석에 의하면 공립학교의 주정부지원 Pre-K 교사들은 평균 연봉으로 35,193달러를 받는다. 그것은 헤드스타트 센터에 있는 주정부지원 Pre-K 교사들(28,499달러; $d = 0.49$), 그리고 영리추구 어린이집 교사들(25,250달러; $d = 0.73$)보다 더 높은 것이다. 공립학교에 있는 담임교사들은 다른 기관에 있는 담임교사들보다 더 높은 학위를 소지함에도 불구하고, 보조교사의 경우는 그렇지 않다. 공립학교에 근거한 유아교육기관 프로그램에 근무하는 보조교사들은 단지 고등학교 졸업자인 경우가 많으며, 담임교사와 계획을 하는 데 보내는 시간이 짧다(Sosinsky & Gilliam, in press).

주정부들은 더 높은 학위를 소지한 교사들을 채용하는 데 있어 한발 내딛고 있지만 Pre-K 교사들은 이러한 측면에서 K학년 교사들에게 여전히 훨씬 뒤처져 있다.

대다수 주정부지원 Pre-K 학급들은 학사학위 소지의 담임교사 요구 기준을 충족하고 있다(Barnett, Epstein et al., 2009). 하지만 모든 50개 주들이 최소한 학사학위를 소지한 K학년 교사를 필요로 하는 반면 단지 20개 주와 DC 지역만 주정부지원 Pre-K 프로그램에서 교사에게 유사한 자격을 요구하고 있다(Doherty, 2002). Pre-K 서비스를 제공하는 공립학교의 비율이 높아질 때 학사와 석사학위를 소지한 유아교육기관 교사들의 비율이 더 늘어날 수 있을 것이며 이는 유아교육 K학년, 초등학교 간의 교육 수준 및 보상에서의 간격을 줄이는 데 도움이 될 것이다.

공립학교는 특수교육 지원에 최고의 접근성을 제공해준다

유아교육기관에서 특수교육으로의 접근이 더 좋아짐에 따라 장애를 가진 유아들이 혜택을 받게 되는데, 이는 필요한 지원서비스의 접근성을 확대하고 다양한 학습적 요구를 가진 유아들에게 더 좋은 통합을 지원하는 것을 통해서이다. 전국적으로 주정부지원 Pre-K 체제에 있는 미취학아동의 10.5%는 특수교육 서비스를 받을 자격을 갖춘 것으로 식별되고, 모든 학급의 61%에는 적어도 한 명의 장애 아동이 있다(Gilliam & Stahl, 2008). 전미 Pre-K 연구(Gilliam, 2008)는 공립학교와 헤드스타트에 있는 주정부지원 Pre-K 교사가 영리성 민간 어린이집에 있는 교사에 비하여, 특수교사(90%와 93% 대 67%), 물리치료사와 작업치료사(83%와 83% 대 55%), 언어치료사(95%와 95% 대 88%)에 대한 더 나은 접근성을 보여준다. 이러한 특수교육 지원으로의 접근성이 공립학교와 헤드스타트 센터에 있는 Pre-K 교사들에게 유사하지만, 공립학교는 현장에서 이런 서비스를 가지는 것이 좀 더 용이하다. 반면에 헤드스타트 센터는 필요에 따라 접근되는 외부 서비스 제공자들에 의해 서비스를 받는 경우가 더 많다. 학교에 근거한 Pre-K 학급에서 특수교사들과 치료사들에 대한 접근성은 초등학교 학생용으로 학교에 이미 의무적으로 도입되어 있는 서비스 때문이다. 공립학교에 유아교육기관 프로그램을 설치할 경우 그 환경에서 이미 활용가능한 기존의 특수교육 지원 교직원을 활용하는 이점이 있다.

공립학교는 접근 장벽을 제거한다

모든 가족의 요구를 충족하려면 유아교육 프로그램에서는 차량 운행과 같은 접근 장벽이 해결되어야만 한다. 차량 운행이 공립 초등학교에 다니는 어린이를 위해 제공되는 것과 마찬가지로, 적절한 차량 운행은 유아교육기관에 등원하는 유아들에게도 제공되어야 한다. 게다가, 교직원과의 협의회, 교실 관찰이나 자원봉사에 오는 부모들에게 학교가 차량 운행을 지원하는 것은 부모들이 다양한 제공 서비스의 이점을 이용하기 쉽도록 해 부모와 가족의 참여를 가능하게 해준다. 참여에 대한 다른 분명한 잠재적 장벽은 부모 부담금 또는 수업료이다.

전미 Pre-K 연구에서, 주정부지원 Pre-K 프로그램 교사들에게 지난 12개월 동안 어떠한 유아라도 차량 문제나 부모 부담금이나 수업료를 지불하는 어려움 때문에 떠나야 했는지에 대해 질문하였다. 다양한 환경의 교실이지만 모든 프로그램들이 주정부지원을 받는 Pre-K 기관이었다. 전국적으로, 공립학교 교사(21%)와 영리기관 어린이집(20%)의 교사는 헤드스타트에 비하여 차량 운행 문제 때문에 최소 한 명의 유아가 중도 탈락하고 있다고 밝혔다. 또한 공립학교(8%)와 헤드스타트(6%) 둘 다에서 영리기관 어린이집(29%)에 비하여 부담금을 지불할 가정의 경제적 무능력 때문에 적어도 한 명 유아가 중도 탈락되는 사례가 훨씬 더 적다고 밝혔다. 종합적으로 볼 때 공립학교 어린이들은 참여에 대한 이런 두 가지 장벽 중 하나를 경험하는 경우가 줄어들 가능성이 높다.

공립학교가 지원을 필요로 하는 분야

물론 공적으로 지원되는 모든 유아교육기관 프로그램이 학교 내에 속하도록 권고하는 데에는 주의해야 할 점이 있다. 첫째, 그 어떤 하나의 환경도 독점적으로 질적 우수성을 가지고 있지는 않다. 코네티컷 주정부의 지원을 받는 Pre-K 프로그램에 대한 연구(Gilliam, 2000)에서 공립학교에 위치한 Pre-K 프로그램은 어린이집에 위치한 주정부지원 Pre-K 프로그램에 비하여 개정판 유아환경평가척도(Harms, Clifford, & Cryer, 1998)에서 평균적으로 더 높은 질적을 보여주었다. 하지만 모든 기관 유형들 중에서 전반적인 질적 수준 측정에서 아주 낮거나, 아주 높은 점수를 받은 프로그램이 상당수 나온

점은 아주 충격적이었다. 종교기반 혹은 영리 추구 어린이집들은 평균적으로 가장 낮은 점수를 받았지만, 각각의 이러한 기관 유형에도 양질의 프로그램 사례들이 몇 개 있었다. 이런 우수한 학급과 기관들이 공립학교에 속해 있지 않다는 이유로 공공지원의 Pre-K 시스템 참여에서 제외시키는 것은 현명한 처사가 아닐 것이다.

둘째, 공립학교에 속한 Pre-K 학급들이 높은 자격을 갖추고 보상을 받는 교사들로 구성되지만, 헤드스타트 학급들도 다양한 포괄적 서비스를 가족과 어린이들에게 제공하고, 추천되는 학급 크기와 교사-유아 비율을 준수하는 측면에서 공립학교 학급들을 능가하는 경향을 보여준다(Gilliam, 2008). 어린이의 학교 준비와 관련된 통합적 구성요소뿐만 아니라 유아건강, 가족안녕, 부모참여가 유아교육과 발달의 중요한 단면들이라는 점이 널리 받아들여짐에도 불구하고 포괄적 서비스 제공에서 학교역할이 논의되고 있다(Gilliam, 2008).

헤드스타트 교실 교사들은 13개 측정된 포괄서비스를 통틀어 공립학교 교사에 비해서 포괄적 서비스 제공이 더 많았다고 보고하였다. 상당수 연구에서 학급 크기와 교사-학생 비율이 유아교육 프로그램에서 질적으로 중요한 표시라는 것을 밝혔다. 낮은 교사-학생 비율은 모든 연령 범위의 유아, 즉 갓난아기, 걸음마기, 취학 전 유아에 걸쳐서 더 좋은 학급의 질적 수준과 상관관계가 있다(Phillips et al., 2000; Phillipsen et al., 1997). 게다가 낮은 교사-학생 비율은 교사의 민감한 반응성과 상관관계를 가지며 이는 향상된 언어 기술, 사회-정서 기능, 행동, 놀이 기술 등의 긍정적인 유아 성과로 이어진다(Howes, Phillips, et al., 1992; NICHD, 1996, 2000; Phillips et al., 2000). 대부분의 4세 학급에서, 전미유아교육협회(NAEYC)와 헤드스타트사무국(Administration for Children and Families, 2010) 둘 다에서 학급 크기는 20명보다 많지 않게 하고, 비율은 교사 또는 보조교사당 10명의 학생이 넘지 않도록 하는 것을 추천해왔다. 공립학교 교사들은 헤드스타트 학급 교사들에 비하여 학급 크기(10월 1일자 등록에 기초), 전형적 등원율, 지난해의 최대 학생수가 더 크다고 보고하였다. 특히, 공립학교 교사들은 헤드스타트(6.7%)에 비하여 20명보다 더 큰(21.7%) 10월 1일자 학생 현황을 보고하기 쉽다. 학급크기 변인과 마찬가지로 공립학교 교사들은 헤드스타트와 비교하여 전형적으로 더 높은 교사-학생 비율과 최고의 일간 비율을 보고하였다. 전형적인 10명(27.6%) 보다 더 많은 교사-학생 비율을 보고한 공립학교 교사 수는 헤드스타트 교사(13.2%)보다 두 배가 많았다.

셋째, 유아교육 프로그램은 일하는 가족을 위해 안전하고 알맞은 보육의 제공에서 중요한 역할을 맡을 수 있으며 또 맡아야 한다. 모든 보육 형태들이 교육적으로 여겨질 수 없지만, 단일 환경으로 유아교육과 보육 둘 다를 포함시키는 것은 공적 자금의 매우 효과적인 사용이 될 수 있다(Brauner et al., 2004). 이를 위해서 유아교육 프로그램은 하루 동안 충분한 시간과 연간 충분한 주 동안 보육을 제공해야 하는데 이는 다양한 근로가족의 다양한 아동보육 필요를 개별화시켜 줄 수 있어야 한다. 헤드스타트와 K학년 유아들을 대상으로 한 비실험연구는 종일반에 참여하는 유아들이 하루의 일부에 참여하는 유아들보다 조기 학업기술에서 혜택을 더 받고 있음을 보여준다(Administration for Children and Families, 2003; Gullo, 2000). 오클라호마의 Pre-K 프로그램 평가에서는 종일 유아교육기관에 참여하는 소집단 유아들—특히 소수민족 집단 유아들과 낮은 사회경제적 지위에 있는 유아들—은 유아의 언어와 인지검사 점수를 올리는 데 있어서 하루 중 일부분만 참여하는 유아들에 비해서 더 효과적이었다(Gormley & Gayer, 2005; Gormley & Phillips, 2005). 이러한 유연한 시스템은 모든 유아들의 학업 준비도를 증진시키는 데 필요하다. 어린이집에 다니지 않는 유아들에게 이러한 시스템은 발달에 적합한 유아학교, 그리고 가정활동과 K학년 사이에서 전이를 쉽게 하는 사회화 경험을 제공할 것이다. 보육을 필요로 하는 가족과 유아들에게 이러한 시스템은 교육적으로 의미 있는 보육을 제공함으로써 미국 내에 존재하는 보육의 질에 있어서의 엄청난 격차라는 문제를 해결해준다(Brauner et al., 2004; NICHD, 1996, 2000; Young, Marsland, & Zigler, 1997). 하지만 그러한 프로그램이 일하는 부모를 위해 완전히 실행가능한 선택 방안이 되려면 그들의 요구를 충족시키는 모형이 요구된다. 예컨대 프로그램이 종일 그리고 대다수 부모들이 일반적으로 일하는 여름방학 기간 동안 보육을 제공하는 것이다. 불행하게도 전미 Pre-K 연구(National Prekindergarten Study)(Gilliam, 2006)에서의 자료 분석에 따르면 공립학교에 속한 Pre-K 학급의 35%는 보육을 수업일의 절반 정도로 제공하고 있으며, 단지 22%만 연장 시간을 운영하고 있음을 보여준다. 마찬가지로 35%의 헤드스타트 학급과 주정부지원의 Pre-K 체제에 참여하는 영리기관의 71%가 제공하는 것과 달리 16%만이 11개월 이상 동안 운영되고 있다.

결론

지역 학교에 유아교육기관을 연결함으로써 몇 가지 중요한 목표를 달성할 수 있다. 학교를 기본으로 한 보육은 가족들에게 물리적으로 접근을 가능하게 만든다. 유아들이 어린 나이에 학교 환경에 익숙하게 만들고, 이후 학교에 들어가는 것에 대한 염려도 줄어들게 만든다. 그리고 학교 시설을 더 효율적으로 활용할 수 있기에 학교가 지역사회에서 좀 더 비용효율이 높은 투자 성과를 얻을 수 있게끔 해준다(Zigler & Jones, 2002). 많은 지역에서 공립학교는, 특히 도시나 불리한 지역에서는 물리적으로 이미 최대의 학생 수용력에 다달았다. 또한 많은 훌륭한 유아교육 프로그램은 공립학교 안에 속하지 않은 환경에서 제공되고 있고, 어린 학생들은 이런 서비스에 접근이 지속적으로 되어야 한다. 그러므로 모든 유아교육 프로그램들이 공립학교 환경 안에 속해야 한다는 주장은 실현가능하거나 바람직하지 않을 것이다. 유아교육은 계속해서 다양한 지역사회 기관들을 통해 제공되어야 할 것이다. 하지만 모든 것은 K학년으로의 전이나 K-12 교육 시스템으로 매끄럽게 통합되도록 초기 공립학교에 연결되어 마련되어야 한다. 그리고 모든 것은 표준적 질을 충족시켜야 한다(Zigler & Jones, 2002).

심각하게 고려할 가치가 있는 해결책으로 교육인력과 헤드스타트 포괄서비스와 대부분의 어린이집에서 제공하는 보육시간을 갖춘 학교의 특별 교육 및 지원 교직원을 혼합하는 것을 들 수 있다. 주정부지원의 Pre-K 시스템을 통해 현재 이용가능한 재정을 결합하기 때문에, 헤드스타트와 보육 보조금은 부모를 위한 더 나은 선택적 집합을 이끌어내고(Zigler et al., 2006a), 학교내에서 종종 발견되는 교육 혜택들, 포괄적 서비스와 헤드스타트 경험의 핵심인 부모참여 그리고 대부분 어린이집에서 제공되는 실행가능한 보육방식 사이에서 선택해야 하는 가족의 현재 상황의 문제를 제거해준다. 조기 교육의 혼합, 포괄적 건강과 가족 복지 및 공립학교 내 적절한 보육은 매우 성공적인 21세기 학교 모형의 일부로서 1,300개 이상의 학교에서 성공적으로 시행되어 왔다(Zigler & Finn-Stevenson, 2007). 안정된 중심부로서 공립학교를 유지하고, 조기 교육과 보육재정에 걸친 공공 자금을 최상으로 활용하게 해주며, 지역의 공립학교 시스템을 통해 조직되는 혼합 시스템은 우리의 유아들과 가족의 필요에 대한 서비스를 전체적으로 묶어서 제공하는 데 있어서 최고의 선택이라 할 수 있다.

제23장

조기 유아교육과 보육의 혼합전달시스템 허브로서의 공립학교

– W. Steven Barnett & Debra J. Ackerman

미국에서 유아교육은 공립과 사립 교육기관들에 의해 공적 및 사적 자금을 기반으로 혼합되어 제공되어 왔다. 다양한 자금흐름과 규제구조는 별개의 통로들로 여겨지는 결과를 가져왔다. 공립학교, 헤드스타트, 사립 유아교육기관과 같은 보육전달 서비스 등이 그러하다. 현장이 대충 이런 식으로 나뉘었지만 실제는 중첩되는 부분이 있는데, 이는 주 Pre-K 프로그램이 커지면서 점차 늘어나고 있다. 헤드스타트 서비스의 상당 부분은 오랫동안 공립학교에 의해 제공되어 왔다. 그러나 주의 Pre-K 프로그램들은 4세를 대상으로 가장 크게 성장하면서 서비스전달을 위해 헤드스타트와 민간 어린이집에 의존해왔다(Barnett, Epstein, et al., 2008). 자금흐름과 규제기관에 따라 분리되어 있지만 전달서비스 프로그램에서의 구분은 점차 흐려지고 있다. 공공정책 입안가들이 프로그램 전체가 협력할 방안을 모색함에 따라, 우리는 공립학교를 시스템의 허브로 만들어서 이런 프로그램들이 양질의 유아교육 시스템으로 통합시킬 것을 제안하고자 한다.

이런 프로그램 대부분은 어린이의 K학년 준비도 향상에 중점을 두고 있으며, 더 나아가 보육을 위한 부모의 필요를 충족시키는 데 우선점을 두고 있다(Zigler et al., 2006a). 첫 번째 목표를 달성하기 위해서 우선 프로그램들은 교육적 효과가 있어야 한다(Ackerman & Barnett, 2006). 정책들이 유아교육 프로그램을 조율하고 지원하도록 계획함에 있어 좋은 출발점은 교육적으로 효과적이기 위해서 어떤 프로그램들이 필요한지를 묻는 것이다. 따라서 우리는 각 프로그램 혹은 기관이 효과적인 유아교육을 제공할 역량과 그 역량의 적합성 보장을 위해 해야 할 일을 먼저 고려해보고자 한다.

교육효과를 보이는 유아교육 프로그램의 특징

모든 유아교육 프로그램은 어린이의 학습과 발달에 기여해야 한다는 기본 목표가정에서부터 출발한다. 이는 그렇지 않을 경우 성공에 대한 준비가 빈약한 상태로 학교에 가게 될 많은 어린이들에게 특히 중요하기 때문이다. 이 분야에서 유아교육 프로그램이 특정 집단의 어린이들에게 교육적으로 효과적일 것인지를 보장하는 명확한 투입공식은 아직 없다. 그러나 엄격하게 이루어진 연구에 따르면 프로그램들이 학습과 발달에서 상당한 성과를 보인다는 점이 입증되었다. 이런 프로그램들은 적어도 네 가지의 핵심적 특징을 공통적으로 보여준다(Frede, 1998).

1. 교육을 잘 받은 교사들(보통 최소한 학사학위를 소지함)을 채용하여 적절한 급여(보통 공립학교 수준)를 제공한다. 전공으로 유아교육을 하지 않은 교사일 경우, 이런 개발을 하기 위해 지속적으로 집중교육과 지원을 제공받는다(다시 이 점에 대해 다시 언급하겠다).
2. 학급크기와 교실에서의 다수 성인의 참여로 인해 교사는 소집단으로나 개별적으로 어린이들과 활동할 수 있다.
3. 어린이들이 학교에서 성공하도록 준비시키는 교육과정을 비롯하여 의도적(intentional) 교수와 수업에 강조를 두고 있다. 어린이들에게 학교를 이해하도록 돕는 틀을 제시하고 학교성공에 필요한 행동을 익히게 돕는 대화양식과 일상활동을 포함한다. 교육과정은 풍부한 언어발달을 강조하지만 학습과 발달의 기타 영역들 또한 간과하지 않는다.
4. 교사들은 강력한 장학과 멘토링을 통해 반성적 교수와 교사-아동 상호작용에서 도움을 얻고 있다.

이는 아동학습과 교수실제에 대한 체계적이고 엄밀한 평가가 있는 교실에서 지속적 향상을 위한 시스템 접근의 일부이다(Ackerman & Barnett, 2006; Frede et al., 2007).

유아교육 기관 유형별 지원 역량

프로그램의 역량에는 교육적으로 효과 있는 유아교육을 제공하는 데 도움이 되는 인적 및 물적 자원 모두가 포함되는데 여기에 전문적 역량도 들어있다. 전문 역량이란 개인 및 이들이 속한 기관이 가진 지식과 기능을 뜻한다(Johnson & Thomas, 2004). 어린이집, 헤드스타트, 공립학교는 효과 있는 유아교육을 제공하는 데 소중한 역량을 제공하고 있다. 그러나 공립학교는 고유의 역량을 갖고 있을 뿐만 아니라 기타 강점도 갖고 있다. 유아교육시스템이 공립학교 허브를 중심으로 구축될 경우 이런 강점들이 빛을 볼 수 있다.

사립 프로그램은 공립 프로그램보다 5세 미만 유아들에게 더 많이 제공되는데 실제 시장점유를 보면 4세보다 훨씬 어린 유아에게 더 초점이 맞춰져 있다. 4세는 주 Pre-K의 주요 대상이기 때문이다. 사립 프로그램의 가장 눈에 띄는 역량은 물리적 공간이다. 부모들이 편리하게 이용할 수 있는 곳에 위치할 뿐만 아니라 돌보는 어린이들의 문화적 배경과 언어를 교직원들이 공립 프로그램에 비해서 더 많이 공유한다. 불행하게도 연방과 주정부 정책은 저비용으로 안전한 보육보호를 강조하는데, 교사자질, 학급크기, 유아-교사 비율에 대한 주 기준이 제일 낮다(Zigler, Marsland, & Lord, 2009). 많은 교직원들이 형식적 교육과 훈련을 받지 않았으며 급여 또한 적다(Ackerman, 2006). 원장들의 교육에 대한 배경이 부족하고 반성적 실제를 위한 지원이 극도로 제한되어 있다. 학급크기는 17개 주에서 전혀 규제되지 않고 있다(Barnett, Epstein et al., 2008). 보호보육에 대비하여 교육에 대한 실제적 관심이 종종 거의 없고 형식화된 교육과정도 없는 실정이다(Ackerman & Sansanelli, 2008; National Association of Child Care Resource and Referral Agencies, 2009). 특별한 장애가 있거나 행동문제가 있는 어린이들을 위한 조직적 지원이 부족하다. 심지어 고소득 가정출신 어린이들조차 학습과 발달에 대한 지원이 미약하고 학습에서 긍정적 효과가 거의 없는 사립 프로그램에 다니고 있다(Karoly et al., 2008; National Institute of Child Health and Human Development, 2002b).

헤드스타트는 재정면에서 사립 어린이집보다 훨씬 나은데, 특히 한 해를 기준으로 훨씬 짧은 운영시간을 볼 때 그렇다; 또한 사립 어린이집보다 인적, 조직적 역량이 크다. 2008년도에 지도교사의 41%가 학사학위 혹은 대학원 학위를 소지했고 아울러 준학사학위는 34%가 갖고 있었다(U.S. Department of Health and Human Service, 2009a). 2007년 헤드스타트 재인준에서 모든 교사가 적어도 2011년까지 준학사학위를, 또 50%가 2013년까지 학사학위를 소지할 것을 의무화하였다(U.S. Department of Health and Human Service, 2008). 그러나 학사학위를 가진 헤드스타트 교사들이 일반 공립교사 급여의 53%만을 받기에, 교사모집이나 제대로 교육받은 교사의 유지관리 역량을 매우 위축시키고 있다(U.S. Department of Health and Human Service, 2009a; National Education Association, 2010). 프로그램 기준은 학급크기를 4세반은 20명, 3세반은 17명으로 규제하는데, 적어도 교실마다 2명의 교직원을 두게 하고 있다. 헤드스타트는 아동성과체계와 기술지원시스템을 갖추고 있으며, 교사는 반드시 교육과정을 활용해야 하고 교육협력 조정자에게서 장학지도를 받아야 한다(U.S. Department of Health and Human Service, 2000). 뿐만 아니라 헤드스타트는 장애를 가진 어린이들(정원의 약 10%)에게 제공되는 보건 및 복지 서비스가 필요한 어린이와 가족에게 주의를 기울이고 부모참여를 강조한다.

이런 상대적 강점에도 불구하고, 헤드스타트는 어린이의 학습과 발달에서 미미한 향상을 보여주고 있다(U.S. Department of Health and Human Service, 2010b). 헤드스타트 교직원의 부적절한 자질과 보상이 밀접하게 연관되어 있다. 더욱이 헤드스타트의 포괄적 서비스에 대한 강조는 교육에 대한 강조에서 프로그램을 멀어지게 하고 있다. 공립학교에서 많은 프로그램들을 분리시킨 것 또한 일조를 하고 있다.

공립학교의 강점은 최소한 학사학위를 필수요건으로 한 교사에게서 출발하며 많은 주에서는 전문화된 자격을 요구한다. 그리고 분야의 다른 곳보다 높은 월급과 혜택이 장점이다. 공립학교 교사들은 지역교육청 혹은 주의 교육과정 활용에 익숙하고 주 학습기준으로 수업을 하며 수업에 중심을 두고 있다(Council of Chief State School Officers, 2010). 공립학교는 실질적 장학, 지원, 교사 교육 기회를 제공하도록 조직되어 있고 교육적 장애나 특별한 요구가 있는 어린이들을 지원하는 데 유용한 가용자원을 갖추고 있다. 공립학교는 장애를 가진 400,000명 이상의 유아에게 서비스를 제공하고 있으며 장애유아들을 정규교육으로 통합하는 것은 학교가 두 대상 모두에게 서비스를 제공할 때 훨씬 더 수월해진다(Barnett, Epstein et al., 2008). 공립학교는 유아교육에서 초등 3학년을 연계하는 접근방식을 실현 가능하게 촉진할 수 있는데(Foundation for Child Development, 2008), 어린이와 부모를 위해 연속성을 증가시키고 학교경험을 더 많이 제공함으로써 가능하다(Reynolds, 2000). 공립학교는 또한 민주적 관리구조와 결과에 대한 책무성을 제공한다.

물론 공립학교에도 결점이 있다. 사립영역에서 하는 것보다 새로운 시설을 개발하는 데 시간이 더 걸리고 비용 역시 더 많이 든다(Sussman & Gillman, 2007). 교사가 어린이와 동일한 문화적, 언어적 배경을 가진 경우는 드물다. 유아교실에 유아교육 전문성 없는 교사를 배치하는 것처럼 유아교육기관을 위한 최적의 결정이 더 큰 체제의 이익 때문에 희생될 수 있다. 학급크기와 비율이 헤드스타트보다 못하며 또 일부 주에서는 제한이 없는 경우도 있다(Barnett, Epstein et al., 2008). 공립학교의 큰 학급크기가 선택과 경쟁에 제한을 가할 수 있는데 적어도 사립교육기관 사이에서 선택해야만 하는 부모들에게는 그럴 수 있다.

엄밀한 연구보고에 따르면, 공립학교 유아교육 프로그램이 실질적으로 헤드스타트나 어린이집보다 더 큰 효과를 나타냈다(Barnett, 2008). 페리 유아원 프로그램과 시카고 유아-부모센터와 같은 잘 알려진 프로그램들이 이에 해당한다. 페리 유아원 프로그램은 규모가 너무 작고 집중적이며 많은 비용이 들어서 일반적인 것과는 거리가 있지만, 시카고 프로그램은 비용이나 디자인에서 더 나은 현재 프로그램과 유사하다. 현재 주 단위 프로그램 중 일부가 견고한 결과를 도출하고 있다고 알려졌다(Gormley et al., 2008; Wong et al., 2008). 이런 고효율 프로그램들은 앞에서 열거한 효과적 프로그램의 특징들을 구비하고 있다. 그러나 모든 Pre-K 프로그램이 그런 것은 아니며 심지어 공립학교에서 운영되는 모든 프로그램이 그런 특징들을 가진 것도 아니다. 아울러 많은 경우에서 결과적으로 볼 때 효과가 크지 않을 가능성도 내보인다(Barnett, Epstein et al., 2008).

모든 기관 유형의 활용

우리가 기술한 바에 대한 반응 중 하나는 공립학교를 통해 모두 공적으로 재정이 지원되는 유아교육을 제공하는 것일 것이다. 우리는 이것이 모든 주에서 정치적으로 가능할 것인지 의문이 들며 그것이 좋은 정책일 것이라고 생각하지도 않는다(Ackerman et al, 2009). 각 기관 유형은 제공할 중요한 역량을 갖추고 있으며 유아교육 분야는 풍족한 지원을 받지는 않는다. 대신에 우리가 제안하건대, 공립학교는 유아와 가족에게 서비스를 제공한 모든 지원기관 산하의 프로그램들을 연결시키고 지원할 허브시스템이 될 수 있다. 지역단위에서 이런 접근은 21세기 학교모형에 의해 추진되었다(Finn-Stevenson & Zigler, 1999). 비슷한 주단위 모형이 뉴저지 Abbott 프로그램이며, 공립학교 규모의 급여를 받는 자격증을 소지한 교사를 고용해서 공립학교와 동일한 기준을 갖는 서비스를 제공하는 사립과 헤드스타트 프로그램과 계약하였다(Frede et al., 2007). 주와 지역교육위원회에서 관리한다.

뉴저지 Abbott 프로그램은 주에서 가장 가난한 학교구역 31개 지역에서 사는 3세와 4세 유아에게 제공된다. 어린이의 약 2/3가 민간 어린이집과 헤드스타트에서 서비스를 받는다. 교육 프로그램은 주가 전적으로 재정지원했는데 어린이(헤드스타트에 대한 주 최고 재정지원—헤드스타트에 등록된 자격이 되는 어린이)당 약 11,000달러가 지원된다. 계약정도에서는 지역마다 상당한 차이를 보인다. 규모가 큰 지역에서는 이런 접근을 광범위하게 활용하고 부모는 사립 교육기관들 중에서 실제적으로 선택할 수 있다. 모든 교육기관들은 동일한 프로그램 기준과 기대수준에 따라 아동이 학습할 내용을 제공하여야 한다. 교사 또한 동일한 전문성 개발교육과 기능적 지원을 받아야 한다(Barnett, Epstein et al., 2008).

Abbott 프로그램은 주 5일 운영하며 학년단위로 하루에 6시간 운영한다. 그러나 프로그램 제공자들은 주의 인적서비스 부서로부터 추가 재정지원을 받을 수 있어 종일 혹은 확대 연간 서비스를 제공할 수 있다. 어린이 또한 아침, 점심, 간식과 보건서비스와 시각, 건강, 청각, 발달 검사를 받을 수 있다. 많은 사립 프로그램들이 참여하기 전에는 질적으로 낮았지만 몇 년이 지난 후에는 사립 서비스 제공자들이 공립학교(여기에서도 질적 향상이 이루어졌음에도)와 동일한 질을 갖추게 되었다(Frede et al., 2007, 2009).

이런 혼합전달모형의 뚜렷한 장점은 공립학교의 전형적인 것보다 더 많은 선택(그리고 경쟁)을 제공하는 기회에 있다. 유아교육기관의 위치가 더 편리하며 어린이의 가정언어와 문화에 대해 더 많이 알고 있는 교사가 있기 때문이다(Howes, James, & Ritchie, 2003). 언어 및 문화적 역량에 대한 더 많은 요구가 실제로 나타나고 있으며 커지고 있다(Garcia, Arias, Harris, Murri, & Serna, 2010). 뉴저지 Abbott에서 다양성은 어린이집에서 이미 가르치고 있는 교사들에게 부여하는 장학금과 안내제공으로 유지되며, 이를 통해 공립교육에서 요구하는 학위와 자격증 취득이 가능해지며, 이런 요건을 충족하면 더 많은 급여와 혜택이 주어진다(Ryan & Ackerman, 2005). 지역 교육청에 고용된 석사학위 소지 교사들은 실질적 교사연수를 모든 교사들에게 실시하는데, 각 지역에서 단일 교육과정을 사용하게 됨으로써 향상이 되었다.

결론

유아보육과 교육서비스의 공사립 교육기관들을 지원하는 연방, 주, 지역정부 프로그램의 복잡성과 아울러 체계가 없다는 점은 전혀 바람직하지 않다. 하나의 접근법으로서 기존 프로그램들을 모두 대신한다는 것은 거의 불가능하다(Kingdon, 1995). 역량이라는 렌즈를 통해 볼 때 유아교육을 제공하는 세 기관 유형을 모두 활용하는 것이 등록률을 높이고, 아동과 부모의 요구를 충족시키고, 세 기관 유형의 질 향상 기회를 증가시켜 줄 것이다. 그러나 이는 단일 관리체계하에 함께 모아졌을 때만이 가능하다. 이런 목적을 위해 우리는 기존 공립학교를 활용할 것을 제안한다. 대안은 통합위원회를 만들어 조율과업을 맡기는 것이다. 그러나 우리는 이 접근이 통제와 자원을 위해 완전히 독립된 기관으로서 경쟁하게 되어 제대로 작동할 것이라고는 예상하지 않는다.

우리가 제안하는 접근 방안도 쉽게 적용되지는 않을 것이다. 사립 제공자와 헤드스타트 기관들이 재정상, 프로그램상, 행정상의 자율성에 너무 익숙해져 있기 때문이다. 공립학교는 보다 직접적 명령과 통제로 운영된다. 공립학교가 지원파트너가 될 수 있다는 점을 알아야 할 것이다. 수년 동안 적절하게 수행하지 못한 프로그램을 해고할 위임권을 공립학교가 갖고 있음에도 말이다. 우리가 믿건대 이들 간의 협약은 호혜적인 결과로 이끌어줄 것인데, 초기에는 불편하고 모든 상황에서 그럴 것으로 예상된다. 정책입안자들은 공립학교에 적용하는 높은 기준에서 사립 교육기관을 영원히 예외로 하려는 유혹과 싸워야 할 것이며 그런 높은 기준을 모든 사람들이 누리도록 비용을 지불해야 할 것이다. 높은 비용은 가장 큰 장애물이다. 비용에 대하여 납세자들은 어린이들을 위한 더 좋은 결과로 돌려받게 될 것이다.

제24장*

유아교육에서 선택기반 다중관할 교육의 적용

– Daniel E. Witte

선택기반의 다중관할 유초중등교육(choice-based multivenue precollege education) 옹호자들은 끊임없는 도전에 직면해 있다. 이 시스템은 미국의 경우 19세기 중반 이래 전반적으로 일반대중에게 유효하지 않았다. 현재 미국인들은 최근 집단기억에서 희미해져 가는 생활양식을 잘 떠올리지 못한다.

지금까지의 연구 결과와 최근의 교육계 경험을 토대로 볼 때 정제된 순행시스템 해결책으로 정확히 어떤 접근이 실제로 작동하는지를 증명하기보다 어떤 접근(즉, 교육에서 정부의 의무관리 독점)이 잘 작동되지 않는지를 보여주는 데 맞춰져 왔다. 그러나 세계무대에서 미국의 국제적 쇠퇴를 피하고 바람직하지 못한 교육유행의 반전을 위해서는 타성을 보이고 끊임없는 쇠퇴를 선호하는 정치성향을 가진 정책분야에서 과감한 변화가 일어나야 할 것이다.

선택기반 다중관할 유초중등교육 개념인 제퍼슨 시스템

일반적으로 교육에서 선택을 옹호하는 이들은 대학이전교육(precollege; 유아교육, 초등교육, 중등교육)이 현재 미국 고등교육(대학, 대학교, 직업학교, 전문대학)처럼 관리되어야 한다고 주장한다. 다시 말하면 모든 발달단계에서 다양한 배경 변인을 가진 가정과 학생 모두가 공립학교, 사립학교, 종교학교, 가정교육(home education) 혹은 자기교육(도제교육 포함)에 합당하게 접근할 수 있어야 한다. 부모들은 완전한 여러 대안적 목록을 검토해 자녀를 위해 최선의 선택을 할 수 있는 자유를 가져야 한다.

* 저자는 Donald E. Witte의 연구 보조 및 피드백에 감사한다. 또한 이 글을 읽고 가치로운 피드백을 제공하고 연구를 도와준 다음의 사람들에게도 감사드린다: Southern Utah University 영문학 교수인 Bryce Christensen 박사, Fresno State University의 참고도서 책임사서인 Allison Cowgill, Marriage Law Foundation의 William C. Duncan 소장, Sutherland Institute의 Paul Mero 회장, Derek Monson 정책 담당관, Stan Rasmussen 홍보 담당관. 24장에 소개된 내용의 확장된 세부사항과 참고도서는 Witte(2010a)를 참조하기 바란다.

최근 교육에서의 선택은 부유한 엘리트층에게만 가능한 일로 보인다. 여기에는 자기 자녀만 제외하고 모든 어린이들이 정부 교육기관에 의무적으로 다녀야 한다고 주장하는 정부 관료들이 상당 포함되어 있다. 그러나 놀랍게도 현재 정부체계에서 간단한 변화만으로도 교육에서 의미 있는 선택을 소수민족이나 경제적 소외계층을 포함하여 사회 전반으로 확대하는 것이 가능하다.

대부분 정책입안자들은 사립학교, 종교학교, 가정학교의 운영구조에 전혀 익숙하지 않다. 그런데 이런 사람들이—혹은 학자들조차—제퍼슨 전통에서 사립교육 선택과 더불어 정부 공립학교의 운영방법에 대해 고심한 적이 거의 없다. 토마스 제퍼슨은 모든 경제계층의 사람들에게 기회의 사다리를 제공하기 위해 세금보조금을 받는 정부 공립학교의 시스템을 옹호하였다(Witte, 2010a). 그러나 실제로 현대의 공립도서관 혹은 자발적 지역공동체 교육 프로그램과 어느 정도 유사한 방식으로 이 학교들을 운영했었더라면 즉, 지역자원을 순수하게 자발적으로 활용할 수 있게 제공하는 방식으로 운영되었더라면 제퍼슨의 주장이 계속 유효했을 것이다. 이와 함께 제퍼슨은 세금보조를 받는 학교들이 특정 학교에 자녀를 보내는 학부모의 관리를 일괄 받아야 한다고 믿었다. 주, 연방, 지역 혹은 특정 정부당국이 관리감독을 맡는 것이 아니라 매년 모든 회사 책임자를 직접 선출하는 공공회사 주주로 부모의 감독을 받는다고 생각해보자. 학교는 온전히 자발적으로 사용할 수 있는 자원으로 여긴다. 의무교육, 의무출석, 법적 강압, 부모양육권 침해 혹은 통제권 파기는 제퍼슨에게 바람직한 것으로 여겨지지 않았다. 교육을 표준화시키거나 세계관의 단일화를 시도하려는 조치는 적절하지 않다고 보았다. 마지막으로 제퍼슨은 교육과 법은 가족과 부모-아동 관계를 통해 이루어져야 하지 이들을 굴복시켜서는 안 된다고 믿었다.

현대에 제퍼슨식 관립학교가 있다면 벤자민 프랭클린이 행한 소수자 교육에 대한 가장 계몽주의적인 태도(Ryan & Cooper, 1998; Witte, 2003, 2009, 2010a)에서 영감을 얻었기에 엄격한 반차별법을 강조했을 것이다. 공시법, 신탁법, 안전보장법 등과 함께 드레스코드와 훈육 방침을 적용했을 것이다. 범죄를 저지르지 않고 위험하지 않은 모든 어린이들을 위해 정부시스템에서 안전망을 제공하고 개방적 선택을 제공하도록 입학안내가 마련되었을 것이다.

이상적으로 학생들이 같은 주에서 지역위치에 따라 어떤 관립학교에든 다닐 수 있어야 하며, 만약 지역의 지리적 위치에서 모든 어린이들이 우선적으로 응시하는 기회가 허용된 후 나머지 자리는 개방되었을 것이다. 관립학교와 사립학교는 학업에 있어 자발적 학점인정에 대해 협의한다. 교육과정 외 특별활동에 관해 종종 협력가능하다. 만약 동일한 질의 프로그램이 사립, 종교 및 가정교육 학생들에게만 별도로 사용하도록 이미 세금으로 재정지원이 이루어진다면(Title IV와 유사한 기준을 활용을 입증한다면) 관립학교는 이상적으로 수준 높은 지역 운동선수들에게 비용이 집중적으로 드는 스포츠, 음악, 기타 특별활동 프로그램을 허용하도록 했을 것이다. 이상적으로 관립학교는 파트타임 혹은 혼합등록을 허용했을 것이다.

주정부는 현 체제와 마찬가지로 학교교육용으로 각 학생들에게 주 정부보조금의 얼마가 지원되어야 할지를 결정했을 것이다. 주는 주정부 예산을 통해 동일하게 학교 재정지원을 결정하거나 부동산 지방세나 다른 세금 시스템을 사용하거나 혹은 재정자원을 합쳐서 사용할 수도 있을 것이다. 만약 연방정부가 재원을 유초중등교육용으로 지원할 수 있다면(대부분의 선택 기반 교육옹호자들은 어떤 형태로든 정부의 교육 개입에 반대함), 연방정부는 대학 펠 장학금 프로그램과 유사한 방법인 정형화된 다중적 방법에서 위와 같은 재정보조를 지원할 수 있을 것이다.

주와 연방정부에서 나온 아동 1인당 경비는 모든 학생들에게 동일하게, 즉 관립, 사립, 종교 혹은 가정학교에 다니는 것과는 상관없이 지원되었을 것이다. 대부분의 주에서 사생활 보호, 행정 효율성, 교육적 유연성을 최적화하기 위해서 부모들은 자녀의 교육보조금을 요청하기 위해 주와 연방의 세금환급제를 사용했을 것이다. 바우처, 보조금, 장학금이나 소득공제만이 포함되어 있는 선택 방식도 가능하고 유효하겠지만 세금환급제가 더 선호되었을 것이다. 이런 대안적 재정지원 접근은 동일한 혜택효과를 희석시키는 경향이 있으며, 더 어려운 법적 문제를 내포하고 정부-학교의 통제 과잉을 조장한다.

납세자들은 양식을 제출하거나 환급세금을 요청하는 진술서를 제출하도록 요구되었을 것이다. 이는 연방소득세 신고양식에 대학학비 환급을 위해 이미 마련되어 있는 체계와 유사하다. 허위 서류를 제출할 경우, 납세자들이 납세 위반 조치나 다른 부가적 처벌을 법률에 따라 받게 되었을 것이다.

법에 따라 어떤 정부에 의하지 않은, 즉 비정부 교육 프로그램은 정부지원의 세금환급 선택 프로그램에 참여할지 안 할지 온전히 선택할 수 있었을 것이다. 비정부 프로그램은 또한 등록을 하려면 학비를 추가적으로 요구했을 것이다.

유아교육에 특별히 적용될 선택기반 다중관할 유초중등교육의 개념상 이상적 시스템

현재의 형태에서 헤드스타트와 대부분의 주 재정지원의 유아교육(Pre-K) 체계(이 장에서는 유아교육으로 칭함)는 다중관할 프로그램이다. 왜냐하면 지역 공립, 사립 비영리 혹은 사립 영리 교육기관에 의해 운영되고 그 구성원들이 다양하며 지역적으로 위치나 경계에서도 다양하기 때문이다. 여러 가지 점에서, 헤드스타트와 같은 일부 유아교육 프로그램들은 투명하다. 유아교육 프로그램에서 가족에게 의무출석은 현재 부과되지 않는다. 그러나 헤드스타트나 주지원 일부 Pre-K 체제라는 이상적으로 여기는 설계(Witte, 2003, 2009, 2010a)에서도 선택권은 없는데, 왜냐하면 참여부모들이 중요한 프로그램 특성에 대한 최종 결정자가 아니기 때문이다. 여기에는 정치철학, 재정할당, 교육학, 인사선정, 기관평가기준, 참여자 수행기준, 교육과정, 기관종료 등이 포함된다(Head Start Statute, 2009). 오히려 이런 여러 측면 모두에서 궁극적으로 연방과 주의 법, 규정, 행정에 의해 지휘를 받게 된다. 헤드스타트와 주로부터 재정지원을 받는 일부 Pre-K 체제는 부모, 지역 지도자, 주 관료, 소수 민족 지도자의 투입을 촉진시키는 조직 특성을 일부 가지고 있으나 어떤 것도 제퍼슨의 직접관할이나 보조금 지원을 통해 부모에게 선택권을 허용하는 것과는 거리가 멀다.

개념적으로 말하면 선택기반 다중관할 유초중등교육의 많은 옹호자들은 유아교육이 앞에서 기술한 제퍼슨 원리에 부합하여 관리되어야 한다고 본다. 정부보조를 유아교육이 받아야 한다면—선택을 옹호하는 많은 이들이 강력하게 주장하기를, 어떤 프로그램도 지역이나 특히 연방수준에서 존재해서는 안 된다—부모는 다양한 접근법과 프로그램 중에서 선택할 수 있어야 한다. 유아기동안 가정교육으로 자녀를 양육하기 위해 집에 머물려는 부모들이 정부지원 차별로부터 고통받지 않아도 된다(Dutcher, 2007; Gardenhire, 2007; Witte, 2010a; Witte & Mero, 20080. 대신에 그런 부모는 정부, 사립, 혹은 종교 기관에서의 양육을 선택한 부모와 동일한 재원을 지원받는다(Oklahoma Senate Bill 861, Sec. 8, 2007; Oklahoma Tax Commission Chapter 50, 2009).

교육혁신은 FARM 접근법일 때 가장 잘 이루어진다. 즉 규제감소를 통한 융통성(Flexibility), 학교장 고용 및 해임에 대한 부모의 절대적 권한을 통한 책무성(Accountability), 모든 조직 이사를 선택함에 있어 전체 부모의 직접통제를 통한 대표성(Representation), 프로그램 간 혹은 기관 간 학생들의 전학을 허용하는 모듈방식이다(Modularity)(Witte, 2010b).

선택기반 다중관할 유아교육의 장점과 단점

선택기반 다중관할 교육의 장점과 단점은 상당하여 논란의 여지 또한 크다. 이 장에서 엄청난 목록을 열거하거나 모든 장점과 단점을 언급하기보다는 보편의무 정부기관 진영(보편주의자들)과 다중지역 선택 진영(선택주의자들) 둘 사이에서 중요한 차이점 세 가지를 간략히 검토하면서 결론 맺고자 한다.

질서 있는 자유와 헌법 준수를 고양하는 선택

보편주의자들은 종종 교육권을 연방헌법 또는 연방법(San Antonio Independent School Distirc v. Rodriguez, 1973)으로 언급하기를 선호하는데 이 점에서 아직까지는 성공한 것 같지는 않다. 보편주의자들이 보기에는, 정부개입이 교육권리의 보편적 보호를 보장하고, 교육혜택에 대한 보편적 접근을 촉진시키는 데 필요하다(Ripple, Gilliam, Chanana, & Zigler, 1999).

보편주의자에 대해 비판적인 시각을 가진 사람들이 보기에는 연방정부가 관리하는 교육은 헌법정신에 위배된다. 예를 들어 Section 8 조항 1에 언급된 미국 우편제도, 미국 해군 혹은 미국 특허 및 무역사무소 등과는 달리 교육의 권한은 개정조항 10조에서 주(특정 측면에서) 혹은 개인에게로 귀속시켜 둔다는 점이 이유이다. 구조적 견지에서 이러한 비판가들은 연방정부가 교육규제를 하거나 주정부들 간의 세금 공유에 개입할 합법적 권한이 부족하다고 보고 있다.

더욱이 보편주의자의 비판가들은 개인자유를 침해하는 정부능력을 제한하도록 설계된 헌법을 들어 우려를 표명한다. 이들이 보기에 포로로서의 청중(captive audience) 패러다임은 본래 합법적이지 않은데, 그 이유는 학생들이 신체적 제한과 정보제공에 대해 부모 동의가 없는 가운데 강요되기 때문이다. 포로로서의 청중 개념은 다른 무엇보다도 여러 연방헌법을 침해하고 있는데, 그 중 제1, 3, 4, 9, 10, 13, 14 개정항을 비롯하여 조항 I, Section 9, 조항 IV, Section 2, Clause I 이 이에 해당한다(Witte & Mero, 2008).

결국 이 첫 번째 차이점은 정부의 적절한 역할, 자유에 대한 적합한 정의, 법률통치의 적합한 적용에 대한 관점에서의 차이에 대한 것이다. 이는 법적, 정치적 철학의 문제이다.

인구적 배경, 교육학, 경제적 • 생물학적 행위에서 바람직한 다양성을 조절하고 촉진시켜 주는 선택

두 번째 차이점은 건전한 시민공동체와 관계되는데 구체적으로 다음과 같은 문제와 연관된다. 공동체에 대한 적합한 정의, 다원주의의 중요성, 다양성의 요구, 다양한 개인 및 기관의 경쟁적 이해 관계, 국가 공동체 및 개인 이익 간의 적절한 균형성 등이 이에 해당한다.

정부주도의 의무교육 주창자들은 집단주의, 중앙정부 계획, 공동 정체성, 국가의 감독, 단일성, 사회적 엔지니어링, 규제, 실제적 경제독점, 강요된 동화 등을 강조하는 세계관을 선호한다. 여러 기타 문헌에서 역사적 문헌개관을 통해 필자들은 그 접근들은 궁극적으로 개인복지에 해가 되며, 개인자유와 양립될 수 없고, 경제적으로 비효율적이며, 사회적으로 분열되고 파괴적이며, 아울러 소수인종을 억압하고 부패와 개발 지향적이며 사회통제를 광범위하게 유지하는 데 필요한 인간 권리를 침해한다고 기록해왔다. 이런 침해는 역사적으로 볼 때 매우 다양한데, 예를 들어 감금, 강제이주, 인종 박멸, 성적 · 육체적 학대, 정보탈취, 재산약탈, 아동유괴와 살인이 이에 포함된다(Mero & Sutherland Institute, 2007; Witte, 1996, 2009, 2010a; Witte & Mero, 2008).

국가정부 교육시스템이 지역에서 일시적으로 어느 정도의 결과를 내놓는 정도에 따라 단일 인구가 우세한 단일관할(compact jurisdiction)에서 뚜렷한 만족도가 나타나는 경향이 있다. 일본, 한국, 싱가포르, 태국, 홍콩, 북유럽 국가들은 전통적으로 엄격하게 관리되는 정부교육이 학생의 높은 성취도를 내며 단일인종이 비교적 조화롭게 잘 지내는 지역이다. 비록 이 국가들에서 많은 시민들이 다중관할 접근을 채택하고 있지만 말이다(Delaney & Smith, 2000; Witte, 2010a). 사실상 미국도 한때 백인 청교도가 지배한 단일 교육환경을 가진 적이 있는데 이는 인위적으로 다양한 소수인종을 배제하고 억압했기 때문에 유지된 것이었을 뿐이다. 현재 미국 관립학교 시스템은 19세기 후반부에 Richard Henry Pratt 장군과 그와 동료들의 무력적 강압에 의해 구축된 것이다(Witte, 1996, 2009, 2010a). Pratt의 말없는 학교학생과 부모라는 포로로서의 청중 패러다임의 억압적인 형벌 패러다임은 정부교육의 세계관이 현재는 교파적이기보다 세속적이기는 하지만 미국의 핵심적 헌법가치를 지속적으로 침해하고 있다.

선택기반 교육은 현재 매우 다양한 인종으로 구성된 미국 사회를 위해 실행가능한 유일한 장기적 전략이다. 다양한 사회에서 아동을 양육, 교육하는 데 있어 단일성을 강요하는 조치는 정치적 불일치를 해결하지 못할 것이며 아울러 보편적인 학업성과를 내지 못한다.

유아교육과 헤드스타트 실천가들은 Richard Henry Pratt(Witte, 2010a; Witte & Mero, 2008) 장군에 대한 경고를 신중히 검토해야 한다. 흑인 미국 및 라틴계 어린이들이 백인계 어린이들만큼 헤드스타트로부터 혜택을 받지 못한다는 의견을 몇몇 연구자들이 제시한 자료(Fryer & Levitt, 2004; Issacs & Roessel, 2008; Stewart, 2009; Witte, 2010a)에 의해 이들 실천가들은 반드시 동요되어야 한다. 이 점은 저소득층과 소수민족에 중점을 둔 헤드스타트의 강조점을 볼 때 특히 그렇다.

소수민족 가정 출신까지 포함해서 배경에 상관없이 모든 가족들은 자기결정권을 반드시 누려야 한다. 자신들만이 가지는 독특한 요구, 자신의 인종, 종교, 문화, 민족, 철학, 교육, 지리, 교육전통과 양립이 가능한 유아교육 접근법을 선택할 수 있어야 한다. 진실되고, 평등하며, 존중받을 수 있는 선택기반 다중관할 접근법은 다수 부모들에 반해 소수를 곤경에 빠뜨리지 않고서 인종적으로 소수인 이들이 바라는 바를 제공할 것이며, 따라서 아동발달의 전 수준에서 모든 이들의 만족과 학업성취를 높여줄 것이다.

개개 아동의 학업과 정서적 안녕을 고양하는 유아교육의 잠재력을 최적화하는 선택

세 번째 차이점은 교육방법, 학업성취, 경제적 효율성과 관련한 실제문제에서 나온다. 여기서 관련된 문제들은 추상적이기보다 기술적이다. 예를 들어 아동과 사회의 안녕을 위해 바람직한 실증적 결과를 가장 잘 성취하는 수단은 무엇인가? 연구자들은 이 답에 대해 열띠게 논의하고 있는데 이러한 논의 내용에 축적된 정보의 적절한 해석과 활용기준이 포함된다. 헤드스타트에 대한 연방, 중앙집권적, 보편주의 접근의 실제에 대한 가장 실증적인 비판은 프로그램이 혼재되고, 소규모이며, 손에 잡히지 않거나 너무 단기적인 긍정적 효과만 가져온다는 점이다. 이와 함께 긍정적 효과들이 성격상 대부분 비학업적이며, 과도한 기회비용으로 달성될 뿐이라는 점이다. 이런 주장에 대해 헤드스타트 지지자들은 학업성취 증가와 비학업적 이익을 강조하면서 반박하고 있다.

헤드스타트와 많은 주지원 Pre-K 체제는 수십 년간 유지되어 왔으며 비교적 통일되어 있고 그리고 연방과 주를 통해 제공되면서 정부가 모니터링을 하도록 설계되어 있다. 반면에 현존하는 다중관할 선택 프로그램은 보통 다양한 설계와 지역화된 적용 양상을 보이고 시기적으로 볼 때 아직 성숙한 단계가 아니다. (여기서 중요한 예외는 바로 널리 인정받고, 잘 증명된, 전국규모인 미국의 선택기반 고등교육 시스템이다.) 이런 특징들은 유아용으로 다중관할 교육에 대해 일반적인 실제결론을 추정해내기는 어렵게 한다. 선택옹호자들을 비판하는 사람들은 기존 다중관할에 대한 연구결과들이 학업성취에 대한 긍정적 결과를 분명히 제시하지 못하고 있다고 반박한다(예, Lubienski & Weitzel, 2008). 그러나 축적된 전반적이면서 다양한 선택 프로그램에 대한 연구들을 볼 때 학업성취와 시민교육 측면에서 긍정적 결과가 도출된 것으로 보인다(Campbell, 2008; U.S. Department of Education, 2009a; Walberg, 2007; Warren, 2002; Witte, 2010a; Wolf, 2008; 2009). 최소한 선택이 중대한 해를 끼쳤다는 결과는 나오지 않았다.

기존 유아교육 시스템과 현재의 다양한 다중관할 프로그램은 서로 상반되는 특징을 지닌다. 진정한 독립적 가정교육이라는 선택을 허용하지 않고 있는데, 이는 다시 가정교육자들에 대한 사실상 차별을 의미한다(Witte, 2010a). 이는 불행한 일인데 그 이유는 가정교육에서 학업성취와 사회적 안녕은 특기할 만하게 높으며, 정부와 사립학교 교육보다 많은 측면에서 높은 수행을 보이고 있다(Basham, Merrifield, & Hepburn, 2007; Ray, 2009; Rudner, 1999; Witte, 2010a). 또한 연구에 따르면 가정에서 부모에 의해 양육된 어린이들이 어린이집에서 자란 어린이들보다 여러 면에서 낫다고 보고된다(National Institute of Child Health and Human Development, 2003; Witte, 2010a). 또한 가정교육이 평범한 배경을 가진 가족에게 효과적이며 또 그런 가족들이 특정 사회경제적 요인의 잠재적 부정효과들을 극복하도록 도와주고 있는 것으로 보인다(Basham et al., 2007). 가정교육은 매년 중산층 아동 1인당 경비가 400~599달러로 이러한 결과를 결과를 도출하고 있다. 반면에 관립학교에서는 아동 1인당 9,644달러, 정부 헤드스타트 아동은 1인당 3,500달러를 지출하고 있다(Basham et al., 2007; Currie & Duncan, 2009; Ray, 2009). 이러한 결과는 만약 가정교육이 모든 연령집단에서 교육용으로 할당되는 세금을 동일하게 분배받는 것이 가능할 경우, 어떤 일이 일어날지에 대해 문제제기를 한다.

헤드스타트와 Pre-K의 일부 옹호자들은 백인과 소수민족 간 학교 질의 차이가 일반지식에서 인종 간 시험점수 차이와 헤드스타트 탓으로 여겨진 점차 약화되는 효과를 설명해주는 데 있어 유용하다고 본다(Fryer & Levitt, 2004; Witte, 2010a). 만약 이것이 사실이라면 유아교육, 초등교육, 고등교육에서 선택기반 접근은 유아교육 단계 동안 아동성취와 안녕을 불러오고 따라서 고등학교 졸업까지 성취패턴이 유지되게 하는 전략을 제공해주고 있다고 할 수 있다.

결론

국제경쟁 때문에 교육혁신에 대한 요구, 새로운 전자원격학습기술, 선택기반 다중관할 접근이 아마도 점차적으로 미국에서 중요해질 것이다. 최소한 선택기반의 흐름은 헤드스타트나 다른 형태의 정부지원 유아교육의 옹호자들에 의해 중요하게 다뤄져야 한다. 그러나 선택기반 다중관할이라는 혁신은 교육환경의 단순한 특징이라기보다는 더 많은 것을 의미한다. 선택기반 전략은 미국 아동들이 실제적으로 받아온 유아교육의 질을 높이는 잠재적 방안을 제공해줄 것이다.

PART 2

이슈

이슈 1

유아교육 프로그램의 질적 수준과 책무성은 어떻게 보장될 수 있는가?

연구문제

- 고도로 효과적인 유아교육 및 보육 프로그램의 핵심 특징은 무엇인가?
- 어떤 유형의 부모 참여 자원이 프로그램의 성공에 필수적인가?
- 유아교육 시스템을 평가하는 주요 접근법들을 설명하라.

제25장

바람직한 유아교육 프로그램 모형

– Edward Zigler

널리 알려진 Bronfenbrenner(1979)의 인간발달에 관한 생태학적 모형은 유아의 인생 경로에 영향을 주는 환경요인들에 초점을 맞춘다. 이 요인들은 가정 및 이웃과 같은 근접요인으로터 국가적 정책 및 세계적 사건과 같은 원격요인으로 확장된다. 실제적인 적용을 위하여 생태학적 모형은 유아의 발달과정에 가장 많은 영향을 주는 네 가지 핵심적인 상조 체제로 나타낼 수 있으며, 제한된 프로그램에서도 현실적으로 다룰 수 있다. 가장 영향력 있는 체제는 단연코 유아의 가족이다. 많은 유아들이 학령기 전후에 주로 시간을 보내는 또 다른 체제는 보건, 교육, 보육이다. 효과적인 유아교육 프로그램은 궁극적으로 유아에게 혜택을 주기 위하여 네 가지 체제 모두에 영향을 주도록 개발되어야 한다.

이 장에 제시된 유아교육 모형은 Zigler, Gilliam과 Jones(2006a)가 추천한 프로그램의 수정형태이다. 이 모형이 철저한 조사와 타당한 이론에 기반을 두었음을 재확인하기 위하여, 필자는 유아의 성취를 향상시키는 데 명백하게 중요한 역할을 하는 유아교육 구성요소에 대한 훌륭한 종합논평 세 편(Barnett, Friedman, Hustedt, & Stevenson-Boyd, 2009; Karoly, Kilburn, & Cannon, 2005; Nelson, Westhues, & MacLeod, 2003)

에 비추어 이 모형을 평가하였다. 필자는 또한 이 모형이 전국적으로 감당하지 못할 만큼 비용이 높지 않은 실제적인 것임을 분명히 하고자 하였다. 우리의 프로그램이 단지 실현되지 못할 희망사항이 아니라는 증거는 20개 주에서 운영하는 1,300개의 21세기 학교(코네티컷 주와 켄터키 주에서는 Family Resource Center라고도 불리는데, 이하에서는 21C 학교로 약칭함) 안에 유사한 모형이 이미 자리 잡고 있다는 사실에 있다(Zigler, Gilliam, & Jones, 2006b).

유아교육의 목표는 더 높은 학교준비도이다. 이 목표의 논리적인 확장은 결과적으로 인생의 성공에 영향을 미칠 더 나은 교육적 성취일 것이다. (물론 이러한 결과는 유아교육을 넘어 K-12학년 교육의 질적 수준 및 학습에 대한 가족의 지원과 같은 요인들에 의해 좌우된다.) 그러나 이러한 목표들을 성취하기 위해서는 단연코 유아교육 프로그램의 질적 수준이 우수해야 한다는 데 대체로 모두들 동의한다. 여러 차례 경고를 받았으나, 의사 결정자들은 여전히 유아교육을 마법의 약으로 보는 면역(inoculation) 모형에 미혹되어 있다. 그들은 적은 양으로 엄청난 효과를 산출하기를 기대한다. 이러한 관점은 6주 또는 8주의 여름 프로그램으로 시작하였던 헤드스타트의 탄생이 극단적인 일례이다. 유아의 인생에서 이 잠시 동안의 기간이 이후 생애의 수행능력에서 극적인 효과를 가질 것으로 온전히 기대했던 것이다.

1960년대 낙관주의 분위기 속에서 면역 관점은 널리 읽혀진 Joe Hunt의 책『지능과 경험(Intelligence and Experience)』을 통해 학문적 타당성을 일부 얻었다. Hunt의 입장은 심지어 최소한의 환경 강화(enrichment) 경험이 유아의 인지발달을 향상시킬 수 있다는 것이었다. 자신의 가설에 따라, Hunt는 상대적으로 실시하기 수월한 중재를 제공한 후 발달지수(원래 영아를 대상으로 사용되었던 지능검사)에서 큰 효과를 얻었던 몇몇 연구를 수행했었다. 그러나 행동주의 과학자들은 이제 인지발달이 Hunt가 지지하는 것만큼 유연하지는 않다는 사실을 알고 있다. 특히 빈곤은 짧은 유아교육 경험이나 중재로 제거될 수 없을 만큼 유아의 인지발달에 엄청나게 부정적인 영향을 준다.

그 반대되는 증거에도 불구하고(그리고 정말로, 상식임에도 불구하고), 면역모형의 유혹은 극복하기 어려운 것으로 나타났다. 아마도 K학년이 1년간의 프로그램이기 때문에, 많은 의사 결정자들과 교육 행정가들은 유아교육도 1년 프로그램이어야 한다고 결론지었을 것이다. 그러나 대부분의 유아교육자들은 항상 유아교육 기간이 만 3세와 4세를 아울러야 한다고 보았다. 그럼에도 불구하고, 전국의 헤드스타트 프로그램 및 대부분의 주정부지원 Pre-K 프로그램들은 모두가 일반적으로 8, 9개월 동안 반일제로 제공되었다. (만 3세와 4세 모두가 등록 가능한 공립 유아교육기관이 있는 일리노이 주와 코네티컷 주에서처럼, 일부 헤드스타트 어린이들은 2년제 그리고/또는 종일제 프로그램을 제공받는다.) 정책 입안자들은 적은 비용이 들기 때문에 더 짧은 기간의 유아교육을 고집하는데, 이는 연구결과에서 밝혀져 온 것처럼 위험에 처한 아동의 발달궤도를 바꾸기가 얼마나 어려운지를 제대로 인식하지 못하는 것이다. 보편무상 프로그램을 시작한 몇 안 되는 주를 제외하고, 모든 공공 유아교육기관의 집중대상인 저소득층 유아들에게 특히 그렇다.

저소득층 유아의 발달 전반에 효과적인 영향을 주려면, 교육서비스가 효과를 얻을 수 있을 만큼 집중적이고 충분히 오래 지속되어야만 한다. 수년 전, 필자는 세 가지 유기적 프로그램들을 포함하는 유아교육 확장을 위한 국가적 계획을 제안한 바 있다(Zigler & Styfco, 1993). 첫 번째는 태아부터 유아의 세 번째 생일까지의 프로그램이며 이어서 2년간의 우수한 유아교육, 그리고 또다시 이어서 초등학교 3학년까지 유아의 발달적 성과가 연계되도록 하는 계획이었다. 이러한 연령대 구성을 추가하는 효과에 대한 과학적인 근거가 있다. 예를 들어, 임신에서부터 만 3세까지 가정방문 프로그램을 받고서 2년간의 유아교육을 받았던 저소득층 유아들은 더 부유한 유아들과 같은 수준의 학교준비도를 보였다(Zigler, Pfannenstiel, & Seitz, 2008). 이 연구는 또한 K학년부터 3학년까지의 초등학교 시기의 중요성을 보여주었다. 저소득층과 중산층 유아들은 학교 입학 당시에 동등하나, 저소득층 유아들은 3학년 말에 이르러서 뒤처졌다(전형적인 소멸 현상). 헤드스타트 학교전이시범 프로젝트(Head Start Transition to School demonstration project)에서, 유아교육기관에서 초등 3학년까지로 서비스를 확장하는 것이 저소득층 유아들에게 매우 긍정적인 결과를 가져왔으며 효과가 소멸되지도 않았다(Ramey, Ramey, & Lanzi, 2004). 이 프로젝트와 1,300여 개의 21C 학교들은 보통의 미국 학교에서 태아부터 3학년, 또는 대략 만 8세까지의 전 기간을 포괄하여 성공적인 프로그램들을 운영할 수 있다는 증거를 제공한다.

물론, 발달적 위험에 처해 있지도 않고, 그렇기 때문에 부가적 서비스가 필요하지 않을 중산층 유아들에 비해, 저소득층 유아들이 확대된 교육중재로부터 더 많은 이익을 얻을 것으로 예상할 수 있다. 그러나 유아교육은 필자가 제안한 교육 중재 패키지의 한가운데 위치한 프로그램으로 중산층 부모들이 자신들의 자녀에게 필수적이라고 여겨온 부분이다. 필자가 제안하는 유아교육 프로그램은 보편무상이며, 모든 사회경제적 수준의 유아에게 K학년과 그 후를 준비하도록 도와주기 위해 개발되었다. 모든 미국 학생들이 더 나은 학습수행을 해야만 한다는 데는 의견이 일치된다. Barnett, Brown 등(2004)은 중산층과 저소득층 유아들 간의 성취도 격차는 대략적으로 상류층과 중산층 간의 격차와 같은 정도라고 지적해왔다. 유아교육기관은 더 부유한 유아들보다 저소득층 유아들에게 더 큰 혜택을 주지만, 미국에는 저소득층 유아보다 다른 계층의 유아의 수가 훨씬 더 많다. 따라서 보편무상의 좋은 유아교육 프로그램이 주는 총 혜택은 한 집단으로서의 저소득층 유아들보다 중산층 유아집단에게 더 클 것이다. 실제로, 오클라호마 주의 보편무상 프로그램에 대한 연구는 중산층 유아들 또한 유아교육 중재로부터 이득을 얻는다는 사실을 증명하였다.

비록 필자가 저소득층 유아에게 집중했었으나, 1970년 초기에는 모든 사회경제적 지위를 아우르는 헤드스타트를 통합하는 시도에 실패하였다. 전 계층을 포함하는 것에 대한 필자의 주요 근거는 저소득층 유아의 학습 수행능력은 더 부유한 유아들과 함께 통합된 교실에 있을 때 더 좋다는 것을 밝혀냈던 Coleman(1966) 보고서의 발간에 있었다. 40년 후, 일관된 증거들이 이 결론을 지지한다(Bazelon, 2008; Dotterer et al., 2009; Henry & Rickman, 2007; Jung, Howes, & Pianta, 2009; Kirp, 2007; Mashburn et al., 2009; Rusk, 2006; Schechter & Bye, 2007). 오클라호마 주의 헤드스타트는 빈곤 기준선 아래의 유아에게만 입학을 제한하지 않는데, 이것이 이 지역 헤드스타트 프로그램에 다니는 저소득층 유아들이 전국의 다른 헤드스타트 프로그램의 유아들보다 더 우월한 성취를 보이는 이유일지도 모른다. 그러므로 유아교육에 대한 선별적 지원 방법은 저소득층 유아들의 학습 수행능력을 개선하는 것으로 알려진 결정요인, 바로 사회경제적 계층들이 혼합된 교실이라는 요인을 무시하는 것이다.

보편무상 접근방법을 지지하는 또 다른 논거는 프로그램에 대한 정치적 지원을 유지하기 위하여 의사 결정자들에게 영향을 미치는 광범위한 유권자를 확보하는 것이 필수라는 것이다. 일부 납세자들은 저소득층을 위한 프로그램을 도움 받을 자격이 없거나 제대로 활용하지 못하는 집단에 대한 자선행위로 본다. 필자는 또한 보편무상 유아교육이 특정 대상을 목표로 하는 선별적 접근보다 더 질 높은 프로그램을 개발하는 결과를 낳을 것이라고 믿는다. 제한된 접근성은 정확히 국가가 헤드스타트를 추진하면서 걸었던 과정이다. 그 결과는 그다지 만족스럽지 않았다. 1960년대에 헤드스타트가 시작된 이래로, 자격이 되는 유아들 중 대략 절반 정도만 헤드스타트 서비스를 받았다. 자격이 되는 영아 및 가족 중 대략 3%만이 제공받는 영아 헤드스타트의 등록률은 심지어 더 낮다. 질적 수준을 향상하려는 노력은 헤드스타트 출범 이래로 계속 이루어졌지만, 여전히 전국적으로 모든 서비스 구성요소에서 우수한 질적 수준을 지속적으로 갖추지 못하고 있다. 오클라호마 연구가 보여주는 것처럼, 보편무상 프로그램에 포함된 헤드스타트의 등록률은 다른 일반 헤드스타트보다 훨씬 인상적이다. 더 우수한 질적 수준이 이러한 차이를 만든 것이다.

유아교육 프로그램의 내용면에서, 필자는 언제나 전인아동의 발달적 요구를 다루어야만 한다고 주장해왔다. 필자는 헤드스타트를 문식성 프로그램으로 바꾸려던 조지 부시 정권의 시도와 같이, 학습 성과에만 초점을 맞추는 것은 역효과를 낳는다고 믿는다. 유아교육 프로그램은 인지와 더불어 신체적 건강 및 사회 · 정서적 발달체계를 목표로 삼아야만 한다. 이러한 발달체계는 각각의 발달이 다른 발달에 긍정적인 영향을 미치는 시너지 효과를 갖는다. 예를 들어, 미국의 아프리카계 유아들에 대한 경제학자들의 연구에서 밝힌 유아의 건강과 학습 수행능력 사이의 밀접한 상관관계를 월스트리트 저널의 경제부 편집장이 강조한 바 있다(Wessel, 2009).

주정부들은 인지를 강조하는 접근법과 전인교육을 강조하는 접근법(Zigler & Bishop-Josef, 2004) 사이의 50년 논쟁을 Pre-K 프로그램을 확장시킴으로써 해결해 온 것으로 보인다. "2003년 이래로, 대다수의 주정부들은 새로운 유아학습 성취기준(early learning standards)을 받아들이거나 이를 더 포괄적으로 만들기 위하여 기존의 성취기준을 수정하였다."(Barnett, Friedman et al., 2009, p. 15)고 한다. 성취기준을 만드는 데 있어서, 주정부들은 학교준비도의 지침 혹은 50명의 주지사들과 당시 대통령이었던 조지 부시(아버지)의 공동 노력으로 고안한 '교육계획 2000' 중 목적 1 패널의 지침을 따르고 있다. 학교준비도를 위해 권고된 5개 영역은 신체적 건강 및 운동발달, 사회정서발달, 학습태도, 언어발달, 그리고 인지 및 일반 지식(Kagan et al., 1995)이었다. 헤드스타트는 이 모든 영역을 목표로 삼고, 헤드스타트 학교 전이 프로젝트가 이러한 서비스들을 초등학교 프로그램의 한 부분으로서 포함할 수 있다고 설명하였다. 마찬가지로, 21C 학교는 학교에서 보건 및 사회복지 서비스를 제공하거나 부모들이 이러한 서비스를 얻도록 돕는 정보제공 및 지원 부서를 설치한다. 또한, 헤드스타트나 21C 학교는 유아와 가족이 필요로 하는 모든 서비스들을 직접 제공하지는 않는다. 실제로는, 요구조사를 실시하여 적합한 대상에게 지역사회 유관기관과 연결시켜 준다.

전인교육 접근법에서는 특히 사회정서 및 정신건강 요인이 특별히 강조될 만하다. 저소득층뿐만 아니라 더 부유한 유아들 사이에게도 정신건강 문제 및 심각한 문제행동이 높은 출현율을 보이고 있다는 사실이 입증되었다(Luthar & Latendresse, 2005). 유아교육 프로그램에서 의외로 놀랄 만큼 높은 퇴학률이 나타난다는 사실이 이를 뒷받침한다(Gilliam, 2005). 이러한 증거는 유아들이 교실에서 더 잘 지내고 교육적 성취를 향상시키도록 돕는 정신건강 서비스와 행동치료가 필요함을 나타낸다. 시범 유아교육기관에서는 정서 및 행동 문제를 가진 유아들을 돕기 위하여 교사들은 정신건강 상담가의 도움을 받을 수 있을 것이다.

또한 필자가 제안하는 유아교육 프로그램은 명확한 부모참여 요소를 포함한다. Bronfenbrenner의 조언 덕분에, 헤드스타트 기획위원회에서는 헤드스타트 프로그램이 부모와 협력하고 부모를 자녀의 유아교육에 참여하게 하는 요소를 중시하였다. 이 결정은 그 당시에는 비관습적인 것이었으나 제대로 방향을 잡은 것으로 판명되었다. 수십 년 동안 연구를 통해 부모가 자녀의 학교교육에 더 많이 참여할수록 자녀의 학습 수행능력이 더 좋다는 사실을 밝혀냈다(유아교육기관에의 부모참여와 관련된 내용을 보려면, Henrich & Blackman-Jones, 2006 참조). 제도권 교육기관에서는 이러한 증거를 반영하여 실천하는 데 대체로 느렸다. 유아교육기관에 다니는 어린 자녀를 둔 부모들은 참여기회를 기꺼이 받아들이는 경향이 더 높아서 부모참여를 촉진하기에 적합하다.

(이 책의 논쟁 4에서 논의했던) 지속적인 논쟁거리의 하나는 유아교육기관에 가장 적합한 장소에 대한 것이다. 이 장의 전반부 논의에서 유아교육기관이 이상적으로는 가까이 위치한 동네 학교 건물 내에 배치되어야 한다고 제안한 바 있다. 만약 유아교육기관과 초등학교가 같은 장소에 있다면, 만 3, 4세의 어린 시기에 이루어진 부모참여는 이후 학년으로 더 쉽게 이어질 수 있다. 추가적인 혜택은, K학년이 학교건물에 배치되면서 언젠가부터 정식교육으로 인정받게 되었었던 것처럼, 유아교육기관이 초등학교 건물 안에 배치된다면 유아교육이 학교 교육의 한 부분으로 여겨지게 될 것이라는 점이다.

필자가 제안하는 유아교육 프로그램은 한 가지 중요한 점에서 전형적인 프로그램들과 다르다. 좋은 유아교육을 제공하는 것과 더불어, 필자의 이상적인 프로그램에서는 좋은 보육 서비스도 제공한다. 오늘날 미국 가정의 대부분은 양쪽 부모 모두 다 일하거나 편부모가 혼자벌이를 하고 있다. 유아교육은 일반적으로 반일제로만 운영되며, '종일반'도 대체로 초등학교 오후반과 대략 같은 시간에 끝난다. 더 나아가, 유아교육기관은 일반적으로 제도권 학교의 학사일정을 따르므로, 휴일이 잦고 여름 내내 문을 닫는다. 이러한 운영시간은 일하는 부모들의 요구와 전혀 맞지 않다. 그 결과, 많은 부모들은 자녀를 좋은 유아교육 프로그램에 등록시키기보다는 오히려 일반 어린이집 또는 가정 어린이집을 이용하거나 일가친척에게 맡긴다. 유아 보육환경의 평균적 질적 수준은 괜찮은 수준부터 중간 수준에 이르지만 일부 보육은 질적 수준이 너무 낮아서 유아의 학교준비도를 위태롭게 만든다(Zigler et al., 2009). 학교준비도는 유아의 초등학교 3학년 수행능력과 관련된 주요 예측변인이며, 이는 다시 초등학교 졸업시기의 수행능력을 예측한다. 그러므로 유아보육은 유아의 교육적 성취에 대한 기여요인으로서 간과되어서는 안 된다.

유아에게 있어 좋은 유아교육과 보육 사이에는 하루 운영시간과 연간 운영기간 외에는 어떠한 차이도 없다. 두 환경 모두에서, 유아는 인지 및 운동 기능, 사회화, 그리고 자기조절과 같은 주요 과제들을 배우고 연습한다. 21C 학교 네트워크는 학교가 유아의 발달적 요구 및 일하는 부모의 보육 요구를 충족시켜 줄 수 있는 성공적인 연간 종일제 프로그램을 제공할 수 있다는 증거이다. 21C 학교에서 부모들은 자신의 수입수준에 따라 조정된 비용을 지불하고서 보육 연장 서비스를 받을 수 있다. 21C 학교에서는 유아교육 단계 이후의 더 나이 많은 어린이들을 위한 이른 아침, 방과 후 및 방학 중 보육을 제공한다. 상대적으로 간단한 재편성을 통해 학교는 부모들이 필요로 하는 모든 보육을 유아교육부터 중등교육까지 제공할 수 있다. 이는 결코 새로운 생각이 아니라, 1970년 훨씬 이전에 교육 지도자인 Albert Shanker(1987)에 의해 이미 제안되었던 것이다.

좋은 유아교육 프로그램에서 가장 최우선시되는 항목은 잘 교육받고 적절한 보수를 받는 교사이다. 발달심리학 분야에서의 상투적인 문구는 결국 인간발달이란 인간의 관계에 대한 이야기라는 것이다. 유아의 부모와의 첫 관계와 그 이후 교사들과의 관계는 발달 경로의 강력한 결정요인이다. 유아가 부적합한 교사들이 아니라 좋은 교사들을 경험했을 때, 교육적 성취에는 큰 차이가 난다(Takanishi, 2009). 그러므로 유아교사는 반드시 적절한 교육을 받아야만 한다.

담임교사가 학사학위를 소지해야 한다는 요구에 대하여 충돌하는 증거가 있기는 하지만, 필자는 학사학위를 요구하는 것이 본질적으로 보수적인 관점이라고 주장했던 Maxwell과 Clifford(2006)에는 동의한다. 필자는 학사학위 문제와 관련하여 존경받는 학자들의 반대의견을 읽어왔지만, (이 책에 소개된) Steve Barnett의 학사학위 옹호 주장에 동의하게 되었다. 따라서 필자는 유아교육기관의 담임교사는 유아교육 학사를 소지하고 보조교사는 최소한 준학사 또는 아동발달준학사(Child Development Associate: CDA) 자격증을 소지하도록 추천한다. 이상적으로는, 담임교사와 보조교사 모두 교수

능력을 연마하기 위하여 직무연수를 지속적으로 받고 새로운 동향을 파악하도록 해야 할 것이다. 유아학급 크기는 20명을 넘지 않아야 한다. 전미유아교육협회(1998)는 1:10의 교사 대 유아 비율을 권장해왔다. 헤드스타트 초창기 유아 교실들은 1:5의 비율이었는데 이것이 더 바람직하며, 특히 고위험군 유아들에게 더욱 그렇다. 교사 대 유아의 비율이 프로그램의 비용 면에서 높은 비중을 차지하기 때문에, 이러한 현실은 필자로 하여금 1:10의 비율을 수긍하게 한다.

의사 결정자들은 학사학위 논쟁이 해결되기를 기다리지 않았다. 2007년 헤드스타트 재인가 시, 국회는 담임교사들이 2013년까지 최소한 유아교육 또는 그에 준하는 분야에서 학사학위를 소지해야 한다고 입법화하였다. (이러한 입법 요구는 이전에도 만들어졌지만 재정지원이 거의 없었다.) 많은 주정부의 Pre-K 프로그램들, 특히 공립학교에서 운영하는 Pre-K 프로그램에서는 유아교육 학사학위 및 자격증을 가진 교사만 채용한다. 관련 연구결과들은 바른 방향으로 나아가고 있음을 증명해준다. 오클라호마 주의 헤드스타트 프로그램은 주정부의 보편무상 유아교육 프로그램 체제 속에서 유아들을 돌본다. 나머지 공립학교 체제처럼, 헤드스타트의 담임교사들은 학사학위를 소지해야만 하고, 그로 인해 다른 일반 헤드스타트 센터에 있는 동료들보다 더 많은 보수를 받는다. 오클라호마 헤드스타트 프로그램에 있는 유아들의 인지발달은, 총괄해서 말하자면, 헤드스타트 장기영향 전국연구(National Impact Study for Head Start)에서 보고된 것보다 괄목하게 더 높다. 상당부분 더 잘 교육받고 더 좋은 보수를 받는 오클라호마 주의 유아교사들 덕분에 이렇게 월등한 결과가 나타난다고 해석하는 것이 타당할 것이다(Gormley et al., 2008).

마지막으로, 필자는 유아교육 프로그램은 과학적으로 증명되고 신뢰할 수 있으며 타당한 평가에 기반을 둔 견고한 책무성 시스템을 포함해야만 한다고 제안한다. 비록 필자가 2001년의 아동낙오방지법(No Child Left Behind Act, PL 107-110)에 대해서는 많은 의구심을 가지고 있지만, 교육자들이 자신이 가르치는 모든 유아에 대해 높은 기준을 가지고 있어야 하며, 모든 유아교육 프로그램은 그 목표를 달성할 책임을 져야 한다는 철학에는 진심으로 동의한다. 또한, 운영자가 프로그램 평가에서 드러난 취약점을 개선하기 위하여 서비스 변화를 도모하고, 교사가 개별 유아의 요구를 충족시킬 수 있도록 교육 실제를 조정하도록 돕는 피드백 순환체계가 있어야 한다(28장 참조). 공립 유아교육 프로그램의 효용성을 보여주는 연구결과를 통한 증거는 유아들의 학습 수행능력을 향상시킨다는 관점에서 정책 입안자들과 세납자들로 하여금 자신들의 지원이 가치를 창출하고 있음을 알고 안심하게 해줄 수 있다. 예를 들어, 한 연구는 알칸사스 주에 있는 수많은 21C 학교에 있는 유아들의 수행능력과 질적 수준이 높은 다른 교육기관에 있는 유아들의 수행능력을 비교하였다. 21C 학교 유아들은 학습 평가 전반에서 더 높은 점수를 획득하였다(Ginicola, Finn-Stevenson, & Zigler, 2008). 미주리 주의 21C 학교 부모들은 아동 학대 및 방임에 기여하는 요인으로 알려진 스트레스 수준에서 더 낮은 점수를 보였다(McCabe, 1995). 세인트루이스의 워싱턴 대학교 학자들에 의해 수집된 최근 증거는 미주리 주의 21C 학교에 참여하는 가정들이 아동 학대 및 방임의 발생 빈도에서 뚜렷한 감소를 보였음을 나타낸다.

후속 연구는 필자에게 이 장에 제시한 이상적인 유아교육 프로그램의 구조를 수정하게 할지도 모른다. 지금 여기에서, 필자는 높은 질적 수준의 포괄적인 서비스를 제공하고, 부모의 참여를 적극적으로 추구하고, 보편무상으로 접근 가능하며, 유아 및 가족의 보육 요구에 적절히 반응하며, 성취결과와 관련하여 책무성을 가지는 모형을 권고하는 것이 바람직하다고 본다. 이 책에 기고한 전문가들 모두가 이 모든 측면에서 필자에게 동의하지는 않을 것이다. 그들이 궁극적으로 옳다고 증명될지도 모른다. 필자는 경험주의자로 남고자 한다. 즉, 지금까지의 연구결과가 필자의 모형 형성에 기여했던 것처럼, 후속 연구는 (필자가 제안하는 프로그램 모형에서) 어떤 요인들이 반드시 추가 혹은 삭제되거나 수정되어야 한다고 할지도 모른다. 후속 연구가 나올 때까지, 여기에 제시된 모형은 유아들에게 전형적인 Pre-K 프로그램보다 더 나은 학교준비도 결과를 가져오는 견실한 유아교육 경험을 제공할 것이다. 향상된 학교준비도는 유아교육의 전제조건이며 유아 및 납세자들에 대한 우리의 책무이다.

제26장

유아교육 프로그램 개발

Lawrence J. Schweinhart

많은 유아교육 프로그램들이 유아의 학교준비도 향상에 효과적으로 기여한다고 밝혀져 왔다(Barnett, 2008). 몇몇 연구들은 유아발달에 효과적으로 기여할 뿐만 아니라 집중적 교육중재를 통해 평생 효과가 이어지고 그 결과로 투자대비 경제적 회수율이 높은 유아교육 프로그램들을 찾는 것으로 진일보하였다. 이는 하이스코프 페리유아원 프로그램(Schweinhart et al., 2005), 보육이 강화된 ABC 프로그램(Campbell et al., 2002), 시카고 유아-부모센터 프로그램(Reynolds et al., 2001)에 대한 연구들을 포함한다.

애석하게도, 유아교육 프로그램의 효과와 관련한 몇몇 주요 연구들은 평범한 수준의 단기효과만 밝혀냈다. 헤드스타트의 가족 및 아동 경험 설문조사(Family and Child Experiences Survey[FACES]; Zill et al., 2003), 헤드스타트 장기 영향 연구(Head Start Impact; U.S. Department of Health and Human Services, 2005), 그리고 다섯 주*의 유아교육기관 연구(Barnett, Lamy et al., 2005)는 유아의 문식성 및 사회성 기능과 부모의 행동에 대하여 평범한 수준의 단기효과만을 밝혀내어 이러한 프로그램들이 가치 있는 장기효과 및 투자대비 회수율을 나타낼지에 대한 의구심을 불러일으켰다. 예를 들어, 헤드스타트 FACES 연구(Zill et al., 2003)와 다섯 주의 유아교육기관 연구(Barnett, Lamy et al., 2005)에서 실시한 피바디 그림 어휘력 검사(Peabody Picture Vocabulary Test) 제3판(Dunn & Dunn, 1997)에서 만 4세 유아들의 경우 대략 표준편차 0.25에 해당하는 미미한 효과크기인 4점 증가를 보인 반면, 하이스코프 페리유아원 프로그램의 유아들은 이 검사의 초판에서 첫 해에 대략 표준편차 0.5의 중간 정도 효과크기인 8점(헤드스타트와 주정부 유아교육 프로그램의 첫해 점수보다 두 배 높은 점수임), 그리고 2년차에도 표준편차 1에 해당하는 큰 효과크기인 15점을 기록하였다는 것을 밝혀냈다(Schweinhart et al., 2005). 헤드스타트 장기영향 연구(U.S. Department of Health and Human Services, 2005)에서 집단 간의 차이는 만 3세의 경우 2점 미만이었고, 만

* 역주: 미시간 주, 뉴저지 주, 오클라호마 주, 사우스캐롤라이나 주, 웨스트버지니아 주에서 지원하는 Pre-K 프로그램을 대상으로 한 연구이다.

4세의 경우에는 심지어 더 낮아 미미하였다. 반면에, 오클라호마 주 털사 시의 보편무상 Pre-K 프로그램에 대한 연구는 문자 및 단어 인식에서 표준편차 0.99와 철자법(spelling)에서 표준편차 0.74의 큰 효과크기뿐만 아니라, 응용 수학 문제에서 표준편차 0.36의 중간 효과크기(Gormley, Phillips, & Gayer, 2008)를 보여, 소득과 상관없이 모든 유아를 대상으로 하는 보편무상 프로그램의 장기효과와 투자대비 회수율에 청신호를 보낸다. 문식성 및 수학 기능에서의 효과크기를 합쳐볼 때 장기효과와 투자대비 회수율을 충분히 이끌어 낼 수 있을 것으로 보인다. 아쉽게도, 이러한 결과들을 밝혔던 회귀 불연속 설계에서는 종단적인 후속연구가 가능하지 않다.

현재로는, 장기효과와 투자대비 회수율을 가진 것으로 입증된 효과적인 프로그램들의 구체적 특성에 대해 면밀히 분석함으로써 이러한 평생효과 및 투자대비 회수율에서의 더 높은 기준을 달성하기 위하여 따라야 하는 절차와 유아교육 프로그램 구성에 대한 지침을 얻을 수 있다.

세 연구 모두 초기의 프로그램 투자비용보다 훨씬 더 큰 회수율이 나타나 국민 전체를 위해 훌륭한 투자임을 밝혀냈다. 주요 경제학자들은 유아교육에의 투자가 대부분의 공공 투자들에 비해 효과크기가 더 크다고 본다(Heckman, 2006; Rolnick & Grunewald, 2003). 게다가, Heckman, Moon, Pinto, Savelyev와 Yavitz(2010a)는 초기 하이스코프 페리유아원 효과 연구의 작은 표본 크기, 무선배치에서의 부정확성, 그리고 같은 자료를 가지고 많은 가설을 검증한 것과 같은 연구방법론에 있어서의 문제를 해결하기 위하여, 엄격한 통계적 방법들을 사용하여 하이스코프 페리유아원 프로그램의 장기효과를 확인하였다. 비록 세 종단연구에서 장기효과는 다양했지만, 그 중 최소한 두 개에서는 참가자들의 유아기 지적 수행능력, 청소년기 학업성취도, 고등학교 졸업 비율에서의 향상, 그리고 특수학급 배치, 유급, 십대 임신 및 구금 비율에서의 감소를 밝혀냈다.

이 연구들은 시기, 장소, 설계, 프로그램에서 차이가 있었다. 각기 다른 연대에 연구가 시작되었다(페리유아원은 1960년대, ABC 프로그램은 1970년대, 유아-부모센터는 1980년대에 시작됨). 페리유아원과 ABC 프로그램이 대학 주변 지역에서 실행되었던 반면에, 유아-부모센터는 시카고 전역에서 실행되었다. 페리유아원과 ABC 프로그램 연구는 유아들을 프로그램을 실시하는 실험집단과 실시하지 않는 통제집단에 무선배치하고 100명을 상회하는 표본 크기를 가진 준실험설계였던 반면에, 유아-부모센터 연구는 유아 1,500명이 재원하는 기존 학급들을 대상으로 하였다. 페리유아원과 유아-부모센터의 통제집단들은 유아교육을 전혀 받지 않았던 반면, ABC 프로그램의 통제집단은 전형적인 어린이집 경험을 가졌다. 페리유아원과 유아-부모센터가 만 3, 4세 유아들을 반일제로 방학 기간이 있는 운영형태로 돌보되 강력한 부모지원 요소를 가졌던 반면, ABC 프로그램은 부가적인 부모지원 서비스 없이, 0세부터 만 5세까지의 유아들을 종일제의 방학 없는 연중 프로그램으로 돌보았다. ABC 프로그램과 유아-부모센터는 유아교육 프로그램에 이어 학령기 서비스를 제공했지만, 페리유아원은 그렇지 않았다. 이 모든 다양성은 좋은 유아교육 프로그램이 장기효과 및 투자대비 회수율을 산출한다는 일반적인 주장에 무게를 실어준다.

주요 특성

이 세 가지 프로그램 및 연구 모두 저소득층 유아의 발달을 향상시키는 데 초점을 맞췄다. 이 프로그램들 중 최소 두 개는 자격 있는 교사들을 채용하였고, 승인된 교육과정을 따랐으며, 부모들을 지원하였고, 프로그램 실행 및 유아발달을 정기적으로 평가하였다. 아래의 구체적인 정보는 우수교육실제 네트워크(Promising Practices Network, 2009) 웹 사이트로부터 가져온 것이다.

페리유아원과 유아-부모센터가 주정부*에서 발급한 자격증을 가진 교사들을 채용한 반면에, ABC 프로그램의 교사들은 다양한 교육적 배경을 가지고 있었다. 페리유아원 교사들은 초등교육 및 특수교육 교사 자격증을 가지고 있었다. 네 명의 교사가 한 교실에서 20~25명의 만 3세 및 4세 유아들을 돌보았으며 유아의 수는 학년도에 따라 달랐다. 유아-부모센터는 유아교육 자격증을 가진 담임교사 및 보조교사를 교사 1명당 유아 8명의 비율로 채용하였다. 각 교육기관에는 3명의 상근 행정 교사와 1명의 주임교사가 있었다. ABC 프로젝트 교사들은 모두 다 유아들과 일한 폭넓은 경험을 가지고 있었으며, 유아교육 분야의 준전문가(paraprofessional)부터 대학원 학위 소지자까지 학력수준이 다양하였다. 12명의 교사와 보조교사 각각은 교실에서 유아 연령에 따라 3~6명의 유아들과 함께 활동한다. 페리유아원과 유아-부모센터는 유아교육 학위를 소지한 교사채용의 가치를 입증한 한편, ABC 프로젝트의 성공은 학사학위가 없는 교사들을 엄격하게 관리하여 효과적인 프로그램을 제공할 수 있다는 것을 보여준다.

---

* 역주: 미국 교사 자격증은 각 주정부 차원에서 발급하며 발급 기준, 갱신 시기 등이 다양하다.

세 프로그램 각각은 자체 연구결과에 의해 입증된 체계적인 교육과정을 사용하였다. 페리유아원 프로그램은 유아를 스스로 계획하고 실행하고 성찰하는 활동을 통해 가장 잘 배울 수 있는 능동적 학습자로서 인식하고 대하는 하이스코프 교육과정을 사용하였다. ABC 프로그램은 만 3세까지의 유아를 위한 러닝게임(LearningGames)* 아동발달 활동(Sparling & Lewis, 1981)을 제시하였고, 만 3세 이후에는 의사소통 기능에 초점을 맞춘 표준 유아교육과정을 사용하였다. 유아-부모센터는 문식성 교육과정 및 여타 영역들에서의 학습양식을 구체적으로 제시하였다. 유아-부모센터는 개별화되고 상호적인 학습, 소집단 활동, 그리고 교사의 빈번한 피드백을 포함하는 다양한 활동에 초점을 맞추었다. 페리유아원과 시카고 유아-부모센터는 부모를 위한 폭넓은 지원을 제공하였고, ABC 프로그램은 부모들이 보육에 참여하도록 하였다. 페리 프로그램은 유아의 발달진보와 때로는 집단 활동에 대해 논의하는 가정방문을 매주 실시함으로써 부모들을 교사의 협력자로서 참여시켰다. 시카고 유아-부모센터는 매주 반나절동안 프로그램에서 자원 봉사하는 부모 참여를 요구하였다. ABC 프로젝트는 유아기 전반에 걸쳐 양질의 종일제 연중 보육을 제공하는 데 있어 필수적인 유형의 부모참여를 요구하였다.

종단연구 덕분에, 세 프로그램 모두 유아발달과 관련한 폭넓은 평가를 포함하였다. 비록 프로그램 실시와 관련해서는 체계적인 자료수집을 하지 않았지만, 시범 프로그램이었다는 사실은 프로그램 실행에 대한 철저한 검토가 있었다는 것을 사실상 보장하였다. 세 연구 모두 유아의 지능발달과 관련된 광범위한 자료를 유아기동안 수집하였다. 페리와 ABC 프로젝트에서 프로그램 관리자는 또한 연구 책임자이기도 하므로, 유아의 지능 및 사회적 수행능력을 향상시키기 위한 교사진의 교수 노력의 성공여부에 대하여 주목하고 피드백을 제공하였다.

적용

모든 유아교육 프로그램을 최대한 효과적으로 만들기 위해서는, 즉 장기효과와 투자대비 회수율을 얻으려면 무엇이 필요한가? 이 장에서 제시된 증거는 모든 프로그램이 자

* 역주: 게임에 학습적인 요소를 도입한 것으로서, Game Learning, G러닝(지러닝), 학습게임 등의 용어로 사용된다.

격을 갖추고 잘 훈련받은 교사, 승인된 교육과정, 부모지원, 그리고 프로그램 실시 및 유아발달에 대한 정기적 평가를 필요로 한다는 것을 제안한다. 헤드스타트 프로그램, 공립학교의 Pre-K 프로그램, 그리고 보육 프로그램에서 이러한 특성들을 충족시킬 수 있는 방법은 무엇인가?

가장 핵심적인 문제는 자격을 갖춘 교사가 부족하다는 것이다. 기관중심 보육교사의 33%와 가정 보육교사의 17%만이 학사 학위 또는 그 이상을 가진 것으로 추정된다(Burton et al., 2002). 자격 미달은 낮은 임금으로 이어진다. 예컨대, 2008년에 (특수교육을 제외한) 미국 유아교사의 평균 시급은 겨우 11.48달러였다(U. S. Bureau of Labor Statistics, 2009). 미국에서 보육에 관한 전문가들의 권고사항과 정부 법규 사이의 차이는 크다. 전미보육정보센터(National Association of Child Care Resource and Referral Agencies[NACCRRA], 2009)는 어린이집 시설장들은 최소한 학사학위를 소지해야 하고 교사는 최소한 아동발달 준학사 자격증(Child Development Associate Credential) 또는 유아교육 준학사 학위를 소지해야 한다고 권고하였으나, 이러한 시설장 자격에 대해서는 2개 주, 교사자격에 대해서는 5개 주만이 각각을 필수요건으로 요구하고 있고, 20개 주에는 학력에 대한 필수요건이 없으며, 22개 주에서는 고등학교 졸업장 또는 이에 상응하는 것만 요구한다. NACCRRA는 또한 주정부에서 교사에게 연간 최소 24시간의 직무연수를 요구하도록 권고하는데, 겨우 5개 주에서만 그렇게 하고 있으며 14개 주에서는 1년에 10시간 이하의 연수만을 요구한다. 정부가 보육교사를 대수롭지 않게 생각하는 한, 어린이집 운영자들에게 더 많은 교사교육 및 전문성 함양이 필수적이라고 주장하기는 어렵다.

고도로 효과적인 프로그램의 핵심 특성 중 다른 부분들 역시 미국 전역의 유아교육 프로그램들에서 불균형적으로 적용되어 왔다. 효과성에 대한 증거를 제시할 수 있는 실증적 연구에 참여하는 유아교육 모형이 거의 없다는 사실에 부분적인 영향을 받아 현재 효과성을 검증받은 교육모형을 사용하는 프로그램이 거의 없다. Quality Education Data(2005)에서는 400명의 유아교사를 대상으로 실시한 전국 조사에서 10%는 검증된 하이스코프 교육과정을 자신의 주된 교육과정으로 사용한다는 것을 밝혔는데 이는 10년 전 Epstein, Schweinhart와 McAdoo(1996)의 연구조사 비율과 동일하다. 페리와 시카고 프로젝트처럼, 가정방문 및 다른 모임을 통해 부모를 자녀교육의 신실한 협력자로서 온전히 참여시키는 유아교육 프로그램은 거의 없다. 헤드스타트는 1년에 오직 두 번만 가정방문이 이루어진다.

정부에서 지원하는 유아교육 프로그램에서는 프로그램 실시 및 유아발달과 관련한 정기적인 평가에 대해 지속적으로 우려하고 있다. 헤드스타트는 프로그램 운영의 모든 측면을 평가하는 포괄적인 프로그램 평가도구를 이용하여 3년마다 프로그램 평가팀의 현장방문을 받는다. 유아발달 평가는 교사의 활용을 위한 것이지만, 유아의 성취결과를 전국적으로 수집하기 위한 헤드스타트의 노력은 국가보고체제(National Reporting System)라는 형태로 의회에 의해 성급하게 실시되었다가 중지되었으며 후속 연구가 이루어지고 있다. 유아의 학습 성취기준은 주정부 유아교육 프로그램들에 널리 퍼져 있으며, 이러한 성취기준에 대한 평가도 종종 요구된다.

헤드스타트와 주정부 유아교육 프로그램 등 정부지원 유아교육 프로그램은 질적 수준을 향상시켜야만 하며 특히 자격을 갖춘 교사, 승인된 교육과정, 부모지원, 그리고 프로그램 실행 및 유아발달에 대한 정기적 평가라는 네 가지 측면에서 개선이 요구된다. 이와 같은 개선은 이루어질 수 있는 것이다. 다만 이를 실현할 수 있는 정치적 지도력이 요구되는 것이다.

일반적으로 보육 프로그램들은 여기에 요약한 광범위한 기준들을 제대로 충족시키지 못하기 때문에 더 힘든 상황에 있다. 분명한 사실은, 어떤 보육도 유아에게 해를 끼쳐서는 안 된다는 것이다. 이상적으로 말하자면, 보육의 목표는 유아교육의 목표와 중복되며 일치한다. 그러나 현재로서는 사회적 우선순위에서 큰 변화가 없기에, 당면한 보육목표는 이상에는 못 미치지만 적절한 수준의 보육교사 자격취득, 보육과정의 구체화, 부모와의 협력관계, 그리고 유아발달 평가는 없더라도 프로그램의 질 평가라는 정도로 다소 소박하게 잡아야 할 것이다. 질적 수준은 그럭저럭 나쁘지 않은 정도와 바람직한 정도 사이의 임의적인 균형점에서 정해져야 한다. 국립유아교육연구소(National Institute for Early Education Research)에서 제시한 유아교육 기준이 어느 정도 영향력을 행사할 때조차도, NACCRRA의 보육 기준은 견인력을 그다지 갖지 못한 것으로 나타난다. 이는 부분적으로 교육부에서는 유아교육 프로그램이 유아발달에 기여할 수 있는 질적 수준을 지향해야 한다는 것을 어느 정도 인식하고 실현하고 있는 반면에, 복지부에서는 보육 프로그램이 유아발달에 기여하기 위하여 일정한 질적 수준을 가져야 한다는 인식을 하더라도 법적 조치를 취할 수 없기 때문인지도 모른다. 매우 효과적인 프로그램들로부터 얻은 교훈은 현재로서는 광범위한 형태로만 프로그램들에 적용할 수 있을 것이다. 즉, 유아를 돌보는 모든 사람들은 어찌되었든 유아교육에서 과학적으로 인정받는 방안들을 활용할 수 있어야 하며 또한 활용해야만 한다. 보육교사는 자격을 갖추어야 하고, 자격을 갖춘 교사에게 합당한 대가를 지급하지 않는 시장구조 속에서 운영관리자는 자신이 할 수 있는 한 최선을 다해야만 한다. 일반 어린이집과 가정 어린이집의 보육종사자들에게는 검증된 보육과정 모형을 사용하는 데 필요한 직무연수와 프로그램 실행과 관련한 평가도구를 확보하는 것이 관건이다. 국가의 여러 위원회(예컨대, National Research Council, 2009)에서는 정부가 지원하는 유아교육 프로그램들이 문식성 및 수학 관련 교사교육에 충분한 관심을 두지 않는다고 걱정하고 있는 반면, 주정부 보육 단체들 내에서 주장하는 논지는 짧은 시간의 직무 연수가 유아의 건강 및 안전 이외의 것에 주목하기에 충분한지 여부이다. 직업상의 요구로 생활이 바쁜 부모들의 자녀를 돌보는 프로그램에서 부모참여를 유도하기란 어렵다. 그리고 짧은 교사교육을 받은 보육교사들에 의해 운영되는 프로그램에서 프로그램 실시 및 유아발달을 어떻게 평가하겠는가? 공공의 우선순위를 근본적으로 변화시키는 것이 보육의 미래에 대단히 중요하지만, 그때까지 유아교육 전문가들은 자신이 할 수 있는 한도 내에서 최선을 다해야만 한다.

정치에서 과학의 역할에 대한 큰 교훈이 여기에 있다. 프로그램 개발자들은 과학적인 연구에 의해 입증된 시범 프로그램들을 개발해왔다. 여기에 언급된 세 가지에 덧붙여, David Olds는 유사한 장기효과와 투자대비 회수효과가 나타난 간호사 가정방문 프로그램을 개발하였다(Olds et al., 2004). 그러나 이러한 프로그램들을 확대하여 전국적으로 사용되기 위하여 규모를 늘릴 때, 많은 집단들의 이해관계로 인하여 심지어 장기효과와 투자성과에 대한 증거가 있는 경우에조차 하나의 비전을 유지하는 것이 쉽지 않은 정치적 무대로 들어가게 된다. 이 원리는 다양한 측면에서 작용한다. 예를 들어, 어떤 사람들은 헤드스타트의 목표를 학교준비도를 위한 유아발달에 기여하는 것으로 보는 반면, 다른 이들은 가족들에게 권한을 부여하기 위한 수단으로 본다. 어떤 사람들은 유아의 읽기 기능을 중점적으로 발달시키도록 원하는 반면, 다른 사람들은 인지, 사회 및 신체의 광범위한 영역에서 발달하기를 원한다. 어떤 교사들은 자신을 전문가로서 보는 반면, 다른 교사들은 그렇지 않다. 유아교육 프로그램이 달성해야만 하는 목표에 대한 어떤 비전이든 이 모든 상충하는 이해관계와 겨루어야만 한다. 가장 강력한 과학적 증거에도 불구하고, 앞으로 어떻게 해야 할지에 대한 특정 비전이 지속적으로 실현되려면, 강력하고 변함없는 정치적 지원이 요구되는 것이다. 게다가, 원래의 형태뿐만 아니라 정치무대 속에서의 상호작용에서 기인한 형태로도 이러한 비전을 입증해야 하는 도전과제가 있다. 그렇지 않으면, 가능성을 실현하지 못한 유아교육의 거짓 약속과 이상향에 대한 서글픈 지식의 형태로만 남게 될 것이다. 유아교육의 가능성과 유아의 잠재성을 실현할 수 있도록 모든 유아들을 위한 이상적인 유아교육의 가능성을 지켜내야 할 것이다.

제27장

유아-부모센터 교육 프로그램의 생애발달 증진 원리

– Arthur J. Reynolds & Cathy Momoko Hayakawa

좋은 유아교육 프로그램의 긍정적 효과는 잘 규명되어 왔다. 관련 증거가 1960년대부터 입증되기 시작하였지만, 프로그램 참여가 유아의 인지적, 교육적, 행동적 성취결과를 강화시킨다는 강한 확신을 가질 수 있도록 관련지식의 양, 질, 범위가 모두 확장되어 최고조에 이르렀다. 최근의 메타분석 연구들에서도 다양한 프로그램들과 관련한 상당량의 증거를 보여주고 있는데(Burger, 2010; Camilli et al., 2010, Manning, Homel, & Smith, 2010; Reynolds & Temple, 2008), 공공 서비스 체계 안에서 실행된 대규모의 프로그램들이 유익한 효과를 낼 수 있다는 사실도 연구에 의해 점점 밝혀지고 있다. 주정부에서 재정지원하는 유아교육 프로그램들과 다른 대규모의 공공 프로그램들은 학교 준비도와 성취도를 향상시키는 것으로 나타났다(Gilliam & Zigler, 2001; Karoly et al., 2005; Reynolds & Temple, 2008). 또 다른 연구들은 위험에 처한 유아들뿐만이 아니라 중산층 가정의 유아 및 학습의 어려움이 덜한 유아들도 유아교육으로부터 혜택을 받는다는 사실 또한 밝혀냈다(Gormley et al., 2005; Zigler et al., 2006a).

유아교육의 긍정적 효과에 대한 두 가지 측면의 증거가 있는데, 바로 인지적, 교육적, 사회정서적 학습을 모두 포괄하는 것으로 입증된 효과의 범위, 그리고 유아기를 넘어 성인기로 이어지는 프로그램 영향력의 기간 확장이다. 유아교육에의 참여는 학습부진아 특별 보충교육(remedial education)의 필요를 줄이고, 비행과 범죄를 감소시키며, 학교 졸업 및 경제적 자급자족을 고취시키는 것으로 밝혀졌다(Campbell et al., 2002; Reynolds et al., 2007). 마지막으로, 유아교육에의 참여는 높은 경제적 이윤을 이끌어낼 수 있다는 것인데 이는 공공정책에서 가장 중요한 측면이다. 좋은 프로그램에 1달러를 투자할 때마다, 치료비용의 감소에서부터 경제적 복지 및 건강행동 증진에 이르는 사회적 혜택이 3~17달러 환원된다(Reynolds & Temple, 2008; Reynolds, Temple, White, Ou, & Robertson, 2011). 이러한 투자대비 회수율은 대부분의 다른 사회 프로그램들이 가져다주는 이윤을 훨씬 초과한다.

효과성의 원리

유아교육 프로그램의 긍정적 효과 및 높은 경제적 이윤과 관련된 증거가 강조되면서, 어떻게, 왜 유아교육 프로그램이 이렇게 생애전반에서의 성취결과를 실질적으로 향상시킬 수 있는지를 이해하는 것은 연구 및 공공정책에서 매우 중요하게 되었다. 많은 경우에, 목표는 효과성의 주요 원리들을 찾는 것인데 이러한 원리들을 충실히 따른다면 프로그램의 효과를 지속적으로 강화시킬 수 있으며 또한 연구에 기반을 둔 프로그램들로부터 입증된 효과를 더 많은 참여자들에게 일반화시켜 적용할 수 있을 것이다. 또한 재정지원 및 프로그램의 질적 수준 향상에 대한 지침을 제공할 것이다.

이 장의 나머지 부분에서는 널리 알려져 있는 유아-부모센터(Child-Parent Center: CPC) 교육 프로그램의 효과성과 관련된 주요 원리 및 요소를 논의한다. 이 대규모의 연구기반 프로그램은 시카고 공립학교에서 1960년대 후반부터 실시되어 왔다. 비록 이 원리들이 다른 프로그램 및 중재 접근들에도 일반적으로 사용될 수 있지만, CPC 프로그램에 중점을 두는 많은 이유들이 있다. 첫째, CPC 프로그램은 오랫동안 성공적으로 실시되어 왔다. CPC 프로그램은 (헤드스타트 다음으로) 두 번째로 오래된 연방정부 지원의 유아교육 프로그램으로서, 1967년에 시카고 학교에 설립되어 1만 명이 넘는 저소득층 유아들에게 혜택을 주어왔다. 둘째, CPC는 공립학교 프로그램으로 지속되어 왔다. 따라서 효과성을 가져온 주요 요인들을 전국의 수백만 유아들을 돌보는 주정부 지원형 프로그램 및 다른 대규모 프로그램들에 일반화시킬 가능성이 더 높다. 셋째, CPC 프로그램은 유아교육과 가족지원 서비스의 독특한 조합을 제공한다. 시작 당시부터, 자녀의 교육에 대한 집중적 부모참여뿐만 아니라 언어와 수학에서의 학교준비도 및 수행능력에 지속적인 관심을 가져왔다. 넷째, 그리고 가장 중요한 이유는, CPC 프로그램이 광범위하게 연구되어 왔고, 아동 학대, 비행 및 범죄의 감소효과뿐만 아니라, 학교준비도 및 수행능력의 향상부터 고등교육 성취 및 경제적 복지에 이르는 다양한 영역의 기능면에서 생애발달 전반에 미치는 효과를 밝혀왔다는 것이다. 이러한 영향은 또한 높은 경제적 효과, 즉 1달러가 투자될 때마다 11달러가 되돌아오는 형태로 나타난다(Reynolds et al., 2011).

유아-부모센터 프로그램의 역사

1960년대는 거대한 사회변화의 시기였다. 이는 빈곤과 사회 및 교육 서비스에 대한 불공정한 접근권으로 인한 사회적 불안 때문에 새로운 재정지원 체계를 만들게 한 지역사회의 시민운동(community action movement)이 일어났던 대도시에서 더욱 두드러졌다. 시카고 통계연보 컨소시엄(Chicago Fact Book Consortium, 2005)은 전형적으로 CPC가 위치한 지역사회를 바꾸고 약화시키는 사회적 조건을 다음과 같이 서술하였다.

> 1970년과 1980년 사이, 인구는 30%까지 크게 감소하였다. (중략) 이 변화는 28%의 분양주택 감소를 수반하였다. (중략) 실업률은 8%부터 거의 21%까지 올라갔다. 동시에, 기준 빈곤선 이하에 살고 있는 가정의 수는 24%에서 36%까지로 증가했고, 여성이 세대주인 가정은 58%로 두 배 가량 증가하였다.

CPC 프로그램은 교육을 강화시킴으로써 빈곤의 부정적인 영향에 대응하고 학업성취를 고취시키기 위하여 1965년 미초중등교육법 타이틀 원(Title Ⅰ) 재원으로 1967년에 설립되었다. 역사를 통틀어, 25개의 CPC가 20개의 가장 빈곤한 도시에 배치되었다. 극빈지역 여섯 중 다섯 곳에 최소 한 개의 CPC가 있었다. CPC 프로그램의 유아들은 시카고의 다른 유아들보다 경제적으로 상당히 더 불리했었다. 예를 들어, 전체 유아들이 다니는 학교들을 기준으로 42%가 저소득층 가정일 때, CPC 유아들은 67%가 저소득층이었다(Reynolds, 2000).

프로그램의 내용 및 효과

CPC 프로그램은 경제적으로 불리한 가족들에게 포괄적인 교육 및 가족 지원을 제공한다. 핵심 원리는 학교기반 구조, 문식성 강조, 가정-학교 관계 강화이다. 이 프로그램은 사회정서발달을 향상시키기 위한 다른 접근법들과 함께 강력한 문식성 교육과정을 사용한다. 초등학교와 유사하게, CPC 프로그램은 개별화된 학습, 소집단 활동, 그리고 빈번한 교사 피드백을 포함하는 다수의 활동에 초점을 맞추고 있다. 개별학습 기회를 최대화하기 위하여, 유아 학급의 전체 유아수는 적고, 각 교실에는 담임교사와 더불어 보조교사가 있다. 평균적인 교사 대 유아 비율은 1:8이다. 이러한 작은 학급크기는 인지 및 사회 발달을 위한 개별화된 접근을 가능하게 한다. 발달에 적합한 생태학적 틀 안에 통합된 문식성중심 및 유아중심 프로그램은 유아의 복지를 증진시키는 데 필수적이다. 유아에서 초등 3학년까지의 교육이 담임교사의 지도력 아래 한 학교에서 운영된다는 점에서 또한 독특하다(Reynolds, 2000; Reynolds & Temple, 2008 참조). 그림 27.1은 만 3~9세를 아우르는 CPC 프로그램의 구성요소를 보여준다.

CPC 프로그램의 효과에 대한 연구는 많은 졸업생들과 다양한 일련의 연구에 기반을 둔다(Reynolds, 2000). 주된 연구는 시카고 종단연구(2005)로, 무작위로 선정된 5개의 학교에서 공적 재원으로 운영되는 종일제 K학년을 다녔던 550명의 동일 연령 유아들을 비교집단으로 하여, 1979~1980년에 태어나서 1986년에 20개의 CPC에서 K학년을 졸업한 989명의 유아집단을 대상으로 현재까지도 진행 중인 기대되는 연구이다. 비교집단은 헤드스타트를 포함하여, 저소득층 유아들이 이용할 수 있는 전형적인 유아교육 프로그램에 다녔다.

표 27.1은 입학 시 인지 기능, 학업성취, 부진아 보충교육에 대한 요구, 고등학교 졸업, 비행 및 범죄, 약물 남용, 그리고 성인기의 경제적 복지를 포함하여, 복지에 관련된 다양한 예측변인들에 있어서, CPC 유아교육 참여자들의 수행능력이 비교집단보다 K학년의 시작부터 성인기까지 지속적으로 앞선다는 것을 보여준다(Reynolds, Rolnick, Englund, & Temple, 2010; Reynolds et al., 2007). 비록 변인마다 효과크기는 다양하지만, 대체로 표준편차 0.20을 웃돌아, 상당한 사회적 혜택으로 나타났다(Reynolds et al., 2011).

입증된 프로그램 참여 효과는 주로 9가지 프로그램 요소 및 원리로 인한 것이다. 표 27.2에 요약 내용이 제시되어 있다. 이러한 원리는 CPC 프로그램 이론과 광범위한 분석을 거쳐 축적된 효과연구로부터 도출된다. 이 원리들은 또한 다른 유아교육 프로그램들에 대한 연구(Campbell et al., 2002; Reynolds & Temple, 2008)의 전반적인 지지를 받으며 유아교육 분야(Ramey & Ramey, 1998a; Reynolds, 2003; Zigler & Styfco, 1993)와 더 넓은 예방과학(prevention science) 분야(Nation et al., 2003)의 원리들과 일치한다. 이러한 초점은 변경될 수 있기 때문에, 평가 연구를 포함하는 프로그램 실시 및 책무성 요소는 주요 원리에는 포함되지 않는다. 프로그램 효과와 관련하여 책무성의 중요성에 대한 논의를 살펴보려면 Reynolds와 Temple(1998)의 연구와 Nation 등(2003)의 연구를 참조하기 바란다.

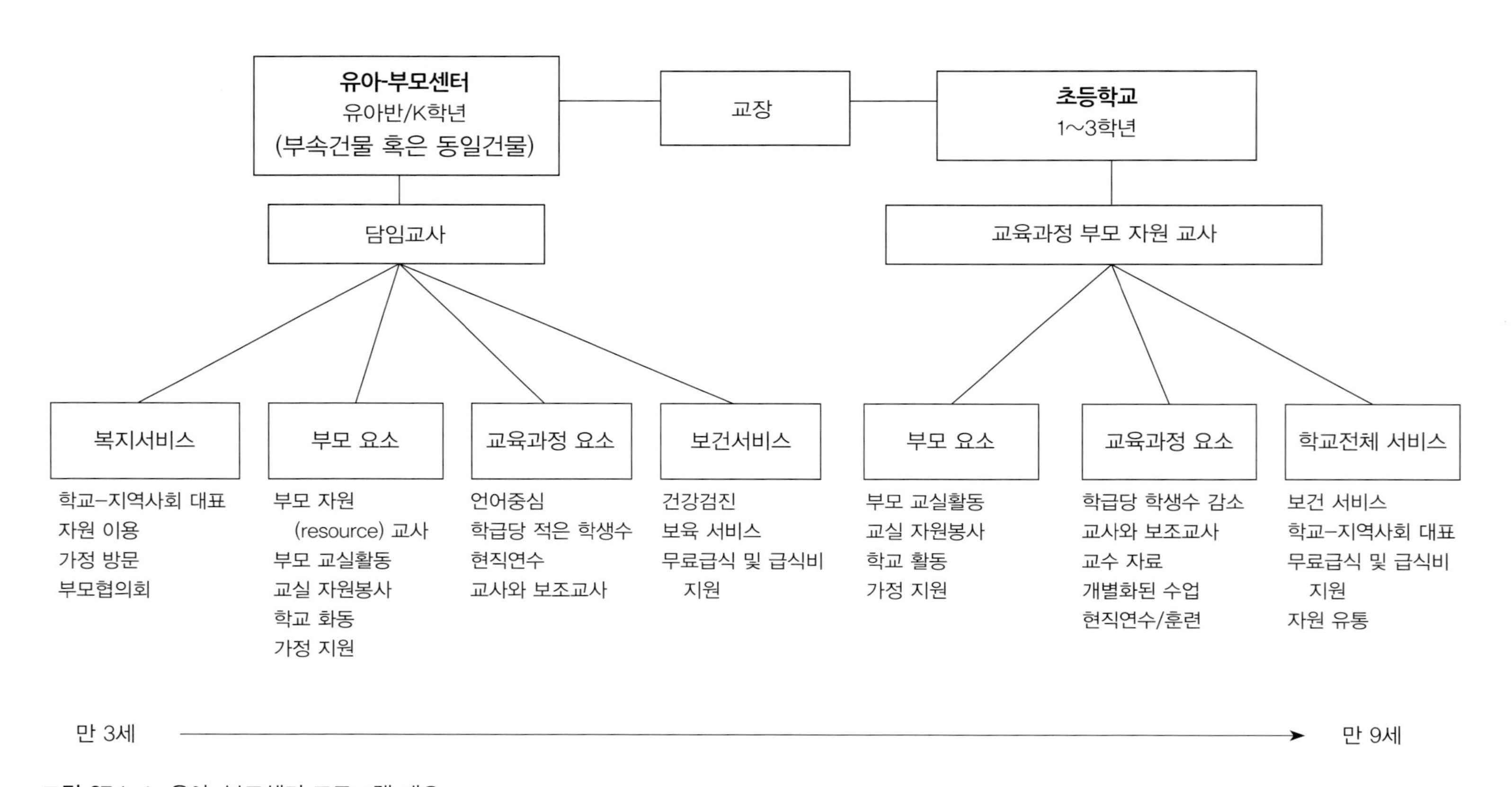

그림 27.1 ▲ 유아-부모센터 프로그램 개요

표 27.1 유아-부모센터의 유아반 참여 효과

영역 및 평가기준	유아반 집단 (n=950)	비교집단 (n=523)	차이	효과크기
학업 성취/수행능력 (%)				
만 5세에 인지 복합과제에서 전국규준을 달성함	46.7	25.1	21.6*	0.59
만 14세에 읽기 준비도에서 전국규준을 달성함	35.0	22.0	13.0*	0.38
만 15세까지의 유급	23.0	38.4	−15.4*	−0.37
만 18세까지의 특수교육	14.1	24.6	−10.2*	−0.45
아동학대 (%)				
만 4세부터 만 17세까지 드러난 학대 또는 방임	9.9	17.4	−7.5*	−0.35
학대/방임에 따른 위탁 가정/기관에의 배치	5.2	8.5	−3.3*	−0.25
만 18세까지의 미성년 구류				
소년 재판소 고소/고발(%)	16.9	25.1	−8.2**	−0.29
소년 재판소 고소/고발 횟수	0.45	0.78	−0.33*	−0.30
만 25세까지의 최종학력				
고등학교 졸업 비율(%)	79.7	72.9	6.8*	0.23
최종학력(년수)	12.08	11.80	0.28*	0.22
4년제 대학에서 .5학점 이수 비율(%)	10.9	7.1	3.8*	0.25
만 26세까지의 성인 범죄				
중범죄 구류 비율(%)	13.3	17.8	−4.5*	−0.19
중범죄 구류 횟수	0.32	0.44	−0.12*	−0.21
건강 및 정신건강(%)				
우울증으로 증상 보고	12.8	17.4	−4.6**	−0.20
약물 남용	14.8	18.8	−4.5*	−0.19
흡연	17.9	22.1	−4.2	−0.15
만 26세까지 건강보험 가입여부	76.7	66.6	10.1*	0.30
경제적 지위				
만 18~24세에 무료 식품 쿠폰을 받은 개월 수	17.50	18.78	−1.28*	−0.21
만 24세에서의 직업적 우세점수(prestige score)	2.79	2.55	0.24*	0.22

*$p \leq 0.5$. **$p \leq .10$.

주석: 효과크기는 표준편차로 제시된다. 이항변인들은 프로빗 변환으로 전환하였다. 유아교육 중재 평가를 위한 표본크기는 학교 보충학습 서비스에 대한 1,281명에서 인지복합과제에 대한 1,539명에 이른다. 전국규준은 아이오와(Iowa) 기초기능검사에 대한 것이다(http://www.education.uiowa.edu/itp/itbs/). 만 26세에서의 성인범죄와 관련한 표본크기가 제시되어 있다. 계수들은 선형, 프로빗, 또는 음이항 회귀분석으로부터 온 것이다. 프로그램 참여 전의 위험 요소 8개, 성별, 종족/민족, 아동복지 기록, 그리고 위험 요인에 있어서 분실 데이터에 대한 더미변수는 계수가 조정되어 있다. 표본 비교는 가능한 한 입증된 연구에 기반을 두고 있다. 직업적 위세점수는 4가 보통 수준의 위세를 의미하며, 1부터 8까지이다. 직업적 위세 평가척도는 Davis 등(1991)의 평가도구와 Barratt(2005)에 의해 개발된 척도에 기반을 두고 있다.

표 27.2 유아-부모센터 및 다른 프로그램들에서 추출한 효과적 유아교육 프로그램의 주요 원리

원리	지표	영향을 받은 아동의 성취결과
위험에 처한 유아에의 초점	저소득층 지역 거주, 높은 가정 위험요소	학교성취도, 고등학교 졸업
이른 참여 시기(입학연령)	만 3세 또는 만 4세 이전 입학	학교준비도 및 성취도, 학대
충분한 참여 기간	2년 이상	학교준비도 및 성취도, 학습부진아 보충학습
포괄적 서비스	부모참여, 보건 및 사회복지 서비스	학교성취도, 학대, 고등학교 졸업
잘 훈련되고 좋은 대우를 받는 교사진	학사학위 또는 자격을 갖춘 교사	비행 및 범죄, 고등학교 졸업
다양하고 언어중심적인 수업	발달중심, 활동중심 교육과정	고등학교 졸업, 비행, 범죄
높은 강도	매일 2.5시간 이상, 능동적 학습	학교성취도, 비행, 범죄
학급당 적은 학생수	담임교사 1명과 보조교사 1명당 유아 17명	학교성취도
전이 서비스(연속성)	같은 공간에 위치한 K학년 및 학령기 서비스	학교성취도, 학습부진아 보충학습, 학대

주석: 성취결과 항목들은 대표적인 것이며 완전한 것은 아니다. 이러한 원리들은 장기효과에 대한 다른 연구들 및 메타분석 연구를 통해 확증되었으며, 특히 학급당 적은 학생수, 잘 훈련되고 좋은 대우를 받는 교사, 그리고 높은 강도 등에서 유아-부모센터들의 서비스 간의 차이가 적거나 없어서 더욱 확고한 증거가 된다.

위험에 처한 유아에게 초점 맞추기

이 원리는 더 높은 수준의 위험에 처한 유아들이 유아교육을 받을 우선권을 얻어야 한다는 것을 시사한다. 그러나 경제적으로 불리한 유아뿐만 아니라 다른 이유로 위험에 처한 유아들도 유아교육으로부터 혜택을 받는다는 증거로 보건대, 이러한 강조로 인하여 보편무상 접근권을 저해해서는 안 될 것이다(Gormley et al., 2005; Zigler et al., 2006a). 다만 학교 실패와 관련하여 고위험군에 처했던 유아들은 대개 빈곤 관련 요인들 때문에 더 낮은 수준의 위험에 처한 유아들보다 유아교육의 효과를 더 크게 받는다는 사실이 오랫동안 밝혀져 왔다. 이것은 장기효과의 경우 더욱 그렇다(Ramey & Ramey, 1998a; Reynolds & Temple, 2008). 많은 프로그램에서 보상교육에 초점을 두는 것은 일정 부분은 이렇게 관찰된 패턴 때문이다. CPC 프로그램에 대한 시카고 종단연구에서는 고위험군 유아들이 유아교육으로부터 가장 크고 지속적인 효과를 얻는다는 것을 계속적으로 밝혀냈다. 예를 들어, Reynolds 등(2011)은 CPC 유아교육의 경제적 이윤은 사회경제적으로 가장 불우한 유아들에게서 가장 높다는 사실을 밝혀냈다.

비록 덜 불우한 유아들도 혜택을 받았지만, 1달러를 투자할 때마다 얻는 이득이 흑인 여아들의 경우에는 2.67달러인데 비해 흑인 남아들은 17.88달러인 것으로 추정되었고, 고졸학력을 가진 어머니의 자녀들은 5.83달러인데 비해 고등학교를 졸업하지 못한 어머니의 자녀들은 15.38달러의 이득을 얻었으며, 더 적은 위험 요인을 가진 유아들이 얻은 이득은 7.21달러인데 비해 4년 또는 그 이상 유아기에 가족 위험 요인을 경험한 유아들은 12.81달러의 이득을 얻었다.

이른 참여시기(입학연령)

유아 및 청소년을 위한 다양한 사회적 프로그램들 전반에서, (다른 특성들을 동일하게 할 경우) 참여가 일찍 시작될수록 더 유익한 효과들이 감지될 것이다. 또한 더 일찍 참여할 때 투자대비 회수율이 더 큰 것으로 밝혀졌다(Reynolds et al., 2011; Reynolds & Temple, 2008). 출생 후부터 만 5세의 유아기 중, 늦어도 만 4세까지는, 더 좋게는 만 3세까지는 입학하는 것이 가장 일관된 효과를 제공한다는 사실이 밝혀져 왔다. 참여의 효과가 참여시기에 비례하여 더 일찍 시작할수록 더 증가하는 직선형 효과라기보다는, 역치효과(늦어도 만 4세 이전에 참여)가 있다는 것이 연구에 의해 가장 많이 지지되었다. CPC 프로그램은 만 3세에 참여를 시작할 수 있다. 페리유아원과 ABC 프로젝트를 포함하여, 다른 비용대비 효과가 높은 프로그램들 또한 늦어도 만 3세부터 서비스를 제공한다. (만 3세 이전의 프로그램 효과와 관련된 증거에 대해서는 Olds, Sadler, & Kitzman, 2007; Reynolds, Mathieson, & Topitzes, 2009; Sweet & Applebaum, 2004 참조)

충분한 참여기간

효과성에 대한 세 번째 원리는 프로그램 길이(지속기간)이다. 이는 프로그램에 참여하는 개월수와 연도수가 증가할 때 효과크기도 증가한다는 의미이다. 아동의 성취결과와 관련하여 일관되고 지속적인 효과를 보여주는 대부분의 프로그램들은 최소 9~12개월의 기간동안 이루어진다. 만 3세부터 시작하여 제공된 CPC 프로그램은 유아들이 K학년 이전에 2년 동안 참여할 수 있도록 되어 있다. 유아교육 기간은 학교준비도 향상, 저학년에서의 보충학습 비율 감소 및 이후 아동 학대 발생률 감소와 긍정적 상관을 갖고 있었다(Reynolds et al., 2001). 더구나, CPC 유아교육과 학령기 중재에 참여한 총 연도수는 더 높은 학교성취도 및 청년기 복지와 연관되었다(Reynolds et al., 2007). 가장 강력한 장기효과와 비용대비 효과를 보여주는 세 개의 유아교육 프로그램은 최소 2년간 서비스를 제공하였다(Nation et al., 2003). 이것은 또한 연령이 더 높은 어린이들을 위한 예방 프로그램들에서도 일관되게 나타났다.

포괄적 서비스

CPC 효과성의 네 번째 원리는 유아들의 다양한 필요를 충족시키기 위하여 포괄적 가족 서비스가 제공된다는 것이다. 아동발달 프로그램으로서, 유아교육기관은 가족 상황에 맞게 조정되어야 하고 이에 따라서 학교와 가정 모두에서 긍정적인 학습경험 기회를 제공해야 한다. 생태학적 모형(Bronfenbrenner & Morris, 1998)과 일관되게 장애유아나 고위험군 유아들은 강도 높고 포괄적인 서비스로부터 혜택을 얻는다. CPC 프로그램에서는 각 센터별로 자격을 갖춘 교사에 의해 운영되는 부모 자원 공간이 구비되어 있고 학교-지역사회 지원활동을 제공하기 때문에 부모참여가 잘 이루어진다. 부모의 교육적, 개인적 발달은 프로그램의 중요한 목표 중 하나이다. 페리유아원과 ABC 프로젝트 같은 다른 효과적인 프로그램들 또한 가족 서비스를 제공하였다. 페리유아원은 교사가 매주 가정방문을 했고, ABC 프로젝트에서는 의료 및 영양 서비스를 제공하였다.

CPC 프로그램의 연구결과는 프로그램이 부모참여를 증가시키고, 이러한 부모참여는 장기효과와 연관된다는 사실을 지속적으로 밝혀냈다(Reynolds, 2000). 이러한 결과는 자녀들의 학교 교육에 대한 부모참여가 학습 성공에 중요한 영향을 미친다는 폭넓은 선행연구들과 일치한다. 학부모는 가정에서 풍부한 학습 기회를 제공하거나 자녀의 교실에서 자원봉사를 함으로써 학교 교육에 참여할 수 있을 것이다. 그러한 참여는 교육적 성공 및 친사회적 행동에 대한 태도와 가치를 강화시킨다. 참여에 대한 두 가지 예측요인이 학교 성공을 위해 특히 중요한 것으로 밝혀졌는데 부모의 높은 기대와 학교에의 참여(Fan & Chen, 2001; Shumow & Miller, 2001)이다. 이것들은 CPC와 다른 좋은 유아교육 프로그램의 주된 초점이다.

잘 훈련되고 좋은 대우를 받는 교사진

CPC 효과성의 다섯 번째 원리는 교사가 잘 훈련받고 좋은 대우를 받아야 한다는 것이다(가급적 유아교육 학사학위와 자격증 소지). 이러한 특성은 지역의 보육 단체들과의 파트너십 수립에도 불구하고, 공립학교의 보편무상 접근 모형하에서 훨씬 더 많이 찾아볼 수 있을 것이다. 가장 높은 경제적 이윤을 주는 프로그램들, 예컨대 CPC와 페리유아원 프로그램이 공립학교에서 최소한 유아교육 학사학위를 가지고 적합한 교사 자격증을 가진 교사진에 의해서 실시되었다는 것은 우연의 일치가 아니다. 또한, 수준 높은 교사교육과 보상체계의 영향 때문에, 학교에 기반을 둔 프로그램에서의 교사 이직률이 다른 유아교육 환경에서보다 훨씬 더 낮다. 잘 훈련받았고 좋은 대우를 받는 교사는 효과적인 가정방문 프로그램에서도 주요한 요소이다.

또한 초등학교 저학년으로부터의 증거는 더 높은 수준의 예비교사 교육, 훈련, 교수 경험이 우수한 수업과 학업 성과를 이끌어낸다는 것을 시사한다(Greenwald, Hedges, & Laine, 1996). 아울러, 읽기 수업에서의 교사 전문성 개발을 지원해주는 것이 유익한 효과가 있음이 입증되었다(Connor, Morrison, Fishman, Schatschneider, & Underwood, 2007).

다양한 교수방법과 언어에의 초점

교육과정, 즉 학습경험의 조직과 언어에의 초점은 효과성의 여섯 번째 주요 원리이다. CPC 프로그램은 학습 성취를 위해 필수적인 언어 및 문식성 기능을 향상시키는 목적을 위해 교사주도 교육과정과 유아주도 교육과정을 결합하여 제공한다. 교사주도 교육과정 접근법은 다른 영역의 발달에 기초가 되는 기초적인 학습 기능들을 가르치는 것에 초점을 맞춘다. 또 다른 접근인 유아주도 교육과정은 독립적으로 또는 소집단으로 활동하며 학습활동을 유아가 선택하는 것을 포함한다. 유아주도적인 교육과정을 지속적으로 경험하는 것은 상당히 긍정적인 장기효과와 연관된다. 상대적으로 교사주도성 및 유아주도성이 모두 높은 교육과정(HT/HC)에 있는 CPC 유아들과 상대적으로 교사주도성은 낮고 유아주도성은 높은 교육과정(LT/HC)에 있는 CPC 유아들 모두 교육과정 유형을 분명하게 명시하지 않는 프로그램들과 비교했을 때, 상당히 높은 학교성취도와 교육적 성과(즉, 고등학교 졸업과 4년제 대학 진학)를 보여주었고, 중범죄로 인한 체포에서 상대적으로 낮은 비율을 보여주었다(Graue, Clements, Reynolds, & Niles, 2004). 게다가, 모든 교육과정 중에서 교사주도성과 유아주도성 모두 높은(HT/HC) 교육과정 교실에 있는 유아들은 고등학교 졸업 비율이 가장 높았을 뿐만 아니라 만 24세까지의 범죄 출현율에서 가장 낮은 비율을 보였다. 이러한 결과들은 장기효과에 기여하는 CPC 프로그램의 장점 중 하나가 다양하면서, 문식성이 풍부한, 발달적 교수접근법이라는 것을 시사한다. 이것은 다른 프로그램들의 연구결과와 일치하는 것이다

(Schweinhart et al., 1986; Stipek, 2004).

높은 강도

강도는 주당 수업의 횟수와 프로그램 세션당 실제 교육시간을 의미한다. 지금까지 이루어진 선행연구 문헌에서 주당 4일 미만 또는 세션당 2.5시간만 만나는 프로그램들이 학교성취도 및 일반적인 아동 복지에 있어서 일관된 단기효과 및 즉각적 효과를 나타낸다는 증거는 거의 찾아볼 수 없다. 장기효과와 높은 경제적 이득은 일주일에 거의 매일 최소 2.5시간(최소 12시간)의 교육시간 동안 만나는 프로그램의 경우에만 나타났다. CPC 프로그램, 페리유아원, ABC 프로젝트는 이러한 주요 원리를 지지한다. 능동적이고 적극적인 참여를 포함하는 학습경험의 질적 수준 또한 높은 강도를 의미하며 CPC 프로그램은 이러한 측면도 마찬가지로 충족시키는 것으로 밝혀졌다. 물론, 높은 강도의 수업은 적은 학생수 및 교사 대 유아의 비율이 더 낮은 교실에서 더 많이 나타날 가능성이 있다.

학급당 적은 학생수

전체학급의 유아수가 18명보다 적거나 유아 대 교사 비율이 9:1보다 적은 유아교육기관 교실이 장기효과 및 높은 경제적 이윤과 가장 많이 연관된 것으로 밝혀졌다. CPC 프로그램은 최대 17명의 유아에 2명의 교사(담임교사와 보조교사) 비율을 지속적으로 유지해왔다. 장년기에 대한 장기효과를 나타내는 페리유아원(24:4)과 ABC 프로젝트(12:2)와 같은 시범 프로그램들은 심지어 더 낮은 비율의 유아 대 교사 비율을 가진다. 주정부에서 지원하는 Pre-K 프로그램 대다수에서는 20명의 유아당 2명의 교사(담임교사와 보조교사)로 최소한의 주정부 기준에 맞추는 수준으로 정해놓고 있다. 비록 이 프로그램들은 학교준비도와 조기 학업성취도에 의미 있는 효과를 입증하는 것으로 밝혀졌지만, 장기효과 및 비용대비 효과는 이러한 규모의 교실들에서 나타나지 않았다. 또한 유아교육 기간과 마찬가지로 비록 2년 또는 그 이상의 참여가 더 지속적인 결과들을 산출하지만, K학년과 저학년에서의 학급당 적은 학생수 역시 학습 수행능력과 학습 성취도를 향상시키는 것으로 밝혀졌다(Ehrenberg, Brewer, Gamoran, & Willms, 2001; Finn & Achilles, 1999; Krueger, 2003).

전이 서비스(연속성)

유아교육 분야에서 종종 간과되는 이 아홉 번째 원리는 유아교육에서부터 K학년 그리고 초등학교 저학년으로의 전이 서비스 제공이 유아교육에서 얻은 학습 증진 효과를 강화하고 이후 학습 수행능력과 성취도를 향상시킬 수 있다는 것이다. 인생의 처음 10년 이내에 지속적인 서비스를 받는 기회를 제공해야 유아의 학습과 발달을 최적으로 지원할 수 있으며, 특정한 하나의 발달단계(영아기, 유아기, 학령기)에서의 중재가 단독으로 유아들을 장래 학습부진으로부터 예방할 수 있다고 생각하지 않는다.

중재 방안으로서 유아교육 프로그램의 핵심 특징은 지식이 확립됨에 따라 점차적으로 확실해지고 있다(Foundation for Child Development, 2005; Reynolds, 2003; Reynolds et al., 2011; Takanishi & Kauerz, 2008). 유아교육 프로그램은 연속성, 조직, 수업, 가족지원 서비스를 강화해야 한다. 주된 초점은 각 프로그램 실시기관에서 프로그램 구성요소 통합, 교수학습 체계화, 교육과정 정비, 종일제 K학년, 학생수 감소, 그리고 교사와 학부모 간의 협력과 같은 서비스 구조화 역량을 강화시키는 것이다.

CPC 프로그램에서, 유아반뿐만 아니라 학령기 서비스에 모두 참여하는 유아들은 유아교육기관 또는 후속 프로그램 중 하나에만 참여하는 유아들과 비교했을 때 더 높은 학업성취도를 나타내는 것으로 밝혀졌다(Reynolds, 2000). 더 연장된 프로그램 참여기간(4년 또는 그 이상의 서비스)은 더 낮은 비율의 학습부진 보충학습 서비스 및 법률 위반과 관련되었다(Reynolds et al., 2001). 만 24세 때 실시된 후속 연구에서 연장된 프로그램의 참여는 더 높은 고등학교 졸업률과 정규직 취업률, 그리고 더 낮은 비율의 1년 이상의 저소득층 대상 의료보장제도(Medicaid) 가입과 폭력 범죄로 인한 체포 비율과 관련되었다(Reynolds et al., 2007). 또한 다른 유아기 중재들도 긍정적인 효과를 보여주었다(Reynolds & Temple, 2008; Zigler & Styfco, 1993).

학교 이동(mobility)의 부정적 영향(Mehana & Reynolds, 2004; Temple & Reynolds, 1999)을 고려해볼 때, 유아교육 체계 내의 전이 서비스는 더 나은 학교성취도를 이끌어내는 학교 안전성과 학습에서의 연속성을 제공할 수 있다(그림 27.1 참조). 단일한 운영 체계 안에서 만 3세에 시작하여 초등학교 저학년을 거쳐 지속되는 협조 체계의 확립은 유아들의 학습에서 지속성과 연속성을 신장시키는 효과적인 접근일 수 있다. 그런데 대부분의 유아교육 프로그램은 공립학교에 통합되지 않고 있고, 유아들은 초등학교 저학년까지 대개 한 번 이상 학교를 바꾼다. 광범위하게 실시되고 있는 학교개혁 모형인 21세기 학교(Schools of the 21st Century, Finn-Stevenson & Zigler, 1999)에서는 태아부터 만 3세까지는 공립학교 내에서 가정 방문 서비스를 제공함으로써 시스템을 더욱 확장한다.

결론

비록 유아교육 프로그램의 긍정적인 효과에 대한 증거가 광범위하게 보고되었지만, 생애 전반에서의 효과와 경제적 이득을 이끌어 내는 효과적인 서비스의 기저를 이루는 주요 원리들에 대한 관심은 적었다. CPC 프로그램과 연관된 유아교육 프로그램의 효과성에 대한 아홉 가지 원리는 유아교육 프로그램에 대한 지속적인 투자를 위한 지침을 제공하고, 그러한 투자가 유아교육 이후 수년이 지난 후에도 상당한 혜택을 제공할 수 있다는 것을 보장하는 이론적 틀을 제공한다.

우리의 분석결과는 유아교육 및 부모참여를 위하여 집중적인 자원을 제공하는 좋은 프로그램에 대한 투자가 더 많이 필요하다는 것을 시사한다. 좋은 유아교육 서비스에 대한 접근이 용이하지 않기 때문에, 효과가 입증된 프로그램을 좋은 선례로 삼아 적극 활용하는 것이다. CPC 프로그램과 다른 모형들에 대한 연구는 장기효과 및 비용대비 효과의 기초를 제공하는 주요 요소들을 제안한다.

제28장

책무성 평가와 지속적 프로그램 개선

- Ellen C. Frede, Walter S. Gilliam, & Lawrence J. Schweinhart

점점 높아가는 책무성의 시대에 유아교육 프로그램에 대한 공적 투자가 증가되고 있는 상황 속에서 이러한 유아에 대한 재정지원이 제대로 이루어지고 있는지를 평가하고 관리하는 책무성 시스템이 계획, 실행되어야 한다는 분명한 요구가 생긴다. 전국규모 유아교육 단체들의 공동입장표명서(NAEYC, 2003)나 전미유아교육책무성 특별위원회의 보고서(Schultz & Kagan, 2007) 등 최근 출간되는 자료들을 보면 유아평가와 교실평가, 책무성, 프로그램 평가라는 서로 중첩되는 쟁점들에 대한 폭넓은 관심이 뚜렷이 나타난다. 더욱이 유아 프로그램에 대한 관심과 책무성 운동이라는 큰 흐름이 함께 결합되는 현상이 다른 여러 정책들에서도 확연하게 보인다. 예컨대 지금은 폐기된 헤드스타트 국가보고체제(Tarullo et al., 2008)에서는 프로그램 실시 초기와 종료 시점에 모든 헤드스타트 유아를 평가하도록 의무화한 바 있으며 '데이터 퀄러티(Data Quality)' 캠페인 등의 조직적 운동에서는 유아기 데이터를 주정부의 아동 데이터베이스에 포함시킬 것을 요구하였다(Laird, 2009).

정책입안자나 유아교육 전문가를 비롯하여 유아의 삶과 관련된 다양한 이해관계자들은 프로그램 평가에 정기적으로 참여해야 할 책임을 공유한다(NAEYC, 2003). 책무성 시스템의 일환으로 프로그램 평가 방침을 계획하기에 앞서 지방정부 관리자들이나 여러 의사결정자들은 평가의 목적과 평가결과를 공개할 대상을 분명하게 해야 한다(Patton, 2008). 프로그램 평가의 목적은 중요한 이해관계가 좌우되는 의사결정(예컨대 프로그램 재정지원 여부의 결정이나 유아 배정)을 위한 정보를 획득하는 것에서부터 프로그램 개선 목적을 위하여 프로그램의 질적 수준이나 유아의 진보상황을 측정하는 것까지 다양하다. 어떤 경우이든 의미 있게 계획된 프로그램 평가는 Campbell(1991)이 '실험하는 사회'라고 명명했던, 즉 새로운 아이디어를 엄정하게 실천하고 효과를 검증하는 이상적 사회에서 필요한 의사결정에 도움이 되는 정보를 제공할 수 있는 값진 자원이 된다.

그러나 완벽한 평가 설계란 없다. 각각의 고유한 장점과 어려움이 존재한다(Riley-

Ayers, Frede, Barnett, & Brenneman, 2011). 대규모로 이루어진 유아교육 프로그램에서는 주로 다섯 가지 주요 설계, 즉 1) 기존 자료의 활용, 2) 사후검사설계, 3) 사전검사-사후검사설계, 4) 회귀불연속설계, 5) 무선화통제설계에 의존해 왔다. 기존 자료를 활용하는 것은 분명 신속하고 비용도 적은 방법이지만 중요한 단점들이 존재하는데 바로 대상선택 과정에서의 편향(bias)을 비롯하여 유아교육 자체가 영향을 줄 수 있는 변인들(학년 유급, 언어적 장벽, 특수교육 배정, 장기 결석 등)로 인한 중도탈락(Barnett, 1993), 가족의 이사 등으로 인한 변동성(Barnett, 2006; Olsen & Snell, 2006) 등의 문제이다. 책무성을 위해 지방정부 차원의 유아평가 체제가 종종 활용되고 있지만 이러한 문제점으로 인하여 그러한 자료를 사용하여 프로그램 효과에 대한 결론을 내릴 때는 매우 신중하게 접근해야 할 것이다(Nichols & Berliner, 2007).

사후검사만 실시하는 설계나 사전검사-사후검사설계에서는 중도탈락으로 인한 데이터 손실이나 변동성 문제는 다소 감소하지만 실험집단 대상 선정과정에서 발생하는 편향 문제는 여전히 남아있으며 K학년 입학지연으로 인한 중도탈락 문제가 잔존할 수 있다. 같은 지역에서 비교집단을 구하고 가족배경이나 유아 특징을 다원적으로 측정한다면 사전검사-사후검사설계를 향상시킬 수 있지만 여전히 실험대상 선정에서의 편향 문제를 완벽하게 통제하지는 못한다.

평가에서 가장 중요한 쟁점 중 하나는 프로그램 효과를 결정짓기 위해서 비교대상을 정하는 것이다. 주요 변인들에서 실험집단과 유사한 특성을 가진 유아들을 대응시켜 비교하는 것은 비교집단이 전혀 없거나 대응되지 않는 비교집단을 활용하는 것보다는 훨씬 나은 방법이지만 이 역시 대상선정에서의 편향 문제를 해결하기에는 한계를 가진다.

상대적으로 적게 활용되는 회귀불연속설계는 대상선정에서의 편향 문제는 감소시키지만 이 방법을 적용하려면 상당히 크고 안정된 표본 집단이 필요하며 학년도의 매우 이른 초기에 유아평가를 실시해야 하며 고도로 전문화된 방법론적, 통계적 지식이 요구된다. 이 설계의 성공여부는 집단 특성을 예측해주되, 유아나 가족과 관련된 다른 특징(예컨대 엄격한 대상연령 기준선)과는 연관성이 없는 변인을 찾는 능력에 달려있다(Barnett, Frede, Mobasher, & Mohr, 1988; Cook, 2008; Gormley et al., 2005).

무선화통제설계는 프로그램에 참여할 유아들과 그렇지 않을 유아들을 무작위로 선정하여 직접적으로 비교한다. 무선화통제설계는 내적 타당도가 높지만 그 대신 외적 타당도를 희생시킬 수 있다. 평가의 내적 타당도란 긍정적 효과가 실제로 실험처치로 인하여 발생하였다고 인과적으로 설명할 수 있는 확실성 정도를 의미한다. 불행하게도 엄격하게 실시되는 무선화통제설계에 참여할 수 있으며 기꺼이 참여하고자 하는 프로그램을 찾기가 쉽지 않기 때문에 그 결과를 평가에 참여하지 않은 다른 프로그램에 일반화(외적 타당도)하기가 쉽지 않다. 이 설계는 대상선정에서의 편향 문제로부터 가장 자유로우며 해석이 용이하고 표본크기가 작아도 된다는 장점이 있으나(Campbell & Boruch, 1975) 유아교육 프로그램의 효과성을 평가하는 데는 거의 사용되지 않고 있다. 무선화가 쉽게 이루어질 수 있는 두 가지 상황은 프로그램에 참여할 수 있는 인원수보다 더 많은 유아들이 대기하고 있을 경우나 대상인원 확충을 계획하고 있는 경우이다. 물론 무선화통제설계에서도 중도탈락으로 인한 데이터 손실이 여전히 있을 수 있으며 실험처치 집단에 배정된 유아들이 참여하지 않거나 통제집단에 배정된 유아들이 실험처치 혹은 그에 상응하는 프로그램 서비스를 받을 가능성이 있다. 그럼에도 우수한 무선화통제설계가 없다면 원래부터 있었던 유아 간 격차로 인하여 프로그램의 효과 정도를 확실하게 파악하기가 힘들 것이다.

효과적인 책무성 및 평가 시스템의 개발

책무성과 평가에서의 주된 쟁점들은 넓게 1) 다양한 목적에 타당하고 유용한 책무성 시스템을 설계하는 것, 2) 평가도구가 타당하며 그 실시가 신뢰할 수 있게 이루어지며 유용하고 적합한 성취를 측정하도록 하는 것으로 가닥을 잡을 수 있다.

다양한 목적에 부합하는 설계

프로그램 평가의 목적과 평가결과 보고 대상자(들)에 따라 평가내용, 평가방법, 결과제시 방법이 달라질 수 있다. 예를 들어 입법부에서 재원이 계획했던 대로 지출되었는지를 알고자 한다면 책무성 시스템에는 유아성취 결과뿐만 아니라 재정지출 분석이 포함되어야 할 것이다. 그렇게 하기 위해서는 프로그램 실행기준과 기대성과가 사전에 확립되어 있어야 한다(Patton, 2008). 반면 책무성의 문제가 프로그램을 통해 유아 발달이 적절한 수준으로 향상되고 있는지에 관한 것이라면 유아학습 성취기준에 대한 동의가 이루어져야 할 것이며(Darling-Hammond, 2010), 학급실행과 유아성취 간의 관계가 확립되어 있어야 한다. 38장에서 논의되는 바와 같이 이제는 효과가 있는지의 여부를 넘어서서 효과크기(effect sizes)를 보고하는 것이 일반적으로 요구된다. 유아교육에 대한 총체적 지식토대가 성장함에 따라 효과성 질문은 "효과가 있는가?"로부터 "우리가 기대했던 것만큼의 효과가 있는가?"로, 다시 또 "비용을 정당화하기에 충분한 효과가 있는가?"로 바뀌고 있다.

이제 해결해야 할 도전과제는 수업 의사결정에 필요한 정보를 제공해줄 수 있으면서 개별 목적별로 구분된 시스템보다는 보다 효율적이면서 덜 부담스러운 포괄적 프로그램 평가의 종합 시스템을 개발하는 것이다. 교육실제의 개선, 책무성 증명, 프로그램 평가 실시를 완전히 별개의 목적들로 생각하기가 쉽다. 아마도 연구자들이 각각을 각기 다른 보고대상(예컨대 공급자 대 정책입안자)과 다양한 수준 및 과정의 의사결정(학급 대 재정/운영 수준)과 연관시키는 경향이 있기 때문일 것이다. 이들을 각기 다른 목적으로 생각하기보다는 하나의 잘 통합된 시스템의 구성요소들로 바라보는 것이 가능할 것이다.

주요 목적의 고려 모든 유아평가의 주된 목적은 유아와 가족들에게 제공되는 서비스의 효과를 높이고자 하는 노력에 대한 평가정보를 제공해줌으로써 교육목적을 진전시키는 데 있다. 평가결과는 교사가 학급전체 혹은 특정 유아에게 적합한 교육방법에 대한 의사결정을 내리는 데 활용될 수도 있을 것이다. 또한 운영관리자나 다른 의사결정자들이 유아교육제도(혹은 그 일부)의 전반적 영향력을 판단하고 효과성 향상을 위한 개선방안을 마련하는 데 사용될 수도 있다. 어떤 식으로 활용되든 그 목적은 평가데이터를 활용하여 교육서비스 향상방안에 관한 의사결정에 도움을 주는 것이다. 따라서 초점이 유아에 있든 학급 혹은 더 큰 제도 수준에 있든 유아평가 시스템에서는 평가데이터를 통하여 교육서비스 제공에서 분명하고 가시적인 변화를 위한 권고사항 제안으로 이어지는 명료한 통로가 정착되어 있어야 한다. 이러한 지속적 개선 시스템은 그림 28.1에서 제시한 바와 같다.

다양한 목적을 위해 활용할 수 있는 포괄적인 지역별 평가 시스템은 다층적이어야 하며 아동평가 데이터 그 이상을 포함해야 한다. 수업평가, 책무성, 프로그램 평가라는 목적들에 유용하려면 개별 유아, 학급(유아들과 교사), 프로그램(운영관리자 자격요건 및 실제, 코칭 및 부모참여를 포함한 프로그램 지원체제), 그리고 지역 수준에서의 교육 실제에 관한 정보를 제공할 수 있는 데이터를 수집해야 한다. 또한 주요 연구문제의 평가시기가 중요하다. 종종 운영관리자와 정책입안자들은 새로운 정책이 기대하는 효과가 있는지 성급하게 알아보고자 하는데, 서비스 제공이 안정화되고 긍정

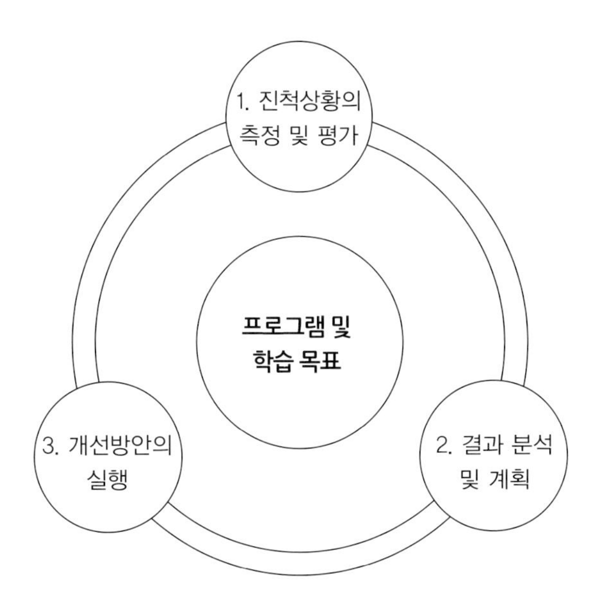

그림 28.1 ▲ 지속적 개선을 위한 순환구조

적인 성과가 산출되려면 프로그램이 제자리를 잡고 성장할 수 있는 시간을 주어야 한다(Campbell, 1987a; McCall, 2009). 마지막으로 평가가 적절하게 실시되려면 지역 유아교육 서비스의 전반적 현황, 즉 어떤 프로그램들이 제공되고 있으며 다닐 수 있는 자격요건은 무엇이며 누가 참여하고 있는지에 대한 이해가 우선되어야 한다. 또한 누가 프로그램을 신청하고 누가 그만두는지, 그렇다면 언제 왜 그렇게 하는지에 대한 정보도 포함해야 한다.

투입과 산출의 연계 의도했던 참여대상자가 실제로 서비스를 제공받고 있는지를 확인하는 것에 부가하여 실험처치 프로그램이 의도했던 대로 충실하게 실시되고 있는지를 알아보는 것이 필요하다. 프로그램 평가를 하면서 이에 대한 확인절차 없이 실험처치로 명명하는 일이 너무도 흔하여, Patton은 이를 "블랙박스 명명 문제"(Patton, 2008, p. 142)라고 일컬은 바 있다. 예를 들어 어떤 프로그램에서 특정 교육과정을 사용하고 있다거나 주정부 기준에 따라 가르치고 있다고 보고한다면 실증적인 확인절차도 없이 이름만 붙이고 실체화하는 것이다. 주정부에서 지원하는 유아교육 프로그램을 평가하면서 Frede와 Barnett(1992)는 교육과정 실행의 충실도를 통제한 이후에야 프로그램이 유아들의 학습에 미치는 긍정적 효과를 찾을 수 있었다. 포괄적 유아발달 프로그램

(Comprehensive Child Development Program)의 실시 및 효과에 대한 전국수준 평가에서 Gilliam과 동료들은 실시기관별로 실행 충실도에서 상당한 차이가 난다(Gilliam, Ripple, Zigler, & Leiter, 2000)는 사실을 밝힌 바 있다.

과정평가를 실시함으로써 Patton이 지적한 문제를 감소시킬 수 있을 뿐만 아니라 필요하다면 계획에 대한 기술적 지원을 통해서 프로그램 요구와 비용에 대한 통찰력을 얻을 수 있다. Campbell(1987b)은 프로그램이 잘 실행되고 있다는 자신감이 생길 때까지는 절대로 평가해서는 안 된다고 주장한 바 있다. 자신감이 생기게 되면, 서비스의 질과 참여도 수준의 적절성과 함께 프로그램이 어느 정도 계획대로 실행되고 있는지 알아보는 과정평가를 실시하는 것이 가장 효과적이다. 이러한 평가에서 중요한 첫 단계는 프로그램이 참여자들을 정확히 어떤 방식으로 기대하는 성과로 이끄는지를 상세하게 설명하는 논리모형에 기초한 프로그램의 변화이론(theory of change)을 구체화하는 것이다(Unrau, 2001). 유아교육 프로그램의 경우 변화이론 및 논리모형은 프로그램 개발자들이 생각하는 유아에게 가장 적합한 학습방법, 프로그램이 학습에 영향을 미칠 수 있는 방안, 학습 향상으로 향하는 경로에서 변화된 주요 변인, 프로그램의 성과달성에 영향을 미칠 수 있는 변인(예컨대 부모참여, 교사 능력 등) 등의 문제를 다룬다. 이를 통해 논리모형은 포괄적 프로그램 평가에서 측정할 만한 가치가 있는 모든 변인들을 자세하게 파악할 수 있게 해준다(Gilliam & Leiter, 2003).

주정부에서 지원하는 Pre-K 프로그램의 증가(Barnett, Epstein, Friedman, Sansanelli, & Hustedt, 2009)와 평가개선 시스템(National Child Care Information Center, 2007)으로 인하여 주정부 차원에서 시행하는 다층적 자료수집이 점점 더 일반화되고 있다. 프로그램이 일정 수준으로 충실하게 실시되게 된 이후에는 프로그램의 질적 수준에 대한 정보를 포함하여 엄격하게 설계된 효과성 연구가 종합적 프로그램 평가 체제의 일부가 되어야 한다. 지금까지 대다수의 주정부 차원의 유아교육 프로그램 평가는 과학적 기준으로 볼 때 그다지 엄격하게 이루어지지 못하였으며 결과의 해석을 심각하게 제한시키는 단점들을 내포하고 있는 경우가 상당히 많다(Gilliam & Zigler, 2001, 2004). 표 28.1은 종합적 평가체제의 수준, 목적, 자료출처별 요소를 제시하고 뉴저지 주와 뉴멕시코 주의 예를 보여준다.

타당하고 유용한 평가

영향력이 큰 모든 고부담검사(high-stakes testing)는 학습자의 능력을 단편적으로만

표 28.1 다층적 Pre-K 평가의 요소 및 예

				주(state) 예시	
수준	목적	자료 출처	주요 요소	뉴저지 주	뉴멕시코 주
유아	개별유아 및 전체 유아를 위한 수업방안 제시 수업효과 평가	지속적이고 교육과정에 통합된 개별 유아평가 및 이를 총합한 학급수준 분석(평가도구 신뢰도를 위한 교사훈련 필요)	지속적이고 교육과정에 통합된 수행기반 평가 신뢰도 확보를 위한 교사훈련	교사가 뉴저지 학습 성과 혹은 교육과정중심 상시평가 제도에 기초한 평가도구(예: 유아평가기록[COR][a]) 사용	교사가 뉴멕시코 유아교육지침[b]에 기초하여 관찰, 평가, 기록, 계획을 위해 체계적인 상시평가 활용
학급	수업 정보제공 프로그램 실행 평가	비구조적 및 구조적 교실관찰 코치의 연구현장 기록	성찰적 코칭 순환주기 안에서 교직원의 자기평가	15학급당 한명의 코치가 구조적 및 비구조적 관찰 실시	멘토교사와 코치가 유아평가 및 수업에 초점을 둠
프로그램	기술적 지원 계획 및 요구되는 교사교육 파악 효과성 및 효율성 평가	유아 및 학급수준에서의 총합 데이터(신뢰할 수 있게 측정된 경우) 재정 및 프로그램 회계	신뢰도 훈련을 받은 평가자 개선에 중요한 자기평가 요소('징벌중심' 접근이 아님)	프로그램 및 주정부의 자체평가 확인체제 활용 고등교육 컨소시엄에 의한 학급 표본 평가 회계운영에 대한 제한적 회계	주정부 관계자가 프로그램의 계약이행 및 뉴멕시코 Pre-K 프로그램 운영기준[c] 준수 여부를 모니터링
지역전체	기술적 지원 계획 및 요구되는 교사교육 파악 효과성 및 효율성 평가	유아 및 학급 수준에서의 총합 데이터(신뢰할 수 있게 측정된 경우) 선택편향 통제, 학급 및 유아 평가 자료 포함, 엄격하게 설계된 연구 비용 및 편익–비용 분석	수년간, 여러 집단을 대상으로 실시되는 엄격한 설계 활용중심 평가접근법	정책 및 지속적 개선을 위한 외재적 평가	정책 및 지속적 개선을 위한 외재적 평가

[a] http://www.highscope.org/Content.asp?ContentId=113
[b] http://cdd.unm.edu/Ec/resources/pdfs/ECN/nm_early_learning.pdf
[c] http://www.ped.state.nm.us/earlyChildhood/d108/preK/NMPreKProgramStandards.pdf

평가하기 때문에 논쟁을 불러일으킨다. 유아를 대상으로 하는 경우는 더욱 큰 문제를 야기하기 때문에 몇몇 전국수준의 전문단체에서는 초등학교 3학년 이하의 유아를 대상으로 하는 보편적 표준화검사 실시를 비판하고 있다(NAEYC, 2003; National Association of Early Childhood Specialists in State Departments of Education, 2002; 전문단체 명단은 National Center for Fair and Open Testing, 2007 참조). 유아평가란 타당성을 확보하기가 쉽지 않은데, 유아는 시키는 대로 검사 지시를 따르지 않을 때가 많으며 기능 발달의 속도가 빠르고 고르지 않으며 현재의 상황이나 감정의 영향을 많이 받기 때문이다. 이러한 이유로 인해 평가결과가 부모 및 교사에게 유용하지 않을 때가 종종 있으며 이러한 검사의 예측력은 기대하는 것만큼 높지 못하다. 학교준비도를 갖추는 데 필수적인 기능이 무엇인가도 명확하지 않으며(Meisels, 1999), 유아의 기회 박탈이나 프로그램의 상벌 체제에 결과를 오용하는 결과로 인하여 검사도구 선정과 관련된 우려를 더욱 깊게 할 수 있다.

최근의 정책보고서에서 Darling-Hammond(2010, p.1)는 모든 학습자평가 체제는 1) 평가하기 쉬운 것들뿐만 아니라 모든 교육과정 영역을 다루며 폭넓고 깊이 있게 성취기준을 포괄해야 한다, 2) 설계과정의 필수적인 일부로 모든 학습자를 고려하고 포함시켜야 하며 구체적 요구를 예측하고 모든 학습자가 자신이 알고 할 수 있는 것을 보여줄 수 있도록 격려해야 한다, 3) 학습자가 도전적인 수준의 내용으로 규칙적인 피드백, 지지 및 지원을 받을 때 가장 잘 학습한다는 연구결과를 존중해야 한다, 4) 주정부 수준뿐만 아니라 학급, 학교, 교육청 수준에서 적절한 방법, 도구, 과정을 다양하게 활용해야 한다, 5) 공동의 목표에 기초하여 학습자 수행을 평가하는 데 교사들을 참여시켜야 한다고 권고하고 있다.

어떤 평가도구를 활용할 것인가? 우리가 가치 있게 생각하는 것을 평가하기보다는 너무도 흔하게 우리가 평가하는 것을 가치 있게 생각한다고 말하는 것이 정확할 것이다. 평가하는 것이 무엇이든 그것이 유아교육자, 정책입안자, 그리고 대중의 집중적인 관심을 받는 대상이 되는 경향이 있다. 따라서 교육과정에서 평가되지 않는(혹은 상대적으로 적게 평가되는) 영역에 비하여 평가되는 영역이 지배적으로 증가함으로써 유아교실에서 이루어지는 교육 실제를 평가체제가 상당부분 좌우할 가능성이 있다. 또한 평가결과를 활용하여 어떻게 교실 수준(유아의 경험이 이루어지는 곳)에서의 교육서비스를 의미 있고 유용하게 변화시킬 것인가에 대한 분명한 메커니즘이 없다면 그 평가

체제는 효과적이지 못할 것이다.

데이터 수집체제의 효과성은 수집방법만큼 데이터의 활용방안에 달려있다. 프로그램 평가 설계와 마찬가지로 의도하는 유아평가의 목적이 실시할 평가유형을 결정지어야 한다(Meisels, 2007). 학급에서의 학습활동을 위해 교사가 활용할 평가체제라면 효과성에 대한 진정한 검증은 평가결과가 유아의 학습을 향상시키는 행동을 가르치는 데 있어서 실질적인 변화로 과연 이어지는가를 보는 것이다. 마찬가지로 평가체제를 운영관리자와 의사결정자들이 활용하고자 한다면 효과성 검증은 교육체제를 의미 있게 개선하는 데 활용되는 데이터를 산출할 수 있는가를 살펴보는 것이 될 것이다.

얼마나 많은 유아들을 평가할 것인가? 모든 유아들을 평가할 것인가, 아니면 일부만을 표집하여 평가할 것인가? 대표성을 가진 유아 표본집단으로부터 데이터를 수집하는 것은 더 빠르고 비용이 적으며 수집에 필요한 부담도 적다는 장점을 가지며, 이에 따라 더 심층적인 평가와 외부평가자를 이용할 수 있는 재정적 여유를 갖게 되며 데이터 정확성을 높일 수 있는 신뢰도 증진 훈련을 할 수 있게 된다. 단점은 수업계획이나 지역 수준의 책무성 차원에서는 데이터가 유용하지 않을 수 있다는 것인데 표본크기가 너무 작아서 각 기관별로 표본에 포함되는 수가 제한되기 때문이다. 모든 유아들을 대상으로 하는 데이터 수집은 지역수준의 수업계획을 위해 쉽게 활용할 수 있으나(잘 훈련된 전문가가 적절한 평가도구를 사용하였다는 가정하에), 경제적 비용, 시간, 유아/교직원 부담이 많이 든다는 단점을 갖고 있다. 비용과 시간을 줄이려는 시도(외부평가자, 신뢰도 훈련, 적절한 데이터 코딩과 관리 시스템에 소요되는 예산을 줄임으로써, 평가에 사용하는 시간을 줄임으로써, 학습과 발달에 대한 자세하고 유용한 정보를 제공해주지 못하는 조잡한 검사 도구를 사용함으로써)는 데이터 자체의 정확성을 손상시킬 수 있다.

주정부 전체나 전국규모로 이루어지는 평가를 위해서는 행렬표집법(matrix sampling)을 권장하는데 대상유아들을 무선적으로 선정하고 각 유아에게 검사할 구체적 평가영역을 임의적으로 배정하는 것이다. 이 설계를 통하여 타당한 결과를 얻기에 필수적인 표본 크기를 확보하는 동시에 각각의 유아가 전체 평가를 모두 받지 않고 영역을 나누어 받게 함으로써 각 유아에게 돌아가는 부담뿐만 아니라 전체 유아평가에 대한 부담도 최소화할 수 있게 된다. 유아 전체와 하위집단에 대하여 타당한 결론을 형성하기에 충분한 표본을 얻기 위해서는 층화(stratification) 및 과다표집(oversampling)

기법을 활용할 수 있을 것이다.

누가 평가를 실시할 것인가? 직접적/표준화 유아평가도구를 외부평가자가 실시할 경우 책무성과 프로그램 평가 의무를 충족할 뿐만 아니라 수업을 개선할 수 있는 데이터도 산출할 수 있다. 그렇지만 그러한 데이터는 주 전체나 대규모 프로그램 수준에서의 교사교육이나 프로그램 개선에 관한 정보만을 제공해줄 수 있다. 일반적으로 교사와 교육과정의 효과, 혹은 개별 유아나 학급 수준 수업요소의 효과에 대하여 추론하는 데 그 결과를 활용해서는 안 된다. 유아들을 학급에 무선 배치하도록 하는 매우 엄격하게 통제된 실험설계라면 학급수준에서의 효과성을 추론하는 데 어느 정도 합당한 기초를 제공해줄 수도 있을 것이다. 반면 유아 수준에서는 상당한 안전장치가 마련되어야 할 것이다. 포괄적이면서 지역의 성취기준을 측정할 수 있는 구체적인 평가도구는 그다지 많지 않다.

일반적으로 요구기반(on-demand) 유아검사는 교사가 실시하도록 하지 않는 것이 최선이다. 교사가 실시할 경우 교수활동을 왜곡하게 되어 부정확한 결론을 이끌 수 있으며 특히 교사가 자신의 직장, 월급, 또는 프로그램이 위험에 처해있다고 생각하고 있다면 더욱 그렇다. 교사 관찰에 따른 유아의 진보상황 평가는 수업을 개선하기 위한 것이지만 실시된 시스템이 요구기반 평가라고도 불리는 표준화된 직접적 유아평가와 동등한 기준을 충족하는 타당성을 갖추고 있을 경우에는 책무성이나 프로그램 평가 목적을 위해서 활용될 수도 있다. 지식이 풍부하고 잘 준비된 교사가 유아발달에 관한 정보를 가장 잘 제공해줄 수 있기는 하지만 체계적 관찰과 누적적 기록 작업에 기초하여 데이터기반 결론을 도출할 만큼의 엄격성을 갖추지 않은 성적표나 기타 체크리스트는 부정확한 경우가 흔하다. 교사 평정을 활용하는 수행기반 평가의 주된 목적은 교수학습에 필요한 정보를 제공하는 것이며 평가도구와 실시가 타당하면서도 신뢰할 수 있는 심리측정 정보가 있을 때에만 프로그램 평가나 다른 목적을 위해서 사용될 수 있다 (Riley-Ayers & Frede, 2009).

수행기반 평가를 총합한 결과는 프로그램 개선과 전반적 프로그램 평가를 위해 사용되어야지, 교사나 프로그램에 대한 중차대한 의사결정을 위해 사용되어서는 안 되며 유아의 배치(예컨대 특수교육 의뢰)를 위한 유일한 정보원으로 사용되어서도 안 된다. 평가도구를 사용하는 모든 교사가 일정 수준의 신뢰도를 가질 수 있도록 교육받아야 하며 시간의 경과에 따른 채점에 있어서 평가자 편향성이 발생하지 않도록 할 방안이 마련되어야 한다. 마지막으로 교사들이 수업에 도움이 되도록 데이터를 활용할 수 있게 확고한 지원을 받을 수 있어야 한다.

영어를 모국어로 사용하지 않는 학습자는 어떻게 평가할 것인가? 평가체제를 구축할 때 영어를 모국어로 사용하지 않는 학습자들과 같은 특별한 경우를 고려해야만 한다. 평가도구의 선정은 수업에서 사용하는 언어와 평가의 목적에 의해 대부분 결정된다. 교사가 영어만 사용할 수 있다면 유아의 모국어 능력에 대해서 아는 것은 그다지 유용하지 않다. 평가는 수업의 언어로 실시되어야만 한다. 따라서 이중언어 교육환경에 있다면 이중언어로 된 평가를 실시해야 한다. 수업에서 사용하는 언어가 영어이고 프로그램 평가를 목적으로 한다면 영어로 된 평가도구만 사용하는 것이 적합할 수 있다. 거의 대부분의 평가가 영어로만 되어 있으며 단지 일부가 스페인어로도 개발되어 있기는 하지만 프로그램 평가에서는 가능하다면 반드시 두 언어 모두로 검사하는 것을 권장한다. 일부 새로운 평가도구들(Ginsburg, 2008; Greenfield, Dominguez, Fuccillo, Maier, & Greenberg, 2009)은 2개 언어로 실시될 수 있다. 즉 훈련된 이중언어 평가자가 검사 전반에 걸쳐 유아의 반응에 상응하여 적절한 언어를 사용하는 것이다. 불행하게도 영어로 개발된 검사 도구를 다른 언어로 번역하는 것은 대개의 경우 심리측정학적으로 안정된 방법이 아니다(Espinosa, 2010).

결론

프로그램에서는 집중적이면서도 광범위하게 평가를 수행해야 한다. 집중적 평가에서는 잘 계획된 과학적 방법으로 프로그램 실시기관들을 표집하여 데이터를 수집하는 평가를 실시(혹은 위탁)한다. 광범위한 평가에서는 모든 프로그램 실시기관을 대상으로 프로그램 실시와 유아발달에 대한 데이터를 수집해야 한다. 집중적 평가는 프로그램에 대한 의사결정을 내리기에 충분할 만큼의 정확도를 갖고 프로그램의 효과 정도를 타당하게 추정할 수 있도록 계획되어야 하며 이에 적합한 재정적 지원을 제공하고 목적 달성에 충분한 기간 동안 실시되어야 한다. 프로그램 수준의 데이터 수집은 교사와 프로그램 운영관리자들에게 유용한 데이터를 제공하여 교수학습을 개선하는 데 활용되도록 해야 한다. 두 유형의 정보 모두는 지역 기관 및 교육서비스 제공자들이 성과에 대한 책무성을 갖게 하는 데 함께 활용될 수 있다.

이상적으로 지역의 책무성을 증명하려면 지역 기관이나 서비스 제공자들이 외부평가자와 계약을 체결하거나 지방정부에서 평가자를 제공해주어야 한다. 현실적으로는 지역의 책무성은 자체점검에 기초하고 있는 경우가 많다. 즉, 교사들이 벤치마크 달성 여부를 점검하는 프로그램 실시 및 유아 진보상황 데이터를 수집하지만, 유아평가 자료가 프로그램 효과에 대한 추론을 지지해주는 정도는 미약하다는 것을 인지하고 있는 것이다. 만약 한 프로그램이 어떤 주에서 효과적이며 특정 기관에서의 학급 수준이 주 전체의 평균치에 이른다면 그 지역 프로그램이 효과적이라고 판단할 수 있을 것이다. 프로그램이 약속대로 기대치를 충족하고 있음을 유아, 부모, 세금납부자, 기타 이해관계자들에게 보여주고 효과성을 지속적으로 개선하기 위해 데이터기반 의사결정을 하는 것은 당연한 의무라 할 수 있다. 개선을 위한 벤치마크를 달성함에 따라 성취기준을 다시 수정함으로써 질적 수준을 끊임없이 높이고 유아를 위한 프로그램과 서비스를 지속적으로 개선하는 것 역시 의무적 소임이다.

이슈 2

유아교육 이전과 이후에 와야 할 것은 무엇인가?

연구문제

- 유아교육 환경에서 관계의 질들은 어떻게 보장되어야 하는가? 규제와 지원에서 어떤 양식들이 필요한가?
- 질 높은 가정기반 개입을 바탕으로 구축한 유아개입 시스템의 이점은 무엇인가?
- 가정방문이 의료 및 기타 프로그램에 영향을 줄 것인가?

제29장

지속적 보육 상호작용과 아기, 유아 뇌발달 및 학교준비도 연결

– J. Ronald Lally

Irving Harris처럼, 수많은 미국 영아 계획을 위한 재정과 철학적 기폭제는 아래와 같이 언급한다.

> 생애 첫날, 첫 주, 첫 달은 최적의 뇌발달로서 아주 중요한 시기이다. 이 시기에 종국에 호기심과 감정이입, 신뢰로 이끌 뇌경로가 발달하기 시작한다. 양육자와의 사랑이 담긴 상호작용을 통해 아기들은 신뢰하고 사랑받고 존중받는 기분을 느끼는 것을 배운다. 생애 첫 몇 년이 연습이 아니라 실제 상황이라는 점을 우리는 반드시 기억해야 한다. 아동은 이후에 이것을 바로잡을 기회를 절대 가지지 못한다(1994, p. 6).

이 장에서 언급할 연구가 확인하고 있는 바를 Harris는 이해하고 있다. 초기 관계의 중요성이 바로 그것이다. 초기 관계는 건강한 뇌발달에 너무 중요해서—신체 양육, 건강, 안전을 위해 기본적 필요를 양육자가 충족시킨 후—건강한 뇌발달을 위한 기초적인 환경적 구성요소라고 할 수 있다(Meaney, 2001).

연구

21세기 초 뇌발달과 관련한 가장 중요한 발견 중 하나는 아기의 사회적 환경이 직접적으로 유전-환경 상호작용에 영향을 미치고, 향후 발달에 장기적으로 영향을 미친다는 결과이다. 특히 다른 중요한 양육자와 아기뿐만 아니라 엄마와 아기에 의해 만들어진 사회적 환경이다(Shore, 2005; Suomi, 2004). 뇌신경과학 분야에서 특히 관심을 보이는 대상은 초기 성장하는 우뇌 발달의 영향이다. 뇌가 임신 3기에 시작해서 성인과 같은 모습을 갖추기 시작한 24개월 무렵에까지 지속되는 우반구(정서와 신체 자아의 경험에서 우세한)는 언어의 좌반구가 성장하기 전에 성장한다(Shore, 2001, 2003, 2005; Spence, Shapiro, & Zaidel, 1996).

이 집중적 우뇌활동 기간동안 아기가 경험하는 바는 지워지지 않으며, 뇌를 성장시키는 양육자와 아기 간 정서적 의사소통인 사회적 경험에 의해 실재적으로 영향을 받으면서 뇌가 성장한다. 구체적으로 주 양육자로부터 아기가 받는 양육의 질은 아기가 성공적으로 혹은 성공적이지 않게 다른 사람과 애착을 맺는 능력에 영향을 미친다(Sroufe, 1996). 또한 충동을 조정하고 다른 사람과 의사소통하는 방법을 배우고, 자기가 태어난 세계를 이해하는 지적 이해를 추구하는 것에 영향을 준다. 연구에 따르면, 애착연결, 정서적 의사소통 능력, 자기규제 성숙능력의 획득은 복잡한 인지발달보다 초기 영아기의 핵심 과업을 더 나타낸다(Schore, 2005). 최근에서야 뇌구조의 조기 발달구조가 정서적이며, 이런 정서적 기초에 의해 인지적, 언어적 구조가 성장한다는 사실이 밝혀졌다. 예를 들어, 의사소통과 언어사용은 관계를 구축, 유지, 활용하는 정서적 필요에 의해 자극되며, 지적 기능은 애착관계를 효과적으로 지속적으로 사용하기 위해서 발달한다(Schore, 2001).

양육자와 아기 간 초기 사회적 교류에서 뇌발달과정이 시작된다. 자기규제에 포함된 중립적 메커니즘의 성숙은 학교성공에 중요한 부분인데, 애착관계에 녹아든 비판적 정서기반 경험의 경험을 통해 일어난다(Spence, Shapiro, & Zaidel, 1996). 초기 뇌구조는 아기와 주양육자와의 일상에서의 음성에 의해 긍정적으로 혹은 부정적으로 먼저 만들어진다. 따라서 지적, 언어적 발달은 초기 정서발달에서 자극되어 압축되며, 주양육자와 아기가 갖는 첫 상호작용의 영향을 받는다. Greenspan의 결론에 따르자면, 초기 정서적 역량은 모든 다른 발달영역에서의 성공에 기초가 되며, 다른 발달영역에서의 기능발달을 정서적 동기로 이끈다: "아기들이 사람들과 보다 빈번히 기술적으로 관계 맺도록 해주는 사람과의 상호작용을 통해 아기가 얻는 것은 바로 기쁨이고 즐거움이다"(1990, p. 17).

정책입안자와 교육자들이 반드시 이해할 바는 학습은 관계에서 시작하며, 관계에 의해 알게 되고, 관계에 의해 자극받는다(Belsky & Cassidy, 1994; Belsky, Spritz, & Crnic, 1994; Honig, 1998, 2002; Shonkoff & Phillips, 2000; Sroufe, 1996)는 것이다. 생애 첫 2년동안 아동이 경험하는 정서적, 사회적 교류의 질에 주의를 기울이지 않는다면, 어떠한 학교준비도와 성취차이 개입이든 잘못된 방향에서 출발하는 것이다. 예를 들어 현재 뇌신경학자들은 생애 첫 2년동안 정서적 기초의 발달을 수와 언어기능의 초기 습득보다 학교성공에 미약하게 영향을 주는 것으로 보기보다, 학습을 위해 첫 블록을 쌓는 것으로 보고 있다. 친숙하고 예측가능한 주양육자와의 정서적 상호작용은 학습이 일어날 안전감을 조성한다(Dalli, 1999). 잘 반응해주는 양육자는 놀라운 일을 수행할 수 있다: 편안한 상호작용을 통해 아기의 부정적 상태를 최소화시킬 수 있다; 상호작용 놀이를 통해 양육자는 긍정적 정서상태와 지적 호기심을 자극시킬 수 있는데, 이들은 아기가 새로운 환경을 탐색하는 것에 불을 붙여준다(Edwards & Raikes, 2002; Raikes, 1993, 1996; Rikes & Pope Edwards, 2009). 욕구(금지)를 억누르는 능력, 누군가에게(작동 기억) 주의를 기울이는 동안 마음에 모종의 정보를 갖는 능력, 주의 혹은 정신집중(인지적 유동성)을 바꾸는 능력을 포함하여, 학교에서 성공하는 데 핵심 기능은 아기가 생애 첫 2년동안 참여하는 관계의 주고받음을 통해 발달되며 또 모양새를 갖춰 간다(Thompson, 2009). 2살 무렵 뇌구조는 이미 만들어져서 어린이가 학습에 접근하는 방법에 영향을 미친다. 학습에서 아동의 관계활용, 학습도전에 참여하려는 아동의 자신감, 학습동안 지속하려는 아동의 능력, 학습을 위해 성인모델을 활용하려는 민첩성과 같은 중요한 특징들은 이미 모양새를 갖추기 시작하였다(Shonkoff & Phillips, 2000). 왜냐하면 이는 성취차이(특히 인구로 정의된 바를 위해서)라고 불리는데, 긍정적으로 영향을 줄 것이라고 바라는 어떤 중요한 교육정책 계획안도 반드시 초기 정서와의 관계에 중점을 두고 시작해야 한다. 영아기 이후에 시작하면서 초기 유아

정서발달에 깊은 주의를 기울이지 않는 개입은 나쁜 정책이다. 특성상 신뢰와 보상에 방향을 맞춘 좋지 못한 정책이 될 것이다.

기회

부모, 아동양육 제공자, 교육자, 정책입안자들은 유아의 성장과 발달을 촉진시키는 최고의 방법에서 분명한 방향을 수립하기 위해 기초연구들을 살펴봐야 한다. 초기 뇌발달연구는 분명하다(표 29.1과 29.2를 참조할 것). 아동의 학습능력을 향상시키기 위해 취해야 할 노력은 반드시 초기에 시작해서 아동과의 정서적 관계요소에 주의를 기울여 시작하고, 이로부터 구축되어야 한다. 아동이 가정에서 양육되든 가정 밖에서 양육되든 간에 아동이 받는 양육양식은 초기 뇌성장에 관해 알려진 바와 학습기초 구성 방법에 반드시 기반을 두어야 한다.

표 29.1 학습과 발달에서 유전과 경험의 역할

유전과 그의 초기 발현은 아동의 학습능력 발달에 중요한 요소이나, 유전은 경험을 통해 그 모양을 드러낸다.
유전은 경험을 통해 그 모양을 갖추어 간다.
뇌피질의 세포구조는 사회환경의 투입으로 조형된다.
학습능력 발달에서 성인의 역할은 크다.
사회환경 특히 주양육자와 아기가 함께 조성한 것은 직접적으로 유전–환경 상호작용에 영향을 미치며, 아울러 아동이 기능하는 데 지속적으로 영향을 준다.

표 29.2 뇌구조의 성장에 있어 초기 사회적 상호작용의 역할

초기 뇌성장은 사회–정서적 경험에 기반하며 사회적 상호작용에 의해 영향을 받는다.
사회적 상호작용으로부터의 투입은 초기 애착관계에 의존하며, 뇌피질의 세포구조를 만든다.
양육자–아동 상호작용으로부터 받은 인식에 따라 아동의 자아에 대한 첫 생각이 구성된다.
정서적 기능 경로와 중요한 구조의 초기 구축은 향후 정서와 사회적 기능의 기초로 쓰이는데, 연이어 일어나는 언어와 지적 발달의 기반이 된다.
초기 뇌성장은 정서적 의사소통으로 힘을 얻는다.
자기조절에 포함된 뇌 메커니즘의 성숙은 의존적 경험이며, 애착관계에 의존한다.

논쟁거리

이 장에서 영아기가 인생에서 가장 중요한 시기라거나 혹은 이 시기에 적절히 주의를 기울이는 것이 마치 예방접종과 같아서 아동이 생애 이후 부정적 경험에도 끄떡없다고 주장하려는 것은 아니다. 유아기, 아동기, 청소년기 동안 일어나는 바는 발달에 매우 중요하다. 그러나 초기 유전-환경 상호작용이 뇌발달에 미치는 영향에 대해 알려진 바에 따르면, 학교준비 계획은 두 가지 점에서 반드시 변화가 일어나야 한다. 첫째, 이 계획은 임신 때, 가정에서, 아동양육기관에서 현재 진행되는 것보다 더 빨리 시작되어야 하며, 두 번째 생일 전에 아기에게 일어나는 경험보다 더 관심을 기울여야 한다. 둘째, 초기에 시작된 계획은 아기의 학습 방법에 맞춰질 필요가 있으며, 연령이 높은 어린이들이 수행한 성공실제를 아래쪽으로 내리는 하향식 확장은 안 된다.

두 번째 포인트는 뇌신경과학과 발달심리학에서 초기 발달과 학습강화에 대한 연구이다. Alison Gopnik(2009)은 영아인지연구 선구자로서 아래로의 확장은 위험하며, 연령이 높은 어린이들과의 비교에서 아기의 학습과는 큰 차이가 있다고 기술하였다. Gopnik에 따르면, 성인들의 오해는 영아가 학령기 아동과 동일한 방법으로 학습한다는 점이다. 학교에서 어른들은 어린이용으로 목표와 목적을 구성하고, 어린이들이 습득해야 하는 기능과 내용에 초점을 맞추어야 한다. 그러나, 그의 연구에 따르면, 아기의 학습은 다르다: "아기들은 한 특정 기능이나 일련의 사실들을 학습하려 하지 않는다; 대신에 아기들은 새롭고 기대치 않은 정보를 알려주는 것에 끌린다"(Gopnik, 2009, p.WK10). Gopnik, Meltzoff 및 Kuhl(1999)에 따르면, 영아는 계획된 중점에는 잘 수행하지 못하지만, 실제 세상 사물을 탐색하는 것에서는 잘하며, 아울러 주변 사람들과 상호작용하는 데 관심이 있다. Gopnik은 다음과 같이 결론지었다.

> 아기들은 탐색하도록 짜여져 있고, 그렇게 하도록 격려되어야 한다. 부모와 기타 양육자들은 자신들과 자연스럽게 상호작용하고, 주의를 기울이면서 대부분 놀이를 허용하는 방식으로 유아들을 지도해야 한다(2009, p. WK 10).

제안점

아래 제안된 서비스는 학교준비도에 긍정적으로 영향을 미치는 뇌신경연구에 따른 것이다.

임신기

- 건강보험담보 범위: 향후 모든 기능에 영향을 크게 미칠 뇌발달의 주요 요소들이 이 시기에 일어나기 때문에, 아동의 건강한 발달은 임신기에서부터 지원되어야 한다.
- 태아기 보호와 지원: 독성, 스트레스, 정신건강 문제와 출산과 부모 되기 모두를 위해 부모로서 준배해야 할 바는 반드시 임신기 동안 전문적, 반전문적, 보편적으로 접근 가능하도록 문제가 나타나지 않도록 해야 한다.

출산 후 시기

- 갓 태어난 아기와 함께 가정에 머무는 시간의 확대: 뇌의 초기발달을 위한 애착관계 전의 필요 때문에 부모의 유급 육아휴직이 모든 가족에게 가능해져야 하며, 적어도 아동의 생애에서 첫 6개월은 갓 태어난 아기와 가족이 함께 있어야 한다.
- 기본과 예방적 보육: 아기와 주양육자 간 확립되는 새로운 관계의 취약성과 초기문제의 발달 가능성 때문에, 다음 서비스들이 가동되어야 한다: 육아상담 가정방문, 어린이의 건강한 발달지원을 위한 부모안내, 신체와 행동 필요 및 위험에 처한 가족에 대한 특별서비스 확인을 위한 발달에 대한 점검.

아동보육 시기

수많은 아동들이 생애 첫 2년동안 가족구성원이 아닌 가정 밖의 양육자와 중요한 관계를 구축해야 하기 때문에, 아동보육 규정은 보육이 안전하고, 흥미로우며 친밀감 있는 기관에서 제공되고 있다는 점을 보장해줄 조치가 가동되어야 한다. 그런 기관에서 아동들은 다른 아동들과 안전하고 신뢰 있는 관계를 구축하고 유지하는 시간과 기회를 갖고, 아울러 자신의 필요와 관심사에 반응할 수 있는 지식을 갖춘 양육자와 함께 지내야 한다.

제30장*

유아교육기관 전에는 무엇을 해야 할까?

조기 헤드스타트에서 얻은 교훈

– Helen Raikes, Rachel Chazan-Cohen, & John M. Love

미국에서 3세부터 5세용 프로그램 서비스를 받는 아동의 수가 증가함에도 불구하고, 빈곤층 영아발달을 지원하도록 고안된 프로그램은 시간이 지남에 따라 눈에 띄게 줄어들고 있다. 그러나 아직 낮은 수준이지만 존속은 되고 있다. 1960년 중반과 그 이후 조기개입의 잠재성을 평가하는 많은 실험들이 영아용으로 진행되었다. 이후 보다 전문성을 갖춘 몇몇의 공립 프로그램(예를 들어 장애를 가진 아동을 위한 조기 프로그램)이 도입되었다. 그러나 조기 헤드스타트(EHS) 프로그램은 1994년이 되어서야 인가를 받았는데, 위험 영아와 그 가족을 위한 최초의 국립 헤드스타트 프로그램으로 자리잡았다. 저소득층 영아발달에서 이 보조금으로 지원된 보육효과성 연구는 제한점이 있지만 저소득층 가족의 약 480,000명의 영아들이 Child Care and Development Block Grant로부터 아동보육 보조금을 수령하게 되었다(Mattehews & Lim, 2009).

2001년 헤드스타트 예산의 10%까지 재정수준을 올린 이후, 즉 국가적으로 적격 가족 3% 보다 적은 수가 EHS 서비스(Center for Law and Social Policy, 2006)를 받게 되는 재정의 증가 이후로, 2009년 미국 경제회복 및 재투자법(공법 111-5)를 통한 재정투입이 이뤄지면서 프로그램이 비로소 확대가 되었다. 2010년에는 태아기부터 3세까지 서비스 대상 아동수가 65,000에서 거의 110,000까지 성장할 것으로 예상되었다. EHS 성장과 함께, 많은 주들이 출산서비스 및 아동건강서비스를 비롯해서 다양한 원조를 통해 가정방문서비스에 투자했거나 투자할 계획이다. 영아발달 이해와 출생부터 3세 아동에게 제공되는 서비스는 유아기 발달에 긍정적으로 어떻게 기여하는가와 관련하여 두 영역 모두에서 연구적 기초가 발전하였다.

이 장에서 영아발달 프로그램의 역사를 살펴보고, 출생부터 3세용 프로그램 연구에서 현재 우리가 알고 있는 것과 연구의 제안이 유아기 전에 수행되어야 하는지의 여부

* 제30장의 내용은 U.S. Department of Health and Human Service의 관점이나 정책을 반드시 반영하는 것은 아님을 밝혀둔다.

를 검토해보겠다. 그리고 이 프로그램에 대한 논의를 하는 데 도움이 될 이슈들을 알아보도록 하겠다. 여기서 우리는 EHS에서 얻은 교훈을 강조하고자 하며, 아울러 이 시기 동안 어떻게 프로그램들이 고안될 수 있는지에 대한 중요한 교훈들이 다른 연구에서도 마찬가지로 나타났는지를 살펴보고자 한다.

출생부터 3세 프로그램 연구에서 얻은 교훈은 무엇인가?

출생부터 3세 프로그램은 현대의 개입 프로그램 초창기부터 유아교육의 일부에 해당하였다. 20세기 초 아이오와 대학교에서 행한 실험에 따르면, 통제집단과 비교해서 개별화된 관심을 받은 영아들 사이에서 놀라운 IQ 성취와 상이한 인생의 궤도가 나타났다(Skodak, & Skeels, 1945). 1960년 이후로 수행된 많은 프로그램에 따르면, 출생(혹은 출생 전)부터 3세 아동용 개입서비스에서 긍정적 효과가 나타났다. 프로그램은 센터를 통해 아동과 부모 모두에게 서비스, 가정방문이나 이런 서비스 결합을 제공하였는데, 다음과 같은 프로그램들을 예로 들 수 있다. Ira Gordon의 부모교육 프로그램(Jester & Guinagh, 1983), Infant Health and Development Program(Brooks-Gunn, Klebanov, Liaw & Spiker, 1993), Parent-Child Development Centers(Johnson & Blumenthal, 1985), Parent-Child Centers(Lazar, 1970), Yale Child Welfare Program(Seitz, Rosenbaum, & Apfel, 1985), Healthy Families America(Daro & Harding, 1999), Nurse Family Partnership(Olds, Henderson, Kitzman, & Cole, 1995), Parent(Mother) Child Home(Levenstein, O'Hara, & Madden, 1983), Parents as Teachers(Wagner & Clayton, 1999) 등이 이에 해당한다.

종합해 볼 때, 출생부터 3세(때로 2세) 프로그램들이 아동의 인지발달(Brooks-Gunn et al., 1993; Johnson & Blumenthal, 1985), 언어발달(Brooks-Gunn et al., 1993; Seitz, 1990; Seitz, Rosenbaum & Apfel, 1985), 사회정서발달(Brooks-Gunn et al., 1993), 산후정신건강 증진과 후속 임신 감소(Kitzman et al., 1997), 자녀 책읽어주기 증가(Johnson, Howell, & Molly, 1993), 비폭력 훈육에 더 많이 의지함(Heinicke et al., 2001), 상호작용 민감성 증가(Olds et al., 2002), 아동학대 감소(Daro & Harding, 1999; Olds et al., 1995, 1997; Wagner & Clayton, 1999)를 포함해서 부모하기에 긍정적 영향을 빈번히 미쳤다고 밝혔다. 부모에게 미치는 영향이 큰 점은 이런 많은 유아 프로그램들이 부모하기에 초점을 맞출 경우, 크게 놀랄 바가 아니니다. 구체적 개입 프로그램의

효과를 연구한 많은 프로그램들에도 불구하고, 다음 질문에 명확한 답을 제시하는 문헌은 별로 없다. 즉, "유아기관 전에는 무엇을 해야 하는가?" 출생부터 만 5세 아동에게 제공되는 성공적 프로그램은 있지만, 연구문헌이 이런 프로그램 고안을 위해 어떤 시사를 해줄 것인가?

조기 헤드스타트 연구와 평가 프로젝트에서 얻은 출생부터 3세 프로그램에 대한 교훈

1995년 헤드스타트와 여타 단체들이 새로운 EHS 자금을 요란스럽게 요구하였다. 500개가 넘는 단체들이 이 첫 자금을 신청하였음에도 단지 68개 단체만이 자금을 받았다. 지역사회에서 엄청난 요구가 존재했다는 점이 자명해졌다. 출생부터 3세 기여가 어떻게 되어야 하는지에 초점을 두고 시작한 EHS 연구는 3세 혹은 4세 전 아동용 프로그램의 잠재성이 무엇인지를 묻는 질문에 어느 정도 해결의 빛을 던져준다. 1990년대 중반부터 이래 우리는 연구 프로젝트를 진행 중이다. 아동의 유아기관 입학 전 시기에 중점을 두고서 프로그램이 고안되도록 해줄 EHS 연구에서 배운 바에 대해 이 장에서 중점적으로 살펴보겠다.

1995년 EHS 연구와 평가 프로젝트가 시작되었다. 1995년과 1996년, Administration on Children Youth and Families(ACYF)는 프로그램 첫 두 해 재정이 투입된 143개 EHS 프로그램 중에서 특성을 반영했던 17개 프로그램을 선정하였다. ACYF는 의도를 갖고 표본을 선정한 후, 많은 주요 하위집단에 대해 연구를 진행하였다. 인종/가족의 민족성(백인, 흑인, 히스패닉), 지역(국가 전 지역에서 도시와 농촌 지역의 균형), EHS 사전지정된 프로그램 접근법 유형(센터기반, 가정기반, 혹은 이 두 접근법을 모두 제공하는 유형)에서 적절히 연구장소를 배정하였다. 센터기반 프로그램은 전형적으로 종일, 양질의 센터기반 서비스적 특징을 보였으며, 가정기반 프로그램은 주별 가정방문 실시와 사회화로 언급되는 정기적 집단모임을 가졌다. 프로그램 모델에 상관없이 모든 프로그램은 Head Start Program Performance Standards를 따르도록 되어 있었다. 그리고 직접적인 아동서비스뿐만 아니라 부모지원을 제공하면서 다양한 2세대 프로그램을 제공하였다. 각각의 프로그램은 인근 대학과 제휴를 맺고 사이트 간(cross-site) 평가를 실시하였다. ACYF는 이 연구를 진행하기 위해 Mathematica 정책 연구소와 콜롬비아대학교 전미 아동 및 가족 센터(National Center on Children and Families)와 계약을 체결하였다.

17개의 지역을 통틀어 가족에게 지역 EHS 프로그램을 적용하면서 Mathematica는 무작위로 3,001가족을 선정해서 프로그램과 통제집단에 배정하였다. 평가팀은 아동평가, 부모-아동 상호작용 관찰, 2, 3, 5살 아동을 둔 부모 인터뷰를 실시하고, 이들이 5학년이 되었을 때 재실시하였다. 많은 수의 기술보고서와 간행물에 따르면 이 시기에 프로그램 효과가 있는 것으로 나타났다(Love et al., 2005; U.S. Department of Health and Human Services, 2001, 2002, 2006). 아울러 연구에서, 동료평가 연구에서 출간된 연구에서 나온 수많은 논문들이 이 프로그램 맥락에서 나타난 저소득층 아동발달에 대한 교훈을 제시하였다. 이어지는 단락에서는 이 연구의 주요 교훈들을 살펴보겠다. 각 단락은 유아기관 이전에 와야 할 것이 무엇인지를 조사한 연구결과 함의점에 대해 평가하는 것으로 마무리하겠다. 마찬가지로 빈곤에 처한 아동들을 위해 유아기를 통틀어 발달의 최적화를 위해 EHS 연구가 제시한 함의점에 대한 검토도 제시하겠다.

2세 및 3세가 된 아동에게 EHS는 모든 프로그램 모델을 통틀어 발달의 모든 영역과 부모하기, 부모의 자급자족에 영향을 미쳤다. 그리고 유아기 발달에 중요한 기여가 가능해졌다. EHS는 모든 하위그룹을 통틀어 종합해 봤을 때, 영향을 미치는 것으로 나타났다. 그러나 프로그램이 목표로 한 모든 영역을 다 포함한 영향이라는 점이 눈여겨볼 만하였다. 결과는 선행 연구들이 밝힌 위험아동 생애에서 발달과 부모하기가 초반에 영향을 미친다는 결과와 일치하였다. 영향이 ABC 프로그램(Ramey & Campbell, 1984)과 Infant Health and Development Program(Brooks-Gunn et al., 1993)과 같은 전시용 프로젝트에 비해서는 적지만, 아울러 국가규모에서 이질 구성원을 가진 다양한 지역에서 EHS가 새로운 프로그램에 적용되었다는 점에서 눈여겨볼 만하였다. 반면에 예를 들어 ABC 프로그램은 참여자 대부분이 흑인인 한 지역에 적용되었다. 임신기와 포괄적 헤드스타트 프로그램 수행기준을 완전하게 빨리 적용한 가족에게서 EHS 3세의 효과가 가장 크게 나타났다.

많은 조기개입 프로그램들이 적용을 제대로 평가받지 못해왔다. 그러나 지역수준 프로그램이 개발대로 적용되는지 여부를 결정하는 데 있어서는 이런 평가가 중요하다. EHS 결과에 따르면, 출생부터 3세 프로그램이 중요하지만 만약 전적으로 적용되지 못하고, 아동성취와 가족성취 모두에 주안점을 두지 않을 경우 효과는 희석된다고 밝혔다.

EHS 효과는 사회정서 영역과 학습 및 부모하기 실제용 접근법에서 5세 기간 동안은 유지가 되었다. 아울러 EHS와 EHS 이후 형식적 보육교육 프로그램 둘 다에 등록한 아동은 5세 때 가장 잘 지냈다. 5세 때 EHS는 사회정서 기능영역, 학습 접근법, 부모하기 실제를 비롯하여 다소 위험한 가족의 행동에 크게 효과가 나타났다. 예를 들어 마약이나 알코올 문제를 가진 이와 함께 사는 아동의 경우가 이에 해당한다. EHS 3세의 사회정서와 인지 효과는 5세의 발달적 성취를 중재하였다. 구체적으로 Bayley Mental Development Index(Bayley, 1993) 프로그램의 효과와 놀이에서 아동참여는 학습 및 관측주의 아동 접근법에서 5세의 효과를 중재하였다. 성장곡선 분석에 따르면, 공격적 행동문제와 인지발달 성취가 유지되었고, EHS 종료 후는 증가된 것이 없었다. 마지막으로, 출생부터 3세 EHS와 형식적 보육교육(센터기반 아동보육, 주 유아기관(Pre-K) 혹은 헤드스타트)을 다닌 아동들이 EHS만 다니거나 형식적 보육교육만 혹은 둘 다 다니지 않은 아동들과 비교했을 경우, 3~5세가 되었을 때 모든 발달영역에서 잘 수행하고 있는 것으로 나타났다. 이런 결과는 대체적으로 자문위원회(U.S. Department of Health and Human Services, 1994)의 권고에 힘을 더욱더 실어주고 있다. 권고는 EHS를 고안하였으며, 이는 초기 성취가 굳혀질 수 있을 것으로 인식했으며, 다른 교육경험이 후속으로 이어진다면 EHS의 초기 성과가 향상될 것으로 생각하였다. 따라서 위원회는 양질의 유아기관 프로그램으로 넘어갈 때 가족을 돕는 과제를 EHS 프로그램에게 부과하였다. 아동이 Pre-K를 갔는가의 여부를 후속 연구에서 조사하여 EHS가 EHS 이후 연결되는 형식적 보육과 교육경험에 아동들이 다닐 가능성에 매우 영향을 끼친다는 점을 밝혀냈다. 3세부터 4세 프로그램 참여비율이 실험집단 49% 대 통제집단 44%로 예상했던 만큼 높지는 않았지만 말이다. 그러나 4세부터 5세 동안 형식적 프로그램에 등록한 두 집단의 82% 아동과 거의 90%에 이르는 아동이 3세와 5세 사이 어느 시점에서는 형식적 유아기관 프로그램에 등록한 것으로 나타났다.

둘째, EHS 사후기간 동안 아주 엄격하게 무작위로 아동들을 프로그램과 통제집단에 배정하는 계획이었더라면 가능하지 않았을 것이다. 따라서 실험관점(EHS 대 통제집단)과 비실험관점(EHS 실시와 형식적 보육교육 실시, EHS 실시와 형식적 보육교육 비실시, 형식적 보육교육 실시와 EHS 비실시, EHS와 형식적 보육교육 둘 다 비실시) 모두에서 5세 때 아동과 가족들이 얼마나 잘 살고 있었는가의 여부를 조사하였다. 종합해 볼 때, 이런 분석에 따르면, EHS는 아동의 사회정서발달, 학습 접근법, 부모하기, 위험행동(예를 들어 마약이나 알코올문제를 가진 이와 동거)과 관련한 가족의 보호에 도움이 되는 것으로 나타냈다. 3세부터 5세 동안 형식적 보육교육은 초기읽기 기능과 같은 아동성취 관련 결과에 도움이 된 것으로 나타났으며, 공격행위의 부모에 대한 보고서가 증가한 것과 관련이 있는 것으로 나타났다. 이 결과는 다른 연구들에서도 마찬가지로 나타났다(National Institute of Child Health and Human Development, 2005a).

출생부터 5세에 이르는 서비스를 동일하게 볼 경우 형식적 보육교육 전에 EHS를 경험한 아동과 가족들은 전반적으로 잘 지냈다. 그리고 아동의 사회정서, 부모하기, 가정환경, 가족안녕 영역에서 EHS로부터 대부분 덕을 보고 있었다. 유아기관 프로그램으로부터 성취지향 결과에서도 덕을 보고 있었다. EHS가 행동문제에서 형식적 프로그램의 좋지 못한 결과를 보완해주는 것으로 나타났다.

후속연구의 결과를 통해 두 가지 유력한 결론을 지을 수 있다.

1. EHS는 특히 아동의 사회정서발달, 부모하기 실제와 일부 가족지원 요구와 관련해서 성과를 보고 있다. 이들 각 영역은 아동과 가족들이 유아기관에서 제공하는 초기학업 학습에 중점을 좀 더 두도록 하기 위해 기회를 최대한 이용하도록 돕는다.
2. 출생부터 3세 프로그램은 아동용 Pre-K 경험이 후속으로 따라주어야 한다. EHS 출생부터 3세 프로그램의 효과가 있지만, 전파가 되는 것은 아니다. 따라서 후속으로 따라줄 때, 결과범위가 유아교육의 연속된 상황에서 잘 유지되고 향상될 것이다.

3세 효과에 따르면, 가정방문과 센터기반 서비스 모두가 제공된 프로그램이 가장 폭넓고 큰 효과를 내었다. 그러나 5세 효과는 EHS 가정방문에 이어 형식적 유아기관을 다닌 아동과 가족에게서 더 크게 나타났다. EHS 프로그램은 지역요구에 대한 평가가 완료된 후에 처방된 예닐곱 개의 프로그램 모델에서 하나를 선정한다. 이들 프로그램으로 센터기반, 가정기반, 가정방문 혹은 이들 접근법의 조합(혼합접근법으로 연구에서 지칭될 것이다)을 들 수 있다. 프로그램이 모델을 선정하기 때문에 가족에게 프로그램 접근법을 무작위로 배정할 수는 없다. 따라서 서비스를 제공받지 못했던 동일지역 가족들에게 맞는 프로그램보다 각 프로그램 접근법이 서비스를 제공받을 가족에게 더 나은가의 여부가 문제이다. 접근들 간의 효과패턴 차이를 분석한 바에 따르면, 혼합 프로그램이 프로그램 종료시 아동, 부모하기, 자급자족 성과를 통틀어 가장 강력한 폭넓은 효과패턴을 나타내었다.

그러나 후속연구는 다른 양상을 보여주었다. 5세 때 아동의 사회정서 성과, 부모하기, 부모 자급자족(수입)을 비롯하여 효과에서 가장 강력한 양상을 보인 것은 가정기반 프로그램이었다. 이런 결과는 가정기반 프로그램에서 일어나는 부모하기 지원이 지속적이고 향상된 부모하기에 기여하고 있으며, 눈에 보이는 아동의 사회정서 기능하기에서 효과를 유지시키고 있다는 결론에 다다르게 한다. 유아기 서비스 스펙트럼에서 3세 이전에 와야 할 것이 무엇이건 간에 발달에 중요한 부모하기의 기간 동안 부모에 초점을 맞출 필요가 있다. 특히 부모-아동 관계와 아동의 사회정서발달 간에 관련성이 알려져 있다면 말이다(Shonkoff & Phillips, 2000).

EHS는 다른 인종/민족집단보다 흑인 아동과 부모에게 강력하게 더 오랫동안 효과가 지속되는 것으로 나타났다. 흑인 아동과 가족에 대한 EHS의 영향은 아동이 3세가 될 때 폭넓게 크게 나타났는데, 3세부터 6세 범위에서 효과의 크기가 아동과 부모 둘 다에서 엄청난 성과를 나타내었다. 이 집단에서 5세까지 수많은 효과들이 유지되었는데, 문제행동도 감소되었고, 학습에 대한 보다 긍정적 접근, 관측정서 규제와 주의가 향상되었으며, 수용적 어휘도 더 잘 사용하였다. 아울러 전 EHS 부모는 아동용 도서를 더 소장하고 있었으며, 놀이시간 동안 더 지원을 제공하는 것으로 관찰되었고, 체벌이 감소하고 통제집단 부모보다 우울증 증세가 적게 나타났다. 흑인 아동과 가족에게 효과가 지속된 EHS는 미국 흑인을 포함한 전시 프로그램을 연구한 선행 연구 결과와 일치한다(예를 들어 Ramey & Campbell, 1984). 이 집단에 대한 EHS 효율성은 몇 가지 요인에 기인한다. 첫째, 흑인 통제집단이 다른 집단보다 점수가 낮게 나온 것은 프로그램이 영향을 미칠 여지가 더 많았기 때문이다. 둘째, 미국 흑인들이 다른 집단보다 유아기에 형식적 보육교육에 더 오래 있었을 가능성이 있어서 결과가 유지되었을 수 있다. 따라서 초기 성취가 지속적 서비스에 의해 지원을 받았을 것이다.

히스패닉 아동의 경우, 3세에서 영향은 작았으며 5세에서 일부 나타났는데, 학습에 대한 아동 긍정 접근을 비롯하여 스페인 어휘와 놀이시간 동안 참여 부분에서 효과가 나타났다. 아울러 EHS 유경험 히스패닉 부모들이 수업 공개와 모임에 자주 참석하였으며, 자녀에게 책을 더 많이 읽어주고, 취업도 많이 하는 경향을 나타냈다. 유아기관 입학 전에 줄 시사점으로, 프로그램이 다른 가족들, 특히 히스패닉 가족보다 흑인 아동과 가족에게 더 많이 서비스되는 것으로 보인다. 따라서 프로그램에서 개발될 부분은 증가하는 히스패닉 아동과 가족, 특히 영어를 구사하지 못하는 이들을 위한 보다 효과적인 접근법이다.

EHS 위험수준이 중간인 가족의 3세 아동에게 효과가 가장 큰 것으로 나타났으며, 고위험 가족의 아동에게는 5세 때 효과가 일부 있는 것으로 나타났다. EHS 연구는 위험지수를 개발하여 5가지 통계적 위험요소, 임신 시 10대 부모인 경우, 미혼, 고등학교 미졸업자, 미취학 혹은 미취업, 현금보조 여부 등을 종합하였다. 보통 위험군 3세 아동에게 나타나는 영향을 살펴보면, EHS가 최고로 서비스할 수 있는 집단이 바로 이 집단이라는 것을 보여준다. 3세 연령 집단에서 위험이 더 큰 가족에게 미친 영향이 적다는 점은 완전히 적용된 프로그램에 등록할 가능성이 낮은 이들이었기 때문이며, 또 불규칙한 참여와 출석 패턴을 가졌기 때문일 것이다. 그러나 비실험 분석에 따르면, 최고 위험군 가족이 EHS 참여할 경우, 3세 연령에서 일부 긍정적 결과가 나타났다(Kisker, Raikes, Chazan-Cohen, Carta, & Puma, 2009).

프로그램 종료 2년 전 최고 위험군에서 부모하기에서 긍정적 효과가 나타났으며, 긍정적 변화가 곧 나타날 것처럼 보였으나 진작 나타난 시기는 5세가 되어서였다. 고위험군의 경우, 프로그램이 Peabody 그림 어휘력 검사-III(Dunn & Dunn, 1999) 3세 점수에서 부정적 영향이 있는 것으로 나타났다. 5세까지 Woodcock-Johnson 글자 식별(WJ-LW)에 부정적 영향을 끼치는 것으로 나타났다. 그러나 이 위험군의 경우 헤드스타트 출석이 5세 때 WJ-LW 점수에서 긍정적 향상이 있는 것과 상관관계가 있는 것으로 나타났다.

우리가 수행한 연구는 출생부터 3세 프로그램과 인구통계적 위험성과 관련하여 다음과 같은 여러 가지 가설을 제시할 수 있다.

1. 저소득층 포괄적 영아 프로그램은 반드시 많은 또 적정수의 위험요소를 지닌 가정 출신의 어린이를 최우선적으로 고려해야 한다.
2. 고도의 위험가정에서 프로그램들은 가능한 부정적 프로그램 효과를 피하기 위해 이런 취약한 가정들에 더 부담을 주지 않도록 신중을 기해야 한다.
3. 계속되는 가정 위기에 직면하여 아동발달에 초점을 두기 쉽지 않겠으나 어린이들을 위해 긍정적 결과를 얻기 위해서 프로그램들은 이 두 가지 모두를 계속 강조해야 한다.
4. 프로그램들은 모든 가정들 사이에서 가족 참여를 보장해야 하지만, 특히 출석이나 참여가 불규칙한 고위험 가정들의 참여를 반드시 보장해야 한다.
5. 고위험 가정을 위한 프로그램 서비스는 집중적이고 때로는 경비가 많이 드는 보완적 가족 지원, 잠재적으로 정신건강, 약용남용, 가정 폭력방지 서비스를 포함한 지원이 필요하다.
6. 고도와 중간 위험 집단 가정들에서, 출생부터 3세 서비스는 비록 서비스 형태가 연령별로 다를지라도 양질의 3세부터 5세까지 보육과 교육이 후속되어야 한다. 최고

위험군 가정을 위해서 집중적 포괄적 가정 서비스를 유지할 필요가 있는데, 헤드스타트와 같은 포괄적 유아교육 서비스를 통해서 가능하다.

교육보육(Educare) 평가(Yazejian & Bryant, 2010)의 기술결과에 따르면 양질의 집중센터기반 서비스를 영아기에 시작한 어린이들이 취학 시 언어와 인지발달에서 국가평균에 이른 반면에, 3세 혹은 4세에 시작한 어린이들은 국가 평균에서 진전을 보였지만 국가 평균보다는 더 높게 나왔다. 교육보육 프로그램은 EHS와 헤드스타트 종일, 연간 센터기반 프로그램을 적용한다. 이런 프로그램들은 현재 미국 전역의 수십 개의 시에 있는데, 헤드스타트 모델에 구축되었지만 학위소지 교사들이 모든 교실에 들어가며, 담임교사를 지원하는 수석교사들이 있고, 지속적인 향상 평가를 실시하며 기타 역량적 특징을 부가 특징으로 갖고 있다. 노스 캐롤라이나 대학 FPG 기관 연구자들이 조율한 평가가 각 사이트에서 지역연구자와 연계해서 사전사후 데이터를 매년 모으고 있으며, 마찬가지로 2세와 3세에 영아들에게 표준화 검사를 실시하였다. 2세 전에 서비스를 시작한 교육보육 어린이들은 PPVT-IV 점수가 3세에 평균 95.8을 기록하였고, 유치원 입학 전 봄에 96.2를 나타내었다(Yazejian & Bryant, 2010). 보육교육 기술결과에 따르면, 임상실험에서 보다 엄밀히 검사가 실시되었는데, 출생부터 3세 서비스에 이어서 3세부터 5세까지 서비스가 이어졌을 경우, 초기 인지 언어발달에서 향상이 나타났다. 그리고 출생부터 3세 서비스를 받은 어린이들의 인지언어 효과는 3세부터 5세까지 서비스만 받은 어린이들의 효과를 뛰어넘었다. 교육보육 결과는 좀 더 엄밀한 평가계획이 이 프로그램에 도입될 때까지 신중히 지켜보아야 할 것이다.

요약 및 출생부터 5세까지 서비스에 대한 함의점

요약하자면, EHS 연구(보육교육 기술결과에 의해 보충된) 제안에 따르면 출생부터 3세까지 프로그램은 아동의 초기발달에 의미 있고 지속적인 기여를 한다. 이런 프로그램들이 특히 지속적 사회정서발달과 부모하기 실제에 기여하는 것으로 보이는데, 비실험 분석의 제안에 따르면, 출생부터 3세까지 프로그램에서 인지와 언어성취가 3세부터 5세까지 서비스만 제공받은 어린이들에 비해 더 향상이 된 것으로 나타났다.

EHS 연구는 출생부터 3세까지 서비스가 출생부터 5세까지 맥락에서 기여하는 역할에 대해 많은 의문을 제기하였다. 부모 개발, 부모 자생력, 부모하기 연습을 다루는 프로그램은 출생부터 3세까지 혼합모형의 핵심 구성요소인데, 프로그램 혼합모형들의 부모하기 스타일이 자녀와의 지속적 관계를 위한 분위기를 구축할 때 부모들에게 중요한 지원을 제공해준다. 취업과 기타 서비스에 대한 가족의 필요가 센터 아동기반 보육을 통해 가장 잘 충족됨에도 불구하고 EHS 연구와 평가 프로젝트는 이 기간동안 선호할 만한 구체적 프로그램을 딱히 지목하지 않는다. 가정기반 접근을 위한 5세 결과는 부모와 가정에 매우 강조를 두는 반면에 부모하기 요소의 조합이 중요하다는 점을 제안하고 있다.

두 번째 논의거리는 출생부터 3세까지 프로그램이 모든 인종/민족에게 동일하게 유효한가이다. EHS 연구는 이들이 현재 나타나지 않는데, 이 동일성의 잠재성이 존재한다는 점을 나타낸다. EHS 연구에 따르면, EHS가 미국 흑인 아동과 가정에게 지원할 여력이 되는 출생부터 3세까지 혼합모형이 현재 가장 바람직한 경로에 해당한다. 이에 대한 여러 가지 이유가 있을 수 있는데, 아마도 주는 다른 인종/민족 집단보다 이들 가정에 출생부터 3세까지 프로그램을 적용해온 오래된 역사이기 때문일 것이다. 미국 흑인 어린이들은 다른 집단에 비해 3세부터 5세까지 서비스를 더 제공받을 가능성이 있으며, EHS 같은 프로그램 없이도 미국 흑인 아동은 백인 아동에 비해 낮은 실행을 나타낼 것이다(EHS 통제집단에서 볼 수 있듯이). 조기 서비스 제공에 대해 알아야 할 것이 많은데, 특히 히스패닉 가정의 어린 아동이 비형식 보육활용에 대한 선호도를 통해서 알아야 할 부분이 있다(Capizzano, Adams, & Ost, 2007). 이 집단에게 서비스를 제공할 경우, 출생부터 3세까지 프로그램은 제한된 제공 경험을 갖고 있다. 교육보육 기술평가는 5세에 스페인어를 말하는 어린이들을 위한 강력한 언어준비도 결과를 보여주면서 개입이 매우 빠를 경우 가능성이 있음을 제안하고 있다. 그리고 히스패닉을 위한 EHS 5세 결과에 따르면, 출생부터 3세까지 요소가 어린이들의 조기 언어학습에 기여하는 것으로 나왔다.

세 번째 논의거리는 자원이 제한된 세계에서 서비스 시기와 지속적 출생부터 5세까지 서비스 대 3세부터 5세까지 서비스만 제공받는 대상에 관한 것이다. EHS 연구에 따르면, EHS를 출생 전에 시작한 어린이들은 그 후에 시작한 어린이들보다 효과가 훨씬 강했다; 보육교육 연구에 따르면, 2세 전에 시작한 어린이들에게서 최고의 결과가 나타났다. EHS 연구에 따르면 언제 시작했는가에 개의치 않고 EHS 혼합과 형식 보육과 교육을 3~5세에 받은 어린이들이 가장 성공적으로 나왔다. 보육교육 평가에 따르면, 5세에 교육보육을 받은 어린이들의 평가 점수가 국가 표준에 있었으며, 지속적인 향상을 보여주었다. 마지막으로 EHS 연구가 제안하기를, 가족인구위험도에 따른 효과를 검사한 결과에 따르면 포괄적 EHS 서비스가 중간이나 높고 위험군의 가족에게 제공될 때 가장 효과가 있으며, 프로그램이 필수이고 최고의 위험군인 어린이들이 헤드스타드를 떠날 때 지속된 포괄적 헤드스타트 서비스의 최우선 후보가 되어야 한다. 이런 최고 위험수준에 있는 가족들에게 필요한 서비스의 전달방법에 대한 후속연구가 필요한데, 서비스에 정신건강과 약물중독 방지가 포함되어야 하며, 여기에 덧붙여 EHS 위험목록에 포함될 인구 위험요소들이 언급되어야 한다. 그런 반면에, 다른 위험군에 속한 어린이들은 포괄적 서비스를 제공하지 않는 파트와(혹은) 종일 Pre-K 프로그램을 통해 지속적 서비스로부터 혜택을 받는다.

분명 가정과 기타 특징에 따른 서비스의 차별화를 통해 이 분야에서 지금까지 이 분야가 취해온 것보다 출생부터 5세까지 맥락에서 출생부터 3세까지 서비스에 대해 차이를 좀 더 고려한 방식이다. 우리 연구의 함의점이 주는 제안이 미래를 위한 최대의 가정이다. 우리가 희망하기로는, 다음 세대에 체계적으로 검증되기를 바란다. 특히 최고의 위험 수준에 처한 부모들의 효과적 치료를 위해 포괄적 서비스 맥락에서 모델을 검증해보는 것이 시급하다(예를 들어 EHS 플러스 헤드스타트). 위험에 처한 이들 부모들은 조기 발달에 중요한 영향을 주는 정신건강, 약물중독 및 기타 조건에서 위험에 있는 사람들이다. 아울러 부모가 필요한 서비스를 받을 때, 이런 해로운 상황에서 어린이들에게 안전한 망을 제공하는 방법의 모색 또한 매우 필요하다. 이에 덧붙인 혁신은 영어 언어학습자들에게 더 나은 서비스를 제공하는 것이다. 유아기 뇌, 정서, 언어, 인지발달 연구를 통해 우리는 출생부터 3세까지의 결정기의 중요성을 분명히 배워온 바가 있다.

제31장

가정방문

– Deborah Daro

취학 전이나 기타 형식적 유아교육 이전에 가능한 한 조속히 어린이에게 손길을 미칠 방법은 임신여성이나 막 부모가 된 이들에게 가정방문 서비스를 제공하는 것이다. 막 부모가 된 이들에게 제공될 다른 모델도 있지만 이와 견줄 만큼 정치적 지원을 받거나 논란이 된 서비스 모델은 아직까지는 없다(Haskins, Paxson, & Brooks-Gunn, 2009). 오늘날 가정방문은 한편에서는 조율이 더 필요한 조기개입체계의 핵심으로 보는 시각이 있는 반면에, 다른 한편에서는 도움제공보다 예방전략으로서 전망이 더 밝다고 보는 시각도 있다(Chaffin, 2000; Daro, 2009).

David Olds와 동료들이 임신부터 생후 2년까지 제공되는 일반 간호사방문에서 얻을 초기 및 장기이득에 대해 밝힌 중요업적을 살펴보면, 전략이 확신에 찬 경험에서 나온 확신찬 전략적 지원임을 알 수 있다(Olds et al., 2007). 그러나 인상적 연구결과이지만 정치와 실제 분위기가 이 좋은 경험적 사례를 수용할 준비가 될 만큼 이에 대한 폭넓은 반향을 일으키지는 못했다. 1980년대 주정부 차원의 첫 가정방문체계를 구축한 하와이의 성공사례, 교사로서의 부모(Parents as Teachers)와 같은 국가시범사업의 장기적 노력(Winter & Rouse, 1991), 부모아동 가정 프로그램(Levenstein, Kochman, & Roth, 1973)과 취학 전 어린이와 부모를 위한 가정수업(HIPPY; Westheimer, 2003) 등은 가정방문 프로그램이 다양한 상황에서 구축될 수 있으며, 아울러 기존 교육체계에 포함가능한 점을 알려 정책적 분위기를 조성하였다.

한편 정치전선에서는 미국 아동학대 위원회가 1990년과 1991년 보고서를 내면서 신생아와 그 부모들을 위한 가정방문의 보편적 체계를 요구하였다: "복잡한 문제를 한 가지 답으로 풀 수는 없다. … 비록 만병통치약은 아니지만 위원회가 보기에 가정방문이 줄 수 있는 희망보다 더 나은 단일의 개입방법은 없다"(1991, p.145)고 밝혔다. 이 보고서에 대한 반응으로 아동학대 방지 국가위원회(National Committee to Prevent Child Abuse)는 1990년 초반 건강한 미국가족(Healthy Families America: HFA)을 출범했고(Daro, 2000) 지부 네트워크와 주 정부 아동신탁 및 예방연금(Children's Trust and

Prevention Funds)을 통해 적극적으로 계획을 홍보하였다. 건강한 미국가족과 기타 모형들이 확대되면서 가정방문여정에 대한 개념이 모양새를 갖춰 갔는데, 부분적으로는 눈에 띄는 정황 때문이었으며, 다른 한편으로는 주정부들이 때마침 자문위원회가 제안한 조기개입체계 구축방안을 모색하고 있었기 때문이었다.

이 장에서는 양질의 가정중심개입을 기초로 한 조기개입체계 구축이 갖는 장점에 대해 개괄하겠다. 아동성취 향상을 위해 여기서 최고의 접근법을 소개하겠지만, 선별 혹은 보편적 가정방문개입의 일반적 네트워크를 조성 및 유지하는 방법에 대해서는 별도의 설명이 필요하다. 조기 가정기반개입의 접근성을 확대시키고 양질의 조기교육 프로그램에 이 시스템을 효과적으로 연계시킬 때 나타나는 상황과 환경 문제를 언급하면서 이 장을 마무리하겠다.

가정방문체계

수많은 가정방문 모델들은 초기 부모-아동 관계를 강화하고 필요로 하는 보건과 사회복지 서비스를 부모들에게 연결시켜줌으로써 아동을 위해 부정적 결과를 감소킬 수 있다(Daro, 2009). 이런 패러다임에서 조기가정방문은 여타 지역공동체 자원에서 문지기 역할을 할 뿐만 아니라 그 자체로 사명감과 서비스 포트폴리오를 담은 개입에 해당한다. 이런 기타 자원에는 공공건강 간호사방문 프로그램에서 영아와 어머니를 위한 즉각적 건강서비스뿐만 아니라 어머니가 자녀양육을 위해 안전한 양육환경을 제공할 지속적 역량을 보장해주는 데 필요한 치료 및 구체적 서비스까지 포함되어 있다. 일부 모델은 갓 부모가 된 모든 이와 임신부에까지 그 접근 범위를 확대하였다. 예를 들어, 어린 연령의 어머니, 싱글부모, 저소득층과 같은 구체적으로 위험징후를 보이는 선별 대상군을 비롯하여 보다 광범위하게 포함된 여러 대상을 들 수 있다. 아울러 구체적으로 위험상황에 직면한 부모를 위해 제공된 초기평가와 위탁 보편시스템 내에서의 선별적 서비스도 이에 해당한다(Daro, 2006).

가정방문서비스는 질이 높은 서비스이다. 그러다 보니 조기개입과 지원의 폭넓은 시스템으로의 통합을 보장하기 위해 수많은 모델(예를 들어, 교사와 같은 부모, 건강한 미국가족, 조기 헤드스타트, 부모-아동 가정 프로그램, 안전한 돌봄, HIPPY, 간호사 가족 파트너십)뿐만 아니라 40개가 넘는 주가 앞장서서 가정방문과 내부기반 조성에 자금을 투입하였다(Johnson, 2009).

기회확대의 핵심과제

가정방문 활동이 취학전 교육의 알맞은 전조로 고려할 가치가 있다고 생각되려면 생애 초반에 있는 어린이들에게 공적 교육에 진입할 동등한 기회와 접근성을 약속하는 확대 전략이 필요하다. 아울러 이런 노력은 일반인과 관심 있는 정책입안자들이 중요하다고 생각하는 사회 투자 같은 형태로 반영되어야 한다. 특히 이 특징들은 초기 학습증진 기회가 보편적 자율적이며 개별 가정의 필요수준에 따라 조정된다고 생각될 때 의미를 갖게 된다. 집중적이고 비용이 드는 가정방문서비스는 최악의 난관에 처한 가정들을 대상으로 제공되어야 하지만, 그럼에도 불구하고 경제적 상황이나 개별 자원에 상관없이 부모가 갓 된 모든 사람들에게 초보 부모역할의 고충을 드러낼 기회를 갖도록 장려해야 한다.

일반 국민들을 효과적으로 참여시키고 가정방문 기회를 최대화하기 위해서는 어린이의 초기 학습기회를 강화하는 진입점으로 다음 사항들에 초점이 더 맞춰져야 한다.

극도로 난관에 처한 대상에 이르기: 임신부나 출산한 여성을 대상으로 한 가정방문 프로그램은 문제를 가진 난관에 처한 주민을 대상으로 하고 있지만 가끔씩 극도의 위험에 처한 가족을 명단에 올리지 못하는 경우가 발생한다. 산전관리 접근이 어렵거나 꺼리는 임신부들, 심각한 정신질환이나 약물남용 문제로 고통받고 폭력에 노출되고 곤경에 빠진 지역에 사는 가족들은 자율적 서비스 제공을 좀 더 꺼리며 또, 지속적으로 이런 모델이 홍보하는 기술이나 자원을 제공받지 못하는 대상자이다. 극도의 곤경에 처한 주민에게 손길을 미칠려면 지역관할 내 어린이 복지시스템과 치료자원의 보다 밀접한 연결이 있어야 한다. 이런 형태의 연결과 다른 손위 자녀와 관련해 아동복지에 참여해본 이력이 있는 부모들을 등록시킨 가정방문모델, Projet SafeCare와 Family Connections는 목표대상 부모의 행동에서 향상을 나타냈고 향후 아동복지 전문가에게 도움을 요청할 가능성이 감소했다는 것을 입증하였다(DePanfiles & Dubowitz, 2005; Gershater-Molko, Lutzker, & Wesch, 2003). 보편적 조기개입체계 구축에서 가정방문 프로그램들은 갓 부모가 된 이들을 찾아 참여시킬 때 이와 같은 혹은 기타 다양한 방법들을 활용하는 것이 중요하다.

상이한 관심사를 반영한 메시지 넓혀 가기: 초보 부모에게는 누구나 자신만의 난관과 관심사가 있기 마련이다. 생애 첫 어머니가 되는 사람들은 아기건강점검과 기본 양육 책임 준수와 관련해 여러 가지로 궁금증이 많다. 반면에 둘째 혹은 셋째를 임신한 어머니의 경우, 상이한 자녀들의 발달상 필요나 성향과 관련한 기본적 고충과 형제 사이 경쟁조정에 관심이 있다. 대학교육을 받거나 고소득층인 어머니들은 십대부모나 불안정한 수입원을 가진 부모와는 다른 형태나 수준의 정보를 요구한다. 일부 초보 부모들이 일상에서 추천받은 행동들을 쉽게 동화하는 반면에, 어떤 부모들은 새로운 개념을 이해하기 위해서 확대된 시범이나 반복을 필요로 한다. 다시 말해 장래참여자의 수를 최대한 확대하기 위한 호감 가는 가정방문을 제공하는 데 있어서 그 가치와 핵심내용과 관련한 의도가 보다 잘 드러나도록 메시지를 세분화할 필요가 있다.

신참부모에게 효율적인 소비자 기술 가르치기: 사회, 건강, 교육 시스템의 구조를 통해 가정들은 일련의 어려운 과제를 안고서 상반되는 정보의 가치에 접근하고, 절차를 밟고, 원인을 찾을 수 있어야 한다. 일련의 가능한 서비스 종류를 알아내고 각각의 장점들을 식별하고 최종적으로 최적의 행동코스를 정할 때 이런 정보를 활용할 함에 있어 다양한 경로를 통해 선별해낼 수 있어야 한다. 대부분 사람들이 능숙하게 결정을 내리지만, 초보 부모 모두가 복잡한 서비스 전달 시스템을 잘 다루거나 스스로 또 자녀들을 위한 도움을 언제 어떻게 얻어야 할지를 결정하는 능력이나 경험을 소유한 것은 아니다. 그런 기술은 부모가 자녀에게 적합한 양육이나 조기교육 프로그램과 초등학교를 선정해야 할 때 특히 더 중요해진다. 가정방문 프로그램은 이런 기술의 중요성을 부모에게 교육시키고 가정방문 외에 자원들을 확보할 때 정보를 갖고 의사결정을 하는 기회를 제공함으로써 이런 필요를 명시적으로 알려야 한다.

서비스 모델을 넘어: 효율적 시스템 구축하기

개별 기관을 개혁하거나 기존 서비스 전달 시스템이나 기관조정을 통해 역량을 확대하는 노력과 달리, 조기개입체계의 구축은 새로운 구성에서 보다 긴밀성을 요구한다. 주창자들은 기본 서비스 요소나 개입을 새로 개발할 뿐만 아니라, 이런 구성요소들이 협력적 양육시스템을 지원 및 연결하는 인프라를 구축해서 적절한 보상을 하고, 목표대상을 더 확대해서 그들의 다양한 수준을 반영시켜 준다. 협력적 조기개입체계의 모든 요소 간 연계를 강화하는 데 사용될 전략으로 일반 노동력 증진 기회(예를 들어, 초기와 현재 진행 중인 직접 서비스 제공자와 감독자용 훈련), 행정정보 자료수집과 관리(예를 들어, 일반평가 결과, 참가자 특성, 참여비율, 서비스 결과 서류화하기), 집단계획하기와 문제 해결화기에서 담당 관리자의 폭넓은 스펙트럼이 들어간 다면적 파트너십 등이 있다. 이런 명시적 연계가 없을 경우 개별 서비스모델로서 가정방문은 아동의 조기발달을 향상시키고 장래 학업성취를 위한 든든한 기반을 제공하는 데서 한계가 있다.

제32장

생애 첫 12년간 적용된 개입 프로그램의 경제적 이윤

– Arthur J. Reynolds, Judy A. Temple, & Barry A.B. White

안녕과 관련한 유아발달 프로그램의 긍정적 효과는 수백 년간 연구로 축적되어 왔다(Karoly et al., 2005; Reynolds & Temple, 2008; Reynolds, Wang & Walberg, 2003; Zigler, Gilliam, & Jones, 2006a). 과학지식의 진보는 유아프로그램을 개발할 뿐만 아니라 주와 지역에서 최근 프로그램의 확대에 박차를 가하는 데도 도움이 되었다(Barnett et al., 2007; Reynolds & Temple, 2008). 유아기에 대한 관심의 확대는 학교전이와 학습결과를 강화시키고 성취를 굳히는 저학년 경험에 대한 관심을 증대시켰다(Bogard & Takanishi, 2005; Reynolds et al., 2003). 생애 첫 12년 동안 발달의 연속성을 향상시킨 유아시스템과 실제가 개발되면서부터 아동안녕의 기본으로 받아들여진다.

이 장에서는 학교준비도, 학교성취와 수행, 장기생애발달의 비용 효율성과 효과에 대한 증거를 제시하겠다. 출생에서 3세, 3~4세 어린이집과 초기학교연령 프로그램(early school age program)에 중점이 맞추어질 것이다.

두 가지의 핵심 논의거리는 다음과 같다. 1) 어린이의 생해 첫 12년간 적용된 ECE 프로그램의 효과와 경제적 이윤은 무엇인가? 2) 연령과 개입방법에 따른 비교적 더 큰 경제적 이윤의 지속적 증거가 있는가?

여기서 ECD는 산전부터 영아기, 유아기, 유치원과 초등저학년 프로그램까지 포함하는 것으로 광범위하게 정의하고자 한다. 아울러 손익분석결과(CBA)가 강조될 것이다. 첫째, 비용관련 경제적 이윤은 정책발전에 가장 필요한 지표이다. 공적 투자의 가치는 최소한 부분적으로는 효율성에 근거한다(Heckman, 2000b). 희귀자원을 다룰 때 특히 그렇다. 둘째, 경제적 접근에서 다면적 결과에 대한 프로그램 효과는 금전으로 환산가능하다(Levin & McEwan, 2001). 마지막으로 CBA는 프로그램과 실제의 장기효과를 강조한다. 즉각적 단기효과의 강조는 비록 중요한 첫 단계이지만, 프로그램의 최종 목표에 해당하지는 않는다. 사회정책에서 중요한 물음 중 하나는 단기효과가 삶의 적응기술과 행위라는 장기효과로 전환되느냐의 여부에 있다.

유아발달 프로그램이 결과에 미친 영향

ECD 프로그램들이 다섯 경로 중 최소한 한 경로를 통해 향후 안녕에 영향을 미쳤다는 연구 결과가 상당량 축적되어 왔다(Reynolds, 2000). 다섯 경로는 행동변화의 "능동적" 구성요소로 볼 수 있다. 아울러 주요기제로서 유아학습 프로그램 연구의 초기단계부터 개념화되어 왔다(Bronfenbrenner, 1975; Zigler & Berman, 1983). 그림 32.1의 다섯 가지 가설 모델에서 나타나듯이, 인지혜택경로는 ECD 프로그램의 장기효과가 주로 읽기, 쓰기, 언어, 셈하기를 포함한 인지기술의 향상 때문이었음을 보여준다.

가족지원 경로를 살펴보면, 보다 많은 부모참여, 부모하기의 향상된 기술, 부모를 위한 더 많은 지원처럼 부모가 아동발달에 더 많이 투자한 것에서 효과가 비롯됨을 알

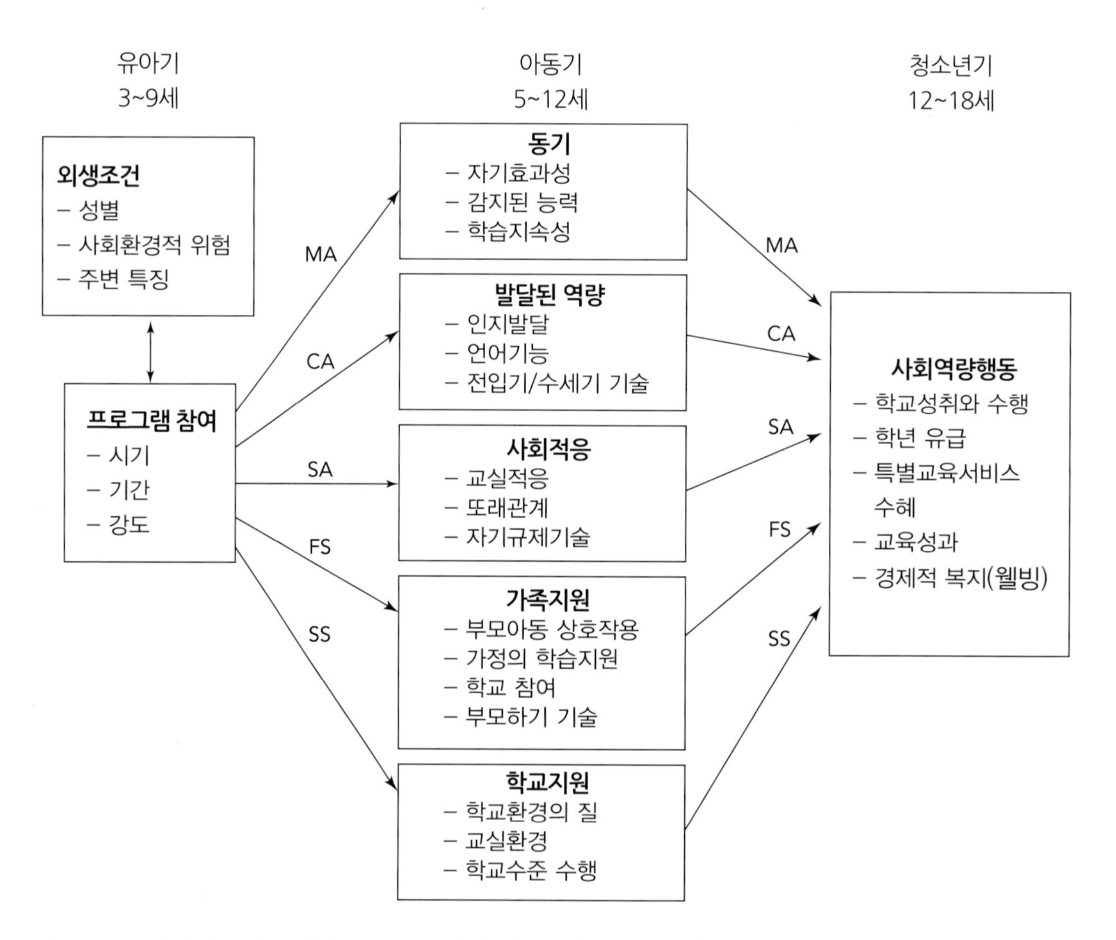

그림 32.1 ▲ 유아기 프로그램에서 장기적 효과까지의 경로(약어: CA, 인지적 이점; FS, 가족 지원; MA, 동기 효과; SA, 사회 적응; SS, 학교 지원.)

수 있다.

학교지원 경로에 따르면, 학교경험 후속프로그램이 학습성취를 증대시키는 정도로 따라 장기효과가 발생한다는 점을 보여준다. 수준 낮은 학교에 다닐 경우 이전 학습성취가 상쇄되는 반면에 양질의 학교와 긍정적 학습환경을 가진 학교에 다닐 경우 학습성과가 증강되거나 유지된다.

사회적응이나 동기혜택가설에 따르면, 비인지적 기술은 향상된 교실과 동료사회기술, 긍정적 교사-아동 관계, 성취동기, 학교전념과 같은 ECD 프로그램 효과의 메커니즘인 것을 보여준다. 특정 경로나 여러 경로에서 나타난 프로그램 경험의 효과크기가 클수록, 지속적 효과가 일어날 가능성은 커진다.

주목하건대, 포괄적 서비스를 제공하는 프로그램이 여러 경로에서 동시에 영향을 미친다는 것을 알 수 있다. 포괄적 프로그램이 왜 장기효과를 더 가져오는가를 설명해준다. 이런 강도와 용량과 마찬가지로 이 원리들은 생태자본과 인간자본이론(Becker, 1964; Heckman, 2003)에서도 마찬가지로 나타난다.

유아발달 프로그램 손익분석

CBA는 비용과 관련한 여러 프로그램과 정책의 가치를 측정하는 경제적 접근이다. 프로그램과 개입투자는 경비의 달러당 효율성에 따라 순위가 매겨진다. CBA는 효과규모의 전통적 측정에서 출발하여 프로그램의 효과만을 염두에 둔다.

CBA의 주요 이점은 순이윤(이윤손해비용)이나 투자비용 대 이윤(비용으로 나눈 이윤)에 상관없이 여러 성취이윤들이 비용측면에서 정리가 가능하다는 점이다. 연구자들은 졸업률 증가와 범죄감소 이윤을 측정하는 오래된 전통을 갖고 있다. 프로그램 비용은 특별교육이나 아동복지비용 감소이윤을 측정하는 데 자주 활용된다. 평가점수나 행동을 장래소득이나 적은 범죄횟수와 관련짓는 연구들이 비교적 적기 때문에 높은 평가비용이나 문제행동의 이윤을 금전화하기가 어렵다(Levin & McEwan, 2001).

첫 12년 프로그램의 경제적 이윤 증거

최소한 프로그램에 투자한 비용만큼은 경제이윤이 나와야 한다. 투자한 달러당 최소 1달러는 이윤으로 남아야 한다. 모든 영향이 경제이윤으로 전환될 수 없고 프로그램 가치에 대해 여러 기준들이 고려되어야 하지만, 그럼에도 CBA 결과는 효율성의 중요한 측정이다. CBA는 사회 여러 분야의 이윤배분을 나타낸다. 대체로 사회에 대한 이윤은 프로그램 참여자와 일반 대중에 대한 이윤의 총합이다. 사회적 이윤이 더 강조되지만 일반 대중(프로그램 참여자 제외)에 대한 이윤도 정부투자를 정당화하는 데 자주 사용된다.

이 장에서는 프로그램의 사회적 이윤을 요약하겠는데, 프로그램 진입연령에 따라 경제 분석을 실시하였다. 광범위한 문헌연구에 근거하여(예, Karoly et al., 2005; Reynolds & Temple, 2008), 16개의 프로그램에서 추정치 17이 나왔다. 여러 연구로 된 프로그램용으로서 단일연구에서 가장 대표적이고 보편적인 추정치를 보고하고 있다. 일반적으로 프로그램 연구를 하는 연구팀이 제공한 것이다. 표 32.1은 주요 결과의 요약이다.

태아기와 영아기 프로그램

인생 초반에서 가정방문, 건강, 아동보육 프로그램은 긍정적 아동발달과 부모행동과 연관된다. 그러나 장기행동효과는 거의 제시되지 않고 있다(Reynolds, Mathieson & Topizes, 2009; Sweet & Applebaum, 2004). CBA 측정치는 태아기와 첫 생애 3년 가정방문 프로그램용으로 소용이 있다. 여성용 특별 영양보완 프로그램은 영양 교육, 사회서비스 위탁을 비롯하여 다양한 식품공급을 저소득층 가정에 제공한다. Avruch와 Cackley(1995)가 행한 여러 주에서 15개 연구에 대한 메타분석에 따르면 WIC 참여가 저체중 출산 비율의 25% 감소와 관련이 있다고 밝혔으며 이는 생애 첫 해에서 보험업자들이 병원비용으로 지불한 비용을 유의미하게 감소시켰다. 경제이윤은 투자한 달러당 3.07달러이다. Devaney(출판 중)는 WIC 증거에 대한 광범위한 검토 결과 이런 이윤이 상승세에 있다고 밝혔다.

간호사-가정 파트너십(Nurse-Family Partnership)(Olds, Henderson, Phelps, Kitzman, & Hanks, 1993)은 첫 자녀를 가진 젊은 어머니를 위한 집중 간호사가정방문 프로그램이다. 미혼의 저소득층인 첫 자녀를 가진 위험군 표본에 대해서, Glazner 외(2004)는 태아기부터 2세까지 참여가 어머니와 대상 아동의 낮은 범죄비율, 아동학대의 확인된 낮은 비율, 어머니의 고소득능력, 목표 세수증가와 관련이 있었다고 밝혔다. 저위험군에서는 경제적 이윤이 투자한 달러당 1.51달러로 나왔다(각각 5.1달러와 1.10

달러의 유사한 이윤을 보이는 추가분석은 Karoly et al., 2005 참조).

시라큐스 가족발달연구 프로그램(Syracuse Family Development Research Program), 휴스턴 부모-아동 발달센터(Houston Parent-Child Development Center), 영아건강발달 프로그램(Infant Health and Development Program)을 포함해서 어떤 CBA도 집중적 장기자료가 있는 다른 프로그램에서 실시되지 않았지만, 결과양상은 간호사-가정 파트너십보다 경제적 이윤이 낮음을 시사해준다(Aos et al., 2004; Karoly et al., 2005 참조).

센터기반 취학전 프로그램

3세와 4세용의 수많은 프로그램에 대한 장단기 효과가 문서로 기록되지 않았지만, 생애영향과 경제적 이윤에 대해 탄탄한 연구설계와 낮은 소실로 무장한 연구 3개가 이를 전반적으로 조사하였다. 소규모, 언어와 인지 기능 강조, 양질의 또 제대로 처우를 받는 교사로 특징지어지는 유아-부모센터(The Child-Parent Centers: CPC), 캐롤라이나 초보 프로젝트(Carolina Abecedarian Project: ABC) 및 하이스코프 페리 유아원 프로그램(the HighScope Perry preschool program: PPP) 모두 위험에 처한 어린이에게 양질의 교육적 풍요를 마련하여 학습 및 보육을 제공하는 최고의 집중 장기 프로그램이라 할 수 있다(Campbell & Ramey, 1995; Campbell et al., 2002). 하이스코프 페리 유아 프로그램은 최고의 조직적 교육과정을 제공하였으며, 이 교육과정은 아동중심학습이라는 피아제 원리를 따른다(Schweinhart et al., 1993). 캐롤라이나 초보 프로젝트는 집중적 부모참여역량, 파견서비스를 적용하면서 건강과 영양에 관심을 두고 최고의 포괄적 서비스를 제공한다(Reynolds, 2000; Reynolds et al., 2002). 그리고 공립학교에 구축된 유일한 프로그램이다.

프로그램들은 성인에 이르렀을 때 상당한 경제적 이윤을 나타냈다. 비용이 각각 다르겠지만, 각 프로그램의 이윤은 초기투자를 훨씬 능가하였다. 21세 때 추적 조사해보니 캐롤라이나 초보 프로젝트 프로그램은 이윤비용이 부분적으로는 개별 저비용을 반영할 때 10.15달러에 달하였다(Reynolds et al., 2002). 주로 아동교직원 비율이 높았기 때문으로 보인다(PPP:CPC 8.5:1 대 6:1). 아동부모센터 프로그램에 대한 최신분석이 내놓은 제안에 따르면, 이후 성인결과를 함께 봤을 때 초기 예상기대가 더 탄탄한 것으로 나타났다(Reynolds et al., 2002; White, Temple, & Reynolds, 2010). 일상적으로 적용된 학교기반 프로그램이 긍정적 이윤을 가져온다는 것은 광범위한 프로그램이 비용면에서 효과적이라는 것을 나타낸다. 하이스코프 페리 유아 프로그램에 따르면 순현재가치가 아동당 (이윤−비용) 276,456달러와 40세에 이를 때 투자달러당 16.4달러의 이윤을 나타내었음(Belfield, Nores, Barnett & Schweinhart, 2006; Schweinhart et al., 2005)을 보여준다. 표 32.1은 페리 유아원의 최근 연구를 나타내는데, 27살 결과가 이윤비용이 8.74달러이며 순현재가치가 141,350달러이다. 어린 시기를 대상으로 한 평가는 아동부모센터와 캐롤라이나 초보 프로젝트의 연구결과와 근접하게 일치한다. Heckman 외(2010b) 또한 이런 범위 내 결과가 보고되었고, 여기서 광범위한 민감도분석이 실시되었다.

경제분석에서 나타난 이런 일관된 결과는 접근들의 상이함에도 불구하고 유아교육 효과의 일반화를 부추긴다. 그렇지만 프로그램 참여자들이 거의 저소득층 흑인 아동이었다. 중산층 가정대상 연구나 보다 다양한 표본에서 나온 연구가 아니었음에도 불구하고 7개 주 투자 유아교육 프로그램의 단기효과연구는 지속적 효과가 있는 긍정적이며 의미 있는 영향력을 보여주고 있다.

정책적 시뮬레이션의 이윤

일상적으로 적용된 양질의 유아교육 프로그램의 경제적 효과를 측정하기 위해서 몇몇 연구자들이 비용이윤 시뮬레이션을 돌려보았다. 아동부모센터나 하이스코프 페리 유아 프로그램과 같은 프로그램을 장기간 분석하여 현재 CBA의 가정을 수정하거나 성취 같은 단기결과와 성인결과 간 상관관계를 보여주는 다른 연구에서 나온 정보를 활용하여 교육성취, 소비, 범죄에서 예측한 변화로부터 이윤에 대한 예상이 가능하게 되었다.

Aos 외(2004)는 1967년부터 2003년까지 출판된 58개 평가연구에서 나온 장단기 효과를 조합하면서, 저소득층 3세와 4세용 유아교육기관 프로그램에 투자한 달러당 2.36달러의 경제적 이윤이 보인 것으로 보고하였다. Karoly와 Bigelow(2005)의 조사에 따르면 캘리포니아 4세 유아교육기관 1년 교육에 대한 보편적 접근에 투자한 달러당(2~4달러 범위) 경제이윤이 2.62달러인 것으로 나타났다.

보다 광범위한 전국분석을 실시한 Lynch(2007)는 여기서 CBA와 아동부모센터 프로그램에서 나온 수정 추정치를 사용하였다. 아동당 6,479달러가 투자된 양질의 목표로 시작한 유아교육 프로그램은 정부예산 예금에서 투자한 세수 1달러당 3.18달러의 이윤을 가져올 것으로 예상가능하다. 프로그램에 대한 보편적 접근성에서는 세수 1달

표 32.1 출생부터 3학년 동안 유아기 프로그램에 대한 비용-효과 측정

발달 단계	출처	초점	지역	2007 달러			
				효과	비용	B–C	B/C
출생에서 3세							
WIC	Avruch & Cackley (1995)	저소득층 집중	전국	1,206	393	813	3.07
NFP, 저소득층	Glazner, Bondy, Luckey, & Olds (2004)	저소득층 집중	뉴욕주 Elmira	83,850	16,727	67,123	5.01
NFP, 보다 높은 소득층	Glazner et al. (2004)	저소득층 집중	뉴욕주 Elmire	25,317	16,727	8,590	1.51
출생에서 5세 유아교육기관							
유아-부모센터	Reynolds et al. (2002)	저소득층 집중	20ro Chicago 기관	86,401	8,512	77,889	10.15
페리유아원	Schweinhart et al. (2005)	저소득층 집중	미시간 Ypsilanti의 1기관	294,716	18,260	276,456	16.14
ABC	Barnett & Masse (2007)	저소득층 집중	NC의 1기관	182,422	73,159	109,263	2.49
RAND의 캘리포니아 유아교육 연구	Karoly et al. (2005)	보편무상	CA주	12,818	4,889	7,929	2.62
2050년 대비 전미 Pre-K 종합연구	Lynch (2007)	저소득층 집중	전국	20,603	6,479	14,124	3.18
	Lynch (2007)	보편무상	전국	12,958	6,479	6,479	2.00
종합연구	Aos et al. (2004)	저소득층 집중	58 프로그램	19,826	8,415	11,411	2.36
K학년							
종일반 종합연구	Aos, Miller, & Mayfield (2007)	보편무상	23 프로그램	0	2,685	−2,685	0
학령기							
테레시 주 STAR (학급크기 감소, K−3)	Krueger (2003)	보편무상	79개 학교	27,561	9,744	17,817	2.83
학급 크기 감소 종합연구, K−2	Aos et al. (2007)	보편무상	38 연구	6,847	2,454	4,393	2.79
학급 크기 감소 종합연구, 3~6학년	Aos et al. (2007)	보편무상	38 연구	3,387	2,454	933	1.38
유아-부모센터 학령기 프로그램	Reynolds et al. (2002)	저소득층 집중	20개 Chicago 기관	8,089	3,792	4,297	2.13
읽기 리커버리(Reading Recovery)	Shanahan & Barr (1995)	저소득층 집중	일반	1,679	5,596	−3,151	0.30
기능, 기회, 인식 (Skills, Opportunities and Recognition)	Aos et al. (2004)	보편무상	시애틀 학교	16,256	5,172	11,084	3.14
PreK-3 중재							
유아-부모 센터 확대 프로그램	Reynolds et al. (2002)	저소득층 집중	20개 Chicago 기관	47,161	5,175	41,986	9.11

약어: B−C, 효과에서 비용 차감; B/C, 효과-비용 비율; NFP, 간호사-가정 파트너십; WIC, 여성, 영아, 유아.

주석: 페리유아원의 결과는 40세 기준임. 27세 때의 효과-비용은 141,350달러였고, 효과-비용 비율은 8.74달러였음 (Barnett, 1996).

러 투자이윤이 정부예산 예금에서 2.0달러로 나왔다. 모든 사회이윤을 고려할 경우 세수 달러당 장기 매년 이윤이 보편적 접근 프로그램에서 8.20달러, 그리고 목표가 된 프로그램에서 12.10달러로 나왔다.

종일 유치원

종일제 유치원과 반일제 유치원 비교는 문서로 잘 기록되어 있다. 유치원 학기말과 초등학교 저학년 성취에 대한 조사연구가 많이 이루어졌다. Aos 외(2007)는 학업성취에 대해 종일제 유치원에 대한 23개 연구결과를 종합하였다. 종일제 프로그램의 일반적인 효과규모는 모든 아동대상의 경우, 표준편차 .18 그리고 경제적으로 혜택을 받지 못한 아동의 경우 표준편차 .17로 나타났다. 이 작은 이윤은 대체적으로 볼 때 1학년에서 사라졌고 그 이후 다시 나타나지 않았다. 기타 연구들도 이런 패턴을 지지하고 있다(Reynolds & Temple, 2008). 비록 CBA에서는 유효한 결과가 없지만, 장기성취의 부족으로 이윤비용 비율이 제로에 가깝다는 예상을 해볼 수 있다.

학급규모 축소

학급규모 축소에 대한 대부분의 확장연구에서 테네시 주 Project STAR는 유치원에서 3학년까지 13~17명에 제한적 규모의 주 등록의 영향에 대해 실험 조사하였다. 소규모 학습에서 1년 혹은 그 이상이 단기적으로 높은 성취율과 관련 있었으며, 장기적으로는 소규모에서 3년 혹은 4년을 다닌 학생들에게만 8학년이 되었을 때 효과가 있는 것으로 나타났다. 3년 집단은 4~8학년에서 표준편차 .17의 평균 효과크기를 보여주었다. 4년 집단은 평균 효과크기가 .25로 나왔다. 3년 혹은 4년 저소득층 학생들만이 높은 졸업비율을 나타내었다(Finn, Gerber & Boyd-Zaharias, 2005). Krueger(2003)에 근거한 Project STAR는 투자한 달러당 2.83달러의 경제적 이윤을 보인 것으로 나타났다.

표 32.1에 나타난 바와 같이, 이들 결과는 소규모 학급에 대한 38개의 연구를 합한 것과 일치한다(Aos et al., 2007). 유치원에서 2학년을 통틀어 소규모학급의 경제적 이윤은 투자한 달러당 2.79달러이며 3학년에서 6학년까지는 1.38달러로 나왔다. 마찬가지로 학급크기를 주로 줄인 CPC의 학교연령 구성요소는 투자한 달러당 2.13달러의 이윤을 나타내었다(Reynolds et al., 2002).

기타 학교연령 프로그램과 실제

이전 시애틀 사회발달 프로젝트(Seattle Social Development Project)인 기술, 기회, 인식, 프로그램(Skills, Opportunities and Recognition program)(Hawkins, Catalano, Kosterman, Abbott, & Hill, 1999)은 사회정서 기능을 향상시키는 데 맞춰 개발되었다. 1학년에 시작하여 6학년까지 지속되면서 보충 학교기반 프로그램으로 협동, 발달적 합교수 실제와 최적 부모교육교실을 다루고 있다. 이 프로그램 참여는 높은 성취, 낮은 비행률, 낮은 알코올남용과 상관이 있는 것으로 나왔다. 경제적 이윤은 투자 달러당 3.14달로 나왔다.

1학년 학생을 위한 교수투터 프로그램인 읽기 회복(Reading Recovery)은 일반 학교교실이 아닌 외부에서 온 교사가 일대일로 매일 30분씩 제공해준다. 30개 이상 연구결과에서 일관되게 나왔는데, 유의미한 단기이익이 4학년까지 상당히 감소한 것으로 나왔기 때문이다(D'Agostino & Murphy, 2004). Shanahan과 Barr(1995)는 프로그램이 특수교육에서 축소를 통해 투자 달러당 .30달러의 경제적 이윤을 기대할 수 있을 것이라 예상하였다.

유아교육기관에서 3학년 프로그램

전이 프로그램 및 초등저학년 실제의 핵심원리는 유아교육 프로그램의 이익을 유지하는 데 초등학교가 중요한 역할을 하며 초등학교로의 후속서비스가 성공적 전이를 향상시킬 것이다. 유아~3학년(PreK-3) 프로그램은 ECD와 학습을 향상시키는 가장 보편적 접근 중 하나이다. 광범위하게 쓰일 21세기 학교(Schools of the 21st Century)(Finn-Stevenson & Zigler, 1999)와 함께 생애 첫 12년 동안 적용되는 프로그램과 서비스가 추천(Reynolds et al., 2010; Zigler & Styfco, 1993)되고 있다.

서너 가지의 PreK-3 프로그램들은 성취 관련 행동에서 긍정적 효과를 입증했음에도(Reynolds & Temple, 2008) 불구하고, 단지 CPC 확대개입만이 CBA를 가졌다. 확장되지 않은 서비스(0~3세 개입)에의 참여와 비교해볼 때, CPC 프로그램은 축소된 교정교육과 아동학대, 낮은 청소년 폭력구속률, 높은 교육성취수준을 통해 투자 달러당 9.11달러의 이윤을 내었다.

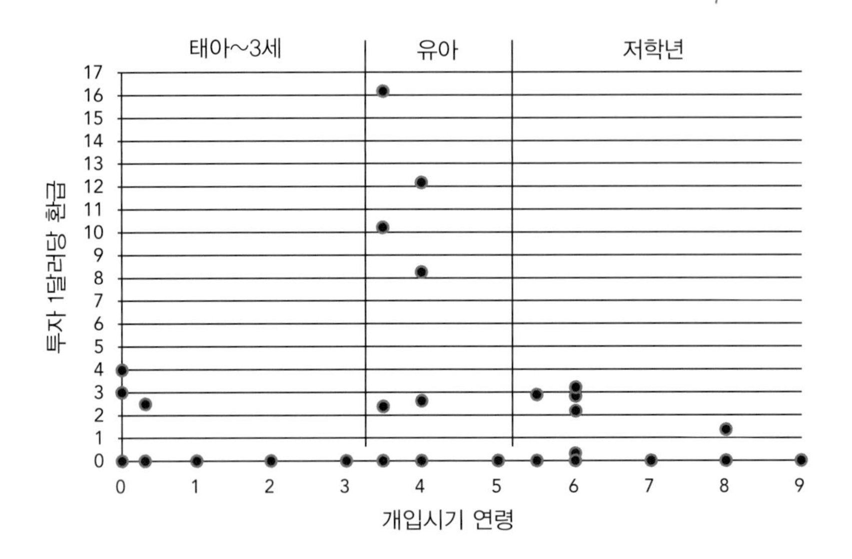

그림 32.2 ▲ 개입시기 연령에 따른 1달러당 투자 비용 환급

비용과 이윤 요약

결과를 살펴보면 ECE 투자 대부분이 긍정적인 경제이윤과 관련이 있다. 이는 그림 32.1에 제시되어 있는데 개입진입연령의 역할로 검토된 프로그램에 대해 투자 달러당 경제적 이윤을 제시해준다. 연령 0은 태아기 발달과 부합한다(WIC와 Nurse-Family Partnership). 3~4세용 유아교육기관 프로그램은 최고의 연구를 바탕으로 계획연구와 경제적 시뮬레이션 모두에서 최고 이윤을 나타내고 있다. 연구결과는 맥락의 다양성, 서비스 시스템 교육과정 철학 덕분이다. 비율 범위가 투자 달러당 2달러부터 투자 달러당 16달러 이상까지 이른다. 평균 이윤은 투자 달러당 6달러에 해당한다. 태아기 시작 프로그램이나 초기 영아기에서 프로그램 범위는 투자 달러당 1달러에서 5달러 이윤을 보이며 투자 달러당 평균 3달러에 해당한다. 학교 저학년 프로그램은 상당히 다양한데, 소규모 학급과 사회기능 훈련은 최고 이윤이 달러당 2달러에서 3달러에 이른다. 소규모 학급의 이윤은 3~4세 저소득층 자녀 등록일 때 매우 높다(Finn et al., 2005). 제시되지는 않았지만, 프로그램 순이익에 근거한 결과의 양상은 유사한데 3세와 4세용 유아교육 프로그램이 가장 큰 이익을 나타내고 있다.

증거 기초의 제한점

이 결과에 대한 수많은 조건에 주목해볼 필요가 있다. 경제적 이윤에 대한 연구가 거의 진행되지 않았는데, 특히 프로그램 계획연구를 활용한 것은 거의 전무하다. 전반적으로 볼 때 단지 16개 연구만이 확인될 뿐이다. 결과적으로 보고된 이윤은 특정 개입유형의 이익을 꼭 밝히지는 않고 있다(예를 들어 가정방문, 태아기 영양). 이윤은 인구특성과 마찬가지로 서비스의 집중도와 프로그램 적용의 질로 다변화될 것으로 보인다.

둘째, 경제분석에 대한 가정과 접근이 연구마다 상당히 다르다. 이는 평가기간, 측정된 결과의 규모, 예상지불잔액 대 실제 이익에서 특히 그렇다. 예를 들어 WIC에서 나온 결과는 저체중의 낮은 비율에 관련된 생애 첫 해의 의료저축에만 기인한다. 교실 규모 축소, 사회기능 훈련, 유아교육기관 정책 시뮬레이션에 대한 이익측정은 거의 단기결과에서 나온 예상에만 의존하였다.

셋째 조건은 PreK-3, 태아기부터 유아교육기관 그리고 유아교육기관과 초등 저학년에서의 소규모 교실과 같은 프로그램들과 관련시켰을 때 나타날 이익이 완전히 조사되지 못하였다. 이런 시너지와 기타 시너지는 더 많은 효율성과 비용 효율성 연구를 타당하게 만든다. 연령에 따른 개입은 보완으로서 반드시 살펴보아야 할 것이다.

마지막으로 비용효율성 혹은 CBA는 공적 투자에 대한 프로그램을 우선시하기 위한 많은 기준들 중 하나이다. 사회적 중요성, 프로그램 비용, 유연성, 유지능력 또한 정책마련에서 고려해야 할 중요한 사항이다.

유아발달 프로그램의 효율성 핵심 원리

종합한 바에 따르면 양질의 ECD 프로그램에 보다 많이 투자하는 것은 장기적 효과와 경제적 이윤에 긍정적일 수 있다. 우리가 평가한 통합연령 프로그램은 질을 강화하고 학습의 연속성을 강화하기 위한 효과적 모델을 제공한다. 그림 32.1에 나타난 바와 같이, 변화의 인과기제에 대한 관심은 프로그램을 견실하게 한다. 축적된 연구는 효율성에 대해 네 가지 원리를 제안한다.

1. 유아기의 협력시스템은 유아교육기관에서 반드시 일어나야 하며 아울러 학교전이에도 명시되어야 한다.
2. 교직원은 교육을 받고 대우가 좋아야 하며, 가급적 학사학위와 경쟁력 있는 급여를 지급받아야 한다. 높고 이윤을 보인 대부분의 프로그램들은 이런 원리를 따르고 있다.

3. 교육내용은 반드시 어린이의 학습적 필요를 반영해야 하는데, 다양한 영역과 소규모로 어린이들의 학습이 이루어질 수 있도록 이를 특별히 강조해야 한다.
4. 포괄적 가족 서비스는 어린이의 다양한 필요를 충족시킬 수 있도록 마련되어야 한다.

비용효율적 프로그램의 각각은 생태적이며, 심도 있는 서비스를 제공한다. 이런 원리들은 ECD(Ramey & Ramey, 1998a)에서 다른 원리와 마찬가지로 일치한다(Nation et al., 2003).

향후 방향

지식이 향상될수록 비용 효율성에 대한 고려를 더해야 한다. CBA가 거의 실시되지 않았기 때문에 대안 프로그램의 효율성에 대해 철저하게 고려하는 것은 어려울 수 있다. CBA 실시에 있어서 장기 계획연구는 엄청난 일인데 각 자료의 다양한 출처를 활용하여 광범위한 혜택을 평가해야 하기 때문이다. 우리가 평가한 단지 4개 연구만이 아동, 가족 프로그램 특성의 범위를 통틀어 상이한 효과를 나타내는 데 필요하였다. 이는 보다 큰 규모의 선행연구의 필요성을 보여준다. 계획연구보다 포괄적이진 않지만 연구종합과 경제적 시뮬레이션이 일반화를 굳혀 줄 증거를 보완해줄 것이다. 비용효과 개입의 보급에는 포함 범주와 같은 경제적 분석이 포함된다. 대부분 기록들은 기본 디자인과 효율성 데이터에 보충으로서 그러한 증거들을 다루고 있다(Kellam & Langevin, 2003). 비용효율성은 모든 프로그램들이 적용해야 하는 중요한 목표이다.

제33장

21세기 미국 초등교육체계 변화시키기

Pre-K와 초등교육 통합하기

– Ruby Takanishi

2009년 11월 18일, 전미유아교육학회에서 처음 연설한 미국 교육부 장관인 Arne Duncan이 미국 현재 초등교육체계에 대해 교육자들이 생각하는 방향(K학년에서 4학년)으로 변화시킬 역사적인 연설을 행하였다. 유아기 학습(early learning)의 분리된 두 구조를 유지하기보다(즉, prekindergarten[Pre-K] 프로그램과 K-12 교육), Duncan은 모든 아동이 21세기 요구사항을 준비하도록 중등 이후(post secondary, P-16/20) 학습 연속성을 통해 새롭게 태어나기 위해 두 부분이 반드시 연결되어야 한다고 주장하였다. "성취차를 방지하고 요람에서 취업 교육 파이프라인을 지금 개발하려 한다면, 유아기 학습 프로그램은 K-12 시스템과 더 잘 통합되도록 해야 한다."

기조강연에서 Duncan(2009) 장관은 명확한 메시지 두 가지로 결론을 맺었다. 첫째 유아기 학습 프로그램은 반드시 K-12 교육개혁과 잘 연결되어야 하며, 지금의 경우보다 특히 3학년을 통해서이다. 둘째, 정책입안자와 전문가들은 프로그램 투입보다는 3학년 말에 시작하는 것을 첫 기준으로 삼아 아동결과로 초점을 이동시켜야 한다. 전문가 간 경쟁뿐만이 아니라 역사 및 정책적 원인으로 인해 이런 목표 둘 다 달성하기가 어렵다. 그러나 미국의 목표가 모든 아이들의 성취수준을 높이고 아동집단 간 문제가 되는 성취차이를 줄이기 위해서는 유아기와 K-12 교육 간의 근본적인 연결이 요청된다.

오바마 대통령이 21세기 필요를 충족시키기 위해 미국 교육체계의 변화를 주장하였다. 학습은 출생과 함께 시작하며 한 사람의 생애 동안 계속 이어진다고 그는 확신하였다. 처음 대통령의 생각에는 Pre-K와 K-12 간 필요한 연결의 교육개혁이 반영되어 있지 않았다. 대통령 부임 첫 해에 행정부의 입장이 좀 더 통합적인 다층적 전략으로 바뀌었다(Duncan, 2009). 모든 것과 마찬가지로 어려운 바인 적용은 세부적 사항에 달려 있다.

Pre-K 통합은 새롭지 않다

1965년 헤드스타트가 처음 시작되었을 때 Pre-K 프로그램들을 연결시키고 그들 영향에 기반하려는 노력이 단명했던 팔로우 스루(Follow Through) 프로그램과 함께 시작되었다.

1960년대 후반과 1970년대 초반에 시작된 프로젝트 발달 연속성(Project Developmental Continuity)은 유아기 학습 프로그램의 효과적 성과를 유지하려는 또 다른 노력이었다. 둘 다 재정부족과 적용에서의 난항으로 종료되었다(Zigler & Styfco, 2004).

이런 시도 이후, 유아기 학습경험은 헤드스타트 확대, 주별 Pre-K, 프로그램과 사립 유아기관 성장을 통해 진보를 계속하였다. 유아기 학습 프로그램은 출생~5세 구조에 입각해 왔으며 대부분의 아동들이 유치원에서 시작해서 형식적 학교를 다니고 고등학교나 중등 이후 교육으로 끝을 맺으로 여겨졌다. 유아기 학습 프로그램은 그 자체로 공립 보편교육체계의 일부로 여겨지지 않았으며 유아기 학습 프로그램들도 반드시 그렇게 되길 희망하지 않았다.

1960년 이래로 옹호자, 연구자, 정책입안자들이 크게 유치원 전(출생에서 5세)과 유치원 후(유치원에서 중등과정 후 교육)의 둘로 나뉜 진영에서 아동경험을 마련해왔다. 사람들은 교육 시스템과 프로그램과 같은 사회기관을 만든다. 현 상황의 기본원리는 없지만 그렇다고 아동발달과 학습방법에 대한 늘어난 과학지식에 근거한 것도 아니다. 사용가능하다면 아동이 현재 교육받는 방법을 변화시킬 수 있을 것이다(Shonkoff & Phillips, 2000). 미국 민주주의 시스템의 모든 영역인 연구, 교육, 지지 기관들이 이 두 진영을 따라 번창해왔다. 이들 모두 유아기 학습과 K-12 교육의 진영으로 받아들여졌다. 현재 이런 상황이 변화의 시작일 뿐이며 결과는 아직 분명하지 않다.

플로리다, 뉴저지, 오클라호마처럼 Pre-K를 가진 핵심 주들은 자신들의 더 좋은 Pre-K 프로그램을 K-12 교육체계와 연결하기에 최적의 장소에 해당한다. 이들 주 모두 Pre-K 프로그램의 참여비율이 높다. 뉴저지와 오클라호마는 교사 자질을 포함해서 프로그램 질의 기준이 높다. 워싱턴 주는 주단위 Pre-K, 프로그램이 없는데 신학교 법인(New School Foundation)과 빌과 멜린다 게이츠 법인(the Bill and Melinda Gates Foundation)의 인도적 지원 덕분으로 중요한 진전을 이루어냈다.

미국 교육 새로 구상하기

PreK-3 접근법의 이해를 돕기 위해 3세용 Pre-K 프로그램으로 시작해서 최소한 중등 이후 교육까지 확대되는 교육경로인 그림으로 나타낼 수 있다. 현재 이 파이프라인은 Pre-K에서부터 3학년 말까지 조기에 끝나는 맹점을 갖고 있다. National Assessment of Education Progress(NAEP)가 주관한 첫 평가에서 미국 전 아동의 30%만이 4학년 시작 초에 학년수준에 맞는 읽기가 가능하다고 나왔다. 이런 맹점은 8학년 평가까지 이어졌으며 12학년 말에는 거의 절반에 이르는 학생, 특히 저소득층 학생들이 학교시스템을 떠났다. 8학년에서 실시한 두 번의 평가에서 보인 전반적 수행은 4학년 초 실시한 처음 평가와 크게 달라지지 않았다(Foundation for Child Development, 2008). 대학이나 중등 이후 교육까지, 이런 교육경로를 통한 학생이동의 흐름은 미미하다. 흑인, 히스패닉/라틴, 인디언 아동들은 대학 교육을 받은 사람들 중에서 비율적으로 소수에 불과하다.

최하수준을 생각하지 않을 경우 이런 빈약한 결과를 참아낼 수 없다. 평등에 대한 기대치가 있는 국가라면 수십 년간 지속된 인간 잠재력의 누수를 앉아서 보고 있어서는 안 된다. 이 나라는 중요한 시민 인권에 대한 도전을 받고 있다.

미국의 교육경로를 그림으로 나타낸 것은 비록 누수가 있더라도 Pre-K부터 중등 후 교육까지 지속적이고 성공적으로 학생들이 이동할 수 있도록 교육자들이 목표로 해야 한다는 점을 알리기 위해서이다. 이 그림에서 PreK-3는 교육경로의 첫 번째 연결이며, 중고등학교 모두는 6년간의 교육기간 동안 그 과정의 참여를 비롯하여 그동안 아동이 학습해온 것을 바탕으로 삼는다. 각각의 연결은 앞 연결을 바탕으로 구축되는데 앞 연결 없이는 어떤 것도 성공할 수 없다.

PreK-3 접근법의 기본 요소

PreK-3 접근법의 기본요소로는 Pre-K 자발적 참여, 3세 시작, 종일 필수 유치원으로 구성, 기준, 집중된 읽기 · 쓰기, 균형이 잡힌 교육과정, Pre-K~3학년 지속적 평가로 정통한 수업(Shore, 2009a, 2009b) 등을 들 수 있다. 첫 언어가 영어가 아닌 어린이들이 많은 곳에서는 특히 Pre-K~3학년에 재학 중인 모든 어린이들을 위해서 이중언어 프로그램을 강력히 추천한다. 수업에서의 부모참여, 교실에서 일어나는 일에 대해 알고 그에 대해 지원하는 것에 중점을 두는 것이 무엇보다 중요하다.

지역과 학교 리더십 둘 다 협력해서 전문성 발달을 지원하며, 여기서 Pre-K 수준 혹은 프로그램부터 K-3학년에 이르는 모든 교사와 교직원들이 주별 혹은 적어도 월별로 규칙적으로 모임을 가진다(Shore, 2009a, 2009b). 교사들은 준비가 잘 되어 있어야 하며 지도교사는 Pre-K부터 3학년까지 어떤 학년이라도 가르칠 수 있는 자질을 갖추어야 한다. 교실보조나 보조교사는 20명이나 그 이상 아동들과 함께 할 Pre-K 프로그램 준학사 자격을 갖추어야 한다(Shore, 2009a, 2009b). (주별 기본으로 얼마의 비용이 드는지 또 어떤 모습인지 등 더 많은 정보를 얻고자 한다면 http://www.fcd-us.org에 방문하여 PreK-3rd 법령정책을 참고할 것).

효과 있는 PreK-3학년

PreK-3학년에 대한 연구는 이제 막 시작단계이다. 대부분 연구결과들이 지역에서 실시된 것들이다. 예로 Montgomery county, Maryland(Marietta, 2010), Bremerton, Washington(Sullivan-Dudzic, Gearn, & Leavell, 2010), South Shore School, Seattle을 들 수 있으며, 이 노력들은 각기 평가되었으며, 불우아동들에게서 성취차이가 좁혀진 것으로 밝혀졌다. 이 연구들은 무선통제실험의 기준을 충족시키지 못하지만 비슷한 아동과 비교한 결과에 따르면, 즉 PreK-3학년 학교 학생들이 비교집단에 비해 유의미한 교육적 진전을 나타낸 결과가 일부 나타나고 있다.

초등학교 동안 저비용 혹은 재정지원이 전혀 안 되는 학교에 아동이 다닐 경우 초기 효과는 있지만 성취가 유지되지 않는 Pre-K 프로그램에서는 부정적 결과가 나타나고 있다. 이 결과들은 다른 연구결과를 통해서도 지지되는데, 학생들이 2~3년 동안 좋은 교사와 함께할 경우, 성취가 유지될 가능성이 높다고 한다. 특히 저소득층 학생들이 그러하며, 이는 한 해 한 해가 중요하다는 결론으로 이어진다.

다음 연도에 더 많은 지역이 이 접근법을 실시함에 따라 PreK-3학년 접근법에 기초하여 Pre-K에서 초등학년과 그 이상으로 나아간 학생들을 추적하는 전향시계열적 조사가 다음 연도에 가능할 것으로 보인다. 반면에 유아기 종단연구-유치원(Early Childhood Longituinal Study-Kindergarten)과 같은 기존 자료군들을 연구하지만, PreK-3rd의 효과를 추적할 의도는 없는 2차분석은 PreK-3학년 접근법과 그 성과의 구성요소를 지지하고 있다. Title I이 재정지원하고 Pre-K부터 3학년까지의 아동을 지원하는 시카고 유아-부모센터(Chicago Child-Parent Centers)의 종단평가 또한 나름 유익하다(Reynolds, 2011).

초기 경험에서 얻은 교훈

PreK-3는 현재 진행 중이다. 보다 많은 주와 지역학교가 이 접근법을 채택할수록 그 경험에서 더 배울 수 있을 것이다. 『평등을 향해: 몽고메리 지역 공립학교에서의 수월성 추구(Leading for Equity: The Pursuit of Excellence in the Montgomery County Public Schools)』(Childress, Doyle, & Thomas, 2009)와 뉴저지 Abbott 지역에 대한 『In Plain Sight』(MacInnes, 2009)에서 PreK-3 접근법의 두 가지 훌륭한 기록문서를 볼 수 있다. 교육자들이 쓴 다른 책인 『Making a different for Children』은 워싱턴 Bremerton 지역의 10년간 경험에 근거하여 교육관계자들에게 구체적 안내를 제시해준다(Sullivan-Dudzic et al., 2010).

초창기 이들 선구자들은 적용과 결과에 세심한 관심을 표명해왔다(Childrens, Doyle, & Thomas, 2009; MacInnes, 2009). 아래에 어떤 것들이 작동되는지에 대한 초창기 교훈이 요약되어 있다.

- Pre-K부터 3학년까지 읽기 · 쓰기에 중점을 두고, 수업을 살피고 맞추며, 기준, 교육과정, 평가를 배치하기 위해 데이터를 활용하는 지역에서는 불우아동에게 유의미한 성취를 안겨줄 뿐 아니라 혜택받은 학생들과 불우학생들 간 성취차이를 좁히는 것이 가능하다.
- 학생을 위한 건전한 PreK-3 학습경험의 계획 및 적용에서 지역 리더십이 중요하다. 성공을 위해서는 장학사와 초등학교 교장의 리더십이 중요하다.
- 연합 전문성 개발은 공통 교육과정과 야심찬 반응적인 수업을 적용하는 데 있어 필수이다. 가르침은 공적이고 책임이 요구되는 행위이며, 여기서 교사는 공통 교육과정에 맞춰 같이 작업하고 학생 데이터에 기반한 가르침을 향상시킨다. 아울러 부모와 다른 교직원을 위해 학생의 성과를 게시한다(Raudenbush, 2009).
- 종횡단적 수업배치를 하는 다년간의 집중적 전략이 해마다 세워지는데, 이는 전후 일어날 일에 기반한다(Sullivan-Dudzic et al., 2010).
- K-3 동안 학생수행에 대한 피드백 고리를 통해 아동의 진척에 대해 Pre-K 프로그램

에게 정보를 제공해준다(Sullivan-Dudzic et al., 2010).

- 부모가족 참여는 읽기 · 쓰기 및 한 학년 동안의 아동수행에 중점을 둔다.
- 주와 지역은 학교, 지역기반 Pre-K 프로그램, 헤드스타트와 아동보육 프로그램 간 PreK-3학년 연결을 구축할 수 있지만 성공을 위해서는 둘의 리더십과 시스템상 지원이 필요하다.
- PreK-3학년 연결은 심지가 약한 사람은 할 수 없다. 왜냐하면 이 일은 몹시 고되고 시간이 소요된다.

PreK-3학년 지원적 정책구조 만들기

진전하는 가운데 주와 지역학교와 지역정책 둘 다 PreK-3학년 접근법을 규모에 맞게 짜고 유지하기 위해서 갖추고 있어야 한다. 정책입안자들은 다음과 같은 일을 반드시 수행해야 한다.

- 국가적으로 또 주별로 교육개혁 성명서의 중요 영역으로 Pre-K 확대를 표명하라.
- 아동낙오방지법2001(공법 107-110)의 재승인에서 실패하는 학교를 중심으로 변화하고 성취차를 좁히는 증거기반 전략으로서 PreK-3학년 접근법을 제시하라.
- 털사에서 실시한 오클라호마 보편 취학전 프로그램이라는 증거기반 실제를 토대로 PreK-3학년 접근법을 제공하기 위해서는 헤드스타트 프로그램과 지역 초등학교의 파트너십을 지원하라.
- Pre-K 아동에서 시작하는 주의 교육종단 데이터 시스템을 지원하라. 이 시스템은 아동들이 PreK-3 교육체계를 거쳐갈 때 아동의 경험을 추적하면서 향상되는데, Pre-K 프로그램에게 아동성취에 대한 피드백을 준다.
- PreK-3학년 자격증을 비롯하여 모든 교육관계자들을 위해 아동발달에서 튼튼한 준비와 내용을 지원하라.
- Pre-K에서 3학년 기간 동안 책임을 질 유아기나 PreK-3 원장처럼 PreK-3학년 접근법을 지원할 주와 지역 차원의 구성협의체를 조직하라(Maeroff, 2006).

결론

미국이 대학졸업자 양상과 국제성취평가의 수행 두 측면에서 볼 때 교육성취의 경쟁력을 상실하였다는 점에 대해 교육자와 교육정책 입안가들은 동의하고 있다. 오늘날 아동들은 부모세대보다 고등학교 졸업률이 높지 않다. 흑인, 라틴/히스패닉, 인디언과 일부 아시아 출신 학생들의 교육성과는 평등, 민주정부, 국제 경쟁력을 열망하는 국가에서는 수용될 수 없을 만큼 저조하다.

PreK-3학년은 첫 6년간 공적 지원대상 교육(3~8세 Pre-K 2년, 유치원, 1학년에서 3학년)에서 중요한 단계에 해당한다. 빈틈없이 그 기간 동안 연속된 학습을 제공하기 위해 Pre-K부터 3학년 그리고 그 이상(고등학교 시작에서 쏟아져 나오도록)에 이르는 교육 경로에서 누수를 줄이고 아동 대부분이 글로벌 사회에서 잘 교육받을 수 있도록 하는 모종의 약속이다.

PreK-3은 교육 문제에서 특효약이 아니라 만병통치약이다. 생애교육경험의 중요한 일부로서 기본을 제공하고 열정을 북돋워주면서 모든 아동들이 생애를 통해 학습을 계속할 수 있도록 한다. 아동들이 잘 교육받을 때 감옥과 가난으로 뒤처진 아동들보다 더 건강하고 행복한 삶을 살아갈 가능성이 크다. 아동들은 잘 자랄 것이다. 우리 지역사회와 국가는 그 혜택을 볼 것이다.

제34장

Title I 방향 재설정하기

– Edward Zigler

오바마 대통령이 취임에 앞서 정부의 낭비와 비효율성에 대해 공격할 조짐을 내비쳤다. 2008년 언론과의 만남에서 오바마는 "의회에서 나온 사업비용 도용"에 대해 말하면서 "그런 날은 끝났다"라고 선언하였다(Fischer, 2008). 오바마 대통령은 다음과 같이 말하는 데 명확하고 일관되었다. 대통령은 연방정부가 성공할 가능성이 없는 프로그램에 재정지원하는 것을 멈출 것을 희망하였다.

변화메시지의 차원에서 교육분야에서 연방정부의 역할에 대한 권고안을 내고자 한다. 빈곤아동의 교육궤도 향상을 목적으로 한 국가의 최대투자가 여기에 들어있다. 초중등교육법률인 Title I의 최근 양상은 아동낙오방지법 2001으로 나타난다(PL 107-110).

헤드스타트 프로그램과 같이 Title I은 1965년 Lyndon B. Johnson 대통령이 가난과의 전쟁의 일환으로 시작하였다. 그러나 헤드스타트와 달리 Title I은 실제에 대한 동의기준이 있는 구체적인 프로그램이 아니었다. 그보다 국가의 모든 학교지역과 많은 사립학교에 돈을 배당하였다. 학교행정가들이 보기에 가난한 아동의 학업진전에 도움이 된다고 생각하는 어떤 종류의 계획도 시작할 수 있다.

따라서 학교는 거의 해마다 많은 일을 지원하는 데 Title I 재정 14억 달러를 사용한다. 교사와 교사교육, 전인학교(whole school) 프로그램, 프로그램 빼기, 방과후 영역, 읽기, 수학, 과학수업, 그 외 많은 일이 이에 해당한다. 비용의 많은 부분이 초등학생들에게 사용되는데, 그 중 일부는 유아교육(약 330만 달러)과 중등교육에 지불된다. 이런 활동목록을 갖고서 납세자들에게 구입목록에 대해 정확하게 설명하려면, 누군가는 상당히 애를 먹어야 할 것이다.

Title I의 재정흐름은 오바마 대통령이 정확하게 비판하고 있는 사업비용 도용의 양태를 보여준다. 그러나 학교가 이 돈을 가지고 무엇을 하는지에 대해 심각하게 생각하지 않았다. 대신에 입법가들은 가정으로 돌려보낼 돈의 양을 극대화하는 데 최선을 다하는 가운데(그리고 투표자들에게 자랑을 떠벌리는 가운데) 초점은 개별 주와 지역이 얼마를 받을 것인지를 정하는 공식에 모아졌다.

출발부터 헤드스타트 프로그램은 평가연구를 통해 책무성을 확인받아 왔으며, 클린턴 정부 때 국가적 효과연구로 절정에 다달았다. 그러나 Title I은 그런 방대한 여러 노력과 책무성을 비슷하게나마 시행하는 것조차 불가능하였다. 더욱이 미국 교육부가 Title I의 국가적 효과연구(Stullich, Eisner, & McCrary, 2007)를 실시했을 때, 포함된 자료의 적절한 해석조차 어려웠다. 조사된 정보에 따르면 참여아동들이 아동낙오방지법에 적힌 핵심역량 일부에서 미약한 성과가 있었다. 그러나 적어도 결과에 과학적 가치를 조사자들이 조금이라도 넣고자 했음을 보여주듯 연구 안에서 또 연구를 수행하였다(Torgesen et al., 2007). 여기서 다양한 읽기 교육과정을 시도하고 일반 교실수업을 받은 아동들과 결과를 비교하였다. 그런 연구는 우리에게 Title I의 효율성이 어떠했는지를 보여주기가 어려운데, 왜냐하면 연구하는 가운데 교육과정이 Title I의 전형적 대상이 아니다.

Title I을 재개념화하고 효율성을 평가하기 쉽도록 프로그램을 좀 더 통일하는 수정작업이 시급하다. 재계획은 효과개입의 실제에 대한 건실한 과학적 증거에 반드시 기초해야 한다. Title I이 원래 채택되었을 때 연구들은 전무하였다. 1965년과는 대조적으로 지금 계획자와 정책입안자들에게는 방대한 양의 문헌들이 알려져 있다. Nobel James H. Heckman(2008)이 이 문헌을 조사하고 결론을 내렸는데, 보고에 따르면 프로그램의 효과는 이후 연령대에서 일어나는 개입용보다 유아들에게 더 높게 나타났다. Title I의 국가적 효과연구는 이런 입장을 지지하였으며, 어린 학생들이 연령이 높은 학생보다 읽기수업에서 더 혜택을 본 것으로 밝혔다.

따라서 효과적인 프로그래밍에 대한 핵심지침은 "어릴수록 더 좋다"이다. 질 높은 좋은 유아교육의 가치에 대해 강한 믿음을 갖고 있는 사람으로서 Title I의 재정사용이 가난한 유아들을 위해 유아프로그램에 사용될 것을 지지한다. 그러나 이럴 경우 Title I은 헤드스타트와 공립학교에 제공되는 38개 주 프로그램들과 경쟁에 놓이게 된다. Title I의 바람직한 사용은 초등 저학년 동안 유아교육의 혜택을 받도록 하는 것이다.

Title I은 출발부터 사회과학에 퍼진 예방접종모델은 관련이 없다. 따라서 모든 사람들은 아동이 유아기관 개입을 시작하기 훨씬 전과 훨씬 후에 경험하게 될 빈곤에 대항할 예방접종으로서 1년 혹은 2년 유아기관이 활용될 수 있다고 믿고 싶어하였다.

이런 희망은 퇴색되지 않았다. 학교위원회는 이후 학업성취용 티켓으로 유아교육을 계속 판매하면서, 반면에 아동이 유아기관보다 13배나 더 오래 다닐 학교를 향상시키는 데는 아무런 일도 하지 않고 있다. 좀 더 현실적인 모델이 활용되어야 하며, 그런 모델에서는 아동이 인생의 단계를 넘어갈 때마다 각 단계에서 적절한 환경적 영양분을 받고 가도록 해야 할 것이다.

팔로우 스루 프로젝트(Project Follow Through)가 시작되었을 때 국가에서는 1960년 후반 이래로 한시적으로 이 방향으로의 움직임이 시도되었었다. 필자가 이 프로그램 계획위원회에 참여했는데, 여기서 우리가 한 일은 유치원부터 3학년까지 맞물리는 또 헤드스타트 원리기반의 부모참여 및 포괄적 서비스와 지속적으로 협조하는 프로그램의 개발이었다. 이 프로그램은 초등 기초 4년 동안 적합한 교육과정에 포함된다. 불행히도 이 계획은 실행에 옮겨지지 못했는데, 이유는 베트남 전쟁의 엄청난 비용지출로 재정이 대폭 삭감되었기 때문이다. 학령기의 헤드스타트 대신에 팔로우 스루가 학교교육 초기시기 동안 다양한 교육과정에 대한 비교평가로 쓰였다(Bock, Stebbins, Proper, 1977).

1990년대에 또 다른 기회가 있었는데 필자는 Edward M. Kennedy 매사추세츠 상원위원과 함께 일하면서 헤드스타트 전이 프로젝트를 개념화하고 시작하려 했으며, 이는 본질적으로 그 계획에서 보았을 때 팔로우 스루에 해당하였다. Sharon과 Craig Ramey가 시작한 그 노력에 대한 평가는 현장에서 무시되었는데, 이유는 기본결과에서 통제집단과 실험집단 간 유의미한 차이가 없었기 때문이다. 통제집단 학교에서 교직원들이 실험학교에서 일어난 것을 보고 함께 참여를 원했고, 일부는 초과 서비스용 외주자금을 모금하기까지 하였다. 따라서 연구는 엄청난 혼란효과로 인해 분산되었고, 프로그램 참여 의도 때문이 아니라 그것을 자발적으로 채택하는 것 때문에 통제집단 학교에서 개입혜택은 손상되었다.

비록 통제집단과 실험집단 간 수행에서 차이가 없었지만, 1990년대 연계 프로젝트에서 간과된 점은 최고의 기능으로서 성취가 국가기준에 도달하였다는 사실이다. 이는 필자의 오랜 경험에 비춰보았을 때, 빈곤아동이 4학년 말에 국가기준을 성취하고 유지한 것은 매우 드문 경우 중의 하나이다.

또 다른 확대 개입모델은 시카고 아동부모센터(Reynolds, 2000)이며, 이는 Title I을 통해 재정지원이 되었다. 헤드스타트와 마찬가지로 이 프로그램은 포괄적 서비스와 부모참여를 강조하는데, 여기서 강력한 연계서비스가 더 추가된 점이 차이점이다. 시카고 종단연구의 책임자인 Arthur J. Reynolds는 다음과 같은 점을 밝혀내었다. 즉, 2년 동안 유아기관을 다닌 아동이 1년 다닌 아동보다 더 잘 하였다는 결과이다. 초등 저학년에 맞춰진 프로그램이 유아기관 프로그램의 후속으로 이어질 때 아동은 계속 잘 수행하였다. 좋은 학교와 사회적응 면에서 혜택은 청소년까지 더 확대되었다.

확대된 유아개입이 잘 작동된다는 점을 입증하였다. 반면에 Title I에 엄청난 비용이 소요되었다는 사실을 최근 서류에서 찾아볼 수 없다. 권고하건대, 연계 프로젝트와 시카고 아동부모센터 둘 다 새로운 Title I의 모델로 활용되어야 하는데, 새로운 Title I은 유치원부터 3학년까지 빈곤아동을 위해 제공된다는 점이다. 아동의 학교에서의 진전이 3학년 말에 어느 정도 예측가능하다는 것은 잘 알려져 있으므로 목표로 삼기에 이 시기는 적합한 때라고 본다. 이런 프로그램들은 일부(전부는 아니며) 아동의 유아기관에서 보인 성취가 초등학교 초기 동안 퇴색된다는 경험 사실을 구조적으로 잘 다루고 있다.

필자가 제안하는 계획은 Title I의 뒤죽박죽 노력이 단일 프로그램으로 진전되도록 하는 것이다. 이 단일 프로그램이 수행기준을 갖추고, 질을 높여 좀 더 책임감 있는 Title I이 되도록 하는 것이다. 따라서 재정에서 배당된 부분은 장기간 동안 엄밀한 평가를 받도록 할 것이다. 사업비용 전용 대신에 선별된 행정가가 가난한 아동과 부유한 아동 간의 다루기 힘든 성취차이를 줄여주는 유도전망한 방법을 유권자들에게 전달해 줄 것이다.

PART 3

미래

주정부에서 얻은 교훈

연구문제

- 오클라호마 주의 프로그램으로부터 어떤 교훈을 얻을 수 있는가? 뉴저지 주의 프로그램으로부터 얻을 수 있는 교훈은 무엇인가?
- 두 프로그램의 고유한 특징은 무엇인가?

제35장

오클라호마 주의 Pre-K 프로그램

– Elizabeth Rose

어떤 주가 만 4세 대상 유아교육을 전국적으로 선도하고 있는가? 다른 분야의 많은 사람들은 그 답에 놀라는데 바로 오클라호마 주이다. 2008년에, 오클라호마 주의 만 4세 유아 중 71%가 공적 재원의 지원을 받는 유아교육 프로그램에 다니고 유아교육 자격증을 갖춘 교사들에 의해 교육되었다. 만 4세 프로그램의 규모와 질적 기준 모두에서 오클라호마 주는 유아교육을 제공하는 다른 주들에 비해 두드러지게 우수하다. 게다가 털사(Tulsa: 오클라호마 주에서 가장 큰 교육 지구)에서의 연구는 이 프로그램에 다니는 유아들이 다른 공립 프로그램에 대한 연구에서 밝혀진 것보다 인지 습득이 더 많이 향상된다는 것을 입증한다. 추가적인 연구에서는 비록 인지적 효과보다는 낮지만 유아의 사회정서적 발달 측면에서도 긍정적인 효과들이 이후의 학교 교육에서의 성공에 영향을 미칠 것이라고 시사한다. 이 장에서는 오클라호마 주 유아교육 프로그램의 발달 과정을 묘사하고 그러한 성공을 이끌어낸 몇 가지 특징들을 확인한다.

시간이 지나면서 대중의 큰 관심을 받지는 못했지만, 오클라호마 주에서는 가족과 지역 교육청 모두에게 여전히 선택사항이었던 Pre-K를 실질적으로 공립학교 체제의 한 학년으로서 추가하였다. 오클라호마 주의 공교육 체제에 Pre-K를 포함하는 것은 높은 질적 기준을 요구하는 한편, 보편무상 프로그램이 가능하도록 만들었다. Pre-K는 오클라호마 주의 현존하는 학교 체제 안에서, 1990년대에 보편무상 유아교육 프로그램을 시작했던 조지아와 뉴욕 같은 주에서는 가능하게 보이지 않았던 방법으로 개발되었다(Rose, 2010). 이것은 부분적으로는 프로그램이 1980년대에 작은 시범 프로그램으로 시작되어 시간을 두고 발전했기 때문이고, 또한 교육청에서 프로그램 설립을 하도록 하는 장려책이 있었을 뿐만 아니라, 일부 지역에서의 등록률 감소로 인하여 학교건물 안에 남는 공간이 있었기 때문이다. 오클라호마 주 공교육 체제에 만 4세 프로그램을 통합한 것은 재정지원 절차를 통한 지원에서부터 교사진에 대한 자격 요구사항에까지 분명하게 드러난다. (K-12학년 학생들 중 51%가 무료식사 또는 할인된 점심식사를 할 자격이 될 정도로) 빈곤문제가 심하고 보수적인 주에서, 학교를 통해 유아교육을 조용히 확장한 것은 아무도 상상할 수 없었던 규모로 양질의 유아교육을 제공할 기회를 확대하도록 도왔다.

기원

오클라호마 주의 Pre-K 프로그램은 1980년에 소규모지만 유아들에게 공립학교 체제의 혜택을 확장시키려는 폭넓은 비전을 가지고 시작되었다. 주정부 교육공무원이자 유아교육 전문가인 Ramona Paul은 공립학교에서 유아교사 자격증을 갖춘 교사들이 가르치는 만 4세 유아 대상 프로그램을 시범적으로 개발하도록 도왔다. 오클라호마 주의 만 4세 유아들을 위하여 10여 개의 교실에서 소규모로 시작한 이 프로그램은 1980년대 후반의 경제 위기동안 주 의회 의원들이 요구했던 K-12 교육제도 개혁의 일부로서 성장하였다. 유아교육의 장기혜택에 대한 연구는 프로그램 확장을 위한 지원체계를 구축하도록 도왔다. 1990년에 제정된 주요 학교개혁 법안은 Pre-K를 위한 재정지원을 지방정부의 공교육 지원 규정에 통합시켰다. 유아교사들이 유아교육 자격증을 갖추어야 한다는 필수조건을 포함하여, 초기 시범 프로그램에서 가졌던 높은 기준들을 지속적으로 적용하였다.

이 시기 동안 개발된 다른 주의 많은 Pre-K 프로그램들처럼, 1990년 법안은 저소득층 가정의 유아들에게 우선권을 주었다. 그러나 일부 입법자들과 교육 권익옹호자들은 더 폭넓은 범위의 유아들을 돕는 방향으로 법안을 확장시키기를 원하였다. 민주당 국회의원 Joe Eddins에게 있어 이것은 자연스러운 단계였다고 한 관계자는 다음과 같이 말하였다. "그에게는 공립학교에 위치해 있으면서 모든 유아들을 위해 필요한 것으로 가정되는 어떤 것에 제한을 두는 것은 합당하지 않았다"(M. Goff, 개인적 대화, 2004년 6월 17일). 주 전체의 여러 교육 단체들 또한 모든 유아들이 프로그램에 참여할 수 있도록 만들기 위하여 영향력을 행사하였다. 오클라호마 주 교육위원회(Oklahoma State School Boards Association)의 로비스트인 Kay Floyd는 주교육부*가 "이 점에 있어서 우리를 지지하였다. 즉 공립학교의 일부이며 주정부의 절차에 따라 재정지원을 받는 어떤 것이든 모든 유아들을 대상으로 하여야 한다고 느꼈다."고 회상하였다(K. Floyd, 개인적 대화, 2004년 6월 22일; R. Raburn, 개인적 대화, 2004년 7월 30일).

비록 주지사 Frank Keating이 1996년에는 프로그램 수혜자격을 확대하기 위한 초기의 법안에 거부권을 행사하였지만, 2년 후에는 승인하였다. 지역 교육청에서 만 4세 유아들을 K학년 교실에 입학시키기 시작하였다는 사실을 인식하게 되면서, Frank는 K학년에서는 만 5세가 안 된 유아들의 입학을 불허하는 한편, 만 4세 프로그램을 더 탄탄하게 만들기 원했던 입법자들에게 동의하였다. 1998년에, 오클라호마 주는 모든 만 4세 유아들이 프로그램을 이용할 수 있도록 하였고 주정부의 교육비 지원 규정에서 이에 대한 재정 비중을 높였다.

주정부의 교육비 지원 규정을 통한 재정확보와 함께 모든 유아들이 다닐 수 있게 함으로써, 만 4세 프로그램은 대부분의 오클라호마 주 지역에서 공립학교의 필수적인 한 부분이 되었다. 1998년에 통과된 법안은 오클라호마 주 전역에서 만 4세 대상 프로그램의 수가 극적으로 증가되도록 하였다. 주 전체의 유아교육기관 등록 비율은 1990년대 중반에 이미 상당히 성장하였는데, 1998년에는 두 배가 되었다. 오클라호마 주는 2003년까지 주정부 지원의 Pre-K 프로그램에서 전국의 다른 어떤 주보다 더 많은 수의 만 4세 유아들을 지원하였다. 2007년까지 오클라호마 주의 540개 학군 대부분에서 만 4세 교육을 제공하게 되었으며, 약 1억 1천 800만 달러의 비용으로 전체 만 4세의 68%에 이르는 유아를 지원하게 되었다(Adams & Sandfort, 1994; Barnett et al., 2007; Schulman, Blank, & Ewen, 1999). 수천 명의 부모들이 자녀를 등록시키기를 원하는 것이 분명하였다. 예를 들어, 무어(Moore) 교육청에서 지역사회의 지속적 요구에 응하여 1999년에 유아교육 프로그램을 시작했을 때, 160명 정원에 300명의 유아들이 등록하여 수요가 공급을 크게 앞질렀었다. 2003년에, 관료들은 지역 경찰들이 제기한 안전 문제를 언급하며, 부모들이 자녀의 자리를 확보하기 위하여 Pre-K 등록 전날 밤새우는 것을 더 이상 허락하지 않기로 결정하였다(Anderson, 2003; Pagley, 1999). 털사(Tulsa)

* 역주: 지방자치가 우세한 미국은 연방정부 전체 교육부와 별도로 주정부별로 주교육부가 제도화되어 있음.

지역의 새로운 Pre-K 프로그램 중 한 곳의 교사는 부모들이 "공립학교에서 제공되어서 좋아한다."고 말하였다(Dudley, 1998).

보편무상 Pre-K 체제를 구축한 것은 유아교육에 대한 대중적 지지를 확립하기 위하여 떠들썩하게 벌이는 캠페인의 결과가 아니라, 이와 같이 고요한 혁명이었다. Eddins는 "일부 주에서는 유난을 떨면서, 주지사와 입법부가 '무언가 큰 일을 하자'고 말한다. 그것은 우리 오클라호마 주에서 했던 방법이 아니다"라고 설명하였다(Fuller, 2007, p. 102). 조지아 주에서 대중의 주목을 크게 끈 교육 복권(education lottery)과 달리, 보편무상 Pre-K를 위한 오클라호마 주의 재정지원 체제는 눈에 띄지 않는 것이었고, 어떤 새로운 경로의 재정출처로부터도 지원을 받지 않았다.

오클라호마 주는 다른 어떤 주보다 공립학교 구조를 잘 활용함으로써 보편무상으로 접근 가능한 Pre-K를 제공하였다. 주정부 교육공무원들은 Pre-K를 공교육 체제 내의 다른 학년들과 동일하게 취급함으로써 높은 수준의 질적 기준을 유지하였다. 교육청에서는 유아교육 자격을 갖춘 교사들을 채용해야만 했고 다른 교사들과 같은 수준으로 대우해야 하였다. 학급 크기는 20명의 유아로 제한되었으며, 교사 대 유아 비율은 1:10으로 유지하였다. (비록 주에서 Pre-K 프로그램을 위한 자율적 교육과정 지침서를 개발하고 표준 성적표 양식의 사용을 요구했지만) 법적으로 규정된 교육과정은 없었으며 교실을 모니터하는 대규모 평가 시스템도 없었다. 오히려 전략은 잘 훈련된 교사들을 고용하는 것, 목표 달성에 있어서의 융통성을 교사에게 주는 것, 그리고 학교 운영 관리자들이 Pre-K 프로그램의 성공에 책임을 지도록 하는 것이었다. 비록 교육청에서는 헤드스타트 프로그램 및 어린이집들과 협력하여 Pre-K 프로그램을 제공하도록 장려했지만, 만 4세 유아들의 대부분은 공립학교에 기반을 둔 교실에서 교육받았다.

연구

오클라호마 주 접근방식의 효과에 대한 증거는 2002~2003년에 조지타운 대학 연구자들이 털사(오클라호마 주의 가장 큰 학군)에서 실시한 일련의 연구들로부터 나왔다. 선택편향의 문제를 줄인 연구방법을 사용하여, 연구자들은 Pre-K를 끝마친 유아들의 점수가 프로그램에 참여하지 않은 유아들의 점수보다 상당히 더 높았으며, 특히 초기 읽기(prereading)와 초기 쓰기(prewriting) 기술에서 더 높다는 것을 밝혀냈다. 효과크기(초기 읽기 기술에서 표준편차 0.79, 초기 쓰기에서 0.64, 그리고 초기 수학에서 0.38)

는 전국 유아기 종단연구(Early Childhood Longitudinal Study)의 K학년 자료에서 밝혀진 유아교육 참여의 전반적인 효과크기보다 훨씬 더 컸다(읽기에서 0.19, 수학에서 0.17; Gormley et al., 2005). 게다가, 비록 혜택은 더 빈곤한 소수집단 가정의 유아들에게서 더 컸지만 다른 사회경제적 배경으로부터 온 유아들 모두 오클라호마 주 Pre-K 프로그램으로부터 혜택을 받았다(Gormley et al., 2005).

특히 흥미로운 점은 전국적으로 히스패닉계 가정은 자녀를 유아교육기관에 잘 보내지 않는 경향이 있다는 사실에도 불구하고, 털사의 Pre-K 프로그램은 상당수의 히스패닉계 유아들을 모을 수 있었다는 사실이다. 히스패닉계 유아들에 대한 결과를 좀 더 주의 깊게 살펴보면, Gormley는 (특히 멕시코에서 태어났거나 가정에서 스페인어를 사용하는 부모의 자녀들에게 있어) 초기 읽기, 초기 쓰기, 그리고 초기 수학 기술에서 상당한 증진효과를 밝혀냈으며, 털사의 "강력한 학습중심 Pre-K 프로그램이 부모들은 제공할 수 없는 언어 및 인지적 측면의 혜택을 제공한다."고 보았다(2008, p. 304). 더욱이, 털사 프로그램에는 히스패닉 교사 또는 이중언어를 사용하는 교사가 매우 적었음에도 불구하고 이러한 효과를 얻었다.

털사의 Pre-K 프로그램은 또한 유아들의 사회정서발달, 특히 이후 학교성취도와 관련된 사회정서 측면에 상당한 영향을 주었다. 학교에 기반을 둔 Pre-K 교실과 헤드스타트 교실 양쪽 모두에서 유아들은 K학년 진학 시 더 높은 주의집중력, 더 낮은 수준의 소극성, (교실에서) 더 낮은 수준의 무관심을 보이는 것으로 밝혀졌다. 교사들은 이 유아들이 학급 활동에 더 적극적으로 참여하고 교사와 더 적절하게 말하고 교실의 일을 돕는 경향이 더 많기 때문에, 교사와의 상호작용에서 Pre-K에 다니지 않았던 유아들보다 더 긍정적이라고 평가하였다. 효과크기는 보통수준(0.10부터 0.22까지)이었지만 유아교육의 사회정서적 성취결과에 대한 다른 연구들과 일치하는 것이었다. 유의미한 사실은, 다른 연구들에서 공식적인 집단보육(formal group care)과 관련하여 밝혀낸 더 심각한 공격적 행동 및 외현화 문제행동과 관련된 어떤 증거도 이 집단에서는 나타나지 않았다는 것이다. 연구자들은 그 원인이 털사 교실에서 나타나는 더 높은 수준의 정서지원 및 교수적 지지에 있다고 보았다(Gormley, Phillips, Newmark, & Perper, 2009).

연구자들은 털사의 Pre-K 프로그램이 다른 주의 Pre-K 프로그램들보다 유아들의 인지 발달에 대해 더 강력한 영향을 미친 이유를 설명하기 위하여 여전히 노력하는 중이다. 그 대답의 일부는 털사의 교사들이 11개의 다른 주에서 연구된 Pre-K 교실들과 비교했을 때, 질적 수준이 더 높은 교실을 제공하고 있었다는 사실과 분명히 연관된다.

털사 교사들은 교수적 지지 및 교실 조직과 관련된 관찰척도에서 훨씬 더 높은 평가를 받았다. 그들은 또한 유아들에게 여전히 같은 수준의 정서적 지원을 제공하면서도 학습 활동(특히 읽기 · 쓰기와 수학)에 훨씬 더 많은 시간을 쏟았다. 그러나 이러한 교수질에 대한 평가가 교사들의 학력, 교육 경력, 또는 사용된 교육과정과 분명한 연관성이 없어서, 오클라호마 주 프로그램의 어떤 면이 이러한 높은 질적 수준을 이끌어 냈는지는 분명하지가 않다(Phillips, Gormley, & Lowenstein, 2009).

털사 프로그램의 두 가지 요소, 즉 교사 보상과 교육청의 역할은 더 많은 관심을 받을 만하다. 몇몇의 다른 주들과 마찬가지로, 오클라호마 주는 Pre-K 교사들이 유아교육 분야에서 학사 학위 및 자격증을 소지하도록 요구하면서 상당히 높은 기준을 설정하고 있다. 그러나 대부분의 주들과 달리, 오클라호마 주는 Pre-K 교사들의 교실이 학교 건물 또는 지역사회의 장소(예컨대, 어린이집, 교회 유아원) 안에 위치하는가의 여부와 상관없이, K-12학년 교사들과 동일한 보수와 대우를 받도록 요구하였다. 뿐만 아니라, 털사 카운티 헤드스타트(Tulsa County Head Start)는 좋은 교사들을 채용하기 위해 만 4세 유아들을 가르치는 교사들에게 교육청 산하의 교사들과 같은 수준의 보수를 지급하도록 결정하였다. 교사 급여가 교실 학습 환경의 전반적 질적 수준에 대한 가장 강력한 예측 요인들 중 하나라는 사실, 심지어 교사 교육과 훈련, 교사 대 유아 비율, 그리고 학급크기를 통제한 후에도 그러하다는 사실을 고려할 때, 이것은 중요한 특징이다(Zigler et al., 2006a). 털사의 Pre-K 프로그램에서 교육청의 주도적 역할은 역시 수업을 더욱 강조하는 요인일 수 있다. 털사 Pre-K 교실들의 절대적 대다수는 교육청의 지원을 받았고, 만 4세 유아 대상 헤드스타트 교실들은 학교체제에서 요구하는 질적 기준을 충족하는 헤드스타트 프로그램과 학교와의 협력을 통해 이루어진다. 털사 시 교육감은 헤드스타트와 교육청이 지원하는 교실들 간의 일치도를 다음과 같이 설명하였다. "나는 그들이 우리의 교육과정을 사용하기를 기대한다. 그들은 우리와 함께 보조를 맞추고 있다."(Fuller, 2007, p. 118). Phillips, Gormley와 Lowenstein은 "이 연구에서 정책 차원에서 가장 중요한 결과는 동일하게 높은 수준의 기준 아래 모든 프로그램들을 운영하는 Pre-K 혼합운영 체제(mixed-delivery system)는 프로그램 관할주체에 상관없이 유아들의 긍정적인 경험을 촉진시킬 수 있음을 증명한 것이다."라고 언급하였다(2009, p. 226; 강조체 첨가). Pre-K를 운영하기 위해 오클라호마 주에서 공립학교를 주로 활용했던 것은 보편무상 Pre-K를 제공하는 다른 주정부들보다 수업 측면에 대한 강조를 지속적으로 촉진시키는 수단을 제공하였다.

오클라호마 주 프로그램의 몇몇 특징은 정책입안자들과 권익옹호자들에게 도움이 될 만한 교훈을 제공한다. 첫째, Pre-K는 K-12 체제에 완전히 통합되고 교육청에 의해 관리된다. 교육청에서는 더 많은 유아들을 수용하기 위하여 헤드스타트 및 어린이집들과 협력할 수 있으나, 대부분의 학급은 학교에 기반을 둔다. 현재 상당수의 유아들이 보편무상 Pre-K에 등록한 주들 중, 오클라호마 주는 주로 공립학교에 의존한다는 점에서 독특하다. 오클라호마 주의 이 학교기반 접근법은 소규모 시범(pilot) 프로그램부터 시작하여 학교 재정지원 체제의 일부로 되기까지, 프로그램이 시간을 두고 점진적으로 성장해 나갔기 때문에 가능한 것이었다. Pre-K는 K-12 교육개혁과 관련되었고, 1990년에 오클라호마 주의 주요 학교개혁 법안에 포함되었다. 오클라호마 주의 일부에서 나타난 등록률 감소는 학교 건물에서 이용 가능한 공간을 만들었고 Pre-K 프로그램을 시작하는 학교에 대한 인센티브 제공도 가능하게 하였다. 또한, 수년 동안 주교육부(State Department of Education)의 지속적인 리더십은 만 4세 유아들을 위한 프로그램이 높은 질적 기준을 유지하면서 오클라호마 주 교육 체제의 일부로 완전히 통합되는 것을 가능하게 하였다.

둘째, 오클라호마 주의 Pre-K에 대한 접근법은 시간이 지남에 따라, Pre-K를 가장 필요로 하는 저소득층 유아들부터 지원하던 데서 시작하여 부모가 원하는 경우 모든 만 4세 유아들을 수용하는 것으로 진화하였다. 보편무상 Pre-K라는 대의를 사회운동 또는 정치적 지도자의 거창한 의제로 만들기보다 모든 유아들에게 기존 프로그램의 문을 개방하는 것을 점진적으로 확장하였기에, 이는 주 입법자들과 교육 지도자들에 의해 점진적으로 실시된 조용한 개혁이라고 할 수 있다.

마지막으로, 프로그램이 확대될 때에도, 교사들이 유아교육분야에서 학사 학위와 자격증을 소지하도록 하고, 다른 교사들과 똑같이 보수를 지급하고, 교사 대 유아 비율이 1:10 이상이 되지 않도록 요구하는 것을 포함하는 질적 기준들을 유지하였다. 이러한 질적 기준은 학교, 헤드스타트 프로그램, 그리고 지역사회의 보육 제공자들 간의 협력을 통해 유지되어 전반적인 프로그램의 질적 수준을 확보할 수 있게 하였다.

이러한 특징들 중 일부는 오클라호마 주에서 Pre-K가 뿌리를 내렸던 특별한 역사와 맥락을 반영한다. 그럼에도 불구하고, 다른 정책입안자들은 모든 만 4세 유아들을 대상으로 좋은 유아교육 프로그램을 제공하여 유아들의 학습을 증진시켰던 오클라호마 주의 성공 뒤에 존재하는 이유들을 면밀히 검토해볼 필요가 있다. 그 이유에는 높은 수준의 프로그램 기준으로 시작한 것, 학위 요건뿐만 아니라 교사 보수체계 문제를 다룬 것, 프로그램 등록 자격 대상을 점진적으로 확대한 것, 그리고 유아교육을 K-12 교육과 가능한 한 완전히 통합한 것이 포함된다.

제36장

뉴저지의 Abbott Pre-K 프로그램

국가용 모델

- Ellen C. Frede & W. Steven Barnett

1998년 뉴저지의 대법원은 주목할 만한 교육개혁령을 발표했으며, 여기서 31개 지역 3세 및 4세를 위한 보편적 계획이 잘 수립된 양질의 취학전 교육을 제시하였다. 판결은 'Abbott v. Burke'(1985)의 일부로서 2009년 동안 20개 주 대법원의 판결을 모은 것이다. 해당 지역 주 어린이의 약 1/4이 이 서비스를 받게 되는데, 이 법원판결로 인해 주목할 만한 실험이 진행된다. 즉 연구자들이 미국 전역 유아교육정책에서 가장 중요한 변화 중의 하나인 결과연구를 할 수 있게 되었다.

뉴저지 대법원은 주령으로 취학전 교육용 기본표준을 몇 개 만들었는데, 각 교실에 자격증을 가진 교사 1인과 보조교사 1인, 최대 교실인원 15명, 발달에 적합한 교육과정, 적합한 시설, 운행, 건강, 필요한 서비스와 관련된 기타 등이 이에 해당한다. 법원은 학교가 다른 시급한 책임을 져야 할 경우 과도한 부담을 지게 될 것을 우려하여 반일제 학기 프로그램으로 명하였다. 그리고 법원은 공립학교, 헤드스타트, 공동체 아동보육 프로그램 등이 이 서비스를 제공하는 것을 허용하였다. 학교지역구와 주 정부는 취학전 프로그램이 법원 표준을 준수하고 프로그램 지원에 상관없이 양질의 교육제공을 보장하는 책임을 맡도록 하였다.

구체적으로 해당 주는 초반에 하루 10시간 연간 245시간 무상이 가능한 종일 및 연간 프로그램을 개발하였다. Abbott Pre-K 프로그램은 최소한 180 수업일용인 뉴저지 교육부(DOE) 프로그램과 뉴저지 복지부(Dept. of Human Services)의 전후보육과 최고 65일의 학교휴일과 여름보육인 일일 래퍼라운드 프로그램을 합친 것이다. 최근 저소득층 가족은 무상으로 래퍼라운드 서비스를 받지만, 그 외 가족들은 서비스이용 시 비용을 부담해야 한다. 주정부는 교사들에게 인센티브 프로그램과 학사학위 및 P-3 자격증을 취득(법원 명령에 따라 생겨난 새로운 자격증)하도록 하였다. 그러나 질 기준을 충족시킬 재정마련과 질과 관련된 법원 명령의 전격적용은 2002년 James McGreevy 취임 이후에나 실시되었다. 질 보장을 위해 주정부는 지속적 향상을 불러올 시스템을 구축하였다. 이 장에서는 그 시스템과 그 시스템으로 인해 어린이의 학습과 학교성취에서 긍정적 결과를 냄으로써 어린이 초기교육의 질을 향상시켰다는 것을 입증한 내용들을 살펴보도록 하겠다.

뉴저지의 지속적 향상 시스템

중추 프로그램의 특징과 해당 주체의 책임에 대한 기본목표와 규정의 구축은 효과적인 취학 전 교육시스템 개발에서 핵심단계이다. 기타 핵심단계로서 적정한 재정제공을 들 수 있다. DOE 구성요소는 재정적으로 연간 12,000달러가 소요된다. 이런 점을 예상해 보면, 뉴저지 공립학교는 특수교육 비용을 포함해서 K-12 기간 동안 아동 1인당 16,000달러를 써야 한다. 그러나 이런 단계들 또는 여타 취학 전 프로그램의 해당 목표 성취 여부를 충분히 보장하지 않는다. 따라서 이런 목표 달성을 확인하기 위해 DOE는 지속적 향상 시스템을 구축하였다. 시스템 구축은 프로그램 운영 및 학습과 교수용으로 일관된 표준 개발부터 시작하였다. 주별, 지역별, 교사 수준별로 일련의 지속적 향상 사이클을 위한 토대를 마련하였고, 데이터를 수집하도록 했는데 이 데이터는 각 표준과 연결되어서 계획향상(가끔 전문성개발을 통해서)에 활용하도록 하였다.

주 표준

2002년 Early Childhood Education Work Group이 구성되어 지역학교, 사립 아동보육센터, 헤드스타트, 시민단체, 지역단체, 고등교육, 교사노동조합, 유아교육 전문가 단체, 주의 해당 부서들이 참여하였다. 소위원회는 관련 프로그램 구성요소 전 영역에서 안내지침용 권고를 만들었다. 이 권고는 『The Abbott Preschool Program Implementation Guidelines』로 교육부가 수정 및 편집하여 출간되었다(2010a, Division of Early Childhood, 뉴저지 주 교육부에서 주 지여용으로 수정되어 요약되었다). 안내지침은 연구와 전문가들의 의견을 기반으로 만들어졌다. 권고안으로 개발-의무가 아닌-되고 지역상황과 필요에 맞추어서 많은 항목들이 실질적으로 주 규정에 부합하여 보편적으로 적용할 만큼 명료하게 되었다.

교수학습용에 대한 요구는 2000년도에 처음 만들어져서 2002년 수정되었다. 프로그램 적용 안내지침에 참여했던 동일집단의 대표들이 작업에 참여하였다. 그러나 개별 8가지 학습영역은 전문가들의 도움을 많이 받았다. 학습결과의 안내지침은 교수실제용 안내지침과 짝을 이루었는데, 이는 학습목표달성에 대한 압력이 부적합한 교수방법으로 이어지지 않도록 하기 위해서였다. 결과자료는 2004년 주 의회에서 『Preschool Teaching and Learning Expectations: Standards of Quality』로 채택되었다. 그러나 2002년 완성본이 나온 후에야 전문성 발달용으로 활용되었고 이 후 수정되었다(뉴저지 주 교육부 유아교육부, 2009). Abbott 지역에는 요구조건을 충족하는 어린이들을 배출할 교육과정과 교수실제를 계획하거나 적용해야 할 의무가 주어졌다. DOE는 요구를 지원할 전문성 개발 장려책을 썼는데, 여기서 각 지역에게 요구에 부합한 교육과정 모델 다섯 개 중 하나를 채택할 의무를 부과하였다(지역은 특정 상황에 따라 대안을 채택할 수도 있다).

주의 역할

DOE는 어린이, 프로그램, 재정 데이터의 샘플을 광범위하게 이용해야 할 책임과 프로그램 향상 용도로 주 전역에 쓰일 시스템을 개발하였다. 모든 어린이, 교실, 프로그램과 지역에 대한 일정의 기본정보 요구에 대한 책임도 주어졌다. 그렇지만 표본추출은 시간과 비용 측면에서 가능한 비용을 제공하였으며, 주가 가능한 범위에서 자세한 데이터를 입수할 수 있도록 하였다. 이런 과정을 지원하기 위해 DOE는 2002년 고등교육과 Early Learning Improvement Consortium(ELIC)과 협약을 체결하였다. ELIC는 교실과 어린이를 무작위표집해서 프로그램 질과 어린이의 학습에 대한 자료를 매년 수집, 보고하였다. 교수와 교실환경에 대한 표준화 검사는 ELIC 관찰자가 수집하였는데, 이들은 신뢰성 교육을 받고 각 지역별로 질에 대한 외적 점검을 실시하였다. 매년 가을마다 유치원생의 언어, 읽기/쓰기, 수학에 대한 능력이 훈련된 ELIC 직원에 의해 평가되었는데, 유아교육연구에서 널리 활용되고 있는 개별표준검사를 신뢰 있게 측정하였다.

ELIC는 3가지 도구를 활용하여 교실관찰을 수행하였는데 다음과 같다: 유아 환경 척도 개정판(ECERS-R; Harms et al, 1998), 유아 읽기 쓰기 평가지원(SELA; Smith, Davidson, & Weisenfeld, 2001), 유아 교실 수학 목록(PCMI; Frede, Dessewffy, Hornbeck, & Worth, 2003). ECERS-R은 연구문헌과 다른 주 프로그램을 뉴저지 점수와 비교하도록 허용하고 교실 질에 대한 전반적 모습을 제공한다. SELA는 어린이의 초기 언어와 읽기/쓰기 기능을 지원하는 실제에 대한 보다 구체적 정보를 제공한다. PCMI는 어린이의 수학기능을 지원하고 향상시키는 취학 전 교실에서 사용되는 교재와 방법에 중점을 둔다. SELA와 PCMI는 기초학업 학습과 ECERS-R에 대한 중요한 보완으로 생각되는데, 기초학업 학습과 관련된 교수기법을 보다 직접적으로 평가하게 짜여 있기 때문이다. 교사들과 멘토들은 SELA와 PCMI의 결과를 이해했으며, 아울러 손쉽게 이들을 전문성 개발이나 프로그램 향상계획을 수립하는 데 전환해서 활용하였다. SELA와 PCMI의 기준은 주의 『Preschool Teaching and Learning Expectations』(뉴저지 교육부, 2009)에 기술된 교수실제와 밀접하게 관련되어 있다.

4가지 아동평가가 실시되었다. 어린이들은 영어로 평가를 받았는데, 라틴어로도 평가가 가능하다. 언어발달은 피바디 그림단어 평가-3(PPVT-3; Dunn & Dunn, 1997)와 라틴어 사용자를 위해 피바디 그림단어 평가(Dunn, Lugo, Padilla, & Dunn, 1986)를 사용해 평가한다. 초기 읽기/쓰기 기능은 유아기관 음운 및 인쇄 수행 포괄적 평가(Lonigan, Wagner, Torgeson, & Rashotte, 2002)의 인쇄물인식 하위검사로 평가되었다. 인쇄물인식 하위검사는 어린이가 그림에서 글자와 낱말 구별을 평가한다. 글자가 개별 이름, 모양, 음조합을 갖고 있다는 점에 대한 인지정도를 측정한다. 수학기능은 Woodcock-Johnson 성취검사 하위검사10 적용문제와 해당 라틴어용으로 측정하였다(Woodcock et al., 2001). 프로그램의 학습목표가 성취정도에 대한 완전한 전체평가와는 거리가 멀지만 과도한 평가부담을 지우지 않고 진행과정을 모니터할 합리적인 방법으로 여겨지고 있다.

아울러 주는 회계 책임도 보장해야 한다. 유료서비스와 아동보호 보조금시스템에서 공립학교와의 계약으로 함으로써 사립 공급자들에게는 부담을 안겨주었다. DOE는 지역과 계약을 맺은 사립 공급자용으로 명확하고 구체적인 예산 안내지침서를 갖고 시작하는 엄청난 회계 책무성 평가를 도입하였다. 프로그램 첫해 모든 프로그램 예산은 교실단위로 면밀히 심사되었다. 경비는 지역 회계전문가가 분기별로 심사하였고 주는 지역경비를 심사하였다. 마지막으로 주는 매년 무작위로 Pre-K 제공계약을 한 500개 이상의 공급업체에서 약 100개를 선별하였다. 아울러 비정기적 보고서에 대한 심사와 회계감사를 실시하였다. 심사와 회계감사로 얻은 정보는 회계전문가가 개별 공급자들에게 기술적 도움을 제공하도록 교육시키고 예산과 회계 책무성에 대한 교육모형을 개발하는 데 사용하였다. 전반적 태만과 실제 불법행위를 한 공급자는 계약을 취소시켰다.

지역의 역할

DOE는 자기평가 타당성 시스템(Self-Assessment Validation System[SAVS]; Wilkins &

Frede, 2005)을 개발하여 지역수준에서 지역과 주의 연간 절차과정으로서 지속적 향상 주기를 실시할 때 도움을 주고자 하였다. SAVS는 프로그램 향상 계획수립을 개발하는 기초로서 취학 전 프로그램의 체계적 자기평가를 통해 지역을 안내하도록 고안되었다. SAVS 항목과 등급기준은 『Abbott Preschool Program Implementation Guidelines』(뉴저지 교육부, 2010a)를 기반으로 프로그램 표준과 관련된 책임을 평가하였다. SAVS 45개의 각 항목은 3점 등급으로 1은 충족되지 않음, 2는 진행 중, 3은 충족됨을 의미하였다. 따라서 지역은 항목점수 평균에서 나온 종합 SAVS 점수를 받게 된다.

SAVS 절차는 연간 2단계로 진행된다. 1단계에서 지역 직원들이 다른 관련단체, 예를 들어 지역 유아자문위원회와 협조하여 유아프로그램을 평가한다. 이런 초기 등급화는 운영계획과 DOE에 제출될 예산요청에 맞춰 수정된다. SAVS가 프로그램 향상도구이기 때문에 지역은 프로그램에서 비판적으로 정직하게 검토하도록 권장된다. 2단계에서는 지역이 DOE 연락담당자와 함께 발달이 필요한 성장과 영역에서 특정 관점에 견주어 SAVS를 재평가한다. SAVS 평가를 정당화하기 위해 반드시 기록작업 제출이 요청된다. 그리고 이 결과는 DOE에 제출된다. 매년 SAVS에 보고된 평가점수를 확인하기 위해 지역들 중 1/3에 대해 확인방문이 실시된다. 아울러 지역들은 다른 출처에서 나온 자료와 SAVS의 결과를 합해 상세한 전문성 개발계획을 수립하고 이는 DOE에 제출해야 한다.

2003년 이래로 Abbott 지역은 모든 어린이집(preschool) 교실을 대상으로 구조적 관찰이 매년 실시되고 아울러 프로그램 향상을 위해 정보활동의 규정화를 의무로 지정하였다. 선임교사(master teachers)로 명명된 어린이집(preschool) 전문성개발 코치가 각 학년 초반에 교실개입과 여타 전문성개발 기획을 지원하기 위해 관찰을 실시한다. 일반적으로 지역들은 대부분 혹은 모든 교실이 5. 이상을 받기까지 ECERS-R을 사용한다. 이 시점에서, 지역들은 특정 교육과정 적용에 대한 충성도를 측정하거나 혹은 좀 더 구체적 교수실제를 보는 관찰도구로 바꾼다.

지역들은 계약한 교실에 대해 최하점을 설정해야 한다. 그 최하점을 충족하지 못하는 교실은 시간별로 된 향상계획표를 짜서 향상시켜야 한다. 지역 유아교육 장학사와 선임교사들이 그 교실에 배정되어 센터장과 그 계획을 개발한 교사와 함께 만남을 가져야 한다. 지역은 장려책 보조를 제공할 의무가 있다. 이렇다 할 진전이 없을 경우, 외부에서 훈련된 믿을 만한 관찰자가 관찰을 거듭하게 되며, 센터는 계약을 상실할 수 있다. 주가 관찰도구에 대해 훈련을 시킨 사람들이긴 하지만 모든 선임교사가 도구에 대해 신뢰를 구축한 것은 아니다. 따라서 이 데이터를 모으지 못할 경우 외부 관찰자는 계약종료 전에 지역 결과들에 대해 확증할 의무가 주에 의해 주어진다.

Abbott 지역에서는 선임교사 1인당 17~20명의 Pre-K 교사가 배당된다. 계획, 관찰, 사후관찰 검토에 의해 구조화된 반성 평가주기에 따라 교사들이 참여한다(Costa & Garmston, 2002). 선임교사는 개별 교사와 함께 학급목표를 설정한다. 선임교사는 해당목표의 성취와 관련된 객관적 자료를 관찰을 통해 수집하며, 이어서 교사와 함께 관찰에서 나온 결과를 분석한 후 교수실제를 계획하게 되는데, 여기서 어린이의 성취향상을 모니터하고 교수에 대해 알아낼 수행평가가 사용된다. 아울러 선임교사는 자신들이 제공하는 코칭과 더불어 전문성개발 활동계획을 교사들과 함께 작업하는데, Pre-K 교수학습을 위해 보다 광범위한 지원이라는 측면에서 다른 행정가들도 함께 참여한다.

교사의 역할

교사는 자신의 교수향상을 지원하기 위해 지속적 아동평가를 활용한다. 2003년 DOE는 ELIC의 도움을 받아 아동 언어와 읽기/쓰기 발달용 수행평가를 고안하였다. 초기학습 평가시스템(Early Learning Assessment System[ELAS]; 뉴저지 교육부, 유아교육부서, 2010b)은 어린이들이 나타내는 구어와 읽기/쓰기 기능을 평가하는 데 교사관찰과 포트폴리오 기록을 활용하는데, 『유아교육기관 교수학습 기대요소(Preschool Teaching and Learning Expectations)』와 K학년 『핵심 교육과정 내용 기준(Core Curriculum Content Standards)』에 설명되어 있다. 원래 ELAS는 교실, 지역, 주 수준의 수집을 허용하도록 구축된 충분한 타당성을 갖춘 여러 영역을 아우르는 전반적 학습과 발달 측정용으로 개발되었다. 이후 DOE는 지역들이 교사가 활용할 몇 개의 기존 수행평가 중 하나를 채택하는 것을 의무로 결정하였다. 이런 수행기반평가로부터 나온 정보는 특정 어린이에게 맞추어 상호작용을 개별화하는 데 활용되고, 아울러 전체 교실활동을 위한 활동을 조절하는 데 쓰인다. 안타깝게도 다양한 도구들 때문에 지역 전역에서 나온 데이터의 수집에 어려움을 겪고 있다.

Abbott Pre-K 프로그램의 결과

Abbott Pre-K 프로그램 이전, 뉴저지 Abbott 지역 4세의 대부분인 80%와 3세의 40% 이상이 공립 혹은 사립 센터 프로그램에 다녔다(Barnett, Tarr, Esposito-Lamy, & Frede,

2001). 각 연령집단의 1/4이 사립 아동보육센터의 서비스를 받았다. 4세의 약 30%와 3세의 5%는 공립학교 서비스를 받았다. 4세의 22%와 3세의 11%는 헤드스타트 서비스를 받고 있었다. 그럼에도 불구하고 대부분의 아동이 학교에서 성공할 준비가 제대로 되어 있지 않았다. 그리고 많은 취학 전 프로그램의 질이 빈약하였다(Barnett et al., 2001). Abbott Pre-K 프로그램이 해결할 문제가 바로 이런 것이었다. 소수부터 거의 모든 아동들까지의 등록이 늘어나면서 프로그램이 어떻게 시행되었는가?

프로그램의 질

ELIC 자료에 따르면, Abbott Pre-K 프로그램에서 2008~2009학년 프로그램까지 질적 변화가 있음을 알 수 있다. 1999~2000년 Abbott 지역 Pre-K 프로그램을 구조적으로 관찰한 바에 따르면 다음 정보를 알 수 있다. ECERS-R에서 평균점수가 3.9이며 최소수준인 3.0을 넘어서지만 좋은 수준(5.0) 이하를 나타낸다. 공립학교 지역과 헤드스타트 운영 프로그램은 4.0을 기록한 반면 사립 프로그램은 3.5를 보여주었다. 2008~2009년까지 ECERS-R 점수가 5.2까지 향상되었는데 프로그램의 64%가 좋거나 최고 수준 범위의 점수를 보여주었다. 더욱이 Abbott 지역의 공립학교와 사립학교 간 평균에서 큰 차이가 나타나지 않았다.

SELA 결과에 따르면, 이 조사에서 비록 데이터가 2002~2003년까지이지만 언어와 읽기/쓰기와 관련된 교수실제에서 시간에 따라 상당한 향상이 나타났다. 2008~2009년까지 12%에서 0%까지 최저 범위에서 교실득점 비율이 떨어진 반면에 2005년에는 최고 범위에서 교실득점 비율이 10%에서 47%까지 향상되었다.

PCMI 교실점수 또한 향상되었는데 SELA와 ECERS-R 점수와 비교했을 때 척도의 낮은 쪽에 머물고 있다. 이는 유아교육에서 전반적으로 수학에 대한 강조가 부족했음을 보여주거나 PCMI가 좀 더 향상되는 쪽으로 요구하고 있다는 것을 보여준다. 그럼에도 불구하고 최저 범위에서 교실득점 비율이 2002~2003년 41%에서 2008~2009년 11%로 떨어진 반면에 2008~2009년 최상 2개 범주(3개 혹은 더 높은)에서 교실득점 비율이 14%에서 32%로 향상되었다.

학습에 미친 영향

불연속 회귀분석을 사용해서 Abbott Pre-K의 학습에 대한 1년 효과를 유치원 입학 때 측정하였으며, 통제집단과 실험집단 간 차이를 제거하고서 무작위 시행을 따랐다. 통계적으로 유의미한 효과가 어휘, 인쇄물인식과 수학에서 나타났다(Frede et al., 2007). Pre-K 1년이 0.28 표준편차의 효과크기를 가진 통제집단에서 4개월 동안 측정된 추가 성과가 어휘성장에서 향상된 것으로 나타났다. 수학에서 측정된 효과는 표준편차(.36)에서 40% 이상의 차이로 학습을 향상시켰다. Abbott Pre-K를 1년 다닌 아동은 인쇄물인식에서 거의 2배차로 학습에서 향상을 보였는데 이는 받지 못한(표준편차 .56) 아동에 비해 엄청난 진전을 나타낸 것이다. 전체적으로 볼 때 측정된 효과규모는 동일 측정에서 헤드스타트 1년에서 보인 것보다 상당할 정도로 큰 것이다(U.S. Department of Health and Human Sevices, 2010b).

불연속 회귀분석 접근은 장기간 효과나 Pre-K의 1년 이상 효과를 측정해내는 데 쓰일 수 없다. Pre-K의 취학여부에 따른 아동에 대한 관례적 비교는 장기효과 측정에 활용되었다. 이 관례적 접근은 효과가 저평가하게 나타나지만 그런 제한에도 불구하고 2학년 말 다양한 조사에서 통계적으로 의미 있는 효과가 있었으며 이는 가장 최근 후속 조사에서 마무리되었다(Frede et al., 2000).

Abbott Pre-K 프로그램은 계속해서 교육적으로 혜택을 주는 것으로 보인다. 2학년 말에 학년유급, 언어, 수학에서 효과가 분명하게 나타났다. 대부분 조사에서 Pre-K의 2년 효과가 1년 간 효과보다 크기에서 2배로 나타났다. 학년유급은 Abbott Pre-K를 다니지 않은 아동의 10.7%부터 Abbott Pre-K를 1년 다닌 아동의 7.2%, 2년 다닌 아동의 5.3%로 나타났다. 언어(PPVT-3)에서 2학년 말에 조사된 표준화된 효과는 1년 Pre-K 표준편차 .24(p 〈 .05), 2년 Pre-K 표준편차 .44(p 〈 .01)로 나왔다. 2년 효과는 시카고 아동부모센터의 효과크기에서 유사하였고 이는 그 비용보다 훨씬 더 크게 이윤을 산출해낸 것으로 조사되었다(Reynolds, 2000). 모든 어린이들이 유치원 때까지 이 기능을 습득하였기 때문에 인쇄물인식 효과검증에는 적절치 않았다. 그러나 유의미한 효과가 읽기 이해에서 나타났으며, 이 연령의 읽기/쓰기를 측정하는 데 좀 더 적절한 것으로 나타났다.

결론

뉴저지 Abbott Pre-K 프로그램은 저소득층, 도시지역 유아들이 학교에서 성공할 수 있게 좀 더 잘 준비되어 유치원에 입학한다는 것을 보장하기 위해 법원이 지시한 야심찬 노력이다. 프로그램은 높은 기준과 잘 교육되고 적절한 급여를 받는 교사와 소규모 교실로 잘 지원되고 있다. 그러나 Abbott Pre-K 프로그램에서 가장 중요한 혁신은 교실부터 의사당까지 의사결정을 통지하는 광범위한 자료가 기반된 시스템이 개발되었다는 것이다. 지속적 향상 사이클이 교사, 지역 행정가, 주 행정가를 위해 구축되어 전문 교육을 통해 파트너십하에서 함께 일하게 되었다.

수집된 자료가 완벽하지는 않지만 체계는 교수와 학습을 향상시키도록 하는 데 놀랄 만한 자취를 남겼다. 유아들이 다니는 유아교실은 상당히 향상되었다. 어린이들은 초등학교로 진학할 때 더 많이 배우고 상당한 교육적 장점을 가졌다. 이런 결과가 높은 기준, 재정, 혹은 지속적 향상 사이클 없이 이루어졌다고는 생각하지 않는다. 이런 세 요소 중 하나라도 없었다면 발생한 제대로 된 유아교육과 보육의 변화된 모습은 나타나지 않았을 것이다. 뉴저지는 모든 어린이들이 목표를 성취했는지에 대한 표준화 시험에 의존하지 않고 좀 더 조율된, 다양한 접근방법을 통해 교수와 학습을 평가하였다. 다른 주와 연방 정부도 따라하면 성공할 모델이다.

유아교육에 거는 과도한 기대의 위험

연구문제

- 유아교육 프로그램의 단기 및 장기 효과는 무엇인가?
- 긍정적 단기 효과를 높일 수 있는 프로그램상의 특징은 무엇인가?

제37장*

유아교육 프로그램 효과의 과장에 대한 경고

– Edward Zigler

헤드스타트와 하이스코프 페리유아원과 같은 유아중재 프로그램들(early intervention programs)은 오늘날의 유아교육 운동이 이루어지도록 영감을 제공했던 것이다. 유아중재와 유아교육이 동일한 것은 아니지만 이 두 유형의 프로그램에는 상당한 공통 요소가 있으며 일반대중들에게는 서로 구분이 되지 않는 것으로 다루어지곤 해왔다. 필자는 시간이 흐르면서 유아기 중재가 의사결정자, 과학자, 그리고 전체 사회에 의하여 어떻게 인지되는가에 있어서 진보와 후퇴, 긍정적 측면과 부정적 측면을 목격해왔다. 이제 유아교육의 발달을 위한 기세가 다시 속도를 붙이게 되자 이러한 역사에서의 후회스러운 사건들이 일부 반복되고 있는 것을 보게 된다. 이 장에서는 독자들에게 이러한 잘못된 발자취들을 상기시킴으로써 이러한 반복 패턴을 인식하고 유아들을 위한 우리의 노력이 또다시 잘못된 길로 오도되지 않도록 하는 것을 목적으로 한다.

유아교육 지지자들이 유아중재 분야로부터 취할 수 있는 가장 값진 교훈은 잠재적 효과를 과장되게 홍보하지 않는 것이다. 헤드스타트가 성취해줄 수 있는 것에 대한 지나치게 열광적인 기대는 이 프로그램의 출범 직후에 시작되었다. 예를 들어 Lyndon

---

* 2007년 12월 7일 National Invitational Conference of the Early Childhood Research Collaborative 연설 및 그 이후에 출판된 다음의 학회자료집을 수정한 것임: Reynolds, A. J., Rolnick, A. J., Englund, M. M., & Temple, J. A. (Eds.). (2010). *Childhood programs and practices in the first decade of life: A human capital integration*. New York: Cambridge University Press.

Johnson 대통령은 미국인들에게 헤드스타트가 곧 가난을 종식시키고 유아교육을 받은 사람들이 복지제도에 의존하거나 범죄를 저지르지 않고 모범시민으로 성장할 수 있을 것이라고 자신만만하게 약속하였다. 헤드스타트 프로그램은 가난한 환경 속에서 살고 있는 어린이들이 초등학교 입학 직전의 여름* 동안에 그저 6~8주 동안 교육시키는 프로그램으로 시작되었는데 이러한 확인되지 않은 프로그램에 대하여 거는 기대로는 확실히 지나친 것이었다.

Johnson 대통령의 가난과의 전쟁을 이끌었던 Sargent Shriver는 빈곤층 어린이들의 학교입학을 준비시켜 주려는 실질적인 이유로 헤드스타트를 사실상 창안했었다. 다른 기회에 그는 지적 장애의 위험이 높은 어린이들의 IQ 점수를 향상시키는 것으로 나타났던 Susan Gray와 Rupert Klaus(1970)의 실험 프로젝트를 참관할 기회가 있었다. Shriver는 이러한 결과에 매혹되었고 헤드스타트가 평균적인 지능을 가진 빈곤층 어린이들에게도 동일한 효과가 있을 수 있으리라고 생각하기 시작하였다. 그는 이 카드를 단지 정치적으로 유리한 상황에서만 사용하려 했지만 헤드스타트가 어린이를 더 똑똑하게 만들 수 있다는 개념이 일단 심어진 이후에는 없애는 것이 불가능하였다. 과학자들은 헤드스타트나 그 어떤 유아교육 중재든 짧게 경험한 직후에 어린이들의 IQ 점수가 올라갔다는 연구를 어쩔 수 없이 계속해서 수행하였다. 이러한 혜택이 시간이 지나면서 점차 소멸된다는 사실이 밝혀지자 헤드스타트 프로그램은 연방정부에서 중지시키고자 하는 목록에 포함되었었다. 사실상 필자가 워싱턴에 도착했을 때 맡았던 첫 번째 업무 중의 하나가 헤드스타트 프로그램을 그 다음 3년간에 걸쳐서 점차적으로 없애는 것이었다. 필자의 상관이었던 Elliot Richardson이 백악관에 직접 호소함으로써 헤드스타트를 구할 수 있었다.

1960년대에 가난 속에서 자라는 것이 어린이의 최적 발달을 위협하는 요인임이 알려졌다. 헤드스타트는 빈곤층 어린이가 학교에 입학할 때 제대로 준비되어 있지 못하게 하는 빈곤 요인 중 일부를 해결하고자 설계되었다. 그러나 헤드스타트의 기획자들이 짧은 기간의 여름 프로그램이 가난한 어린이들의 인생 경로 전반에 큰 효과를 가져다줄 것이라고는 결코 생각하지 않았음이 확실하다. 다만 이들은 정책입안자와 국민들에게 이 사실을 제대로 전하지 못하였다. 하나의 흐름으로 일단 힘을 받게 되자 이 작

* 역주: 우리나라와 달리 미국의 학사일정에서는 가을에 새 학년 새 학기가 시작되기 때문에 초등학교 입학 전 여름에 실시된 것임.

은 하나의 프로그램이 수세기 동안 풀리지 않아온 빈곤 문제를 척결할 수 있고 어린이들의 지적 능력을 향상할 수 있다는 희망을 소멸시킬 수가 없었다.

신경계 촬영이미지를 사용하는 연구에서 생의 가장 초기에 이루어지는 두뇌 발달이 환경적 요인과 연계될 가능성을 보여주었던 1990년대에 이 이야기는 다시 반복되었다. 갑작스럽게 풍부한 유아기 경험이 인지발달을 가속화시킬 수 있다는 믿음이 부활하였다. 헤드스타트가 지능을 향상시키지 않았던 것은 당연한데, 이는 뇌 발달주기에서 너무 늦게 제공되었기 때문이라고 생각하게 되었다. 헤드스타트를 더 어린 연령에게 확장하려는 노력은 헤드스타트 출범 직후부터 시작되었지만 신경학적 연구가 헤드스타트 서비스의 영아 및 걸음마기 유아에게로의 확장을 타당화시키는 데 필요한 지원군이 되었던 것이다. 필자는 조기헤드스타트에 담긴 지혜와 가치를 진심으로 믿지만, 틀린 이유를 근거로 홍보되고 있다고 생각한다. 신경과학은 두뇌 발달이 어떻게 이루어지는지를 어렴풋이 이해하게 해줄 뿐 두뇌 발달이 더 빨리, 더 잘 이루어지도록 하는 방법을 제시해주는 것은 아니다. 조기헤드스타트가 시냅스 발달에 결국 입증될 만한 효과가 없는 것으로 나온다면(혹은 가족구성원을 돌보기 위한 가족의료휴가법[공법 103-3]이 두뇌 구조를 변화시킬 수 없는 것으로 나온다면), 이러한 가치 있는 노력에 대한 지원이 감소하게 될 것이다. 이것이 근거 없는 걱정이 아니라는 증거는 초기 두뇌 발달에 대한 대중매체의 대대적 관심의 정점에서 만들어졌던 베이비 아인슈타인(Baby Einstein) 비디오의 제작자들이 부모들에게 환불을 해주고 있다는 사실, 즉 "영아의 지능을 향상시키지 못하였다는 것을 암묵적으로 인정하는 것"(Lewin, 2009, p. A1)에서 찾아볼 수 있다.

이제는 깨우칠 만도 한데, 헤드스타트 프로그램에서 달성해줄 수 있는 것에 비현실적으로 기대를 거는 경향이 여전히 지속되고 있다. 예를 들어 George W. Bush 대통령은 헤드스타트를 다녔던 위험군 어린이들이 더 부유한 어린이들과 동일한 정도의 학교 준비도를 보이지 않는다는 이유로 헤드스타트를 비난하였다. 물론 동일하지 않다. 헤드스타트가 단독으로 해체가정을 치유하거나 소득수준을 올리거나 이웃의 폭력문제를 없애거나 평생의 보건 및 영양을 향상시키거나 중산층 어린이들이 학교에 발을 딛기 이전에 가지는 풍부한 경험을 다수 제공해줄 수 없기 때문이다. Bush 대통령의 비평에 대한 반응으로, Jeanne Brooks-Gunn(2003)은 「당신은 마법을 믿는가?」라는 제목을 붙인 보고서를 작성하였다. 한두 해의 유아교육이 가난한 어린이들과 부유한 어린이들 간의 끈질긴 성취격차를 없앨 수 있다고 기대하는 것은 사실상 마법을 바라는 사고이다.

빈곤이 주는 부정적인 효과에 대한 예방주사는 결코 존재하지 않으며, 심지어 수년간 모범적인 중재 프로그램을 제공한다고 해도 마찬가지이다. 필자는 인간발달에 미치는 빈곤의 참해를 극복하기 위해서는 세 가지의 긴밀하게 이어진 노력, 즉 임신~만 3세까지의 가정방문 프로그램, 이어서 2년간의 우수한 유아교육, 그런 후 K학년~초등 3학년까지의 잘 조정된 프로그래밍이 함께 사용되어야 한다고 주장해왔다. 필자는 빈곤이 발달에 미치는 해로운 영향을 상쇄하기 위해서는 이 정도의 강도를 가진 노력이 반드시 필요하다고 믿는다.

오늘날 가장 큰 목소리를 내는 유아교육 지지자는 경제학자들인데 이들은 내게 양날을 가진 축복으로 여겨진다. 이들의 접근방식은 유아중재의 금전적 혜택을 수량화하고 그 결과를 유아교육 프로그램에 적용하여 혜택을 추정하는 것이다. 이들의 비용-효과 분석은 유아교육 프로그램이 납세자에게 훌륭한 투자가 되며 나아가 미국 노동시장의 질을 향상시키며 글로벌 시장에서의 국가 생산성과 경쟁력을 확보할 것이라는 자신들의 주장을 지지해준다. 연구문헌과 대중매체는 이들이 제시하는 다양한 추정치로 가득 차 있는데, 유아교육 프로그램에 소요되는 1달러당 7달러이나 17달러의 절약효과, 18%의 투자회수율, 혹은 헛된 기대를 갖게 하는 또 다른 수치를 제공하고 있다. 필자에게는 이 경제학자들이 한 바퀴를 완전히 돌아서 헤드스타트의 초창기, 즉 이 조그마한 유아교육의 몸짓이 미국의 빈곤문제를 종결시킬 것이라는 약속에 의해 프로그램이 오히려 상처를 받았던 때로 되돌리고 있는 것으로 여겨진다. 만약 경제학자들이 약속하고 있는 사회적 절약이 실현되지 않거나 정확하게 수량화될 수 없다면, 유아교육의 개념에 또다시 실망하게 될 것이다. 주정부의 유아교육 프로그램들도 상당수 경제적 이득에 대한 희망 위에 서있는데 그 존재가치가 위협받거나 실패로 여겨질 수 있을 것이다.

경제학자들은 주로 세 개의 우수한 모델 프로그램, 즉 하이스코프 페리유아원, ABC 프로젝트, 시카고 유아-부모센터에 기초하여 예측하고 비용-효과 분석을 한다. 이 세 가지 모두 유아교육 요소를 포함한 유아중재 프로그램이지만 유아 그리고/혹은 그 가족들에게 다른 서비스들도 폭넓게 제공하였다. 비록 필자가 하이스코프와 ABC 프로젝트가 이론적으로 매우 중요성을 가진다고 생각하기는 하지만, 각각 상당히 오래전에 하나의 장소에서 실시되었던 이 두 개의 소규모 중재에 기초하여 미래의 혜택을 예측하는 것은 현명하지 않은 일이라 생각한다. 한 가지 이유는 이 두 프로그램에 선정되었던 어린이들이 빈곤층에 대한 대표성을 가지지 않으며 따라서 그 결과를 빈곤층 어린이들 전체에 일반화할 수 없다는 것이다. 중재의 초창기에는 심각한 지적 장애를 감소시키고자 하는 의도와 중재노력 간에 밀접한 연관이 있었다. 따라서 하이스코프와 ABC 프로젝트 모두에서는 대부분의 빈곤층 어린이들(상당수는 우수한 지능을 가지고 있음)보다 지능이 더 낮은 어린이들을 모집하였던 것이다.

또 다른 문제는 이 프로그램들이 수십 년 전에 있었던 것이어서 그 결과가 오늘날 반복되지 않을 수 있다는 것이다. 빈곤의 양상은 특히 편부모, 아버지 없는 가정의 증가 등으로 인하여 변화가 뚜렷하게 이루어져 왔다. 더욱이 이러한 연구들이 실시되었던 시절에는 실험집단을 다른 유아교육 프로그램에도 참여하지 않는 통제집단과 비교하는 것이 가능하였었다. Brooks-Gunn(2010) 또한 중재의 효과는 실험집단의 수행향상과 통제집단의 빈약한 수행에 따라 결정된다고 지적하였다. 그녀는 1980년대의 연구와는 달리 1960년대 연구에서는 통제집단의 유아들이 유아교육이나 집 바깥의 경험을 전혀 하지 않았다고 말한다. 초창기 연구에서 집단 간 차이는 중재를 경험했던 어린이들이 수행이 높아진 것뿐만 아니라 통제집단의 수행이 낮을 수밖에 없었던 상황을 반영하는 것이었다. 그러한 통제집단은 더 이상 존재하지 않는다. 처치집단과 통제집단에 대한 오늘날의 비교는 본질적으로 특정한 처치를 더한 변인첨가 효과를 연구하는 것이다. 오늘날 하이스코프 연구의 통제집단 어린이들은 헤드스타트나 미시간 주정부의 유아교육 프로그램에 다니고 있을 수 있다. 노스캐롤라이나 주의 어린이들은 헤드스타트에 다니거나 주정부의 스마트스타트(Smart Start) 기관에 다니고 있을 수 있다.

또 다른 문제점은 절대적인 기준으로 보면 두 프로그램 모두의 처치집단이 보인 수행은 보다 부유한 집단의 어린이들보다 훨씬 더 낮았었다는 것이다. 비록 연구들에서 중재집단 어린이들이 비교집단 어린이들보다 더 우수하였음을 한결같이 보여주고는 있지만, 여전히 중산층 또래에 비하면 학년을 유급하거나 범죄로 인하여 체포되는 비율이 더 높은 것이다. 연구자들은 이 사실을 염두에 두고 빈곤층 어린이들과 더 유리한 위치의 어린이들 간의 성취격차를 줄이는 데 있어서 유아교육 참여가 이루어줄 수 있는 것에 대하여 지나치게 과장하지 않도록 주의해야 할 것이다.

하이스코프와 ABC 프로그램은 한 가지 이유에서 '모델'이라고 불리는 것이다. 즉 충분한 숙고과정을 거쳐 설계되었으며 아울러 전달되는 서비스가 개발자의 의도에 충실한지가 철저하게 점검되었다. 따라서 동일한 실시 및 질적 수준 관리가 어려운 현실세계에서 중재를 대규모로 확대하는 경우 모델 프로그램의 효과성 연구에 기초하여 정당화시켜서는 안 된다는 것이다. 문제는 이러한 중재가 얼마나 널리 보급될 수 있을 것인지, 다른 사람들이 운영할 때 얼마나 제대로 이루어지며 효과가 있을 것인지 하는 것이다. 하이스코프나 ABC 프로젝트에 대한 효과성 증거가 없다. 학자로서 필자는 이러한 연구들의 이론적 기여에 존경심을 갖고 있지만 한 차례 의사결정자의 역할을 했으며 오랫동안 의사결정자들에게 자문을 했던 사람으로서 정책을 수립하는 데 있어서는 그러한 연구들을 무시할 것이다. 개발자들은 자신의 모델을 개념화하고 실시했을 뿐만 아니라 평가도 직접 하였었다. 이 모델을 활용하는 다수의 기관에 대해 전반적으로 이해관계 없이 공평한 검증이 이루어져야 할 것이며 헤드스타트 전국영향연구(Head Start National Impact Study)나 조기헤드스타트 평가에서는 그렇게 이루어지고 있다.

필자는 세 가지 유명한 모델들 중에서 의사결정자들이 주목할 가치가 있는 유일한 프로그램은 시카고 유아-부모센터(Chicago Child-Parent Centers)라고 필자에게 말하였던 Greg Duncan의 의견에 동의한다. 여러 해에 걸쳐 여러 장소에서 대표성을 가진 빈곤층 유아에게 중재가 이루어졌었다. 필자는 외부 연구자들인 Bill Gormley와 동료들이 평가하고 있는 우수한 질적 수준을 가진 오클라호마 주 보편무상 유아교육 프로그램에도 훨씬 더 많은 관심을 기울여야 한다고 생각한다. 현재까지의 연구결과(예컨대 Gormley et al., 2008)는 확실히 인상적이다. 전미유아교육연구기관을 비롯한 여러 곳에서 현재 유아교육의 혜택에 대한 탄탄한 근거를 마련하기 위해서 부가적인 증거를 제공하고 있다.

필자는 우리에게 유산과도 같은 그러한 프로그램들이 더 이상 적절하지 않다고 말하고 있는 것이 아니다. 이 프로그램들은 광범위한 범위의 바람직한 교육목표의 달성에 영향을 줄 수 있는 유아중재 프로그램의 가능성을 모든 사람들에게 각성시켜 주는 역할을 하였다. 단지 유아교육 중재나 보편무상 유아교육의 대의명분을 펼쳐나감에 있어서 유일한 근거로 삼아서는 안 된다는 것인데, 현재 그렇게 되어가고 있음을 목격하고 있다. 수십 년 전에 설계되었던 프로그램에 의존하는 대신에 현대적 프로그램과 대상에게 새로운 연구를 실시하여 현재의 데이터로 예측하고 비용-효과 분석을 해야 할 것이다. 이러한 분석이 보다 전형적이고 보다 현대적인 프로그램들을 대상으로 더 많이 이루어지고 있기 때문에 경제학자들이 유아교육이 미래에 가져다줄 금전적 혜택에 대한 예측을 낮추어 조정할 것이라고 필자는 생각한다. 이는 이미 연구문헌에서 나타나기 시작하고 있다.

필자가 전달하고자 하는 핵심은 의제를 진전시키기 위해서 가장 최신의 대중적인,

과학적인, 혹은 정치적인 유행의 힘을 이용하는 부당한 위험을 감수할 필요가 없다는 것이다. IQ 점수 향상, 빈곤문제 종결, 두뇌 발달 활성화, 유아교육 프로그램에의 투자로부터의 매혹적인 수익 등을 약속할 때 우리는 지나치게 많은 것, 혹은 최소한 과학으로 증명될 수 있는 것 이상을 약속하는 것이다. 필자는 경제학적 증거에는 회의적으로 접근하지만, 가정방문 개념을 비롯하여 질적 수준이 높은 유아중재 및 유아교육 프로그램의 가치를 믿고 강력하게 지지하는 바이다. 필자가 간곡히 청하는 바는 연구자들이 사려 깊고 신중하게 연구결과들을 사용해 달라는 것이다. 필자는 궁극적으로는 가난 속에서 살아가는 어린이들의 삶을 향상시키고 아울러 모든 미국의 어린이들이 교육적으로 성공하도록 돕는 최선의 실천방안을 정책입안자들에게 알려주는 과제에 적합한 탄탄한 실증적 토대가 마련될 것이라고 믿는다.

제38장*

유아교육

효과의 지속 가능성

- Jeanne Brooks-Gunn

여름동안 혹은 1년간의 반일제 유아교육(ECE) 프로그램은 그 질적 수준이 어떠하든 시간이 오래 지난 후에도 그 효과가 지속될 것 같지 않다. Zigler(1979)는 저소득층(그리고 부모의 연령이 너무 어리다거나 교육을 제대로 받지 못하거나 빈곤지역에 거주하거나 직장을 구하지 못하거나 관계를 유지하지 못하는 등의 기타 위험요인을 가진) 어린이를 위한 예방이라는 개념을 사용하여, 짧은 기간의 유아교육만으로는 이 어린이들을 지속적으로 삶에서 경험하는 가난으로부터 보호하거나 학교에서의 교육경험을 바꾸어줄 수 없다고 주장하였다(Brooks-Gunn, 2003). 다른 장들에서는 유아교육의 더 장기적인 효과를 살펴보았던 반면 이 장에서는 초등학교를 시작할 무렵과 끝날 무렵에 나타나는 유아교육의 효과에 대한 연구결과를 살펴보고자 한다. 유아교육 프로그램의 종료 시점에서의 중간 정도에서 큰 효과(혹은 영향), 초등학교 시절 동안 영향력의 지속, 이러한 영향력을 좌우하는 특정 프로그램의 속성, 그리고 유아교육의 영향력을 증폭시키는 초등학교 및 여타 프로그램의 가능성에 대하여 특별히 관심을 갖고 다루고자 한다.

이 장은 세 부분으로 나뉜다. 첫 번째 부분에서는 최소한 일부 어린이들에게 기관중심 보육을 제공했던 유아교육 프로그램(조기헤드스타트의 경우 가정방문, 기간, 혹은 두 가지의 결합 등을 통해 제공하는 서비스에서 차이가 있음)에 초점을 맞추고서 유아교육의 단기 영향력을 살펴본다. 가정방문에만 초점을 두는 프로그램은 여기서 살펴보지 않을 것이며 이에 대한 선행연구 개관은 Howard와 Brooks-Gunn(2009), 또는 Sweet와 Applebaum(2004)을 참조하기 바란다. 생의 초기인 영아기에 시작되는 프로그램뿐만 아니라 출생후 세 번째나 네 번째 해에 시작되는 프로그램들도 논하기는 하겠지만 전자에 특별히 주목하고자 한다. 여기에는 밀워키 프로젝트, 유아-부모 발달센터, ABC

---

* 제38장은 Pew 재단, March of Dimes 재단, Eunice Kennedy Shriver 전미 아동 보건 및 인간발달 연구소, 미국 보건 및 인적 자원부의 보육 사무국 및 아동가족부의 지원을 받아 저술되었다. 이 원고의 준비에 큰 도움을 준 Rachel Mckinnon에게 감사를 표하고자 한다.

프로그램, 영아보건발달프로그램(Infant Health and Development Program: IHDP), 조기헤드스타트(EHS) 평가가 포함된다. 두 번째 부분에서는 단기적 차원에서 유아교육 프로그램의 상당한 효과를 찾아낼 가능성을 높여주는 것으로 보이는 특징들을 살펴볼 것이다. 세 번째로는 더 장기적인 영향을 유아교육 프로그램의 특징, 참여하는 가족의 유형, 통제집단의 경험, 어린이들의 이후 학교 경험 측면에서 검토할 것이다.

유아교육 프로그램의 단기 영향

유아교육 프로그램의 단기 영향을 어떻게 규정할 수 있을 것인가? 오늘날의 관례를 따른다면 효과크기(effect sizes)로 대표할 수 있다. 효과크기는 처치집단과 통제집단 간의 평균 차이를 해당하는 측정의 표준오차(종종 통제집단의 기술통계치에만 기초함)로 나눈 것이다. 평가방법에 따라 메타분석에서 기관별 어린이의 수, 처치집단 어린이들이 처치를 받았는지의 여부(실제 이루어진 처치), 무선배치의 층화(stratification), 또는 프로그램의 크기 및 질적 수준에 따라 가중치를 부여할 수도 있다.

프로그램 종료시점의 영향 추정치는 크게 세 범주, 즉 인지 및 언어기능, 사회 및 행동기능, 그리고 학업성취(이 마지막 범주는 만 5세까지 서비스를 계속 받은 어린이들만 측정한 것)로 나뉜다. 기존 유아교육 평가연구물들을 활용하여 추정치를 제시한 메타분석이 일부 이루어져 왔다. Camilli 등(2010)의 메타분석에서는 120개 이상의 유아중재 연구를 살펴보았는데, 1960년대 이래로 이루어진 무선배치 실험설계 및 준실험설계를 사용한 평가연구들을 모두 포함시켰다. 이들의 초점은 기관중심 요소를 가진 프로그램들에 있었다. 전반적으로 인지 및 언어적 성취에서의 효과크기는 .231(306개의 효과크기에 기초함)이었으며 사회적 성취의 효과크기(113개의 효과크기에 기초하여 .156)와 학업 성취의 효과크기(60개의 효과크기에 기초하여 .137)는 이보다 작았다. 여기에는 유아교육 프로그램 종료시와 이후의 효과가 모두 포함되었다. 인지적 효과의 크기는 측정이 이루어진 시기에 따라 영향을 받았는데 즉 추적(follow-up) 시기별로 .24가 감소되었다. 이러한 추정치는 효과 지속성을 검토할 때 중요한 의미를 갖게 된다. 시간의 경과에 따른 감소가 사회/행동이나 학교 영역에서는 나타나지 않는다는 것이 다소 놀라운 발견이었다.

다른 메타분석들에서는 상이한 시기들을 다루고 있다. 예를 들어 1990년에서 2000년 사이의 35개 연구를 분석한 메타분석(Gorey, 2001)에서 프로그램 종료 시점에 지능 및 학업성취에서의 효과크기는 .70으로 나타났다. (이 효과크기는 Camilli 등[2010]의 메타분석에서 프로그램 직후 효과만 추정하였다면 나왔을 범위에 속한다.) 일반적으로 유아교육 프로그램 종료 시점의 효과크기는 인지 및 언어검사에서 .40~.70의 범위 내에 있다. 사회/행동 효과에 대한 연구는 이보다 상대적으로 적은데, 1표준편차의 1/6 혹은 1/4 정도가 대략적인 범위일 것으로 여겨진다. 메타분석에는 더 어린 연령의 유아(여기서는 만 3세 이하로 정의됨)와 더 높은 연령의 유아(여기서는 만 3세 및 4세 유아로 정의됨)를 위한 프로그램들이 포함된다.

더 어린 연령의 유아들에게만 완전히 초점을 맞추는 중재는 어떠한가? 앞에서 언급한 5개 프로그램(밀워키 프로젝트, IHDP, ABC, 유아-부모 발달센터) 중 4개는 모두 1표준편차의 3/4 정도의 인지적 효과크기를 보고하였다(Infant Health and Development Program Staff, 1990; McCarton et al., 1997). 모두 기관중심 프로그램이었다(가정방문이 각 프로그램의 한 부분이기도 하였음). 반면에 조기헤드스타트(EHS) 평가에서는 프로그램 말미에 인지 및 언어측정에서 1표준편차의 1/5에서 1/3 정도의 영향을 보였다(Love et al., 2005). IHDP와 EHS 평가에서는 프로그램 종료 무렵 행동문제의 감소(1표준편차의 약 1/5에서 1/4)도 보고하였던 반면(Brooks-Gunn et al., 1994; Klebanov, Brooks-Gunn, & McCormick, 2001; Love et al., 2005), 다른 프로그램들에서는 행동문제는 측정하지 않았다.

더 어린 유아들을 위한 프로그램은 연령이 높은 유아들을 위한 프로그램에 비하여 부모의 양육에 더 직접적으로 초점을 맞추기 때문에(일반적으로 최소한 세 영역, 즉 가정에서의 문해 및 발달에 도움을 주는 활동을 증가시키는 것, 더 반응적이고 민감한 양육행동, 자녀에게 혹독하거나 처벌적이지 않은 양육행동을 다룸), 이러한 효과크기도 마찬가지의 중요성을 가진다. IHDP와 EHS 평가에서는 세 측면의 부모양육 행동 모두가 영향을 받았으며 효과크기는 1표준편차의 1/5에서 1/3 정도에 달하였다(Love et al., 2005; Smith & Brooks-Gunn, 1997; Spiker, Ferguson, & Brooks-Gunn, 1993). 나머지 세 프로그램에서는 어머니-자녀 상호작용이나 가혹한 양육행동에 대하여 프로그램의 성과로 측정하지 않았다.

더 어린 연령의 유아를 위한 프로그램에 있어 흥미로운 또 다른 성과는 어머니의 건강 및 취업과 관련된다. IHDP와 EHS에서는 프로그램 종료 무렵에 어머니의 취업률이 높아졌으며 정신건강도 향상되었다(Brooks-Gunn, McCormick, Shapiro, Benasich, & Black, 1994; Klebanov et al., 2001; Love et al., 2005; Martin et al., 2008). 프로그램이 부모에게 영향을 미친다면 효과가 지속될 가능성이 더 높아질 것이다. 또한 프로그램 교직원들에게 목표에 대하여 물어보았을 때 더 어린 연령의 유아들이 서비스 수혜대상일 경우 양육행동 향상과 부모의 정신건강 증진이 거의 항상 언급되었다 (Administration for Children and Families, 2002).

유아교육 프로그램의 특징과 영향

여기에서는 프로그램 특징 몇 가지를 논할 것이다. 바로 프로그램의 길이, 강도, 유형, 그리고 질적 수준이다.

프로그램의 길이와 강도

여러 해 동안 제공되는 프로그램의 효과크기가 더 큰가? 평가연구들에서 중재를 받은 어린이들을 무선배치에 따라 비교하지 않았기 때문에(예컨대 1년 혹은 2년), 이 질문에 대답하기란 어렵다. 만 3세 이하의 유아들을 위한 프로그램 측면에서는 동일한 교육과정과 접근법을 사용했던 두 프로그램(ABC와 IHDP)이 만 3세 때 유사한 효과크기를 보였다. 만 5세까지 기관중심 교육을 제공하는 ABC 프로그램은 만 3세까지만 제공되는 IHDP보다 이 연령에서 효과크기가 약간 더 컸었다(Camilli et al., 2010; Gorey, 2001; Nelson et al., 2003).

관련되는 쟁점은 주어진 기간 동안에 받았던 서비스의 강도(intensity)이다. 일반적으로 강도는 교육기관의 운영시간뿐만 아니라 개별 유아가 교육기관에 다녔던 일수로 측정된다. 주별 출석기록으로부터 이러한 데이터를 얻을 수 있다. 연령이 어린 유아들을 위한 프로그램 중 IHDP에서만 이러한 정보를 수집하였다는 것은 의외였다. IHDP의 저체중 유아들 중 체중이 더 무거운 집단의 효과크기는 2년 동안 300일 이상 기관에 다녔던 어린이들의 경우 1표준편차를 넘어섰다(Hill, Brooks-Gunn, & Waldfogel, 2003). 매년 100 혹은 150일 동안 기관에 다닌 어린이들의 수가 상대적으로 많았던 것은 교통수단이 제공되었기 때문일 것이다.

이 모든 분석이 무선배치에 기초한 것이 아니므로 대상자 선정에서의 편향 문제를 배제할 수 없다는 것을 언급해두고자 한다. 그렇지만 성향점수 매칭(propensity scoring matching) 절차를 사용하여 수십 개의 공변인으로 집단들을 동질화시키고자 노력하였는데 이는 선정편향 문제를 제거하는 것은 아니며 감소시키는 것으로 생각된다(Hill, Waldfogel, Brooks-Gunn, & Han, 2005; Rubin, 1997).

프로그램의 유형과 질적 수준

연령이 더 높은 유아들을 위한 프로그램의 평가들을 보면, 사실상 모든 프로그램에서 기관에서 제공한 교육에 초점을 맞추고 있다. 연령이 더 낮은 유아들의 경우 일부 프로그램에서는 가정방문만을 제공하였고 일부에서는 가정방문과 기관중심 보육을 결합하여 제공하였다. EHS는 지역마다 접근방식에서 차이를 보였는데 일부에서는 가정방문만을 제공하고, 일부에서는 혼합접근법(기관과 가정방문 모두 제공하는데 모든 어린이들이 두 가지를 다 경험하는 것은 아님)을, 일부에서는 기관중심 접근법(이 곳의 어린이들도 가정방문을 받기는 하지만 설계상 강조점은 낮음)을 취하였다. 접근법 간의 비교는 어려운데, 오직 한 연구팀에서만 가정방문만 제공하는 것과 가정방문에다가 기관보육을 더하는 것의 효과를 무선배치를 통해 직접적으로 비교했었다(ABC와 CARE[Carolina Approach to Responsive Education] 프로젝트). 이들의 분석에서 가정방문에 기관중심 보육을 함께 제공받은 조건의 어린이들에게는 인지 및 언어 기능에서 유의미한 영향이 나타난 반면 가정방문만 제공받은 조건에서는 그렇지 않았다(Wasik, Ramey, Bryant, & Sparling, 1990).

EHS는 세 유형의 프로그램 각각 안에서 효과크기를 비교할 수 있었다(연구설계에서 동일한 기관 내에서 서로 다른 처치집단으로의 무선배치가 이루어지지는 않았음). 프로그램 종료 시점에 가정방문 혹은 기관중심 접근법만을 각각 취한 곳에 비하여 혼합접근법을 취한 곳에서 더 크고 일관된 효과가 나타났다(Love et al., 2005). 인지 및 언어 영역뿐만 아니라 다른 영역에서도 마찬가지였다.

프로그램의 질적 수준에 대해서는 윤리적으로나 실제적으로나 우려되는 점들이 있어 무선배치로 연구할 수 없었다. 그렇지만 특정 교육과정이 사용되었는지, 상세한 교사교육이 이루어졌는지 측면에서의 차이점에 대한 평가를 해볼 수 있다. ABC와 IHDP에서는 잘 개발되었으며 사용하기 쉬운 교육과정(LearningGames; Sparling & Lewis, 2007)을 가정방문과 기관 모두에서 활용하였다. 교사교육은 강도 높게 이루어졌다. 이에 더하여 세밀한 모니터링이 이루어져서 유아들이 어떤 활동을 어떤 가정방문 혹은 기관의 어느 주에 받았는지를 확인할 수 있었다(Sparling & Lewis, 1985).

반면, EHS 프로그램에서는 헤드스타트 수행기준(Head Start Performance Standards)을 따르기는 했지만 특정하게 지정된 교육과정을 사용하지는 않는다.* 기관

---

* 역주: 헤드스타트와 조기헤드스타트에 대한 오해 중 하나가 동일한 프로그램을 사용할 것이라는 기대인데, 중앙정부와의 계약에 따라 각 기관에서 일반적인 프로그램 수행기준을 따르기는 하지만 교육과정의 선정 및 실시에서는 상당한 재량권을 가진다.

에서 때로는 유아교육과정들의 일부를 사용하기는 했으나 LearningGames와 같은 교육과정을 실시하지는 않았다. 또한 교사교육이 제공되었는지, 특정 접근법의 실행이 충실하게 이루어지고 있는지를 알아보기 위해 교사를 얼마나 자주 관찰하고 평가했는가도 분명하지 않다. 프로그램의 이러한 측면은 일반적으로 사용하는 관찰체제에서 다루지 않는 것이다. 평가에서는 실시기관들을 헤드스타트 수행기준의 이행에 따라 초기 이행, 후기 이행, 불이행이라는 세 집단으로 나눌 수 있었다.

이후의 경험 및 더 장기적 영향

지속되는 효과의 크기는 유아교육 프로그램 자체의 특징과 함께, 프로그램에 등록된 가족들의 특징과 통제집단이 가지는 경험에 좌우될 수 있을 것이다. 덧붙여 이후의 학교 및 방과후 프로그램 경험도 중요할 것으로 여겨진다.

유아교육 프로그램 및 가족의 특징

유아교육의 지속적 효과는 메타분석에서도 보고되어 왔다. 그렇지만 효과크기는 최소한 인지 및 언어 기능에서는 초등학교에 들어가면서 그 이전보다 낮아지게 된다. 앞에서 기술한 바와 같이 각각의 추적조사 때마다 .24의 영향 감소가 나타났었다(Camilli et al., 2010). 따라서 중재 프로그램 종료 시점에 효과크기가 .60대나 .70대라면 중재가 끝난 후 몇 년 지나면 .40대로 떨어질 것이다. 효과크기가 .40대였다면 지속되는 효과는 .20대가 될 것이다. 최초의 효과크기가 .20대였다면 아마 지속성이 없을 것이다(혹은 유의미하지 않을 것이다). 일반적으로 연령이 더 어린 유아들을 위한 프로그램들도 비슷한 패턴을 따른다(어떤 경우에는 감소폭이 약간 더 크다). 그래서 ABC와 IHDP는 초등학교 후반기의 인지 및 성취에 상당한 영향을 가지는 반면에, 조기헤드스타트 평가에서는 초등학교 출발 시점에도 이러한 영역에서 평균 정도의 영향력밖에 보이지 못하였다(프로그램 종료 시의 효과크기가 .20대였음을 상기할 것; Love, Cohen, Raikes, & Brooks-Gunn, 2011).

앞부분에서 제시했던 간략한 개관은 지속적인 효과가 나타나기 위해서 필요한 것으로 보이는 프로그램의 특징을 가리킨다. 먼저 프로그램 참여기간이 차이를 만드는 것으로 보인다(Camilli et al., 2010; Gorey, 2001). 예를 들어 IHDP에서는 인지 기능 및 초등학교 학업성취에서의 효과 지속성이 300일 이상 기관을 다녔던 어린이들에게 가장 두드러졌다. 전체 집단에 대한 효과크기가 1/3표준편차 정도였던 반면 참여기간이 가장 길었던 집단에게는 만 8세에 3/4표준편차가 나타나기도 하였다(Hill et al., 2003). 둘째, 프로그램이 영아와 유아기 모두에서 서비스를 제공했을 때 지속적인 효과가 나타날 가능성이 더 큰 것으로 보인다(Love et al., 2011). 그렇지만 이러한 효과에 대한 추정치에 대해서는 아직까지 연구되지 않았다. 셋째, 교육과정의 구체성이 차이를 만들 수 있는데, 여기서도 어린 연령에 있어서의 직접적 비교는 가능하지 않다. 넷째, EHS 연구결과는 프로그램 실시가 더 일찍 더 충실하게 이루어진다면 영아들을 위한 프로그램의 효과가 더 크다고 제안한다(Love et al., 2005). 다섯째, 기관중심 및 가정중심 접근법을 결합하는 것이 기관중심 접근법만 택하는 것보다 최소한 어린 연령의 유아들에게는 더 효과적인 것으로 여겨지지만, 이에 대한 증거자료는 존재하지 않는다. 어린 연령의 유아들에게 가정방문 프로그램만 제공한다면 인지 및 성취에서의 영향이 있을지의 여부가 뜨겁게 논쟁되고 있다. 가정방문 프로그램이 유아의 사회/행동 및 부모양육 영역에 미치는 효과는 초등학교 초반기와 때로는 그 이후에까지도 지속되는 것으로 종종 나타나지만(Howard & Brooks-Gunn, 2009), 인지적 영역에서는 일반적으로 효과가 나타나지 않는다.

지금까지는 가족의 특징에 대해 논하지 않았다. 표본크기가 충분히 큰 프로그램에서는 종종 일련의 서비스가 다른 하위집단에 비하여 특정 하위집단에 더 효과적인지를 알아볼 수 있는 하위집단분석을 실시할 수 있다. 주목할 만한 예는 EHS 평가에서 찾아볼 수 있는데 히스패닉계나 유럽계 미국인 가정보다 아프리카계 미국인 가정에게 다양한 측정에서 효과가 지속되는 것을 볼 수 있었다(Love et al., 2011). 아프리카계 미국인 가정의 통제집단은 다른 두 하위집단의 통제집단에 비하여 다양한 측정에서의 점수가 더 낮았는데 이는 아프리카계 미국인 유아들이 다른 두 집단의 유아들보다 더 불우한 상황에 있음을 시사하는 것이다(Brooks-Gunn & Markman, 2005). 같은 빈곤층 내에서조차도 아프리카계 어린이들은 다른 인종집단에 비하여 더 불리하다(Brooks-Gunn, Klebanov, & Duncan, 1996). 덧붙여 EHS 추적조사 연구에서 통제집단 어린이들에 비하여 스페인어를 말하는 히스패닉계 실험집단의 인지적 점수가 더 높았는데, 이는 이민자 자녀들을 위한 서비스의 중요성을 말해주는 것으로 여겨진다.

통제집단의 경험

효과 지속성을 평가하는 데 있어서 또 다른 중요한 고려사항은 통제집단이 무엇을 경험하는가에 관련된다. 1960년대에서 1980년대까지 실시되었던 연구에서는 통제집단 어린이들이 종종 유아교육이나 가정바깥에서의 경험을 전혀 하지 않았었다. 1990년대와 2000년대에는 이러한 경우가 적어졌는데 특히 연령이 더 높은 유아들의 경우 그렇다. 전체 만 4세 유아 중 절반을 훨씬 넘는 유아들이 형식적인 유아교육 프로그램에 다닌다는 사실을 두고 볼 때 처치가 없는 상황에 대비하여 처치의 효과를 추정하기는 어렵게 되었다. 그보다는 특정한 처치(예컨대 실험집단에게는 헤드스타트)와 통제집단의 혼재된 처치(예컨대 Pre-K 교실, 영리를 추구하는 유아교육기관, 지역사회 기관, 가정어린이집 등)를 비교하게 되는 것이다. 따라서 처치 대 처치(treatment-to-treatment)에 대한 비교로 되는데, 이럴 경우 일반적으로 처치-통제 비교에 비하여 영향력이 나타나지 않는 것으로 보인다(Camilli et al., 2010). 통제집단 유아들이 다니는 기관의 질적 수준이 상대적으로 만족스럽다고 가정한다면(헤드스타트영향력연구가 이러한 경우로 보이는데 특히 최소한 만 4세의 경우에 그러함), 이것이 헤드스타트영향력연구에서 지속적인 효과가 나오지 않는 이유의 하나라고 설명할 수 있을 것이다. 이 연구에서 단기 영향력은 만 3세에게 나타났는데, 이 연령의 경우 더 적은 수의 유아들이 중재서비스를 받고 있었기 때문이다(Puma et al., 2005).

만 3세 이하의 유아를 위한 프로그램에 있어서는 생후 첫 3년 동안 기관중심 교육을 받고 있는 아이들이 비율적으로 더 적을 것이지만 그래도 통제집단 경험이 마찬가지로 중요하다. 또한 현재 연령이 더 높은 유아에 비해 영아를 위한 지역사회 프로그램에서는 프로그램 전반의 질적 수준이 더 낮다. 그래도 통제집단 경험은 여전히 장기적 영향력에 영향을 줄 것이다. IHDP에서는 처치집단이 처치집단에 배치되지 않았더라면 얻었을 경험에 기초하여 만 8세의 인지적 점수에 대하여 비교(일종의 역 성향점수 매칭방법; Hill, Waldfogel, & Brooks-Gunn, 2002)를 하였다. 처치-통제집단 차이는 기관중심 보육을 받았던 통제집단 유아들과 처치집단 유아들을 비교했을 때 훨씬 더 적었으며, 어머니가 보육하고 있거나 가정어린이집에서 보육되고 있는 경우와 비교했을 때는 처치효과의 지속성이 더 컸다. 어머니의 취업과 보육기관의 공급 증가로 인하여 어머니가 보육하고 있는 유아의 비율이 낮다면, 수십 년 전에 비하여 오늘날 지속되는 효과가 나타날 가능성이 더 낮을 것이다. 사실, 한 가지 정책적으로 권고할 만한 것은 히스패닉계 가정과 같이 혜택을 적게 받고 있는 집단의 어린이들을 대상으로 유아교육을 받을 기회를 늘리는 것인데(Magnuson & Waldfogel, 2005), 이러한 집단(예컨대 전체적으로 유아교육을 훨씬 더 적게 시키는 집단)에 있어서 유아교육의 영향력이 더 클 것이기 때문이다. 스페인어를 모국어로 사용하는 어린이들이 언어에서 지속적인 효과를 보인다는 EHS 연구결과가 그러한 예가 될 것이다. 따라서 오늘날의 연구에서는 프로그램이나 처치를 전혀 받지 않는 것에 비교하여 프로그램의 실제효과를 알아보는 것보다는 변인첨가 연구로 생각하는 것이 더 나을 것이다.

실험연구가 아닌 경우에는 많은 데이터와 선정편향 등을 통제하기 위한 정교한 자료분석 기법을 사용하여 각기 다른 유형의 교육과 보육을 받았던 유아 집단들 간의 비교가 이루어지고 있다. K학년을 중심으로 한 유아종단연구(ECLS-K; National Center for Education Statistics, 2009)에서, K학년에 들어가기 이전 해에 유아교육을 받았던 어린이들이 그렇지 않았던 어린이들에 비하여 (공격성 점수뿐만 아니라) 성취도 점수가 더 높았다. 이러한 연구결과는 집단 간에 이미 존재하는 차이를 통제하기 위하여 여러 공변인을 공식에 투입시켰을 때도 동일하게 나타났다(Magnuson, Ruhm, & Waldfogel, 2007a). 헤드스타트와 Pre-K 학급의 유아들에게 더 긍정적인 결과로 주의집중이 증가하고 문제행동이 감소한 것도 나타났다.

이러한 비실험적 연구결과들은 일반적으로 만 4세에 유아교육을 받는 것이 K학년에서의 더 뛰어난 수행과 연관된다(학업성취 측면)는 흥미로운 쟁점을 제시한다. 유아교육의 유형은 어느 정도의 차이를 만드는가? 헤드스타트와 Pre-K의 성과는 동등한가? 그 중 하나가 더 지속적인 효과를 낳을 것인가? 실험적으로 일대일 비교를 하지 않는 한, 어느 하나가 다른 것보다 더 낫다고 말하기는 어렵다.

후속하는 학교경험

마지막 쟁점은 후속하는 학교경험의 역할이 유아교육의 효과를 증가시키는지 혹은 감소시키는지와 관련된다. 학자들은 빈곤층 어린이들의 경우 대부분은 중산층 어린이들보다 학생 일인당 투입비용이 더 적고 학생 수가 더 많으며 교사의 경험이 부족하며 빈곤층 학생 비율이 더 높은 가까운 학교에 다닌다고 한다(Lee, Loeb, & Lubeck, 1998). 유아교육 이후에 다니는 학교의 유형이 효과 지속성 측면에서 차이를 만드는가? ECLS-K 데이터를 사용한 두 가지 분석이 이에 관련된다. 한 연구에서 Magnuson, Ruhm과 Waldfogel(2007b)은 유아교육의 효과가 이후 질적 수준이 더 높은 교실에서 더 강력하게 지속되는지 살펴보기 위하여 K학년에서의 교실 상호작용의 질적 수준을 살펴보았다. 그 답은 '그렇다'였다. 또 다른 분석에서 Holod, Gardner와 Brooks-Gunn(2011)은 빈곤층, 빈곤 차상위층, 중산층 학생들에게 있어서 학생들이 다녔던 초등학교의 빈곤 함수에 따른 유아교육의 지속적인 효과크기를 살펴보았다. 유아교육의 지속적인 효과가 3학년까지 나타나기는 했지만, 더 부유한 학교(예컨대 무료급식이나 급식비 보조를 받는 어린이의 수가 더 적음)를 다녔던 빈곤층 어린이들에게 가장 큰 효과가 나타났었다. 두 가지 분석에서 질적 수준을 대표하는 요인들(어린이 활동에 대한 교사 보고, 무료급식 혹은 급식비 보조금을 받는 학생 비율)이 더 높은 지속효과와 연관되었다.

방과후 프로그램은 유아교육이 초등학교 후반기까지 영향을 유지할 수 있게 해주는 또 다른 경로가 될 수 있을 것이다. 이 문제를 직접적으로 다룬 연구는 아직까지 없다. 그렇지만 일부 학자들은 2년간 학업적 요소가 있는 방과후 프로그램을 정기적으로 다니는 것이 1/6표준편차까지 성취검사 점수에 영향을 줄 것이라고 추정하고 있다(Gardner, Roth, Brooks-Gunn, 2009; Roth & Brooks-Gunn, 2003; Roth, Brooks-Gunn, Murray, & Foster, 1998). 유아교육을 받았던 것이 이러한 효과를 더 높이는지의 여부는 알려져 있지 않다.

결론

유아교육 프로그램은 프로그램 종료 시점에 더 높은 인지 및 성취검사 점수로 이어진다. 게다가 대다수 프로그램의 경우 초등학교 시절을 지나면서 최초의 영향력보다는 낮아지지만(주목할 만한 예외는 헤드스타트영향력연구임) 그 영향력이 지속된다. 유아교육의 효과 지속성을 더 높여주는 요인은 무엇인가? 프로그램의 질적 수준과 지속기간뿐만 아니라 교육과정과 교사교육이 모두 중요한 역할을 하는 것으로 보인다. 또한 통제집단 어린이들이 가지는 경험을 이해하는 것도 중요한데 특히 전국적으로 일종의 유아교육을 받고 있는 만 4세 유아의 수가 많다는 점을 두고 볼 때 더욱 그렇다. 덧붙여 ESH에 이어서 헤드스타트 교육을 받았던 어린이들이 더 잘한다는 사실을 제안하는 비실험적 연구결과는 영아 및 유아기 모두에 받은 서비스가 이 기간들 중 한쪽에서만 받은 서비스에 비하여 더 지속적인 영향을 낳을 것임을 보여준다(Love et al., 2011). 마지막으로 초등학교 기간 동안의 경험이 유아교육의 효과를 더 증진시켜줄 수 있을 것이다.

PART 4

요약 및 종합

요약 및 종합

연구문제

- Pre-K는 누구에게, 누구에 의하여 제공되어야 할 것인가?
- 유아교육 서비스는 언제, 어디서, 얼마 동안 제공되어야 할 것인가?
- 수업의 초점은 무엇이어야 하며 Pre-K 프로그램의 구조는 어떠해야 할 것인가?
- 앞으로 고려해야 할 요소들은 무엇인가?

제39장*

Pre-K 논쟁

대립되는 관점, 통합의 가능성, 그리고 논쟁의 깊이 더하기

– Martha Zaslow

이 책에서는 누구를 위하여, 누구에 의하여, 언제, 어디서, 어떤 초점으로, 어떻게 Pre-K를 확장하고 온전하게 실시할지에 대한 가상의 의사결정을 내릴 수 있는 쟁점을 제시하였다. 이러한 질문 목록에서 빠져있는 주목할 만한 문제는 그 필요성의 여부(whether)에 관한 것이다. Pre-K가 확장되어야 한다는 것은 사실 이 책에서 매우 중요한 출발전제이다. 이 책에서 제시된 정책입안자, 현장전문가, 연구자 모두 확장해야 할지의 여부가 아니라 확장과 관련된 조건변수에 초점을 맞추고 있다. 이 책은 유아, 특히 위험에 처해있는 유아들은 K학년 입학 이전에 수준 높고 교육적인 초점을 갖춘 유아교육 프로그램의 혜택을 얻을 수 있다는 내재적 합의에서 출발하는 것이다.

유아교육 분야에서 존경받는 지도자들이 이 책에서 제시한 대조적인 관점들은 잘 계획되고 효과적인 Pre-K 확장을 위한 자원을 배분해야 하는 사람들에게 매우 소중한 자원이 될 것이다. 비록 Pre-K를 전면적으로 실시하는 데 필요한 주요 의사결정 각각에

---

* 제39장은 Zigler, E., Gilliam, W. S., 그리고 Barnett, W. S.의 편저인 본서의 내용에 대한 요약이다.

있어 서로 대조적인 관점들이 제시되었지만, 이 책에 포함된 장들은 일부 통합이 가능한 입장들, 그리고 논쟁의 해결로 이끌 수 있는 길 또한 보여주고 있다. 또한 이후의 연구 및 토론을 통해 논쟁의 깊이를 더할 수 있고 더해야만 하는 방법을 제안해주고 있기도 하다. 이 마지막 장에서는 이 책에서 소개된 핵심적인 대립점, 통합적 해결, 그리고 논쟁의 심화를 위해 검토되어야 할 또 다른 쟁점들을 요약하고자 한다.

핵심적인 문제들에 대한 논쟁

이 장에서는 앞으로의 Pre-K 실시를 위해 해결되어야 하는 질문들, 즉 누구를 위하여(for whom: 저소득층 집중 대 보편무상), 누구에 의해(by whom: 교사 자격조건), 어디서(where: 어떤 장소에서), 언제(when: 어느 연령 집단에 초점을 둘지), 무엇을(what; 교육과정의 초점), 그리고 어떻게(how: 교수학습 접근법과 포괄성)로 나누어 종합하고자 한다. 이러한 질문들의 틀을 넘어서서 의사결정자들이 Pre-K가 이 나라의 유아들에게 이용가능할 뿐만 하니라 최대로 효과적으로 될 수 있기 위하여 주력해야 할 추가 쟁점들을 강조하는 것으로 이 책을 마무리하고자 한다.

Pre-K는 누구를 위해 제공되어야 하는가?

대립되는 관점들은 무엇인가? 이 책에서 가장 먼저 제시된 근본적인 논쟁점은 바로 Pre-K가 집중적으로 제공되어야 하는가(즉 가족의 수입과 여러 위험 요인을 고려한 특정 준거에 부합하는 어린이들을 위한 재정지원), 아니면 보편무상으로 제공되어야 하는가이다. Pre-K가 저소득층에 집중되어야 한다는 입장을 취하는 사람들은 우수한 보육 및 교육이 가져다주는 긍정적 효과가 저소득층 가정의 유아들에게 가장 크게 나타난다는 증거에 주목한다. 이들은 또한 자원이 제한되어 있음을 강조하며 Pre-K는 가장 도움을 필요로 하는 사람에게 제공되어야 한다고 본다(4장 참조). 경제학적 증거를 개관한 이들도 비용-효과 분석결과에서 우수한 유아교육과 보육을 받은 저소득층 어린이에게 그 효과가 가장 긍정적이며 사회적 비용회수도 가장 많이 이루어지는 반면 소득수준이 더 높은 가정의 어린이들의 경우 사회에 돌아오는 혜택이 더 제한적이었다고 주장한다(3장 참조). 더 나아가 보편무상 프로그램은 부유한 가정에서 스스로 지불할 수 있는 교육비를 공적으로 제공함으로써 불필요한 비용을 안게 될 가능성이 있다고 본다(1장 참조). 저소득층 집중 Pre-K 지지자들은 이러한 접근방식이 일반 대중들이 널리 지지하고 있는 대학생 장학금 지급방식과 유사하며 따라서 국민적 지지를 더 폭넓게 받을 수 있다고 예측한다(3장 참조).

반면 이 논쟁에서 Pre-K를 공적 재원으로 모든 유아에게 무상으로 제공할 것을 지지하는 입장에는 보편무상 Pre-K가 사실상 저소득층 집중 프로그램보다 저소득층 어린이들을 참여시키는 데 더 효과적인데, 이는 한편으로는 저소득층이라는 낙인효과를 피할 수 있기 때문이며 또 한편으로는 교육기관이 지역사회 여기저기에 다수 위치하게 되기에 더 쉽게 접근할 수 있으며 프로그램 측면에서도 잘 알려져 있기 때문이라는 관점이 포함된다(5장 참조). 이들은 저소득층 유아뿐만 아니라 중산층 유아를 포함하여 더 폭넓은 사회경제적 범위의 어린이들이 우수한 유아교육 및 보육의 혜택을 얻는다는 사실에 주목한다(5장과 27장 참조). 혜택을 받을 수 있는 빈곤 기준선을 근소하게 넘어서는 저소득층 유아들이 현재 받고 있는 보육의 질, 그리고 이들이 저소득층에 집중할 경우 혜택을 받지 못했을 프로그램의 혜택을 받게 된다는 사실에 특별히 관심을 가진다(7장 참조). 보편무상 접근법을 택할 경우 소득수준에 따라 격리된 교실이 아니라 소득수준이 다양하게 혼합되어 있는 교실에서 교육을 받게 되는데 이러한 교실구성의 긍정적 효과에 대한 증거가 있다(7장과 25장 참조). 보편무상 접근은 보편무상 공립학교 교육체제 전체에 더 밀접하게 부합되며, 이는 공교육의 연령하향임을 보여주면서 (35장 참조) 국민적 지지를 얻는 데 중요한 요인으로 작용할 수 있다(6장 참조). 이러한 관점을 취하는 이들의 경제학적 연구 데이터를 살펴보면 전 범위의 사회경제적 집단을 포함할 때 경제적 혜택의 총합이 더 크다는 사실을 제안한다(5장 참조). Pre-K가 보편무상으로 제공되어야 한다고 주장하는 이들은 또한 집중 프로그램의 대상을 결정하는 데 드는 비용과 오류 가능성에 주목하며 이러한 결정이 주기적으로 이루어져야 하며 반론의 여지를 남길 수밖에 없다는 사실을 강조한다(5장 참조).

이 책에서 통합적 관점이 제안되는가? 몇몇 장에서는 정책입안자가 누구를 위해서라는 문제를 해결함에 있어서 양자택일적 의사결정 상황에 직면한 것이 아니라고 제안한다. 이들은 소득수준별 차등부담금(sliding fees)이 있으면서 모든 유아를 보편적 대상으로 하는 프로그램을 통해 Pre-K 비용을 지불할 능력이 되는 사람들에게 부족한 자원을 배분하는 것을 방지하면서도 모든 지역의 모든 가족과 유아들이 쉽게 이용할 수 있는 프로그램의 장점을 유지할 것을 제안한다(7장 참조). 차등부담금이 있는 보편유아교육 체제를 통해 가장 위험요인이 큰 저소득층을 찾아 집중적으로 서비스를 제공하는 것도 여전히 가능하게 하고자 한다(2장). 따라서 이 논쟁을 해결할 수 있는 가능성, 즉 대립되는 관점 각각의 잠재적 혜택을 통합할 수 있는 가능성이 존재한다.

이 논쟁이 어떻게 심화되어야 한다고 제안하는가? 이 책의 여러 장에서는 만약 Pre-K 프로그램을 특정 대상에게 집중해야 한다면 이러한 프로그램을 가장 필요로 하는 가정에게 도움을 주고자 할 때 단순히 소득수준만을 기준으로 삼아서는 안 되며 더 정교한 접근방식을 필요로 한다고 제안한다. 예컨대 인구통계학적 자료를 살펴보면 중산층 라틴계 가족들이 Pre-K 참여율이 가장 저조한 집단에 속한다(4장 참조). 소득수준은 어린이의 학교준비도 측면에서 잠재적 위험요인을 진단하는 데 적합하지 않은 지표이며, 부모의 양육행동 측면에서 함께하는 시간, 민감성, 촉진 등에서의 부족함이 중요한 위험요인 혹은 부족한 자원이라고 제안하는 이들도 있다(1장 참조). 그러나 이러한 잠재적 위험요인에 기초하여 대상자를 선정하여 집중하는 데는 더 엄밀하고 힘든 선별과정이 요구될 것이다. 여기에서 더 심층적인 논쟁이 필요한 대목은 더 신중하게 바로 이러한 유아교육 및 보육 프로그램을 가장 필요로 하는 이들의 참여를 최대화할 수 있는 집중적 혜택대상을 선정(아니면 보편무상 접근에서는 이러한 어린이들을 적극적으로 찾아서 참여를 독려)하는 방법론을 살펴보는 것일 것이다.

Pre-K는 누구에 의해 제공되어야 하는가?

대립되는 관점들은 무엇인가? 누가 Pre-K를 제공해야 하는가에 대한 논쟁은 교사의 취득학위에만 집중되며 이를 벗어나지 못한다. 더 구체적으로는 주교사(lead teacher)에게 4년제 학사학위와 적합한 자격증(예컨대 Pre-K에서 초등학교 3학년까지 가르칠 수 있는 자격증)을 필수적으로 요구할지의 여부에 대한 것이다. 그렇지만 이 책을 더 주의 깊게 읽어보면 이 쟁점의 이면에는 학력수준뿐만이 아니라 학력수준과 임금(wages) 체계가 복합적으로 작용함을 보여준다.

더 엄격한 전문적 기준을 적용해야 한다는 관점을 가진 이들은 Pre-K 교사가 K-12 학년 교사들과 유사한 자격기준 및 임금 수준 모두를 갖추어야 한다고 주장한다(8장과 9장 참조). 이러한 입장을 취하는 연구자들은 주교사의 학력수준과 유아교육기관의 질적 수준 간의 관련성을 보여주는 누적된 연구결과에 주목한다. 이들은 또한 안정적이면서 더 높은 임금이 교사이동률을 낮추어 유아와 기관 모두에게 이로운 교사진의 연속성을 높인다는 사실을 언급한다. 이들은 전문직 요건과 보수가 결합되어야 Pre-K 교사가 전문직 종사자로서 존경받는다는 것을 상징한다는 사실을 강조한다. 또 다른 장들에서는 더 엄격한 전문직 자격기준을 지지하는 입장을 취하면서 유아들에게 가장 뛰어난 교육적 효과를 보인 Pre-K 프로그램들에는 자격수준이 매우 높은 교사들이 존재한다고 말한다(26장과 27장 참조). 이들은 Pre-K를 교육의 한 형태로 진지하게 본다면 어린 유아들을 교육시키는 과제가 안고 있는 어려움과 복잡함을 충분히 인식하고 더 상위의 자격요건을 갖춘 교사를 제공해야만 한다고 주장한다(8장 참조). 이러한 교사들에게는 어린이들을 위한 수업실제에 도움이 되는 개별화 평가로부터의 정보 활용 등을 지원하는 교사연수 및 재교육이 가장 효과적으로 전달될 수 있다(18장 참조).

전문직 자격요건에 높은 기준을 설정하는 것의 가치에 대하여 의문시하는 이들은 교사의 학력, 교실의 질적 수준, 그리고 어린이의 학업성취 간의 관련성에 대한 증거가 미약하거나 엇갈린다는 사실을 언급한다(4장과 11장 참조). 일부는 교사 학력요건에 함의를 주는 연구결과들에서의 차이점을 지적한다(13장 참조). 종전의 연구에서 주교사의 학력이나 자격, 질적 수준 간의 연관성을 밝혔으나 보다 최근의 연구에서는 이러한 관계가 규칙성을 보이지 않는다. 몇 가지 가능한 설명이 제시되고 있다. 하나는, 시간이 흐름에 따라 유아교육자의 전문직 경험 속에서 변화가 이루어져 왔는데 학사학위를 가진 경우 이제 학력 및 자격기준의 변화로 어린이집에서 헤드스타트나 Pre-K로, Pre-K에서 초등학년으로의 이동이 더 쉬워졌다는 것이다. 이러한 이동률 증가가 가지는 의미는 이제는 (종전의 연구 데이터에는 반영되지 않은) 학사학위와 자격증을 가졌으나 역량이 부족한 교사들이 남아서 더 어린 연령을 가르치고 있다는 것일 수 있다. 또 다른 설명으로는 Pre-K의 급속한 팽창으로 인하여 유아교육자들을 양성하는 고등교육 프로그램의 질 유지가 힘들어졌다는 것이다. 이 책의 몇몇 장에서는 교사 전문성 개발에서 중요한 준거는 학위취득이 아니라 교육실제를 이해하고 실제로 교실에서 수행하고 있다는 확증임을 강조하기도 하고(11장과 12장 참조), 혹은 질적 수준을 다양한 상황에서 지원해줄 수 있도록 학위취득이나 인증받은 교사양성 프로그램에서의 지속적인 재교육을 통해 전문직으로 향할 수 있는 대안들을 주장한다(14장 참조).

이 책에서 통합적 관점이 제안되는가? 이 논쟁에 대하여 이 책의 저자들은 두 가지 준거를 제안한다. 첫 번째는 유아교사가 존경받는 전문직으로 명확하게 인식될 수 있는 수준의 자격기준 및 소득수준을 갖추어야 한다는 것이다. 두 번째 준거는 전문직 요건이 유아교실에서 관찰되는 질적 수준 및 유아들의 학업 진보에 분명하고도 강력하게 관련되어야 한다는 것이다. 이 책 전반에서 유아교육자들에게 존경을 표하고 전문성을 인정해 주려면 K-12학년 교사들과 동일한 수준의 전문직 자격기준과 봉급수준을 마련해야 하며 이를 통해 유아교육과 보육이 공교육의 확장이라는 인식을 갖게 하는 데 매우 중요하다는 데에는 큰 이견이 없다. 의견 차이는 두 번째 준거에서 집중적으로 나타나는데, 즉 더 높은 교사학력이 사실상 더 높은 질적 수준과 어린이의 학업성취 향상으로 이어지는가의 여부이다. 이에 대한 통합적 관점은 대학에서의 교사양성 프로그램의 질적 수준을 향상시킴으로써 4년제 학사학위가 실질적으로 유아의 학업성취와 행동적 적응에서의 더 확고한 향상을 상징할 수 있는 표식이 되게 하는 것이다.

이 논쟁이 어떻게 심화되어야 한다고 제안하는가? 이 책에서는 교사양성 프로그램의 질적 기준을 강조한다. 동시에 예비교사 교육뿐만이 아니라 실제로 유아교육자들이 교실에 들어서서 질적 수준을 관리, 향상시키는 데 필요한 지원체계의 유형이 핵심적인 쟁점이 된다(14장 참조). 여기서 논쟁의 깊이를 더하기 위해서는 효과적인 교사 전문성 개발을 위한 접근법들을 탐색하는 연구가 필요하며 이를 바탕으로 대학에서의 예비교사 프로그램과 현직교사교육을 변화시켜 나가는 것도 필요할 것이다(11장 참조). 이러한 전문성 개발 방안 중 최근 각광받고 있는 접근법은 교육현장에서의 개별화된 코칭(coaching)이다. 여기서 중요하게 짚고 넘어갈 유의점은 현장 개별화 교사교육 접근법 전부가 아니라 일부만이 교사의 질과 유아의 성취를 향상시키는 효과성에 대한 증거를 갖고 있다는 것이다. 모두가 효과적일 것이라고 포괄적으로 가정하지 않고 이러한 접근방법들을 구별해나가는 것이 중요할 것이다(Zaslow, Tout, Halle, & Starr, 2010).

유아교육 서비스는 언제, 얼마의 기간 동안 제공되어야 하는가?

대립되는 관점들은 무엇인가? 유아교육이 언제 제공되어야 하는가라는 쟁점에 대해서는 이 책에서 두 가지 대립되는 관점이 아니라 다원적 관점을 제시하고 있다. 몇몇 장에서는 만 4세 유아에게 제공되는 Pre-K에 대해 보고하며 이러한 프로그램의 긍정적 효과에 주목하는 반면(35장 참조), 다른 장들에서는 만 3세와 4세 모두를 포함하는 Pre-K 프로그램의 효과가 더 크다는 증거를 인용하고 있다(7, 25, 26, 27, 32, 36장 참조). 핵심 쟁점은 중재가 지속되지 않으면 어린이들이 학교에 갔을 때 유아교육의 효과가 감소하게 된다는 여러 연구결과에 비추어보았을 때 9개월의 반일제와 같은 짧은 기간이 초등학년 시기까지 지속되기에 충분한 크기의 효과를 낳을 수 있는가라는 것이다(25, 34, 37, 38장 참조). 그런 점에서 이 책의 여러 장에서 유아들이 몇 년 혹은 며칠 동안 참여했는가에 따라 프로그램 내에서 더 큰 효과를 보여주는 증거를 제시하고 있는 것(28장의 영아보건발달프로그램, 27장의 시카고 유아-부모센터, 17장의 프랑스 에콜마텔넬 참조)은 중요한 기여를 하는 것이라 여겨진다.

나아가 몇몇 장에서는 유아교육 프로그램이 영아기에 시작되어 5년간 지속될 때 특히 강한 효과가 있다는 증거에 주목하는데(1, 25, 29, 32, 37장 참조), 두뇌 발달에 영향을 주고 영아가 자신의 요구에 민감하게 반응해주는 양육관계를 기대하게 하며 언어적 상호작용이 이루어지는 영아기 발달의 중요성에 특히 관심을 가진다. 두 가지 접근방법이 긍정적인 효과를 보여주고 있는데 하나는 질적으로 우수한 기관중심(center-based) 유아교육 및 보육을 출생부터 만 5세까지 제공하는 것(예컨대 26장의 ABC 프로그램과 30장의 에듀케어 참조), 그리고 다른 하나는 영아기 및 걸음마기에는 가정방문을 제공하고 그 이후 만 3세와 4세 때 우수한 Pre-K 프로그램을 제공하는 것이다(25, 30, 31장 참조). 조기헤드스타트(Early Head Start)의 경우 가정중심과 기관중심 서비스를 동시에 결합하여 제공한 프로그램이 졸업 직후에 가장 효과가 크게 나타났으나 더 이후의 연령에서는 초기에는 가정중심 서비스를 제공하고 만 3, 4세에 이어서 기관중심 보육을 제공했을 때 가장 큰 효과가 발견되었다(30장 참조).

'언제'라는 문제를 더욱 확장하여, 일부 장에서는 Pre-K 이전이 아니라 그 이후에 제공되는 교육을 강조한다. 저자들은 Pre-K에서 K학년으로의 전이에 초점을 맞추어야 할 중요성과 함께 Pre-K에서 배운 것이 K학년에서 3학년까지 체계적이고 지속적으로 연계될 수 있도록 교육목표와 교사교육 체제가 정립될 것을 강조한다(21, 22, 33장 참조).

이 책에서 통합적 관점이 제안되는가? 자원이 제한적일 경우라면, 이 책의 여러 장들에서 제안되는 한 가지 가능한 방안은 출생부터 만 3세까지는 위험요인이 가장 큰 대상에게 서비스를 집중시키는 것이다. 조기헤드스타트 평가에서 나온 결과에 따르면 위험도가 가장 높은 가정(앞에서 지적한 바와 같이 부모의 우울증, 약물중독, 그리고/혹은 가정폭력 등의 문제를 가진 가정)이 조기헤드스타트와 이어서 헤드스타트 서비스를 연계하여 받았을 때 장기적 측면에서 가장 효과적인 것으로 여겨진다. 이러한 고위험군 가정은 조기헤드스타트를 졸업할 때에는 즉시적으로 효과를 보이지 않고 포괄적 프로그램에 오랜 기간 참여한 후에야 긍정적인 효과가 나타나기 시작하였다.

이 논쟁이 어떻게 심화되어야 한다고 제안하는가? 38장에서는 어린이들의 초등학교 시절까지 추적한 종단연구들에서 나타나는 시간의 경과에 따른 효과크기의 감소라는 분명한 패턴에도 불구하고 어떠한 유아교육 접근법이 초등학교까지 지속될 만큼 강력한 효과를 나타내는가라는 측면에서 기존 연구결과들을 주의 깊게 고려할 필요성을 환기시켰다. 이 책에서 지적된 바와 같이, 어린이들이 1년보다는 여러 해 동안 질적으로 우수한 유아교육을 받았을 때 지속적 효과의 가능성이 커진다는 것을 가리키는 일부 연구결과들에서처럼 교육기간은 지속적 효과의 관점에서 중요한 쟁점이다. 그러나 아직까지 이 쟁점에 대한 많은 연구들은 참여 가정들이 자발적으로 원해서 여러 해 동안 참여하였다는 자기선택 측면에서 출발에서부터 차이점(예컨대 자녀의 교육을 중요하게 여기는 정도)을 가진다는 지적을 받고 있다.

질적 특성, 참여기간, 효과 역치 및 아동성취 연구(U.S. Department of Health and Human Services, 2009b)에서는 선행연구를 먼저 개관하고 엄격한 통계적 기법을 활용하여 기존 유아교육 연구 데이터베이스에서 선택효과(selection effects)와 좋은 유아교육과 보육에의 노출기간의 역할을 보다 효과적으로 분리시킴으로써 교육기간이라는 쟁점을 체계적으로 살펴보도록 계획되었다(Zaslow, Anderson et al., 2010). 더 나아가 추후 우수한 유아교육 프로그램에의 1년 대 2년(혹은 다년)의 참여에 대한 실험연구를 통해 체계적으로 교육기간의 영향을 살펴보는 것이 필요할 것이다. Raikes와 동료들(30장)은 가정방문과 헤드스타트 서비스 제공의 시간적 순서를 살펴보는 조기헤드스타트 추적연구가 도움이 될 가능성은 있으나 실험이 아닌 상관관계 분석임을 지적한다(프로그램 접근법의 시간적 순서에 대한 연구결과 요약은 25장 참조). 의료체계 개혁과 함께 이루어진 가정방문 접근법의 확대는 영아와 걸음마기 서비스와 유아기 서비스의 시간적 순서에 대하여 체계적이고 엄격하게 연구할 수 있는 매우 중요한 기회를 마련해줄 것이다.

Pre-K는 어디에서 제공되어야 할 것인가?

대립되는 관점들은 무엇인가? 이 책의 여러 장에서 Pre-K의 허브 또는 기지로 공립학교를 활용해야 하는 근거를 제시하고 있다(21~23장, 33장 참조). 여기서의 핵심 논점은

Pre-K를 더 광범위한 인프라 안으로 포함시킴으로써 교사의 지속적인 전문성 개발 교육이 가능할 뿐만 아니라 교육과정 전문가, 진학진로 상담자, 유아특수교육 전문가 등의 도움을 쉽게 구할 수 있는 혜택을 얻을 수 있다는 것이다. 또 다른 핵심 논지는 재정구조가 안정되고 체계적으로 갖춰져 있어 유아교사들이 초등학교 교사에 상응하는 임금을 받을 수 있게 된다는 것이다. Pre-K가 공립학교의 틀 속으로 들어간다면 이후 교육과정과의 연계, 초등학교로의 전이, 공통되는 교사교육 제공 등이 더 쉽게 지원될 수 있다는 것이다. 더구나 이러한 방식을 취할 경우 유아와 학부모가 K학년 입학 이전에 학교 상황과 문화에 친숙해질 수 있다는 장점도 있다. 22장에서 Gilliam은 주정부에서 재정지원하고 있는 Pre-K 프로그램 학급 중 68%가 이미 공립학교 안에 위치해 있다는 통계치를 제시하는데, 따라서 Pre-K 공간으로 공립학교를 활용하는 것이 효과적인 출발점이 될 수 있다는 것이다. 오클라호마 주의 털사와 일리노이 주 시카고 등(27장과 35장 참조)과 같은 일부 학교기반 Pre-K 프로그램의 효과가 상당히 큼을 보여주는 평가결과가 상당수 제시되고 있다.

반면 다른 이들은 학교기반 Pre-K, 공립학교 내부와 외부에서 모두 제공되는 헤드스타트, 사립 어린이집 등을 포함하는 다양한 전달체제를 지지한다(2장 참조). 이 책의 한 장에서는 다른 유아교육 및 보육 기관형태에 반하여 공립학교에서 유아교육을 경험하는 것이 유아들에게 더 낫다는 체계적 증거가 없으며, Pre-K가 공립학교를 통해 제공될 경우 사실상 유아의 발달에 적합하지 않은 더 높은 학년의 교사중심 직접적 수업방법이 사용될 위험이 도사리고 있다고 지적한다(4장 참조). 지역사회에 존재하고 있는 모든 유형의 유아교육 기관들이 아닌 공립학교로만 Pre-K를 통합시키는 것은 교육자의 문화적 실제 및 배경 측면에서 지역의 다양한 가족들이 가지는 요구를 제대로 반영하지 못하게 된다는 우려를 표하고 있다(1장 참조). 한 장에서는 선택권을 존중하는 다원적 체제가 민주사회에 더 적합하며 강제된 획일성보다 교육적 다양성을 지지한다고 강조하고 있다(24장 참조).

이 책에서 통합적 관점이 제안되는가? 유아교육 및 보육의 틀로 공립학교 활용을 주장하는 학자들조차도 교육청에서 헤드스타트와 어린이집을 포함하는 다양한 전달체제의 허브 역할을 할 수 있다는 사실을 인정하고 있다(5, 35, 36장 참조). 예컨대 오클라호마 주의 Pre-K는 지역 교육청에서 관할하고 있는데 프로그램 요건을 갖춘 헤드스타트와 민간어린이집도 포함시키고 있다. Abbott Pre-K 프로그램에 대한 연구에 따르면 민간어린이집의 Pre-K 프로그램 참여는 명료하게 진술된 기준과 충분한 지원이 함께 이루어질 때 질적 향상의 촉진제 역할을 할 수 있다(36장 참조). 통합적 관점에서 Pre-K는 교육부 혹은 다른 관할기관의 조정 및 지도감독하에 다양한 전달체제를 통해 제공되고 있다.

이 논쟁이 어떻게 심화되어야 한다고 제안하는가? 예컨대 일부 주에서는 Pre-K 프로그램이 공립학교, 헤드스타트, 민간어린이집 등 어느 곳에서 제공되는가에 무관하게 지역 교육청에서 교사선발과 교육과정 채택에 대한 감독을 담당하고, 또 다른 기관에서 협력하여 예산사용이 잘 이루어지는지를 감독하고, 나아가 또 다른 (독립적) 조직에서 교실의 질적 수준을 지속적으로 점검하고 있다(36장에 소개된 뉴저지 주의 Abbott Pre-K 프로그램에서 서로 협력하고 있는 여러 기관과 조직의 역할에 대한 설명 참조). 협력이 실제적으로 잘 이루어지고 있는지에 대한 더 폭넓은 이해가 필요한데, 즉 보다 복잡한 협력구조를 인지하고 이렇게 다른 주체들이 협력하는 구조가 가지는 장점과 어려움을 인식해야 한다.

또한 다양한 방식으로 조직화된 Pre-K 프로그램에 참여하는 유아들의 성취결과가 상이한지를 직접적으로 검토하는 연구가 필요하다. 대립가설, 즉 유아가 관찰 평가도구를 통해 질적 수준이 우수하다고 판단되는 프로그램에 참여하는 한, 프로그램의 더 넓은 맥락은 중요하지 않다는 가설 대 Pre-K가 공립학교 체제와 같이 광범위한 구조 속에 들어갈 때 교사와 유아가 중요한 자원을 제대로 활용하게 되고 그 결과 유아들이 일관된 혜택을 얻게 된다는 가설을 직접적으로 검증해보아야 할 것이다. 이러한 분석에서는 추가적 자원에 소요되는 비용의 가치도 평가해야 할 것이다.

수업의 초점은 무엇이어야 하는가?

대립되는 관점들은 무엇인가? 이 책의 일부 장에서는 인지적 기능에 대한 수업에 구체적으로 초점을 맞추고 있으나(16장 참조), 또 다른 장에서는 사회 및 정서발달에 대한 초점을 함께 포함하는 다면적 교육과정이 중요하다는 관점을 제안한다(17~19장 참조).

인지적 기능에 초점을 맞추는 것을 지지하는 연구자들은 예컨대 유아수학, 언어, 문해력, 주의집중 능력이 이후의 학업성취에 가장 중요한 예측변인임을 나타내는 여러 종단연구에서의 자료 분석결과를 증거로 삼는다(16장 참조). 인지적 기능에서 사회경제적 지위와 인종/민족 모두에 따른 격차가 어렸을 때부터 나타난다. 이러한 인지 기능은 이후의 역량을 평가하는 데 있어 초점이 된다는 사실에 의해 그 중요성이 더욱 강조된다.

초점의 폭이 더 넓은 교육과정을 지지하는 이들은 다양한 발달 영역들 간의 밀접한 상호관계와 전인적 어린이 발달을 지원할 필요성을 강조한다(15장과 25장 참조). 직접적 수업에 초점을 맞추고 수행결과를 강조할 때 교실에서의 교육실제가 어린이의 성취를 지원해줄 수도 있지만, 의도치 않게 동기와 몰입을 감소시킬 수도 있다(18장). 저소득층 지역에서는 어린이들의 가정 및 지역사회가 가지고 있는 높은 스트레스 수준으로 인하여 교사가 특별히 주의를 기울여야 하는 심각한 행동문제를 가진 어린이들이 여러 명 있어 전체 수업이 방해받을 수 있을 것이다(19장 참조). 경제학적 분석에서는 인지적 기능뿐만 아니라 협력하여 집단이 가진 공동의 목적을 함께 추구하는 등의 비인지적 기능이 학업성취와 궁극적으로 직업적 성취에서도 중요성을 가진다는 사실을 시사하고 있다(1장 참조).

이 책에서 통합적 관점이 제안되는가? 유아의 언어와 문해, 기초 수학기능, 주의집중을 지원해주는 것이 중요하다는 데에는 이 책의 저자들 간에 의견 차이가 없다. 사실상, 여러 장들에서 언어 및 문해 발달 등의 영역에서의 강점이 포함된 다면적 교육과정이 요구되고 있다(17장과 33장 참조). 통합적 관점에서는 어린이들이 사회 및 행동 영역에서 더 유능하게 되도록 돕는 것이 사실상 개인과 학급 전체에 있어 수업 내용이나 인지적 학업기능 측면에 초점을 더 많이 맞출 수 있게 해준다고 본다(19장 참조).

이 논쟁이 어떻게 심화되어야 한다고 제안하는가? 유아교육과정평가연구(U.S. Department of Education, 2008a)와 같이 유아교육기관에서의 특정한 교육과정 접근법에 대한 연구들이 있기는 하지만 포괄적 교육과정과 인지적으로 초점을 맞춘 교육과정을 직접적, 체계적으로 비교한 연구는 아직까지 존재하지 않는다. 17장에서 프랑스의 에콜 마텔넬에서 채택한 접근법을 기술하면서 Hirsch는 한 단계 더 나아가서 이러한 유아교육기관에서 교육과정을 실시하고 있는 방식이 누적적일 뿐만 아니라(따라서 이후의 학습목표들이 의도적으로 이전 학습목표들과 연계됨) 포괄적이고 통합적(예컨대 언어발달 및 사회정서발달 모두를 지지하는 데 적합한 어휘를 의도적으로 소개하는 것)이기도 하다고 논하고 있다. 포괄적 교육과정이 다양한 영역별 교육과정을 실시하는 것보다 여러 영역에서의 발달적 성취를 더 잘 지원해줄 수 있는지, 아니면 교육과정이 계열성을 가지며 누적적인 학습목적을 중심으로 구성될 때 발달이 촉진되는지를 검토함으로써 Pre-K 논쟁의 깊이가 심화될 수 있을 것이다.

Pre-K 프로그램은 어떻게 구조화되어야 하는가?

대립되는 관점들은 무엇인가? 유아교육이 어떻게 제공되어야 하는가에 있어서 한 가지 핵심적인 문제는 학습목표를 직접적 수업으로 달성해야 할지, 놀이를 통한 학습으로 이루어야 할지에 대한 것이다. 명백하게 통합적인 관점이 이 책에서 제시되는데, 저자들이 놀이를 통한 학습과 직접적 수업을 통한 학습을 마치 칼로 나누듯 대비시키는 것은 이제는 적합하게 여겨지지 않는 낡은 관점이라고 지적하기 때문이다(20장 참조). 오히려 놀이 동안 이루어지는 교사의 개입이 놀이를 더욱 확장해주며 학습기회를 제공한다는 것, 교사가 특정한 내용으로 관심을 돌릴 수 있도록 놀이 환경을 구조화할 수 있다는 것, 그리고 수업 내용이 학습게임을 통해 소개될 수 있다는 것이 이제 널리 이해되고 있다(20장과 26장 참조).

이 책의 저자들은 놀이를 통한 학습과 직접적 수업을 이분법적으로 구분하는 것을 넘어섰지만, 관찰연구에 따르면 현실에서는 이러한 이분법이 여전히 존재한다는 사실을 보여주는데, 어떤 유아교육 프로그램에서는 교사의 개입은 거의 없이 자유놀이에 상당한 시간을 보내는 반면 어떤 프로그램에서는 놀이 시간은 제한시키고 직접적 수업을 위한 시간을 우선시한다는 것이다(Chien et al., 2010).

유아교육에서의 수업이 어떻게 제시되어야 하는가에 관한 두 번째 핵심적 문제는 서비스의 폭에 관한 것이다. 일부 저자들은 인지적 영역에서의 성취격차를 좁히는 데 강력하고 집중적으로 강조점을 둘 필요성을 피력하는 반면 다른 이들은 교육적 초점과 함께 보건서비스와 부모참여 지원을 강조하는 것을 포함하여 폭넓은 서비스를 제공하는 것이 중요하다고 강조하고 있다(15장과 25장 참조). 특히 저소득층 유아의 경우 보건 문제에 관심을 기울이지 않을 경우 결석을 하거나 수업활동에 집중하지 못하는 문제로 이어질 가능성이 있는 것으로 보인다.

이 책에서 통합적 관점이 제안되는가? 지적한 바와 같이, 놀이와 직접적 수업을 통합시키는 관점이 여러 장에서 반복하여 제시되고 있다. 그렇지만 놀이를 통해 안내된 학습을 제공하려면 개별 유아의 이해 수준을 파악하고 어떠한 비계설정이 필요한지를 결정할 수 있는 유능하고 잘 훈련된 교사진이 필요하다.

시카고 유아부모센터 프로그램은 교실 안에서의 강력한 교육적 초점과 함께 부모 참여와 같은 부가적인 프로그램 요소를 모두 강조하는 포괄적 접근법의 중요한 예이다(27장 참조). 이러한 보다 포괄적인 접근법은 공립학교 체제 안에서 실시하는 것이 더 가능성이 높다는 점을 언급해두는 것이 중요하겠다. 저자들은 다른 프로그램들에 비하여 이 프로그램의 효과가 더 높다는 것을 보여주는 평가결과들(비록 무선화 통제 실험으로 평가되지는 않았지만)이 나온 것은 이 접근법이 어린이의 발달에 동시에 영향을 주는 다원적 경로가 가능하게 해주기 때문이라고 본다(32장 참조).

이 논쟁이 어떻게 심화되어야 한다고 제안하는가? 보다 폭이 좁게 집중된 프로그램과 포괄적 프로그램의 즉각적인 효과뿐만 아니라 더 장기적인 효과와 비용도 분명하게 대비시키는 연구설계를 통하여 여기서의 쟁점을 더 심화시킬 필요가 있다. 교사가 직접적 수업과 놀이를 통한 학습을 보다 복합적으로 통합시킬 수 있도록 의도적으로 준비시켜주는 교사교육 접근법의 가능성과 효과성 역시 중요한 논쟁거리이다.

논쟁 확장하기

이 책에서는 Pre-K를 완전하게 실시하고자 하는 이들을 위한 완전한 지침서가 되는 데 필요한 추후 의사결정이 요구되는 대목들을 제시하고 있다.

지속적인 지원 및 모니터링을 위한 인프라

이 책에서 지적하는 이러한 이후의 쟁점 중 하나는 지속적인 지원과 질적 수준에 대한 모니터링을 위한 인프라이다. 논쟁거리들은 이 책의 여러 장들을 통해 예측할 수 있지만 대립되는 관점들은 아직까지 온전하게 떠오르지 않는다. 뉴저지 주의 경험은 교실 안에서 이루어지는 지속적인 교사교육 지원과 더불어서 질적 수준에 대한 독립적 모니터링 및 유아발달에 대한 평가를 위해 세심하게 구조화된 시스템의 중요성을 시사한다(28장과 36장 참조). 반면 최소한 단기적으로 Pre-K 프로그램의 강력한 긍정적 효과가 밝혀진 오클라호마 주의 경우에는 그러한 지속적 모니터링 및 지원 시스템이 없다(35장 참조). Pre-K 논쟁은 Pre-K 프로그램을 둘러싸고 어떠한 인프라가 갖추어져야 질적 수준을 확보하고 유지할 수 있을 것인가라는 문제를 포함시켜야 한다.

유아교육 대상인구의 다양성에 대한 고려

이 책의 여러 부분에서 유아교육 대상인구의 다양성이 증가하고 있음에 주의를 환기시킨 바 있다(4장과 24장). 이러한 다양성에는 상당한 수의 이중언어(dual-language) 학습자인 어린이들이 포함된다. 이 책에서 간략하게 언급만 되고 충분히 논의되지 않은 쟁점은 유아학급에서 유아들이 영어만을 완벽하게 습득하도록 지원을 집중할 것인가 아니면 영어를 습득하면서 집에서 사용하는 모국어를 지속적으로 발달시키도록 지원할 것인가 하는 것이다.

모든 유아교육 및 보육 프로그램에서 이중언어 학습 지원에 관한 명시적 방침을 가지고 있는 것은 아니다. 그렇지만 이 논쟁에 대한 대략적인 윤곽은 여기서도 어느 정도 찾아볼 수 있다. 헤드스타트 프로그램 수행기준에서는 영어 습득뿐만 아니라 유아의 모국어도 지원할 것을 명시적으로 요구하고 있다. 이러한 기준에서는 예를 들어 모국어와 문화를 존중한다는 메시지를 전달하는 환경을 형성하고 가족들이 선호하는 언어나 더 잘하는 언어로 혹은 통역자를 통해서 의사소통할 것, 상당수가 영어 이외의 특정 언어를 사용할 경우 그 언어를 구사할 수 있는 교직원을 최소한 한 명 이상 고용할 것 등을 요구한다(Plutro, 2005). 이와 대조적으로 일부 주(모든 주는 아님)에서는 K-12학년 공립학교 교실에서의 언어 사용에 대한 방침이 오직 영어만 사용하는 것이다. Pre-K 교실의 경우 K-12학년에서의 언어관련 교육방침에 명시적으로 포함되어 있는 것은 아니지만, Pre-K 교실이 공립학교에 위치하게 되는 경우 동일하게 적용되는 것으로 보거나 점차 자연스럽게 유아교실에까지 영향을 주게 된다. 헤드스타트 프로그램이 영어만 사용하도록 하는 방침을 가진 공립학교 안에 들어가게 되는 경우 방침 간에 직접적인 갈등이 발생하게 될 가능성이 존재한다. 따라서 이 새로운 쟁점은 Pre-K가 어디서 제공되어야 하는가에 대하여 앞에서 제시되었던 논쟁의 요약과 관련되며 확장선상에 있는 것이다.

미국보건복지부의 재정지원을 받는, 이중언어 학습자 문제를 중심으로 다루는 유아교육 및 보육 연구센터(http://cecerdll.fpg.unc.edu)에서는 이중언어를 사용하는 미국 유아들의 언어, 인지, 사회정서 발달에 관한 연구결과를 개관하고 유아 이중언어 학습자들을 가르치는 교실 프로그램의 질적 수준을 평가하는 도구 및 발달검사들을 검토하고 있다. 이 센터에서의 연구에는 어린이의 모국어로 된 수업이 Pre-K 교실에 통합되는지, 어떻게 통합되는지의 측면에서 이중언어 학습자의 영어습득과 다른 발달적 성취를 살펴보는 중재평가 연구결과에 대한 개관이 포함될 것이다.

Pre-K 논쟁이 확장되어 이중언어 학습자의 모국어 지원에 대한 방침 문제를 명시적이고 깊이 있게 다룰 수 있어야 할 것이다. 수업에서 사용하는 언어뿐만 아니라 구체적 수업접근법, 가족참여, 어린이의 문화를 인식하고 존중하는 교실실제 등을 포함하여 교사가 이중언어 학습자 및 그 가족과 협력할 수 있도록 가장 잘 준비시킬 수 있는 방법에 대해서도 고려해야 할 것이다.

특별한 요구를 가진 어린이의 통합을 지원하는 접근방법

마지막으로 특별한 요구를 가진 어린이의 발달을 위한 최상의 지원 방안에 대한 쟁점은 이 책에서 언급은 되었으나 별도로 초점을 맞추지는 않았다. 장애유아를 Pre-K 프로그램에 통합시킬지의 여부는 연구자들에게 논쟁 사안이 이미 아니다. 그러나 특별한 요구를 가진 유아들을 Pre-K 프로그램에 포함시켜야 하는가의 여부를 넘어서 보다 세밀함이 요구되는 문제들은 여전히 논쟁을 통해 다룰 필요가 있다.

예를 들어 질적으로 우수한 헤드스타트 교실에서 장애를 가진 유아의 비율에 따라 전형적으로 발달하고 있는 일반유아들의 행동적 성취에 차이가 나타난다는 증거가 일부 있다(Gallagher & Lambert, 2006). 이는 Pre-K 교실에서 장애를 가진 어린이와 전형적으로 발달하고 있는 어린이의 발달을 모두 지원하기 위해서 교실 구성과 교직원 패턴을 세밀하게 검토할 필요성을 제안한다. 더구나 장애를 가진 어린이들이 유아특수교육 접근법들에 어떻게 반응하는지를 지속적으로 평가하기 위한 방안에서 최근 주요한 발전이 이루어져 왔다(Snow & Van Hemmel, 2008). 이러한 평가접근법을 Pre-K 교실에 가장 잘 통합시키고 교사들이 이를 활용할 수 있도록 교육시키는 방안을 검토할 필요가 있다.

결론

이 책은 미국에서 보다 많은 유아들이 Pre-K에 다닐 수 있게 됨에 따라 의사결정이 이루어져야 할 핵심적인 쟁점들을 펼쳐 보여준다는 측면에서 더할 수 없이 소중한 기여를 하고 있다. 이 책의 여러 장들에서 격조 있고 명확하게 제시된 의사결정 분지도(decision tree)가 완성되기 위해서는 몇몇 분지가 더 추가될 필요가 있다.

더구나 Pre-K 의사결정을 위한 지식토대가 아직까지 세한되어 있는 주요영역도 있다. 추후연구를 통해 살펴볼 필요가 있는 여러 쟁점들 중에서 특히 우선순위가 주어져야 할 쟁점들은 다음과 같다.

주요 하위집단의 Pre-K 참여율 패턴 이해하기: 연구자들은 중산층 및 저소득층 라틴계 가정, 빈곤 기준선 바로 위의 소득수준인 저소득층, 복합적 스트레스 요인을 경험하고 있는 가정 등의 핵심 하위집단에 속하는 어린이들의 발달에 미치는 긍정적 성과뿐만 아니라 수혜대상의 프로그램 참여(집중 대 보편무상 접근, 특정 집단의 참여 독려 방법)와 이와 연관되는 프로그램 특징(예컨대 이중언어 수업, 문화적으로 민감한 부모참여, 정신건강 지원)에 대해서도 더욱 깊이 있게 이해할 필요가 있다.

출생부터 만 5세라는 연령대의 유아와 가족을 위한 유아교육 서비스의 순서와 참여기간 검토하기: 보건개혁으로 인하여 가정방문이 어떻게 유아발달과 학교준비도에 도움이 될 수 있는지, 가정방문 자체만으로 혹은 만 3~5세 시기의 Pre-K 참여가 의도적으로 이어질 때의 효과가 어떠한지를 모두 살펴볼 중요한 기회가 마련되었다. 서비스 유형과 이 연령대 중의 제공시기를 체계적으로 통제하여 전체 출생~만 5세 동안의 서비스에 대한 접근성을 연구하는 엄격한 평가설계를 사용하는 것이 매우 가치 있는 연구일 것이다. 또한 만 3~5세 연령대 안에서 Pre-K 프로그램의 참여기간을 검토하는 엄격한 평가연구도 필요하다. 우수한 Pre-K 프로그램에 1년 혹은 2년 동안의 참여 접근성과 실제 참여 측면에서 참여 유아들에게 미친 최초의 효과와 시간의 경과에 따른 효과는 어떠한가?

학위 과정과 지속적인 교사교육 프로그램에 구체적인 교실 실제에 대한 직접적 관찰을 포함시키는 것이 프로그램의 질적 수준에 미치는 효과 살펴보기: 연구자들은 유아교육자가 구체적 교육 실제를 온전히 습득하는 데 있어서 더 높은 학위가 합당한 대표 요인인지를 의문시하기 시작하였다. 대학의 교사양성 프로그램이 학위를 수여하기 전에 유아교사의 역량을 증명할 수 있는 구체적 실제를 보여주기를 요구할 때, 그리고 Pre-K 프로그램에서 명시된 학급실제를 모니터링하면서 지원하는 방안을 모두 갖춘 지속적 (현직) 전문성 함양 프로그램을 시스템에 포함할 때 교실의 질적 수준에 어떤 효과가 있는가에 대해서도 체계적인 연구가 요구된다. 이러한 접근들에 대한 평가연구를 시작하는 것이 가능하려면 Pre-K 의사결정자들이 어떠한 학급 실제가 가장 중요한지에 대해 구체화하고 합의하는, 없어서는 안 될 단계를 먼저 거쳐야 할 것이다.

잘 연계된 교육과정을 계획함에 있어 교과영역별로 분리시켜 생각하는 방식 넘어서기: 연구자들은 현재 특정한 교육과정 접근방법과 이를 실시하기 위한 교사교육이 유아의 언어 및 문해 발달, 수학기능과 사회정서 발달과 같은 각 개별 영역에서의 발달을 강화해줄 수 있는지, 어떻게 강화해줄 수 있는지에 대한 이론적 토대를 쌓아가고 있다. 여러 발달 영역을 동시적으로 강조하는 교육과정에 대한 엄격한 평가연구는 비교적 적다(Zaslow, Tout, Halle, Whittaker, & Lavelle, 2010). 의도적으로 발달 영역들을 넘어서는 교육목적들로 잘 연계된 교육과정에 대한 연구가 가치 있는 기여를 할 것이다. 각각의 분리된 다원적 교육과정 혹은 단지 한 영역에서의 교육과정과 대비하여 이렇듯 연계된 교육과정이 학급 어린이들에게 어떤 성취결과를 낳는지를 알아보기 위해 계획적으로 변인들을 다양하게 조합하여 실시하는 연구를 통해 어린이의 발달이 교육과정 접근법 및 그 실시를 위한 교사교육을 통해 가장 잘 지원될 수 있는 방안을 연구하는 데 도움을 얻을 수 있을 것이다.

이중언어 학습자를 위해 개별화된 수업접근법과 이를 실시하는 이들을 위한 교사교육 이해하기: Pre-K 프로그램의 이중언어 학습자인 유아들의 발달을 가장 잘 지원해줄 수 있는 방법에 대한 이론을 지속적으로 누적시켜 나가는 것이 중요할 것이다. 이러한 연구는 교사양성 및 교실수업에 있어서의 상이한 접근법들이 유아들의 언어발달뿐만 아니라 다양한 발달영역 전반에 미치는 효과를 살펴보아야 할 것이다. 또한 가족참여, 문화적 민감성, 이중언어 학습자 측면에서의 교실의 질적 수준 등의 교육실제에 필요한 정보를 제공해주는 연구 역시 필요하다.

참고문헌

Abbott v. Burke, 100 N.J. 269, 495 A.2d 376 (1985).

Abramovitz, M. (2000). *Under attack, fighting back: Women and welfare in the United States.* New York: Monthly Review Press.

Acevedo-Polakovich, I.D., Reynaga-Abiko, G., Garriot, P.O., Derefinko, K.J., Wimsatt, M.K., Gudonis, L.C., et al. (2007). Beyond instrument selection: Cultural considerations in the psychological assessment of U.S. Latina/os. *Professional Psychology: Research and Practice, 38,* 375–384.

Achenbach, T.M., & Rescorla, L.A. (2001). *Manual for the ASEBA school-age forms and profiles.* Burlington: University of Vermont Research Center for Children, Youth, & Families.

Ackerman, D.J. (2006). The costs of being a child care teacher: Revisiting the problem of low wages. *Educational Policy, 20,* 85–112.

Ackerman, D.J., & Barnett, W.S. (2006). *Increasing the effectiveness of preschool.* New Brunswick, NJ: National Institute for Early Education Research.

Ackerman, D.J., Barnett, W.S., Hawkinson, L.E., Brown, K., & McGonigle, E.A. (2009). Providing preschool education for all 4-year-olds: Lessons from six state journeys. In E.C. Frede & W.S. Barnett (Eds.), *Preschool policy briefs. New Brunswick,* NJ: National Institute for Early Education Research.

Ackerman, D.J., & Sansanelli, R. (2008). *Assessing the capacity of child care and Head Start centers to participate in New Jersey's preschool expansion initiative: Phase I.* New Brunswick, NJ: National Institute for Early Education Research.

Adams, G., & Sandfort, J. (1994). *First steps, promising futures: State prekindergarten initiatives in the early 1990s.* Washington, DC: Children's Defense Fund.

Administration for Children and Families. (2002). *Pathways to quality and full implementation in Early Head Start programs.* Washington, DC: U.S. Department of Health and Human Services.

Administration for Children and Families. (2003). *Head Start FACES 2000: A whole-child perspective on program performance.* Fourth progress report. Washington, DC: U.S. Department of Health and Human Services.

Administration for Children and Families. (2005). *Biennial report to Congress: The status of children in Head Start programs.* Washington, DC: U.S. Department of Health and Human Services.

Administration for Children and Families. (2007). *Head Start program fact sheet.* Retrieved March 25, 2008, from http://www.acf.hhs.gov/programs/hsb/about/fy2007.html

Administration for Children and Families. (2010). *Head Start program performance standards* (45 CFR Ch. XIII § 1306.32(a)). Retrieved February 21, 2011, from edocket.access.gpo.gov/cfr_2007/octqtr/pdf/45cfr1306.32.pdf

Alishahi, A., Fazly, A., & Stevenson, S. (2008). Fast mapping in word learning: What probabilities tell us. In *Proceedings of the Twelfth Conference on Computational Natural Language Learning* (pp. 57–64). Morristown, NJ: Association for Computational Linguistics.

American Academy of Pediatrics, Council on Child and Adolescent Health. (1998). The role of home-visitation programs in improving health outcomes for children and families. *Pediatrics, 10*(3), 486–489.

American Recovery and Reinvestment Act of 2009, PL 111-5, 26 U.S.C. §§ 1 *et seq.*

Ammerman, R., Putnam, F., Altaye, M., Chen, L., Holleb, L., Stevens, J., et al. (2009). Changes in depressive symptoms in first time mothers in home visitation. *Child Abuse and Neglect, 33,* 127–138.

Anderson, B. (2003, May 3). Enrollment campouts halted for Moore pre-K. *The Oklahoman.*

Andres-Hyman, R.C., Ortiz, J., Anez, L.M., Paris, M., & Davidson, L. (2006). Culture and clinical practice: Recommendations for working with Puerto Ricans and other Latina/os in the United States. *Professional Psychology: Research and Practice, 37,* 694–701.

Andrews, S.P., & Slate, J.R. (2001). Prekindergarten programs: A review of the literature. *Current Issues in Education, 4*(5). Retrieved January 16, 2011, from http://cie.asu.edu/ volume4/number5/

Anisfeld, E., Sandy, J., & Guterman, N. (2004) *Best beginnings: A randomized controlled trial of a paraprofessional home visiting program.* Retrieved January 22, 2011, from http://www.healthyfamiliesamerica.org/downloads/eval_NY_bb_2004.pdf

Annie E. Casey Foundation. (2008). *Children under age 6 with all available parents in the labor force-data across states-KIDS COUNT data center.* Retrieved November 29, 2009, from http://datacenter.kidscount.org/data/acrossstates/Rankings.aspx?ind=62

Aos, S., Lieb, R., Mayfield, J., Miller, M., & Pennucci, A. (2004). *Benefits and costs of prevention and early intervention programs for youth.* Olympia: Washington State Institute for Public Policy.

Aos, S., Miller, M., & Mayfield, J. (2007). *Benefits and costs of K–12 education policies: Evidence-based effects of class size reductions and full-day kindergarten.* Olympia: Washington State Institute for Public Policy.

Applewhite, E., & Hirsch, L. (2003). *The Abbott preschool program: Fifth year report on enrollment and budget.* Newark, NJ: Education Law Center.

Arias, J., Azuara, O., Bernal, P., Heckman, J.J., & Villarreal, C. (2009, October 19). *Policies to promote growth and economic efficiency in Mexico.* Presented at the Challenges and Strategies for Promoting Economic Growth conference, Banco de Mexico, Mexico City, Mexico.

Arnold, D.H., Brown, S.A., Meagher, S., Baker, C.N., Dobbs, J., & Doctoroff, G.L. (2006). Preschool-based programs for externalizing problems. *Education and Treatment of Children, 29,* 311–339.

Arnold, D., Fisher, P., Doctoroff, G., & Dobbs, J. (2002). Accelerating math development in Head Start classrooms. *Journal of Educational Psychology, 94,* 762–770.

August, G.J., Realmuto, G.M., Hektner, J.M., & Bloomquist, M.L. (2001). An integrated components preventive intervention for aggressive elementary school children: The Early Risers program. *Journal of Consulting and Clinical Psychology, 69,* 614–626.

Avruch, S., & Cackley, A.P. (1995). Savings achieved by giving WIC benefits to women prenatally. *Public Health Reports, 110,* 27–34.

Baker, P.C., Keck, C.K., Mott, F.L., & Quilan, S.V. (1993). *NLSY child handbook: A guide to the 1986–1990 NLSY child data* (Rev. ed.). Columbus: The Ohio State University, Center for Human Resource Research.

Barnett, W.S. (1993). *Does Head Start fade out?* Retrieved February 27, 2010, from http://nieer.org/resources/research/BattleHead-Start.pdf

Barnett, W.S. (1996). *Lives in the balance: Age-27 benefit–cost analysis of the High/Scope Perry Preschool Program.* Ypsilanti, MI: The High/Scope Press.

Barnett, W.S. (2004). *Better teachers, better preschools: Student achievement linked to teacher qualifications.* New Brunswick, NJ: National Institute for Early Education Research.

Barnett, W.S. (2006). *A review of the Reason Foundation's report on preschool and kindergarten.* New Brunswick, NJ: National Institute for Early Education Research. Retrieved February 27, 2009, from http://nieer.org/docs/?DocID=150

Barnett, W.S. (2007). Benefits and costs of quality early childhood education. *The Children's Legal Rights Journal, 27,* 7–23.

Barnett, W.S. (2008). *Preschool education and its lasting effects: Research and policy implications.* New Brunswick, NJ: National Institute for Early Education Research.

Barnett, W.S., Brown, K., & Shore, R. (2004). *The universal vs. targeted debate: Should the United States have preschool for all?* Retrieved January 3, 2011, from http://nieer.org/resources/policybriefs/6.pdf

Barnett, W.S., Epstein, D.J., Friedman, A.H., Boyd, J.S., & Hustedt, J.T. (2008). *The state of preschool 2008: State preschool yearbook.* New Brunswick, NJ: National Institute for Early Education Research.

Barnett, W.S., Epstein, D.J., Friedman, A.H., Sansanelli, R., & Hustedt, J.T. (2009). *The state of preschool: 2009 state preschool yearbook.* New Brunswick, NJ: National Institute for Early Education Research.

Barnett, W.S., Frede, E., Mobasher, H., & Mohr, P. (1988). *The efficacy of public preschool programs and the relationship of program quality to efficacy.* Educational Evaluation and Policy Analysis, 12, 169–181.

Barnett, W.S., Friedman, A., Hustedt, J., & Stevenson-Boyd, J. (2009). An overview of prekindergarten policy in the United States: Program governance, eligibility, standards, and finance. In R. Pianta & C. Howes (Eds.), *The promise of pre-K* (pp. 3–30). Baltimore: Paul H. Brookes Publishing Co.

Barnett, W.S., Howes, C., & Jung, K. (2008). *California's state preschool program: Quality and effects on children's cognitive abilities at kindergarten entry.* New Brunswick, NJ: National Institute for Early Education Research.

Barnett, W.S., Hustedt, J.T., Friedman, A.H., Boyd, J.S., & Ainsworth, P. (2007). *The state of preschool 2007: State preschool yearbook.* New Brunswick, NJ: National Institute for Early Education Research.

Barnett, W.S., Hustedt, J.T., Robin, K.B., & Schulman, K.L. (2004). *The state of preschool: 2004 state preschool yearbook.* New Brunswick, NJ: National Institute for Early Education Research.

Barnett, W.S., Hustedt, J.T., Robin, K.B., & Schulman, K.L. (2005). *The state of preschool: 2005 state preschool yearbook.* New Brunswick, NJ: The National Institute for Early Education Research.

Barnett, W.S., Jung, K., Yarosz, D.J., Thomas, J., Hornbeck, A., Stechuk, R., et al. (2008). Educational effects of the Tools of the Mind curriculum: A randomized trial. *Early Childhood Research Quarterly, 23,* 299–313.

Barnett, W.S., Lamy, C., & Jung, K. (2005). *The effects of state prekindergarten programs on young children's school readiness in five states.* New Brunswick, NJ: National Institute for Early Education Research. Retrieved January 3, 2011, from http://nieer.org/resources/research/multistate/fullreport.pdf

Barnett, W.S., & Masse, L.N. (2007). Early childhood program design and economic returns: Comparative benefit–cost analysis of the Abecedarian program and policy implications. *Economics of Education Review, 26*(1), 113–125.

Barnett, W.S., Robin, K.B., Hustedt, J.T., & Schulman,

K.L. (2003). *The state of preschool: 2003 state preschool yearbook.* New Brunswick, NJ: National Institute for Early Education Research.

Barnett, W.S., Tarr, J., Esposito-Lamy, C. & Frede, E. (2001). *Fragile lives, shattered dreams: A report on implementation of preschool education in New Jersey's Abbott districts.* New Brunswick, NJ: Rutgers University.

Baroody, A.J., & Dowker, A. (2003). The development of arithmetic concepts and skills: Constructing adaptive expertise. In A. Schoenfeld (Ed.), *Studies on mathematics thinking and learning.* Mahwah, NJ: Lawrence Erlbaum Associates.

Barratt, W. (2005). *The Barratt Simplified Measure of Social Status (BSMSS): Measuring SES.* Terre Haute: Indiana State University, Department of Educational Leadership, Administration, and Foundations.

Basham, P., Merrifield, J., & Hepburn, C.R. (2007). *Home schooling: From the extreme to the mainstream* (2nd ed.). Toronto: Fraser Institute.

Bassok, D. (2009). *Three essays on early childhood education policy.* Unpublished doctoral dissertation. Retrieved March 12, 2011, from http://gradworks.umi.com/33/64/3364495.html

Bassok, D. (2010). Do black and Hispanic children benefit more from preschool? Understanding differences in preschool effects across racial groups. *Child Development, 81*, 1828–1845.

Bassok, D., French, D., Fuller, B., & Kagan, S. (2008). Do child care centers benefit poor children after school entry? *Journal of Early Childhood Research, 6*, 211–231.

Bayley, N. (1993). *Bayley Scales of Infant Development—Second Edition.* New York: The Psychological Corporation.

Bazelon, E. (2008, July 20). *The next kind of integration.* New York Times Magazine, pp. 38–43.

Beatty, B. (1995). *Preschool education in America.* New Haven, CT: Yale University Press.

Becker, G.S. (1964). *Human capital.* New York: Columbia University Press.

Becker, W.C., & Gersten, R. (1982). A follow-up of Follow Through: The later effects of the direct instruction model on children in fifth and sixth grades. *American Educational Research Journal, 19*, 75–92.

Belfield, C.R. (2004). *Investing in early childhood education in Ohio: An economic appraisal.* Retrieved November 30, 2009, from http://www.clevelandfed.org/research/conferences/2004/november/belfield_paper.pdf

Belfield, C.R., Nores, M., Barnett, S., & Schweinhart, L. (2006). The High/Scope Perry Preschool program: Cost-benefit analysis using data from the age-40 follow-up. *Journal of Human Resources, 41*, 162–190.

Bell, D.M., Gleiber, D.W., Mercer A.A., Phifer, R., Guinter, R.H., Cohen, A.J., et al. (1989). Illness associated with child day care: A study of incidence and cost. *American Journal of Public Health, 79*(4), 479–484.

Belsky, J., & Cassidy, J. (1994). Attachment: Theory and evidence. In M. Rutter & D. Hay (Eds.), *Development through life* (pp. 373–402). Oxford, England: Blackwell.

Belsky, J., Spritz, B., & Crnic, K. (1994). Infant attachment security and affective-cognitive information processing at age 3. *Psychological Science, 7*(2), 111–114.

Bergen, D., & Mauer, D. (2000). Symbolic play, phonological awareness, and literacy skills at three age levels. In K.A. Roskos & J.F. Christie (Eds.), *Play and literacy in early childhood: Research from multiple perspectives* (pp. 45–62). Mahwah, NJ: Lawrence Erlbaum Associates.

Berger, K. (2008). *The developing person through childhood and adolescence* (8th ed.). New York: Worth Publishers.

Berk, L.E. (2001). *Awakening children's minds: How parents and teachers can make a difference.* New York: Oxford University Press.

Berryhill, J.C., & Prinz, R.J. (2003). Environmental interventions to enhance student adjustment: Implications for prevention. *Prevention Science, 4*, 65–87.

Besharov, C.J., & Call, D.M. (2008, Autumn). The new kindergarten: The case for universal pre-K isn't as strong as it seems. *The Wilson Quarterly*, 28–35.

Betts, J., Zau, A., & Rice, L. (2003). *Determinants of student achievement: New evidence from San Diego.* San Francisco: Public Policy Institute of California.

Bevilacqua, L. (2008). *What your preschooler needs to know: Read-alouds to get ready for kindergarten.* New York: Bantam Dell.

Biedinger, N., Becker, B., & Rohling, I. (2008). Early ethnic educational inequality: The infl uence of duration of preschool attendance and social composition. *European Sociological Review, 24*(2), 243–256.

Bierman, K.L., Domitrovich, C.E., Nix, R., Gest, S., Welsh, J.A., Greenberg, M.T., et al. (2008). Promoting academic and socialemotional school readiness: The Head Start REDI program. *Child Development, 79*, 1802–1817.

Blair, C. (2002). School readiness: Integrating cognition and emotion in a neurobiological conceptualization of child functioning at school entry. *American Psychologist, 57*, 111–127.

Blatchford, P., Goldstein, H., Martin, C., & Brown, W. (2002). A study of class size effects in English school reception year classes. *British Educational Research Journal, 28*, 169–185.

Blau, D. (2000). The production of quality in child care centers: Another look. *Applied Developmental Science, 4*, 136–148.

Bloom, B.S. (1964). *Stability and change in human characteristics.* New York: Wiley.

Bock, G., Stebbins, L., & Proper, E. (1977). *Education as experimentation: A planned variation model.* Washington, DC: ABT Associates.

Bodrova, E., & Leong, D.J. (2003). Chopsticks and

counting chips: Do play and foundational skills need to compete for the teacher's attention in an early childhood classroom? *Young Children, 58,* 10–17.

Bodrova, E., Leong, D.J., Norford, J.S., & Paynter, D.E. (2003). It only looks like child's play. *Journal of Staff Development, 24,* 47–51.

Bogard, K., & Takanishi, R. (2005). *PK–3: An aligned and coordinated approach to education for children 3- to 8-years-old.* Retrieved January 15, 2011, from http://www.srcd.org/index.php?option=com_docman&task=doc_download&gid=107

Bogard, K., Traylor, F., & Takanishi, R. (2008). Teacher education and PK outcomes: Are we asking the right questions? *Early Childhood Research Quarterly, 23,* 1–6.

Borghans, L., Duckworth, A.L., Heckman, J.J., & ter Weel, B. (2008). The economics and psychology of personality traits. *Journal of Human Resources, 43*(4), 972–1059.

Bowman, B.T. (1999). *Dialogue on early childhood science, mathematics and technology education a context for learning: Policy implications for math, science, and technology in early childhood education.* Retrieved on November 30, 2009, from http://www.project2061.org/publications/earlychild/online/context/bowman.htm

Bowman, B.T., Donovan, M.S., & Burns, M.S. (2001). *Eager to learn: Educating our preschoolers.* Washington, DC: National Academies Press.

Boyce, C.A., & Fuligni, A.J. (2007). Issues for developmental research among racial/ethnic minority and immigrant families. *Research in Human Development, 4,* 1–17.

Brandon, K. (2002, October 20). Kindergarten less playful as pressure to achieve grows. *Chicago Tribune*, p. 1.

Bransford, J.D., Brown, A.L., & Cocking, R.R. (Eds.). (2000). *How people learn.* Washington, DC: National Academies Press.

Brauner, J., Gordic, B., & Zigler, E. (2004). Putting the child back into child care: Combining care and education for children ages 3-5. *SRCD Social Policy Report, 18*(3).

Bredekamp, S. (1987). *Developmentally appropriate practice.* Washington, DC: National Association for the Education of Young Children.

Bredekamp, S. (2004). Play and school readiness. In E.F. Zigler, D.G. Singer, & S.J. Bishop-Josef (Eds.), *Children's play: The roots of reading* (pp. 159–174). Washington, DC: ZERO TO THREE.

Bredekamp, S., & Copple, C. (2008). *Developmentally appropriate practice in early childhood programs serving children birth through age eight* (3rd ed.). Washington, DC: National Association for the Education of Young Children.

Bronfenbrenner, U. (1975). Is early intervention effective? In M. Guttentag & E. Struening (Eds.), *Handbook of evaluation research* (Vol 2., pp. 519–603). Thousand Oaks, CA: Sage Publications.

Bronfenbrenner, U. (1979). *The ecology of human development: Experiments by nature and design.* Cambridge, MA: Harvard University Press.

Bronfenbrenner, U. (1989). Ecological systems theory. *Annals of Child Development, 6,* 187–249.

Bronfenbrenner, U., & Morris, P. (1998). Ecological processes of development. In W. Damon (Ed.), *Handbook of child psychology: Theoretical issues* (Vol. 1, pp. 993–1028). New York: Wiley.

Brooks-Gunn, J. (2003). Do you believe in magic? What we can expect from early childhood intervention programs. *SRCD Social Policy Report, 17,* 3–14.

Brooks-Gunn, J. (2010). *Early childhood education: The likelihood of sustained effects.* Manuscript in preparation.

Brooks-Gunn, J., Klebanov, P.K., & Duncan, G.J. (1996). Ethnic differences in children's intelligence test scores: Role of economic deprivation, home environment, and maternalcharacteristics. *Child Development, 67,* 396–408.

Brooks-Gunn, J., Klebanov, P., Liaw, F., & Spiker, D. (1993). Enhancing the development of low-birthweight premature infants: Changes in cognition and behavior over the first three years. *Child Development, 64,* 736–753.

Brooks-Gunn, J., & Markman, L. (2005). The contribution of parenting to ethnic and racial gaps in school readiness. *The Future of Children, 15*(1), 138–167.

Brooks-Gunn, J., McCarton, C., Casey, P., McCormick, M., Bauer, C., Bernbaum, J., et al. (1994). Early intervention in low-birth-weight, premature infants: Results through age 5 years from the Infant Health and Development Program. *Journal of the American Medical Association, 272,* 1257–1262.

Brooks-Gunn, J., McCormick, M., Shapiro, S., Benasich, A.A., & Black, G. (1994). The effects of early education intervention on maternal employment, public assistance, and health insurance: The Infant Health and Development Program. *American Journal of Public Health, 84,* 924–931.

Brown, E. (2009, November 21). *The playtime's the thing: A debate over the value of make-believe and other games in preschool classes is deepening as more states fund programs.* Washington Post, p. B01.

Burchinal, M., Cryer, D., Clifford, R., & Howes, C. (2002). Caregiver training and classroom quality in child care centers. *Applied Developmental Science, 6,* 2–11.

Burchinal, M., Howes, C., & Kontos, S. (2002). Structural predictors of child care quality in child care homes. *Early Childhood Research Quarterly, 17,* 87–105.

Burchinal, M., Howes, C., Pianta, R., Bryant, D., Early, D., Clifford, R., et al. (2008). Predicting child outcomes at the end of kindergarten from the quality of prekindergarten teacher–child interactions and instruction. *Applied Developmental Science, 12,* 140–153.

Burchinal, M., Hyson, M., & Zaslow, M. (2008). Competencies and credentials for early childhood

educators: What do we know and what do we need to know? *NHSA Dialog, 11*(1), 1–7.
Burchinal, M.R., Roberts, J.E., Riggins, R., Zeisel, S.A., Neebe, E.,& Bryant, D. (2000). Relating quality of center-based child care to early cognitive and language development longitudinally. *Child Development, 71*(2), 339–357.
Burger, K. (2010). How does early childhood care and education affect cognitive development: An international review of the effects of early interventions for children from different social backgrounds. *Early Childhood Research Quarterly, 25*, 140–165.
Burton, A., Whitebook, M., Young, M., Bellm, D., Wayne, C., Brandon, R.N., et al. (2002). *Estimating the size and components of the U.S. child care workforce and caregiving population.* Retrieved December 9, 2009, from http://www.ccw.org/storage/ccworkforce/documents/publications/workforceestimatereport.pdf
Burts, D.C., Hart, C.H., Charlesworth, R., & DeWolf, M. (1993). Developmental appropriateness of kindergarten programs and academic outcomes in first grade. *Journal of Research in Childhood Education, 8*, 23–31.
Burts, D., Hart, C., Charlesworth, R., Fleege, P., Mosley, J., & Thomasson, R. (1992). Observed activities and stress behaviors of children in developmentally appropriate and inappropriate kindergarten classrooms. *Early Childhood Research Quarterly, 7*, 297–318.
Burts, D., Hart, C., Charlesworth, R., & Kirk, L. (1990). A comparison of frequencies of stress behaviors observed in kindergarten children in classrooms with developmentally appropriate versus developmentally inappropriate instructional practices. *Early Childhood Research Quarterly, 5*, 407–423.
Bush, G.W. (2003, January 8). *Remarks by the president on the first anniversary of the No Child Left Behind Act.* Retrieved September 10, 2003, from www.whitehouse.gov/news/releases/2003/01/20030108-4.html
Bushaw, W., & McNee, J. (2009). The 41st annual Phi Delta Kappa/Gallup poll of the public's attitudes toward the public schools. *Phi Delta Kappan, 91*(1), 8–23.
Bushouse, B.K. (2009). *Universal preschool: Policy change, stability, and the Pew Charitable Trusts.* Albany: State University of New York Press.
Buysse, V., & Wesley, P. (2005). *Consultation in early childhood settings.* Baltimore: Paul H. Brookes Publishing Co.
Buysse, V., Winton, P., & Rous, B. (2009). Reaching consensus on a definition of professional development for the early childhood field. *Topics in Early Childhood Special Education, 28*(4), 235–243.
Caldera, Y.M., McDonald Culp, A., Truglio, R.T., Alvarez, M., & Huston, A.C. (1999). Children's play preferences, construction play with blocks, and visual-spatial skills: Are they related? *International Journal of Behavioral Development, 23,* 855–872.
Caldwell, B.M. (1986). Day care and the public schools: Natural allies, natural enemies. *Educational Leadership, 43*(5), 34.
Calfee, R. (1997). Language and literacy, home and school. *Early Child Development and Care, 127,* 75–98.
Cameron, S.V., & Heckman, J.J. (2001). The dynamics of educational attainment for black, Hispanic, and white males. *Journal of Political Economy, 109(3),* 455–499.
Camilli, G., Vargas, S., Ryan, S., & Barnett, W.S. (2010). Metaanalysis of the effects of early education interventions on cognitive and social development. *Teachers College Record, 112(3),* 579–620.
Campbell, D.E. (2008). The civic side of school choice: An empirical analysis of civic education in public and private schools. *Brigham Young University Law Review, 2,* 487–524.
Campbell, D.T. (1987a). *Assessing the impact of planned social change.* Hanover, NH: The Public Affairs Center, Dartmouth College.
Campbell, D.T. (1987b). Problems facing the experimenting society in the interface between evaluation and service providers. In S.L. Kagan, D.R. Powell, B. Weissbourd, & E. Zigler (Eds.), *America's family support programs* (pp. 345–351). New Haven, CT: Yale University Press.
Campbell, D.T. (1991). Methods for an experimenting society. American Journal of Evaluation, 12, 223–260.
Campbell, D.T., & Boruch, R.F. (1975). Making the case for randomized assignment to treatments by considering the alternatives: Six ways in which quasi-experimental evaluations in compensatory education tend to underestimate effects. In C.A. Bennet & A.A. Lumsdaine (Eds.), *Evaluation and Experiment* (pp. 195–296). San Diego, CA: Academic Press.
Campbell, F.A., Pungello, E.P., Miller-Johnson, S., Burchinal, M., & Ramey, C.T. (2001). The development of cognitive and academic abilities: Growth curves from an early childhood education experiment. *Developmental Psychology, 37,* 231–242.
Campbell, F.A., & Ramey, C.T. (1995). Cognitive and school outcomes for high-risk African-American students at middle adolescence: Positive effects of early intervention. *American Educational Research Journal, 32,* 743–772.
Campbell, F.A., Ramey, C.T., Pungello, E., Sparling, J., & Miller-Johnson, S. (2002). Early childhood education: Young adult outcomes from the Abecedarian project. *Applied Developmental Science, 6*(1), 42–57.
Capizzano, J., Adams, G., & Ost, J. (2007). *Caring for children of color: The child care patterns of White, Black and Hispanic children under 5. Executive summary.* Washington, DC: The Urban Institute.
Carneiro, P., & Heckman, J.J. (2003). Human capital policy. In J.J. Heckman, A.B. Krueger, & B.M. Friedman (Eds.), *Inequality in America: What role for human capital policies?*

(pp. 77–239).

Cambridge, MA: The MIT Press. Carter, A.S., Briggs-Gowan, M.J., Jones, S.M., & Little, T.D. (2003). The Infant-Toddler Social and Emotional Assessment (ITSEA): Factor structure, reliability, and validity. *Journal of Abnormal Child Psychology, 31,* 495–514.

Ceci, S.J., & Papierno, P.B. (2005). The rhetoric and reality of gap closing: When the "have-nots" gain but the "haves" gain even more. *American Psychologist, 60*(2), 149–160.

Center for Family Policy and Research. (2009). *The state of early childhood programs: 2009.* Columbia, MO: Center for Family and Policy Research. Retrieved December 21, 2009, from http://cfpr.missouri.edu/stateprograms09.pdf

Center for Law and Social Policy. (2006). *Early Head Start participants, programs, families, and staff in 2006.* Retrieved February 20, 2010, from http://www.clasp.org/admin/site/ publications/files/0417.pdf

Center for Law and Social Policy. (2011). *CLASP DataFinder.* Retrieved January 5, 2011, from http://www.clasp.org/data

Chaffin, M. (2004). Is it time to rethink Healthy Start/Healthy Families? *Child Abuse and Neglect, 28,* 589–595.

Chang, H. (2006). *Getting ready for quality: The critical importance of developing and supporting a skilled, ethnically and linguistically diverse early childhood workforce.* Oakland, CA: California Tomorrow.

Chicago Fact Book Consortium. (1995). *Local community fact book: Chicago metropolitan area, 1990.* Chicago: Board of Trustees, University of Illinois.

Chicago Longitudinal Study. (2005). *Chicago Longitudinal Study user's guide* (Vol. 7). Madison: University of Wisconsin.

Chien, N.C., Howes, C., Burchinal, M., Pianta, R., Ritchie, S., Bryant, D.M., et al. (2010). Children's classroom engagement and school readiness gains in prekindergarten. *Child Development, 81,* 1534–1549.

Child Care Services Association. (2005). *Early childhood systems study.* Chapel Hill, NC: Child Care Services Association.

Child Care Services Association. (2008). *The early childhood workforce: Making the case for compensation.* Chapel Hill, NC: Child Care Services Association.

Childress, S.M., Doyle, D.P., & Thomas, D.A. (2009). *Leading for equity: The pursuit of excellence in the Montgomery County public schools.* Cambridge, MA: Harvard Education Press.

Christie, J.F. (1998). Play as a medium for literacy development. In E.P. Fromberg & D. Bergen (Eds.), *Play from birth to twelve and beyond: Contexts, perspectives, and meaning* (pp. 50–55). New York: Garland.

Christie, J.F., & Enz, B. (1992). The effects of literacy play interventions on preschoolers' play patterns and literacy development. *Early Education and Development, 3,* 205–220.

Christie, J., & Johnsen, E. (1983). The role of play in social-intellectual development. *Review of Educational Research, 53,* 93–115.

Christie, J., & Roskos, K. (2006). Standards, science and the role of play in early literacy education. In D. Singer, R.M. Golinkoff, & K. Hirsh-Pasek (Eds.), *Play = learning: How play motivates and enhances children's cognitive and social-emotional growth.* New York: Oxford University Press.

Cicirelli, V.G. (1969). *The impact of Head Start: An evaluation of the effects of Head Start on children's cognitive and affective development.* Athens: Ohio University.

Cimpian, A., Arce, H., Markman, E., & Dweck, C. (2007). Subtle linguistic cues affect children's motivation. *Psychological Science, 18,* 314–316.

Clarke-Stewart, A., & Allhusen, V. (2005). *What we know about child care.* Cambridge, MA: Harvard University Press.

Clarke-Stewart, K.A., Vandell, D.L., Burchinal, M., O'Brien, M., & McCartney, K. (2002). Do regulable features of child-care homes affect children's development? *Early Childhood Research Quarterly, 17*(1), 52–86.

Clements, D.H., & Sarama, J. (2007). Effects of a preschool mathematics curriculum: Summative research on the Building Blocks project. *Journal for Research in Mathematics Education, 38*(2), 136–163.

Clifford, D., & Maxwell, K. (2002). *The need for highly qualifi ed prekindergarten teachers: Preparing highly qualified prekindergarten teachers symposium.* Chapel Hill: University of North Carolina, Frank Porter Graham Child Development Institute.

Coalition for Evidence-Based Policy. (2009). *Early childhood home visitation program models: An objective summary of the evidence about which are effective.* Washington, DC: Author.

Coleman, J.S. (1966). *Equality of educational opportunity.* Washington, DC: U.S. Government Printing Office.

Commonwealth of Australia. (2009). *Investing in the early years—A national early childhood development strategy: An initiative of the council of Australian governments.* Retrieved January 3, 2011, from http://www.coag.gov.au/coag_meeting_outcomes/2009-07-02/docs/national_ECD_strategy. pdf

Conduct Problems Prevention Research Group. (1999). Initial impact of the fast track prevention trial for conduct problems: II. Classroom effects. *Journal of Consulting and Clinical Psychology, 67,* 648–657.

Conduct Problems Prevention Research Group. (2002). Evaluation of the first three years of the Fast Track prevention trial with children at high risk for adolescent conduct problems. *Journal of Abnormal Child Psychology, 30,* 19–35.

Connor, C.M., Morrison, F.J., Fishman, B.J., Schatschneider, C., & Underwood, P. (2007). The early years:

Algorithmguided individualized reading instruction. *Science, 315,* 464–465.

Cook, D. (2000). Voice practice: Social and mathematical talk in imaginative play. *Early Child Development and Care, 162,* 51–63.

Cook, T.D. (2008). Waiting for life to arrive: A history of the regression-discontinuity design in psychology, statistics, and economics. *Journal of Econometrics, 142,* 636–654.

Copple, C., & Bredekamp, S. (2009). *Developmentally appropriate practice in early childhood programs serving children from birth through age 8* (3rd ed.). Washington, DC: National Association for the Education of Young Children.

Cost, Quality, and Outcomes Study Team. (1995). *Cost, quality, and child outcomes in child care centers.* Denver: University of Colorado at Denver.

Costa, A.L., & Garmston, R.J. (2002). *Cognitive coaching: A foundation for Renaissance schools* (2nd ed.). Norwood, MA: Christopher-Gordon.

Coulter, P., & Vandal, B. (2007). *Community colleges and teacher preparation: Roles, issues and opportunities.* Denver, CO: Education Commission of the States. Council of Chief State School Officers. (2010). Common core state standards initiative. Retrieved January 30, 2010, from http://www.corestandards.org/

Cunha, F., & Heckman, J.J. (2007). The technology of skill formation. *American Economic Review, 97*(2), 31–47.

Cunha, F., & Heckman, J.J. (2008). Formulating, identifying and estimating the technology of cognitive and noncognitive skill formation. *Journal of Human Resources, 43*(4), 738–782.

Cunha, F., & Heckman, J.J. (2009). The economics and psychology of inequality and human development. *Journal of the European Economic Association, 7*(2–3), 320–364.

Cunha, F., Heckman, J.J., Lochner, L.J., & Masterov, D.V. (2006). Interpreting the evidence on life cycle skill formation. In E.A. Hanushek & F. Welch (Eds.), *Handbook of the economics of education* (pp. 697–812). Amsterdam: North-Holland.

Cunha, F., Heckman, J.J., & Schennach, S.M. (2010). Estimating the technology of cognitive and noncognitive skill formation. *Econometrica, 78*(3), 883–931.

Cunningham, A.E., Zibulsky, J., & Callahan, M.D. (2009). Starting small: Building preschool teacher knowledge that supports early literacy development. *Reading and Writing: An Interdisciplinary Journal, 22,* 487–510.

Currie, J. (2001). Early childhood education programs. *Journal of Economic Perspectives, 15,* 213–238.

Currie, J. (2004). *The take-up of social benefits, Working Paper 10488.* Cambridge, MA: National Bureau of Economic Research.

Currie, J., & Duncan, T. (2009). *Stalking the wild taboo: Does Head Start make a difference?* Retrieved February 22, 2011, from http://www.lrainc.com/swtaboo/taboos/headst01.html

Currie, J., & Neidel, M. (2007). Getting inside the black box of Head Start quality: What matters and what doesn't. *Economics of Education Review, 26,* 83–99.

D'Agostino, J.V., & Murphy, J.A. (2004). A meta-analysis of Reading Recovery in United States schools. *Educational Evaluation and Policy Analysis, 26,* 23–38.

Dalli, C. (1999, September). *Starting childcare: What young children learn about relating to adults in the first weeks of settling into a childcare centre.* Paper presented at the Early Childhood Convention, Nelson, New Zealand.

Darling-Hammond, L. (2010). *Performance counts: Assessment systems that support high-quality learning.* Washington, DC: Council of Chief State School Officers.

Darling-Hammond, L., & Bransford, J. (2007). *Preparing teachers for a changing world: What teachers should learn and be able to do.* San Francisco: Jossey-Bass.

Daro, D. (2000). Child abuse prevention: New directions and challenges. Nebraska Symposium on Motivation. *Journal on Motivation, 46,* 161–219.

Daro, D. (2006). *Home visitation: Assessing progress, managing expectations.* Chicago: Chapin Hall Center for Children and the Ounce of Prevention Fund.

Daro, D. (2009). The history of science and child abuse prevention: A reciprocal relationship. In K. Dodge & D. Coleman (Eds.), *Community-based prevention of child maltreatment* (pp. 9–25). New York: Guilford Press.

Daro, D., & Harding, K. (1999). Healthy Families America: Using research to enhance practice. *Future of Children, 9,* 152–176.

Daro, D., & McCurdy, K. (2006). Interventions to prevent child maltreatment. In L. Doll, J. Mercy, R. Hammond, D. Sleet, & S. Bonzo (Eds.), *Handbook on injury and violence prevention interventions.* New York: Kluwer Academic/Plenum Publishers.

Datta, L.E., McHalle, C., & Mitchell, S. (1976). *The effects of the Head Start classroom experience on some aspects of child development: A summary report of national evaluations, 1966–1969.* Washington, DC: Office of Child Development.

Davidson, J.I.F. (1998). Language and play: Natural partners. In E.P. Fromberg & D. Bergen (Eds.), *Play from birth to twelve and beyond: Contexts, perspectives, and meaning* (pp. 175–183). New York: Garland.

Davis, J., Smith, T., Hodge, R., Nakao, K., & Treas, J. (1991). *Occupational prestige ratings from the 1989 general survey.* Ann Arbor, MI: Interuniversity Consortium for Political and Social Research.

Decker, P.T., Mayer, D.P., & Glazerman, S. (2004). *The effects of Teach for America on students: Findings from a national evaluation.* Princeton, NJ: Mathematica Policy Research.

de Kruif, R.E.L., McWilliam, R.A., Ridley, S.M., & Wakely, M.B. (2000). Classification of teachers' interaction behaviors in early childhood classrooms. *Early Childhood Research Quarterly, 15*(2), 247–268.

Delaney, P., & Smith, S. (2000). *Study finds Asian countries are best in math, science: Newest TIMSS data indicates little progress for U.S. 8th graders.* Retrieved January 17, 2011, from http://www.bc.edu/bc_org/rvp/pubaf/chronicle/v9/d14/timss.html

DePanfilis, D., & Dubowitz, H. (2005). Family Connections: A program for preventing child neglect. *Child Maltreatment, 10*(2), 108–123.

Deutsch, M., Deutsch, C.P., Jordan, T.J., & Grallo, R. (1983). The IDS program: An experiment in early and sustained enrichment. In The Consortium for Longitudinal Studies (Ed.), *As the twig is bent...Lasting effects of preschool programs* (pp. 377–410). Mahwah, NJ: Lawrence Erlbaum Associates.

Devaney, B. (in press). WIC turns 35: Effectiveness and future directions. In A. Reynolds (Ed.), *Childhood programs and practices in the first decade of life: A human capital integration.* New York: Cambridge University Press.

Diamond, A., Barnett, W.S., Thomas, J., & Munro, S. (2007). Preschool program improves cognitive control. *Science, 318*(5855), 1387–1388.

Dickinson, D.K., & Brady, J.P. (2005). Toward effective support for language and literacy through professional development. In M. Zaslow and I. Martinez-Beck (Eds.), *Critical issues in early childhood professional development* (pp. 141–170). Baltimore: Paul H. Brookes Publishing Co.

Dickinson, D.K., & Caswell, L.C. (2007). Building support for language and early literacy in preschool classrooms through in-service professional development: Effects of the Literacy Environment Enrichment Program (LEEP). *Early Childhood Research Quarterly, 22*(2), 243–260.

Dickinson, D.K., Cote, L.R., & Smith, M.W. (1993). Learning vocabulary in preschool: Social and discourse contexts affecting vocabulary growth. In W. Damon & C. Daiute, *New directions in child development: The development of literacy through social interaction* (Vol. 61, pp. 67–78). San Francisco: Jossey-Bass.

Dickinson, D., & Freiberg, J. (in press). Environmental factors affecting language acquisition from birth–five: Implications for literacy development and intervention efforts. In National Research Council (Eds.), *The role of language in school learning.* Washington, DC: National Academies Press.

Dickinson, D., & Moreton, J. (1991, April). *Predicting specific kindergarten literacy skills from 3-year-olds' preschool experiences.* Paper presented at the biennial meeting of the Society for Research in Child Development, Seattle, WA.

Dickinson, D.K., & Tabors, P.O. (Eds.). (2001). *Beginning literacy with language: Young children learning at home and school.* Baltimore: Paul H. Brookes Publishing Co.

Dodge, K.A., Pettit, G.S., & Bates, J.E. (1994). Socialization mediators of the relation between socioeconomic status and child conduct problems. *Child Development, 65,* 649–665.

Doherty, K.M. (2002, January 10). Early learning. *Education Week, 17*(21), 54–56.

Dolan, L., Kellam, S., Brown, C., Werthamer-Larsson, L., Rebok, G., Mayer, L., et al. (1993). The short-term impacts of two classroom-based preventive interventions on aggressive and shy behaviors and poor achievement. *Journal of Applied Developmental Psychology, 14,* 317–345.

Donahue, P., Falk, B., & Provet, A.G. (2000). *Mental health consultation in early childhood.* Baltimore: Paul H. Brookes Publishing Co.

Dore, R. (1976). *The diploma disease.* Berkeley: University of California Press.

Dotterer, A.M., Burchinal, M., Bryant, D.M., Early, D.M., & Pianta, R.C. (2009). Comparing universal and targeted prekindergarten programs. In R.C. Pianta & C. Howes (Eds.), *The promise of pre-K* (pp. 65–76). Baltimore: Paul H. Brookes Publishing Co.

Dudley, K. (1998, August 19). Tulsa joins the push for early education. *Tulsa World.*

DuMont, K., Mitchell-Herzfeld, S., Greene, R., Lee, E., Lowenfels, A., Rodriguez, M., et al. (2008). Healthy Families New York (HFNY) randomized trial: Effects on early child abuse and neglect. *Child Abuse and Neglect, 32,* 295–315.

Duncan, A. (2009, November 19). *The early learning challenge: Raising the bar.* Presented at the National Association for the Education of Young Children Annual Conference.

Duncan, G., Dowsett, C., Claessens, A., Magnuson, K., Huston, A., Klebanov, P., et al. (2007). School readiness and later achievement. *Developmental Psychology, 43,* 1428–1446.

Duncan, G., Ludwig, J., & Magnuson, K. (2009). *Reducing poverty through early childhood interventions.* Retrieved February 21, 2011, from http://www.futureofchildren.org

Duncan, G., & Magnuson, K. (2009, November 19–20). *The nature and impact of early skills, attention, and behavior.* Presented at the Russell Sage Foundation conference on Social Inequality and Educational Outcomes.

Dunn, L.M., & Dunn, L.M. (1997). *Peabody Picture Vocabulary Test–Third Edition.* Circle Pines, MN: American Guidance Service.

Dunn, L., Lugo, D., Padilla, E., & Dunn, L. (1986). *Test de Vocabulario en Imagenes Peabody.* Circle Pines, MN: American Guidance Service.

Dutcher, B. (2007). *Let's help early childhood educators by offering a tax break.* Retrieved January 17, 2011, from http://www.edmondsun.com/opinion/local_story_323122303. html

Duthoit, M. (1988). L'enfant et l'ecole: Aspects synthetiques du suivi d'un echantillon de vingt mille eleves des ecoles. *Education et Formations, 16,* 3–13.

Early, D.M., Bryant, D., Pianta, R., Clifford, R., Burchinal, M., Ritchie, S., et al. (2006). Are teachers' education, major, and credentials related to classroom quality and children's academic gains in pre-kindergarten? *Early Childhood Research Quarterly, 21,* 174–195.

Early, D., Iruka, I., Ritchie, S., Barbarin, O., Winn, D., & Crawford, G. (2010). How do pre-kindergarteners spend their time? Gender, ethnicity, and income as predictors of experiences in pre-kindergarten classrooms. *Early Childhood Research Quarterly, 25,* 177–193.

Early, D.M., Maxwell, K.L., Burchinal, M., Alva, S., Bender, R.H., Bryant, D., et al. (2007). Teachers' education, classroom quality, and young children's academic skills: Results from seven studies of preschool programs. *Child Development, 78*(2), 558–580.

Early, D.M., & Winton, P.J. (2001). Preparing the workforce: Early childhood teacher preparation at 2- and 4-year institutions of higher education. *Early Childhood Research Quarterly, 16,* 285–306.

Edwards, C.P., & Raikes, H. (2002). Extending the dance: Relationship- based approaches to infant/ toddler care and education. *Young Children, 57*(4), 10–17.

Ehrenberg, R.G., Brewer, D.J., Gamoran, A., & Willms, J.D. (2001). Class size and student achievement. *Psychological Science in the Public Interest, 2,* 1–30.

Einarsdottir, J. (2005). We can decide what to play! Children's perception of quality in an Icelandic playschool. *Early Education and Development, 16,* 469–488.

Elementary and Secondary Education Act of 1965, PL 89-10, 20 U.S.C. §§ 241 *et seq.*

Elkind, D. (1981). *The hurried child: Growing up too fast, too soon.* Reading, MA: Addison-Wesley.

Elkind, D. (1987). *Miseducation: Preschoolers at risk.* New York: Knopf.

Elkind, D. (1988). The resistance to developmentally appropriate educational practice with young children: The real issue. In C. Warger (Ed.), *A resource guide to public school early childhood programs* (pp. 53–62). Alexandria, VA: Association for Supervision and Curriculum Development.

Elkind, D. (2001). Young Einsteins: Much too early. *Education Matters, 1*(2), 9–15.

Elkind, D. (2008). Can we play? *Greater Good, 4,* 14–17.

Engelmann, S., & Engelmann, T. (1966). *Give your child a superior mind: A program for the preschool child.* New York: Simon & Schuster.

Entwisle, D.R., Alexander, K.L., & Olson, L.S. (2007). Early schooling: The handicap of being poor and male. *Sociology of Education, 80,* 114–138.

Epstein, A.S., Schweinhart, L.J., & McAdoo, L. (1996). *Models of early childhood education.* Ypsilanti, MI: HighScope Press.

Espinosa, L.M. (2010). Assessment of young English language learners. In E. Garcia & E. Frede (Eds.), *Developing the research agenda for young English language learners* (pp. 119–142). New York: Teachers College Press.

Family and Medical Leave Act of 1993, PL 103-3, 5 U.S.C. §§ 6381 *et seq.*, 29 U.S.C. §§ 2601 *et seq.*

Fan, X., & Chen, M. (2001). Parental involvement and students' academic achievement: A meta-analysis. *Educational Psychology Review, 13,* 1–22.

Fantuzzo, J., Bulotsky-Shearer, R., McDermott, P.A., McWayne, C., Frye, D., & Perlman, S. (2007). Investigation of dimensions of social-emotional classroom behavior and school readiness for low-income urban preschool children. *School Psychology Review, 36,* 44–62.

Fantuzzo, J., Perry, M., & McDermott, P. (2004). Preschool approaches to learning and their relationship to other relevant classroom competencies for low-income children. *School Psychology Quarterly, 19,* 212–230.

Fantuzzo, J., Stoltzfus, J., Lutz, M.N., Hamlet, H., Balraj, V., Turner, C., et al. (1999). An evaluation of the special needs referral process for low-income preschool children with emotional and behavioral problems. *Early Childhood Research Quarterly, 14,* 465–482.

Fantuzzo, J.W., Sutton-Smith, B., Coolahan, K.C., Manz, P.H., Canning, S., & Debnam, D. (1995). Assessment of preschool play interaction behaviors in young low-income children: Penn Interactive Peer Play Scale. *Early Childhood Research Quarterly, 10,* 105–120.

Fein, G., & Rivkin, M. (1986). *The young child at play: Reviews of research.* Washington, DC: National Association for the Education of Young Children.

Fergusson, D., Grant, H., Horwood, J.L., & Ridder, E. (2005). Randomized trial of the Early Start Program of home visitation. *Pediatrics, 11*(6), 803–809.

Finn, C. (2009). The preschool picture. *Education Next, 9*(4), 13–19.

Finn, J.D., & Achilles, C.M. (1999). Tennessee's class size study: Findings, implications and misconceptions. *Educational Evaluation and Policy Analysis, 20,* 95–113.

Finn, J.D., Gerber, S.B., & Boyd-Zaharias, J. (2005). Small classes in the early grades: Academic achievement and graduation from high school. *Journal of Educational Psychology, 97,* 214–223.

Finn-Stevenson, M., & Zigler, E.F. (1999). *Schools of the 21st Century: Linking child care and education.* Boulder, CO: Westview Press.

Fischer, B. (Executive Producer). (2008, December 7). *Meet the Press.* New York: NBC.

Fisher, C.B., Hoagwood, K., Boyce, C., Duster, T., Frank, D.A., Grisso, T., et al. (2002). Research ethics for mental health science involving ethnic minority children and youths. *American Psychologist, 57,* 1024–1040.

Fisher, K.R. (2009). *ABC's and 1..2..3: Exploring informal learning in early childhood.* Unpublished manuscript, Temple University.

Foundation for Child Development. (2005). *Early education for all: Six strategies to build a movement for universal early education. FCD Policy Brief No. A-1: Organizing for PK–3.* New York: Author.

Foundation for Child Development. (2008). *America's vanishing potential: The case for preK-3rd education.* New York: Author.

Frede, E.C. (1998). Preschool program quality in programs for children in poverty. In W.S. Barnett & S.S. Boocock (Eds.), *Early care and education for children in poverty* (pp. 77–98). Albany, NY: SUNY Press.

Frede, E. (2005). *Assessment in a continuous improvement cycle: New Jersey's Abbott Preschool Program.* Retrieved March 5, 2010, from http://nieer.org/resources/research/NJAccountability.pdf

Frede, E., & Barnett, W.S. (1992). Developmentally appropriate public school preschool: A study of implementation of the High/Scope curriculum and its effects on disadvantaged children's skills at first grade. *Early Childhood Research Quarterly, 7*(4), 483–499.

Frede, E., Dessewffy, M., Hornbeck, A., & Worth, A. (2003). *Preschool classroom mathematics inventory.* New Brunswick, NJ: National Institute for Early Education Research.

Frede, E., Jung, K., Barnett, W.S., & Figueras, A. (2009). *The APPLES blossom: Abbott Preschool Program Longitudinal Effects Study (APPLES) preliminary results through 2nd grade interim report.* New Brunswick, NJ: National Institute for Early Education Research. Retrieved January 3, 2011, from http://nieer.org/pdf/apples_second_grade_results.pdf

Frede, E., Jung, K., Barnett, W.S., Lamy, C., & Figueras, A. (2007). *The Abbott Preschool Program Longitudinal Effects Study (APPLES). Report to the New Jersey Department of Education.* New Brunswick, NJ: National Institute for Early Education Research.

Froebel, F. (1897). *Pedagogics of the kindergarten.* (J. Jarvis, Trans.). London: Appleton.

Fry, R., & Passel, J. (2009). *Latino children: A majority are U.S.-born offspring of immigrants.* Washington, DC: Pew Hispanic Center.

Fryer, R.G., & Levitt, S.D. (2004). Understanding the black–white test score gap in the first two years of school. *The Review of Economics and Statistics, 86*(2), 447–464.

Fuchs, T., & Wossmann, L. (2006). *Governance and primary school performance: International evidence.* Munich, Germany: University of Munich.

Fukkink, R., & Lont, A. (2007). Does training matter? A metaanalysis and review of caregiver training studies. *Early Childhood Research Quarterly, 22*(1), 294–311.

Fuller, B. (1999). *Government confronts culture.* New York: Taylor & Francis.

Fuller, B. (2007). *Standardized childhood: The political and cultural struggle over early education.* Palo Alto, CA: Stanford University Press.

Fuller, B., Holloway, S., Rambaud, M., & Eggers-Piérola, C. (1996). How do mothers choose child care? Alternative cultural models in poor neighborhoods. *Sociology of Education, 69,* 83–104.

Fuller, B., & Huang, D. (2003). *Targeting investments for universal preschool: Which families to serve first? Who will respond?* Berkeley, CA: Policy Analysis for California Education.

Fuller, B., Kagan, S., Loeb, S., & Chang,Y. (2004). Child care quality: Centers and home settings that serve poor families. *Early Childhood Research Quarterly, 19,* 505–527.

Fuller, B., & Livas, A. (2006). *Proposition 82—California's "Preschool for All" initiative.* Berkeley, CA: Policy Analysis for California Education.

Fuller, B., & Strath, A. (2001). The child care and preschool workforce: Demographics, earnings, and unequal distribution. *Educational Evaluation and Policy Analysis, 23,* 37–55.

Gabrieli, C., & Goldstein, W. (2008). *Time to learn: How a new school schedule is making smarter kids, happier parents, and safer neighborhoods.* San Francisco, CA: Jossey-Bass.

Galinsky, E. (2006). *The economic benefits of high quality early childhood programs: What makes the difference? Report for the Committee on Economic Development.* New York: Family and Work Institute.

Gallagher, P.A., & Lambert, R.G. (2006). Classroom quality, concentration of children with special needs, and child outcomes in Head Start. *Exceptional Children, 73*(1), 31–52.

Garces, E., Thomas, D., & Currie, J. (2002). Longer-term effects of Head Start. *American Economic Review, 92,* 999–1012.

Garcia, E., Arias, M.B., Harris Murri, N.J., & Serna, C. (2010). Developing responsive teachers: A challenge for a demographic reality. *Journal of Teacher Education, 61*(1–2), 132–142.

Gardenhire, D. (2007). *New parental tax credit makes Oklahoma a national leader.* Retrieved January 17, 2011, from http://www. okhouse.gov/okhousemedia/pressroom.aspx?NewsID=1208

Gardner, M., Roth, J.L., & Brooks-Gunn, J. (2009). *Can afterschool programs help level the academic playing field for disadvantaged youth?* New York: Teachers College, Columbia University.

Garfinkel, I. (1996). Economic security for children: From means testing and bifurcation to universality. In I. Garfinkel (Ed.), *Social policies for children* (pp. 33–82). Washington, DC: Brookings Publications.

Garvey, C. (1977). *Play.* Cambridge, MA: Harvard University Press.

Gayl, C., Young, M., & Patterson, K. (2009). *New beginnings: Using federal Title I funds to support local pre-K efforts.* Washington, DC: Pew Center on the States. Retrieved January 3, 2011, from http://www.preknow.org/documents/titleI_Sep2009.pdf

Gayl, C., Young, M., & Patterson, K. (2010). *Tapping Title I: What every school administrator should know about Title I, pre-K and school reform.* Washington, DC: Pew Center on the States. Retrieved January 3, 2011, from http://www.preknow.org/documents/TitleI_PartII_Jan2010.pdf

Gaylor, E., Spiker, D., & Hebbeler, K. (2009). *Evaluation of the Saint Paul early childhood scholarship program. Issue brief 2: Implementation in year 2.* Menlo Park, CA: SRI International.

Geeraert, L., Van den Noorgate, W., Grietens, H., & Onghena, P. (2004). The effects of early prevention programs for families with young children at risk for physical child abuse and neglect: A meta-analysis. *Child Maltreatment, 9*(3), 277–291.

Gelbach, J., & Pritchett, L. (2002). Is more for the poor less for the poor? The politics of means-tested targeting. *Topics in Economic Analysis and Policy, 2*(1), Article 26.

Gershater-Molko, R., Lutzker, J., & Wesch, D. (2003). Project SafeCare: Improving health, safety, and parenting skills in families reported for and at-risk of child maltreatment. *Journal of Family Violence, 18*(6), 377–386.

Gilliam, W.S. (2000, December). *The School Readiness Initiative in South-Central Connecticut: Classroom quality, teacher training, and service provision. Report of findings for fiscal year 1999.* New Haven, CT: Yale University Child Study Center.

Gilliam, W. (2005, May). *Prekindergarteners left behind: Expulsion rates in state prekindergarten programs. FCD Policy Brief Series No. 3.* Retrieved January 18, 2011, from http://www.fcd-us.org/sites/default/files/ExpulsionCompleteReport.pdf

Gilliam, W.S. (2006, June). *Partnerships and collaboration: Head Start, child care, and prekindergarten.* Keynote plenary presented at Head Start's Eighth National Research Conference, Washington, DC.

Gilliam, W.S. (2008). Head Start, public school prekindergarten, and a collaborative potential. *Infants and Young Children, 21,* 30–44.

Gilliam, W.S., & Leiter, V. (2003). Evaluating early childhood programs: Improving quality and informing policy. *Zero to Three, 23*(6), 6–13.

Gilliam, W.S., & Ripple, C.H. (2004). What can be learned from state-funded preschool initiatives? A data-based approach to the Head Start devolution debate. In E. Zigler & S.J. Styfco (Eds.), *The Head Start debates* (pp. 477–497). Baltimore: Paul H. Brookes Publishing Co.

Gilliam, W.S. Ripple, C.H., Zigler, E.F., & Leiter, V. (2000). Evaluating child and family demonstration programs: Lessons from the Comprehensive Child Development Program. *Early Childhood Research Quarterly, 15,* 5–39.

Gilliam, W.S., & Stahl, S. (2008). *The Connecticut School Readiness Program: Comparative strengths and challenges in relation to state prekindergarten systems across the nation.* New Haven, CT: Yale University School of Medicine, The Edward Zigler Center for Child Development and Social Policy.

Gilliam, W.S., & Zigler, E.F. (2001). A critical meta-analysis of all evaluations of state-funded preschool from 1977 to 1998: Implications for policy, service delivery and program evaluation. *Early Childhood Research Quarterly, 15,* 441–473.

Gilliam, W.S., & Zigler, E.F. (2004). *State efforts to evaluate the effects of prekindergarten, 1977-2003.* New Brunswick, NJ: National Institute for Early Education Research.

Ginicola, M., Finn-Stevenson, M., & Zigler, E. (2008). *The added value of the School of the 21st Century when combined with a statewide preschool program.* Manuscript submitted for publication.

Ginsburg, H.P. (2008). *Early Mathematics Assessment System (EMAS).* New York: Author.

Ginsburg, H.P., Kaplan, R.G., Cannon, J., Cordero, M.I., Eisenband, J.G., Galanter, M., et al. (2006). Helping early childhood educators to teach mathematics. In M. Zaslow & I. Martinez-Beck (Eds.), *Critical issues in early childhood professional development* (pp. 171–202). Baltimore: Paul H. Brookes Publishing Co.

Ginsburg, H., Lee, J.S., & Boyd, J. (2008). *Mathematics education for young children: What it is and how to promote it.* Retrieved January 15, 2011, from http://www.srcd.org/index.php?option=com_docman&task=doc_download&gid=85

Ginsburg, H., Pappas, S., & Seo, K. (2001). Everyday mathematical knowledge: Asking young children what is developmentally appropriate. In S.L. Golbeck (Ed.), *Psychological perspectives on early childhood education: Reframing dilemmas in research and practice* (pp.181–219). Mahwah, NJ: Lawrence Erlbaum Associates.

Glaser, D. (2000). Child abuse and neglect and the brain: A review. *Journal of Child Psychology and Psychiatry, 41,* 97–118.

Glazner, J., Bondy, J., Luckey, D., & Olds, D. (2004). *Effects of the Nurse Family Partnership on government expenditures for vulnerable first-time mothers and their children in Elmira, New York, Memphis, Tennessee, and Denver, Colorado.* Washington, DC: U.S. Department of Health and Human Services.

Goffin, S.G., & Washington, V. (2007). *Ready or not: Leadership choices in early care and education.* New York: Teachers College Press.

Goldhaber, D.D., & Brewer, D.J. (2000). Does teacher

certification matter? High school teacher certification status and student achievement. *Educational Evaluation and Policy Analysis, 22*(2), 129–145.

Goldstein, L.S. (1997). Between a rock and a hard place in the primary grades: The challenge of providing developmentally appropriate early childhood education in an elementary school setting. *Early Childhood Research Quarterly, 12*(1), 3–27.

Gomby, D. (2005). *Home visitation in 2005: Outcomes for children and parents.* Retrieved January 22, 2011, from http://www.partnershipforsuccess.org/docs/ivk/report_ivk_gomby_2005.pdf

Gonzales, N.A., Knight, G.P., Birman, D., & Sirolli, A.A. (2003). Acculturation and enculturation among Latino youth. In K.I. Maton, C.J. Schellenback, B.J. Leadbeater, & A.L. Solarz (Eds.), *Investing in children, youth, families, and communities: Strengths-based research and policy* (pp. 285–302). Washington, DC: American Psychological Association.

Gopnik, A. (2009, August 16). Your baby is smarter than you think. *The New York Times,* p. WK10.

Gopnik, A., Meltzoff, A.N., & Kuhl, P.K. (1999). *The scientist in the crib: Minds, brains, and how children learn.* Fairfield, NJ: William Morrow.

Gorey, K.M. (2001). Early childhood education: A meta-analytic affirmation of the short- and long-term benefits of educational opportunity. *School Psychology Quarterly, 16,* 9–30.

Gorman-Smith, D., Beidel, D., Brown, T.A., Lochman, J., & Haaga, A.F. (2003). Effects of teacher training and consultation on teacher behavior towards students at high risk for aggression. *Behavior Therapy, 34,* 437–452.

Gorman-Smith, D., Tolan, P.H., Henry, D.B., Leventhal, A., Schoeny, M., Lutovsky, K., et al. (2002). Predictors of participation in a family-focused preventive intervention for substance use. *Psychology of Addictive Behaviors, 16,* 55–64.

Gormley, W.T. (2005). The universal pre-K bandwagon. *Phi Delta Kappan, 87*(3), 246–249.

Gormley, W.T. (2007). Early childhood care and education: Lessons and puzzles. *Journal of Policy Analysis and Management, 26*(3), 633–671.

Gormley, W. (2008). The effects of Oklahoma's pre-K program on Hispanic children. *Social Science Quarterly, 89*(4), 916–936.

Gormley, W., & Gayer, T. (2005). Promoting school readiness in Oklahoma: An evaluation of Tulsa's pre-k program. *Journal of Human Resources, 40,* 533–558.

Gormley, W., Gayer, T., Phillips, D., & Dawson, B. (2005). The effects of universal pre-K on cognitive development. *Developmental Psychology, 41,* 872–884.

Gormley, W., & Phillips, D. (2005). The effects of universal pre-K in Oklahoma: Research highlights and policy implications. *Policy Studies Journal, 33,* 65–82.

Gormley, W.T., Jr., & Phillips, D. (2009). *The effects of pre-K on child development: Lessons from Oklahoma.* Washington, DC: National Summit on Early Childhood Education, Georgetown University.

Gormley, W.T., Phillips, D., & Gayer, T. (2008). Preschool programs can boost school readiness. *Science, 320,* 1723–1724.

Gormley, W., Philips, D., Newmark, K., & Perper, K. (2009, April 3). *Socio-emotional effects of early childhood education programs in Tulsa.* Presented at the meeting of the Society for Research in Child Development, Denver, CO.

Graue, E., Clements, M.A. Reynolds, A.J., & Niles, M.D. (2004). More than teacher directed or child initiated: Preschool curriculum type, parent involvement, and children's outcomes in the Child-Parent Centers. *Education Policy Analysis Archives, 12*(72).

Gray, S.W., & Klaus, R.A. (1970). The Early Training Project: A seventh-year report. *Child Development, 41,* 909–924.

Greenfield, D.B., Dominguez, M.X., Fuccillo, J.M., Maier, M.F., & Greenberg, A.C. (2009, April). *Development of an IRT-based direct assessment of preschool science.* Presented at the biennial meeting of the Society for Research in Child Development, Denver, CO.

Greenspan, S.I. (1990). Emotional development in infants and toddlers. In J.R. Lally (Ed.), *Infant/toddler caregiving: A guide to social-emotional growth and socialization* (pp. 15–18). Sacramento: California Department of Education.

Greenwald, R., Hedges, L.V., & Laine, R.D. (1996). The effect of school resources on student achievement. *Review of Educational Research, 66,* 361–396.

Griffin, S.A., & Case, R. (1996). Evaluating the breadth and depth of training effects, when central conceptual structures are taught. In R. Case & Y. Okamoto (Eds.), *The role of central conceptual structures in the development of children's thought. Monographs of the Society for Research in Child Development, 61,* 83–102.

Griffin, S.A., Case, R., & Siegler, R.S. (1994). Rightstart: Providing the central conceptual prerequisites for first formal learning of arithmetic to students at risk for school failure. In K. McGilly (Ed.), *Classroom lessons: Integrating cognitive theory and classroom practice* (pp. 25–49). Cambridge, MA: The MIT Press.

Grindle, M., & Thomas, J.W. (1991). *Public choices and policy change: The political economy of reform in developing countries.* Baltimore: Johns Hopkins University Press.

Gromley, W.T. (2007). *Small miracles in Tulsa: The effects of universal pre-K on cognitive development.* Retrieved January 3, 2011, from http://www.humancapitalrc.org/events/2007/hcconf_ecd/gormley-slides.pdf

Gross, D., Fogg, L., Webster-Stratton, C., Garvey, C., Julion, W., & Grady, J. (2003). Parent training with multi-ethnic families of toddlers in day care in low-income urban neighborhoods. *Journal of Consulting and Clinical*

Psychology, 71, 261–278.

Grossman, P., Compton, C., Igra, D., Ronfeldt, M., Shahan, E., & Williamson, P. (2009). Teaching practice: A crossprofessional perspective. *Teachers College Record, 111*(9), 2055–2100.

Grunewald, R., & Rolnick, A.J. (2006). *A proposal for achieving high returns on early childhood development.* Retrieved January 3, 2011, from http://www.minneapolisfed.org/publications_papers/studies/earlychild/highreturn.pdf

Gullo, D. (2000). The long term educational effects of half-day vs. full-day kindergarten, *Early Child Development and Care, 160,* 17–24.

Guterman, N. (2001). *Stopping child maltreatment before it starts: Emerging horizons in early home visitation services.* Thousand Oaks, CA: Sage Publications.

Guthrow, K. (2007). *Memo: Final legislative session wrapup.* Austin: Texas Early Childhood Education Coalition.

Hagedorn, M., Brock Roth, S., O'Donnell, K., Smith, S., & Mulligan, G. (2008). *National Household Education Surveys program of 2007: Data file user's manual: Vol. 1. Study overview and methodology.* Retrieved February 28, 2011, from http://nces.ed.gov/nhes/pdf/userman/NHES_2007_Vol_I.pdf

Hahn, R., Bilukha, O., Crosby, A., Fullilove, M., Liberman, A., Moscicki, E., et al. (2003). First reports evaluating the effectiveness of strategies for preventing violence: Early childhood home visitation. Findings from the Task Force on Community Prevention Services. *Morbidity and Mortality Weekly Report, 52*(RR-14), 1–9.

Hamre, B.K., Pianta, R.C., Burchinal, M., & Downer, J.T. (2010, March). *A course on supporting early language and literacy development through effective teacher–child interactions: Effects on teacher beliefs, knowledge and practice.* Paper presented at the annual meeting of the Society for Research on Educational Effectiveness, Washington, DC.

Harms, T., Clifford, R.M., & Cryer, D. (1998). *Early Childhood Environment Rating Scale* (Rev. ed.). New York: Teachers College Press.

Harris, I. (1994). *Should public policy be concerned with early childhood development?* Chicago: University of Chicago, Harris Graduate School of Public Policy Studies.

Hart, B., & Risley, T.R. (1995). *Meaningful differences in the everyday experience of young American children.* Baltimore: Paul H. Brooks Publishing Co.

Hart, K., & Schumacher, R. (2005). *Making the case: Improving Head Start teacher qualifications requires increased investment.* Washington, DC: Center for Law and Social Policy.

Haskins, R. (2006). *Work over welfare: The inside story of the 1996 welfare reform law.* Washington, DC: Brookings.

Haskins, R., & Barnett, W.S. (Eds.). (2010). *Investing in young children: New directions in federal preschool and early childhood policy.* Washington, DC: Center on Children and Families at Brookings and the National Institute for Early Education Research.

Haskins, R., Paxson, C., & Brooks-Gunn, J. (2009). *Social science rising: A tale of evidence shaping public policy.* Retrieved January 22, 2011, from http://www.princeton.edu/futureofchildren/publications/docs/19_02_PolicyBrief.pdf

Hawkins, J.D., Catalano, R.F., Kosterman, R., Abbott, R., & Hill, K.G. (1999). Preventing adolescent health-risk behaviors by strengthening protection during childhood. *Archives of Pediatrics and Adolescent Medicine, 153,* 226–234.

Head Start Bureau. (1999). *Head Start program regulations (45 CFR, Parts 1301-1311).* Retrieved August 16, 2000, from www2.acf.dhhs.gov/programs/hsb/regs/regs/rg_index.htm

Healthy Families America. (2005). *Starting early starting smart: Final report.* Great Falls, VA: Author.

Healthy Families Arizona. (2005). *Healthy Families Arizona: Evaluation report 2005.* Tucson, AZ: Author.

Healthy Families Florida. (2005) *Health Families Florida: Evaluation report January 1999–December 2003.* Miami, FL: Author. Heckman, J. (2000a). *Invest in the very young.* Chicago: University of Chicago.

Heckman, J. (2000b). Policies to foster human capital. *Research in Economics, 54,* 3–56.

Heckman, J. (2003). Human capital policy. In J. Heckman & A. Krueger (Eds.), *Inequality in America: What role for human capital policy?* Cambridge, MA: The MIT Press.

Heckman, J. (2006, January 10). Catch 'em young. *Wall Street Journal,* p. A14.

Heckman, J.J. (2007). The economics, technology and neuroscience of human capability formation. *Proceedings of the National Academy of Sciences, 104*(3), 13250–13255.

Heckman, J.J. (2008). Schools, *skills and synapses. Economic Inquiry, 46*(3), 289–324.

Heckman, J.J., Grunewald, R., & Reynolds, A.J. (2006). The dollars and cents of investing early: Cost–benefit analysis in early care and education. *Zero to Three, 26*(6), 10–17.

Heckman, J.J., Humphries, J.E., & Mader, N. (2011). *Hard Evidence on Soft Skills.* Chicago: University of Chicago Press.

Heckman, J.J., & LaFontaine, P.A. (2010). The American high school graduation rate: Trends and levels. *Review of Economics and Statistics, 92*(2), 244–262.

Heckman, J.J., Malofeeva, L., Pinto, R., & Savelyev, P.A. (2011). Understanding the mechanisms through which an infl uential early childhood program boosted adult outcomes. *American Economic Review.*

Heckman, J.J., & Masterov, D.V. (2007). The productivity argument for investing in young children. *Review of Agricultural Economics, 29*(3), 446–493.

Heckman, J.J., Moon, S.H., Pinto, R., Savelyev, P.A., & Yavitz, A.Q. (2010a). Reanalysis of the Perry Preschool Program: Multiple-hypothesis and permutation tests applied to a quasirandomized experiment, *Quantitative Economics, 1,* 1–49.

Heckman, J.J., Moon, S.H., Pinto, R., Savelyev, P.A., & Yavitz, A.Q. (2010b). The rate of return to the HighScope Perry preschool program. *Journal of Public Economics, 94*(1–2), 114–128.

Heckman, J.J., Stixrud, J., & Urzua, S. (2006). The effects of cognitive and noncognitive abilities on labor market outcomes and social behavior. *Journal of Labor Economics, 24*(3), 411–482.

Heinicke, C., Fineman, N., Rodning, C., Ruth, G., Recchia, S., & Guthrie, D., (2001). Relationship-based intervention with at-risk mothers: Outcomes in the first year of life. *Infant Mental Health Journal, 20*(4), 349–374.

Henrich, C., & Blackman-Jones, R. (2006). Parent involvement in preschool. In E. Zigler, W. Gilliam, & S.M. Jones, *A vision for universal preschool education* (pp. 149–168). New York: Cambridge University Press.

Henry, G., & Gordon, C. (2006). Competition in the sandbox: A test of the effects of preschool competition on educational outcomes. *Journal of Policy Analysis and Management, 25,* 97–127.

Henry, G.T., Gordon, C.S., & Rickman, D.K. (2006). Early education policy alternatives: Comparing quality and outcomes of Head Start and state prekindergarten. *Educational Evaluation and Policy Analysis, 28*(1), 77–99.

Henry, G., Ponder, B., Rickman, D., Mashburn, A., Henderson, L., & Gordon, C. (2004). *An evaluation of the implementation of Georgia's pre-K program, 2002-2003.* Atlanta: Georgia State University, Andrew Young School of Policy Studies.

Henry, G.T., & Rickman, D.K. (2007). Do peers infl uence children's skill development in preschool? *Economics of Education Review, 26*(1), 100–112.

Herzenberg, S., Price, M., & Bradley, D. (2005). *Losing ground in early childhood education: Declining workforce qualifications in an expanding industry, 1979–2004.* Washington, DC: Economic Policy Institute.

Hess, R., & Shipman, V. (1965). Early experience and the socialization of cognitive modes in children. *Child Development, 36,* 869–886.

Higher Education Opportunity Act of 2008, PL 110-315, 22 Stat. 3078–3508.

Hill, J., Brooks-Gunn, J., & Waldfogel, J. (2003). Sustained effects of high participation in an early intervention for lowbirth- weight premature infants. *Developmental Psychology, 39,* 730–744.

Hill, J., Waldfogel, J., & Brooks-Gunn, J. (2002). Differential effects of high-quality child care. *Journal of Policy Analysis and Management, 21,* 601–627.

Hill, J.L., Waldfogel, J., Brooks-Gunn, J., & Han, W.J. (2005). Maternal employment and child development: A fresh look using newer methods. *Developmental Psychology, 41,* 833–850.

Hirsch, E.D., Jr. (n.d.). *Equity effects of very early schooling in France.* Retrieved March 17, 2011, from http://www.coreknowledge. org/mimik/mimik_uploads/documents/95/Equity%20Effects%20of%20Very%20Early%20Schooling% 20in%20France.pdf

Hirsch, E.D., Jr. (2009). *The making of Americans: Democracy and our schools.* New Haven, CT: Yale University Press.

Hirsch, E.S. (1996). *The block book* (3rd ed.). Washington, DC: National Association for the Education of Young Children.

Hirsh-Pasek, K., & Golinkoff, R.M. (2003). *Einstein never used fl ashcards: How our children really learn and why they need to play more and memorize less.* Emmaus, PA: Rodale Press.

Hirsh-Pasek, K., Golinkoff, R., Berk, L., & Singer, D. (2009). *A mandate for playful learning in preschool: Presenting the evidence.* New York: Oxford University Press.

Hodgkinson, H.L. (2003). *Leaving too many children behind: A demographer's view on the neglect of America's youngest children.* Washington, DC: Institute for Education Leadership.

Holmes, S.L., Morrow, A.L., & Pickering, L.K. (1996). Childcare practices: Effects of social change on the epidemiology of infectious diseases and antibiotic resistance. *Epidemiologic Reviews 18*(1), 10–28.

Holod, A., Gardner, M., & Brooks-Gunn, J. (2011). *Elementary school poverty and the persistence of preschool cognitive benefits: A growth curve analysis.* Manuscript in preparation, Teachers College, Columbia University.

Honig, A.S. (1998, August). *Attachment and relationships: Beyond parenting.* Paper presented at the Head Start Quality Network Research Satellite Conference, East Lansing, MI.

Honig, A.S. (2002). *Secure relationships: Nurturing infant/toddler attachment in early care settings.* Washington, DC: National Association for the Education of Young Children.

Horan, D. (2009). *Teacher reports on vertical curriculum alignment refl ecting the organizational culture of community-based preschool and public school kindergarten programs.* Retrieved January 16, 2011, from http://gradworks.umi.com/3355170.pdf

Hough, R.L., Landverk, J.A., Karno, M., Burman, A., Timbers, D.M., Escobar, J.L., et al. (1987). Utilization of health and mental health services by Los Angeles Mexican Americans and non-Hispanic whites. *Archives of General Psychiatry, 44,* 702–709.

Howard, K., & Brooks-Gunn, J. (2009). The role of home-visiting programs in preventing child abuse and neglect. *Future of Children, 19*(2), 119–146.

Howes, C. (1997). Children's experiences in center-based child care as a function of teacher background and adult-child ratio. *Merrill-Palmer Quarterly, 43,* 404–425.

Howes, C., Burchinal, M., Pianta, R., Bryant, D., Early, D., Clifford, R.M., et al. (2008). Ready to learn? Children's preacademic achievement in pre-kindergarten programs. *Early Childhood Research Quarterly, 23*(1), 27–50.

Howes, C., James, J., & Ritchie, S. (2003). Pathways to effective teaching. *Early Childhood Research Quarterly, 18,* 104–120.

Howes, C., Phillips, D., & Whitebook, M. (1992). Thresholds of quality: Implications for the social development of children. *Child Development, 63,* 449–460.

Howes, C., Whitebook, M., & Phillips, D. (1992). Teacher characteristics and effective teaching in child care: Findings from the National Child Care Staffing Study. *Child & Youth Care Forum. Special Issue: Meeting the child care needs of the 1990s: Perspectives on day care: II, 21,* 399–414.

Howse, R., Calkins, S., Anastopoulos, A., Keane, S., & Shelton, T. (2003). Regulatory contributions to children's kindergarten achievement. *Early Education & Development, 14,* 101–119.

Humphrey, D.C., Weschler, M.E., & Hough, H.J. (2008). Characteristics of effective alternative certification programs. *Teachers College Record, 110*(1), 1–63.

Hunt, J.M. (1961). *Intelligence and experience.* New York: Ronald Press.

Hyson, M. (2003a, April). Putting early academics in their place. *Educational Leadership,* 20–23.

Hyson, M. (2003b). *The emotional development of young children: Building an emotion-centered curriculum.* New York: Teachers College Press.

Hyson, M., Tomlinson, H.B., & Morris, C. (2008). *Does quality of early childhood teacher preparation moderate the relationship between teacher education and children's outcomes?* Paper presented at the annual meeting of the American Educational Research Association, New York.

Ialongo, N.S., Werthamer, L., Kellam, S.G., Brown, C.H., Wang, S., & Lin, Y. (1999). Proximal impact of two firstgrade preventive interventions on the early risk behaviors for later substance abuse, depression, and antisocial behavior. *American Journal of Community Psychology, 27,* 599–641.

Iceland, J. (2003). *Dynamics of economic well-being, poverty 1996-1999.* Retrieved June 30, 2009, from http://www.census2010.gov/hhes/www/poverty/sipp96/sipp96.html

Imbens, G.W., & Angrist, J.D. (1994). Identification and estimation of local average treatment effects. *Econometrica: Journal of the Econometric Society, 62*(2), 467–475.

Improving Head Start for School Readiness Act of 2007, PL 110- 134, 42 U.S.C. 9801 *et seq.*

Infant Health and Development Program Staff. (1990). Enhancing the outcomes of low birth weight, premature infants: A multi-site randomized trial. *Journal of the American Medical Association, 263,* 3035–3042.

Institute of Government Studies, University of California, Berkeley. (n.d.). *Election results update (June 6, 2006 statewide primary election).* Retrieved February 25, 2011, from http://igs.berkeley.edu/library/research/quickhelp/elections/2006primary/htUniversalPreschool.html

Interagency Consortium on School Readiness. (2003). *Effectiveness of early childhood programs, curricula, and interventions in promoting school readiness* (ACF 2002–2003). Washington, DC: Administration for Children and Families Office of Planning, Research and Evaluation.

Isaacs, J.B. (2009). *The effects of the recession on child poverty.* Washington, DC: The Brookings Institution.

Isaacs, J., & Roessel, E. (2008). *Impacts of early childhood programs.* Retrieved January 17, 2011, from http://www.firstfocus.net/sites/default/files/r.2008-9.8.isaacs3.pdf

Jarousse, J.P., Mingat, A., & Richard, M. (1992). *La scolarisation maternelle a deux ans: Effets pedagogiques et sociaux in Education et Formations.* Paris: Ministere de l'Education Nationale.

Jester, R.E., & Guinagh, B.J. (1983). The Gordon Parent Education Infant and Toddler Program. In Consortium for Longitudinal Studies (Ed.), *As the twig is bent: Lasting effects of preschool programs* (pp. 103–132). Mahwah, NJ: Lawrence Erlbaum Associates.

Johnson, D.L., & Blumenthal, J.B. (1985). A ten year follow-up. *Child Development, 56,* 376–391.

Johnson, H., & Thomas, A. (2004). Professional capacity and organizational change as measures of educational effectiveness: Assessing the impact of postgraduate education in development policy and management. *Compare: A Journal of Comparative Education, 34,* 301–314.

Johnson, K. (2009). *State-based home visiting: Strengthening programs through state leadership.* New York: National Center for Children in Poverty, Columbia University.

Johnson, L., Pai, S., & Bridges, M. (2004). *Advancing the early childhood workforce: Implementation of training and retention initiatives in the Bay Area.* Berkeley: University of California, Policy Analysis for California Education.

Johnson, N., Oliff, P., & Williams, E. (2009). *An update on state budget cuts.* Washington, DC: Center on Budget and Policy Priorities.

Johnson, Z., Howell, F., & Molloy, B. (1993). Community mothers' programme: Randomised controlled trial on nonprofessional intervention in parenting. *British Medical Journal, 306,* 1449–1452.

Jones, S.M., Brown, J.L., & Aber, J.L. (2008). Classroom settings as targets of intervention and research. In M. Shinn & H. Yoshikawa (Eds.), *The power of social settings:*

Transforming schools and community organizations to enhance youth development (pp. 58–77). New York: Oxford University Press.

Jones, S.M., & Zigler, E. (2002). The Mozart effect: Not learning from history. *Journal of Applied Developmental Psychology, 23,* 355–372.

Jung, Y., Howes, C., & Pianta, R. (2009). Emerging issues in prekindergarten programs. In R. Pianta & C. Howes (Eds.), *The promise of pre-K* (pp. 169–176). Baltimore: Paul H. Brookes Publishing Co.

Justice, L., Cottone, E., Mashburn, A., & Rimm-Kauffman, S. (2008). Relationships between teachers and preschoolers who are at-risk: Contribution of children's language skills, temperamentally based attributes, and gender. *Early Education and Development, 19*(4), 600–621.

Kagan, S.L. (1993). Entitlement in early care and education: A tale of two rights. In M. Jensen & S. Goffin (Eds.), *Visions of entitlement: The care and education of young children* (pp. 3–30). Albany, NY: SUNY Press.

Kagan, S.L., Kauerz, K., & Tarrant, K. (2008). *Early care and education teaching workforce at the fulcrum: An agenda for reform.* New York: Teachers College Press.

Kagan, S.L., & Lowenstein, A.E. (2004). School readiness and children's play: Contemporary oxymoron or compatible option? In E.F. Zigler, D.G. Singer, & S.J. Bishop-Josef (Eds.), *Children's play: The roots of reading* (pp. 59–76). Washington, DC: ZERO TO THREE.

Kagan, S.L., Moore, E., & Bredekamp, S. (Eds.). (1995). *Reconsidering children's early development and learning: Toward common views and vocabulary.* Washington, DC: U.S. Government Printing Office.

Kagan, S.L., & Neuman, M.J. (1998). Lessons from three decades of transition research. *Elementary School Journal, 98,* 365–379.

Kamins, M., & Dweck, C. (1999). Person versus process praise and criticism: Implications for contingent self-worth and coping. *Developmental Psychology, 35,* 835–847.

Karoly, L.A., & Bigelow, J.H. (2005). *The economics of investing in universal preschool education in California.* Santa Monica, CA: RAND Corporation.

Karoly, L.A., Ghosh-Dastidar, B., Zellman, G., Perlman, M., & Fernyhough, L. (2008). *Nature and quality of early care and education for California's preschool-age children: Results from the California Preschool Study.* Santa Monica, CA: Rand Corporation.

Karoly, L.A., Greenwood, P.W., Everingham, S.S., Hoube, J., Kilburn, M.R., et al. (1998). *Investing in our children: What we know and don't know about the costs and benefits of early childhood interventions.* Santa Monica, CA: RAND Corporation.

Karoly, L., Kilburn, R., & Cannon, J. (2005). *Early childhood interventions: Proven results, future promise.* Santa Monica, CA: RAND Corporation.

Karoly, L.A., Zellman, G.L., and Li, J. (2009). *Promoting effective preschool policy.* Santa Monica, CA: RAND Corporation.

Kauerz, K. (2006). *Ladders of learning: Fighting fade-out by advancing PK-3 alignment.* Washington, DC: New America Foundation.

Kavanaugh, R.D., & Engel, S. (1998). The development of pretense and narrative in early childhood. In O.N. Saracho & B. Spodek (Eds.), *Multiple perspectives on play in early childhood education* (pp. 80–99). Albany, NY: SUNY Press.

Keats, E.J. (1976). *The snowy day.* New York: Puffin.

Keels, M., & Raver, C.C. (2009). Early learning experiences and outcomes for children of U.S. immigrant families: Introduction to the special issue. *Early Childhood Research Quarterly, 24*(4), 363–366.

Kellam, S.G., & Langevin, D.J. (2003). A framework for understanding evidence in prevention research and programs. *Prevention Science, 3,* 137–153.

Kellam, S.G., & Van Horn, Y.V. (1997). Life course development, community epidemiology, and preventive trials: A scientifi c structure for prevention research. *American Journal of Community Psychology, 25,* 177–188.

Kelley, P., & Camilli, G. (2007). *The impact of teacher education on outcomes in center-based early childhood education programs: A meta-analysis.* New Brunswick, NJ: National Institute for Early Education Research.

Kingdon, J.W. (1995). *Agendas, alternatives, and public policies.* New York: Addison-Wesley.

Kirp, D.L. (2007). *The sandbox investment: The preschool movement and kids-first politics.* Cambridge, MA: Harvard University Press.

Kisker, E., Raikes, H., Chazan-Cohen, R., Carta, J., & Puma, J. (2009, March). *Assessing program impacts on the highest risk families in Early Head Start.* Presented at the meeting of the Society for Research in Child Development biennial meeting, Denver, CO.

Kitzman, H. Olds, D., Henderson, C.R., Hanks, C., Cole, R., Tatelbaum, R., et al. (1997). Effect of prenatal and infancy home visitation by nurses on pregnancy outcomes, childhood injuries and repeated childbearing: A randomized controlled trial. *JAMA, 278,* 644–752.

Klebanov, P.K., Brooks-Gunn, J., & McCormick, M.C. (2001). Maternal coping strategies and emotional distress: Results of an early intervention program for low birth weight young children. *Developmental Psychology, 37,* 654–667.

Knight, G.P., & Hill, N.E. (1998). Measurement equivalence in research involving minority adolescents. In V.C. McLoyd & L. Steinberg (Eds.), *Studying minority adolescents: Conceptual, methodological, and theoretical issues* (pp. 183–210). Mahwah, NJ: Lawrence Erlbaum Associates.

Knudsen, E.I., Heckman, J.J., Cameron, J., & Shonkoff,

J.P. (2006). Economic, neurobiological, and behavioral perspectives on building America's future workforce. *Proceedings of the National Academy of Sciences, 103*(27), 10155–10162.

Koh, S., & Neuman, S. (2009). The impact of professional development in family child care: A practice-based approach. *Early Education and Development, 20,* 537–562.

Kokko, K., Tremblay, R.E., LaCourse, E., Nagin, D., & Vitaro, F. (2006). Trajectories of prosocial behavior and physical aggression in middle childhood: Links to adolescent school dropout and physical violence. *Journal of Research on Adolescence, 16*(3), 404–428.

Kontos, S., & Wilcox-Herzog, A. (2001). How do education and experience affect teachers of young children? *Young Children, 52,* 4–12.

Kreader, L., Ferguson, D., & Lawrence, S. (2006). *Impact of training and education for caregivers of infants and toddlers.* Washington, DC: Child Care and Early Education Research Connections.

Krueger, A.B. (2003). Economic considerations and class size. *Economic Journal, 113,* F34–F63.

Laird, E. (2009, May). *Connecting the dots: Making longitudinal data work for young children.* Data Quality Campaign. Retrieved February 10, 2010, from http://www.dataqualitycampaign.org/resources/details/478

Landauer, T.K., & Dumais, S.T. (1997). A solution to Plato's problem: The Latent Semantic Analysis theory of the acquisition, induction, and representation of knowledge. *Psychological Review, 104,* 211–240.

Landry, S.H., Swank, P.R., Smith, K.E., Assel, M.A., & Gunnewig, S.B. (2006). Enhancing early literacy skills for preschool children: Bringing a professional development model to scale. *Journal of Learning Disabilities, 39,* 306–324.

La Paro, K.M., Pianta, R.C., & Stuhlman, M. (2004). The classroom assessment scoring system: Findings from the prekindergarten year. *Elementary School Journal, 104,* 409–426.

Larsen, J.M., Hite, S.J., & Hart, C.H. (1983). The effects of preschool on educationally advantaged children: First phases of a longitudinal study. *Intelligence, 7,* 345–352.

Larsen, J.M., & Robinson, C.C. (1989). Later effects of preschool on low-risk children. *Early Childhood Research Quarterly, 4,* 133–144.

Lazar, I. (1970). *National survey of the parent child center programs.* Washington, DC: Office of Child Development.

Lazar, I., & Darlington, R. (1982). Lasting effects of early education: A report from the Consortium for Longitudinal Studies. *Monographs of the Society for Research in Child Development, 47*(2–3).

Lee, V.E., Loeb, S., & Lubeck, S., (1998). Contextual effects of prekindergarten classrooms for disadvantaged children on cognitive development: The case of Chapter 1. *Child Development, 69,* 479–494.

LeMoine, S. (2008). *Workforce designs: A policy blueprint for state professional development systems.* Washington, DC: National Association for the Education of Young Children.

Levenstein, P., Kochman, A., & Roth, H. (1973). From laboratory to real world: Service delivery of the Mother–Child Home Program. *American Journal of Orthopsychiatry, 43,* 72–78.

Levenstein, P., Levenstein, S., & Oliver, D. (2002). First grade school readiness of former child participants in a South Carolina replication of Parent–Child Home Program. *Journal of Applied Developmental Psychology, 23,* 331–353.

Levenstein, P., O'Hara, J., & Madden, J. (1983). The Mother- Child Home Program of the Verbal Interaction Project. In Consortium for Longitudinal Studies (Ed.), *As the twig is bent: Lasting effects of preschool programs.* Mahwah, NJ: Lawrence Erlbaum Associates.

Levin, H.M., & McEwan, P.J. (2001). *Cost-effectiveness analysis: Methods and applications* (2nd ed.). Thousand Oaks, CA: Sage Publications.

Lewin, T. (2009, October 24). No Einstein in your crib? Get a refund. *New York Times,* p. A1.

Lewis, M.D., & Todd, R.M. (2007). The self-regulating brain: Cortical-subcortical feedback and the development of intelligent action. *Cognitive Development, 22*(4), 406–430.

Liang, X., Fuller, B., & Singer, J. (2002). Ethnic differences in child care selection. *Early Childhood Research Quarterly, 15,* 357–384.

Li-Grining, C., Raver, C.C., Champion, K., Sardin, L., Metzger, M.W., & Jones, S.M. (2010). Understanding and improving classroom emotional climate in the "real world": The role of teachers' psychosocial stressors. *Early Education and Development, 21*(1), 65–94.

Lillard, A., & Else-Quest, N. (2006). Evaluating Montessori education. *Science, 313,* 1893–1894.

Lochman, J.E., & Wells, K.C. (2003). Effectiveness of the Coping Power program and of classroom intervention with aggressive children: Outcomes at a 1-year follow-up. *Behavior Therapy, 34,* 493–515.

Loeb, S., Bridges, M., Bassok, D., Fuller, B., & Rumberger, R. (2007). How much is too much? The infl uence of preschool centers on children's social and cognitive development. *Economics of Education Review, 26,* 52–66.

Loeb, S., Fuller, B., Kagan, S., & Carroll, B. (2004). Child care in poor communities: Early learning effects of type, quality, and stability. *Child Development, 75,* 47–65.

Lonigan, C., Wagner, R., Torgeson, J., & Rashotte, C. (2002). *Preschool Comprehensive Test of Phonological & Print Processing (Pre-CTOPPP).* Tallahassee: Florida State University.

Lonigan, C.J., & Whitehurst, G.J. (1998). Relative efficacy of parent and teacher involvement in a shared-reading intervention for preschool children from low-income backgrounds. *Early Childhood Research Quarterly, 13*(2), 263–290.

Love, J. (2009, April 2). *The Early Head Start Evaluation: Impacts at the end of the program, two years later, and the context for ongoing research.* Poster prepared for the biennial meeting of the Society for Research in Child Development, Denver, CO.

Love, J.M., Cohen, R.C., Raikes, H., & Brooks-Gunn, J. (2011). *What makes a difference: Early Head Start Evaluation findings in a longitudinal context.* Manuscript submitted for publication.

Love, J.M., Kisker, E.E., Ross, C.M., Raikes, H.H., Constantine, J.M., Boller, K., et al. (2005). The effectiveness of Early Head Start for 3-year-old children and their parents: Lessons for policy and programs. *Developmental Psychology, 41,* 885–901.

Lubeck, S. (1989). Four-year-olds and public schooling: Framing the question. *Theory into Practice, 28*(1), 3–10.

Lubienski, C., & Weitzel, P. (2008). The effects of vouchers and private schools in improving academic achievement: A critique of advocacy research. *Brigham Young University Law Review, 2,* 447–486.

Luthar, S., & Latendresse, S. (2005). Children of the affluent. *Current Directions in Psychological Science, 14,* 49–53.

Lutton, A. (2009). NAEYC Early childhood professional preparation standards: A vision for tomorrow's early childhood teachers. In A. Gibbons & C. Gibbs (Eds.), *Conversations on early childhood teacher education: Voices from the working forum for teacher educators.* Redmond, WA: World Forum Foundation and New Zealand Tertiary College.

Lynch, R.G. (2007). *Enriching children, enriching the nation: Public investment in high-quality prekindergarten.* Washington, DC: Economic Policy Institute.

Lyttelton, K. (1899). *Jouvert: A selection from his thoughts.* New York: Dodd, Mead and Co.

MacInnes, G. (2009). *In plain sight: Simple, difficult lessons from New Jersey's expensive effort to close the achievement gap.* New York: Century Foundation Press.

Maeroff, G.I. (2006). *Building blocks—Making children successful in the early years of school.* New York: Palgrave MacMillan.

Magnuson, K., Duncan, Metzger, M., & Lee, Y. (2009). *School adjustment and high school dropout.* Paper presented at the Society for Research in Child Development.

Magnuson, K.A., Ruhm, C., & Waldfogel, J. (2004). Inequality in preschool education and school readiness. *American Educational Research Journal, 41,* 115–157.

Magnuson, K.A., Ruhm, C., & Waldfogel, J. (2007a). Does prekindergarten improve school preparation and performance? *Economics of Education Review, 26,* 33–51.

Magnuson, K.A, Ruhm, C., & Waldfogel, J. (2007b). The persistence of preschool effects: Do subsequent classroom experiences matter? *Early Childhood Research Quarterly, 22,* 18–38.

Magnuson, K.A., & Waldfogel, J. (2005). Early childhood care and education: Effects on ethnic and racial gaps in school readiness. *Future of Children, 15,* 169–196.

Manning, M., Homel, R., & Smith, C. (2010). A meta-analysis of the effects of early developmental prevention programs in at-risk populations on non-health outcomes in adolescence. *Children and Youth Services Review, 32,* 506–519.

Marcon, R. (1993). Socioemotional versus academic emphasis: Impact on kindergartners' development and achievement. *Early Child Development and Care, 96,* 81–91.

Marcon, R. (1999). Differential impact of preschool models on development and early learning of inner-city children: A three cohort study. *Developmental Psychology, 35,* 358–375.

Marcon, R. (2002). Moving up the grades: Relationships between preschool model and later school success. *Early Childhood Research and Practice, 4,* 517–530.

Marietta, G. (2010). *Lesson for PreK-3rd from Montgomery County Public Schools. An FCD case study.* New York: Foundation for Child Development.

Martin, A., Brooks-Gunn, J., Klebanov, P., Buka, S.L., & McCormick, M.C. (2008). Long-term maternal effects of early childhood intervention: Findings from the Infant Health and Development Program (IHDP). *Journal of Applied Developmental Psychology, 29*(2), 101–117.

Mashburn, A.J., Justice, L., Downer, J.T., & Pianta, R.C. (2009). Peer effects on children's language achievement during prekindergarten. *Child Development, 80*(3), 686–702.

Mashburn, A.J., Pianta, R.C., Hamre, B.K., Downer, J.T., Barbarin, O.A., Bryant, D., et al. (2008). Measures of classroom quality in prekindergarten and children's development of academic, language, and social skills. *Child Development, 79*(3), 732–749.

Masse, L.N., & Barnett, W.S. (2002). *A benefit–cost analysis of the Abecedarian early childhood intervention.* New Brunswick, NJ: National Institute for Early Education Research.

Matthews, H., & Lim, T. (2009). *Infants and toddlers in CCDBG: 2009 Update.* Retrieved February 13, 2010, from http://www.clasp.org/admin/site/publications/files/ccdbgparticipation_2009babies.pdf

Maxwell, K.L., & Clifford, R.M. (2006). Professional development issues in universal prekindergarten. In E. Zigler, W.S. Gilliam, & S.M. Jones (Eds.), *A vision for universal preschool education.* New York: Cambridge University Press.

Maxwell, K.L., Field, C.C., & Clifford, R.M. (2006). Defining and measuring professional development in early childhood research. In M. Zaslow & I. Martinez-Beck (Eds.), *Critical issues in early childhood professional development* (pp. 21–48). Baltimore: Paul H. Brookes Publishing Co.

McCabe, J. (1995). *A program evaluation: Does the Center Project effectively reduce parental stress?* Unpublished doctoral dissertation, University of Colorado at Denver.

McCall, R.B. (2009). *Evidence-based programming in the context of practice and policy.* Retrieved January 20, 2011, from http://www.srcd.org/index.php?option=com_docman&task=doc_download&Itemid=&gid=654

McCarton, C., Brooks-Gunn, J., Wallace, I., Bauer, C., Bennett, F., Bernbaum, J., et al. (1997). Results at 8 years of intervention for low birth weight premature infants: The Infant Health Development Program. *Journal of the American Medical Association, 227,* 126–132.

McDermott, P.A., Leigh, N.M., & Perry, M.A. (2002). Development and validation of the Preschool Learning Behaviors Scale. *Psychology in the Schools, 39,* 353–365.

McLanahan, S. (2004). Diverging destinies: How children are faring under the second demographic transition. *Demography, 41*(4), 607–627.

McWilliam, R., Scarborough, A., & Kim, H. (2003). Adult interactions and child engagement. *Early Education & Development, 14,* 7–27.

Meaney, M.J. (2001). Maternal care, gene expression, and the transmission of individual differences in stress reactivity across generations. *Annual Reviews in Neuroscience, 24,* 1161–1192.

Mehana, M., & Reynolds, A.J. (2004). School mobility and achievement: A meta-analysis. *Children and Youth Services Review, 26,* 93–119.

Meisels, S.J. (1999). Assessing readiness. In R.C. Pianta & M. Cox (Eds.), *The transition to kindergarten* (pp. 39–66). Baltimore: Paul H. Brookes Publishing Co.

Meisels, S.J. (2007). Accountability in early childhood: No easy answers. In R.C. Pianta, M.J. Cox, & K. Snow (Eds.), *School readiness, early learning, and the transition to kindergarten.* Baltimore: Paul H. Brookes Publishing Co.

Mero, P.T., & Sutherland Institute. (2007). *Vouchers, vows, and vexations: The historic dilemma over Utah's education identity.* Retrieved January 17, 2011, from http://www.sutherlandinstitute.org/uploads/vouchersvows.pdf

Milfort, R., & Greenfield, D.B. (2002). Teacher and observer ratings of Head Start children's social skills. *Early Childhood Research Quarterly, 17,* 581–595.

Miller, E., & Almon, J. (2009). *Crisis in the kindergarten: Why children need to play in school.* College Park, MD: Alliance for Childhood.

Ministere de l'Education Nationale. (2011). *Les guides des parents.* Retrieved January 10, 2011, from http://www.education.gouv.fr/pid23398/guide-pratique-des-parents-votre-enfantecole.html#/maternelle/

Minnesota Center for Professional Development. (2009). *Relationship-based professional development.* Retrieved December 21, 2009, from http://mncpd.org/rbpd.html

Minnesota Early Learning Foundation. (2009). *Annual report: Fiscal year 2008.* Retrieved December 1, 2009, from http://www.melf.us

Moon, S.H. (2010). *Multi-dimensional human skill formation with multi-dimensional parental investment.* Unpublished manuscript, University of Chicago.

Moore, E.K., & Phillips, C. (1989). Early public schooling: Is one solution right for all children? *Theory into Practice, 28*(1), 58–63.

Nation, M., Crusto, C., Wandersman, A., Kumpfer, K.L., Seybolt, D., Morrisey-Kane, E., et al. (2003). What works in prevention: Principles of effective prevention programs. *American Psychologist, 58,* 449–456.

National Academies. (2008). *Early childhood assessment: Why, what and how.* Washington, DC: National Academies Press.

National Association for Nursery Education. (1929). *Minimum essentials for nursery education.* Chicago, IL: Author.

National Association for the Education of Young Children. (1998). *Accreditation criteria and procedures of the National Academy of Early Childhood Programs.* Washington, DC: Author.

National Association for the Education of Young Children. (2001). *NAEYC standards for early childhood professional preparation initial licensure programs.* Retrieved January 6, 2011, from http://www.naeyc.org/ncate/standards

National Association for the Education of Young Children. (2003). *Early childhood curriculum, child assessment and program evaluation: Building an accountable and effective system for children birth through age eight. A joint position statement of NAEYC and NAECS/SDE.* Washington, DC: Author.

National Association for the Education of Young Children. (2005). *NAEYC early childhood program standards and accreditation criteria: The mark of quality in early childhood education.* Washington, DC: Author.

National Association for the Education of Young Children. (2009a). *Developmentally appropriate practice in early childhood programs serving children from birth to age 8: A position statement.* Retrieved June 5, 2009, from http://naeyc.org/about/positions/pdf/PSDAP.pdf

National Association for the Education of Young Children. (2009b). *NAEYC standards for early childhood professional preparation programs.* Washington, DC: Author.

National Association of Child Care Resource and Referral Agencies. (2008). *Parents' perceptions of child care in the United States.* Retrieved September 6, 2009, from http://www.naccrra.org/publications/naccrra-publications/parents-perceptions-of-child-care

National Association of Child Care Resource and Referral Agencies. (2009a). *Unequal opportunities for preschoolers: Differing standards for licensed child care centers and state-funded prekindergarten programs.* Washington, DC: Author.

National Association of Child Care Resource and Referral Agencies. (2009b). *We CAN do better: 2009 update: NACCRRA's ranking of state child care center regulation and oversight.* Retrieved December 9, 2009, from http://issuu.com/naccrra/docs/we-can-do-better-2009-update

National Association of Early Childhood Specialists in State Departments of Education. (2000). *STILL unacceptable trends in kindergarten entry and placement: A position statement developed by the National Association of Early Childhood Specialists in State Departments of Education.* Washington, DC: Author.

National Black Child Development Institute. (1985). *Child care in the public schools: Incubator for inequality?* Washington, DC: Author.

National Board for Professional Teaching Standards. (2001). *NBPTS early childhood generalist standards.* Retrieved January 6, 2011, from http://www.nbpts.org/userfiles/File/ec_gen_standards.pdf

National Center for Education Statistics. (2007). *Status and trends in the education of racial and ethnic minorities.* Retrieved January 3, 2011, from http://nces.ed.gov/pubs2007/minoritytrends/

National Center for Education Statistics. (2009). *Early Childhood Longitudinal Study–Kindergarten Class of 1998–99 (ECLS–K): Eighth grade methodology report.* Washington DC: Author.

National Center for Fair and Open Testing. (2007). *The case against high stakes testing.* Retrieved May 25, 2010, from http://www.fairtest.org/organizations-and-experts-opposed-high-stakes-test

National Child Care Information Center. (2007). *Child Care Bulletin, 32.* Retrieved February 16, 2011, from http://stage.nccic.org/files/resources/issue32.pdf

National Child Care Information Center. (2009). *Early childhood professional development systems toolkit.* Washington, DC: Child Care Bureau, Administration for Children and Families.

National Early Literacy Panel. (2009). *Developing early literacy.* Jessup, MD: C.J. Lonigan & T. Shanahan.

National Education Association. (2010). *Rankings and estimates: Rankings of the states 2009 and estimates of school statistics 2010.* Retrieved January 5, 2011, from http://www.nea.org/assets/docs/010rankings.pdf

National Institute of Child Health and Human Development, Early Child Care Research Network. (1996). Characteristics of infant child care: Factors contributing to positive care giving. *Early Childhood Research Quarterly, 11,* 269–306.

National Institute of Child Health and Human Development, Early Child Care Research Network. (1999). Child outcomes when child care center classes meet recommended standards of quality. *American Journal of Public Health, 89,* 1072–1077.

National Institute of Child Health and Human Development, Early Child Care Research Network. (2000). Characteristics and quality of child care for toddlers and preschoolers. *Applied Developmental Science, 4*(3), 116–135.

National Institute of Child Health and Human Development, Early Child Care Research Network (2002a). Child-care structure, process, outcome: Direct and indirect effects of child-care quality on young children's development. *Psychological Science, 13*(2), 199–206.

National Institute of Child Health and Human Development, Early Care Research Network (2002b). Early child care and children's development prior to school entry: Results from the NICHD Study of Early Child Care. *American Educational Research Journal, 39*(1), 133–164.

National Institute of Child Health and Human Development, Early Child Care Research Network. (2003). Does amount of time spent in child care predict socioemotional adjustment during the transition to kindergarten? *Child Development, 74*(4), 976–1005.

National Institute of Child Health and Human Development, Early Child Care Research Network. (2005a). *Childcare & child development: Results from the NICHD Study of Child Care and Youth Development.* New York: Guilford Press.

National Institute of Child Health and Human Development, Early Child Care Research Network (2005b). Early child care and children's development in the primary grades. *American Educational Research Journal, 42,* 537–570.

National Institute of Child Health and Human Development. (2005c). Pathways to reading: The role of oral language in the transition to reading. *Developmental Psychology, 41,* 428–442.

National Research Council. (2001). *Eager to learn: Educating our preschoolers.* Washington, DC: National Academies Press.

National Research Council. (2009). *Mathematics learning in early childhood: Paths toward excellence and equity.* Retrieved December 9, 2009, from http://www.nap.edu/openbook.php?record_id=12519&page=1

National Scientific Council on the Developing Child. (2008). *Mental health problems in early childhood can impair learning and behavior for life: Working paper #6.* Retrieved January 10, 2011, from http://developingchild.harvard.edu/library/reports_and_working_papers/working_papers/wp6/

National Scientific Council on the Developing Child. (2009). *Excessive stress disrupts the architecture of the developing brain.* Retrieved January 3, 2011, from http://developingchild.harvard.edu/index.php/library/reports_

and_working_papers/working_papers/wp3/

Neidell, M., & Waldfogel, J. (2008). *Cognitive and non-cognitive peer effects in early education* (NBER Working Paper W14277). Cambridge, MA: National Bureau of Economic Research.

Nelson, G., Westhues, A., & MacLeod, J. (2003). A meta-analysis of longitudinal research on preschool prevention programs for children. *Prevention & Treatment, 6,* Article 31.

Nelson, K. (2007). Universalism versus targeting: The vulnerability of social insurance and means-tested minimum income protection in 18 countries, 1990–2002. *International Social Security Review, 60*(1), 33–58.

Neugebauer, R. (2003). *Update on child care in the public schools.* Redmond, WA: Exchange Press.

Neuman, S., & Roskos, K. (1992). Literacy objects as cultural tools: Effects on children's literacy behaviors during play. *Reading Research Quarterly, 27,* 203–223.

Newman, L.S. (1990). Intentional and unintentional memory in young children: Remembering vs. playing. *Journal of Experimental Child Psychology, 50,* 243–258.

Nichols, S.L., & Berliner, D.C. (2007). *Collateral damage: How high-stakes testing corrupts America's schools.* Cambridge, MA: Harvard Education Press.

Nicolopoulou, A., McDowell, J., & Brockmeyer, C. (2006). Narrative play and emergent literacy: Storytelling and story-acting meet journal writing. In D. Singer, R. Golinkoff, & K. Hirsh-Pasek (Eds.), *Play = learning: How play motivates and enhances children's cognitive and social-emotional growth* (pp. 124–144). New York: Oxford University Press.

No Child Left Behind Act of 2001, PL 107-110, 115 Stat. 1425, 20 U.S.C. §§ 6301 *et seq.*

Nores, M., Belfield, C.R., & Barnett, W.S. (2005). Updating the economic impacts of the High/Scope Perry Preschool Program. *Educational Evaluation and Policy Analysis, 27*(3), 245–261.

Nye, B., Konstantopoulos, S., & Hedges, L. (2004). How large are teacher effects? *Educational Evaluation and Policy Analysis, 26,* 237–257.

Obama, B. (2008). *Barack Obama: A champion for children.* Retrieved May 15, 2009, from www.barackobama.com/pdf/issues/FactSheetChildAdvocacy.pdf

Olds, D.L. (2002). Prenatal and infancy home visiting by nurses: From randomized trials to community replication. *Prevention Science, 3*(2), 153–172.

Olds, D., Eckenrode, J., Henderson, C.R., Jr., Kitzman, H., Powers, J., Cole, R., et al.. (1997). Long-term effects of nurse home visitation on maternal life course and child abuse and neglect: fifteen-year follow up of a randomized trial. *JAMA, 278,* 637–643.

Olds, D., Henderson, C., Kitzman, H., & Cole, R. (1995). Effects of prenatal and infancy nurse home visitation on surveillance of child maltreatment. *Pediatrics, 95,* 365–372.

Olds, D.L., Henderson, C.R., Phelps, C., Kitzman, H., & Hanks, C. (1993). Effects of prenatal and infancy nurse home visitation on government spending. *Medical Care, 31,* 155–174.

Olds, D.L., Kitzman, H., Cole, R., Robinson, J., Sidora, K., Luckey, D.W., et al. (2004). Effects of nurse home-visiting on maternal life course and child development: Age 6 follow-up results of a randomized trial. *Pediatrics, 114,* 1550–1559.

Olds, D., Robinson, J., O'Brien, R., Luckey, D.W., Pettitt, L.M., Henderson, C.R., et al. (2002). Home visiting by paraprofessionals and by nurses: A randomized, controlled trial. *Pediatrics, 110*(3), 486–496.

Olds, D.L., Sadler, L., & Kitzman, H. (2007). Programs for parents of infants and toddlers: Recent evidence from randomized trials. *Journal of Child Psychology and Psychiatry, 48,* 355–391.

Olsen, D., & Snell, L. (2006). *Assessing proposals for preschool and kindergarten: Essential information for parents, taxpayers and policymakers.* Los Angeles: The Reason Foundation.

Osborne, A.F., & Milbank, J.E. (1987). *The effects of early education: A report from the Child Health and Education Study.* Oxford: Clarendon Press.

Owocki, G. (1999). *Literacy through play.* Portsmouth, NH: Heinemann.

Pagley, C. (1999, July 26). Students getting younger. *The Oklahoman.*

Palardy, G., & Rumberger, R. (2008). Teacher effectiveness in first grade: The importance of background qualifications, attitudes, and instructional practices for student learning. *Educational Evaluation and Policy Analysis, 30,* 111–140.

Park, J. (2007). *Early Childhood Longitudinal Study, birth cohort: Longitudinal 9-month-preschool restricted-use data file and electronic codebook.* Washington, DC: National Center for Education Statistics.

Patton, M.Q. (2008). *Utilization-focused evaluation* (4th ed.). Thousand Oaks, CA: Sage Publications.

Peisner-Feinberg, E., Burchinal, M., Clifford, R., Culkin, M., Howes, C., Kagan, S., et al. (2001). The relation of preschool child-care quality to children's cognitive and social developmental trajectories through second grade. *Child Development, 72*(5), 1534–1553.

Peisner-Feinberg, E., Burchinal, M., Clifford, R., Yazejian, N., Culkin, M., Zelazo, J., et al. (1999). *The children of the Cost, Quality, and Outcomes Study go to school.* Chapel Hill: University of North Carolina, FPG Child Development Center.

Pellegrini, A. (2009). Research and policy on children's play. *Child Development Perspectives, 3,* 131–136.

Pellegrini, A.D., & Galda, L. (1990). Children's play, language, and early literacy. *Topics in Language Disorders, 10,* 76–88.

Pennsylvania Cross-Systems Technical Assistance Workgroup. (2007). *Cross systems technical assistance definitions.* Harrisburg, PA: Pennsylvania Early Learning Keys to Quality. Retrieved December 21, 2009, from http://www.pakeys.org/private/ta/ta_docs.asp?dtid=2

Perry, D.F., Dunne, M.C., McFadden, L., & Campbell, D. (2008). Reducing the risk for preschool expulsion: Mental health consultation for young children with challenging behaviors. *Journal of Child and Family Studies, 17,* 44–54.

Pew Center on the States. (2007). *Taking stock: Assessing and improving early childhood learning and program quality.* Retrieved January 3, 2011, from http://www.pewtrusts.org/our_work_report_detail.aspx?id=30962

Pew Center on the States. (2009). *Votes count: Legislative action on pre-K fiscal year 2010.* Retrieved January 3, 2011, from http://www.pewcenteronthestates.org/uploadedFiles/Votes_Count_2009.pdf

Pew Center on the States. (2010). *Leadership matters: Governors' pre-K proposals fiscal year 2010.* Retrieved January 3, 2011, from http://www.pewcenteronthestates.org/uploadedFiles/Leadership_Matters_Final.pdf

Phillips, D., Gormley, W., & Lowenstein, A. (2009). Inside the pre-kindergarten door: Classroom climate and instructional time in Tulsa's pre-K programs. *Early Childhood Research Quarterly, 24,* 213–228.

Phillips, D., Mekos, D., Scarr, S., McCartney, K., & Abbott-Shim, M. (2000). Within and beyond the classroom door: Assessing quality in child care centers. *Early Childhood Research Quarterly, 15*(4), 475–496.

Phillipsen, L., Burchinal, M., Howes, C., & Cryer, D. (1997). The prediction of process quality from structural features of child care. *Early Childhood Research Quarterly, 12,* 281–303.

Piaget, J. (1932). *Play, dreams, and imitation.* New York: Norton.

Piaget, J. (1970). *Science of education and the psychology of the child.* New York: Orion Press.

Pianta, R.C., Barnett, W.S., Burchinal, M., & Thornburg, K.R. (2009). The effects of preschool education: How public policy is or is not aligned with the evidence base, and what we need to know. *Psychological Science in the Public Interest, 10*(2), 49–88.

Pianta, R.C., & Cox, M.J. (Eds.). (1999). *The transition to kindergarten.* Baltimore: Paul H. Brookes Publishing Co.

Pianta, R.C., & Howes, C. (Eds.) (2009). *The promise of pre-K.* Baltimore: Paul H. Brookes Publishing Co.

Pianta, R.C., Howes, C., Burchinal, M., Bryant, D., Clifford, R., Early, C., et al. (2005). Features of pre-kindergarten programs, classrooms, and teachers: Do they predict observed classroom quality and child–teacher interactions? *Applied Developmental Science, 9,* 144–159.

Pianta, R.C., & Kraft-Sayre, M. (2003). *Successful kindergarten transition: Your guide to connecting children, families, and schools.* Baltimore: Paul H. Brookes Publishing Co.

Pianta, R.C., La Paro, K.M., & Hamre, B.K. (2008). *Classroom Assessment Scoring System™ (CLASS™).* Baltimore: Paul H. Brookes Publishing Co.

Pianta, R., Mashburn, A., Downer, J., Hamre, B., & Justice, L. (2008). Effects of web-mediated professional development resources on teacher–child interactions in pre-kindergarten classrooms. *Early Childhood Research Quarterly, 23,* 431–451.

Pianta, R., & Stuhlman, M. (2004). Teacher–child relationships and children's success in the first years of school. *School Psychology Review, 33,* 444–458.

Plutro, M. (2005). *Program performance standards: Supporting home language and English acquisition. Head Start Bulletin #78: English language learners.* Washington, DC: U.S. Department of Health and Human Services.

Posner, M., & Rothbart, M. (2000). Developing mechanisms of self-regulation. *Development and Psychopathology, 12*(3), 427–442.

Powell, D.R., Diamond, K.E., Burchinal, M.R., & Koehler, M.J. (2010). Effects of an early literacy professional development intervention on Head Start teachers and children. *Journal of Educational Psychology, 102*(2), 299–312.

Pre-K Now. (2009). *Votes count: Legislative action on pre-k fiscal year 2010.* Washington, DC: Pew Center on the States.

Preschool Curriculum Evaluation Research Consortium. (2008). *Effects of preschool curriculum programs on school readiness* (*NCER 2008–2009*). Washington, DC: National Center for Education Research, Institute of Education Sciences.

Promising Practices Network. (2009). *Programs that work to make children ready for school.* Retrieved December 9, 2009, from http://www.promisingpractices.net/programs_outcome_area.asp?outcomeid=27

Puma, M., Bell, S., Cook, R., Heid, C., Lopez, M., Zill, N., et al. (2005). *Head Start impact study: First year findings.* Washington, DC: U.S. Department of Health and Human Services.

Puma, M., Bell, S., Cook, R., Heid, C., Shapiro, G., Broene, P., et al. (2010). *Head Start impact study: Final report.* Washington, DC: U.S. Department of Health and Human Services.

Quality Education Data. (2005). *HighScope early childhood curriculum final report.* Denver, CO: Author.

Raikes, H. (1993). Relationship duration in infant care: Time with a high-ability teacher and infant teacher attachment. *Early Childhood Research Quarterly, 8*(3), 309–325.

Raikes, H. (1996). A secure base for babies: Applying attachment concepts to the infant care settings. *Young Children, 51*(5), 59–67.

Raikes, H., & Pope Edwards, C. (2009). *Extending the dance in infant and toddler caregiving*. Baltimore: Paul H. Brookes Publishing Co.

Ramey, C.T., & Campbell, F.A. (1984). Preventive education for high-risk children: Cognitive consequences of the Carolina Abecedarian Project. *American Journal of Mental Deficiency, 88,* 515–523.

Ramey, C.T., Campbell, F.A., Burchinal, M., Skinner, M.L., Gardner, D.M., & Ramey, S.L. (2000). Persistent effects of early intervention on high-risk children and their mothers. *Applied Developmental Science, 4,* 2–14.

Ramey, C.T., & Ramey, S.L. (1998a). Early intervention and early experience. *American Psychologist, 53,* 109–120.

Ramey, C.T., & Ramey, S.L. (1998b). The transition to school: Opportunities and challenges for children, families, educators, and communities. *Elementary School Journal, 98,* 293–295.

Ramey, S.L., Ramey, C.T., & Lanzi, R.G. (2004). The transition to school: Building on preschool foundations and preparing for lifelong learning. In E. Zigler & S.J. Styfco (Eds.), *The Head Start debates* (pp. 397–413). Baltimore: Paul H. Brookes Publishing Co.

Ramey, S.L., Ramey, C.T., Phillips, M.M., Lanzi, R.G., Brezausek, C., Katholi, C.R., et al. (2000). *Head Start children's entry into public school: A report on the National Head Start/Public School Early Childhood Transition Demonstration Study*. Birmingham: University of Alabama.

Raudenbush, S.W. (2009). Fifth annual Brown Lecture in education research. The Brown legacy and the O'Connor challenge: Transforming schools in the images of children's potential. *Educational Researcher, 38*(3), 169–180.

Raver, C.C. (2002). Emotions matter: Making the case for the role of young children's emotional development for early school readiness. *Social Policy Report, 16*(3), 3–24.

Raver, C.C. (2003). Young children's emotional development and school readiness. *ERIC/EECE Clearinghouse on Elementary and Early Childhood Education, 15,* 11.

Raver, C.C. (2004). Child care as a work support, a child-focused intervention, and as a job. In A.C. Crouter & A. Booth (Eds.), *Work-family challenges for low-income parents and their children*. Mahwah, NJ: Lawrence Erlbaum Associates.

Raver, C.C., Gershoff, E.T., & Aber, J.L. (2007). Testing equivalence of mediating models of income, parenting, and school readiness for White, Black, and Hispanic children in a national sample. *Child Development, 78,* 96–115.

Raver, C.C., Jones, A.S., Li-Grining, C.P., Metzger, M., Smallwood, K., & Sardin, L. (2008). Improving preschool classroom processes: Preliminary findings from a randomized trial implemented in Head Start settings. *Early Childhood Research Quarterly, 23,* 10–26.

Raver, C.C., Jones, S.M., Li-Grining, C.P., Zhai, F., Metzger, M.W., & Solomon, B. (2009). Targeting children's behavior problems in preschool classrooms: A cluster-randomized controlled trial. *Journal of Consulting and Clinical Psychology, 77,* 302–316.

Raver, C.C., & Zigler, E.F. (1991). Three steps forward, two steps back: Head Start and the measurement of social competence. *Young Children, 46,* 3–8.

Raver, C.C., & Zigler, E.F. (2004). Public policy viewpoint. Another step back? Assessing readiness in Head Start. *Young Children, 59,* 58–63.

Ravitch, D., & Null, W. (Eds.) (2006). *Forgotten heroes of American education: The great tradition of teaching teachers*. Greenwich, CT: Information Age.

Ray, B.D. (2009). *Homeschooling across America: Academic achievement and demographic characteristics*. Retrieved January 17, 2011, from http://www.nheri.org/Latest/Homeschooling-Across-America-Academic-Achievement-and-Demographic-Characteristics.html

Reichman, N.E., Teitler, J.O., Garfinkel, I., & McLanahan, S.S. (2001). Fragile families: Sample and design. *Children and Youth Services Review, 23,* 303–326.

Resnick, L.B. (1999, June 16). Making America smarter. *Education Week*, pp. 38–40.

Reynolds, A.J. (2000). *Success in early intervention: The Chicago Child-Parent Centers*. Lincoln: University of Nebraska Press.

Reynolds, A.J. (2003). The added value of continuing early intervention into the primary grades. In A.J. Reynolds, M.C. Wang, & H.J. Walberg (Eds.), *Early childhood programs for a new century* (pp. 163–196). Washington, DC: CWLA Press.

Reynolds, A.J. (2011). Age 26 cost–benefit analysis of the Child-Parent Center early education program. *Child Development, 82*(1), 379–404.

Reynolds, A.J., Mathieson, L.C., & Topitzes, J.W. (2009). Can early childhood intervention prevent child maltreatment? A review of research. *Child Maltreatment, 14,* 182–206.

Reynolds, A., Ou, S., & Topitzes, J.W. (2004). Paths of effects of early childhood intervention on educational attainment and delinquency: A confirmatory analysis of the Chicago Child-Parent Centers. *Child Development, 75,* 1299–1328.

Reynolds, A.J., Rolnick, A.J., Englund, M.E., & Temple, J.A. (Eds.). (2010). *Childhood programs and practices in the first decade of life: A human capital integration*. New York: Cambridge University Press.

Reynolds, A.J., & Temple, J.A. (1998). Extended early childhood intervention and school achievement: Age 13 findings from the Chicago Longitudinal Study. *Child Development, 69,* 231–246.

Reynolds, A.J., & Temple, J.A. (2008). Cost-effective early childhood development programs from preschool to third grade. *Annual Review of Clinical Psychology, 4,*

109–139.

Reynolds, A.J., Temple, J.A., Ou, S., Robertson, D.L., Mersky, J.P., Topitzes, J.W., & Niles, M.D. (2007). Effects of a schoolbased, early childhood intervention on adult health and well being: A 19-year follow up of low-income families. *Archives of Pediatrics & Adolescent Medicine, 161*(8), 730–739.

Reynolds, A.J., Temple, J.A., Robertson, D.L., & Mann, E.A. (2001). Long-term effects of an early intervention on educational achievement and juvenile arrest: A 15-year follow-up of lowincome children in public schools. *JAMA, 285*(18), 2339–2346.

Reynolds, A.J., Temple, J.A., Robertson, D.L., & Mann, E.A. (2002). Age 21 cost–benefit analysis of the Title I Chicago Child-Parent Centers. *Educational Evaluation and Policy Analysis, 4*(24), 267–303.

Reynolds, A.J., Temple, J.A., White, B.A., Ou, S., & Robertson, D. L. (2011). Age 26 cost–benefit analysis of the Child- Parent Center early education program. *Child Development, 82,* 379–404.

Reynolds, A.J., Wang, M.C., & Walberg, H.J. (Eds.). (2003). *Early childhood programs for a new century.* Washington, DC: CWLA Press.

Riley-Ayers, S., & Frede, E. (2009). *Establishing the psychometric properties of a standards-derived performance based assessment: Can it be used for accountability as well as informing instruction?* Poster presented at the annual meeting of the American Educational Research Association, San Diego, CA.

Riley-Ayers, S., Frede, E., Barnett, W.S., & Brenneman, K. (2011). *Improving early education programs through data base decision making.* Retrieved February 23, 2011, from http://nieer.org/pdf/Preschool_Research_Design.pdf

Rimm-Kaufman, S., Curby, T., Grimm, K., Nathanson, L., & Brock, L. (2009). The contribution of children's self-regulation and classroom quality to children's adaptive behaviors in the kindergarten classroom. *Developmental Psychology, 45,* 958–972.

Rimm-Kaufman, S.E., Fan, X., Chiu, Y.-J., & You, W. (2007). The contribution of the Responsive Classroom Approach on children's academic achievement: Results from a three year longitudinal study. *Journal of School Psychology, 45,* 401–421.

Rindermann, H., & Ceci, S.J. (2008). *Education policy and country outcomes in international cognitive competence studies.* Graz, Austria: Institute of Psychology, Karl-Franzens-University Graz.

Ripple, C.H., Gilliam, W.S., Chanana, N., & Zigler, E. (1999). Will fifty cooks spoil the broth? The debate over entrusting Head Start to the states. *American Psychologist, 54*(5), 327–343.

Ritchie, S., & Willer, B.A. (Eds.) (2005). *Standard 6: Teachers: A guide to the NAEYC early childhood program standards and related accreditation criteria.* Washington, DC: National Association for the Education of Young Children.

Rolnick, A., & Grunewald, R. (2003). *Early childhood development: Economic development with a high public return.* Retrieved January 3, 2011, http://www.minneapolisfed.org/publications_papers/pub_display.cfm?id=3832

Rose, E. (2007). Where does preschool belong? Preschool policy and public education, 1965–present. In C.F. Kaestle & A.E. Lodewick (Eds.), *To educate a nation: Federal and national strategies of school reform* (pp. 281–303). Lawrence: University of Kansas Press.

Rose, E. (2010). *The promise of preschool: From Head Start to universal pre-kindergarten.* New York: Oxford University Press.

Rosenbaum, D.T., & Ruhm, C.J. (2007). Family expenditures on child care. *The B.E. Journal of Economic Analysis & Policy, 7*(1), Article 34.

Roskos, K., & Christie, J.F. (Eds.). (2002). *Play and literacy in early childhood: Research from multiple perspectives.* Mahwah, NJ: Lawrence Erlbaum Associates.

Roskos, K., & Christie, J. (2004). Examining the play–literacy interface: A critical review and future directions. In E.F. Zigler, D.G. Singer, & S.J. Bishop-Josef (Eds.), *Children's play: Roots of reading* (pp. 95–123). Washington, DC: ZERO TO THREE.

Ross, C., Emily, M., Meagher, C., & Carlson, B. (2008). *The Chicago program evaluation project: A picture of early childhood programs, teachers, and preschool age children in Chicago.* Princeton, NJ: Mathematica Policy Research.

Roth, J.L., & Brooks-Gunn, J. (2003). Youth development programs: Risks, prevention and policy. *Journal of Adolescent Health, 32,* 170–182.

Roth, J.L., Brooks-Gunn, J., Murray, L., & Foster, W. (1998). Promoting healthy adolescents: Synthesis of youth development program evaluations. *Journal of Research on Adolescence, 8,* 423–459.

Rothstein, J. (2008). *Teacher quality in educational production: Tracking, decay, and student achievement.* Cambridge, MA: National Bureau of Economic Research.

Rothstein, J. (2009). Student sorting and bias in value-added estimation: Selection on observables and unobservables. *Education Finance and Policy, 4*(4), 537–571.

Royce, J., Darlington, R., & Murray, H. (1983). Pooled analyses: Findings across studies. In Consortium for Longitudinal Studies (Ed.), *As the twig is bent: Lasting effects of preschool programs* (pp. 411–459). Mahwah, NJ: Lawrence Erlbaum Associates.

Rubin, D.B. (1997). Estimating causal effects from large data sets using propensity scores. *Annals of Internal Medicine, 127,* 757–763.

Rudner, L.M. (1999). Scholastic achievement and demographic characteristics of home school students in 1998. *Education Policy Analysis Archives, 7,* 8–47.

Rusk, D. (2006). Housing policy is school policy. In N.F. Watt, C. Ayoub, R.H. Bradley, J.E. Puma, & W.A. LeBeouf (Eds.), *The crisis in youth mental health. Vol. 4: Early intervention programs and policies* (pp. 347–371). Westport, CT: Praeger.

Ryan, K., & Cooper, J.M. (1998). *Those who can, teach* (12th ed.). Boston: Wadsworth Cengage Learning.

Ryan, S., & Ackerman, D.J. (2005, March 30). *Using pressure and support to create a qualified workforce.* Retrieved February 24, 2010, from http://epaa.asu.edu/epaa/v13n23/

Saluja, G., Early, D.M., & Clifford, R.M. (2002). Demographic characteristics of early childhood teachers and structural elements of early care and education in the United States. *Early Childhood Research and Practice, 4*(1). Retrieved January 5, 2010, from http://ecrp.uiuc.edu/v4n1/saluja.html

San Antonio Independent School District v. Rodriguez, 411 U.S. 1, 34-37 (1973).

Sandberg, J., & Hofferth, S. (2001). Changes in children's time with parents: United States, 1981–19. *Demography, 38*(3), 423–436.

Saracho, O.N., & Spodek, B. (2006). Young children's literacyrelated play. *Early Child Development and Care, 176,* 707–721.

Sarama, J., & Clements, D.H. (2009a). *Early childhood mathematics education research: Learning trajectories for young children.* New York: Routledge.

Sarama, J., & Clements, D.H. (2009b). Teaching math in the primary grades: The learning trajectories approach. *Young Children, 64,* 63–65.

Scarborough, H.S. (2001). Connecting early language and literacy to later reading (dis)abilities: Evidence, theory, and practice. In S.B. Neuman & D.K. Dickinson (Eds.), *Handbook of early literacy research* (pp. 97–110). New York: Guilford.

Scarr, S., Eisenberg, M., & Deater-Deckard, K. (1994). Measurement of quality in child care centers. *Early Childhood Research Quarterly, 9*(2), 131–151.

Schatschneider, C., Buck, J., Torgesen, J.K., Wagner, R.K., Hassler, L., Hecht, S., et al. (2004). *A multivariate study of factors that contribute to individual differences in performance on the Florida Comprehensive Reading Assessment Test. Technical report #5.* Tallahassee, FL: Florida Center for Reading Research.

Schechter, C., & Bye, B. (2007). Preliminary evidence for the impact of mixed-income preschool on low-income children's language growth. *Early Childhood Research Quarterly, 22,* 137–146.

Schmitz, M.F., & Velez, M. (2003). Latino cultural differences in maternal assessments of attention deficit/hyperactivity symptoms in children. *Hispanic Journal of Behavioral Sciences, 25,* 110–122.

Schore, A. (2001). The effects of a secure attachment relationship on right brain development, affect regulation, and infant mental health. *Infant Mental Health Journal, 22,* 7–66.

Schore, A. (2003). *Affect dysregulation and disorders of the self.* New York: WW Norton.

Schore, A. (2005). Attachment, affect regulation, and the developing right brain: Linking developmental neuroscience to pediatrics. *Pediatrics in Review, 26,* 6.

Schuerger, J.M., & Witt, A.C. (1989). The temporal stability of individually tested intelligence. *Journal of Clinical Psychology, 45*(2), 294–302.

Schulman, K., & Barnett, W.S. (2005). *The benefits of prekindergarten for middle-income children.* New Brunswick, NJ: National Institute for Early Education Research. Retrieved January 3, 2011, from http://nieer.org/resources/policyreports/report3.pdf

Schulman, K., Blank, H., & Ewen, D. (1999). *Seeds of success: State prekindergarten initiatives, 1998-1999.* Washington, DC: Children's Defense Fund.

Schultz, T., & Kagan, S.L. (2007). *Taking stock: Assessing and improving early childhood learning and program quality.* Retrieved January 20, 2011, from http://www.pewtrusts.org/our_work.aspx?category=102

Schumacher, R., Greenberg, M., & Mezey, J. (2003, June 2). *Head Start reauthorization: A preliminary analysis of H.R. 2210, the School Readiness Act of 2003.* Washington, DC: Center for Law and Social Policy.

Schutz, G., Ursprung, H.W., & Wossmann, L. (2008). Education policy and equality of opportunity. *Kyklos, 61,* 279–308.

Schweinhart, L. (2004). *The HighScope Perry preschool study through age 40.* Ypsilanti, MI: HighScope Educational Research Foundation.

Schweinhart, L., Barnes, H., & Weikart, D. (1993). *Significant benefits: The HighScope Perry pre-school study through age 27.* Ypsilanti, MI: HighScope Press.

Schweinhart, L.J., Montie, J., Xiang, Z., Barnett, W.S., Belfield, C.R., & Nores, M. (2005). *Lifetime effects: The HighScope Perry preschool study through age 40.* Ypsilanti, MI: HighScope Press.

Schweinhart, L.J., & Weikart, D.P. (1997). *Lasting differences: The HighScope Preschool Curriculum Comparison Study through age 23.* Ypsilanti, MI: HighScope Press.

Schweinhart, L.J., Weikart, D., & Larner, M.B. (1986). Consequences of three preschool curriculum models through age 15. *Early Childhood Research Quarterly, 1,* 15–45.

Seitz, V. (1990). Intervention programs for impoverished children: A comparison of educational and family support models. *Annals of Child Development, 7,* 73–104.

Seitz, V., Rosenbaum, L.K, & Apfel, N.H. (1985). Effect of family support interventions: A ten-year follow up. *Child Development, 56,* 376–391.

Shanahan, T., & Barr, R. (1995). Reading Recovery:

An independent evaluation of the effects of an early instructional intervention for at-risk learners. *Reading Research Quarterly, 30,* 958–996.

Shanker, A. (1987). The case for public school sponsorship of early childhood education revisited. In S.L. Kagan & E. Zigler (Eds.), *Early schooling: The national debate* (pp. 45–64). New Haven, CT: Yale University Press.

Shaw, D.S., Dishion, T.J., Supplee, L., Gardner, F., & Arnds, K. (2006). Randomized trial of a family-centered approach to the prevention of early conduct problems: 2-year effects of the family checkup in early childhood. *Journal of Consulting and Clinical Psychology, 74,* 1–9.

Shonkoff, J.P., & Phillips, D. (2000). *From neurons to neighborhoods: The science of early childhood development.* Washington, DC: National Academies Press.

Shore, R. (1998). *Ready schools.* Washington, DC: National Education Goals Panel.

Shore, R. (2009a). *PreK–3rd: What is the price tag?* New York: Foundation for Child Development.

Shore, R. (2009b). *The case for investing in preK–3rd education: Challenging myths about school reform.* New York: Foundation for Child Development.

Shumow, L., & Miller, J.D. (2001). Parents' at-home and atschool academic involvement with young adolescents. *Journal of Early Adolescence, 21*(1), 68–91.

Siegler, R.S. (1996). *Emerging minds: The process of change in children's thinking.* New York: Oxford.

Singer, D.G., Golinkoff, R.M., & Hirsh-Pasek, K. (Eds.). (2006). *Play = learning: How play motivates and enhances children's cognitive and social-emotional growth.* New York: Oxford University Press.

Singer, D.G., Singer, J.L. Plaskon, S.L., & Schweder, A.E. (2003). A role for play in the preschool curriculum. In S. Olfman (Ed.), *All work and no play: How educational reforms are harming our preschoolers* (pp. 59–101). Westport, CT: Greenwood Publishing Group.

Singer, J.L. (2002). Cognitive and affective implications of imaginative play in childhood. In M. Lewis (Ed.), *Child and adolescent psychiatry: A comprehensive textbook* (3rd ed., pp. 252–263). Philadelphia: Lippincott Williams & Wilkins.

Skodak, M., & Skeels, H.M. (1945). A follow-up study of children in adoptive homes. *Journal of Genetic Psychology, 66,* 21–58.

Smith, J.R., & Brooks-Gunn, J. (1997). Correlates and consequences of harsh discipline for young children. *Archives of Pediatrics and Adolescent Medicine, 151,* 777–786.

Smith, S., Davidson, S., & Weisenfeld, G. (2001). *Support for Early Literacy Assessment (SELA).* New York: New York University.

Snow, C.E., & Van Hemel, S.B. (Eds.). (2008). *Early childhood assessment: Why, what and how. Report of the Committee on Developmental Outcomes and Assessments for Young Children.* Washington, DC: National Academies Press.

Solomon, D. (2007). *As states tackle poverty, preschool gets high marks.* Retrieved January 3, 2011, from http://online.wsj.com/article/SB118660878464892191.html

Sosinsky, L.S., & Gilliam, W.S. (in press). Assistant teachers in prekindergarten programs: What roles do lead teachers feel assistants play in classroom management and teaching? *Early Education and Development.*

Sparling, J., & Lewis, I. (1981). *Learning games for the first three years: A program for parent/center partnership.* New York: Walker.

Sparling, J.J., & Lewis, I.S. (1985). *Partners for learning.* Winston-Salem, NC: Kaplan.

Sparling, J., & Lewis, I. (2007). *The Creative Curriculum Learning Games 36–48 months.* Bethesda, MD: Teaching Strategies.

Spence, S., Shapiro, D., & Zaidel, E. (1996). The role of the right hemisphere in the physiological and cognitive components of emotional processing. *Psychophysiology, 33,* 112–122.

Spiker, D., Ferguson, J., & Brooks-Gunn, J. (1993). Enhancing maternal interactive behavior and child social competence in low birth weight, premature infants. *Child Development, 64,* 754–768.

Sroufe, L.A. (1996). *Emotional development.* Cambridge, UK: Cambridge University Press.

Stanovich, K.E. (1992). Speculations on the causes and consequences of individual differences in early reading acquisition. In P. Gough, L. Ehri, & R. Treiman (Eds.), *Reading acquisition* (pp. 307–342). Mahwah, NJ: Lawrence Erlbaum Associates.

State of New Jersey Department of Education, Division of Early Childhood. (2009). *Preschool teaching and learning standards.* Retrieved February 24, 2011, from http://www.state.nj.us/education/cccs/2009/PreSchool.doc

State of New Jersey Department of Education, Division of Early Childhood. (2010a). *Preschool program implementation guidelines.* Retrieved February 24, 2011, from http://www.state.nj.us/education/ece/guide/impguidelines.pdf

State of New Jersey Department of Education, Division of Early Childhood. (2010b). *Teachers' manual for the NJ Early Learning Assessment System.* Retrieved January 28, 2011, from http://www.state.nj.us/education/ece/archives/curriculum/elas/manual.pdf

Stecher, B.M. (2002). Consequences of large-scale, high-stakes testing on school and classroom practice. In L.S. Hamilton, S.P. Klein, & B.M. Stecher (Eds.), *Making sense of test-based accountability in education* (p. 79). Santa Monica, CA: Rand Corporation.

Stevens, A.H., & Schaller, J. (2009). *Short-run effects of parental job loss on children's academic achievement.* Cambridge, MA: National Bureau of Economic

Research.

Stewart, A.K. (2009). *State writing test shows racial, income gap.* Retrieved January 17, 2011, from http://www.deseretnews.com/article/705342752/State-writing-test-shows-racialincome- gap.html

Stipek, D. (2002). *Motivation to learn: Integrating theory and practice* (4th ed.). Boston: Allyn & Bacon.

Stipek, D. (2004). Teaching practices in kindergarten and first grade: Different strokes for different folks. *Early Childhood Research Quarterly, 19,* 548–568.

Stipek, D. (2006). Accountability comes to preschool: Can we make it work for young children? *Phi Delta Kappan, 87*(10), 740–747.

Stipek, D., & Daniels, D. (1988). Declining perceptions of competence: A consequence of changes in the child or in the educational environment? *Journal of Educational Psychology, 80,* 352–356.

Stipek, D., Daniels, D., Galluzzo, D., & Milburn, S. (1992). Characterizing early childhood education programs for poor and middle-class children. *Early Childhood Research Quarterly, 7,* 1–19.

Stipek, D., Feiler, R., Byler, P., Ryan, R., Milburn, S., & Salmon, J. (1998). Good beginnings: What difference does the program make in preparing young children for school? *Journal of Applied Developmental Psychology, 19,* 41–66.

Stipek, D., Feiler, R., Daniels, D., & Milburn, S. (1995). Effects of different instructional approaches on young children's achievement and motivation. *Child Development, 66,* 209–223.

Stipek, D., Salmon, J., Givvin, K., Kazemi, E., Saxe, G., & Mac- Gyvers, V. (1998). The value (and convergence) of practices suggested by motivation researchers and mathematics education reformers. *Journal for Research in Mathematics Education, 29,* 465–488.

Stone, S.J., & Christie, J.F. (1996). Collaborative literacy learning during socio-dramatic play in a multiage (K–2) primary classroom. *Journal of Research in Childhood Education, 10,* 123–133.

Storch, S.A., & Whitehurst, G.J. (2001). The role of family and home in the literacy development of children from low-income backgrounds. In P.R. Britto & J. Brooks-Gunn (Eds.), *The role of family literacy environments in promoting young children's emerging literacy skills* (pp. 53–71). San Francisco: Jossey-Bass.

Strauss, V. (2003, January 17). U.S. to review Head Start program: Bush plan to assess 4-year-olds' progress stirs criticism. *Washington Post,* p. A1.

Stuber, J., & Schlesinger, M. (2006). Sources of stigma for means-tested government programs. *Social Science and Medicine, 63*(4), 933–945.

Stullich, S., Eisner, E., & McCrary, J. (2007). *National assessment of Title I final report—Volume I: Implementation.* Washington, DC: U.S. Department of Education.

Sullivan, W., & Rosin, M. (2008). *A new agenda for higher education: Shaping the life of the mind for practice.* New York: The Carnegie Foundation for the Advancement of Teaching.

Sullivan-Dudzic, L., Gearns, D.K., & Leavell, K. (2010). *Making a difference: 10 essential steps to building a PreK-3 system.* Thousand Oaks, CA: Corwin.

Suomi, S.J. (2004). How gene-environment interactions can influence emotional development in Rhesus monkeys. In C.E.L. Bearer & R.M. Lerner (Eds.), *Nature and nurture: The complex interplay of genetic and environmental infl-uences on human behaviour and development* (pp. 35–51). Mahwah, NJ: Lawrence Erlbaum Associates.

Sussman, C., & Gillman, A. (2007). *Building early childhood facilities: What states can do to create supply and promote quality.* New Brunswick, NJ: National Institute for Early Education Research.

Sweet, M.A., & Appelbaum, M.I. (2004). Is home visiting an effective strategy? A meta-analytic review of home visiting programs for families with young children. *Child Development, 75,* 1435–1456.

Sylva, K., Melhuish, E., Sammons, P., Siraj-Blatchford, I., & Taggart, B. (2004). *The final report: Effective pre-school education. Technical paper 12.* London: Institute of Education, University of London.

Sylva, K., Melhuish, E., Sammons, P., Siraj-Blatchford, I., & Taggart, B. (2008). *Final report from the primary phase: Pre-school, school and family infl uences on children's development during key stage 2.* Nottingham, UK: Department for Children, Schools and Families.

Takanishi, R. (2009). *A new primary education system beginning with preK–third grade: A paradigm shift for early education.* Manuscript submitted for publication.

Takanishi, R. (2010). PreK–third grade: A paradigm shift. In V. Washington & J.D. Andrews (Eds.), *Children of 2020: Creating a better tomorrow* (pp. 28–31). Washington, DC: Council for Professional Recognition & National Association for the Education of Young Children.

Takanishi, R., & Kauerz, K. (2008). PK inclusion: Getting serious about a P–16 education system. *Phi Delta Kappan, 89*(7), 480–488.

Tamis-LeMonda, C.S., Uzgiris, I.C., & Bornstein, M. (2002). Play in parent–child interactions. In M. Bornstein (Ed.), *Handbook of parenting: Practical issues in parenting* (pp. 221–242). Mahwah, NJ: Lawrence Erlbaum Associates.

Tarullo, L.B., Vogel, A.C., Aikens, N., Martin, E.S., Nogales, R., & Del Grosso, P. (2008, December). *Implementation of the Head Start National Reporting System: Spring 2007 final report.* Retrieved February 10, 2010, from http://www.mathematicampr.com/publications/PDFs/EarlyChildhood/headstart_nrs2007

Temple, J.A., & Reynolds, A.J. (1999). School mobility and achievement: Longitudinal findings from an urban cohort. *Journal of School Psychology, 37,* 355–377.

Temple, J.A., & Reynolds, A.J. (2007). Benefits and costs of investments in preschool education: Evidence from the Child- Parent Centers and related programs. *Economics of Education Review, 26*(1), 126–144.

Thompson, R. (2009). Doing what doesn't come naturally: The development of self regulation. *Zero to Three, 30*(2), 33–39.

Todd, P.E., & Wolpin, K.I. (2003). On the specification and estimation of the production function for cognitive achievement. *The Economic Journal, 113*(485), 3–33.

Todd, P.E., & Wolpin, K.I. (2007). The production of cognitive achievement in children: Home, school, and racial test score gaps. *Journal of Human Capital, 1*(1), 91–136.

Torgesen, J., Schirm, A., Castner, L., Vartivarian, S., Mansfield, W., Myers, D., et al. (2007). *National assessment of Title I final report—Volume II: Closing the reading gap: Findings from a randomized trial of four reading interventions for striving readers.* Washington, DC: U.S. Department of Education, Institute of Education Sciences.

Torquati, J.C., Raikes, H., & Huddleston-Cass, C.A. (2007). Teacher education, motivation, compensation, workplace support, and links to quality of center-based child care and teachers' intention to stay in the early childhood profession. *Early Childhood Research Quarterly, 22,* 261–275.

Tout, K., Zaslow, M., & Berry, D. (2005). Quality and qualifications: Links between professional development and quality in early care and education settings. In M. Zaslow & I. Martinez-Beck (Eds.), *Critical issues in early childhood professional development* (pp. 77–110). Baltimore: Paul H. Brookes Publishing Co.

Tremblay, R., Pagani-Kurtz, L., Mâsse, L., Vitaro, F., & Pihl, R. (1995). A bimodal preventive intervention for disruptive kindergarten boys: Its impact through mid-adolescence. *Journal of Consulting and Clinical Psychology, 63,* 560–568.

Trust for Early Education. (2004, Fall). *A policy primer: Quality pre-kindergarten.* Retrieved May 16, 2008, from www.trustforearlyed.org/docs/TEE-Primer4.pdf

Unrau, Y.A. (2001). Using client exit interviews to illuminate outcomes in program logic models: A case example. *Evaluation and Program Planning, 24,* 353–361.

U.S. Advisory Board on Child Abuse and Neglect. (1991). *Creating caring communities: Blueprint for an effective federal policy for child abuse and neglect.* Washington, DC: U.S. Department of Health and Human Services.

U.S. Bureau of Labor Statistics. (2009). *Occupational employment and wages, May 2008. 25-2011 Preschool teachers, except special education.* Retrieved December 9, 2009, from http://www.bls.gov/oes/current/oes252011.htm

U.S. Bureau of Labor Statistics. (2010). *Child day care services.* Retrieved March 2, 2010, from http://www.bls.gov/oco/cg/ cgs032.htm#earnings

U.S. Census Bureau. (2006). *Hispanics in the United States.* Retrieved March 25, 2008, from http://www.census.gov/population/www/socdemo/hispanic/hispanic_pop_presentation.html

U.S. Census Bureau (2008a). *Educational attainment—Current population survey data on educational attainment.* Retrieved February 28, 2011, from http://www.census.gov/hhes/socdemo/education/data/cps/index.html

U.S. Census Bureau. (2008b). *School enrollment—Social and economic characteristics of students: October 2008.* Retrieved April 19, 2010, from http://www.census.gov/population/www/socdemo/school/cps2008.html

U.S. Department of Education. (2007). *The condition of education.* Retrieved January 17, 2011, from http://nces.ed.gov/programs/coe/

U.S. Department of Education. (2008a). *Effects of preschool program curriculum programs and school readiness: Report from the preschool curriculum evaluation research initiative.* Washington, DC: Institute for Education Sciences, National Center for Education Evaluation and Regional Assistance.

U.S. Department of Education. (2008b). *Higher education—Legislation: Editor's picks.* Retrieved January 3, 2011, from http://www2.ed.gov/policy/highered/leg/edpicks.jhtml

U.S. Department of Education. (2009a). *Evaluation of the DC Opportunity Scholarship Program.* Retrieved October 30, 2009, from http://ies.ed.gov/ncee/pubs/20094050/pdf/20094051.pdf

U.S. Department of Education. (2009b). *Initiatives: The early learning challenge fund: Results-oriented, standards reform of state early learning programs.* Retrieved January 3, 2011, from http://www2.ed.gov/about/inits/ed/earlylearning/elcf-factsheet.html

U.S. Department of Education. (2010). *A blueprint for reform: The reauthorization of the Elementary and Secondary Education Act.* Washington, DC: Author.

U.S. Department of Health and Human Services. (1994). *The statement of the Advisory Committee on Services for Families with Infants and Toddlers.* Washington, DC: Author.

U.S. Department of Health and Human Services. (2000). *Head Start child outcomes framework.* Washington, DC: Author.

U.S. Department of Health and Human Services. (2001). *Building their Futures: How Early Head Start programs are enhancing the lives of infants and toddlers in low-income families. Summary report.* Washington, DC: U.S. Department of Health and Human Services.

U.S. Department of Health and Human Services. (2002). *Making a difference in the lives of infants and toddlers and their families: The impacts of Early Head Start.* Washington, DC: U.S. Department of Health and Human Services.

U.S. Department of Health and Human Services. (2005). *Head Start Impact Study: First year findings.* Retrieved December 9, 2009, from http://www.acf.hhs.gov/programs/opre/hs/impact_study/reports/first_yr_finds/first_yr_finds.pdf

U.S. Department of Health and Human Services. (2006). *Findings from the survey of Early Head Start programs: Communities, programs, and families.* Washington, DC: U.S. Department of Health and Human Services.

U.S. Department of Health and Human Services. (2008). *Statutory degree and credentialing requirements for Head Start teaching staff (ACF-IM-HS-08-12).* Retrieved November 6, 2009, from http://www.acf.hhs.gov/programs/ohs/policy/im2008/acfimhs_08_12.html

U.S. Department of Health and Human Services. (2009a). *2008-09 Head Start program information report.* Retrieved January 5, 2011, from http://eclkc.ohs.acf.hhs.gov/hslc/Program%20Design%20and%20Management/Head%20Start%20Requirements/Program%20Information%20Report/2008-2009%20PIR%20Survey%20Changes_070809.pdf

U.S. Department of Health and Human Services. (2009b). *Quality features, dosage and thresholds and child outcomes: Study design.* Retrieved January 28, 2011, from http://www.acf.hhs.gov/programs/opre/cc/q_dot/qdot_overview.html

U.S. Department of Health and Human Services. (2010a). *About the child care and development fund.* Retrieved January 3, 2011, from http://www.acf.hhs.gov/programs/ccb/ccdf/index.htm

U.S. Department of Health and Human Services. (2010b). *Head Start impact study. Final report.* Washington, DC: Author.

U.S. Department of Health and Human Services. (2011). *Annual update of the HHS poverty guidelines.* 76(13) Fed. Reg. 3637–3638.

Vail, K. (2003, November). Ready to learn. What the Head Start debate about early academics means for your schools. *American School Board Journal, 190*(11). Retrieved May 25, 2005, from www.asbj.com/2003/11/1103coverstory.html

Vandell, D. (2004). Early child care: The known and the unknown. *Merrill-Palmer Quarterly, 50,* 387–414.

van de Walle, D. (1998). Targeting revisited. *World Bank Research Observer, 13*(2), 231–248.

Vecchiotti, S. (2003). Kindergarten: An overlooked educational policy priority. *SRCD Social Policy Report, 17*(2), 1–19.

Vega, W.A., Kolody, B., Aguilar-Gaxiola, S., & Catalano, R. (1999). Gaps in service utilization by Mexican Americans with mental health problems. *American Journal of Psychiatry, 156,* 928–934.

Vu, J.A., Jeon, H.-J., & Howes, C. (2008). Formal education, credential, or both: Early childhood program classroom practices. *Early Education and Development, 19*(3), 479–504.

Vygotsky, L. (1978). Play and its role in the mental development of the child. In J.K. Gardner (Ed.), *Readings in developmental psychology* (pp. 130–139). Boston: Little Brown.

Vygotsky, L. (1986). *Thought and language.* (A. Kozulin, Trans.). Cambridge, MA: The MIT Press. (Original work published 1934)

Wagner, M., & Clayton, S. (1999). The Parents as Teachers program: Results from two demonstrations. *Future of Children, 9,* 91–115.

Wagner, M., & Spiker, D. (2001). *Multisite parents as teachers evaluation: Experience and outcomes for children and families.* Menlo Park, CA: SRI International.

Walberg, H.J. (2007). *School choice: The findings* (1st ed.). Washington, DC: Cato Institute.

Waldfogel, J. (2006). Early childhood policy: A comparative perspective. In K. McCartney & D. Phillips (Eds.), *Blackwell Handbook of Early Childhood Development* (pp. 576–594), Oxford, UK: Blackwell Publishing.

Waldfogel, J., & Zhai, F. (2008). Effects of public preschool expenditures on the test scores of fourth graders: Evidence from TIMMS. *Educational Research and Evaluation, 14*(1), 9–28.

Wargo, S. (2008). *Hail to the new chief: A guide to the 2008 presidential candidates' education agenda.* Retrieved January 3, 2011, http://www.edutopia.org/whats-next-2008-politicseducation

Warren, J.R. (2002). *Graduation rates for choice and public school students in Milwaukee 2003–2008.* Retrieved January 17, 2011, from http://www.schoolchoicewi.org/data/currdev_links/2010-Grad-Study-1-31-2010.pdf

Wasik, B.H., Ramey, C.T., Bryant, S.M., & Sparling, J.J. (1990). A longitudinal study of two early intervention strategies: Project CARE. *Child Development, 61,* 1682–1696.

Wat, A. (2007). *Dollars and sense: A review of economic analyses of pre-K.* Washington, DC: Pre-K Now.

Wat, A. (2010). *The case for pre-K in education reform: A summary of program evaluation findings.* Retrieved January 3, 2011, from http://www.preknow.org/documents/thecaseforprek_april2010.pdf

Watson, S. (2010). *The right policy at the right time: The pew pre-kindergarten campaign.* Washington, DC: Pew Center on the States.

Weber, R., & Trauten, M. (2008). *A review of the literature in the child care and early education profession: Effective investments.* Corvallis, OR: Oregon Child Care Research Partnership.

Webster-Stratton, C., Reid, M.J., & Hammond, M. (2001). Preventing conduct problems, promoting social competence: A parent and teacher training partnership in Head Start. *Journal of Clinical Child Psychology, 30,*

283–302.

Webster-Stratton, C., Reid, M.J., & Hammond, M. (2004). Treating children with early-onset conduct problems: Intervention outcomes for parent, child, and teacher training. *Journal of Clinical Child and Adolescent Psychology, 33,* 105–124.

Webster-Stratton, C., Reid, M.J., & Stoolmiller, M. (2008). Preventing conduct problems and improving school readiness: Evaluation of the Incredible Years Teacher and Child Training Programs in high-risk schools. *Journal of Child Psychology and Psychiatry, 49,* 469–470.

Wehlage, G., Smith, G., & Lipman, P. (1992). Restructuring urban schools: The new futures experience. *American Educational Research Journal, 29,* 51–93.

Weikart, D.P. (1998). Changing early childhood development through educational intervention. *Preventive Medicine, 27,* 233–237.

Wessel, D. (2009, October 8). Wider health-care access pays off. *Wall Street Journal,* p. A2.

Westheimer, M. (Ed.). (2003). *Parents making a difference: International research on the Home Instruction for Parents of Preschool Youngsters (HIPPY) Program.* Jerusalem: The Hebrew University Magnes Press.

White, B.A., Temple, J.A, & Reynolds, A.J. (2010). Predicting adult criminal behavior from juvenile delinquency: Ex-ante vs. ex-post benefits of early intervention. *Advances in Life Course Research, 15,* 161–170.

Whitebook, M. (2002). *Estimating the size and components of the U.S. child care workforce and caregiving population.* Seattle: University of Washington, Human Services Policy Center.

Whitebook, M. (2003a). *Bachelor's degrees are best: Higher qualifi cations for pre-kindergarten teachers lead to better learning environments for children.* Washington, DC: Trust for Early Education.

Whitebook, M. (2003b). *Early education quality: Higher teacher qualifications for better learning environments—A review of the literature.* Berkeley: University of California at Berkeley, Institute for Research on Labor and Employment, Center for the Study of Child Care Employment.

Whitebook, M., Gomby, D., Bellm, D., Sakai, L., &. Kipnis, F. (2009). *Preparing teachers of young children: The current state of knowledge, and a blueprint for the future.* Berkeley, CA: Center for the Study of Child Care Employment, Institute for Research on Labor and Employment.

Whitebook, M., Sakai, L., Kipnis, F., Almaraz, M., Suarez, E., & Bellm, D. (2008). *Learning together: A study of six B.A. completion cohort programs in early care and education.* Year I report. Berkeley: University of California at Berkeley, Institute for Research on Labor and Employment, Center for the Study of Child Care Employment.

Whitehurst, G.J. (2001). Young Einsteins: Much too late. *Education Matters, 1*(2), 16–19.

Whyte, J.C., & Bull, R. (2008). Number games, magnitude representation, and basic number skills in preschoolers. *Developmental Psychology, 44,* 588–596.

Wiggins, A.K. (Ed.). (2009). *Preschool sequence and teacher handbook.* Charlottesville, VA: Core Knowledge Foundation.

Wilkins, R., & Frede, E. (2005). *Self-Assessment Validation System (SAVS) 2004–2005: Preliminary report on statewide progress in Abbott Preschool Program implementation.* Trenton: New Jersey Department of Education.

Winsler, A., Tran, H., Hartman, S., Madigan, A., Manfra, L., & Bleiker, C. (2008). School readiness gains made by ethnically diverse children in poverty attending center-based childcare and public school pre-kindergarten programs. *Early Childhood Research Quarterly, 23*(3), 314–329.

Winter, M., & Rouse, J.M. (1991, September). Parents as Teachers: Nurturing literacy in the very young. *Zero to Three,* 80–83.

Witte, D.E. (1996). People v. Bennett: Analytic approaches to recognizing a fundamental parental right under the Ninth Amendment. *Brigham Young University Law Review, 1,* 183–280.

Witte, D.E. (2003). *Benjamin Franklin—Practical wise man.* Retrieved January 17, 2011, from http://www.quaqua.org/franklin.htm

Witte, D.E. (2009). *Massachusetts Bay Colony.* Retrieved January 17, 2011, from http://www.quaqua.org/pilgrim.htm

Witte, D.E. (2010a). *Fostering educational innovation in choicebased mu lti-venue and government single-venue settings.* Retrieved January 17, 2011, from http://sutherlandinstitute. org/uploads/Choice-based_Educational_Innovation.pdf

Witte, D.E. (2010b). *Fostering innovation in Utah schools: Common elements of educational success.* Retrieved January 17, 2011, from http://sutherlandinstitute.org/uploads/Fostering_Innovation_in_Utah_Schools.pdf

Witte, D.E., & Mero, P.T. (2008). Removing classrooms from the battlefield: Liberty, paternalism, and the redemptive promise of educational choice. *Brigham Young University Law Review, 2,* 377–414.

Wolf, P.J. (2008). School voucher programs: What the research says about parental school choice. *Brigham Young University Law Review, 2,* 415–446.

Wolf, P.J. (2009). *Lost opportunities: Lawmakers threaten D.C. scholarships despite evidence of benefits.* Retrieved January 17, 2011, from http://educationnext.org/files/ednext_20094_wolf_unabridged.pdf

Wolfgang, C.H., Stannard, L.L., & Jones, I. (2003). Advanced construction play with LEGOs among preschoolers as a predictor of later school achievement in mathematics. *Early Child Development and Care, 173,* 467–475.

Wong, V.C., Cook, T.D., Barnett, W.S., & Jung, K. (2008). An effectiveness-based evaluation of five state pre-kindergarten programs. *Journal of Policy Analysis and Management, 27*(1), 122–154.

Woodcock, R.W., McGrew, K.S., & Mather, N. (2001). *Woodcock- Johnson Tests of Achievement III (WJ III).* Rolling Meadows: IL: Riverside.

Yazejian, N., & Bryant, D.M. (2010). *Promising early returns: Educare implementation study data, January 2010.* Chapel Hill, NC: FPG Child Development Institute.

Yoshikawa, H., & Knitzer, J. (1997). *Lessons from the field: Head Start mental health strategies to meet changing needs.* New York: National Center for Children in Poverty.

Youcha, G. (1995). *Minding the children: Child care in America from colonial times to the present.* New York: Scribner.

Young, K.T., Marsland, K.W., & Zigler, E. (1997). Regulatory status of center-based infant and toddler child care. *American Journal of Orthopsychiatry, 67,* 535–544.

Zaslow, M. (1991). Variation in child care quality and its implications for children. *Journal of Social Issues, 47,* 125–134.

Zaslow, M., Anderson, R., Redd, Z., Wessel, J., Tarullo, L., & Burchinal, M. (2010). *Quality dosage, thresholds, and features in early childhood settings: Literature review tables. OPRE 2011-5a.* Washington, DC: U.S. Department of Health and Human Services. Retrieved February 25, 2011, from http://www.acf.hhs.gov/programs/opre/cc/q_dot/index.html

Zaslow, M., & Martinez-Beck, I. (Eds.). (2006). *Critical issues in early childhood professional development.* Baltimore: Paul H. Brookes Publishing Co.

Zaslow, M., Reidy, M., Moorehouse, M., Halle, T., Calkins, J., & Margie, N.G. (2003). Progress and prospects on the development of indicators of school readiness. In *Child and youth indicators: Accomplishments and future directions.* Bethesda, MD: National Institutes of Health.

Zaslow, M., Tout, K., Halle, T., & Starr, R. (2010). Professional development for early educators: Reviewing and revising conceptualizations. In S. Neuman & D. Dickinson (Eds.), *Handbook of early literacy research* (Vol. 3, pp. 425–434). New York: Guilford Press.

Zaslow, M., Tout, K., Halle, T., Whittaker, J.V., & Lavelle, B. (2010). *Towards the identification of features of effective professional development for early childhood educators.* Retrieved January 28, 2011, from http://www2.ed.gov/rschstat/eval/professional-development/literature-review.pdf

Zhai, F., Brooks-Gunn, J., & Waldfogel, J. (2011). Head Start and urban children's school readiness: A birth cohort study in 18 cities. *Developmental Psychology, 47,* 134–152.

Zhai, F., Raver, C.C., Jones, S.M., Li-Grining, C.P., Pressler, E., Gao, Q., et al. (in preparation). Dosage effects of classroombased interventions on child school readiness: Evidence from a randomized experiment in Head Start settings. *Journal of Policy Analysis and Management.*

Zigler, E. (1970). The environmental mystique: Training the intellect versus development of the child. *Childhood Education, 46,* 402–412.

Zigler, E. (1979). Head Start: Not a program but an evolving concept. In E.F. Zigler & J. Valentine (Eds.), *Project Head Start: A legacy of the war on poverty* (pp. 367–378). New York: Free Press.

Zigler, E. (1984). Foreword. In B. Biber (Ed.), *Education and psychological development* (pp. ix–xi). New Haven, CT: Yale University Press.

Zigler, E.F. (1994). Foreword. In M. Hyson (Ed.), *The emotional development of young children: Building an emotion-centered curriculum* (pp. ix–x). New York: Teachers College Press.

Zigler, E.F. (2007). Giving intervention a head start: A conversation with Edward Zigler. *Educational Leadership, 65,* 8–14.

Zigler, E., & Berman, W. (1983). Discerning the future of early childhood intervention. *American Psychologist, 38,* 894–906.

Zigler, E., & Bishop-Josef, S. (2004). Play under siege: A historical overview. In E. Zigler, D.G. Singer, & S. Bishop-Josef (Eds.), *Children's play: The roots of reading* (pp. 1–13). Washington, DC: ZERO TO THREE.

Zigler, E.F., & Bishop-Josef, S.J. (2006). The cognitive child versus the whole child: Lessons from 40 years of Head Start. In D. Singer, R. Golinkoff, & K. Hirsh-Pasek (Eds.), *Play = learning: How play motivates and enhances children's cognitive and social-emotional growth* (pp. 15–35). New York: Oxford University Press.

Zigler, E., & Butterfield, E.C. (1968). Motivational aspects of changes in IQ test performance of culturally deprived nursery school children. *Child Development, 39,* 1–14.

Zigler, E., & Finn-Stevenson, M. (2007). From research to policy and practice: The school of the 21st century. *American Journal of Orthopsychiatry, 77*(2), 175–181.

Zigler, E., Gilliam, W.S., & Jones, S.M. (2006a). *A vision for universal preschool education.* New York: Cambridge University Press.

Zigler, E., Gilliam, W., & Jones, S.M. (2006b). What the School of the 21st Century can teach us about universal preschool. In E. Zigler, W. Gilliam, & S.M. Jones, *A vision for universal preschool education* (pp.194–215) . New York: Cambridge University Press.

Zigler, E., & Jones, S.M. (2002). Refl ections—Where do we go from here? In B. Bowman (Ed.), *Love to read: Preparing African-American children for reading success* (pp. 83–93). Washington, DC: U.S. Department of Education, Office of Educational Research and Improvement.

Zigler, E., Marsland, K., & Lord, H. (2009). *The tragedy of child care in America.* New Haven, CT: Yale University.

Zigler, E., Pfannenstiel, J., & Seitz, V. (2008). The Parents as Teachers program and school success: A replication and extension. *Journal of Primary Prevention, 29,* 103–120.

Zigler, E.F., Singer, D.G., & Bishop-Josef, S.J. (Eds.) (2004). *Children's play: The roots of reading.* Washington, DC: ZERO TO THREE.

Zigler, E., & Styfco, S.J. (Eds.). (1993). *Head Start and beyond: A national plan for extended childhood intervention.* New Haven, CT: Yale University Press.

Zigler, E., & Styfco, S.J. (2004). *The Head Start debates.* Baltimore: Paul H. Brookes Publishing Co.

Zigler, E., & Trickett, P. (1978). IQ, social competence, and evaluation of early childhood intervention programs. *American Psychologist, 33,* 789–798.

Zill, N. (1990). *Behavior problem index based on parent report.* Washington, DC: Child Trends.

Zill, N. (2003). *Letter naming task.* Rockville, MD: Westat.

Zill, N., Resnick, G., Kim, K., O'Donnell, K., Sorongon, A., McKey, R.H., et al. (2003). *Head Start FACES (2000): A whole child perspective on program performance—Fourth progress report.* Retrieved December 9, 2009, from http://www.acf.hhs.gov/programs/opre/hs/faces/reports/faces00_4thprogress/faces00_4thprogress.pdf

저자 소개

편저자 소개

Edward Zigler(Ph.D.)는 Yale University의 심리학과 Sterling 석좌교수이자, Yale 의과대학의 Edward Zigler 아동발달 및 사회정책 연구센터의 명예 센터장이다. Zigler 박사는 헤드스타트 프로젝트 국가기획및운영위원회의 일원이었다. 1970년 당시 닉슨 대통령에 의해 아동발달부(현재는 아동청소년가족부)의 초대 장관, 미국 아동국(Children's Bureau) 국장으로 지명되었다. Washington, D.C.에 있을 때 Zigler 박사는 전국의 헤드스타트 프로그램을 운영하는 책임을 맡았으며 홈스타트(Head Start), 부모되기 교육(Education for Parenthood), 아동발달준학사(Child Development Associate), 아동가족자원(Child and Family Resource) 프로그램 등의 여러 혁신적 프로그램을 구상하고 궤도에 오르게 하는 노력을 이끌었다.

Walter S. Gilliam(Ph.D.)은 Yale 의과대학의 아동 정신병학 및 심리학과(230 South Frontage Road, Post Office Box 207900, New Haven, Connecticut 06520) 부교수로 재직 중이다. Gilliam 박사는 현재 Edward Zigler 아동발달 및 사회정책 연구센터의 센터장을 역임하고 있다. 그의 연구는 유아교육 및 보육에 관한 정책, 유아 서비스의 질 향상 방안, 유아교육 프로그램이 어린이의 학교준비도에 미치는 영향, 유아교실에서의 행동문제 및 제적률 감소를 위한 효과적 방안 등을 포함한다.

W. Steven Barnett(Ph.D.)는 Rutgers 뉴저지주립대학교 국립유아교육연구센터(National Institute of Early Education Research, Rutgers, The State University of New Jersey, 120 Albany Street, Suite 500, New Brunswick, New Jersey 08901)의 공동 센터장이자 Board of Governors 교수로 역임하고 있다. Barnett 박사의 연구 분야로는 보육 및 유아교육의 비용과 효과를 포함한 경제학적 측면, 유아교육 프로그램이 어린이의 학습과 발달에 미치는 장기적 효과, 교육기회의 배분 등이 있다. 그는 University of Michigan에서 경제학으로 철학박사 학위를 수여했으며 하이스코프 교육연구재단에서의 페리유아원 연구로 유아교육 분야에서의 연구를 시작하였다.

그 외의 저자 소개

Debra J. Ackerman(Ph.D.)은 Understanding Teaching Quality 센터(Rosedale Road, MS 02-T, Princeton, New Jersey 08541)의 부센터장을 역임하고 있다. Ackerman 박사는 교육정책 연구자이다. 교사의 교육실제와 학생의 학습성과에 미치는 정책 및 프로그램 요소의 효과를 중점적으로 연구하고 있다.

Sandra J. Bishop-Josef(Ph.D.)는 Yale 의과대학의 Edward Zigler 아동발달 및 사회정책 연구센터(310 Prospect Street, New Haven, Connecticut 06511)의 부센터장이다. Bishop-Josef 박사의 연구 관심사는 아동 학대, 아동 및 가족 서비스, 연구의 사회정책적 적용을 포함한다.

Barbara T. Bowman(M.A)은 Erickson Institute, 아동발달학과(451 North LaSalle Street, Chicago, Illinois 60654)의 Irving B. Harris 교수이다. Bowman 교수는 Erickson Institute의 창립자 중 한 명으로 1994년부터 2001년까지 총장을 역임하였다. 또한 Bowman 교수는 시카고 공립학교의 유아교육부처장으로서 교육 프로그램을 받고 있는 24,000명의 만 3, 4세 유아와 예방 프로그램을 받고 있는 5,000명의 영아 및 걸음마기 유아를 포함하여 3만 여 명의 유아를 대상으로 하는 프로그램을 관장하고 있다.

Jeanne Brooks-Gunn(Ph.D.)은 Columbia University, 사범/의과대학, 아동발달 및 교육학과(525 West 120th Street, Box 39, 254 Thorndike, New York, New York 10027)의 Virginia and Leonard Marx 교수로 재임하고 있다. Brooks-Gunn 박사는 국립아동가족센터(National Center for Children and Families: http://www.policyforchildren.org)의 센터장이다. 아동기, 사춘기, 성인기 전반의 긍정적 효과와 부정적 효과에 기여하는 요인을 연구하는 데 관심을 가지고 있으며 특히 인생 여정에서의 주요 사회적, 생물학적 전이시기를 연구하고 있다.

Margaret Burchinal(Ph.D.)은 University of North Carolina at Chapel Hill(FPG Child Development Institute, CB 8185, Chapel Hill, North Carolina 27599)의 교수로 재직하고 있다. Burchinal 박사는 FPG 아동발달연구소의 선임연구원이기도 하다. Eunice Kennedy Shriver National Institute of Child Health & Human Development의 보육 및 어린이 발달 연구, ABC 프로젝트, National Center for Early Development and Learning의 11개 주 Pre-K 평가연구, 그리고 Cost, Quality, Outcome 연구 등 많은 보육 관련 연구에서 주요 통계학자로서 활약하였다.

Rachel Chazan-Cohen(Ph.D.)은 George Mason University 심리학과(4400 University Drive, 3F5, Fairfax, Virginia 22030)의 부교수를 역임하고 있다. Chazan-Cohen 박사는 위험군 어린이의 발달에 영향을 미치는 생물학적, 관계적, 환경적 요인에 특히 관심을 가지고 있으며, 영아와 걸음마기 유아의 가족을 위한 중재 프로그램의 개발, 평가, 향상에 특별한 초점을 두고 있다. Yale University의 임상 및 발달심리학과에서 훈련을 받고 박사학위를 받았으며 Tufts University에서 석사학위를 받았다.

Deborah Daro(Ph.D.)는 University of Chicago 쇼팽홀(1313 East 60th Street, Chicago, Illinois 60637)의 선임연구원으로 재직하고 있다. Daro 박사의 연구와 저술은 규준과 지역사회 맥락을 바꾸기 위한 보다 보편적 노력 안에서 개별화되고 집중적인 예방 프로그램을 포함한 개혁방안을 중심으로 이루어지고 있다. University of California at Berkeley의 도시및지역계획으로 석사학위, 그리고 사회복지 전공으로 박사학위를 받았다.

Greg J. Duncan(Ph.D.)은 University of California, Irvine의 교육학과(2001 Berkeley Place, Irvine, California 92697)의 석학교수(Distinguished Professor)로 재임하고 있다. 2008년 University of California, Irvine에 부임하기 이전에 Duncan 박사는 Northwestern University 사

범대학의 Edwina S. Tarry 교수를 역임한 바 있다. 30여 년 이상 소득 분배, 빈곤과 복지 의존성, 아동발달 문제에 대하여 폭넓은 연구와 저술 활동을 하고 있다.

Ellen C. Frede(Ph.D.)는 Acelero Learning사(63 West 125th Street, 6th Floor, New York, New York 10027)의 유아학습연구교육부서의 Senior Vice President로 재직하고 있다. 최근까지 Frede 박사는 국립유아교육연구센터(National Institute for Early Education Research)의 공동센터장을 역임하였다. 정책 및 실제에 정보를 제공해주는 연구를 주로 하는 발달심리학자로 뉴저지 주의 성공적인 Abbott 유아교육 프로그램을 설계하고 관리하는 것을 지원한 바 있다.

Jocelyn Friedlander는 Columbia University, 사범대학의 국립아동가족센터(National Center for Children and Families)(525 West 120th Street, Box 226, New York, New York 10027)의 연구원이다. Yale University에서 학사학위를 수여받았다.

Bruce Fuller는 University of California, Berkeley의 교육및공공정책학과(Tolman Hall 3659, Berkeley, California 94720) 교수이다. Fuller 교수의 연구는 가족 사회학, 유아교육, 조직의 분권화를 중심으로 한다. Fuller 교수는『표준화된 아동기: 유아교육에 대한 정치적 · 문화적 투쟁(Standardized Childhood: The Political and Cultural Struggle Over Early Education』(Stanford University Press, 2007)을 집필하였다.

Mark R. Ginsberg(Ph.D.)는 George Mason University의 교육및인간발달대학(4400 University Drive, Fairfax, Virginia 22030)의 학장을 역임하고 있다. Ginsbert 박사는 30여 년간 교수, 심리학자, 유능한 관리자로서 업적을 쌓아왔다. 교육, 인간발달, 인적 서비스 분야에서 폭넓은 연구 및 저술활동을 해오고 있다.

Roberta Michnick Golinkoff(Ph.D.)는 University of Delaware, 사범대학의 H. Rodney Sharp 교수로 있다. Golinkoff 박사는 언어습득, 어린이의 기하학적 형태 지식, 놀이를 통한 학습에 대한 연구를 수행하고 있다. John Simon Guggenheim Fellowship, 발달심리학에 대한 기여를 인정받은 Urie Bronfenbrenner Award, Francis Alison Award(University of Delaware에서 교수에게 주는 가장 명예로운 상) 등 수많은 수상경력을 가지고 있다. 그녀는 12권의 저서, 수많은 학술 논문을 집필하였으며 발달과학의 보급을 위해 헌신적 노력을 하고 있다.

Rebecca E. Gomez(M.Ed)는 Columbia University, 사범대학, 국립아동가족센터(525 West 120th Street, Box 226, New York, New York 10027)의 대학원생 연구보조원이다. Gomez는 Columbia University, 사범대학에서 유아교육정책을 전공하는 박사과정 학생이다. 그녀는 Commonwealth of Pennsylvania, National Association of Child Care Resource & Referral Agencies, 뉴햄프셔 주 등을 도와서 유아교육자들을 위한 교직전문성 개발 시스템을 구축하는 데 기여하였다.

Todd Grindal(Ed.M.)은 Harvard 교육대학원(13 Appian Way, Cambridge, Massachusetts 02138)의 박사과정 학생이다. Grindal은 프로그램 및 정책이 유아와 양육자에게 미치는 영향을 연구하고 있다. 그는 Institute for Educational Leadership에서 수여하는 Edward J. Meade, Jr.

장학금을 수여하였으며 American Enterprise Institute와 Thomas B. Fordham Institute에 의하여 장래가 기대되는 떠오르는 교육정책학자로 선정된 바 있다.

Rob Grunewald(M.S.)는 미네아폴리스의 연방준비은행 대외협력부(90 Hennepin Avenue, Minneapolis, Minnesota 55480)에서 일하고 있는 경제학자이다. Grunewald는 지역 경제연구를 실시하고 있으며 미네아폴리스 연방준비은행의 출간물에서 경제학 및 은행 쟁점에 대한 논문을 기고하고 있다. 또한 유아발달에 투자하는 것의 경제적 혜택에 대한 논문과 글을 쓰고 빈번하게 정책입안자, 기업체 리더, 대중매체와 소통하고 있다.

Cathy Momoko Hayakawa(M.A.)는 University of Minnesota, Twin Cities의 아동발달연구소(51 East River Parkway, Minneapolis, Minnesota 55455) 보조연구원이다. Hayakawa는 (Ph.D.)는 University of Minnesota의 아동발달 전공에서 아동심리학으로 Ph.D 학위를 마쳐가고 있다. 그녀의 연구 관심사는 유아기 중재의 생성적 기제로 특히 부모참여와 가족 구조의 접합지점에 대하여 중점적으로 다루고 있다.

James J. Heckman(Ph.D.)은 Universtiy of Chicago의 경제학과(1126 East 59th Street, Chicago, Illinois 60637)에서 Henry Schultz Distinguished Service 경제학교수를 역임하고 있다. Heckman 박사는 Harris 정책대학의 경제학연구센터와 사회프로그램평가센터를 관장하고 있다. 그의 업적으로 Alfred Novel을 기념하는 스위스은행(Sveriges Riksbank)경제학상을 포함하여 수많은 수상경력을 가지고 있다.

E. D. Hirsch, Jr.(Ph.D.)는 University of Virginia(Charlottesvielle, Virginia 22904)의 교육인문학 명예교수이다. Hirsh 박사의 저서로는『우리가 필요로 하는 학교: 그리고 그러한 학교를 가질 수 없는 이유』(Anchor Books, 1999),『지식결핍: 미국 어린이들의 충격적 교육격차 줄이기』(Mariner Books, 2007),『미국인의 구성: 민주주의와 우리의 학교』(Yale University Press, 2010) 등이 있다. 그는 Core Knowledge 재단의 설립자이기도 하다.

Kathy Hirsh-Pasek(Ph.D.)은 Temple University 심리학과(Weiss Hall, 1701 North 13th Street, Philadelphia, Pennsylvania 19122)의 Stanley and Debra Lefkowitz 교수이다. Hirsh-Pasek 박사는 Temple University의 영아언어연구소 소장이자 Ultimate Block Party의 공동설립자이다. 발달심리학에 대한 기여를 인정받아 Urie Bronfenbrenner Award를 수상하기도 하였다. 조기 언어발달, 문해, 영아인식 등의 영역을 연구 분야로 하여 11권의 저서와 100여 개 이상의 출판물을 저술하였다.

Marilou Hyson(Ph.D.)은 Early Childhood Development and Education(Box 592, Stockbridge, Massachusetts 01262)의 컨설턴트로 있다. Hyson 박사는 George Mason University의 응용발달심리학과의 겸임교수이기도 하다. Early Childhood Research Quarterly의 편집장, 전미유아교육학회(NAEYC)의 교사전문성개발 부실행위원장을 역임한 바 있다. Hyson 박사는 World Bank와 Save the Children을 통하여 베트남, 인도네시아, 방글라데시, 부탄 등에서 자문활동을 해오고 있다.

Sharon Lynn Kagan(Ed.D.)은 Columbia University 사범대학, 유아및가족정책학과(525 West 120th Street, Box 226, 254 Thorndike, New York, New York 10027)의 Virginia and Leonard Marx 교수이자, 국립유아가족센터의 공동센터장을 역임하고 있다. Kagan 박사는 Yale University 아동연구센터의 겸임교수이기도 하다. 이 분야에서의 리더십과 15권의 저서, 250편의 논문 등을 통하여 Kagan 박사는 미국과 세계 여러 나라의 유아교육 실제와 정책을 마련하는 데 큰 기여를 하였다.

J. Ronald Lally(Ed.D.)는 WestEd 아동가족연구센터(180 Harbor Drive, Suite 112, Sausalito, California 94965)의 공동센터장을 역임하고 있다. Lally 박사는 유아발달의 전문가로서 1985년 이래로 WestEd의 영아/걸음마기유아 보육 프로그램(PITC)을 맡아 관리하고 있다. 그는 ZERO TO THREE: 국립 영아, 걸음마기 유아, 가족 연구센터의 창립자의 한 명이자 위원이기도 하다. 40년 동안 주정부와 연방정부와 협력하면서 미국과 세계의 영아-걸음마기유아의 보육의 질을 높이고자 헌신해왔다.

David Lawrence, Jr.는 Early Childhood Initiative Foundation(3250 SW Third Avenue, Miami, Florida 33129)의 회장이다. Lawrence는 University of Florida의 유아발달 및 준비도에 대한 University Scholar로 있다. 그는 전국적으로 유명한 저널리스트로, 「마이애미 해럴드」 출간자 자리에서 1999년 은퇴하여 높은 질적 수준의 유아발달, 보육, 교육을 위한 운동의 열기를 지피는 데 열정적으로 임해왔다.

John M. Love(Ph.D.)는 Ashland Institute for Early Childhood Science and Policy(1016 Canyon Park Drive, Ashland, Oregon 97520)의 회장이다. Love 박사는 University of Iowa에서 아동행동발달로 Ph.D. 학위를 받고 뉴저지 주 프린스턴에 있는 Mathematica Policy Research, Inc.에서 18년간 일하면서 조기헤드스타트 프로그램의 전국규모 평가를 이끌었으며 2010년 퇴임하였다. 현재는 유아프로그램 평가와 관련된 쟁점에 관하여 다양한 기관에 자문활동을 하며 Ashland Institute에서 연구프로그램을 개발하고 있다.

Alison Lutton(M.Ed.)은 NAEYC(1313 L Street NW, Suite 500, Washington, DC 20005)의 고등교육 평가인증 및 프로그램 지원 파트를 이끌고 있다. Lutton의 30년간의 유아교육 경력에는 아동 및 가족과의 직접적 활동, 자문활동, 전문대학 교수, 행정직 등이 포함된다. 유아교사기준 및 평가인증 제도 개발에서 20년간의 경험을 가지고 있다.

Kathleen McCartney(Ph.D.)는 Harvard 교육대학원(13 Appian Way, Longfellow Hall Room 101, Cambridge, Massachusetts 02138) 학장을 역임하고 있다. McCartney 박사의 연구 프로그램은 유아기 경험과 발달에 관한 것으로 특히 보육, 유아교육, 빈곤에 대해 다루고 있다. 2009년 아동발달연구학회(Society for Research in Child Development)로부터 Distinguished Contribution Award를 수여하였다.

Genevieve Okada(M.A.)는 University of California, San Diego 인류학과(9500 Gilman Drive, La Jolla, California 92093) 박사과정 학생이다. Okada는 University of California, Berkeley에서 심리학 학사학위를 받았으며 New York University에서 부모심리학으로 석사학위를 받았

으며 이때 Dr. C. Cybele Raver와 Dr. J. Lawrence Aber와 가깝게 활동하였다. University of California, San Diego 인류학과 박사과정 학생으로서 심리학적 인류학을 전공하고 있으며 주된 연구 관심사는 부모양육, 아동발달, 인종, 민족, 종교, 정체성을 포함한다.

Robert C. Pianta(Ph.D.)는 University of Virginia, Curry 사범대학(417 Emmet Street South, Post Office Box 400260, Charlottesville, Virginia 22904)의 학장을 역임하고 있다. Pianta 박사는 버지니아대학교 Center for Advanced Study of Teaching and Learning의 센터장이자 교육학과의 Novartis 교수이다. 자신의 연구팀과 함께 학급평가채점체제(Classroom Assessment Scoring SystemTM[CLASSTM]; Paul H. Brookes Publishing Co., 2008), 즉 유아교육기관에서 12학년까지 교실의 질적 수준을 평가할 수 있는 체제로 몇몇 전국규모 연구에서 검증되어 효과가 증명되었으며 미국의 모든 헤드스타트 프로그램에서 활용되고 있는 체제를 개발하였다.

Helen Raikes(Ph.D.)는 Willa Cather 교수로, University of Nebraska-Lincoln 아동, 청소년, 가족학과(247 Mabel Lee Hall, Lincoln, Nebraska 68588)에 재직하고 있다. Raikes 박사는 정부의 아동가족부에서 Society for Reserach in Child Development Executive Policy Fellow로 역임하면서 조기헤드스타트 연구 및 평가 프로젝트를 출범시키는 데 리더십을 발휘한 바 있다. 그녀의 연구 강조점은 위험에 처한 어린이, 특히 영아와 걸음마기 위험군에 있다.

C. Cybele Raver(Ph.D.)는 New York University의 Steinhart 문화, 교육, 인적발달 대학의 응용심리학과(Kimball Hall, 246 Greene Street, Room 403W, New York, New York 10003) 교수로 재임 중이다. Raver 박사는 New York University의 Institute of Human Development and Social Change 센터장이기도 하다. 그녀의 연구는 경제적 어려움을 직면하고 있는 유아들의 자기조절과 학교준비도에 초점을 두고 있으며, 복지개혁과 조기 유아중재라는 정책 맥락에서 유아에게 긍정적인 성과를 가져오는 메커니즘을 연구하고 있다.

Arthur J. Reynolds(Ph.D.)는 University of Minnesota, Twin Cities의 아동발달학과(51 East River Parkway, Minneapolis, Minnesota 55455) 교수이다. Reynolds 박사는 유아중재효과에 있어서 가장 대규모이자 광범위한 연구의 하나인 시카고종단연구의 책임자이다. 또한 유아중재가 학교입학에서부터 성인 초기까지의 발달에 미치는 효과, 그리고 가족 및 학교가 어린이의 교육적 성공에 미치는 효과를 연구하고 있다.

Art Rolnick(Ph.D.)은 Humphrey School of Public Affairs(301 19th Avenue South, Minneapolis, Minnesota 55455)의 선임연구원이다. Rolnick 박사는 University of Minnesota의 인적자원연구협력기구를 공동으로 이끌고 있으며, 아동발달 및 사회정책에 관한 다학문적 연구를 발전시키는 데 기여하고 있다. 이전에는 미네소타 연방준비은행의 Senior Vice President, 그리고 연방준비은행을 위한 경제관련 정책결정기구인 연방시장개방위원회의 Associate Economist를 역임한 바 있다.

Elizabeth Rose(Ph.D.)는 Fairfield 박물관 및 역사관(3370 Beach Road, Fairfield, Connecticut 06824)의 도서관장을 역임하고 있다. Rose 박사는 가족사, 교육, 사회정책에 관심을 갖고 있는 역사학자이다. 『유아교육의 약속: 헤드스타트에서 보편무상 Pre-K까지』(Oxford University

Press, 2010), 『엄마의 직업: 1890~1960년까지의 어린이집의 역사』(Oxford University Press, 1999)를 집필하였다.

Lawrence J. Schweinhart(Ph.D.)는 하이스코프 교육연구재단(600 North River Street, Ypsilanti, Michigan 48198)의 회장이다. Schweinhart 박사는 2003년부터 하이스코프 교육연구재단의 회장을 역임해오고 있으며 1975년부터 그곳에서 연구자로 일하기 시작하였다. 그의 연구는 특히 하이스코프 페리유아원 연구를 비롯하여 유아교육 프로그램의 효과와 실제에 대한 평가연구에 집중되어 있다.

Deborah Stipek(Ph.D.)은 Stanford 사범대학 교육학과(485 Lasuen Mall, Stanford University, Stanford, California 94305)의 교수이자 James Quillen 학장을 역임하고 있다. Stipek 박사는 Yale University에서 발달심리학으로 박사학위를 받았다. 그녀는 University of California, Los Angeles에서 근무한 23년 중 10년은 Corinne Seeds University Elementary School과 Urban Education Studies Center의 Director를 역임하였으며, 2001년 1월에 Stanford University 사범대학에 학장이자 교수로 부임하였다.

Ruby Takanishi(Ph.D.)는 Foundation for Child Development(295 Madison Avenue, 40th Floor, New York, New York 10017)의 대표이자 CEO이다. Takanishi 박사는 2003년 유아교육 프로그램을 K-12학년 교육개혁과 통합시키고자 한 10년간의 노력을 주도한 Foundation for Child Development에서 일하고 있다. 아동의 발달에 대한 연구가 공공 정책과 프로그램에 어떻게 정보를 제공할 수 있는가에 대한 그녀의 관심사는 일생 동안 지속되고 있다.

Judy A. Temple(Ph.D.)은 University of Minnesota, Twin Cities의 행정 및 응용경제학과(Humphrey Institute of Public Affairs, 149 Humphrey Center, 301 19th Avenue S, Minneapolis, Minnesota 55455) 부교수이다. Temple 박사의 연구는 교육중재의 경제적 평가(비용-효과 분석 포함)를 중심으로 이루어지고 있다. 그녀는 저소득층 지역 1,200명 이상의 학생들을 유치원에서부터 성인기까지 추적한 시카고종단연구의 공동 책임연구자이다.

Sara D. Watson(Ph.D.)은 Pew 재단(901 E Street NW, 10th Floor, Washington, DC 20004)의 선임책임자이다. Watson 박사는 Partnership for America's Economic Success를 이끌고 있다. 2001년에서 2008년까지 Pew 재단의 Pre-K for All 캠페인을 관리하였다. 그녀는 Harvard University의 John F. Kennedy School of Government에서 공공정책 석사학위와 박사학위를 취득하였다.

Barry A. B. White(M.P.P)는 University of Minnesota, Twin Cities의 아동발달연구소(51 East River Parkway, Minneapolis, Minnesota 55455) 연구원이다. 전반적으로 그의 연구는 유아기 중재효과에 있어 가장 광범위하게 이루어진 시카고 유아-부모센터의 비용과 효과를 분석하는 것을 포함한다. White는 위험에 처한 어린이들을 대상으로 한 유아중재의 경제학적 회수율을 연구하기 위한 비용-효과 분석 및 기타 연관된 기법의 활용을 전문으로 한다. 또한 유아중재가 성인기의 사회 및 경제적 안녕에 미치는 효과를 추정하는 데 관심이 있다. White는 University of Minnesota의 Humphrey 행정대학원에서 석사학위를 취득하였다.

Barbara A. Willer(Ph.D.)는 전미유아교육학회(NAEYC; 1313 L Street NW, Suite 500, Washington, DC 20005)의 Deputy Executive Director이다. Willer 박사는 NAEYC의 우수 프로그램 선정 및 지원 부서를 관장하는데, 유아교육에서의 프로그램 질적 기준을 설정하고 모니터링한다. NAEYC는 평가기준을 충족하는 고등교육기관의 교사양성 프로그램뿐만 아니라 유아를 대상으로 한 프로그램을 평가인증하고 있다.

Daniel E. Witte(J.D.)는 Sutherland Institute의 Center for Educational Progress(Crane Building, 307 West 200 South, Suite 5005, Salt Lake City, Utah 84101)의 센터장이다. Whitte는 조직행동에서 석사학위를 받았으며 부모의 자유와 교육적 선택에 관련된 쟁점에서 광범위한 배경지식을 보여주고 있다. 그는 유타 주 대법원, 유타지역 미연방지방검찰청, 제10, 제7 연방순회항소심법정, 한국과 푸에르토리코 법률회사, Washington, D.C.의 상원의원 Robert Bennett(상원 금융위원회) 사무실, 미국 제6 순회항소심법정의 Alan E. Norris 판사 사무실, 기타 다양한 재정기관 등에서 근무한 경력이 있다.

Martha Zaslow(Ph.D.)는 Society for Research in Child Development(1313 L Street NW, Suite 140, Washington, DC 20005)의 정책기안 및 소통 부서를 담당하고 있다. 발달심리학자인 Zaslow 박사는 Washington, DC에 소재한 Child Trends의 Senior Scholar이기도 하다. 그녀의 연구 관심사는 유아교육 및 보육의 활용, 그리고 이러한 기관에서의 질적 수준을 측정하고 강화하는 접근방법에 초점을 두고 있다.

찾아보기

기타

| 역자 소개 |

이진희
계명대학교 사범대학 유아교육과 교수
jlee5@kmu.ac.kr

윤은주
숙명여자대학교 생활과학대학 아동복지학부 교수
eunjuyun@sm.ac.kr

이병호
덕성여자대학교 사회과학대학 유아교육과 교수
bhlee@duksung.ac.kr

한희경
우송대학교 보건복지대학 유아교육과 교수
hany0201@gmail.com

공립유아교육의 쟁점: 미국 Pre-K로부터의 교훈

발행일 | 2014년 7월 30일 초판 발행
편저자 | Edward Zigler, Walter S. Gilliam, W. Steven Barnett
역 자 | 이진희, 윤은주, 이병호, 한희경
발행인 | 홍진기
발행처 | 아카데미프레스
주 소 | 413-756 경기도 파주시 문발동 출판정보산업단지 507-9
전 화 | 031-947-7389
팩 스 | 031-947-7698
웹사이트 | www.academypress.co.kr
이메일 | info@academypress.co.kr
등록일 | 2003. 6. 18. 제406-2011-000131호
ISBN | 978-89-97544-49-3 93370

값 25,000원